棉花基因组学

主 编 李付广
副主编 杨召恩 王 智

科学出版社
北 京

内 容 简 介

本书内容包含：棉花基因组调研与组装、棉花二倍体基因组研究、异源四倍体棉花基因组研究、棉花种质资源与变异组学研究、植物三维基因组学研究和棉花的表观遗传学研究。第一章介绍了基因组调研、测序技术、序列组装和基因注释相关的基础理论知识；第二章和第三章分别介绍了棉花二倍体和异源四倍体基因组研究的具体案例与科学发现；第四章主要概述了中国棉花种质资源的创新与利用现状，介绍了亚洲棉、陆地棉和海岛棉的变异组学研究进展，总结了重要农艺性状形成的关键位点和基因；第五章介绍了植物三维基因组学发展历程、主要技术、数据分析流程和最新研究进展；最后一章介绍表观遗传基因组研究现状，总结了 DNA 甲基化、蛋白质翻译后修饰和非编码 RNA 研究成果以及棉花表观遗传研究进展。

本书适于生物信息学、基因组学、作物遗传学、三维基因组学、表观遗传学等相关领域科研院所和高校的教师、研究生、科研人员，以及生物技术企业的科研人员参考阅读。

图书在版编目（CIP）数据

棉花基因组学/李付广主编. —北京：科学出版社，2023.8
ISBN 978-7-03-075234-5

Ⅰ. ①棉⋯　Ⅱ. ①李⋯　Ⅲ. ①棉花–基因组–研究　Ⅳ. ①S562.029.2

中国国家版本馆 CIP 数据核字（2023）第 046827 号

责任编辑：马　俊　孙　青 / 责任校对：郑金红
责任印制：肖　兴 / 封面设计：无极书装

科学出版社 出版
北京东黄城根北街 16 号
邮政编码：100717
http://www.sciencep.com

北京九州迅驰传媒文化有限公司印刷
科学出版社发行　各地新华书店经销
*

2023 年 8 月第 一 版　开本：787×1092　1/16
2024 年 9 月第二次印刷　印张：20
字数：500 000

定价：298.00 元
（如有印装质量问题，我社负责调换）

《棉花基因组学》编委会

主　编

李付广

副主编

杨召恩　王　智

成　员

李付广　杨召恩　王　智　张志斌
范李强　柴　毛　高白白　杨作仁
葛晓阳　王　鹏

前　言

　　2021 年，中央一号文件《中共中央 国务院关于全面推进乡村振兴 加快农业农村现代化的意见》明确"农业现代化，种子是基础""尊重科学、严格监管，有序推进生物育种产业化应用"。发展生物育种，是解决农业高质量发展，保障国家粮食安全的有效手段，也是推动现代农业科技创新、产业发展和环境保护的关键途径。生物育种的根本要求是利用现代生物技术、信息学技术升级发展传统农业科学，以基因工程育种和智能分子设计育种为主要目标，破解种源"卡脖子"难题。在现代生物技术发展的推动下，以遗传转化为平台，以转基因、基因编辑、合成生物学等前沿领域为代表的原始创新技术，成为全球农业科技革命竞争的热点，也是解决我国种业"卡脖子"问题的关键技术。由此产生的定向设计、高效培育新品种的新兴前沿技术，促使传统育种方式发生重大改变。

　　基因组学是生物育种的基础。只有通过对生物基因组的组成和基因的精细结构、相互关系及表达调控进行研究与分析，并明确基因的功能，才能精确对一到多个基因进行转化或编辑，对作物进行遗传改良，创制优异的种质资源。基因组学是一门新兴的交叉学科，作为基础理论和工具，对推动作物基础研究，加快实践应用十分重要。

　　棉花是主要经济作物，也是纺织工业的主要原料，浑身是宝。棉花生产关注棉花的优质、高产、节本、高效、早熟、抗病虫、抗逆、耐除草剂、适宜机采性等重要性状。仅靠常规育种，品种改良和选育历程漫长，而生物育种则可以大大缩短育种周期，加快品种改良进程。

　　全基因组的视角能够完整地展示物种的遗传与变异。基因组蕴涵着物种最本质的奥秘，是解释物种间差异的根本。而测序组装是研究基因组学的最基本手段。没有序列，一切都无从谈起。所有基因组学研究都存在一个模式：生物学对象—序列—生物学问题。

　　本书主编李付广研究员是国家棉花产业技术体系首席科学家，长期围绕棉花生物工程国家战略需求开展科研攻关，在理论、技术和应用方面取得许多原创性成果。与相关团队合作，在棉花基因组研究方面取得重要进展：①完成首张二倍体雷蒙德氏棉 D 基因组图谱，发现转座子扩张是其基因组膨胀的主要因素（2012 年，*Nat Genet* 封面论文）；②完成首张二倍体亚洲棉 A 基因组图谱，发现 NBS 基因家族分化导致 A 基因组与 D 基因组抗病性存在差异（2014 年，*Nat Genet* 封面论文）；③以背靠背方式率先发表四倍体陆地棉 A、D 基因组图谱，阐明了 A、D 基因组非对称性进化特征（2015 年，*Nat Biotechnol* 封面论文）；④通过对亚洲棉变异组研究，从基因组水平揭示亚洲棉在我国从南向北的分子演化规律（该成果入选"2019 年中国农业科学十大重大进展"），克隆了抗枯萎病关

键基因 *GaGSTF9*（2018 年，*Nat Genet*）；⑤发现大片段的染色体倒位驱动陆地棉群体分化，据此将陆地棉分为 A 型和 B 型，并发现"A 型×B 型"的杂种优势明显优于"A 型×A 型"和"B 型×B 型"，为棉花杂种优势利用和遗传改良提供了科学依据（2019 年，*Nat Commun*）。上述原创性成果奠定了我国棉花基因组研究在国际上的领先地位，为棉花优异基因挖掘提供了工具，为棉花生物育种奠定了基础。在此期间，中国农业科学院棉花研究所联合其他单位，又先后完成了瑟伯氏棉、戴维逊氏棉、艾克曼棉和斯蒂芬氏棉等多个棉种的基因组图谱绘制工作，完成了亚洲棉和陆地棉群体基因组重测序。浙江大学、华中农业大学、河北农业大学、武汉大学等陆续完成其他相关研究工作。这些研究成果推动了棉花基础研究与应用研究的发展，也为我们编写本书提供了支撑。本书的内容包括棉花基因组测序的基础理论和方法、棉花基因组研究、棉花种质资源重测序研究和棉花的表观遗传学研究等。

  作为主编，李付广研究员在本书的构思、编纂、审校过程中提出了很多重要的建议，副主编杨召恩和王智参与并协调了每一章的编写。本书获得国家自然科学基金项目（32072022），中国农业科学院南繁专项（YBXM07）以及海南崖州湾种子实验室项目（B23CJ0208）等的支持。各章节内容及主要分工如下：第一章介绍棉花基因组调研与组装（张志斌）；第二章介绍棉花二倍体基因组研究（范李强、杨作仁）；第三章总结异源四倍体棉花基因组研究（柴毛、葛晓阳）；第四章综述棉花种质资源与变异组学研究（杨召恩）；第五章概述植物三维基因组学研究（高白白、王鹏）；第六章总结棉花表观遗传学研究（王智）。研究生杨兰、闫青地、胡伟、晏达、高晨旭、刘人聚和杨家祥等参与了文字校对工作。

  我们相信，通过不断打牢基因组学研究基础，中国乃至全球棉花产业将迎来更加灿烂的明天。限于编者理论水平和编写时间，书中难免存在遗漏和不足，恳请广大同行不吝赐教。

《棉花基因组学》编委会

2023 年 7 月

目 录

前言
第一章　棉花基因组调研与组装 1
　第一节　基因组调研 1
　第二节　基因组测序与组装 7
　第三节　基因组可视化与注释 22
　第四节　棉花基因组组装案例 29
　参考文献 31
第二章　棉花二倍体基因组研究 34
　第一节　棉花二倍体基因组概述 34
　第二节　棉花二倍体基因组大事记 35
　第三节　雷蒙德氏棉基因组研究进展 41
　第四节　亚洲棉基因组研究进展 46
　第五节　澳洲棉基因组研究进展 52
　第六节　瑟伯氏棉和戴维逊氏棉基因组研究进展 56
　第七节　特纳氏棉基因组研究进展 66
　第八节　草棉基因组研究进展 67
　第九节　长萼棉基因组研究进展 69
　第十节　异常棉基因组研究进展 70
　第十一节　司笃克氏棉基因组研究进展 73
　第十二节　比克氏棉基因组研究进展 74
　第十三节　圆叶棉、亚洲棉、雷蒙德氏棉基因组研究进展 82
　参考文献 90
第三章　异源四倍体棉花基因组研究 92
　第一节　异源四倍体棉花基因组研究现状 92
　第二节　陆地棉基因组测序研究进展 99
　第三节　海岛棉基因组研究进展 134
　第四节　其他四倍体棉花基因组研究进展 138

参考文献 ··· 146

第四章　棉花种质资源与变异组学研究 ··· 149
第一节　中国棉花种质资源概况 ··· 149
第二节　全转录组关联分析 ··· 157
第三节　亚洲棉变异组及重要性状遗传基础解析 ··· 160
第四节　陆地棉变异组及重要性状遗传基础解析 ··· 168
第五节　海岛棉变异组研究 ··· 195
参考文献 ··· 204

第五章　植物三维基因组学研究 ··· 207
第一节　三维基因组学概述 ··· 207
第二节　三维基因组学研究技术 ··· 209
第三节　植物三维基因组层级结构 ··· 219
第四节　三维基因组数据分析 ··· 228
第五节　三维基因组可视化 ··· 236
第六节　植物三维基因组研究进展 ··· 238
第七节　展望 ··· 240
参考文献 ··· 240

第六章　棉花的表观遗传学研究 ··· 251
第一节　表观遗传学的发展、定义和分类 ··· 251
第二节　表观遗传学的研究现状 ··· 252
第三节　棉花基因组 DNA 甲基化研究进展 ·· 256
第四节　棉花蛋白质翻译后修饰研究进展 ··· 266
第五节　棉花非编码 RNA 研究进展 ·· 276
第六节　棉花表观修饰和多倍体基因组进化 ··· 282
第七节　表观修饰之间的互作及其意义 ··· 290
第八节　棉花表观遗传研究展望 ··· 293
参考文献 ··· 296

第一章　棉花基因组调研与组装

基因组学是现代农业基础研究的"火车头"。棉花基因组学是棉花基础研究与应用研究的基石，带动了棉花功能基因组学、群体遗传学、正向遗传学和分子设计育种研究。棉花基因组序列中蕴涵着许多重要的遗传信息，如调控棉花高产、优质、抗病、抗虫、耐旱、耐涝、耐盐碱等优异性状的遗传密码。解析棉花基因组序列和结构信息，不仅有助力棉花纤维品质和产量的提高，同时还可为棉属的起源与进化等研究提供分子证据。本章主要介绍了基因组项目所涉及的基因组调研、流式细胞术分析、基因组测序与组装、编码基因预测和基因功能注释等内容。

第一节　基因组调研

基因组测序是一个比较复杂的过程。在启动基因组测序项目之前，通常需要先进行基因组调研，初步探明基因组的特性，为后续 DNA 测序深度的选择和基因组的组装提供参考。基因组大小（又称 DNA-C 值）是指一个物种单倍体细胞核 DNA 总量或单拷贝染色体 DNA 总量（Swift，1950），通常以重量单位皮克（pg，10^{-12}g）或碱基单位碱基对（bp）表示。基因组 DNA 重量与基因组大小之间的关系为：基因组大小（bp）=0.978×10^9×DNA 重量（pg）（Doležel et al.，2003）。例如，Hendrix 和 Stewart（2005）研究表明，二倍体雷蒙德氏棉（*Gossypium raimondii*）的 DNA-2C 值为 1.80pg，则其基因组大小约为 885Mb；异源四倍体陆地棉（*G. hirsutum*）TM-1 的 DNA-2C 值为 4.91pg，则其基因组大小约为 2.35Gb（Hendrix and Stewart，2005）。植物基因组大小一般可以通过植物 DNA-C 值数据库（https://cvalues.science.kew.org/）查询获取。该数据库目前包含了 12 273 个物种的单倍体 DNA 含量，其中有 10 770 种被子植物、421 种裸子植物、303 种蕨类植物（246 种蕨类和拟蕨类植物，以及 57 种石松类植物）、334 种苔藓植物和 445 种藻类。动物基因组大小一般可以通过动物 DNA-C 值数据库（http://www.genomesize.com/）查询获取。该数据库目前收集了 6222 种动物（3793 种脊椎动物和 2429 种非脊椎动物）的单倍体 DNA 含量。

目前常用于评估基因组大小的方法有流式细胞术（flow cytometry，FC）（Galbraith et al.，1983）和基因组调研图。这两种方法在实际应用中都能取得较好的结果，特别是流式细胞术被认为是评估基因组大小最可靠、高效和经济的方法，号称"金标准"。

一、流式细胞术

流式细胞术是通过检测标记的荧光信号，实现对悬浮于流体中的单细胞表面抗原或者核 DNA 进行分选和定量的一种生物技术。碘化丙啶（propidium iodide，PI）是一种可对细胞核 DNA 染色的荧光染料，它不能穿透有活性的完整细胞膜，但可以穿过破损的细胞膜，并与核 DNA 分子双螺旋结构的凹槽嵌合，从而实现对细胞核染色。一般每 4～5bp 的碱基序列结合一个 PI 染料分子，这种结合方式可以使 PI 荧光增强 20～30 倍。被 PI 染色的细胞在流式细胞仪的激光照射下发出荧光。荧光的强弱与结合的 DNA 含量成正比，从而可推算出细胞核 DNA 的总含量。采用流式细胞术预测基因组大小，是用基因组大小已知的 DNA 样品作为内参，评估待测样品的基因组大小（Doležel and Greilhuber，2010）。内参基因组大小的准确度对于待测样品的基因组大小的评估至关重要。一般建议在同一条件下，按同一批次测量待测样品和内参细胞核的荧光强度，这样产生的结果才可靠。

如图 1-1 所示，以基因组大小已知的黑腹果蝇（*Drosophila melanogaster*）样品为内参，将内参样品的细胞悬浮液和待测样品家蝇（*Musca domestica*）的细胞悬浮液按照适当比例混合。经 PI 染色后的细胞悬浮液样品用流式细胞仪（BD FACSCalibur™ platform）上机检测 PI 荧光强度，发现 *D. melanogaster* 的 2C 峰值和 4C 峰值分别出现在 49.9pg 和 98.8pg 的位置，*M. domestica* 的 2C 峰值为 271.0pg（图 1-1）。已知黑腹果蝇的基因组大小为 175Mb，比较待测样品家蝇与黑腹果蝇的细胞核 DNA 含量（2C 峰值）的倍数关系，根据下面的公式推算出待测样品家蝇的基因组大小为 950.4Mb（图 1-1）。

$$GS_{待测样品} = GS_{内参样品} \times PI\text{-}fluor_{待测样品} / PI\text{-}fluor_{内参样品}$$

式中，GS（genome size）表示基因组大小，PI-fluor 表示红色 PI 荧光通道数。

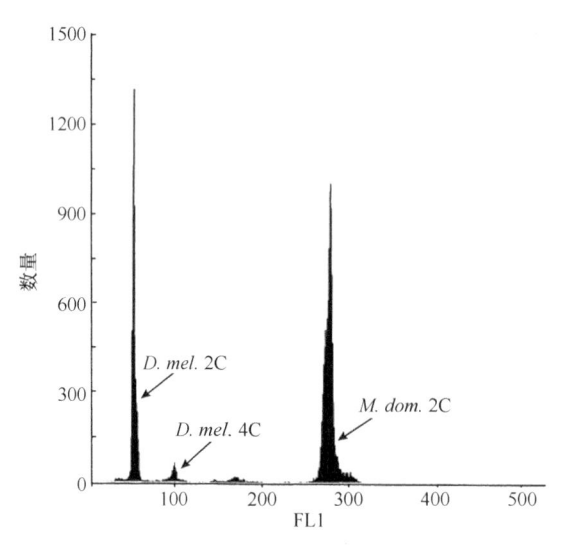

图 1-1　碘化丙啶染色黑腹果蝇和家蝇细胞核的流式细胞术分析（Hare and Johnston，2011）
FL1 指流式细胞术中的第一个荧光通道

二、基因组调研图

基因组调研图用于评估基因组的特征，通常采用基于二代测序短读长（一般 30～50 倍的基因组覆盖度）的 *K-mer* 分析方法，评估目标物种基因组大小、杂合性（heterozygosity）、重复序列比例、GC含量和倍性等基本信息。基因组调研图和后续基因组从头测序的样本应为同一材料（个体），因为不同材料（个体）间的基因组特征存在较大的差异。而且，基因组调研产生的二代测序数据还能继续用于后续基因组的组装，降低成本。一般而言，基因组越大，重复序列的比例越高，GC含量通常也会异常，对基因组的组装工作带来巨大挑战。因此，基因组调研的评估结果对于目标物种后续的基因组组装和分析工作具有重要指导意义。

（一）基因组大小估计

K-mer是指一条序列中所有可能的长度为K的子序列。如果一条序列的长度为L，那么所有可能的长度为K的子序列为(L–K+1)个。举例说明，假设有一段总长度为70bp的序列（5′-ATAGC TCAGC TACTA TCTCC TCCGC ATCGT GTATA TATAT ATAGC TCAGC TACTA TCTCC AGCTA CGATC-3′），K-mer长度为8，从序列的5′端开始取，以1个碱基为步长进行滑框，一共可以获得63个子序列。对于上述70bp的序列而言，K-mer子序列的数量和序列长度70之间存在10%的偏差。但当序列足够长时，获得的子序列数目就会与整个序列的长度之间的差异很小。例如，当序列长度变为100时，偏差为7%；序列长度为1000时，偏差为0.7%；序列长度为10 000时，偏差为0.07%；序列长度为100 000时，偏差为0.007%，当序列长度持续增加时，这种偏差可以忽略不计，K-mer的数量基本等于序列的长度。

基因组测序初期，构建物理图谱的时候，需要挑选合适数量的克隆，并使用传统的一代测序技术对不同的克隆进行测序。挑选过少，无法覆盖整个基因组，物理图谱质量低；挑选过多，工作量大，费用高。为了解决这个问题，Lander和Waterman（1988）通过理论计算，提出了K-mer方法。后来，Li和Waterman（2003）等把它引入并广泛应用于以高通量基因组测序数据为基础的基因组大小的估计。

在基因组测序数据的实际分析过程中，测序数据并不是均匀地覆盖在整个基因组序列上，其中重复序列区域的覆盖度较高。因此，在选取K-mer大小时，理想情况是让每个K-mer都能够唯一匹配到基因组序列上，且尽量提高K-mer的长度以增加K-mer子序列的特异性，但同时这种情况也会消耗更多的计算资源。因此，在实际运用中，K-mer的长度一般选取17～21。

基因组二代测序数据的K-mer频率分布一般近似符合泊松分布。通过Jellyfish和GCE等工具可以对二代测序短读长数据进行K-mer分析，获得K-mer的总数和期望测序深度。最后，根据公式（$G=K_{num}/K_{depth}$）评估基因组大小（其中K_{num}表示K-mer的总数，K_{depth}表示K-mer的期望测序深度）。

以澳洲野生棉鲁滨逊氏棉（G. robinsonii）的基因组大小估计为例（Masoomi-Aladizgeh et al., 2022）（图1-2）。研究人员首先构建了插入片段为350bp的测序文库，使用BGISEQ-500平台测序获得了约133.53Gb的干净数据（clean data），基于该数据通过Jellyfish软件（Marçais and Kingsford, 2011）计算获得17-mer（也可以选择其他长度的K-mer）的数量为116 452 740 243，观察到17-mer的深度分布曲线的主峰出现在"61×"处。因此，通过公式$G=K_{num}/K_{depth}$估计其基因组大小：K-mer数量/K-mer深度 = 116 452 740 243/61 =

1 909 061 315bp（约1.9Gb）。这里也可以通过GenomeScope的网页版工具（http://qb.cshl.edu/genomescope/）进行计算。这个结果与流式细胞仪测定的该物种的基因组大小非常接近（Hendrix and Stewart，2005；Arumuganathan and Earle，1991）。

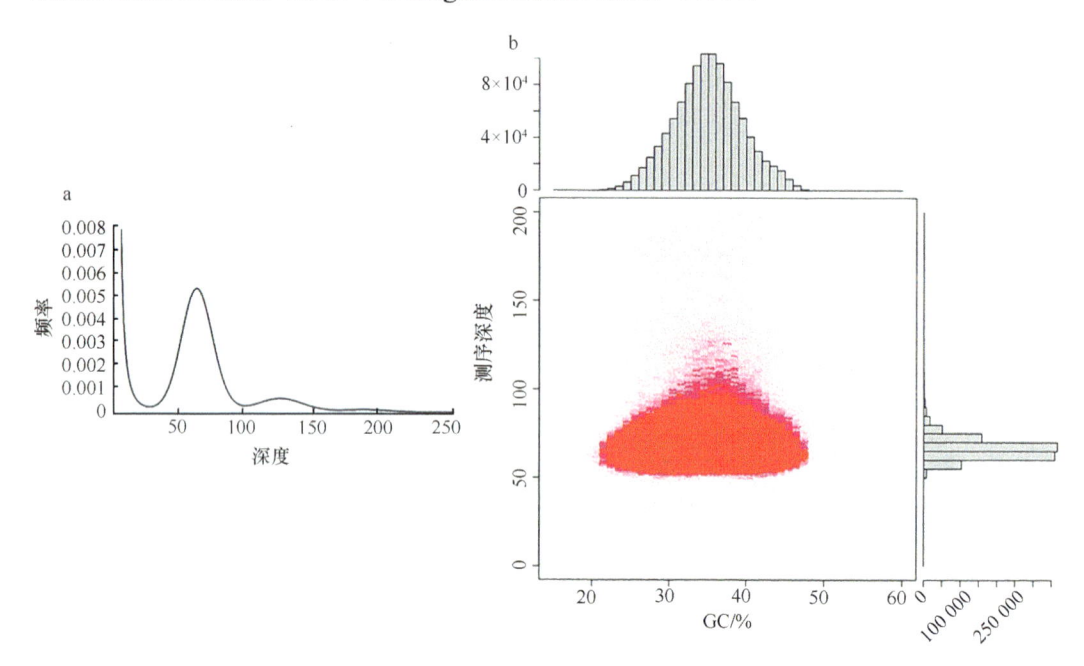

图1-2 野生棉鲁滨逊氏棉（*G. robinsonii*）的基因组特征（Hare and Johnston，2011）
a. K-mer（*K*=17）分析。x轴表示深度，y轴表示该深度的频率除以所有深度的总频率的比例。b. 鸟嘌呤和胞嘧啶（GC）含量与测序深度的相关性分析。x轴表示GC含量，y轴表示测序深度。测序深度分布在右侧，GC含量分布在顶部

（二）基因组复杂度估计

除了大小外，复杂度是基因组组装的另一个重要影响因素。基因组的复杂度是根据重复序列的比例和杂合性的高低来定义的。通常杂合性大于0.8%且重复序列的比例大于60%的基因组称为复杂基因组（高胜寒等，2018）。由于杂合性、重复序列比例、GC含量和倍性等因素的影响，一些物种（如异源四倍体棉花）的基因组变得异常复杂，给基因组的组装工作增加了不少的难度。

1. 基因组杂合性

二倍体拥有成对的姐妹染色体单体，如果特定位点有两种基因型，表明这个位点是杂合的。杂合位点的比例反映了基因组的杂合性和遗传变异性。开花植物的基因组普遍存在杂合性。

基因组组装时通常只装出一套假染色体，并不会区分不同单倍型的同源姐妹染色单体。杂合子区域会使拼接过程的图形结构复杂化，并且难以确定单倍型的相位。如果基因组高度杂合，那么不同等位基因型的读长很难拼到一起，而是分别将不同等位基因型组装起来，从而造成组装的基因组比实际情况偏大。以二倍体为例，杂合区的序列将被组装两次，而变异少的区域的序列只组装一次，这些杂合区域的序列重复拼接将导致基

因组偏大；另一种情况就是，杂合区域在分开组装时由于测序深度不够而导致组装更加零散，甚至失败（Pryszcz and Gabaldón，2016）。通常杂合区段的 *K-mer* 深度较纯合区段降低 50%。例如，对某一物种基因组进行 "2×" 深度测序时，来自基因组的一个 17-mer 片段，在不存在杂合性的理想状况下，其测序深度为 2；如果存在一个杂合位点的话，这个片段就会有 2 个 17-mer 片段。同等测序量的情况下，这时 2 个 17-mer 的测序深度均为 1。因此，如果目标物种的基因组存在杂合性，那么就会在 *K-mer* 深度分布曲线的主峰位置对应深度（*c*）的 1/2 处（*c*/2）出现一个杂合峰。当杂合性越高的时候，这个峰就会越明显。个体的杂合性水平可以使用 *K-mer* 频率分布图评估。如图 1-3a 所示，当测序材料杂合性较低的时候，*K-mer* 频率分布图上仅出现 1 个主峰（红色箭头所指表示被测序了 20 次的 *K-mer* 子序列有 500 多万个）；左侧蓝色箭头所指峰的深度无限接近 1，很大程度上是由于测序错误产生大量独特的低频 *K-mer* 所造成的。与纯合子区域相比，来自杂合子位点的 *K-mer* 仅有一半的测序深度，即在测序深度的主峰位置 *c*（纯合峰）的中途（*c*/2）产生一个杂合峰（图 1-3b）。该杂合峰越高，说明样本的杂合性越高。类似地，来自重复序列区域的 *K-mer* 的测序深度远比平均测序深度高，显示为频率图右侧的拖尾。例如，图 1-3a 的右侧拖尾所围的面积远小于图 1-3b 的右侧拖尾所围的面积，表明图 1-3b 所示的基因组的重复序列比例更高。

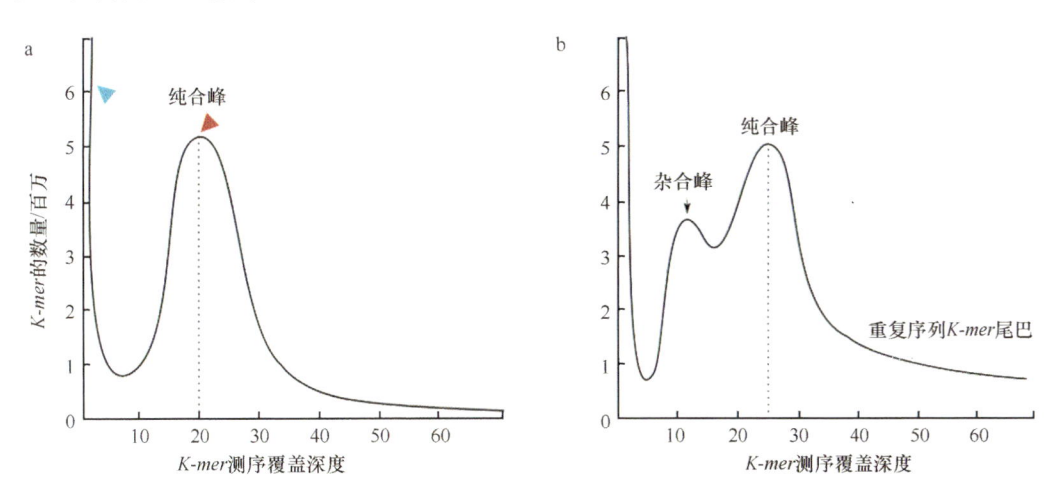

图 1-3 低杂合性的基因组（a）和高杂合性且高重复的基因组（b）的 *K-mer* 频率分布图
（Li and Harkess，2018）

降低杂合性的方法是创建近交系或双单倍体，但这个过程很耗时，而且并非每个植株都能自交几代或通过花药培养再生。例如，裸子植物仅一代的近亲繁殖可能都需要数十年，但某些物种具有大型配子体，可以提供足够的单倍体 DNA。另外，一些蕨类植物配子能够进行体内自交（Haufler et al.，2016），经过一代就可以产生纯合孢子体（单倍体）用于基因组的测序与组装。

2. 基因组重复序列

基因组的重复序列是指基因组上不同位置存在多个拷贝的 DNA 序列，主要包括转座子、简单重复序列、微卫星 DNA 和串联重复序列。其中，转座子是基因组中最主要的重复序列。研究表明，重复序列特别是转座子，对基因组的结构和基因的功能至关重要。转座子最早在植物中发现，具有两个主要特性：一个是可以在基因组序列上自由地移动（又称跳跃 DNA）；另一个是通过自由移动这种特性可以在基因组上增加许多拷贝。转座子主要包含逆转录转座子（retrotransposons，复制-粘贴型）和 DNA 转座子（DNA transposons，剪切-粘贴型）两大类。逆转录转座子在转座时，先以 DNA 为模板转录成 mRNA，然后再以这段 mRNA 为模板逆转录为 cDNA，最后将 cDNA 片段整合到基因组上新的位置。DNA 转座子是在转座酶的作用下，从原来的位置上直接解离下来，再重新整合到基因组上新的位置。所有植物中通常都含有这两种主要类型的转座子，但是即使在亲缘关系很近的物种中，它们的数量也都不同。

在基因组测序过程中，重复序列区域产生的读长非常相似，在拼接过程中很难准确区分它们到底来自哪个位置，从而导致基因组拼接碎片化，或简单地在重复区域的边界处停止重叠群（contig）的延长，最终对基因组组装的准确性产生影响。例如，在基因组组装过程中，错误地将相距较远的重复序列区域组装到了一起（假阳性），或者将重复序列区域的大小或拷贝数组装错误（假阴性）（Phillippy et al., 2008; Chaisson et al., 2015）。基因组中重复序列所占的比例可以通过 K-mer 的深度频率分布图粗略评估，即大于 $2c$ 深度（纯合峰所在深度的 2 倍）右侧的曲线拖尾所围的面积大小。当重复序列比例较高的时候，K-mer 深度频率分布图右侧会出现一个比较明显的拖尾。例如，与图 1-3a 相比，图 1-3b 的右侧曲线拖尾所围的面积更大，基因组中重复序列所占比例更高。基因组中重复序列的比例越高，对基因组组装结果的影响越大。超长的测序读长可以有效降低重复序列对基因组组装结果准确性的影响。因此，采用长读长的测序技术对重复序列占比例高的基因组进行测序是一个不错的策略。

3. 基因组倍性水平

多倍体基因组（polyploid genome）是指含有 3 套或 3 套以上完整染色体组的生物体。多倍体概念由温基尔（Winkier）于 1916 年首次提出。自然界中，大约 50%的被子植物和 80%的草类是多倍体，它们大多数在进化史上经历过多倍化事件。多倍化导致了基因组部分或全部序列的复制，但在多倍化后，通常会经历一个急剧的二倍化过程，使有些多倍化的物种没有多倍体的遗传学特性。相比于二倍体基因组，多倍体基因组存在大量的重复基因，这些重复基因经历了复杂的进化。多倍化是植物基因组进化的重要驱动力，对植物的进化有着重要的意义。多倍化可以改变基因组结构，丰富物种遗传多样性，增强物种的适应性等。例如，在作物育种中可以通过增加物种倍性增加杂交优势、物种表型变异，增强抗逆能力等。但是，基因组的多倍化产生了大量的重复基因，大幅增加了等位基因的数量，给基因组测序、组装及生物信息学分析带来了不小的挑战。在基因组测序过程中，建议优先挑选单倍体进行测序，这可以在一定程度上消除杂合性对基因组组装结果的影响。

4. 基因组 GC 含量

GC 含量是指全基因组或 DNA 片段中，含氮碱基鸟嘌呤（G）或胞嘧啶（C）所占的百分比。测量 GC 含量最简单的方法是分光光度法，处理大量样品最常用的方法是流式细胞术。如果所研究的 DNA 分子已经测序，也可以通过简单的算术或使用软件工具（如在线核酸序列 GC 含量计算器、Jellyfish 软件）准确计算 GC 含量。在 DNA 双链中，腺嘌呤与胸腺嘧啶（A 和 T）由两个氢键相连，鸟嘌呤与胞嘧啶（G 和 C）由三个氢键相连，氢键越多越不容易被打断。

由于选择、突变和重组等因素的影响，不同物种的基因组中的 GC 含量各不相同。人类基因组 GC 含量约为 41%，酿酒酵母基因组 GC 含量约为 38%，拟南芥基因组 GC 含量约为 36%。但由于遗传密码的特征，生物界几乎不可能存在基因组 GC 含量接近 0 或 100% 的生物体。Saitou 实验室于 2006 年通过构建基因组组成数据库（Genome Composition Database）汇总了超过 1229 个物种的基因组 GC 含量，包括 9 个原生生物（19.39%~59.72%）、84 个古细菌（27.63%~65.93%）、1064 个真菌（16.56%~74.91%）、5 个植物（33.72%~43.55%）、35 个无脊椎动物（27.40%~45.22%）和 32 个脊椎动物（36.60%~46.43%）。

二代测序平台存在一定的测序偏好性。在测序过程中，基因组上 GC 含量为 50% 左右的区域，更容易被测序，产生的读长数较多，这些区域的覆盖度较高；GC 含量异常高或异常低的区域，更不易被测序，产生的读长数较少，这些区域的覆盖度偏低（Chen et al., 2013）。如果直接使用存在测序偏好的数据组装基因组，会影响后续的拷贝数变异（CNV）和单核苷酸多态性与得失位（SNP/Indel）变异的检测。针对这种情况，建议通过增加测序深度或使用不存在测序偏好性的第三代测序技术平台（如 PacBio 或 Nanopore）消除测序偏好问题。

第二节　基因组测序与组装

一、基因组测序策略与步骤

基因组测序与组装是基因组项目的重要内容。目前主流的测序平台（包括二代和三代测序技术）测序通量都非常大，二代测序技术产生的读长长度一般为 50~150bp，三代测序技术产生的读长长度可以达到 10~30kb，能够在短时间内获得目标基因组几十倍甚至几百倍覆盖度的 DNA 序列。全基因组测序采用的策略主要有基于高分辨率物理图谱的逐步克隆法（clone by clone sequencing）和全基因组鸟枪法（whole genome shotgun sequencing，WGS）。逐步克隆法是一种更可靠的基因组测序方法，而全基因组鸟枪法拥有测序更快、更便宜的优点。

（一）逐步克隆法

逐步克隆法是一种传统的基因组测序策略，在二代测序技术出现之前完成测序的物种基因组，绝大多数都是采用的这种测序策略。该方法在打断 DNA 分子之前，需要先对每条染色体进行定位，然后将 DNA 分子切割为长度 150kb 的短片段用于测序。具体为，首先将 150kb 长的 DNA 片段插入到细菌人工染色体（bacterial artificial chromosome，BAC）上，并导入细菌细胞。由于 DNA 片段现在位于细菌细胞内，每次细菌分裂时，插入的 DNA 片段也会随之产生许多相同的拷贝（图1-4）。其次，每个克隆的 DNA 被切割成一对长度 500bp 的片段，它们更小且重叠。再次，将这些片段插入具有已知 DNA 序列的载体中进行测序，测序从载体的已知序列开始，一直持续到未知序列。完成测序后，需要识别序列间的重叠区域，根据序列的连接关系，将读长拼接成最初存在于 BAC 中的 DNA 大片段。最后，根据基因组图将 DNA 大片段组装到染色体水平。

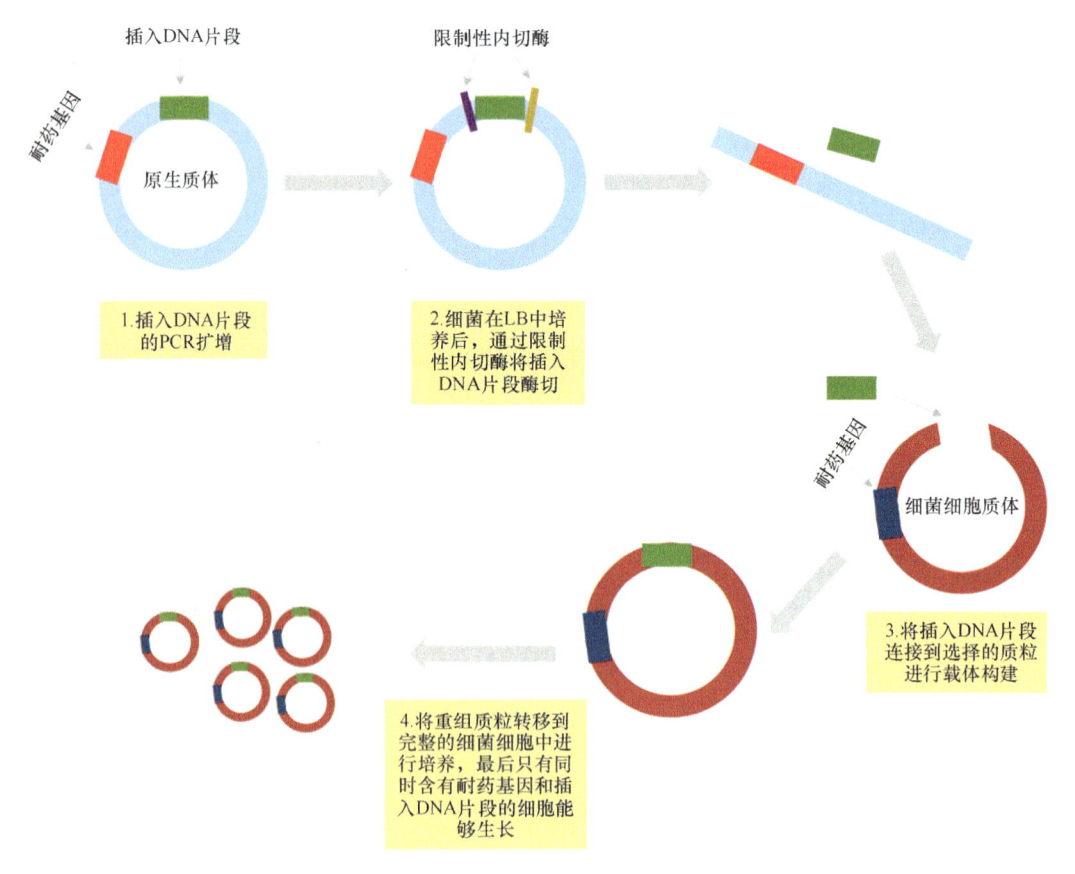

图 1-4　逐步克隆法测序

逐步克隆法的最大优势在于，预先准备好的基因组图有助于可靠地组装更大的片段，且最后组装的基因组质量一般都很高。这种测序方法的缺点则是需要构建遗传图谱和物理图谱，以及大片段 DNA 的克隆文库，过程繁琐，非常耗时。然而，这是当时"人类基因组计划"实施期间首选的方法。

（二）全基因组鸟枪法

全基因组鸟枪法是一种将基因组 DNA 序列随机打散成许多小片段，并通过观察重叠区域重新组装序列的测序方法，由文特尔团队于 1995 年首先提出，并在细菌基因组（1.8Mb）的组装上获得成功（Fleischmann et al., 1995），后续用于其他大基因组的组装工作。植物的基因组一般较大且结构复杂。尽管逐步克隆法比较可靠，但采用该方法对复杂植物的基因组进行测序，需要很长时间才能完成。因此，对于复杂基因组，随着高通量测序技术和基因组辅助组装技术的发展，全基因组鸟枪法目前已成为一种首选的测序方法（成本更低、测序速度更快）。全基因组鸟枪法测序，不需要经过常规的基因组作图和克隆步骤，更高效便捷。它首先将整个基因组 DNA 随机打断成不同长度的片段；接着对 DNA 小片段进行测序；最后使用计算机拼接软件，根据序列重叠区域组装片段（图 1-5）。

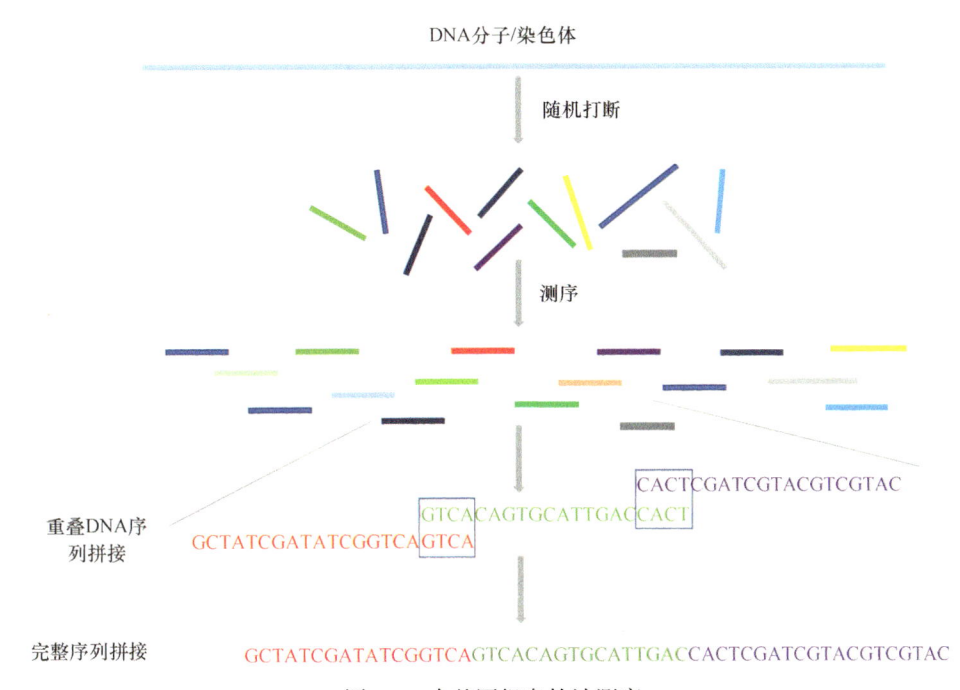

图 1-5 全基因组鸟枪法测序

全基因组鸟枪法的主要优点是比逐步克隆法测序更快、更便宜。但是，该方法由于不涉及遗传图谱的使用，在组装过程中更容易发生错误。

（三）逐步克隆法与全基因组鸟枪法的比较

逐步克隆法与全基因组鸟枪法是基因组测序的两种策略，各有利弊。在这两种测序策略中，首先都需要将 DNA 片段随机打断为更小的片段，再根据 DNA 小片段的测序读长之间的重叠区域将它们拼接到一起。

逐步克隆法涉及染色体作图和克隆两个关键步骤。相反，全基因组鸟枪法不遵循这两个步骤，它随机地将 DNA 序列分解成许多小片段，并通过观察重叠区域将读长重新拼接起来。因此，这是逐步克隆法与全基因组鸟枪法之间的关键区别之一，同时也说明逐步克隆法测序昂贵且耗时，全基因组鸟枪法测序更快、更便宜。此外，逐步克隆法测序涉及染色体作图，在组装过程中不太可能发生错误，因此具有很高的可靠性；而全基因组鸟枪法是一种相对没那么可靠的技术。

（四）基于全基因组鸟枪法的测序步骤

全基因组鸟枪法测序主要通过以下几个步骤获得一个高质量的基因组。第一步，预测基因组特征，包括基因组大小与杂合性、重复序列比例、倍性和GC含量；第二步，将DNA长片段随机打断成小片段进行全基因组测序，包括Illumina、PacBio和Nanopore等测序技术；第三步，对原始测序读长进行质量控制和矫正；第四步，组装基因组序列；第五步，评估基因组的组装质量。

基因组序列组装之前，通常需要做好充分的准备工作，即上文提到的基因组调研。在获得足够的目标序列之后，并不能马上开始基因组的组装工作。因为无论是二代测序还是三代测序技术，其本身都存在一定的系统测序偏差，得到的测序读长通常都包含测序错误，所以需要对原始读长进行质量控制和矫正，提高序列的质量。矫正过程通过特定的算法对序列中检测到的错误碱基进行修正，也可以根据测序文件中每个碱基的质量值大小，去除低质量的碱基或者读长，以及测序时引入的接头序列。计算机纠错的关键是设计一个好的纠错算法，早期的质量控制软件功能单一或者运行时间长，最新的质控软件，如Atria（2021年）、Ktrim（2020年）、FastProNGS（2019年）、FastP（2018年）、FaQCs（2014年）等以C++语言编写，功能全面、运行速度快。目前矫正二代测序数据的主流方法通过算法软件，如RECKONER、Bless2和K-spectrum等完成。基于K-spectrum的矫正算法通俗易懂，修正效果较好，其中心思想是：①首先将所有的短序列切割为长度为K的K-mer，并对它们进行排序和计数；②根据K-mer出现的次数（阈值为N），确认可信的K-mer（出现次数大于阈值）和不可信的K-mer（出现次数小于阈值，即含有错误碱基的序列）；③删除不可信的K-mer；④依据可信的K-mer对读长进行矫正。尽管二代测序经过质量控制后碱基准确率可以达到99%以上，但仍然存在部分因测序平台引起的系统错误。与二代测序相比，三代测序的文库构建和测序不需要经过PCR扩增，所以不存在测序的偏好性，产生的错误为随机错误。因此，可以通过提高测序深度来进行自我矫正，这也是目前解决原始测序数据错误率较高问题的主要策略。

完成对原始数据的质量控制和矫正后，可以根据数据的情况针对性地选择组装策略和组装软件。以二代测序为主的拼接软件大多是基于德布鲁因图（de Bruijn graph，DBG）算法开发的，而以三代测序为主的拼接软件大多是基于重叠-布局-共识（overlap-layout-consensus，OLC）算法开发的。根据不同基因组项目的测序情况，组装策略大致可以分为4种情况：①只有足够的二代测序数据；②除了足够的二代测序数据，还有少量的三代测序数据；③拥有足够的二代和三代测序数据；④拥有足够的三代测序数据。

对于第一种情况，当具有足够的二代测序数据时，可以选择SOAPdenovo2、ALLPATHS-LG等软件进行初步拼接，然后再采用SSPACE等软件，通过迭代比对的方法对初步拼接的结果进行搜索，寻找可以填补的缺口（gap）和序列之间的连接关系，提升基因组的组装质量（Boetzer et al.，2011；Boetzer and Pirvano，2012）。

对于第二种情况，当具有足够的二代测序数据和少量的三代测序数据时，可以先采用第一种情况的方法仅利用足够的二代测序数据组装基因组，然后再基于 LINKS、PBJelly 等软件，利用三代测序数据对采用二代数据获得的组装结果进一步组装和提升。最后基于二代测序数据，通过 Pilon 软件（Wlker et al.，2014）对组装的基因组进行矫正和打磨。

对于第三种情况，当拥有足够的二代和三代测序数据时，可以选择混合型组装软件 MaSuRCA、HybridSPAdes、PBcR、DBG2OLC 和 Unicycler 等进行基因组组装，完成组装后再通过适用二代测序数据的提升软件 GapFiller 和适用三代测序数据的提升软件 PBJelly、SSPACE-LR 和 LINKS 等对初步获得的基因组组装结果进行提升。需要注意的是，每使用一次三代测序数据后，最好基于二代测序数据采用软件 Pilon 再进行一次矫正。

对于第四种情况，当拥有足够的三代测序数据时，可以直接使用三代测序组装软件进行基因组拼接。目前比较常用的三代测序组装软件有 Canu、Flye、Falcon、wbg2、miniasm、MECAT、NECAT 和 NextDenovo。其中，NECAT 和 NextDenovo 是专门针对 Nanopore 三代测序数据开发的组装软件，使用它们完成基因组组装后需要利用三代数据 Arrow（PacBio 数据）和 Medaka（Nanopore 数据）进行矫正，建议至少重复矫正两次；如果有二代测序数据的话，建议基于二代测序数据利用 Pilon 软件再进行一次矫正。对于 PacBio 的高保真读长而言，序列读长的准确性极高，可利用 Hifisam 或 Hicanu 软件进行直接组装，不需要二代测序数据进行纠错。

对于简单基因组而言，上述这 4 种情况一般都可以获得比较好的基因组组装结果。但是当基因组的杂合度比较高（>1%）、重复序列的比例比较高（>50%）或倍性较高（>3 倍）时，通常需要对软件做相应的调整，才能获得比较理想的基因组组装结果。例如，专门针对复杂植物基因组设计并优化的二代测序序列组装软件 Platamus（Kajitani et al.，2014）；FALCON-unzip（Chin et al.，2016）在组装基因组时，可获得两个完整的组装版本并做主次区别，这适用于复杂基因组组装；HaploMerger2 软件可用于绘制杂合二倍体的两个单倍体草图（Huang et al.，2017）；Redunce 软件包含了可以去除植物复杂基因组拼接过程中可能产生的冗余序列的模块（Pryszcz and Gabaldon，2016）。此外，也有一些软件通过采取不同的参数组合策略，实现对不同复杂程度的基因组的组装。例如，三代测序组装软件 Canu 在基因组组装过程中，针对不同特征的基因组，推荐采用不同的参数组合。随着基因组组装技术的发展，可以直接利用 PacBio 的高保真测序读长进行不同单倍型基因组的组装，获取高杂合的基因组。

（五）科学小实验——短序列拼接

目前的测序技术还无法一次性将整条染色体序列完整地测出来，通常需要借助算法和计算机的帮助，将读长组装成一条完整有序的片段（即从头组装）。基因组从头组装结果的质量高低非常依赖测序技术和拼接算法。与二代测序技术相比，三代测序技术产生的读长长度不断提高，其中 Nanopore 测序技术能够测到兆（Mb）级（即碱基个数达到 10^6 水平的连续长片段，极大提升了基因组的组装长度和连续性。下面以一个小实验举例说明短序列的测序与拼接过程。

假如有一张长方形的小纸条，上面写着这样一句话"Hello world, it is so beautiful."。但是事先并不知道小纸条上到底写的是什么，现在需要想办法来破译这句话。首先将这张小纸条复印很多份，并垂直撕成碎片，从这些碎纸片中随机抽取，可以得到大量字条，上面分别有类似如下的字母组合。

Hel it is lo Hel wo rldi ful beauty⋯。

这一步就好像把基因组 DNA 片段随机打断，然后测序获得许多读长一样。不断抽取就可以得到更多不同类型的字母组合，如下所示。

Hel it is lo Hel wo rldi ful beauti itis i llo He wo rld ful beau ti⋯。

接着，借鉴类似基因组测序文库构建的思路，即对插入片段长度为 2kb 的测序文库进行测序，测出这条序列两端各 100bp 的片段，而中间约 1.8kb 长度的序列未知。但由于来自同一插入片段的两端读长关系是已知的，上面的例子就会得到一些像下面这样的字母组合：

Hel****orl, low****dit, iti****obe, sob****ifu, ⋯。

这时候就可以根据字母组合和字母组合之间的重叠关系，将这句话拼写出来：

Helloworlditissobeautiful。

但是这还不是最终的结果，需要根据语法习惯加上空格和标点，这样才能够真正还原纸张上的那句话。

二、基因组测序技术与组装工具

获得完整的基因组序列是基因组学中最重要的任务之一，主要借助测序技术和组装软件共同来完成。基因组测序，简单来说是将 DNA 化学信号转变为计算机可处理的数字信号，明确目的 DNA 片段的碱基排列顺序。

下面主要介绍基因组测序技术的发展史（图 1-6）。基因组测序技术从第一代测序技术发展至第三代测序技术已有 40 多年的历史。就当前形势来看，第二代短读长测序技术在全球范围内仍然占据着绝对地位，不过第三代测序技术在近些年也获得快速发展。在测序技术发展的历程中，测序读长经历了从长到短，再从短到长（图 1-7a）的过程，不同测序技术对基因组拼接连续性的影响也发生了相应变化（图 1-7b），这些都对基因组学研究产生了巨大的推动作用。

（一）第一代测序技术

第一代测序技术主要以 1950 年由埃德曼（Edman）发明的链降解法（Edman et al., 1950）和 1977 年由桑格（Sanger）发明的双脱氧链终止法（桑格测序法）（Sanger et al., 1977）为代表。1977 年，桑格采用双脱氧链终止法测定了第一个基因组序列——噬菌体 phiX-174，全长只有 5375 个碱基。虽然与今日的技术比起来不算什么，但自此之后，人类获得了窥探生命本质的能力，并以此为开端真正步入了基因组学时代。2001 年完成的首个人类基因组图谱就是以改进的桑格测序法为基础进行测序的。

图 1-6 基因组测序技术发展史

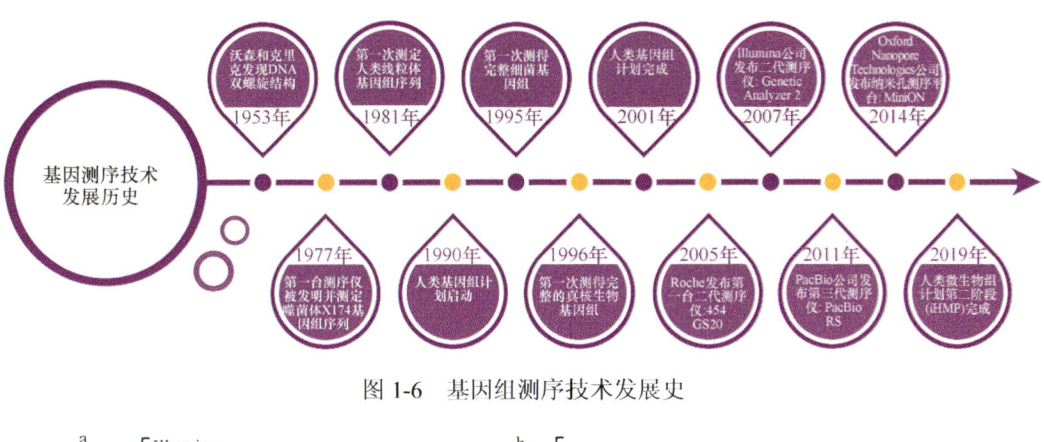

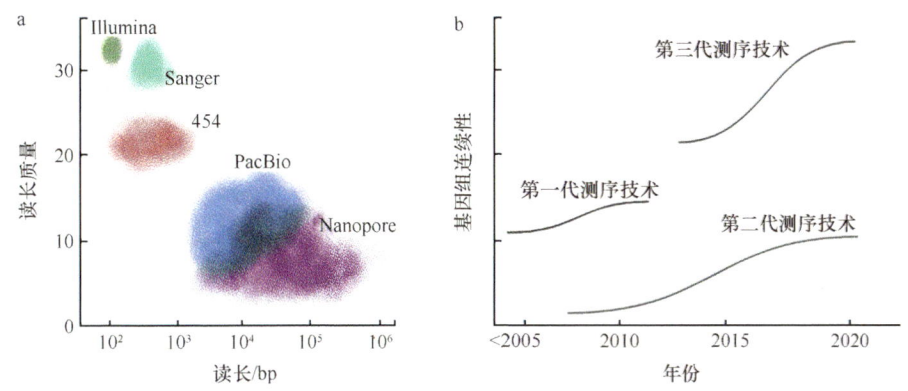

图 1-7 不同测序技术的读长与测序质量（a）以及对基因组组装连续性的影响（b）
（Michael and VanBuren，2020）

在随后的实践中，研究人员对桑格测序法进行了不断改进。桑格测序法利用了DNA复制的原理。在桑格测序反应体系中包含了目标DNA片段、脱氧三磷酸核苷酸（dNTP）、双脱氧三磷酸核苷酸（ddNTP）、测序引物及DNA聚合酶等。测序反应的核心就是其中使用到的ddNTP，由于它缺少3′-OH，不具有与另一个dNTP连接形成磷酸二酯键的能力，这些ddNTP可用来中止DNA链的延伸。此外，这些ddNTP上连接有放射性同位素或荧光标记基团，可以被自动化仪器或凝胶成像系统检测到。

例如，基于桑格测序法设置4个平行的测序反应，每一个反应中分别包括目标DNA片段、DNA聚合酶、测序引物、4种dNTP和一种特定类型荧光标记的ddNTP（即不同的反应中分别为ddATP、ddGTP、ddCTP及ddTTP）。通过这样的配置，在不同的反应中DNA链将会分别在A、G、C及T位中止，并形成不同长度的DNA片段。这些片段由于分子量差异随后可被凝胶电泳分开并显示出来。变性丙烯酰胺电泳有4个泳道，每个泳道对应一种碱基。电泳结束后通过放射自显影可读出凝胶影像。图像中的每一个条带表示一个双脱氧核苷酸（ddATP、ddGTP、ddCTP、ddTTP）掺入到DNA复制链上后使DNA链停止延伸而形成的DNA片段。4个泳道之间的不同条带的相对位置可以用来读取碱基类型（从底部到顶部），从而得到该目标DNA片段的碱基排列顺序。如图1-8所示，该DNA片段的碱基组成为TAGGCTTCGTA。

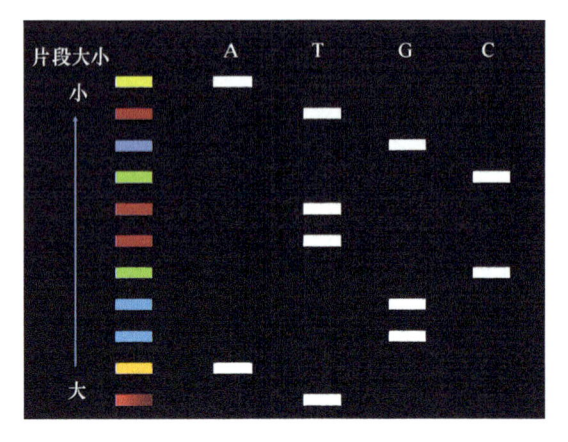

图1-8 桑格测序法电泳结果

（二）第二代测序技术

第一代测序技术的主要特点是测序读长可达1000bp，准确性高达99.999%，但其测序通量较低，导致不能大规模应用，因而不是理想的测序方法。经过不断地技术改进和开发，以Illumina和Ion Torrent为代表的第二代短读长测序技术诞生。它是继第一代桑格测序法之后，测序技术发展史上的又一大进步。第二代测序技术的最大特点是实现了对大量短片段（300~800bp）克隆文库的平行测序（高通量），大幅提高了测序速度、降低了测序成本；其主要缺点是测序之前需要进行PCR扩增，这在一定程度上增加了碱基测序的错误率。目前Illumina公司的测序仪占全球75%以上的测序仪市场份额，以NovaSeq系列为主。二代测序技术采用边合成边测序的方法，工作流程包括DNA测序文库构建、桥式PCR扩增、测序与数据分析。

1. DNA测序文库构建

首先，从幼嫩的新鲜组织（根、茎、叶等）中提取DNA样品，提取的样品使用标准方法（分光光度法、荧光法或凝胶电泳法）进行质量检查。以分光光度法为例，当260nm和280nm波长下的吸光光度比值（OD_{260}/OD_{280}）约为1.8时，表明提取的DNA纯度较高。OD_{260}/OD_{280}大于1.9表明有RNA污染，小于1.6表明有蛋白质等污染。

其次，将这些DNA分子用酶处理或超声波随机打断成一定长度的DNA片段。最佳的片段长度取决于所使用的测序平台。目前除了一些特殊的需求之外，基本都是打断为300~800bp长度的序列片段。随后，将这些DNA片段的末端修复并连接上测序接头（一种通用的DNA小片段）。测序接头在Illumina体系中一般分为P5（Primer 5）和P7（Primer 7）两种，方便与测序平台兼容。DNA片段的其中一个测序接头序列与测序流动槽上的探针反向互补，有助于识别执行多重测序的位置并完成与探针的结合；另外一个测序接头带有分子条形码（barcord）序列，用来区分不同的样品。多重测序是指每个样品使用单独的接头序列，可以在一次运行中同时汇集和测序大量文库。带有接头的DNA片段的集合称为DNA测序文库。

最后，通过PCR对适宜长度的测序文库进行扩增。

2. 桥式 PCR 扩增

第二代测序技术的核心反应容器是用于吸附流动 DNA 片段的测序流动槽。当测序文库建好后，这些文库中的 DNA 片段在通过测序流动槽时，会随机附着在测序流动槽表面的泳道（lane）上。每个测序流动槽有 8 个泳道，每个泳道的表面都附有很多的测序探针，这些探针能和建库过程中加在待测 DNA 片段两端的一个测序接头碱基互补配对。理论上这些泳道独立反应，互不影响。

第二代测序技术的一个核心特点是桥式 PCR 扩增。桥式 PCR 以测序流动槽表面所固定的探针序列为模板，进行 PCR 扩增。经过不断的扩增和变性循环，最终每个 DNA 片段都在各自的位置上集中成束，每一个束都含有原来单个 DNA 模板的很多份拷贝，这一过程的目的在于实现将单一碱基的信号强度进行放大，以达到测序所需的信号要求。

3. 测序与数据分析

测序采用边合成边测序的策略。首先向反应体系中同时添加 DNA 聚合酶、接头引物和带有碱基特异荧光标记的 4 种 dNTP（如同桑格测序法）。这些 dNTP 的 3′-OH 被化学方法所保护，因而每次只能添加一个 dNTP，确保了在测序过程中一次只会测一个碱基。同时在 dNTP 被添加到合成链上后，所有未使用的游离 dNTP 和 DNA 聚合酶会被洗脱掉。其次，再加入激发荧光所需的缓冲液，用激光激发荧光信号，并利用光学设备完成荧光信号的记录，最后将光学信号转化为测序的碱基。这样荧光信号记录完成后，再加入化学试剂猝灭荧光信号并去除 dNTP 3′-OH 保护基团，以便进行下一轮测序反应。

测序完成后，需要对原始读长进行质量控制和预处理，然后再用于组装基因组序列。评估原始测序数据的质量高低对于下游的组装工作至关重要。

（三）第三代单分子测序技术

目前主流的第三代测序技术是 Pacific Biosciences（PacBio）公司的单分子实时测序（single molecule real-time sequencing，SMRT）技术和 Oxford Nanopore Technologies 公司的单分子纳米孔测序技术。与第一代和第二代测序技术相比，第三代测序技术具有超长读长、无需 PCR 扩增、测序周期短和表观修饰位点检测等优点。同时，第三代测序技术也存在碱基测序错误率偏高（约 10%）的问题，其中的大多数错误是插入缺失，实践中需要通过提高测序深度来降低错误率，并且在基因组组装前需先对数据进行纠错处理。第三代测序技术在基因组从头测序与组装和表观遗传学等领域中有良好应用，促进了基因组学的研究。

单分子实时测序是一种并行化的测序方法，采用边合成边测序的策略，每秒能测约 10 个碱基，测序读长可以达到 20~30kb。其基本原理是，当 DNA 模板序列被 DNA 聚合酶捕获后，4 种不同荧光标记的 dNTP 随机与 DNA 聚合酶结合，与 DNA 模板匹配的碱基生成化学键的时间远长于其他游离碱基停留的时间。因此统计荧光信号存在时间的长短，可区分匹配的碱基与游离的碱基。通过分析 4 种荧光信号与时间的关系即可测定 DNA 序列。单分子实时测序核心技术之一是零级波导（zero-mode waveguide，ZMW）技术，ZMW 是一种具有阵列结构的纳米孔器件，纳米孔的孔径远小于检测激光的波长。当激光打在 ZMW 底部时，无法穿过纳米孔，而是在 ZMW 底部发生衍射，仅照亮固定 DNA 聚合酶的区域。只有在这个区域内，碱基携带的荧光基团才会被激活而被检测到，大幅地降低背景荧光的干扰。每个 ZMW 只固定一个 DNA 聚合酶，当一个 ZMW 结合少于或超过一个 DNA 模板时，该 ZMW 所产生的测序结果在后续数据分析时会被过滤掉，由此保证每个可用的 ZMW 都是一个单独的 DNA 合成体系。15 万个 ZMW 聚合在一个芯片上，称为一个 SMRT Cell。PacBio RS Ⅱ 测序仪一个流程可同时完成 8 个 SMRT Cell 的测序。

纳米孔测序技术基于电信号而不是光信号。这个技术的关键点在于一种特殊纳米孔，孔内共价结合分子接头。当 DNA 分子通过纳米孔时，它们的电荷发生变化，从而短暂地影响流过纳米孔的电流强度（每种碱基所影响的电流变化幅度是不同的），最后高灵敏度的电子设备检测到这些变化从而识别所通过的碱基。纳米孔测序技术的测序读长比 PacBio SMRT 还长，可以达到 50kb（最长可达 2.3Mb）。

（四）单细胞基因组测序技术

2011 年尼古拉斯（Nicholas）等开发了单细胞基因组测序技术，目前主要运用在人类研究中。组织器官发育经历了不断的细胞分裂与分化，每次细胞分裂都会随机产生少量突变，包括单核苷酸变异、微卫星序列改变、转座子重复序列改变、拷贝数变异和线粒体突变等。这些不断积累的细胞突变，可作为识别和追踪细胞谱系关系的独特标志，这从根本上解决了对组织器官细胞的谱系追踪问题。

（五）端粒到端粒基因组

2022 年初 Science 连发 6 篇长文介绍了端粒到端粒（telomere-to-telomere，T2T）的人类最新参考基因组（T2T-CHM13）。除 Y 染色体外，人类所有 22 对染色体和 X 染色体都实现了端粒到端粒的完整组装，填补了人类基因组计划中 8%的缺口，标志着基因组测序进入"0 gap"时代。

测序成本、读长和通量是评价测序技术先进与否的三个重要指标。目前组装完整植物基因组、复杂基因组和泛基因组仍存在挑战。

三、基因组组装算法

基因组序列组装是指将测序读长进行多重排列，基于重叠区域拼成重叠群（contig），再基于双端测序的读长将重叠群按顺序和方向拼成支架（scaffold），最后组装成染色体。得益于测序技术的发展，目前测序成本已不再是大多数大型基因组从头组装项目的限制因素，序列组装反而成为主要挑战。序列组装算法随着测序技术的发展而进步。目前基因组组装算法主要有重叠-布局-共识（overlap-layout-consensus，OLC）和德布鲁因图（de

Bruijn graph，DBG）两大类，它们两者都遵循 Lander-Waterman 模型（Flicek and Bimey，2009；Schatz et al.，2010；Miller et al.，2010；Li et al.，2012）。在该模型中，如果两条读长重叠并且重叠的长度大于阈值，则应该将这两个读长合并为一个重叠群，重复此过程，直到无法合并任何读长或重叠群为止。这两种基础算法适用于不同读长和测序深度的序列组装，并且在拼接效率上有着明显差异。当然，随着时代发展，一些新的基因组序列组装算法也陆续被提了出来，如重复图拼接算法。

（一）OLC 组装算法

OLC 组装算法于 1980 年首次提出（Staden，1980），随后被全球各地的众多科学家优化与发展。OLC 组装算法一般分三个步骤来完成基因组序列的组装，分别是：①首先找到所有读长之间可能的重叠区域（O）；②然后根据重叠关系对所有读长进行布局（L）；③最后经矫正错误后推断出共识（C）序列（图 1-9a）。与此同时，第一代测序技术具有以下三个主要特点：①读长较长，可以达到 500~1000bp；②准确率很高，单次测序准确率高达 99.99%；③通量较低，无法进行高通量测序。OLC 组装算法作为一种直觉性汇编算法，其仅基于读长进行基因组序列组装的特点正好与第一代测序技术的特性相吻合。因此，OLC 组装算法在基于第一代测序技术的基因组序列组装工作中得到广泛应用并取得成功。后来随着第二代测序技术的快速发展，第一代测序技术慢慢退出了市场，OLC 组装算法也逐渐被擅长处理高通量短序列的 DBG 算法所取代。但是，随着近年来第三代长读长测序技术的崛起，OLC 组装算法又重新焕发了生机。例如，以 Nanopore/PacBio 为代表的第三代测序技术产生的读长超长（10~30kb），这与 OLC 组装算法的优势正好匹配。目前有许多广泛使用的优秀组装软件都是基于 OLC 组装算法开发的，如 Canu、NECAT 和 miniasm（Li and Erpelding，2016；Koren et al.，2017；Chen et al.，2021）。但由于三代测序存在较高的碱基错误率，这些软件通常采用两种策略进行基因组序列的组装。一种策略是利用不纠错的原始数据直接进行组装，代表软件有 wtdbg2、SMARTdenovo 和 Flye；

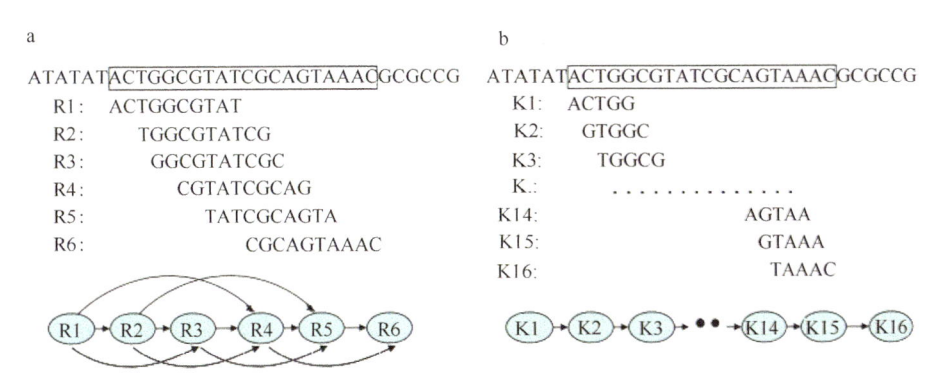

图 1-9 使用 20bp 长度序列示例数据构建 OLC 和 DBG 图（Li et al.，2012）

a. 在该序列区域产生了 6 个读长（R1~R6）。读长（L）为 10bp，重叠长度（T）为 5bp。读长根据其起始位置和相应 OLC 图沿基因组按顺序排列，大多数节点具有多个传入或传出弧。b. 序列被切成 $K\text{-}mer$（$k=5bp$），总共有 16 个不同的 $K\text{-}mer$，其中大部分出现在不止一个读长。$K\text{-}mer$ 根据它们的起始位置沿着基因组有序排列，DBG 图大多数节点只有一个传入和传出弧另一种策略是先对测序读长进行纠错，然后再进行组装，代表软件有 Canu、MECAT、ECAT 和 NextDenove。这两大类软件总体上都符合 OLC 组装算法，但有时候为了解决组装上的某些痛点，会对算法做适当的改进。例如，wtdbg2 软件采用了模糊布鲁因图（fuzzy Bruijn graph）算法（Ruan and Li，2020），通过将测序数据分割成一定长度的短序列，然后再将短序列拼接成全基因组序列，从而提升组装的速度；Flye 软件采用了重复图（repeat graph）算法，通过将所有容易出错的不连续序列以任意顺序连接成单个字符串，再通过读长来判断组装结果的准确性，进而解析出重复图中存在桥连的区域（重复序列）。一般认为，经过纠错的组装策略可以从源头解决读长的部分质量问题，使高杂合或多倍体化的复杂基因组组装结果的准确度更高。

（二）DBG 组装算法

OLC 组装算法适用于拼接长的读长或大的片段，但不太擅长拼接高通量的短读长序列（100~150bp）。为解决短序列高效拼接的问题，美国加利福尼亚大学圣迭戈分校的帕维尔·佩夫兹那（Pavel Pevzner）教授于 1989 年首次将德布鲁因图用于杂交测序技术（sequencing by hybridization，SBH）的序列拼接，并和美国生物信息学家迈克尔·沃特曼（Michael Waterman）合作开发了相应的基因组组装软件。他们提出，在德布鲁因图中可以通过寻找欧拉路径的思路来确定拼接序列（即德布鲁因序列）。德布鲁因图（DBG）是一种反直觉算法，其工作原理是首先将读长分割成更短的 K-mer，其次使用所有的 K-mer 形成 DBG，最后推断出 DBG 上的基因组序列（图 1-9b）。该拼接算法特别适合处理具有大量重叠关系的短读长，是目前拼接二代测序短序列数据的主流方法。当然，也有一些小众的三代测序组装软件是基于 DBG 组装算法开发的，如 ABujn 和 HINGE。

（三）重复图组装算法

重复图（repeat graph）模型对于组装具有大量重复序列的基因组具有很好的效果。其基本原理是：通过高通量测序数据构建其近似重复图，然后重构所有重复序列，由此拼接出原始的基因组序列。

帕维尔·佩夫兹那（Pavel Pevzner）是图论的专家，基于德布鲁因图的经典基因组从头拼接算法最早也是由他提出的。2019 年美国加利福尼亚大学圣迭戈分校 Pavel Pevzner 实验室在 *Nature Biotechnology*（《自然·生物技术》）杂志上发表了基于重复图开发的适用于长读长的基因组拼接软件——Flye（Kolmogorov et al.，2019）。通过比较分析发现，Flye 的组装速度和准确性均远高于拼接软件 Falcon、Miniasm、HINGE、Canu 和 MaSuRCA。采用 Flye 组装基因组序列通常需要经过三个步骤：①构建基因组随机拼接序列（disjointing）；②基于"disjointing"构建近似重复图；③基于少量重复序列之间的差异，区分重复序列与非重复序列之间的连接关系，确定重复图中每条重复序列路径，构建完整重复图（图 1-10）。大片段的重复序列一直是基因组从头组装的难题之一，而 Flye 软件对于大片段重复序列的拼接具有良好的表现。

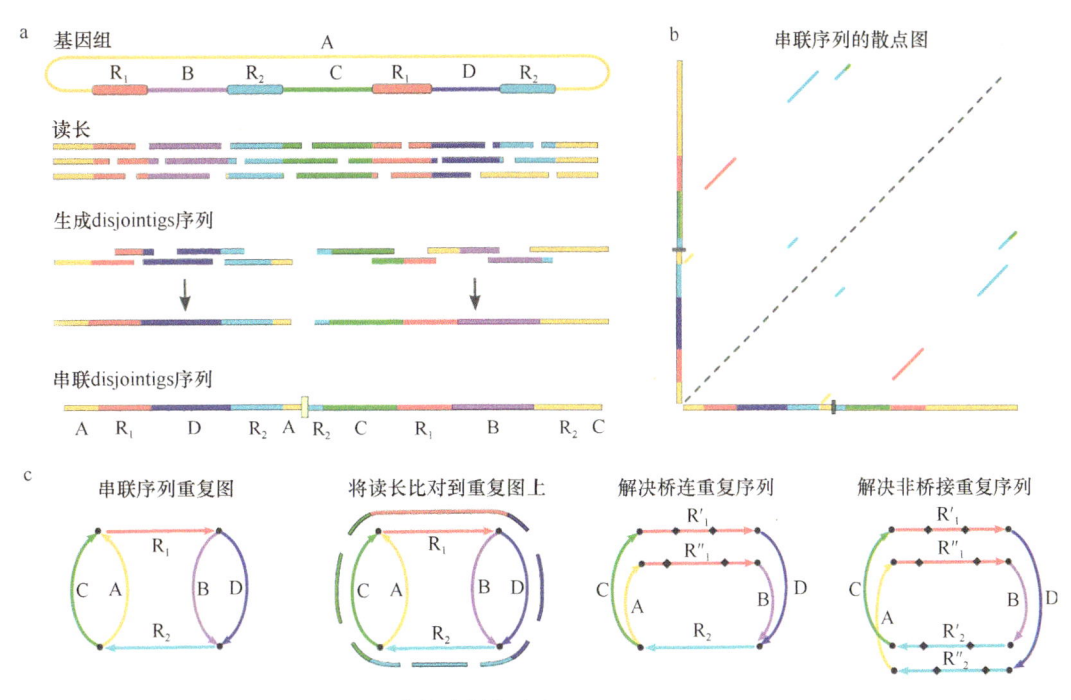

图 1-10　Flye 组装算法拼接流程（Kolmogorov et al., 2019）

四、基因组染色体水平组装

上述步骤的拼接一般只能将测序读长组装到支架（scaffold）水平（即基因组草图）。但是对于重要物种来说，仅仅获得基因组草图还远远不够。所以，科学工作者往往借助额外的数据（如 Hi-C 数据，见后文）或技术来辅助基因组序列的组装，最终获得染色体水平的参考基因组。

（一）利用遗传图谱辅助组装

将 scaffold 按顺序锚定到假染色体上是基因组组装的一个重要步骤，通常利用各种绘图技术来辅助完成。由于每个遗传图谱能够提供一条证据线，当多个遗传图谱组合使用的时候，就可以极大地提高基因组染色体水平组装结果的准确性。在实际情况中，可以利用遗传群体及其高质量的 SNP 等分子标记进行连锁分析，构建高密度遗传图谱。遗传图谱的标记、标记对应的遗传距离和标记对应的染色体位置是辅助基因组组装的重要信息。利用遗传图谱辅助基因组序列的组装往往分三个步骤：①将分子标记定位到 scaffold 上；②通过分子标记的位置信息锚定 scaffold 的染色体定位信息；③最后将 scaffold 按照顺序和方向组装成染色体。

目前利用遗传图谱辅助基因组组装的软件较多。例如，福建农林大学唐海宝实验室开发的 ALLMAPS 软件（Tang et al., 2015），可以通过设置权重的方式实现同时使用多个遗传图谱来辅助染色体水平基因组的组装。这种方式既可以提高染色体水平基因组组装的总长度，也可以提高组装的准确性和完整度。

（二）染色体水平基因组组装新技术

利用遗传图谱辅助基因组组装耗时、耗力。因此，近年来科学家开发出了许多其他的优秀辅助组装新技术，如 Hi-C 技术、光学图谱技术（Bionano Genomics 公司）、Chicago 技术（Dovetail Genomics 公司）等。

1. Hi-C 技术

Hi-C（high-through chromosome conformation capture）技术，即高通量染色体构象捕获技术，它是以整个细胞核为研究对象，利用高通量测序技术，结合生物信息分析方法，研究全基因组三维构象及分析染色质片段间相互作用的前沿技术。对于基因组组装，Hi-C 技术主要基于染色体内的相互作用力远大于染色体间的相互作用力和近距离的相互作用力远大于远距离的相互作用力的基本原理，进行染色体基因组序列的聚类和排序，并实现序列的染色体定位。与利用遗传图谱辅助基因组组装的方法相比，Hi-C 技术不需要构建专门的作图群体，单个材料就可以实现序列的染色体定位。然而，现有方法大多数仅适用二倍体基因组，对多倍体基因组的染色体重构能力有限。同源多倍体基因组的组装一直是世界级的难题。张兴坦等基于 Hi-C 数据开发了针对多倍化基因组或高杂合二倍体基因组的准染色体重构软件 ALLHiC（Zhang et al.，2019），能有效解决同源多倍体分型的问题。

2. Chicago 技术

2016 年研究人员基于体外染色质重组提出了一种更为简单的特大片段建库技术——Chicago 技术（Putnam et al.，2016）。它主要通过人工构建一定长度的染色体片段，利用"同一个片段上的交互信号强，不同片段的交互信号弱"的基本原理，实现对单 DNA 片段的组装，提升 scaffold 组装指标。Chicago 技术的不足之处是产生的片段跨度范围明显小于 Hi-C 技术，不能将基因组组装到染色体水平，但解决了 Hi-C 技术中不同染色体的端粒区域存在交互带来的组装问题。

3. 光学图谱技术

与 Hi-C 和 Chicago 技术不同，光学图谱技术不是基于测序系统的。它通过对尽可能长的 DNA 片段进行成像分析，制成可视化的基因组图。其中，Bionano Genomies 公司是目前最主流的光学图谱技术服务商，提供了 RYS 和 SAPHYR 两种光学图谱平台。在辅助基因组组装上，光学图谱技术除了能够用于基因组拼接片段的排序和定向之外，还可以用于基因组拼接片段的错误矫正，以及相邻片段间缺口的序列长度的估计。基于 SAPHYR 光学图谱平台的基因组 DNA 标记和染色技术（DLS 技术）是一种新型无损的化学技术，对基因组 DNA 进行标记时不会造成破坏，可以产生染色体臂长的光学图谱。例如，蔡应繁等利用 BioNano 的 DLS 技术辅助进行澳洲野生棉——鲁滨逊氏棉基因组染色体水平的组装，最终组装出的基因组 scaffold N50 长度达到 143.60Mb，接近染色体水平（Cai et al.，2019）。对于高重复、高杂合及多倍体化的植物基因组，综合利用光学图谱技术和 Hi-C 技术等可以获得高质量的参考基因组。

(三) 组装质量评估

组装好的基因组通常由 scaffold 和 contig 组成, contig 是由具有重叠区域的读长拼接而成的连续片段, scaffold 是根据双端测序的读长将 contig 按顺序和方向排序获得的连续片段。基因组组装完成后, 通常需要对组装结果的质量进行评估。目前常用的评估方法有拼接长度 (N50)、拼接缺口频率、序列一致性和基因组完整性等。

contig N50 和 scaffold N50 是评估基因组组装质量的第一指标, 它们的数值可以通过软件 gnx (https://github.com/mh11/gnx-tools) 计算获得。对于 N50 的含义, 以 contig N50 为例说明:①首先, 根据测序读长间的重叠关系将读长拼接成一些不同长度的 contig, 将所有 contig 的长度数值相加得到 contig 总长度;②其次, 将所有的 contig 按照长度从大到小进行排序, 如 contig 1, contig 2, contig 3, …;③最后, 将 contig 的长度按照此顺序从左到右依次相加, 当求和大于或等于 contig 总长度的 50% 时, 最后一个相加的 contig 的长度即为 contig N50 的长度。其他指标依此类推。一般来说, contig N50/scaffold N50 数值越高, 表明基因组组装的连续性越好。因为每个物种的基因组测序获得的 contig 总长度是不一样的, 所以对于 N50 数值没有一个绝对的标准。但是, 从基因预测的角度来看, 当 N50 数值的大小能够达到预测基因的平均长度时是一个比较理想的结果。只有在 contig 总长度几乎一样的情况下, 两个不同物种基因组的 contig N50 数值之间的比较才有实际意义。

组装好的基因组中 contig 之间没有被测序到或未被拼接的缺口 (gap) 用 "N" 表示。scaffold 中 gap 的数量和总长度是评估基因组组装结果质量的另一个指标。当 scaffold N50 长度一定时, gap 的数量越少, 总长度越短, 说明基因组组装的质量越好。

对于序列一致性的评估, 可以采用比对软件 BWA 等分别将纠错后的二代测序数据、三代测序数据、BAC 克隆序列等多种类型数据回比到拼接好的基因组序列上, 然后统计可以比对到基因组的序列的比例以及覆盖度。覆盖度越均匀, 表明基因组的组装效果越好。

对于基因组序列组装的完整性, 可以利用长末端重复序列进行评估。长末端重复序列 (long terminal repeat, LTR) 是真核生物基因组中某些反转录转座子序列两端数百个碱基长的成对序列。美国密歇根州立大学的欧树俊等于 2018 年提出了一种无需用参考基因组衡量组装连续性的方法——长末端重复序列组装指数 (LTR assembly index, LAI) (Ou et al., 2018)。它基于 LTR 重复序列拼接的完整程度, 给出一个评价指数 LAI 值, 该值越高表示基因组拼接的完整性越好。一般 LAI 值小于 10, 表明基因组组装只达到草图水平;大于 10, 表明组装达到参考基因组水平;大于 20, 表明基因组组装达到 "金标准" 水平。此外, 还可以采用评估保守性基因的方法来判断基因组组装的完整度。目前常用的保守性基因数据库有 BUSCO 和 CEGMA。BUSCO (Benchmarking Universal Single-Copy Orthologs) 数据库的 "Plant Set" 数据集中含有 1440 个保守的植物基因。CEGMA (CoreEukaryotic Genes Mapping Approach) 是另一个保守性基因的数据库, 包含了生物界最保守的 458 个核心基因。在新组装的基因组中匹配到上述数据库中保守性基因的比例越高，说明基因组组装得越完整。

第三节　基因组可视化与注释

一、基因组可视化

基因组可视化是基因组数据分析的重要组成部分，指通过图形的方式将基因组上各个位置的特征展示出来。基因组特征既包含基因组 DNA 序列，也包含基因组变异、基因密度等分析或统计数据。例如，以基因组序列为横坐标轴，将基因密度、基因组变异、DNA 序列比对信息等数据映射到横坐标轴上，可以实现对基因组特征的可视化。根据可视化布局方式的不同，基因组可视化可以分为线性可视化和环形可视化两种（图 1-11、图 1-12）。线性可视化通常是以 DNA 序列作为横坐标轴，基因组特征作为独立的轨迹对应到横坐标轴上，代表性工具有 IGV 和基因组浏览器等。它的优点是具有很好的交互性，可以根据用户需要，在染色体水平与碱基水平之间进行不同尺度的缩放展示；其缺点是一次只能反映一条染色体（或一个片段）的特征，无法反映全基因组的特征以及不同染色体之间的关系。环形可视化是指将基因组 DNA 序列首尾相连形成一个环，基因组特征呈环状在基因组 DNA 序列的外侧不断向外延伸，代表性工具有 Circos 和 Circlize 等。环形可视化与线性可视化相比，能够同时反映全基因组序列的特征和不同染色体之间的关系，但交互性较差。

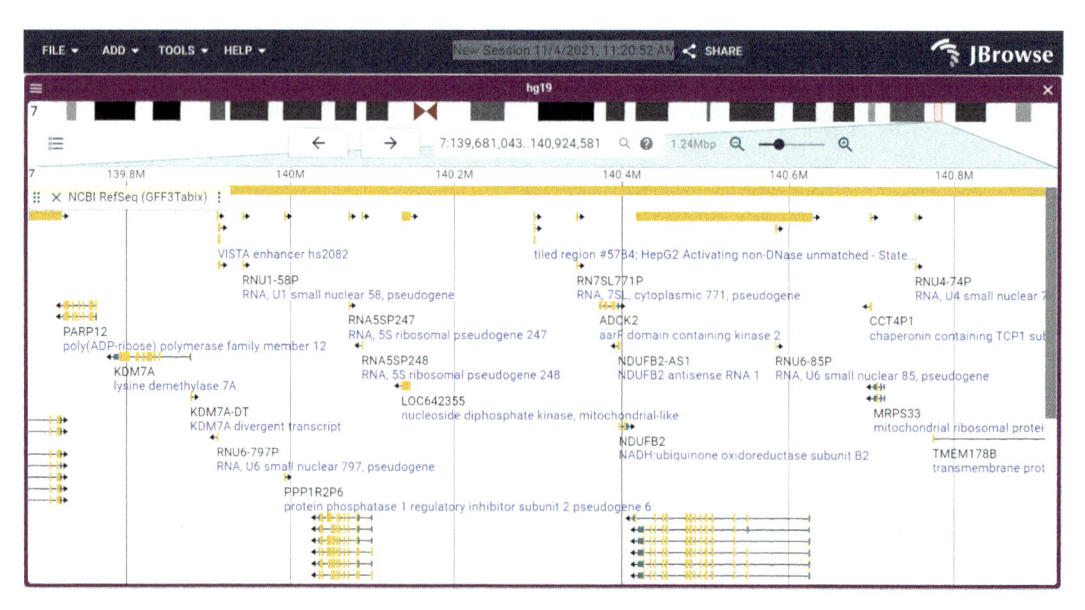

图 1-11　线性基因组的 JBrowse 页面展示（Diesh et al.，2022）

然而，目前测序方法所产生的数据集的大小和多样性对可视化工具提出了重大挑战。下面简单介绍几种基因组可视化工具。

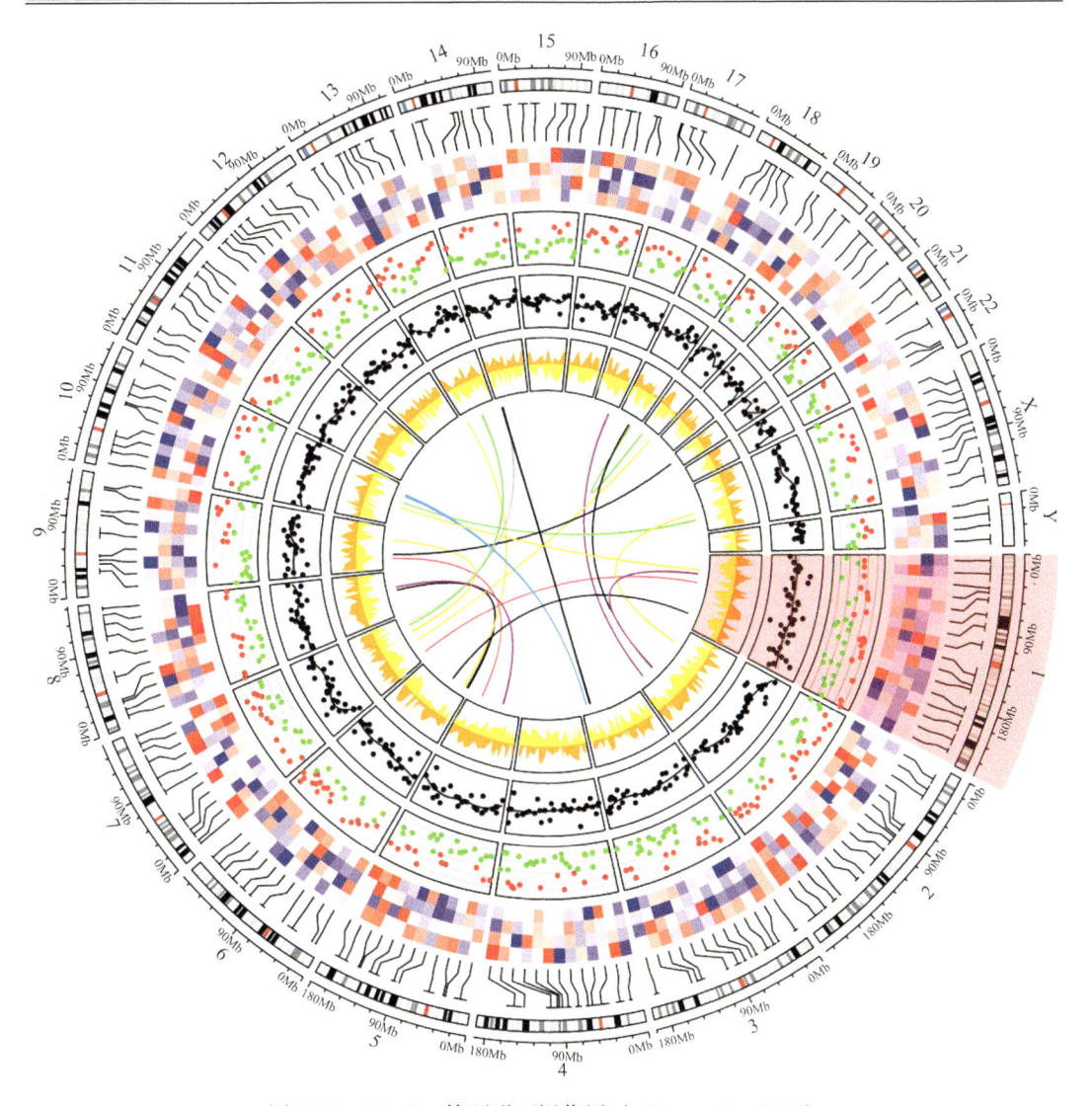

图 1-12　Circlize 的环形可视化展示（Gu et al., 2014）

（一）基因组浏览器

基因组浏览器是基于网页的基因组序列浏览工具，它以基因组 DNA 序列为横坐标，实现基因结构、基因组变异、DNA 序列比对等信息的可视化。目前主要的基因组浏览器有 GBrowse、JBrowse、NCBI Genome Data Viewer 和 UCSC Genome Browser。其中，GBrowse 和 JBrowse 可以直接部署在本地使用，也可以通过接口整合到数据库中进行相关数据的访问。

1. GBrowse

Generic Genome Browser（GBrowse）是第一款用于操作和显示基因组上注释信息的交互式网页基因组浏览器，其前身是 WormBase 数据库中的一个 Browser 浏览器功能组件（https://wormbase.org/tools/genome/gbrowse/c_elegans_PRJNA13758/）。2002 年，这个

功能组件被剥离出来单独成为基因组浏览器 GBrowse，它支持 DNA 序列、基因结构和变异信息的展示，同时也支持单个碱基到全基因组水平不同尺度的信息展示。WebGBrowse（http://gmod.org/wiki/WebGBrowse）是配置 GBrowse 的工具。GBrowse 能够灵活地进行功能定制，广泛应用于棉花、拟南芥等生物数据库的构建。

2. JBrowse

JBrowse 由 JavaScript 语言编写，是 GBrowse 的继承者和升级版，对后台服务器要求很低，响应速度极快，用户交互性体验良好。此外，JBrowse 支持 GFF3、BED、FASTA、BAM、VCF、REST 等多种数据的可视化展示，远比 GBrowse 支持的数据类型多（图 1-11）。因此，目前越来越多的物种数据库倾向于选择 JBrowse 作为基因组浏览器。

3. GDV

Genome Data Viewer（GDV）是 NCBI 数据库中的在线基因组浏览器，支持超过 1700 种（截至 2022 年 11 月 17 日）真核生物参考基因组的在线访问和相关数据的分析。相比于上述基因组浏览器，GDV 可以无缝衔接 NCBI 数据库中的分析工具和注释信息，进行后续数据分析。

（二）IGV

Integrative Genomics Viewer（IGV）是一个高性能、易于使用的交互式可视化工具，可用于基因组数据的可视化。它支持所有常见类型的基因组数据和元数据，包括 BAM、BED、FASTA、GFF、GWAS 等的灵活展示及辅助分析。IGV 有多种使用形式，包括 Java 桌面应用程序、web 应用程序和 JavaScript 组件（Robinson et al.，2011；Thorvaldsdóttir et al.，2013）。

（三）Circos

Circos 是 2009 年基于 perl 语言开发的一款针对基因组数据的环形可视化软件包，同时也广泛用于其他类型数据的可视化（Krzywinski et al.，2009）。Circos 可以有效显示基因组结构的变化，包括基因、重复序列、变异信息等多种基因组特征的可视化，还可以显示基因组区间的其他类型的位置关系和比较基因组时同源片段的可视化。

（四）Circlize

Circos 使用过程中需要用户将各种格式的数据和大量的图形参数整合到配置文件，而且只能绘制有限类型的图形，这使得运用上比较烦琐和困难。针对这一局限性，研究人员在 2014 年提出了一个 R 包——Circlize，它可以以圆形布局高效灵活地可视化基因组数据（Gu et al.，2014；图 1-12）。软件包的强大功能基于基本图形功能（如点和线条的绘制）实现，可以灵活地自定义新类型的图形。此外，软件包中的数据分析结果可以无缝衔接可视化功能，从而提高了其使用的便捷性。

二、编码基因预测

基因预测与功能注释是基因组项目的重要内容，对于解析基因组组成和性状形成的遗传基础至关重要。基因预测狭义上指预测基因组 DNA 序列的编码蛋白区域（CDS）。广义的基因预测指预测整个基因结构，包括启动子、可变剪接等。基于基因预测结果，可以获得基因编码的蛋白质序列。进一步将基因编码的蛋白质序列与 CDD（Conserved Domain Database）等数据库中已知蛋白质序列的结构域进行序列匹配，可以实现对基因编码蛋白的结构和功能的预测。但影响基因预测结果准确性的因素有很多，包括重复序列比例高、基因可变剪接数量多和假基因等。

真核生物基因组中重复序列比例高达 35%~80%，仅有约 5%是蛋白质编码区域，这些编码区域散布在整个基因组区域。相对而言，染色体中心粒附近的重复序列较多、编码序列较少。基因组中除了重复序列和少量编码序列，其余大多是非编码序列。非编码序列的构成比较复杂，包括各种类型的 RNA 和假基因。假基因最开始的时候是编码序列，后来在进化过程中碱基发生变异，丧失了编码蛋白质的功能。

以异源四倍体陆地棉 TM-1 为例，其基因组由 26 条染色体组成，分别是 A 亚基因组的 1~13 号染色体和 D 亚基因组的 1~13 号染色体，每条染色体对应不同的 DNA 分子，累计长度约为 2.5Gb。其中，基因组序列约 10%为编码区域，约 0.7%为调控区域，超过 70%为重复序列。

（一）基因预测方法

基因预测方法主要有三种，分别是从头预测法、同源比对法和转录本组装法。在实际分析中，通常同时使用这三种方法进行基因预测，最后整合这三种方法的预测结果，获得最佳的预测结果。

从头预测法根据编码区统计特征和基因信号进行基因结构的预测。编码区特征的统计测验需要基于一定的基因模型。从头预测法中，最早是通过序列核苷酸频率、密码子等特性（如 CpG 岛等）进行预测。从已知的 DNA 序列统计发现，几乎所有的管家基因（housekeeping gene）和约 40%的组织特异性基因的 5'端都含有 CpG 岛，其序列可能落在基因转录的启动子及第一个外显子中。CpG 岛是指一段基因组 DNA 序列，它的胞嘧啶（C）与鸟嘌呤（G）数目之和超过 4 种碱基总和的一半。一般每 10 个核苷酸之后出现一次 CG 双核苷酸序列。具有这种特点的序列仅占基因组 DNA 总量的 10%左右。因此，在大规模基因测序中，每发现一个 CG 岛，则预示可能在这个位置存在基因。隐马尔可夫模型（hidden Markov model，HMM）在基因预测中有比较好的应用。从头预测的主流方法基本都是基于 HMM 模型开发的，它们需要基于已知基因的结构信号进行学习和训练，对模型参数进行估计。由于训练基因的局限性，对于那些与训练基因结构不相似的基因，算法无法准确预测。

同源比对法是利用近缘种已知基因进行序列比对，发现同源序列，并结合基因信号（外显子剪接信号、基因起始密码子和终止密码子等）进行基因结构预测。

转录本组装法是通过测定目标物种的转录组获得大量转录本序列，将这些表达序列定位到基因组上，它可以辅助基因编码区的预测。同时，它也可以对转录组数据进行转录本的从头拼接，获得的全长转录本同样是基因预测证据。

（二）基因预测流程

对基因进行预测一般存在两种情况。一种是仅针对少量的目标序列进行基因预测，目的是鉴定这些序列上可能的功能基因；另一种是针对一个新测序的基因组进行全基因组水平的基因预测。下面主要介绍后者的基因预测过程。

全基因组水平的基因预测往往需要结合多种方法和软件完成，整个预测过程比较复杂，需要足够的计算资源，在普通的计算机或在线平台上难以完成，一般建议在高性能计算服务器上进行基因预测工作。在基因预测之前，首先会对全基因组进行重复序列鉴定和屏蔽。真核生物基因组中存在较高比例的重复序列，如陆地棉 TM-1 基因组上至少有 70% 的重复区域。重复序列的保守性较差，所以不同物种通常都需要构建其自身的重复序列库。不过一些基因（如组蛋白、微管蛋白基因等）由于拷贝数偏高，在预测过程中容易误将这些基因的部分序列当作重复序列，导致无法预测出这些基因或基因结构预测不完整。因此，在构建目标物种的重复序列库时，首先应该去除这部分序列。在获得重复序列库后，可利用这部分序列将基因组中存在的与重复序列相似的片段区域屏蔽，这样在后续的基因预测过程中这部分序列会被当作重复序列处理掉。对重复序列的鉴定是否准确，将直接影响基因预测的质量。

1. 从头预测法

从头预测法的最大优势在于其不需要利用外部的证据来鉴定基因及判断该基因的外显子和内含子结构，而是利用各种概率模型和已知基因统计特征预测基因模型。这种方法的主要问题有如下两个。①很多从头预测软件预测新物种基因时，是利用已有模式物种的基因统计参数文件，即使是非常相近的物种，它们之间的内含子长度、密码子频率、GC 含量等重要参数也均会存在一定的差异。为解决该问题，需要通过该物种的特定基因训练数据集获得统计参数。②足够的训练数据集可以在基因数量层次上保证准确，但内含子-外显子剪接位点的准确率（60%~70%）仍然较低。

2. 利用近缘物种进行同源基因比对获得间接证据

由于同源基因编码的蛋白质序列在相近物种间存在较高的保守性，因而这部分序列经常被作为基因预测过程中的主要证据，即将相近物种的蛋白质序列联配到目标基因组上，获得这些蛋白质序列在基因组上的对应位置，从而确定外显子边界。在这一过程中，选择高质量的物种预测结果作为辅助证据尤为关键，很多研究者由于引用了低质量的预测结果作为辅助证据，导致将预测错误从一个物种延续到另一个物种。在软件工具选用方面，一般使用剪接位点识别度比较高的联配软件（如 Spaln、Spidey 和 Sim4 等），从而获得较为准确的外显子边界和剪切位点。

3. 基于目标物种基因表达数据获得表达证据

在各种基因预测的证据中，转录组数据对基因预测的准确性提升有很大帮助。目前利用转录组数据辅助基因预测的策略主要分为两种：①将独立拼接的转录本比对到基因组上确定基因的位置和结构；②将转录组读长比对到基因组上，再通过比对结果进行组装。这两种策略哪种更为准确，目前看法不一，前者的主要问题在于转录组数据本身的拼接质量，本身拼接的序列较短从而不能保证获得完整的转录本序列，目前第三代测序技术已可以逐步解决该问题；对于后者，如果基因组中基因间隔很短，有时候会错误地把两个不同的基因预测为一个基因，而该策略的优势在于能够较为准确地确定剪接位点和外显子的边界。

利用以上三种策略或工具完成预测后（图 1-13），会获得很多重叠或有出入的基因结构。这时可以通过基因预测整合工具获得一个完整且准确的预测结果。目前较主流的整合工具有 EVidenceModeler（EVM）、Maker2 和 GLEAN，这类软件可以将各种来源的基因预测结果整合。Maker2 作为一个综合重复序列预测与屏蔽、基因预测、功能预测为一体的优秀工具，目前得到越来越广泛的运用。经过上述步骤，结果中通常还是会存在一定数量的低质量预测基因，需要进一步进行人工筛选，将编码蛋白长度小于 50 个氨基酸、编码不完整、基因长度过长、基因中间存在大量"N"等情况的基因过滤掉。

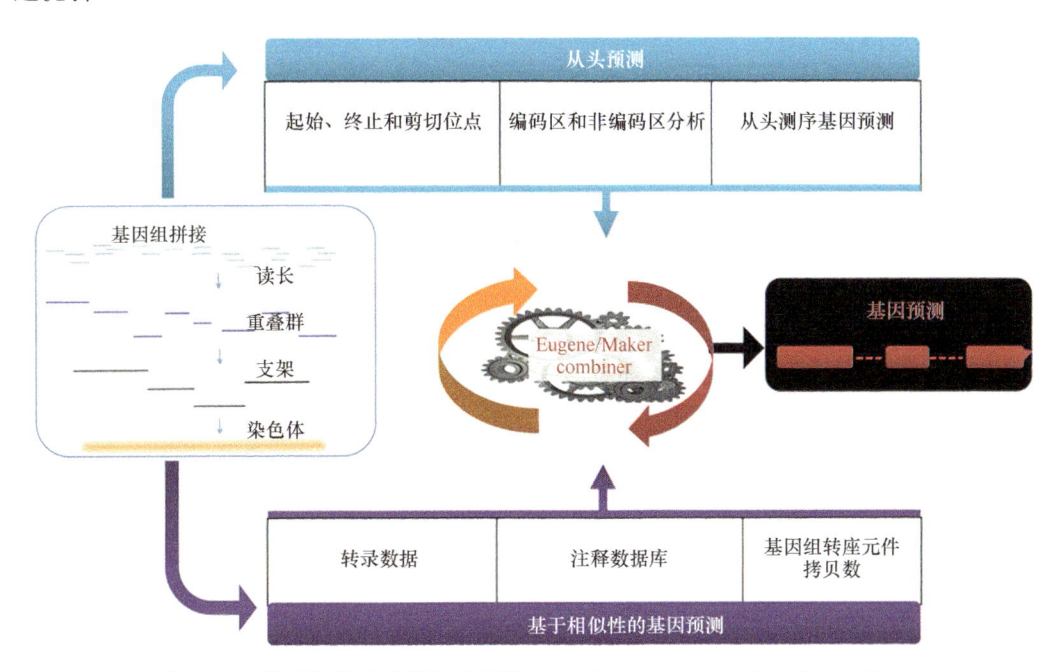

图 1-13 基因组注释的简化示意图（Dominguez Del Angel et al., 2018）

左边部分的框中显示了一个典型的基因组装配过程，该过程得到了待注释的支架或染色体。接下来可以采用两种不同的方法对这些支架进行注释，第一种方法叫做 *ab-initio*，它需要一组已知的训练基因集。一旦 *ab-initio* 得到训练，它就可以用来预测其他结构类似的基因的功能。第二种方法基于相似度的方法，依赖于实验证据，如 CDS、EST（表达序列标签）或 RNA-seq（RNA 测序）建立的基因模型

三、基因功能注释

在获得基因的结构预测信息后，还需要进一步获得基因的功能注释。基因功能注释主要包括预测基因的功能域、功能分类和参与的生物学途径等。目前普遍采用序列相似性比对的方法对基因的功能进行注释。

（一）利用功能已知基因的保守结构域进行注释

在 NR、Uniprot 和 Swiss-Prot 数据库中包含了许多已知基因的序列，可以使用这些数据库对基因的功能进行注释。这里主要分两种情况，一种是需要注释的基因数量较少；另一种是需要注释的基因数量成千上万。当需要功能注释的基因数目较少时，可以使用 NCBI 的在线 BLAST 服务（https://blast.ncbi.nlm.nih.gov/Blast.cgi），直接选择需要匹配的数据库进行序列比对，获得与目标数据库中记录信息的最佳匹配。根据匹配上的已知基因的功能，可以推断待注释基因的功能。虽然 NCBI 在线注释服务可以一次性提交多条序列，但是计算速度较慢，获得的注释结果需要进一步手动整理。在线注释方式的优势在于结果中还会出现其他数据库的注释链接，适合对少量感兴趣的序列进行功能注释的情况。当有大量功能待注释的基因时，通常需要采用本地化序列比对的方法对基因进行功能注释，即利用本地化的 BLAST 程序将功能待注释的基因序列与下载的 NR、Uniprot 和 Swiss-Prot 数据库中的序列进行比对。利用 BLAST 程序进行功能注释时，一般将 E-value 阈值设定为 1×10^{-10} 或 1×10^{-7}；若有多条记录满足该条件时，通常选取最佳匹配（best hit）的那条记录作为该序列的功能注释结果。

InterPro 是一个集蛋白质家族、蛋白质结构域和功能位点于一体的数据库。使用 InterPro 数据库，可以将在已知蛋白质中发现的可识别特征应用于新的蛋白质序列的功能注释，预测新蛋白质功能域或重要位点。该数据库整合了 PROSITE、Pfam、PRINTS、SMART、TIGRFAMs 等功能域数据库和 PIRSF、SUPERFAMILY、CATH-Genes3D 等其他不同类型数据库。在注释过程中，根据需要可以选择不同的注释数据库，获得相应的功能注释结果。在线 InterProScan 目前一次仅支持单条蛋白质序列的查询，输出结果的格式为 HTML 或 GFF3。在计算机资源充足的情况下，本地化的 InterProScan 程序可利用多线程运行，加快注释速度，并可对 DNA 序列进行位点注释，输出 GFF3 格式的结果文件供用户查看和操作。

（二）基于功能分类和代谢途径进行功能注释

基因功能分类注释系统 GO（gene ontology）分为细胞组分（cellular component）、分子功能（molecular function）和生物学过程（biological process）三大类。基因 GO 功能注释通常利用 GO 数据库完成。进行 GO 功能注释最简单的方法是利用已做好的 InterProScan 注释文件，直接从结果中提取相关基因的 GO 注释信息。GO 注释信息的统计和展示可以使用在线工具 WEGO 完成，后续的 GO 富集分析可以利用 AgriGO 在线分析平台完成。

基因 KEGG 注释通常使用 KAAS 生物学代谢通路数据库完成。通过该网站注释，获得的结果包括对应的 KO 代号、KEGG 的代谢通路图及各个代谢通路对应图等。KAAS 主要分两种形式：双向最佳匹配（BBH）和单向最佳匹配（SBH）。前者适用于全基因组序列的注释，后者适用于个别基因序列的注释。

随着生物信息软件的发展与优化，出现了很多集成多种功能的基因功能注释方法。Blast2GO（https://www.blast2go.com/）是一个目前较为流行的、可在多操作系统下运行且具有综合用途的基因功能注释程序。Blast2GO 可将序列比对到 NCBI 的 NR 数据库获得 NR 注释；通过 Blast2GO 数据库，将 NR 注释的结果转换为 GO 注释；进行 GO 分类和富集分析；可获得"Enzyme Code"注释和 KEGG 通路图等。

目前基因的功能注释面临的主要问题是，功能注释工作建立在序列相似性比对的基础上，非常依赖于外部数据。如果对某个物种的研究较少，其基因注释便会受到明显的限制，因此无法得到准确的功能注释信息。另外，序列相似并不表示生物学功能相似，在未来的发展中需要考虑引入除序列比对以外的其他方法，进一步完善基因功能的注释工作。

第四节　棉花基因组组装案例

以 Yang 等（2019）发布的陆地棉 TM-1 基因组为例，简要说明棉花基因组测序、组装与注释。

1）PacBio 测序。采用改进的十六烷基三甲基溴化铵法（CTAB 法）提取 TM-1 的基因组 DNA。改良的 CTAB 提取缓冲液包括：0.1mol/L Tris HCl、0.02mol/L EDTA、1.4mol/L NaCl、3%（w/v）CTAB 和 5%（w/v）PVP40。向 CTAB 提取缓冲剂中添加 β-巯基乙醇以确保 DNA 的完整性和质量。基因组 DNA 通过 g-TUBE 装置剪切为 20kb 长度。将剪切的 DNA 纯化并用 AmpureXP 珠（Agencourt）浓缩，并根据制造商的方案进一步用于 SMRT bell 文库制备。使用 AmpureXP 珠选择大小合适的 SMRTbell 文库，最后将选择的 SMRTbell 文库用于测序（引物 V3，聚合酶 2.0）。在 PacBio Sequel 系统上进行单分子测序，得到 19 951 021 个子序列（subread），平均长度为 10 248bp。最后，仅使用大于或等于 500bp 的 PacBio 序列来组装基因组。使用 Trizol 试剂（Invitrogen）从多个组织（叶、花、愈伤组织、胚珠、棉花纤维、鱼雷形胚和子叶胚）中分离总 RNA，然后用去 RNA 酶的脱氧核糖核酸酶Ⅰ（Promega，美国）处理。分别使用 NanoDrop 公司的 ND-1000 分光光度计和 Agilent 2100 生物分析仪检测 RNA 的数量和质量。使用 SMARTer PCR cDNA 试剂盒将 mRNA 逆转录合成 cDNA（Takara，日本）。使用 BluePippin 尺寸选择系统（Sage Science，美国）进行 cDNA 尺寸分级和选择（分为 1~2kb、2~3kb 和>3kb）。使用 DNA 模板制备试剂盒（Pacific Biosciences DNA Template Prep Kits v.2.0）构建 SMRT bell 文库。最后使用 PacBio Sequel 测序平台进行全长转录组的测序。

2）Illumina 测序。根据 Illumina 推荐的方案构建了 TM-1 的 270bp 插入片段测序文库：①通过压缩氮气雾化破碎基因组 DNA；②DNA 末端补齐，并将腺嘌呤添加到片段末端；③将在3′端具有单个T的DNA接头（Illumina）连接到上述DNA片段；④连接产物在2%琼脂糖凝胶上进行分离，并回收预期大小的DNA片段，构成测序文库。利用HiSeq 2500测序平台（Illumina）进行双末端测序，测序读长为150bp。对于原始Illumina读长，移除测序接头；使用BWA软件将读长与NCBI-NR数据库比对，过滤污染的读长（包括线粒体、细菌和病毒序列等）；采用FastUniq工具剔除由于PCR引入的重复读长；过滤满足以下条件的低质量读长：①大于10%未识别核苷酸（N）的读长；②大于10%的碱基测序错误的读长；③一半以上碱基的Phred质量值小于5的读长。最后，获得了69.95Gb（约29.64×）的高质量读长。

3）从头组装。使用基于Canu的流程进行组装（参数genomeSize=600 000 000，corOutCoverage=35）；通过高灵敏度重叠器MHAP（MHAP-2.1.2，参数CormHapSensitivity=low/normal/high）检测原始读长重叠，并通过Falcon sense方法进行错误校正（参数correctedErrorRate=0.025）；剪切掉长读长中低质量碱基和接头序列，并利用长度排在前80%的序列进行基因组草图的构建。最后，利用来自同一测序个体的高质量二代读长序列，使用Pilon软件校正基因组草图中的SNP和INDEL。利用BUSCO v3.0数据库中1440个高度保守的基因分析基因组序列的完整性，结果表明TM-1基因组中分别有1420个（98.61%）完整的BUSCO基因和5个（0.35%）片段化的BUSCO基因。

4）Hi-C技术测序数据辅助组装。根据Hi-C技术的建库流程，利用甲醛将TM-1叶片基因组中参与染色质互作的蛋白质凝固，并利用*Hind* III进行酶切，保留物理位置很远，但在空间上相互作用的成对DNA分子。利用生物素标记黏性末端，然后通过碱基互补配对将黏性末端相连形成嵌合环。将连接DNA片段的蛋白质消化，得到交联片段。对交联片段进行剪切，并利用磁珠将带生物素的片段进行捕获、富集，添加测序接头后进行测序。过滤读长后，获得了用于TM-1染色体水平基因组组装的3.24亿个有效互作对。将重叠群打断成50kb长度的片段，使用LACHESIS软件进行聚类。最终，将699个重叠群锚定到了26个假染色体上，长度为2.23Gb。

5）重复序列预测。首先使用LTR-FINDER、MITE-Hunter、RepeatScout和PILER-DF等软件从头构建重复序列库。这个从头构建的数据库与Repbase数据库一起用于创建最终的重复序列库。使用RepeatMasker软件进行重复序列的鉴定和分类。LTR家族分类标准是同一家族的5′LTR序列至少在80%的长度上具有80%以上的一致性。重复序列占TM-1基因组的73.68%（1.69Gb）。

6）编码基因预测。使用从头预测、蛋白质同源性鉴定和Iso-seq（异构体测序）方法预测编码基因。具体而言，从头基因预测采用Genscan v1.0、Augustus v2.5.5、GlimmerHMM v3.0.1、GeneID v1.3和SNAP软件完成；利用Geoma v1.4.2软件将拟南芥、水稻、陆地棉（NAU）和雷蒙德氏棉（JGI）的同源蛋白质比对到TM-1基因组上；使用BLAT工具将源自PacBio的cDNA长读长序列比对到屏蔽重复序列的基因组上，随后使用PASA软件对BLAT工具比对结果的基因结构进行建模。最后，通过使用EVidenceModeler软件整合从头预测、蛋白质同源比对和转录组数据预测的结果。TM-1基因组总共预测获得了73 624个基因。通过将预测的蛋白质序列与一系列核苷酸和蛋白质序列数据库（包括 COG、KEGG、NCBI-NR 和 Swiss-Prot 等）进行比对并进行功能注释。基于 NCBI 数据库使用 Blast2GO 程序对每个预测基因进行 GO 功能注释。

参 考 文 献

高胜寒, 禹海英, 吴双阳, 等. 2018. 复杂基因组测序技术研究进展. 遗传, 40(11): 944-963.

Arumuganathan K, Earle E D. 1991. Nuclear DNA content of some important plant species. Plant Mol Biol Rep, 9: 208-218.

Boetzer M, Henkel C V, Jansen H J, et al. 2011. Scaffolding pre-assembled contigs using SSPACE. Bioinformatics, 27(4): 578-579.

Boetzer M, Pirovano W. 2012. Toward almost closed genomes with GapFiller. Genome Biol, 13(6): R56.

Cai Y, Cai X, Wang Q, et al. 2019. Genome sequencing of the Australian wild diploid species *Gossypium australe* highlights disease resistance and delayed gland morphogenesis. Plant Biotechnol J, 18(3): 814-828.

Chaisson M J, Wilson R K, Eichler E E. 2015. Genetic variation and the *de novo* assembly of human genomes. Nat Rev Genet, 16(11): 627-640.

Chen Y C, Liu T, Yu C H, et al. 2013. Effects of GC bias in next-generation-sequencing data on *De Novo* genome assembly. PLoS One, 8(4): e62856.

Chen Y, Nie F, Xie S Q, et al. 2021. Efficient assembly of nanopore reads via highly accurate and intact error correction. Nat Commun, 12(1): 60.

Chin C S, Peluso P, Sedlazeck F J, et al. 2016. Phased diploid genome assembly with single-molecule real-time sequencing. Nat Methods, 13(12): 1050-1054.

Diesh C, Stevens G J, Xie P, et al. 2022. JBrowse 2: A modular genome browser with views of synteny and structural variation. bioRxiv. https://doi.org/10.1101/2022.07.28.501447 ［2022-12-20］.

Doležel J, Bartoš J, Voglmayr H, et al. 2003. Nuclear DNA content and genome size of trout and human. Cytometry A, 51(2): 127-128.

Doležel J, Greilhuber J. 2010. Nuclear genome size: are we getting closer? Cytometry. Part A: the Journal of the International Society for Analytical Cytology, 77(7): 635-642.

Dominguez Del Angel V, Hjerde E, Sterck L, et al. 2018. Ten steps to get started in Genome Assembly and Annotation. F1000Research, 7: ELIXIR-148.

Edman P, Högfeldt E, Sillén L G, et al. 1950. Method for determination of the amino acid sequence in peptides. Acta Chem Scand, 4: 283-293.

Fleischmann R D, Adams M D, White O, et al. 1995. Whole-genome random sequencing and assembly of *Haemophilus* influenzae Rd. Science, 269(5223): 496-512.

Flicek P, Birney E. 2009. Sense from sequence reads: methods for alignment and assembly. Nat Methods, 6: 6-12.

Galbraith D W, Harkins K R, Maddox J M, et al. 1983. Rapid flow cytometric analysis of the cell cycle in intact plant tissues. Science, 220 (4601): 1049-1051.

Goodwin S, McPherson J, McCombie W. 2016. Coming of age: ten years of next-generation sequencing technologies. Nat Rev Genet, 17(6): 333-351.

Gu Z, Gu L, Eils R, et al. 2014. Circlize implements and enhances circular visualization in R. Bioinformatics, 30(19): 2811-2812.

Hare E E, Johnston J S. 2011. Genome size determination using flow cytometry of propidium iodide-stained nuclei. Methods Mol Biol, 772: 3-12.

Haufler C H, Pryer K M, Schuettpelz E, et al. 2016. Sex and the single gametophyte: Revising the homosporous vascular plant life cycle in light of contemporary research. Bioscience, 66(11): 928-937.

Hendrix B, Stewart J M. 2005. Estimation of the nuclear DNA content of *Gossypium* species. Ann Bot, 95(5): 789-797.

Huang S, Kang M, Xu A. 2017. HaploMerger2: rebuilding both haploid sub-assemblies from high-heterozygosity diploid genome assembly. Bioinformatics, 33(16): 2577-2579.

Kajitani R, Toshimoto K, Noguchi H, et al. 2014. Efficient de novo assembly of highly heterozygous genomes from whole-genome shotgun short reads. Genome Res, 24(8): 1384-1395.

Kolmogorov M, Yuan J, Lin Y, et al. 2019. Assembly of long, error-prone reads using repeat graphs. Nat Biotechnol, 37(5): 540-546.

Koren S, Walenz B P, Berlin K, et al. 2017. Canu: scalable and accurate long-read assembly via adaptive k-mer weighting and repeat separation. Genome Res, 27(5): 722-736.

Krzywinski M, Schein J, Birol I, et al. 2009. Circos: an information aesthetic for comparative genomics. Genome Res, 19(9): 1639-1645.

Lander E S, Waterman M S. 1988. Genomic mapping by fingerprinting random clones: a mathematical analysis. Genomics, 2(3): 231-239.

Li F W, Harkess A. 2018. A guide to sequence your favorite plant genomes. Applications in Plant Sciences, 6(3): e1030.

Li H. 2016. Minimap and miniasm: fast mapping and *de novo* assembly for noisy long sequences. Bioinformatics (Oxford, England), 32(14): 2103-2110.

Li X, Waterman M S. 2003. Estimating the repeat structure and length of DNA sequences using L-tuples. Genome Res, 13(8): 1916-1922.

Li Z, Chen Y, Mu D, et al. 2012. Comparison of the two major classes of assembly algorithms: overlap-layout-consensus and de-bruijn-graph. Brief Funct Genomics, 11(1): 25-37.

Liu X, Yan Z, Wu C, et al. 2019. FastProNGS: fast preprocessing of next-generation sequencing reads. BMC Bioinformatics, 20(1): 345.

Lo C C, Chain P S. 2014. Rapid evaluation and Quality Control of Next Generation Sequencing Data with FaQCs. BMC Bioinformatics, 15(1): 366.

Marçais G, Kingsford C. 2011. A fast, lock-free approach for efficient parallel counting of occurrences of k-mers. Bioinformatics (Oxford, England), 27(6): 764-770.

Mardis E R. 2008. Next-generation DNA sequencing methods. Annu Rev Genomics Hum Genet, 9: 387-402.

Masoomi-Aladizgeh F, Kamath K S, Haynes P A, et al. 2022. Genome survey sequencing of wild cotton (*Gossypium robinsonii*) reveals insights into proteomic responses of pollen to extreme heat. Plant Cell Environ, 45(4): 1242-1256.

Metzker M L. 2010. Sequencing technologies: the next generation. Nat Rev Genet, 11(1): 31-46.

Michael T P, VanBuren R. 2020. Building near-complete plant genomes. Curr Opin Plant Biol, 54: 26-33.

Miller J R, Koren S, Sutton G. 2010. Assembly algorithms for next-generation sequencing data. Genomics, 95(6): 315-327.

Niedringhaus T P, Milanova D, Kerby M B, et al. 2011. Landscape of Next-Generation Sequencing Technologies. Anal Chem, 83(12): 4327-4341.

Nurk S, Koren S, Rhie A, et al. 2022. The complete sequence of a human genome. Science, 376(6588): 44-53.

Ou S, Chen J, Jiang N. 2018. Assessing genome assembly quality using the LTR Assembly Index (LAI). Nucleic Acids Res, 46(21): e126.

Phillippy A M, Schatz M C, Pop M. 2008. Genome assembly forensics: finding the elusive mis-assembly. Genome Biol, 9(3): R55.

Pryszcz L P, Gabaldón T. 2016. Redundans: an assembly pipeline for highly heterozygous genomes. Nucleic Acids Res, 44(12): e113.

Putnam N H, O'Connell B L, Stites J C, et al. 2016. Chromosome-scale shotgun assembly using an in vitro method for long-range linkage. Genome Res, 26(3): 342-350.

Robinson J T, Thorvaldsdóttir H, Winckler W, et al. 2011. Integrative genomics viewer. Nat Biotechnol, 29(1): 24-26.

Rothberg J M, Hinz W, Rearick T M, et al. 2011. An integrated semiconductor device enabling non-optical genome sequencing. Nature, 475: 348-352.

Ruan J, Li H. 2020. Fast and accurate long-read assembly with wtdbg2. Nat Methods, 17(2): 155-158.

Sanger F, Air G, Barrell B, et al. 1977. Nucleotide sequence of bacteriophage φX174 DNA. Nature, 265: 687-695.

Sanger F, Nicklen S. 1977. DNA sequencing with chain-terminating inhibitors. Proc Natl Acad Sci USA, 74(12): 5463- 5467.

Schatz M C, Delcher A L, Salzberg S L. 2010. Assembly of large genomes using second-generation sequencing. Genome Res, 20(9): 1165-1173.

Shendure J, Ji H. 2008. Next-generation DNA sequencing. Nat Biotechnol, 26(10): 1135-1145.

Staden R. 1980. A new computer method for the storage and manipulation of DNA gel reading data. Nucleic Acids Res, 8(16): 3673-3694.

Sun Y, Shang L, Zhu Q H, et al. 2022. Twenty years of plant genome sequencing: achievements and challenges. Trends Plant Sci, 27(4): 391-401.

Swift H H. 1950. The constancy of desoxyribose nucleic acid in plant nuclei. Proc Natl Acad Sci USA, 36(11): 643-654.

Tang H, Zhang X, Miao C, et al. 2015. ALLMAPS: robust scaffold ordering based on multiple maps. Genome Biol, 16(1): 3.

Thorvaldsdóttir H, Robinson J T, Mesirov J P. 2013. Integrative Genomics Viewer (IGV): high-performance genomics data visualization and exploration. Briefings in Bioinformatics, 14(2): 178-192.

Wen L, Tang F. 2022. Recent advances in single-cell sequencing technologies. Precis Clin Med, 5(1): pbac002.

Yang Z, Ge X, Yang Z, et al. 2019. Extensive intraspecific gene order and gene structural variations in upland cotton cultivars. Nat Commun, 10(1): 2989.

Zhang X, Zhang S, Zhao Q, et al. 2019. Assembly of allele-aware, chromosomal-scale autopolyploid genomes based on Hi-C data. Nat Plants, 5(8): 833-845.

第二章 棉花二倍体基因组研究

第一节 棉花二倍体基因组概述

棉花是全球重要的经济作物，不仅为纺织工业提供纤维原料，还为食品工业提供重要原料，因而备受重视。全球有90多个国家或地区种植棉花，棉花是亿万棉农家庭收入的主要来源。同时，棉花还可作为不同生物学研究，如基因组进化、多倍体化和单细胞生物过程研究等的理想植物。棉属（*Gossypium*）是棉族里最大的属，由45个二倍体种（$2n=2x=26$，A、B、C、D、E、F、G、K基因组类型）和7个四倍体种[$2n=4x=52$，(AD)$_1$～(AD)$_7$]构成，包括从野生的多年生小乔木和灌木到栽培草本一年生植株，具有不同的叶形和不同的纤维特性（图2-1a～j）。除了草棉（*Gossypium herbaceum*，A$_1$）、亚洲棉（*Gossypium arboreum*，A$_2$）、陆地棉[*Gossypium hirsutum*，(AD)$_1$]和海岛棉[*Gossypium barbadense*，(AD)$_2$]这4个种经过驯化和改良成为栽培种外，其余均是野生种。

绘制棉属不同成员的基因组图，将有助于揭示棉属的进化史和基因组的进化，从基因组层面揭示棉花重要性状形成机制。根据地理分布可将棉花基因组分成3个类型：①新世界（new world）分支：D和AD基因组；②非洲-亚洲分支：A、B、E、F基因组；③澳洲棉分支：C、G、K基因组。雷蒙德氏棉（*Gossypium raimondii*），也被称为D$_5$基因组，起源于墨西哥，是棉属最小的核基因组之一，被认为是所有多倍体棉AD基因组公认的D亚组供体。非洲的草棉（*Gossypium herbaceum*，A$_1$）和亚洲的亚洲棉（*Gossypium arboreum*，A$_2$）是仅存的两个A基因组物种。A$_1$和A$_2$都具有相似的基因组特征，并在0.7个百万年前发生分化。在棉花研究中，人们普遍认为，草棉（*Gossypium herbaceum*，A$_1$）或亚洲棉（*Gossypium arboreum*，A$_2$）通过跨洋传播到达美洲，与当地的雷蒙德氏棉（*Gossypium raimondii*，D$_5$）发生天然杂交，并经过天然加倍和快速演化，最终形成至少7个异源四倍体AD基因组棉种。

大多数野生棉种的纤维较短，并紧紧附着在种子上，无法用于生产纺织纤维。草棉（*Gossypium herbaceum*，A$_1$）、亚洲棉（*Gossypium arboreum*，A$_2$）、陆地棉[*Gossypium hirsutum*，(AD)$_1$]和海岛棉[*Gossypium barbadense*，(AD)$_2$]这4个种经过独立的人工驯化和改良，形成了可供人们使用的长纤维。其中草棉（*Gossypium herbaceum*，A$_1$）和亚洲棉（*Gossypium arboreum*，A$_2$）的种植历史相对较长，但纤维仅有约1.5cm长，不适合用现代工业的机器纺织。陆地棉[*Gossypium hirsutum*，(AD)$_1$]和海岛棉[*Gossypium barbadense*，(AD)$_2$]在8000年前被驯化供人类使用，能生产约3.0cm长的纤维，适合现代纺织工业（图2-1）。

图 2-1　棉属内棉花表型、地理分布和种子毛状体变异的概述（Huang et al.，2021）

a～d. 棉花植株的照片，包括雷蒙德氏棉（a）、草棉（b）、亚洲棉（c）和陆地棉（d）；e. 棉花叶片形状；f. 棉纤维；g～j. 陆地棉的花和棉铃，包括开花当天的花（g），开花后 1 天的红色花（h），15 天时棉铃发育的情况（i）和具有成熟纤维的棉铃（j）；k. 棉花品种间棉籽毛状体的表型

第二节　棉花二倍体基因组大事记

2007 年，中国农业科学院棉花研究所联合国内外优势科研单位，率先在国际上牵头启动了棉花基因组计划（cotton genome project，CGP）。

2012 年 8 月，中国农业科学院棉花研究所联合深圳华大基因和北京大学等单位，率先公布了雷蒙德氏棉（*Gossypium raimondii*，D_5）二倍体 D 基因组的基因组图谱（BGI-CGP-draft V1 版本），开启了棉花基因组学研究时代。研究人员采用二代测序技术组装获得的基因组长度为 775Mb，contig N50 长为 44.9kb，超过 73% 的序列被锚定到 13 条假染色体上；注释获得 40 976 个编码基因，其中 92% 的基因具有功能注释。经过与其他已知序列的植物物种比较后，发现雷蒙德氏棉基因密度较低，转座子比例较高，其中大部分序列来源于长末端重复序列（LTR）扩增。研究人员通过比较基因组及进化分析，发现雷蒙德氏棉与可可（*Theobroma cacao*）属于同一分支，两者可能在 33 个百万年前发生了分化。通过对雷蒙德氏棉与可可的直系同源基因进行分析，发现雷蒙德氏棉在 13~20 个百万年前经历了一次全基因组复制事件，同时还发现雷蒙德氏棉中存在六倍体化事件，而这种六倍体化事件是所有双子叶植物在进化过程中都经历过的。此外，经过雷蒙德氏棉基因组自身比对后，研究人员共鉴定出 2355 个共线性区域，并发现约 40%的旁系同源基因出现在不止一个共线性区域，这表明雷蒙德氏棉基因组在进化过程中可能经历过大量的染色体重排事件。研究人员还对棉花纤维的分化起始、伸长及棉酚的合成等因素进行了基因功能相关分析。通过对雷蒙德氏棉和陆地棉的纤维发育基因进行转录组差异比较，发现编码蔗糖合成酶（Sus）、β-酮脂酰-CoA合酶（KCS）、ACC 氧化酶（ACO）的基因可能与棉花的纤维发育密切相关，MYB 和 bHLH 转录因子在纤维中的优势表达，可能有助于阐明纤维分化和早期细胞生长的分子机制。此外，棉属植物可以通过累积棉酚及相关的倍半萜类物质来抵抗病虫害，而杜松烯合成酶（CDN）在棉酚的合成中发挥重要的作用。通过系统发育分析，发现雷蒙德氏棉和可可中具有棉酚生物合成第一步反应所需的 CDN1 家族基因（Wang et al., 2012）（图 2-2）。

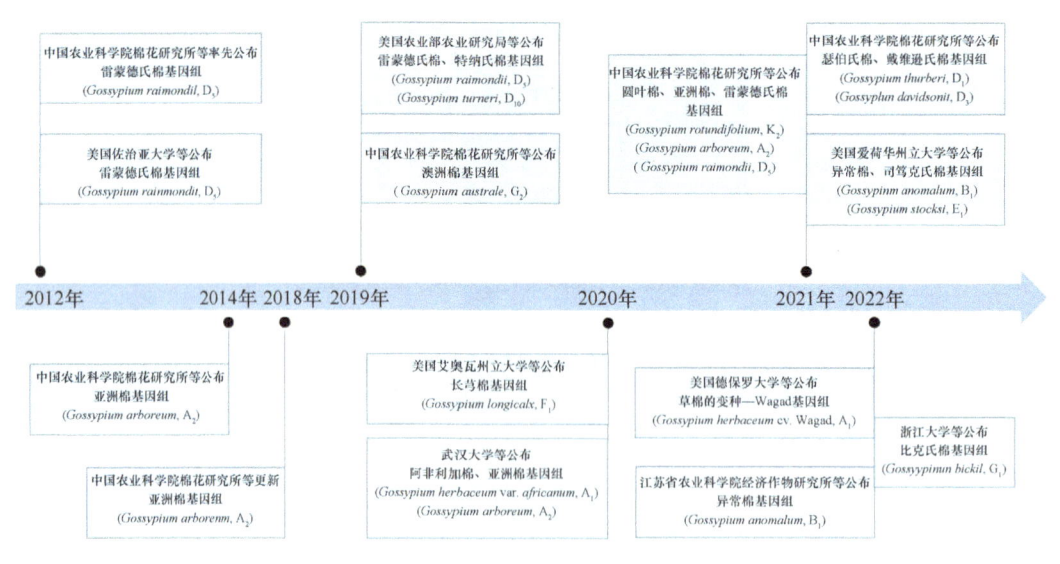

图 2-2　二倍体棉花基因组大事记

2012 年 12 月，美国佐治亚大学联合多家单位，公布了另一个雷蒙德氏棉（*Gossypium raimondii* Ulbrich, D_5）的基因组图谱（JGI V2_a2.1 版本）。研究人员通过测序组装，共获得 19 735 个 contig，contig N50 长为 135.6kb，进一步组装成 1033 个 scaffolds，scaffold N50 长为 62.2Mb，最终雷蒙德氏棉（D_5）基因组组装大小为 761.4Mb。研究人员通过葡萄、可可和棉花的基因组共线性分析，发现棉花与可可由共同祖先分开后，可能又经历了一次 5~6 倍的基因组多倍化事件，导致雷蒙德氏棉的基因组持续扩张（Paterson et al., 2012）。

2014年5月，中国农业科学院棉花研究所联合深圳华大基因、北京大学和河北农业大学等单位，公布了亚洲棉（Gossypium arboreum，A_2）基因组（CGP-BGI V2_a1版本）。研究团队对连续多代自交的亚洲棉石系亚1号进行了全基因组测序，组装得到1.7Gb大小的基因组序列，约是雷蒙德氏棉（Gossypium raimondii，D_5）基因组大小的2倍。利用高分辨率的遗传图谱，最终将90.4%的基因序列锚定到13条假染色体上。注释结果显示亚洲棉含有41 330个编码基因，68.5%的基因组序列是由重复序列组成的，在当时已测序双子叶植物中占比例最高，其中95.12%为长末端重复序列（LTR）。进化分析显示，亚洲棉和雷蒙德氏棉在距今约500万年前由同一祖先分化而来，两者的基因组序列具有高度的共线性，其编码基因数目相近，序列高度相似。研究还发现，相对于雷蒙德氏棉来说，亚洲棉基因组进化过程中发生了更大规模的转座子插入，这是其基因组扩张超过雷蒙德氏棉基因组近2倍的主要原因。黄萎病号称棉花的"癌症"，至今尚无有效的防治手段，每年给棉花的生产带来严重的威胁。抗病基因NBS家族分析结果显示，相对于近缘种可可（Theobroma cacao），抗病相关基因在雷蒙德氏棉基因组中发生了显著扩张，而在亚洲棉中却未发生明显变化，这可能是2个棉种的黄萎病抗性存在巨大差异的重要原因。分析还发现雷蒙德氏棉主要是通过串联复制造成了抗病基因的扩张，该发现为抗黄萎病的分子机制研究及抗病性分子育种提供了重要的基因信息。此外，乙烯在促进纤维伸长方面具有重要作用。分析发现雷蒙德氏棉和亚洲棉在纤维发育上的巨大差别可能主要源于乙烯生物合成关键基因启动子序列的差异。雷蒙德氏棉中乙烯的过量合成和亚洲棉中乙烯合成不足都可能会抑制棉花纤维的正常发育（Li et al.，2014）。

2018年7月，中国农业科学院棉花研究所联合北京大学和武汉大学等单位，通过整合不同的技术（Illumina短读长测序技术、PacBio长读长测序技术和Hi-C技术），更新了亚洲棉（Gossypium arboreum，A_2）的参考基因（CRI-updated V1版本），基因组组装长度为1710Mb，将contig N50的长度由44.9kb提升到1.1Mb，最长的contig长度为12.37Mb。利用Hi-C技术测得的序列数据将1573Mb的组装序列数据锚定到13条假染色体上，与已经发表的亚洲棉基因组（CGP-BGI V2_a1版本）相比，当Hi-C数据比对到更新的基因组后，对角线外的不一致性明显减少。研究还发现基因组组装序列的85.39%为重复序列，基因组结构较为复杂，共预测到40 960个编码基因。此外，更新的亚洲棉基因组在相应的染色体中与陆地棉的A亚基因组（亲缘关系最接近的已测序物种）之间具有良好的共线性（Du et al.，2018）。

2019年8月，美国学者公布了雷蒙德氏棉（Gossypium raimondii，D_5）（NSF V1版本）和特纳氏棉（Gossypium turneri，D_{10}）基因组（NSF V1_a2版本）。研究团队使用PacBio测序数据和Hi-C数据，纠正了美国佐治亚大学公布的雷蒙德氏棉基因组（JGI V2_a2.1版本）序列中的组装错误。新组装的雷蒙德氏棉（D_5）基因组共包含187个contigs，contig N50长度为6.3Mb，contig的连续性提高了45倍，缺口（gap）数量也大幅减少。新组装的雷蒙德氏棉（D_5）基因组组装大小比JGI V2_a2.1版本小14.9Mb，占JGI V2_a2.1版本基因组序列长度的98%。研究团队对雷蒙德氏棉（D_5）基因组进行注释，鉴定到40 743个编码基因。BUSCO分析表明有超过90%的核心保守基因在雷蒙德氏棉中是完整的，表明基因组的组装较为完整。研究团队还将特纳氏棉（D_{10}）的220个contig锚定到13条假染色体上，contig N50长度为7.9Mb。使用MCScanX进行共线性分析，发现雷蒙德氏棉（D_5）和特纳氏棉（D_{10}）之间共有23 499个直系同源基因，表明两个基因组的编码基因高度保守（Udall et al., 2019）。

2019年10月，中国农业科学院棉花研究所联合多家单位，公布了澳洲棉（*Gossypium australe*，G_2）基因组图谱（CRI V1.1版本）。研究团队通过整合三代PacBio、二代Illumina、BioNano及Hi-C技术，获得了澳洲棉高质量的参考基因组，组装总长度为1728Mb，其中contig N50长度为1.83Mb，scaffold N50长度为143.60Mb。研究团队发现澳洲棉基因组的73.5%由重复序列组成，低于亚洲棉（85.39%），但高于陆地棉（69.86%）以及海岛棉（69.83%）。相比于雷蒙德氏棉，澳洲棉的基因组与亚洲棉具有更高的共线性关系，并且澳洲棉与雷蒙德氏棉之间的染色体重排事件少于亚洲棉与雷蒙德氏棉之间的。转录组分析鉴定了多个抗病响应基因，如 *GauCCD7* 和 *GauCBP1* 基因。实时定量分析结果表明，它们的表达不仅受大丽轮枝菌（*Verticillium dahliae*）的诱导，还受植物激素独角金内酯（GR24）、水杨酸（SA）和茉莉酸甲酯（MeJA）的诱导。进一步在抗黄萎病的海岛棉栽培种中干涉这两个基因的直系同源基因的表达，结果表明干涉植株对于大丽轮枝菌的抗性显著降低。此外，在澳洲棉中沉默一个新鉴定的与腺体相关的 *GauGRAS1* 基因能够导致部分组织中的腺体缺失（Cai et al., 2020）。

2020年2月，美国艾奥瓦州立大学联合多家单位，公布了长萼棉（*Gossypium longicalyx*，F_1）基因组（NSF V1版本）。该研究通过PacBio和Hi-C技术成功组装了长萼棉基因组，获得229个contig，contig N50长为28.8Mb，组装基因组的大小为1190.7Mb。BUSCO分析表明有超过95.8%的核心保守基因在长萼棉（F_1）基因组中是完整的，只有不到5%的核心保守基因是不完整的（1.4%）或缺失的（2.8%），表明基因组的组装较为完整。长末端重复序列组装指数（LTR assembly index，LAI）为10.74（10~20），表明长萼棉（F_1）基因组的组装质量较好。通过同源搜索预测和转录组辅助预测，共注释到38 378个编码基因。基于同源序列相似性和重复序列结构特征这两种策略进行重复序列注释，发现重复序列在长萼棉基因组中占44%~50%（Grover et al., 2020）。

2020年4月，武汉大学联合北京大学等单位，公布了草棉（*Gossypium herbaceum*，A_1）的变种——阿非利加棉（*Gossypium herbaceum* var. *africanum*，A_1）的基因组图谱（WHU V1版本），并更新了亚洲棉（A_2）（WHU-updated V1版本）和陆地棉（AD_1）的基因组图谱。该研究首次通过Hi-C和PacBio等技术成功组装了阿非利加棉基因组。利用新组装的3个基因组，该研究证明了现有的全部A基因组都可能起源于一个共同的祖先A_0，且A_0与A_1之间的亲缘关系更近。研究还发现异源四倍体的形成先于A_1和A_2之间的分化。A_1和A_2基因组都是平行进化的，两者之间不存在父子关系（Huang et al., 2020）。

2021年7月，中国农业科学院棉花研究所联合郑州大学等单位，公布了瑟伯氏棉（*Gossypium thurberi*，D_1）（CRI V1版本）和戴维逊氏棉（*Gossypium davidsonii*，D_3）

（CRI V1 版本）基因组。研究人员采用 Nanopore 测序技术和 Hi-C 技术对瑟伯氏棉和戴维逊氏棉基因组分别进行测序，深度分别覆盖瑟伯氏棉和戴维逊氏棉基因组的"146×"和"135×"。瑟伯氏棉基因组组装大小为 779.6Mb，contig N50 长为 24.7Mb；戴维逊氏棉基因组组装大小为 801.2Mb，contig N50 长为 26.8Mb。分别使用 Hi-C 数据，将 contig 锚定到 13 条假染色体上。通过 BUSCO 和二代测序数据回比验证了组装序列的可靠性。预测结果表明两者基因组中重复序列含量分别为 58.0%和 58.6%。研究团队还进一步利用比较基因组学手段分析了新组装基因组与已报道基因组之间的染色体重排情况，分析了两者三维基因组之间的异同及编码基因的变化。研究团队还利用转录组学手段揭示了 D_1 和 D_3 姐妹种间抗病性和耐盐性的分化机制（Yang et al.，2021）。

2021 年 8 月，美国艾奥瓦州立大学公布了异常棉（*Gossypium anomalum*，B_1）基因组（NSF V1 版本）。该研究首次通过 PacBio 和 Hi-C 等多组学测序手段成功组装了二倍体异常棉（B_1）的基因组序列，将 contig 锚定到 13 条假染色体上，基因组组装长度为 1196Mb，为基因组预测大小 1359Mb 的 88%。通过 BUSCO 数据进一步评估了基因组的组装质量，结果表明基因组组装质量较高（Grover et al.，2021）。

2021 年 8 月，美国艾奥瓦州立大学联合华中农业大学等单位，公布了司笃克氏棉（*Gossypium stocksii*，E_1）基因组（NSF V1 版本）。该研究首次通过 Hi-C 和 PacBio 等多组学测序手段成功组装了司笃克氏棉（E_1）基因组，共获得 316 个 contig，contig N50 长为 17.8Mb。将这些 contig 锚定到 13 条假染色体上，只包含 5.7kb 的缺口（gap），基因组组装大小为 1424Mb。BUSCO 分析表明有超过 97.0%的核心保守基因在司笃克氏棉（E_1）基因组中是完整的，表明基因组的组装较为完整。长末端重复序列组装指数为 15.4（10～20），表明司笃克氏棉（E_1）基因组的组装质量较好。通过同源预测和转录组辅助预测，共注释到 34 928 个编码基因。此外，基于同源序列相似性和重复序列结构特征这两种策略进行重复序列注释，发现重复序列在司笃克氏棉（E_1）基因组中占 43%，并且 *Ty3/Gypsy* 类型在重复序列中的含量最多，占比例超过了 90%（Grover et al.，2021）。

2021 年 8 月，中国农业科学院棉花研究所联合华中农业大学和美国艾奥瓦州立大学，公布了圆叶棉（*Gossypium rotundifolium*，K_2）基因组（HAU V1 版本）。该研究首次通过 Nanopore 测序技术组装了圆叶棉（K_2）基因组，组装大小为 2.44Gb（contig N50=5.33Mb）；更新了亚洲棉（A_2）（HAU V1 版本）和雷蒙德氏棉（D_5）（HAU V1 版本）的基因组，组装大小分别为 1.62Gb（contig N50=11.69Mb）和 750Mb（contig N50=17.04Mb）。利用 Hi-C 数据将超过 99%的组装长度序列锚定到染色体上。BUSCO 评估表明三个基因组中分别有 92.5%、93.9%和 95.4%的完整 BUSCO 基因。重复序列注释表明，相对于 D_5，K_2 和 A_2 中逆转录转座子扩增是造成这三个基因组大小 3 倍变化的原因。全长转座子插入时间分析表明，K_2 基因组中转座子插入最为古老，而 A_2 基因组中年轻转座子的比例较高（Wang et al.，2021）。

2022 年 5 月，美国德保罗大学联合多家单位，公布了草棉的栽培种——*G. herbaceum* cv. Wagad（A1-Wagad）的基因组（USDA V1 版本）。研究人员通过二代 Illumina 测序、三代 PacBio 测序和 Hi-C 测序，将序列锚定到 13 条假染色体上，基因组组装大小为 1.6Gb。BUSCO 分析表明，有超过 96.5%的核心保守基因在草棉变种（A1-Wagad）基因组中是完整的，只有 3.5%的核心保守基因是不完整的（1.2%）或缺失的（2.3%），表明基因组的组装较为完整。利用从头预测、同源搜索预测和转录组辅助预测的方法预测到草棉变种（A1-Wagad）基因组中共有 39 100 个编码基因，重复序列占比例达 59.2%，其中 58%为逆转录转座子，1.2%为 DNA 转座子。逆转录转座子中 57.3%为 LTR，其中 39.9%为 *Gypsy/DIRS1* 类型，10.2%为 *Ty1/Copia* 类型（Ramaraj et al.，2023）。

2022 年 6 月，江苏省农业科学院经济作物研究所联合浙江大学等单位，公布了异常棉（*Gossypium anomalum*，B$_1$）的基因组（JAAS V1.2 版本）。研究人员通过二代 Illumina 测序、三代 PacBio 测序以及 Hi-C 测序，组装后共获得 661 个 contigs，contig N50 长为 7.78Mb；364 个 scaffolds，scaffold N50 长为 99.19Mb，最终异常棉（B$_1$）基因组组装大小为 1.21Gb，99.21%的序列被锚定到 13 条假染色体上。通过 CEGMA 和 BUSCO 分析检索到超过 97.58%和 99.01%的核心保守基因在异常棉（B$_1$）基因组中是完整的，长末端重复序列组装指数（LTR assembly index，LAI）为 15.71，达到参考基因组水平。二代 Illumina 数据和转录组数据与异常棉（B$_1$）基因组的比对率分别达到 97.25%和 88.65%。以上几种方法的结果表明异常棉（B$_1$）基因组组装完整性较高。此外，研究人员共预测到 42 752 个编码基因，转座子总长度达到 756.28Mb，占整个基因组组装长度的 62.59%（Xu et al.，2022）。

2022 年 8 月，浙江大学联合多家单位，公布了比克氏棉（*Gossypium bickii*，G$_1$）的基因组（ZJU V1 版本）。研究人员通过 Illumina 测序、PacBio 测序和 Hi-C 辅助组装技术，对比克氏棉进行全基因组测序及组装，组装长度为 1776.06Mb，成功将比克氏棉的组装序列锚定到 13 条假染色体上，基因组组装具有较高的完整度和连续性，达到了参考基因组级别。研究发现比克氏棉（G$_1$）基因组与同为 G 基因组的澳洲棉（*Gossypium australe*，G$_2$）亲缘关系最近，其次是 A 基因组，与 D 基因组最远。此外，研究人员还鉴定出比克氏棉（G$_1$）基因组和其他 G 基因组之间多个特有的染色体结构变异，包括比克氏棉（G$_1$）基因组与除澳洲棉（G$_2$）之外的其他 G 基因组棉种之间存在 5 号和 13 号染色体之间的两个片段易位，以及比克氏棉的 13 号染色体上存在一个大的片段倒位。该研究通过对比克氏棉、澳洲棉、奈尔逊氏棉（*Gossypium nelsonii*，G$_3$）和斯特提棉（*Gossypium sturtianum*，C$_1$）4 个棉种进行叶绿体基因组测序、基因组重测序以及亲缘关系分析，表明比克氏棉叶绿体基因组与 C 基因组的斯特提棉亲缘关系较近，而其核基因组与 G 基因组的澳洲棉和奈尔逊氏棉关系更近，证实了比克氏棉"双系起源"的假说，即比克氏棉是以斯特提棉的祖先种为母本，澳洲棉和奈尔逊氏棉的祖先种为父本，通过杂交进化而来的。此外，该研究还通过比较转录组学分析并结合基因沉默（VIGS）验证，挖掘出一个与棉酚合成相关的细胞色素 P450 基因 *GbiCYP76B6*，并发现沉默该基因后使比克氏棉棉酚含量显著下降，且该基因受腺体形成转录因子 GoPGF 的调控。该研究为培育种子无色素腺体、植株有色素腺体的新型低酚棉栽培种提供了理论基础（Sheng et al.，2022）。

第三节 雷蒙德氏棉基因组研究进展

一、BGI-CGP-draft V1 版本

(一) 基因组测序、组装和注释

研究团队选择雷蒙德氏棉 D_5-3 作为测序材料,该材料经过连续多代的自交,达到了接近纯合的水平。采集新鲜的嫩叶提取 DNA,对雷蒙德氏棉(D_5)基因组进行二代 Illumina 测序,共获得 78.7Gb 数据。进一步对得到的序列数据进行组装,结果显示,雷蒙德氏棉(D_5)基因组的组装总长度为 775.2Mb。其中 281 个 scaffolds 被锚定到 13 条假染色体上,占组装总长度的 73%。contig N50 和 scaffold N50 长度分别为 44.9kb 和 2284kb,最大的 scaffold 长度为 12.8Mb。利用 EST 和 BAC 克隆两种方法对基因组组装质量进行评估。第一种是利用 NCBI 数据库中的 58 061 个雷蒙德氏棉 EST 序列(长度>500bp)回比到组装的雷蒙德氏棉基因组上,发现 93.4%的 EST 序列能够进行匹配。第二种是将 GenBank 数据库中随机选择的 25 个雷蒙德氏棉 BAC 克隆(AC243106~AC243130)全长序列比对到组装的雷蒙德氏棉基因组上,发现其中的 24 个与组装序列高度一致,表明雷蒙德氏棉(D_5)基因组的组装质量较高。研究还发现外显子、内含子、DNA 转座子、长末端重复序列(LTR)和其他重复序列分别占基因组总含量的 6.4%、6.9%、4.4%、42.6%和 13.0%。在雷蒙德氏棉大多数的染色体上,基因在端粒的近端区域分布更为丰富,DNA 转座子主要分布在基因稀少的区域(图 2-3)。

研究团队通过基因组注释,在雷蒙德氏棉(D_5)基因组中鉴定到了 40 976 个编码基因,平均转录本大小为 2485bp,每个基因平均有 4.5 个外显子。在被注释的 40 976 个编码基因中,有 83.69%的基因能够在 TrEMBL 数据库中获得功能注释,69.98%的基因能够在 InterPro 数据库中获得功能注释。此外,在雷蒙德氏棉(D_5)基因组中注释到 348 个 micorRNA(miRNA)、565 个 rRNA、1041 个 tRNA 和 1082 个小核 RNA(snRNA)。

(二) 系统发育、古六倍体化和全基因组复制

虽然在棉属物种进化过程中发生了大规模的基因组复制事件,但这些基因组复制的数量和时间仍存在争论。研究团队利用来自 9 个已测序植物基因组的 745 个直系单拷贝同源基因构建了物种进化树,发现大约在 82.3 个百万年前,雷蒙德氏棉和可可(*Theobroma cacao*)的祖先与番木瓜(*Carica papaya*)和拟南芥(*Arabidopsis thaliana*)的祖先发生分化,形成锦葵科分枝。雷蒙德氏棉和可可在进化树上聚为一枝,亲缘关系最近,可能在大约 33.7 个百万年前从共同的祖先分化而来(图 2-4)。

研究团队利用雷蒙德氏棉和可可之间的 3195 个直系同源基因对,分析了同义替换率(Ks),发现 Ks 具有两个峰值,分别位于 0.40~0.60 和 1.5~1.90,表明雷蒙德氏棉

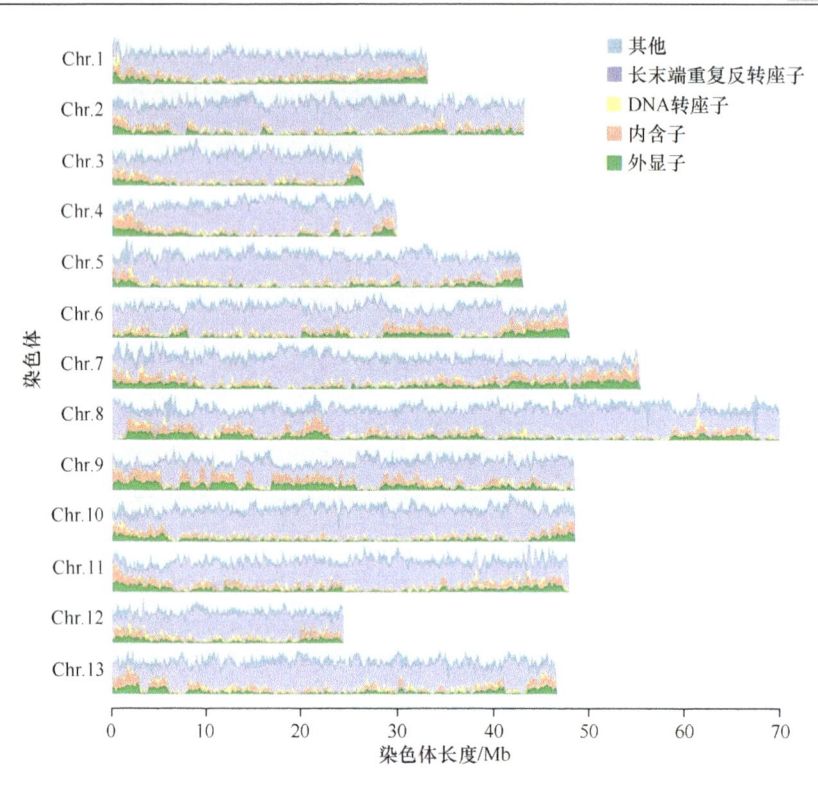

图 2-3 雷蒙德氏棉 DNA 组分分析

DNA 组分主要分为外显子、内含子、DNA 转座子、长末端重复反转座子和其他（DNA 转座子和长末端重复序列以外的重复序列）（Wang et al., 2012）

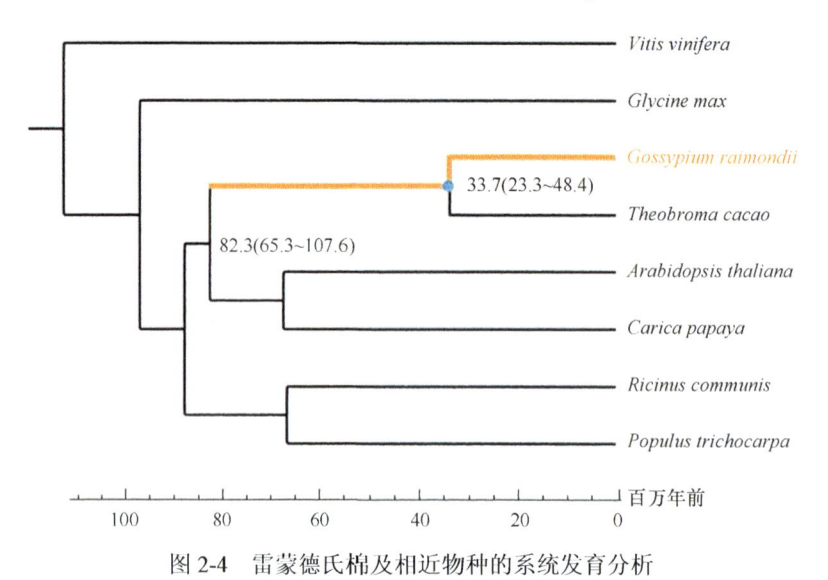

图 2-4 雷蒙德氏棉及相近物种的系统发育分析

系统发育分析表明，雷蒙德氏棉（*G. raimondii*）和可可（*T. cacao*）在大约 33.7 个百万年前发生分化（Wang et al., 2012）

基因组经历了两次染色体加倍事件，其中最近一次大约发生在 16.6 个百万年（13.3～20.0 个百万年）前，比较久远的一次发生在 130.8 个百万年（115.4～146.1 个百万年）前（图 2-5）。

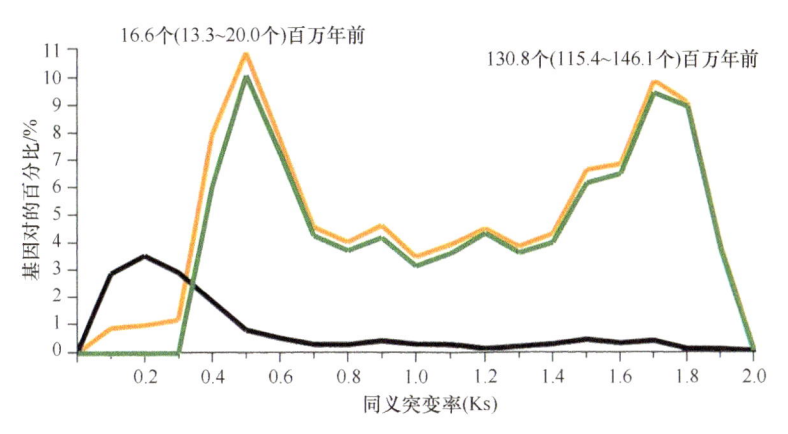

图 2-5 雷蒙德氏棉（*G. raimondii*）基因组的同义替换率（Ks）分布情况
黄线，所有旁系基因对的 Ks；黑线，只有串联基因对的 Ks；绿线，除串联基因对外的所有 Ks（Wang et al., 2012）

研究团队对雷蒙德氏棉和可可进行了共线性分析，发现这两个基因组具有中等程度的共线性关系，鉴定到 463 个共线性区块（每个区块内至少包含 5 个基因具有共线性），分别覆盖雷蒙德氏棉和可可基因组组装长度的 64.8% 和 74.41%。研究还发现可可基因组中有 133 个线性区块对应雷蒙德氏棉（D$_5$）基因组的 2 个共线性区块，有 43 个区块对应雷蒙德氏棉 3 个共线性区块。研究团队进一步分析了雷蒙德氏棉自身的共线性区块，在 13 条染色体上共鉴定到 2355 个共线性区块。在这些区块中，21.2% 涉及 2 个染色体区域，33.7% 涉及 3 个染色体区域，16.2% 涉及 4 个染色体区域。研究发现，8 号染色体上有 310 个区块与其他染色体具有共线性，这可能是基因组中多轮复制、二倍体化和染色体重排的结果。

（三）转座子的扩张

众所周知，转座子爆发和基因组多倍化是基因组扩张的主要原因。研究发现，转座子总长度为 441Mb，约占雷蒙德氏棉（D$_5$）基因组组装长度的 57%。转座子在可可基因组和拟南芥基因组中所占比例仅为 24% 和 14%，这表明雷蒙德氏棉中转座子的爆发是基因组扩张的推动力。研究团队通过对转座子序列进行注释，发现雷蒙德氏棉（D$_5$）基因组中含量最高的两类是 *Gypsy* 和 *Copia* 类型的长末端重复序列，它们分别占基因组组装长度的 33.83% 和 11.10%。雷蒙德氏棉和可可的长末端重复序列爆发主要发生在 0～2.5 个百万年间，而拟南芥则主要集中发生在 0～1.5 个百万年间，相比于可可，雷蒙德氏棉和拟南芥中年轻的转座子的比例较高。此外，相比于可可和拟南芥，雷蒙德氏棉中发生了更大规模的特定 LTR 逆转录转座子的爆发，导致雷蒙德氏棉基因组的扩张。相比于可可，雷蒙德氏棉和拟南芥在转座子附近（1kb 以内）区域的基因比例更高。

（四）参与棉花纤维起始和伸长的基因分析

研究团队提取了雷蒙德氏棉和陆地棉 TM-1 的 0 天、3 天胚珠以及雷蒙德氏棉的成熟叶片中的总 RNA 进行转录组测序和分析，比较雷蒙德氏棉和陆地棉中与纤维发育密切相关的 3 类基因[蔗糖合成酶（Sus）、β-酮脂酰-CoA 合酶（KCS）和 ACC 氧化酶（ACO）基因]的表达模式。在4个蔗糖合成酶基因中，有3个（*SusB*、*Sus1*和*SusD*）在陆地棉基因组中的表达水平远高于雷蒙德氏棉；*KCS2*、*KCS6*和*KCS13*只在陆地棉基因组中表达，而*KCS7*在陆地棉和雷蒙德氏棉基因组中均有中等水平的表达，表明Sus和KCS家族基因的高水平表达可能是纤维细胞起始和伸长所必需的。在开花后第三天，*ACO*在雷蒙德氏棉基因组中高表达，表明植物激素乙烯在早期纤维细胞发育过程中发挥重要作用。

有研究表明，棉花纤维和植物表皮毛发育可能共享一套机制。据推测，在拟南芥表皮毛发育中具有重要作用的转录因子的同系物可能参与棉花纤维形成。在拟南芥中，MYB和bHLH转录因子与TTG1形成三元复合体，共同作用于特定的表皮细胞。通过结构域分析，在雷蒙德氏棉基因组中共鉴定到2706个转录因子，其中包括208个bHLH和219个MYB家族基因。研究发现大量的MYB和bHLH家族基因主要在陆地棉的胚珠中表达，而在雷蒙德氏棉的胚珠中表达量较低或不表达，表明这些基因可能参与早期纤维的发育。

（五）棉酚的生物合成基因

众所周知，棉花可以产生独特的萜类化合物——棉酚。棉酚和相关倍半萜类物质在色素腺体中累积，可抵御病原体的入侵和食草动物的蚕食。棉花中大部分倍半萜类物质由一种常见的前体[(+)-δ-cadinene]生成，该前体是由杜松烯合成酶（CDN）合成的，此合成步骤又是棉酚生物合成的第一个关键步骤，在棉酚生物合成过程中发挥着重要作用。此外，研究团队鉴定了雷蒙德氏棉和其他8个（可可、拟南芥、水稻、番木瓜、葡萄、毛果杨、大豆和蓖麻）已测序的植物基因组中萜烯环化酶家族基因，发现除水稻外，其他物种均含有该家族基因。有研究发现，萜烯环化酶中富含天冬氨酸的镁离子结合基序DDtWD和DDVAE是合成棉酚所必需的，而棉花和可可的CDN1家族基因均含有上述两个基序，因此推测该家族基因也可能与棉酚的合成有关。

二、JGI V2_a2.1版本

研究团队对雷蒙德氏棉（D_5）开展了基因组测序工作，共得到80 765 952条序列读长。对这些序列进行组装，获得了1263个scaffold，scaffold N50长为25.8Mb。分析陆地棉的遗传图谱和物理图谱及与葡萄（*Vitis vinifera*）和可可（*Theobroma cacao*）的共线性关系，将64个scaffold锚定到13条假染色体上，初步得到基因组组装大小为761.8Mb。进一步对1263个scaffold进行了过滤，过滤后得到1033个scaffold，由19 735个contig组装而成，contig N50长为135.6kb，scaffold N50长为62.2Mb，最终雷蒙德氏棉（D_5）基因组组装大小为761.4Mb。研究还发现长末端重复序列（LTR）占雷蒙德氏棉（D_5）基因组的53%。对基因组进行注释，共注释到37 505个基因和77 267个编码基因，基因序列总长度为44.9Mb，占组装基因组总长度的6%，主要位于染色体的远端区域。

三、NSF V1 版本

（一）基因组测序、组装和注释

研究团队提取雷蒙德氏棉叶片的 DNA 进行三代 PacBio 测序，获得的数据为组装基因组大小的 43.7 倍。将 PacBio 测序数据进行组装，共获得 187 个 contig，contig N50 长为 6.3Mb。利用 Hi-C 数据比对之前公布的雷蒙德氏棉 JGI V2_a2.1 版本（Paterson et al., 2012）的基因组序列，纠正了基因组序列中的一些错误。进一步将 contigs 组装成 scaffold，并对染色体序列进行手动调整，最终新组装的雷蒙德氏棉（D_5）基因组组装大小约为 746.5Mb，与 JGI V2_a2.1 版本相比，组装长度小了 14.9Mb，contig 长度提高了 45 倍，缺口（gap）数量大幅减少。此外，JGI V2_a2.1 版本基因组缺口总长度为 11 391kb，而新组装的雷蒙德氏棉（D_5）基因组缺口总长度为 17.6kb。在雷蒙德氏棉（D_5）基因组中共注释到了 40 743 个编码基因。BUSCO 分析表明有超过 90% 的核心保守基因在雷蒙德氏棉基因组中是完整的，表明基因组的组装完整性较好。

研究团队还新组装了一个特纳氏棉（D_{10}）基因组，并将其和新组装的雷蒙德氏棉（D_5）基因组、雷蒙德氏棉（D_5）JGI V2_a2.1 版本，以及陆地棉的 DT 基因组进行共线性分析，发现 4 个基因组之间的共线性良好。使用 MCScanX 软件检测到新组装的雷蒙德氏棉（D_5）和特纳氏棉（D_{10}）基因组之间共有 23 499 个共线性直系同源基因对，表明这两个物种基因组之间高度保守。研究团队进一步对这两个新组装的基因组的重复序列进行注释，发现两者转座子含量几乎相同。

（二）棉花基因组组装序列的纠错

研究团队在之前发布的 JGI V2_a2.1 版本基因组中发现，染色体命名与已发表的遗传图谱不一致，因此在新组装的版本中采用了和异源四倍体棉花相同的染色体命名习惯。通过将 Hi-C 数据比对到 JGI V2_a2.1 版本的雷蒙德氏棉基因组上，发现了 JGI V2_a2.1 版本的基因组中存在的组装错误，其中最明显的错误是将 D5_04（以前的 Chr. 12）的序列错误地组装在 D5_05（以前的 Chr. 9）上。此外，在 Chr. 1（现在的 D5_07）和 Chr. 13（现在的 D5_13）之间、Chr. 2（现在的 D5_01）和 Chr. 13（现在的 D5_13）之间、Chr. 3（现在的 D5_02）和 Chr. 13（现在的 D5_13）之间、Chr. 2（现在的 D5_01）和 Chr. 3（现在的 D5_02）之间、Chr. 2（现在的 D5_01）和 Chr. 7（现在的 D5_11）之间，以及 Chr. 3（现在的 D5_02）和 Chr. 7（现在的 D5_11）之间均存在类似的错误。

研究团队还发现，在 Chr. 1 染色体存在一个已经报道的核线粒体基因组插入（NUMT），位于 23.1Mb 和 25Mb 区域，这个区域可能是组装错误导致的结果。此外，通过两个基因组的比对，发现在 JGI V2_a2.1 版本中存在一个 1.26Mb 片段的插入错误，在新组装的版本中并不存在。

（三）D 基因组之间的结构变异

研究团队通过雷蒙德氏棉（D_5）和特纳氏棉（D_{10}）之间的比较发现两个基因组之间只存在少量的结构变异，整体上高度相似，均没有发现明显的重复片段。特纳氏棉（D_{10}）基因组的组装序列长度比雷蒙德氏棉（D_5）基因组长 20.3Mb，编码基因数量相似。两个基因组之间累计长度最多的结构变异是染色体倒位，横跨 64Mb，这些区域共包括 2592 个基因（占基因总数的 6.4%）。

第四节 亚洲棉基因组研究进展

一、CGP-BGI V2_a1 版本

（一）基因组测序、组装和注释

研究团队选择亚洲棉石系亚 1 号作为测序材料，该材料经过连续多代的自交，基因型达到了接近纯合的水平。采集新鲜的嫩叶提取细胞核 DNA，使用 Hiseq2000 对基因组进行测序，共产生了 371.5Gb 的原始 Illumina 数据。对原始数据进行过滤后，获得了 193.6Gb 的高质量序列，使用全基因组鸟枪法策略进行基因组的组装。组装结果显示，亚洲棉（A_2）基因组组装长度为 1694Mb，其中 90%的组装序列来源于 2724 个长度大于 148kb 的超级 scaffold，最长的 scaffold 长为 5.9Mb。利用高分辨率的遗传图谱，将 1532Mb（90.4%）的亚洲棉序列锚定到 13 条假染色体上。

利用 EST 和 BAC 克隆两种方法对基因组组装质量进行评估。第一种是利用 NCBI 数据库中的 55 894 个桑格测序得到的亚洲棉 EST 序列（长度>200bp）回比到组装的亚洲棉基因组上，发现 96.37%的 EST 序列能够进行匹配。第二种是将 GenBank 数据库中随机选择的 20 个亚洲棉 BAC 克隆全长序列比对到组装的亚洲棉基因组上，发现其中的 19 个与组装序列高度一致，序列一致性大于 98%，表明亚洲棉（A_2）基因组的组装质量较高。

研究团队进行重复序列注释，发现高达 68.5%的亚洲棉（A_2）基因组组装序列由各种类型的重复序列组成，因此认为该基因组是当时已报道的被子植物中重复序列含量最高的。逆转录类型的长末端重复序列（LTR）占所有重复序列的 95.12%，主要是 *Gypsy* 和 *Copia* 类型。

利用拟南芥（*Arabidopsis thaliana*）、番木瓜（*Carica papaya*）、毛果杨（*Populus trichocarpa*）、雷蒙德氏棉（*Gossypium raimondii*）、可可（*Theobroma cacao*）和葡萄（*Vitis vinifera*）的蛋白质序列与亚洲棉基因组进行比对和同源基因注释，同时利用从头注释和转录组辅助注释的方法进行编码基因的预测。综合上述三种注释方法的结果，最终在亚洲棉（A_2）基因组中预测到 41 330 个编码基因，转录本平均大小为 2533bp，每个基因平均有 4.6 个外显子。

(二)基因组进化

二倍体亚洲棉和二倍体雷蒙德氏棉通过天然杂交和染色体加倍,形成了异源四倍体,但是这两个二倍体基因组在大小上相差一倍。利用单拷贝基因数据构建了 9 个物种的物种进化树,如图 2-6 所示,亚洲棉和雷蒙德氏棉的祖先在 33 个百万年(18~58 个百万年)前与可可(*Theobroma cacao*)的祖先分开,随后在 5 个百万年(2~13 个百万年)前亚洲棉和雷蒙德氏棉由共同祖先分开。研究团队通过 MCScanX 分析了基因组内部的同源基因对,并根据四倍简并位点(four-fold degenerate sites,4DTv),计算出所有同源基因对的替换率,进而推断分化时间。在 0.17 和 0.54 替换率处观察到两个峰值,表明棉花基因组中发生了一次近期和一次古老的全基因组复制(WGD)事件。亚洲棉的这两个 WGD 事件与雷蒙德氏棉的 WGD 事件相吻合,分别发生在 13~20 个百万年前和 115~146 个百万年前。研究团队还发现亚洲棉和雷蒙德氏棉的基因组都与可可基因组显示出较高的共线性关系,大约 50%的可可基因组与每个棉花基因组中的两个片段对应,暗示在从可可谱系中分化出来后,棉属物种中存在一个特有的 WGD 事件。

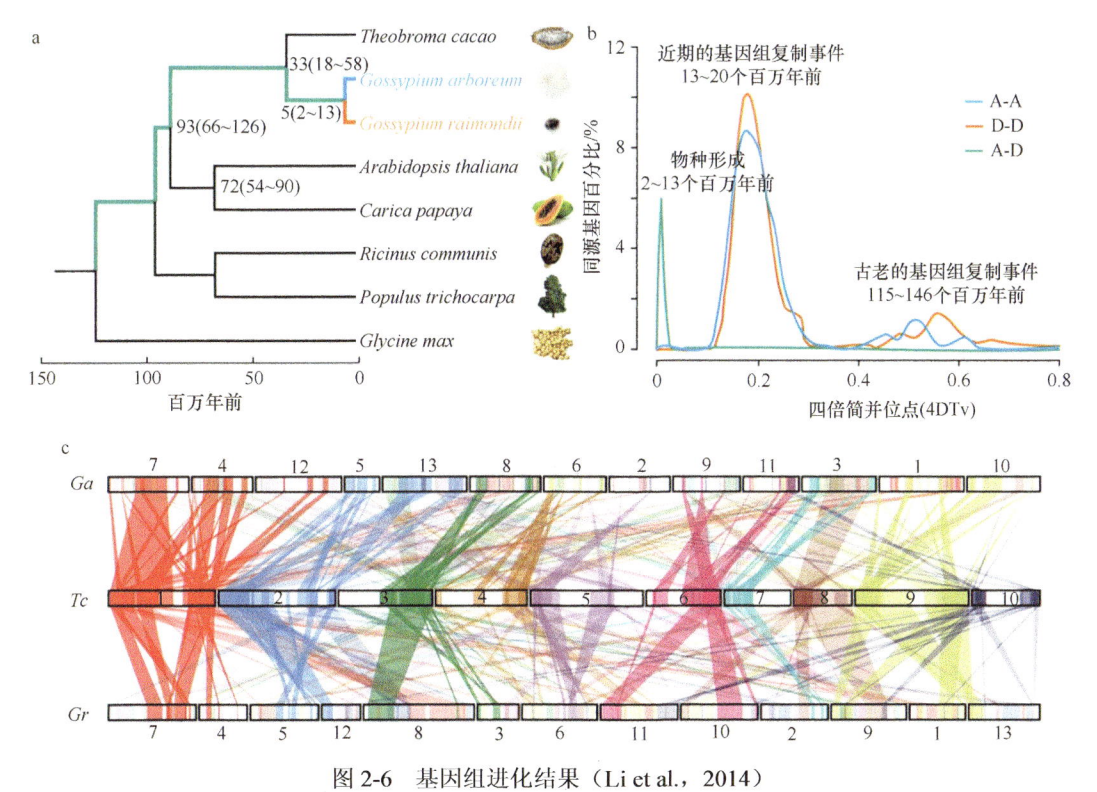

图 2-6 基因组进化结果(Li et al.,2014)

a. 系统发育分析表明,亚洲棉和雷蒙德氏棉在 500 万年前发生了分化;b. 四倍简并位点(4DTv)分析表明,棉属基因组可能经历了两次全基因组复制事件和一次分化事件;c. 雷蒙德氏棉(*Gr*)、亚洲棉(*Ga*)和可可(*Tc*)基因组共线性结果

(三)直系同源和转座子分析

研究团队通过编码基因的共线性分析鉴定到 68 863 个直系同源基因,包括亚洲棉的

33 229 个基因和雷蒙德氏棉的 34 204 个基因。利用这些基因序列发现了亚洲棉（A_2）基因组和雷蒙德氏棉（D_5）基因组共有 780 个同源染色体区块，分别覆盖了亚洲棉和雷蒙德氏棉基因组组装长度的 73%和 88%。在这两个棉花物种中，染色体 1、4～6 和 9～13 具有较好的线性关系，而在雷蒙德氏棉的 2 号和 3 号染色体上观察到大规模的重排现象，在亚洲棉的 7 号和 8 号染色体上观察到缺失和插入现象（图 2-7）。

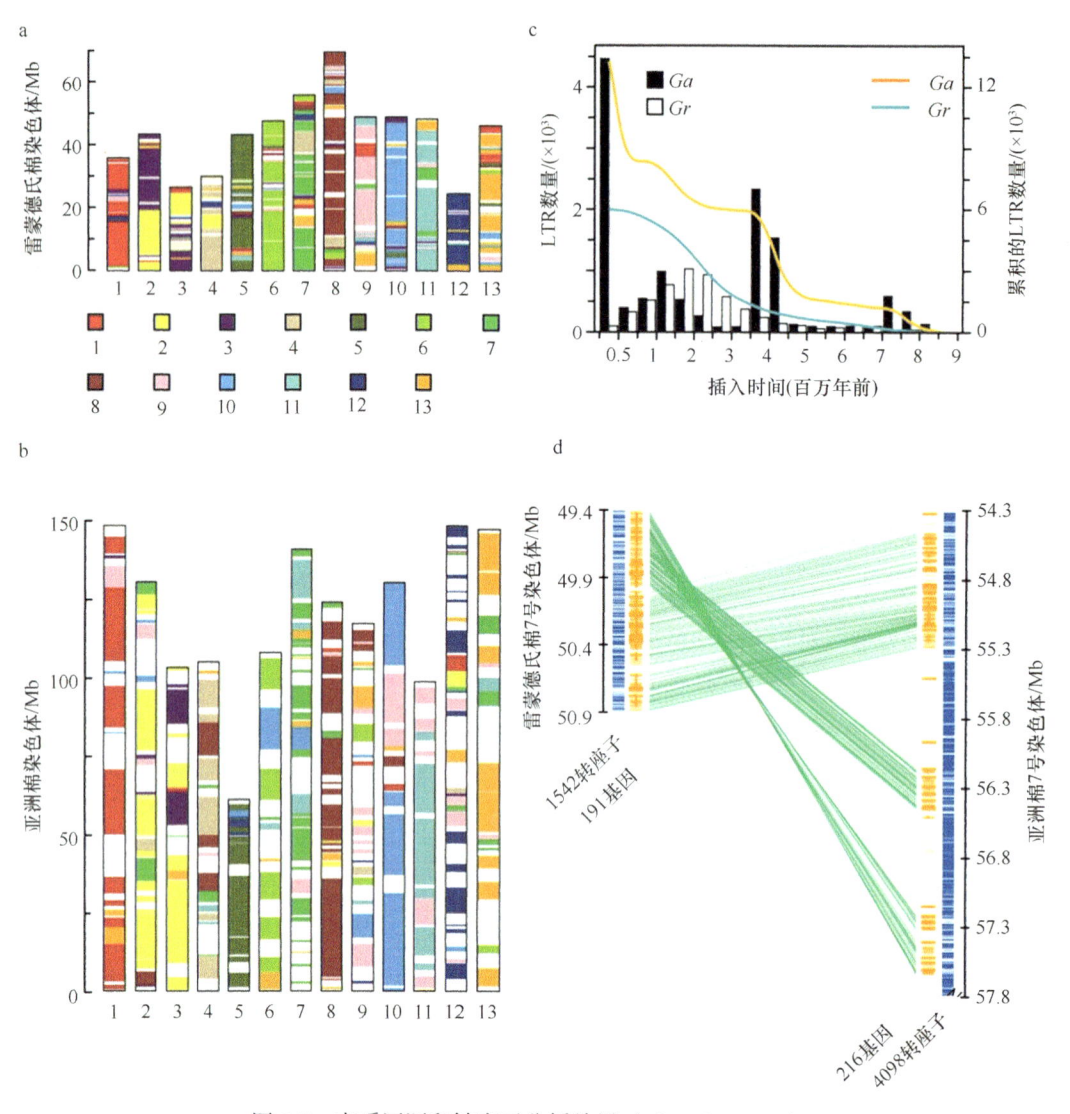

图 2-7　直系同源和转座子分析结果（Li et al., 2014）

a. 亚洲棉（Ga）对雷蒙德氏棉（Gr）的全基因组排列；b. 雷蒙德氏棉对亚洲棉的全基因组排列。a 和 b 中 13 条染色体中的每一条都用不同的颜色表示；白色块代表不具有共线性的区域；c. 亚洲棉和雷蒙德氏棉基因组中的 LTR 数量和插入时间分析。条形图（左 y 轴）表示在不同时间点插入的 LTR 数量，而曲线（右 y 轴）表示整个进化过程中 LTR 的累积总数；d. 深入研究亚洲棉和雷蒙德氏棉 7 号染色体上的一个共线性区块。黄条表示基因；绿线表示共线性基因对；蓝条表示存在于每个基因组中相应染色体位置的转座子

有研究表明，在雷蒙德氏棉（D_5）的基因组中发现了转座子家族的扩张事件。同样在亚洲棉中发现了转座子的扩张事件，在 0～0.5 个百万年前和 3.5～4.5 个百万年前发生

了两次大规模的扩张事件，此外在 1.0 个百万年前和 7.0~8.0 个百万年前发生了两次小规模的扩张事件。亚洲棉和雷蒙德氏棉之间的 LTR 数量差异主要在 0~0.5 个百万年前和 3.5 个百万年前这两个时间段内。相比较而言，亚洲棉基因组在过去 0.5 个百万年内发生了更多的 LTR 插入事件，而在同一时期，雷蒙德氏棉（D_5）基因组的 LTR 活性较低。因此，LTR 的爆发极大地促进了亚洲棉（A_2）基因组的扩张。

（四）抗黄萎病基因分析

棉花黄萎病是由大丽轮枝菌（*Verticillium dahliae*）引起的一种土传性真菌病害，能够对棉花的维管束造成严重破坏，从而造成棉花减产甚至绝产。雷蒙德氏棉对黄萎病高抗，而相比而言，亚洲棉的抗性却弱于雷蒙德氏棉。与抗病性有关的基因在植物发育过程中具有关键作用，含有 NBS 结构域的基因大多数都是抗病基因。研究团队通过鉴定亚洲棉、雷蒙德氏棉和可可中抗病相关 NBS 家族基因，分别鉴定了 391 个、280 个和 302 个 NBS 家族基因。研究团队进一步分析发现棉花和可可的最近共同祖先（MRCA）中有 192 个 NBS 编码基因。通过比较分析不同类型 NBS 基因的数量，发现在亚洲棉和雷蒙德氏棉中 TN 和 TNL 亚家族中基因数量差异最大，而 N 亚家族中的基因数量相对保持不变。雷蒙德氏棉于 5 个百万年前与亚洲棉分化后，串联复制似乎对其 NBS 编码基因家族的扩展具有重要作用，而基因的丢失则造成了亚洲棉 NBS 基因的收缩。研究团队对 TNL 和 TN 亚家族成员进行表达量分析，证实了雷蒙德氏棉（D_5）基因组中基因大量扩增的现象，并发现许多在亚洲棉中丢失的直系同源基因在黄萎病菌处理后上调表达。有趣的是，所有早期响应黄萎病菌的基因都是来自雷蒙德氏棉，表明不同棉种中 NBS 编码基因数量的扩张和收缩可能改变了它们对大丽轮枝菌的抗性。

（五）乙烯是棉花纤维细胞生长的一个关键调节剂

乙烯是一种重要的信号分子，促进陆地棉的棉纤维伸长。1-氨基环丙烷-1-羧酸氧化酶（1-aminocyclopropane-1-carboxylic acid oxidase，ACO）是乙烯合成最后一步的关键限速酶，决定了乙烯的释放量。在开花后 3 天的胚珠中，雷蒙德氏棉（*Gr*）中 *ACO1* 和 *ACO3* 转录水平分别比亚洲棉的高 1000 倍和 500 倍。*GrACO1* 和 *GrACO3* 与亚洲棉（*Ga*）基因组中直系同源基因的序列一致性为 98%~99%，序列高度保守。研究团队通过比较启动子序列发现 *GaACO1* 基因的转录起始位点的 –470bp 处存在一个 130bp 的缺失片段，该缺失导致一个公认的 MYB 结合位点的丢失。大量研究表明 MYB 转录因子在调控棉花纤维发育和次生细胞壁生物合成中发挥关键作用。尽管 *GaACO3* 和 *GrACO3* 在转录起始位点上游 –150bp 处具有一个共同的 MYB 结合位点，但在 –800~–750bp 的两小段错配导致亚洲棉丢失两个 MYB 结合位点。在雷蒙德氏棉胚珠中 ACO 基因具有非常高的转录水平，激活乙烯合成，可能造成早期纤维衰老现象，而亚洲棉胚珠中 ACO 基因转录失活可能是造成该物种短纤维表型的原因。研究团队对不同棉花品种的所有 ACO 基因转录物进行量化，发现在陆地棉中纤维 ACO 基因特异性上调表达，这应该是正常纤维生长所必需的，而在亚洲棉和雷蒙德氏棉中 ACO 基因的失活或过度表达，可能是抑制纤维发育的原因，暗示乙烯可能在棉纤维发育过程中具有双向调控作用。

二、CRI-updated V1 版本

研究团队选择亚洲棉石系亚 1 号作为测序材料,通过三代 SMRT 测序获得 142.54Gb 的 PacBio 原始数据。使用 Canu 和 Falcon 软件进行组装,组装后的亚洲棉（A_2）基因组长度为 1710Mb,contig N50 长为 1.1Mb,最长的 contig 长为 12.37Mb。利用 Hi-C 互作数据,将 1573Mb 的序列锚定到 13 条假染色体上。进一步将 Hi-C 数据分别与 CGP-BGI V2_a1 版本的二代基因组和新组装的三代基因组序列进行比对,利用 Hi-C 热图分析发现新组装的基因的 Hi-C 信号主要集中在对角线区域,对角线外的不一致性明显减少,表明基因组的组装质量较原来二代的版本得到大幅提升（图 2-8）。此外,研究团队还进行了亚洲棉 A 型基因组与异源四倍体陆地棉的 AADD 型基因组的共线性分析,

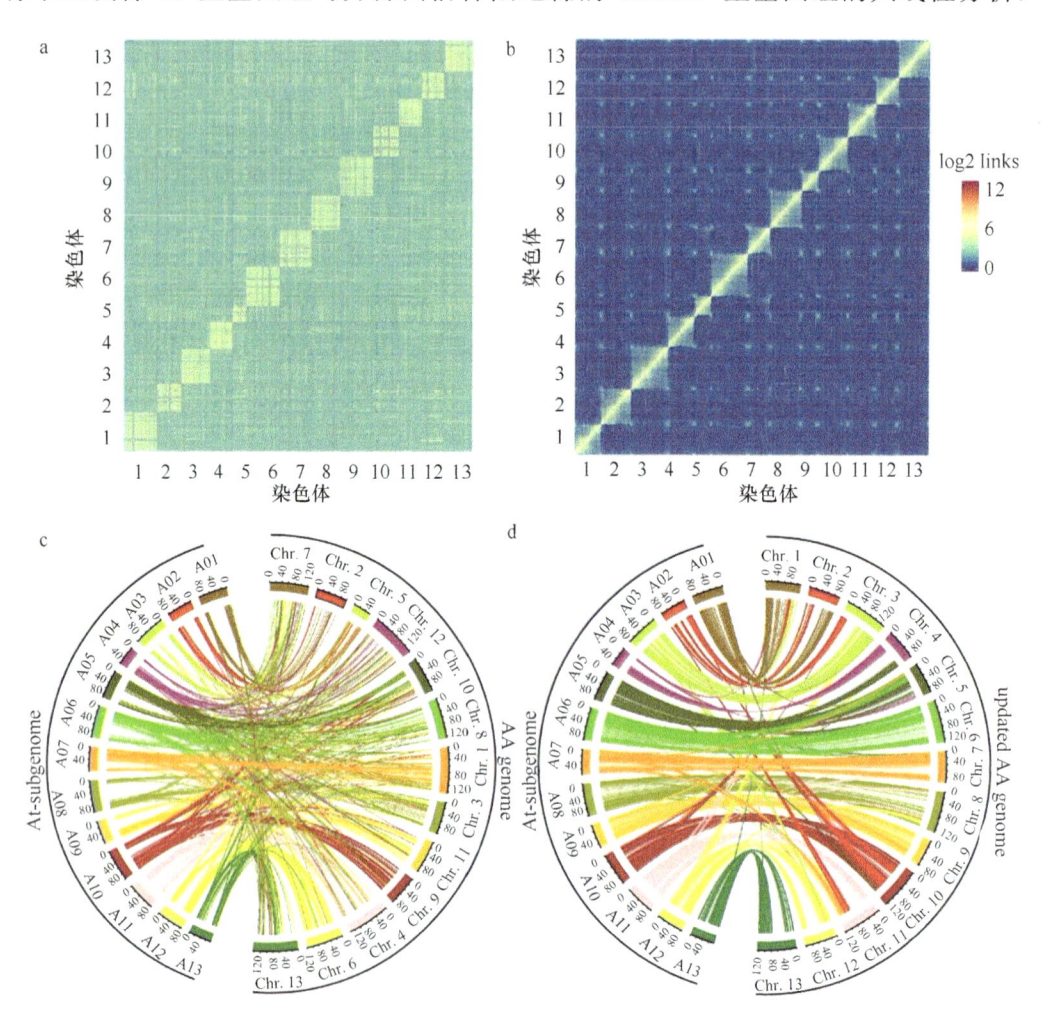

图 2-8 Hi-C 数据在两版亚洲棉基因组上的比对以及亚洲棉（AA 型）与陆地棉（AADD 型）
共线性分析（Du et al.，2018）

a. Hi-C 数据与亚洲棉 CGP-BGI V2_a1 版本基因组比对；b. Hi-C 数据与亚洲棉更新基因组比对；
c. 亚洲棉原基因组与陆地棉基因组共线性分析；d. 亚洲棉更新基因组与陆地棉基因组共线性分析

发现相比于 CGP-BGI V2_a1 版本的二代基因组，更新后的基因组与陆地棉基因组之间的共线性更高。

三、WHU-updated V1 版本

（一）基因组测序、组装和注释

研究团队选择亚洲棉石系亚 1 号作为测序材料，采集新鲜的嫩叶提取 DNA，对亚洲棉基因组进行二代测序，共获得 95Gb Illumina 原始数据；进行三代测序，共获得 310Gb 的 SMRT 长读数数据；进行 Hi-C 测序，共获得 219Gb 的干净数据。

研究团队对亚洲棉基因组序列进行组装，共获得 2432 个 contig，contig N50 长为 1832kb，亚洲棉基因组组装长度为 1637Mb，其中 92.18%（1509Mb）的序列锚定到 13 条假染色体上。利用从头预测、同源搜索预测和转录组辅助预测的方法进行编码基因的预测，共注释到 43 278 个编码基因，主要分布在染色体的两端。研究还发现新组装的亚洲棉基因组中转座子占比例多达 80.06%，染色体中间转座子分布丰富的区域转录水平较低，而染色体两端基因分布丰富的区域转录水平较高。

（二）染色体易位和倒位

研究团队还新组装了一个草棉变种阿非利加棉（A_1）基因组。与阿非利加棉（A_1）基因组相比，亚洲棉（A_2）基因组在 1 号染色体和 2 号染色体之间发生了易位现象（图 2-9）。

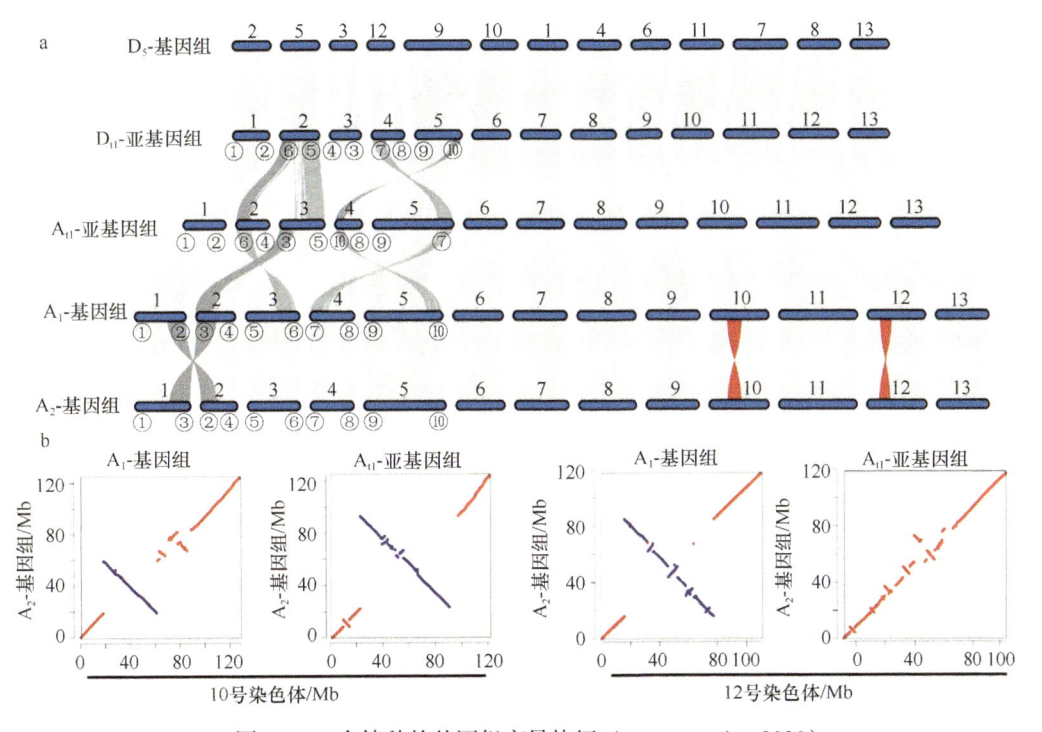

图 2-9 4 个棉种的基因组变异特征（Huang et al.，2020）
a. 基因共线性区块由灰线连接；b. 10 号染色体的倒位现象存在于 A_1 或 At_1 中，而 12 号染色体的倒位现象只存在于 A_1 中

这种易位现象可能发生在这两个物种分化之后,并在亚洲棉基因组中保留下来。阿非利加棉(A_1)基因组和亚洲棉(A_2)基因组与A_{tt}亚基因组之间分别存在 2 个和 3 个易位,而四倍体A_{tt}亚基因组内部的染色体 2 和 3 之间以及染色体 4 和 5 之间存在 2 个特有的易位现象,表明这两个易位可能发生在多倍体化之后。此外,研究还发现阿非利加棉(A_1)基因组和亚洲棉(A_2)基因组之间,在 10 号和 12 号染色体上存在两个大规模的倒位事件,并被 Hi-C 数据和 PCR 扩增结果所证实。其线性分析结果显示,10 号染色体的倒位现象存在于A_1基因组或A_{tt}亚基因组中,而 12 号染色体的倒位现象只存在于A_1基因组中。因此,这两个倒位很可能发生在阿非利加棉和亚洲棉这两个棉种分化形成之后。

第五节　澳洲棉基因组研究进展

一、基因组测序、组装和注释

澳洲棉的一个突出特征是对黄萎病有很好的抗性,因此黄萎病对澳洲棉的表型影响较小;相反,亚洲棉栽培种的茎和叶组织在感染黄萎病后会受到较大损害。澳洲棉的另一个突出特征是腺体发育延迟,种子中没有腺体,但在种子发芽过程中能够观察到腺体的存在,这种现象与亚洲棉截然不同,亚洲棉全株(包括种子)都有腺体的存在,因此澳洲棉可以提供无腺体种子和有腺体棉花的育种材料,提供不含棉酚的种子作为食物或饲料,同时保持对病虫害的抵抗力。

根据以上特点,研究团队选择澳洲棉(G_2)G2-lz 作为测序材料,该材料经过连续多代的自交,达到了接近纯合的水平。采集新鲜的嫩叶提取 DNA,联合使用 4 种技术(三代 PacBio、二代 Illumina、BioNano 及 Hi-C)对澳洲棉(G_2)基因组进行测序。首先通过 K-mer 分布分析,预估澳洲棉(G_2)基因组大小为 1.67Gb。对澳洲棉(G_2)基因组进行测序和组装,共获得 2598 个 contigs,contig N50 长为 1.83Mb,基因组组装大小为 1.75Gb,最终 650 个 scaffolds 被锚定到 13 条假染色体上。

使用 BUSCO 方法来进一步评估澳洲棉(G_2)基因组的组装完整性,结果显示有超过 95.9%的核心保守基因在澳洲棉(G_2)基因组中是完整的。将 SMRT 测序得到的澳洲棉 158 566 个全长转录本与新组装的基因组进行比对,比对率达到 99%。通过二代 Illumina 数据与新组装的基因组进行比对,比对率达到 97.48%。以上三种方法的结果表明澳洲棉基因组组装完整性较高。

通过从头预测、同源搜索和全长转录本的序列比对结果进行基因组预测,共注释到 40 694 个编码基因,与之前版本雷蒙德氏棉和亚洲棉基因组分别预测到 40 976 个和 40 960 个编码基因数量相似。进一步将这 40 694 个编码基因在 Nr、Swiss-prot、KOG 和 KEGG 数据库中进行 BLAST 搜索,其有约 97%的编码基因能够获得功能注释。此外,在澳洲棉(G_2)基因组中还预测到 1366 个 rRNA、1292 个 tRNA、339 个 micorRNA(miRNA)和 3388 小核 RNAs(snRNA)。研究团队还进行了重复序列注释,发现高达 73.5%的澳洲棉(G_2)基因组组装序列由各类型的重复序列组成,其中逆转录类型的长末端重复序列（LTR）占所有重复序列的 92.9%。

二、澳洲棉基因组进化

研究团队通过系统发育分析，发现澳洲棉（G_2）和亚洲棉（A_2）的共同祖先与雷蒙德氏棉（D_5）在 7.7 个百万年（4.9~10.1 个百万年）前分化开来，随后澳洲棉（G_2）和亚洲棉（A_2）在 6.6 个百万年（4.1~8.9 个百万年）前分化开来。通过对澳洲棉（G_2）基因组鉴定共线性区块，并计算同义替换率（Ks），发现 Ks 值约为 0.5 处存在一个大的峰值，与之前报道的两个二倍体棉花基因组中检测到的峰值非常相似（Wang et al., 2012；Li et al., 2014），表明在 13~20 个百万年前发生了一次全基因组复制（WGD）事件。此外，澳洲棉的 Ks 结果还显示在 115~146 个百万年前也发生了一次古老的全基因组复制事件。共线性分析结果表明，澳洲棉（G_2）基因组与亚洲棉（A_2）基因组的共线性关系比与雷蒙德氏棉（D_5）基因组的更近，共线性区块覆盖了亚洲棉基因组的 72% 和澳洲棉基因组的 71%，但只覆盖了雷蒙德氏棉基因组的 60%。

转座子的爆发是影响基因组进化的主要因素之一。研究团队对逆转录类型的长末端重复序列（LTR）进行分析发现，从大约 7.5 个百万年前到 1 个百万年前之间的时间段，澳洲棉基因组中的 LTR 数量持续增加，1 个百万年后才逐渐减少。值得注意的是，除了最近的 0.5 个百万年之外，其余时间内澳洲棉基因组中的 LTR 数量均显著高于亚洲棉，然而澳洲棉和亚洲棉基因组的大小相似，转座子的比例也相似，但是澳洲棉比亚洲棉基因组拥有大于 2 倍的完整的 LTR，这个发现表明了澳洲棉比驯化的亚洲棉经历的基因组重组事件少。

三、澳洲棉基因组中基因的进化

正向选择在植物进化和适应生物、非生物胁迫中起着重要作用，而基因表达和调控变化被认为是适应性进化速率的关键决定因素。研究团队分析了澳洲棉的正向选择基因（positively selected gene，PSG），评估这些基因如何适应不同的野生环境，并在这些基因中鉴定和黄萎病抗性有关的位点。分析结果显示在澳洲棉（G_2）和亚洲棉（A_2）的基因组中分别具有 670 个和 232 个正向选择基因。对这些正向选择基因进行 KEGG 通路富集分析发现，澳洲棉的正向选择基因富集在 12 条通路上，其中最显著的通路是"Other types of O-glycan biosynthesis"（ko00514），该通路在亚洲棉的研究中证明与棉花纤维强度有关；其次富集在"Riboflavin metabolism"和 GPI 通路中，这些通路与植物对生物压力的反应有关。

研究团队进一步对这 12 条 KEGG 富集通路相关的正向选择基因进行分析，发现了类胡萝卜素生物合成途径的三个基因可能参与了澳洲棉抵抗真菌病原体的过程。其中的类胡萝卜素裂解二氧酶 7（carotenoid cleavage dioxygenase 7，CCD7）基因在以前的研究证明了与疾病有关，因此研究团队在澳洲棉中克隆了 *GauCCD7* 基因，发现该基因与海岛棉的基因序列在氨基酸序列上具有 97.97% 的一致性。

四、澳洲棉抵抗黄萎病相关基因的功能分析

研究团队对澳洲棉、亚洲棉和雷蒙德氏棉根、茎和叶中的 *GauCCD7* 基因表达进行 qPCR 分析，发现澳洲棉中 *GauCCD7* 的表达模式和亚洲棉和雷蒙德氏棉中不同。对 3 周龄的澳洲棉植株使用各种植物激素或大丽轮枝菌进行处理，发现 *GauCCD7* 的表达显著受到大丽轮枝菌和植物激素独角金内酯（GR24）、水杨酸（SA）和茉莉酸甲酯（MeJA）的诱导，但不被乙烯或脱落酸（ABA）所诱导。

研究团队还进行了病毒介导的基因沉默（VIGS）实验，在抗黄萎病的海岛棉栽培品种新海 15 中敲低 *GauCCD7* 同源基因，观察与抗病相关的表型变化。在注射干涉载体 14 天后，将对照组和敲低 *GbCCD7* 基因的海岛棉植株同时接种大丽轮枝菌。接种 17 天后，观察表型，发现与对照组相比，敲低 *GbCCD7* 基因的海岛棉植株发病指数值明显增加，表明 *GbCCD7* 基因在海岛棉中参与了对真菌病原体的防御反应。研究团队对这些实验材料的茎秆进行了解剖，观察到沉默 *GbCCD7* 基因的海岛棉维管束呈现明显的褐色（图 2-10）。

图 2-10 *GauCCD7* 基因正向调控新海 15 对大丽轮枝菌的抗性（Cai et al.，2020）
a. 接种大丽轮枝菌菌株 V991 的 TRV：*GauCCD7*（注射 *GauCCD7* 的重组病毒诱导基因沉默表达载体，左）和 TRV：00 植物（注射病毒诱导基因沉默表达空载体，中）的表型，接种后 15 天进行拍照，接种 TRV：*CLA* 的植物出现白化表型（右）；b. qRT-PCR 分析 *GauCCD7* 在 TRV：00 和 TRV：*GauCCD7* 的表达；c. 在接种后 17 天测量 TRV：00 和 TRV：*GauCCD7* 的发病指数；d. 用大丽轮枝菌处理 TRV：00 和 TRV：*GauCCD7* 植株 17 天后，观察茎部的解剖结构

研究团队通过比较转录组分析，鉴定到了澳洲棉中抗黄萎病响应相关的差异表达基因，只选取澳洲棉中显著上调且在亚洲棉中下调的基因，共 31 个，包括 *GAUG00007269*（bHLH19-like isoform）和 *GAUG00028019*（钙调素结合蛋白）。其中，*GAUG00028019*

序列与海岛棉的氨基酸序列具有 91.86%的一致性，是潜在的候选抗性基因。研究团队进一步通过根、茎和叶的 qPCR 实验分析了澳洲棉（G_2）与亚洲棉（A_2）和雷蒙德氏棉（D_5）之间 *GauCBP1* 基因的表达情况，结果显示，*GauCBP1* 基因的表达受到大丽轮枝菌和植物激素 GR24、SA 和 MeJA 的诱导，但不受乙烯或 ABA 的诱导。研究团队又在抗黄萎病的海岛棉栽培品种新海 15 中研究了 *GauCBP1* 同源基因抗病相关的功能。结果表明干涉 *GbCBP1* 基因的表达导致新海 15 对黄萎病菌变得敏感。

五、参与腺体形成的相关基因

为了研究澳洲棉腺体发育延迟的相关作用机制，研究团队采集了 6 种棉花的胚珠和叶片进行转录组测序分析，包括 3 个澳大利亚二倍体 G 基因组野生棉种（澳洲棉、比克氏棉和奈尔逊氏棉）、1 个亚洲棉（Zhongya 1）和 2 个不同的陆地棉栽培品种（无腺体的中棉所 12 和湘棉 18），这两个栽培品种的种子中很少有腺体，但植株有腺体。研究团队先前通过抑制性减数杂交（suppression subtractive hybridization，SSH）文库在湘棉 18 的新腺体形成阶段鉴定到 24 个差异表达的 cDNA，鉴定了其中一个是转录因子 GRAS（属于 GRAS 家族）。随后在湘棉 18 基因组中成功克隆 GRAS 基因的基础上，在澳洲棉（G_2）基因组中也成功克隆了 GRAS 基因，并将其命名为 *GauGRAS1*。

GauPGF 是腺体形成的正向调节因子。研究团队分析了 *GauGRAS1* 和 *GauPGF* 在澳洲棉、有腺体的陆地棉（Jinxianduanguozhi）、显性无腺体的中棉所 12 和隐性无腺体的中棉所 12 这 4 个材料胚珠中的表达水平，发现 *GauGRAS1* 和 *GauPGF* 在有腺体的陆地棉中高表达，在澳洲棉和两个无腺体品系中的表达非常低，暗示 *GauGRAS1* 可能与腺体的形成有关。进一步通过转录组数据和 qRT-PCR 实验分析 *GauGRAS1* 基因在澳洲棉和比克氏棉的胚珠和叶片中的表达情况，发现 *GauGRAS1* 与 *GauPGF* 的表达模式不同。在澳洲棉和比克氏棉中，*GauGRAS1* 在胚珠中的表达水平显著低于在叶片中的表达水平，而 *GauPGF* 在胚珠中的表达水平显著高于在叶片中的表达水平。此外，在澳洲棉、比克氏棉和奈尔逊氏棉的种子发芽期间，与腺体形成前的早期阶段相比，*GauGRAS1* 和 *GauPGF* 在腺体形成阶段都是上调表达的。通过 VIGS 实验干涉 *GauGRAS1* 基因的表达，导致澳洲棉的茎和叶柄中无腺体，但叶片的腺体发育并不受影响。石蜡切片分析发现干涉植株的茎和叶柄不能形成腺体腔。真叶中均存在腺体，且对照（TRV：00）与干涉材料之间并未发现明显差异。此外，沉默 *GauGRAS1* 基因会导致植物茎中的棉酚含量明显减少，但在叶中几乎没有变化。沉默 *GauPGF* 后导致所有组织，包括叶片和茎部无腺体形成，而在澳洲棉中 *GauGRAS1* 基因仅能够调控部分组织的腺体的形成。

为了更好地了解棉酚/腺体形成相关基因在棉属中的进化和功能，研究团队采集了几个有腺体和无腺体的四倍体棉花品种的胚珠和叶片进行了比较转录组测序分析。首先在有腺体和无腺体的棉花叶片之间鉴定了差异表达的基因（DEG），通过加权基因共表达网络分析（WGCNA）鉴定核心模块，最终发现品红 4 模块与腺体的存在/缺失呈正相关。该模块中连接度最高的基因是糖醛酸酶 I（glyoxalase I），在高等植物中能够对压力作出响应；其次是谷胱甘肽 S-转移酶（glutathione S-transferase）和漆酶 14（Laccase 14），可能与抗病性有关。此外，与 *GoPGF* 基因具有相关性的 7 个基因在品红 4 模块中与 *GoPGF* 共同表达，表明功能相关的基因会聚集在一起。

色素腺体是一种腺体毛状体，在所有维管植物中约有 30%具有色素腺体。为了研究腺体形成相关基因的进化历史，研究团队选择与 *GoPGF* 和 *GRAS1* 基因相邻的 40 个基因进行了局部共线性分析，发现 *GoPGF* 基因在双子叶植物和单子叶植物分化后发生分化，其最初并不在腺体毛状体中发挥作用，而是后来在棉属和其他物种中发生功能分化。研究还发现 *GRAS1* 基因可能在腺体毛状体形成分化之前就已经存在，并能够调节组织特异性基因的表达，后来在棉花中对腺体具有了新的调节功能。

第六节　瑟伯氏棉和戴维逊氏棉基因组研究进展

本节的研究基于 CRI V1 版本。

一、基因组测序、组装和注释

研究团队收集瑟伯氏棉（D_1）和戴维逊氏棉（D_3）的嫩叶提取 DNA，通过 Nanopore 测序分别获得了 114.3Gb 和 108.3Gb 的干净数据，通过 Illumina 测序分别获得了 116.9Gb 和 118.2Gb 的干净数据，通过 Hi-C 测序分别获得了 2.843 亿和 2.803 亿个有效互作的位点。

研究团队经过组装得到的瑟伯氏棉（D_1）基因组组装大小为 779.6Mb，contig N50 长为 24.7Mb；戴维逊氏棉（D_3）基因组组装大小为 801.2Mb，contig N50 长为 26.8Mb，序列连续性较好。进一步利用 Hi-C 数据进行瑟伯氏棉和戴维逊氏棉染色体水平组装，分别将 74 个和 104 个总长度为 777.2Mb 和 799.2Mb 的 contig 锚定到瑟伯氏棉和戴维逊氏棉的 13 条假染色体上，覆盖率均达到基因组组装长度的 99.7%以上，表明新组装基因组的质量达到参考基因组水平。新组装的瑟伯氏棉（D_1）基因组的 contig 长度（24.7Mb）与 2019 年发布的瑟伯氏棉（D_1）版本（0.026Mb）（Grover et al.，2019）相比增加了 940 倍，而相应的 contig 数量（74）与 2019 年发布的版本（277 903）相比大幅减少，代表了新组装的瑟伯氏棉基因组序列的连续性得到很大改进。同样的，新组装的戴维逊氏棉（D_3）基因组的 contig 长度（26.8Mb）与 2019 年发布的戴维逊氏棉（D_3）版本（0.032Mb）（Grover et al.，2019）相比增加了 836 倍，而相应的 contig 数量（104）与 2019 年发布的版本（535 698）相比也大幅减少。此外，研究团队对重复序列进行了鉴定，发现重复序列在瑟伯氏棉和戴维逊氏棉基因组中的比例分别达到了 57.96%（451.8Mb）和 58.58%（469.4Mb）。

BUSCO 分析表明有超过 95.28%（1372）和 95.42%（1374）的核心保守基因分别在瑟伯氏棉和戴维逊氏棉基因组中是完整的，表明基因组的组装完整性较高。

通过从头预测、全长转录组测序预测和同源搜索预测来预测编码基因，在瑟伯氏棉和戴维逊氏棉基因组中分别预测到了 41 316 个和 41 471 个编码基因，并通过 Nr、COG、

KEGG 和 TrEMBL 数据库进行了功能注释，而在 2019 年发布的两个基因组版本中（Grover et al., 2019）分别只注释到了 37 533 个和 38 755 个编码基因。

二、6 个 D 基因组的多样性

共线性分析结果表明这两个新组装的基因组之间具有较高的共线性关系，超过 78% 的瑟伯氏棉（D_1）基因组与 80.6% 的戴维逊氏棉（D_3）基因组具有一对一的同源关系。研究还发现约 78% 的瑟伯氏棉（D_1）基因组与约 81% 的雷蒙德氏棉（D_5）基因组具有一对一的同源关系，约 77% 的戴维逊氏棉（D_3）基因组与约 83% 的雷蒙德氏棉（D_5）基因组具有一对一的同源关系。

倒位是不同 D 基因组中的主要重排类型。两个新组装基因组之间发生的倒位在瑟伯氏棉基因组中跨越了大约 59.6Mb，其中在瑟伯氏棉和戴维逊氏棉之间的 Chr. 11 上存在一个大的倒位，长 20.4Mb。此外，研究团队还检测到瑟伯氏棉（D_1）的 Chr. 11 表现出广泛的 B-A 区室转换现象，特别是在大的倒位右侧断裂点附近的一个区域。相对于戴维逊氏棉（D_3），在瑟伯氏棉（D_1）的 Chr. 11 断裂点附近，拓扑相关结构域（topologically associating domain，TAD）明显发生了广泛的重组现象。在全基因组水平上对倒位区域内保守的和发生转换的 A-B 区室进行分析，发现在全基因组上共有 1045 个保守的和 532 个发生转换的 A-B 区室，在倒位区域存在 39 个保守的和 26 个发生转换的 A-B 区室。卡方检验表明，在倒位区域没有偏向于 A-B 区室的转换（P=0.2664）。相反，与全基因组（6184 个中的 1143 个）相比，在断裂点附近检测到的重组 TAD 边界的比例（190 个中的 70 个）明显升高。这些结果表明，植物基因组中的倒位现象可以推动 TAD 边界形成的分化。除了 Chr. 11，研究团队还发现一些瑟伯氏棉（D_1）特有的，来自 Chr. 1、Chr. 5、Chr. 6 和 Chr. 12 上的倒位，以及一些瑟伯氏棉（D_1）和戴维逊氏棉（D_3）共有的，来自 Chr. 2、Chr. 5、Chr. 6、Chr. 10 和 Chr. 13 的倒位（图 2-11）。

三、瑟伯氏棉和戴维逊氏棉基因组图谱

研究团队发现，与大多数基因组一样，在瑟伯氏棉（D_1）和戴维逊氏棉（D_3）基因组中位于端粒附近的区域富含编码基因，而重复序列的含量较低。距端粒较远的区域含有较多的重复序列，但与全基因组相比，包含的编码基因较少。研究团队采集瑟伯氏棉和戴维逊氏棉的幼叶进行比较转录组分析发现，与位于染色体臂（chromosome arm）的序列相比，着丝粒（pericentromeric region）周围区域的序列表达水平普遍更低。研究团队接下来鉴定了瑟伯氏棉和戴维逊氏棉基因组之间的 SNP 和 InDel，发现从端粒区（telomere region）到着丝粒区（centromere region），InDel 的密度不断下降，而 SNP 的密度则不断上升。进一步使用 ppsPCP 软件鉴定了瑟伯氏棉和戴维逊氏棉基因组之间的 PAV，发现了 14 401 个瑟伯氏棉特有的基因组 PAV 和 15 684 个戴维逊氏棉特有的基因组 PAV，分别占据基因组的 39.5Mb 和 52.0Mb。这些 PAV 均匀地分布在染色体上，其中大多数 PAV 短于 10kb（图 2-12）。

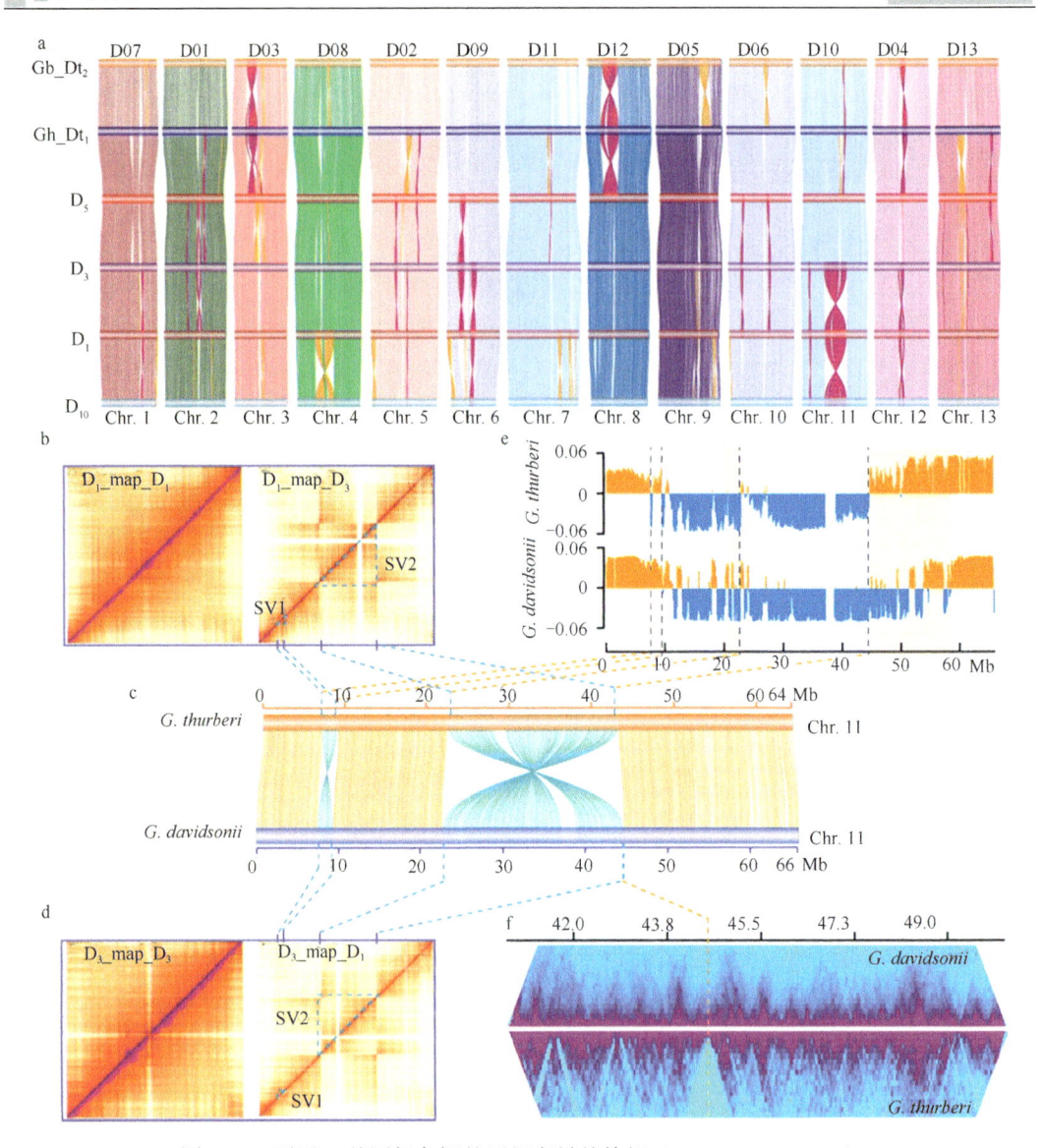

图 2-11 不同 D 基因组之间基因组变异的特征（Yang et al., 2021）

a. 海岛棉（D 亚基因组，Gb_Dt₂）、陆地棉（D 亚基因组，Gh_Dt₁）、雷蒙德氏棉（D₅）、戴维逊氏棉（D₃）、瑟伯氏棉（D₁）和特纳氏棉（D₁₀）之间的基因组比较。橙色和品红色标出倒位的情况；b. 检测到瑟伯氏棉和戴维逊氏棉之间 Chr. 11 上的一个大的倒位；c. 瑟伯氏棉和戴维逊氏棉在 Chr. 11 上的基因组比较；d. 染色质相互作用热图；e. Chr. 11 中的 A/B 区室；橙色代表 A 区室，蓝色代表 B 区室。透明框表示 A-B 区室的转换区域；f. Chr. 11 上大反转的右断点周围的 TAD 热图

四、11 个棉花基因组内部和之间的进化

研究团队利用亚洲棉（A₂）、澳洲棉（G₂）、雷蒙德氏棉（D₅）、特纳氏棉（D₁₀）以及 5 个异源四倍体棉花物种（陆地棉、海岛棉、毛棉、黄褐棉和达尔文氏棉）的 D 亚基因组的编码基因进行系统发育分析，结果支持异源四倍体物种是单系起源的观点，异源四倍体物种可能是由雷蒙德氏棉（D₅）和 A 基因组物种杂交而来。通过 orthoMCL 软件共鉴定了 35 454 个直系同源基因，发现澳洲棉（G₂）和亚洲棉（A₂）比 D 基因组物种

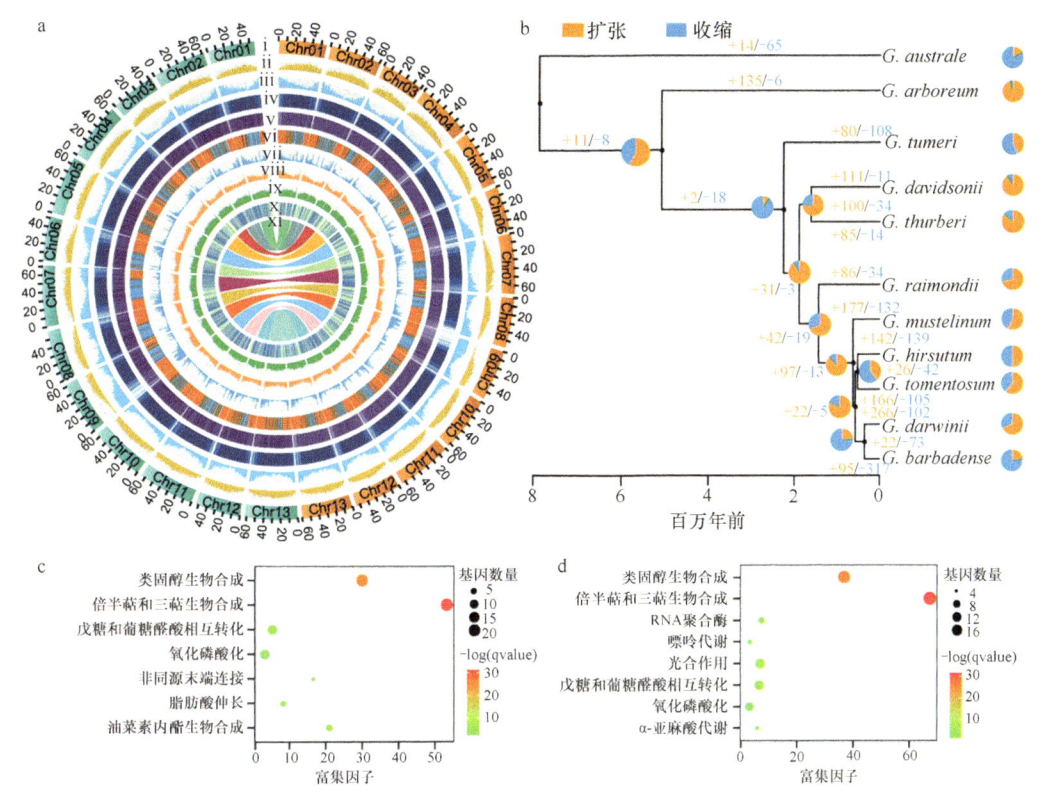

图 2-12 11 个棉花物种之间的基因家族扩展（Yang et al., 2021）

a. 瑟伯氏棉（D₁）和戴维逊氏棉（D₃）基因组的全景特征分析；i. 瑟伯氏棉（右图）和戴维逊氏棉（左图）的基因组；ii 和 iii. 转座子和基因密度；iv. 5mC DNA 甲基化水平；v. 6mA DNA 甲基化水平；vi. 整个染色体的 A 区室和 B 区室，橙色表示 A 区室，蓝色表示 B 区室；vii. 叶片中基因表达水平；viii. 瑟伯氏棉和戴维逊氏棉之间的 InDel 密度；ix. 瑟伯氏棉和戴维逊氏棉之间的 SNP 密度；x. 瑟伯氏棉和戴维逊氏棉之间的 PAV 密度；xi. 瑟伯氏棉和戴维逊氏棉之间的同源区块；b. 基于 7561 个单拷贝基因的系统发育树。每个分支的基因扩张和收缩的比例显示在饼状图中。数字表示经历了扩张或收缩的基因家族的数量；c 和 d. 瑟伯氏棉和戴维逊氏棉中经历扩张或收缩的基因家族的 KEGG 途径富集结果

具有更多的特有基因。GO 富集结果显示，瑟伯氏棉和戴维逊氏棉的特有基因主要与"DNA 重组"、"DNA 整合"和"DNA 代谢过程"有关。

研究团队利用亚洲棉（A₂）和 4 个 D 基因组物种（特纳氏棉、戴维逊氏棉、雷蒙德氏棉和瑟伯氏棉）评估了二倍体 A 基因组和 4 个 D 基因组物种之间的分化时间，发现它们在 5.07 个百万年前和 5.13 个百万年前之间发生分化，而 4 个 D 基因组物种则在 1.51 个百万年前和 2.04 个百万年前之间发生分化。在 D 基因组中，特纳氏棉和其他 3 个物种之间发生了最大程度的分化（greatest extents of divergence），随后是雷蒙德氏棉和其他 3 个物种之间发生分化，而最近的分化则发生在瑟伯氏棉和戴维逊氏棉之间（图 2-12）。

研究团队在 11 个物种中鉴定到了 23 825 个直系同源基因，分析其基因家族的扩张和收缩情况，发现有 8 个物种的基因家族扩张多于基因家族收缩。与 D 亚基因组的基因家族扩张和收缩情况相比，二倍体 D 基因组物种中的特定基因家族经历的扩张或收缩的比例相对较高，表明这种形式的基因组分化在 D 亚基因组中没有在 D 基因组中活跃。研究团队检测到瑟伯氏棉（D₁）基因组中经历了扩张的基因中包含与类固醇生物合成和黄酮类固醇生物合成有关的基因以及编码果胶酯酶的基因。鉴于这些生化途径和酶在不同的抗逆性反应中

发挥作用，也许这类基因的扩张有助于瑟伯氏棉（D_1）对大丽轮枝菌（*Verticillium dahliae*）产生抗性。此外，戴维逊氏棉（D_3）中特有的富集基因和光系统 I 反应中心（psaB）以及光系统 II 反应中心（psbD 和 psbE）有关，能够在光合作用和氧化磷酸化途径中发挥作用。

五、表观遗传修饰和 3D 基因组结构

研究团队利用 Nanopore 测序数据分析了瑟伯氏棉和戴维逊氏棉全基因组水平表观遗传景观，发现全球 N6-甲基脱氧腺嘌呤（N6-methyldeoxyadenine，6mA）水平约为瑟伯氏棉所有腺嘌呤的 1.1% 和戴维逊氏棉所有腺嘌呤的 1.3%，这些比例远远高于以前基于 PacBio 测序数据的关于陆地棉和海岛棉基因组中的研究结果。在瑟伯氏棉和戴维逊氏棉基因组中，6mA 在染色体上的分布是不均匀的。例如，在染色体臂的中间区域和着丝粒周围区域都表现出富集现象，这一发现与一项水稻研究发现的现象一致（Zhang et al.，2018）。研究团队将使用 Nanopore 测序技术获得的戴维逊氏棉（D_3）基因组甲基化频率与通过全基因组亚硫酸盐测序技术（whole-genome bisulfite sequencing technology）获得的甲基化频率进行比较，表明两种方法之间相关性良好（R=0.88）。

根据三维结构，染色体可以划分为染色体质开放区室（A 区室）或封闭区室（B 区室），这些 A/B 区室又可以进一步划分为更小的 TAD。研究团队发现 A 区室倾向于聚集在染色体臂上，而 B 区室倾向于聚集在着丝粒周围区域。约 41.5% 的瑟伯氏棉（D_1）基因组属于 A 区室，约 42.3% 的戴维逊氏棉（D_3）基因组属于 A 区室，以及约 42.0% 的雷蒙德氏棉（D_5）基因组属于 A 区室。研究团队使用 100kb 划窗分析，进一步评估了瑟伯氏棉和戴维逊氏棉的 A/B 区室的表观遗传特征，发现在瑟伯氏棉和戴维逊氏棉基因组中，A 区室的基因密度远远高于 B 区室（图 2-13），A 区室的 5mC（CG、CHH 和 CHG）和 6mA 的水平都明显低于 B 区室，A 区室的转座子含量也明显低于 B 区室。研究团队还分析了 TAD 边界周围的表观遗传修饰，发现与随机选取的基因组区域相比，瑟伯氏棉和戴维逊氏棉 TAD 边界周围染色质的 5mC（CG、CHG 和 CHH）和 6mA 水平相对较低。值得注意的是，在 TAD 边界有 ORF 序列的富集，这表明表观遗传修饰可能显著有利于位于 TAD 边界处的基因的差异激活。

研究团队比较了瑟伯氏棉和戴维逊氏棉之间或戴维逊氏棉和雷蒙德氏棉之间的 A/B 区室，发现与戴维逊氏棉的区室情况相比，瑟伯氏棉和雷蒙德氏棉的基因组中总共有 57.8Mb 和 44.7Mb 区域代表明显的 A/B 区室转换（图 2-13）。同样，在瑟伯氏棉和雷蒙德氏棉的基因组中，共有 28.9Mb 和 28.1Mb 的基因组区域明显代表了 B 到 A 的区室转换，这些发现突出表明了 B 区室到 A 区室的转换和 A 区室到 B 区室的转换在二倍体 D 基因组中是不平衡的。研究团队进一步检查了位于 A/B 转换区段的基因的差异表达情况，发现在瑟伯氏棉和戴维逊氏棉之间的 3189 个 A/B 转换基因中，556 个差异表达（DEG）。在戴维逊氏棉和雷蒙德氏棉之间的 3670 个 A/B 转换基因中，613 个差异表达。这些发现支持以前的观点，即只有小部分基因在转录上受到区室变化的影响（Dixon et al.，2015）。研究团队通过比较 TAD 的边界，发现超过 90% 的瑟伯氏棉和雷蒙德氏棉的 TAD 边界在戴维逊氏棉中是保守的（图 2-13），表明 TAD 的边界在分化后的姐妹物种中相对保守。

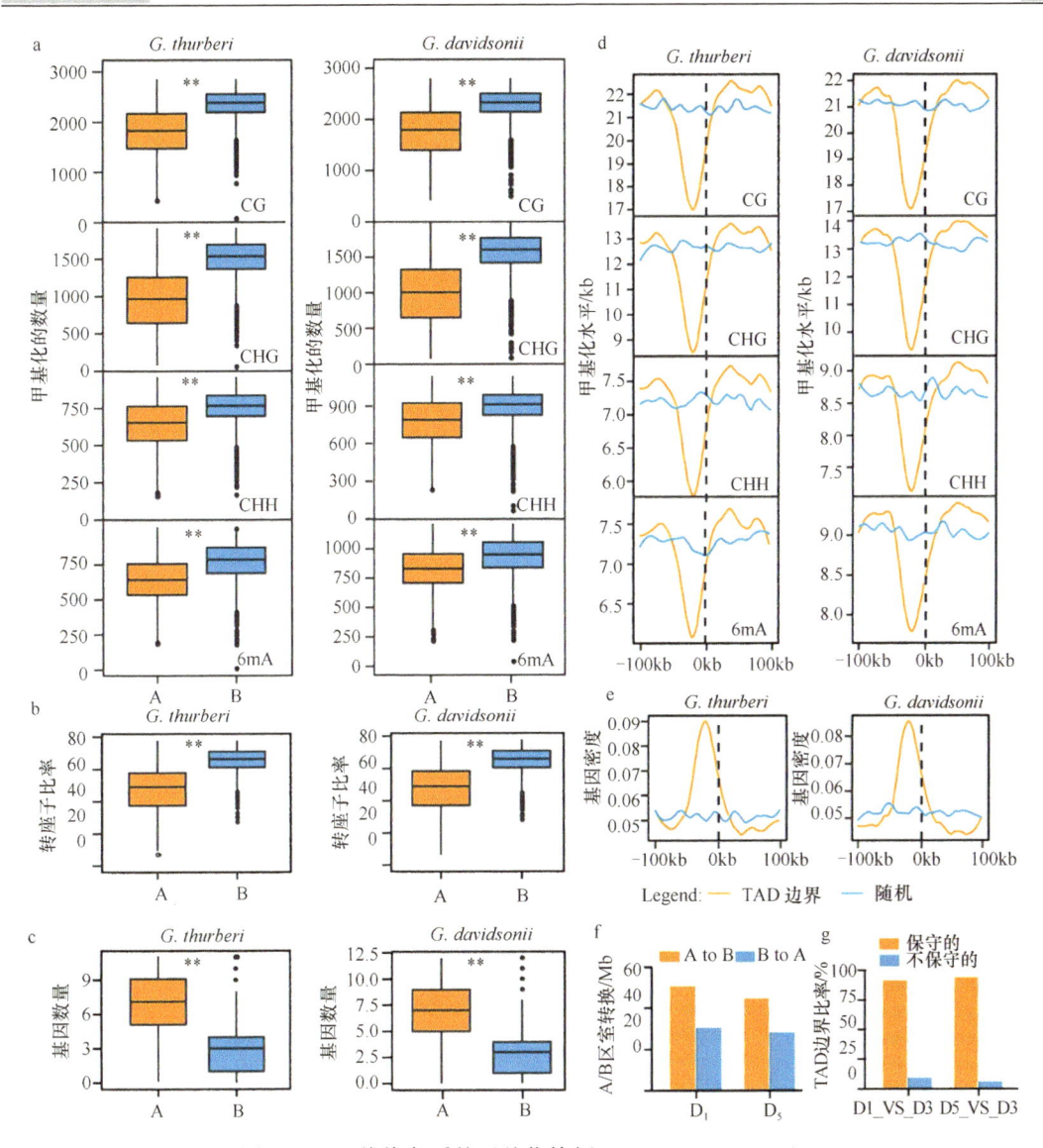

图 2-13 三维染色质的甲基化特征（Yang et al., 2021）

a~c. 瑟伯氏棉（D_1）和戴维逊氏棉（D_3）的 A 和 B 区室的甲基化水平、转座子比率和基因数量；d. TAD 边界周围的甲基化特征。TAD 边界侧翼 100kb 的甲基化水平（橙色线）与随机基因组区域的甲基化水平（蓝色线）进行了比较。右边的线（0~100kb）表示 TAD 区域，左边的线（-100~0kb）表示当 TAD 连续连接在一起时的 TAD 区域或当一个 TAD 与其他区域不紧密相邻时的非 TAD 区域；e. TAD 边界周围的基因密度；f. 瑟伯氏棉（D_1）和戴维逊氏棉（D_3）之间或雷蒙德氏棉（D_5）和戴维逊氏棉（D_3）之间的 A/B 区室转换；g. 瑟伯氏棉和戴维逊氏棉（D1 vs D3）或雷蒙德氏棉和戴维逊氏棉（D5 vs D3）之间 TAD 边界比率的比较

六、基于 Hi-C 的长距离互作分析

长距离的染色质相互作用有利于基因的转录调控，但目前对于棉花的 3D 染色质的相互作用知之甚少。为了确定长距离染色质相互作用的模式，研究团队进行了基因组规模的分析。Hi-C 的 peak（峰）如果位于 TSSs 基因上下游（上游 2K，下游为 1K），则命名为 HiC-peak（P），位于远端则称为 HiC-peak（D）。研究团队确定了瑟伯氏棉（D_1）

中有22 328个HiC-peak（P）和8304个HiC-peak（D）参与长距离染色质相互作用；戴维逊氏棉（D₃）中有22 816个HiC-peak（P）和8808个HiC-peak（D）参与长距离染色质相互作用。研究团队以染色体D08绘制了Hi-C互作的样貌，发现多数互作的peak在染色体上是比较近的。研究团队进一步统计了染色体互作在不同染色体上的分布。由于Hi-C数据连接的是两端，根据基因相对位置，可以分成三种类型：近端-近端（P-P）、近端-远端（P-D），以及远端-远端（D-D）。在瑟伯氏棉和戴维逊氏棉中分别确定了47 604个和51 367个染色质相互作用，这些相互作用中大约60%是P-P的peak互作关系，其次是P-D（约30%）和D-D（约10%）（图2-14）。

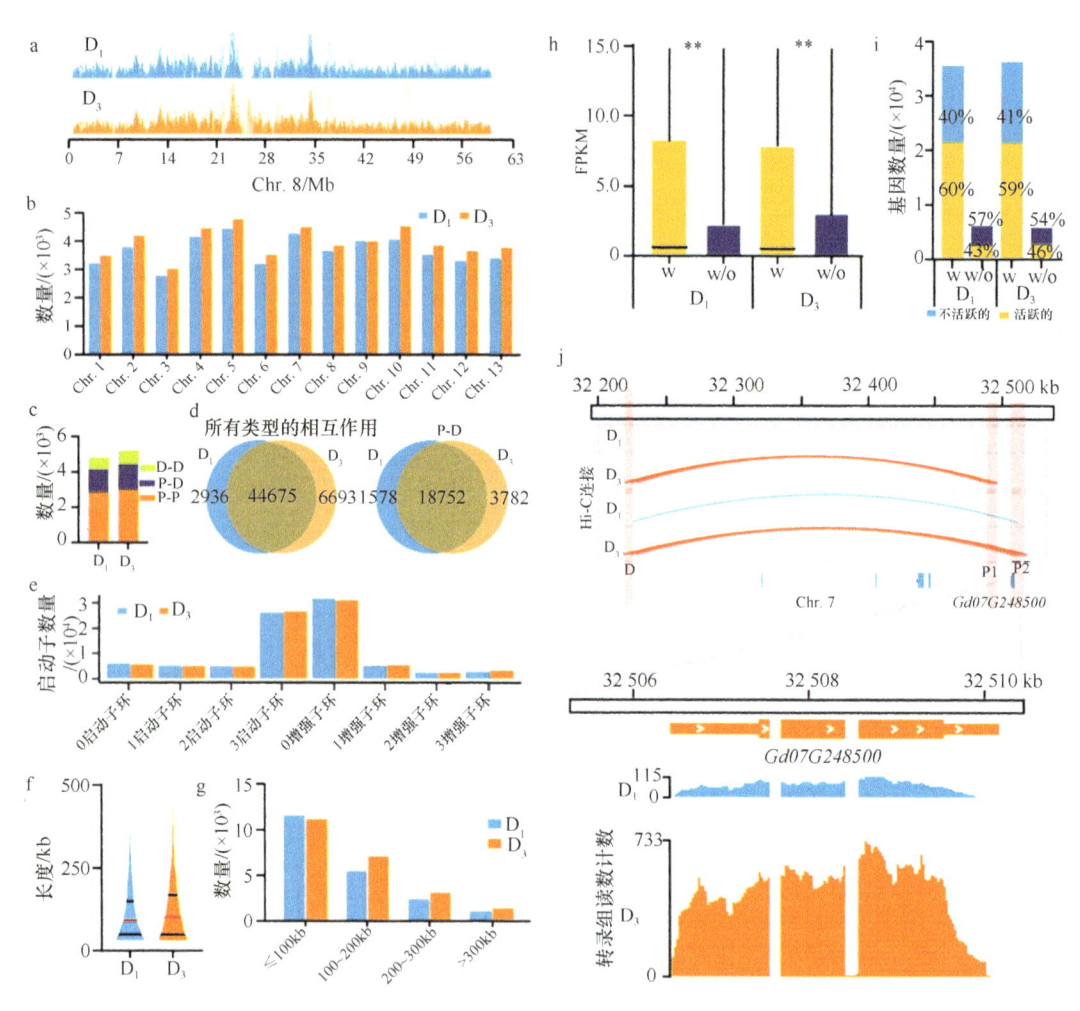

图2-14 近端和远端调控区之间的长距离相互作用（Yang et al., 2021）

a. 瑟伯氏棉和戴维逊氏棉的Chr. 8长距离相互作用的例子；b. 长距离相互作用在每条染色体上的分布情况；c. 长距离相互作用被分为P-P、P-D和D-D相互作用；d. 瑟伯氏棉和戴维逊氏棉之间的所有相互作用的比较；e. 瑟伯氏棉和戴维逊氏棉之间的P-D相互作用的比较；f. 瑟伯氏棉和戴维逊氏棉的长距离相互作用的小提琴图；g. 瑟伯氏棉和戴维逊氏棉中不同距离的P-D相互作用的数量统计；h. 与染色质相互作用或不相互作用的基因的表达水平比较；i. 有或无染色质相互作用的基因的转录状态；j. 戴维逊氏棉中一个D与两个P相互作用的例子。在上部分，橙色和蓝色的线条分别代表瑟伯氏棉和戴维逊氏棉中的Hi-C互作，蓝色区域代表位于具有相互作用染色质环（interaction loop）中的基因。中间部分表示P1和P2周围的基因（*Gd07G24850*），下边部分是转录组数据在瑟伯氏棉中每条染色体上的相互作用数量为2759~4417，在戴维逊氏棉为2999~4763。有44 675个染色体内的相互作用同时存在于瑟伯氏棉和戴维逊氏棉中，而2936个和6693个相互作用则是瑟伯氏棉和戴维逊氏棉分别所特有的。研究团队还发现27 531个P-P相互作用、18 752个P-D相互作用和5465个D-D相互作用在瑟伯氏棉和戴维逊氏棉之间是保守的，而1043个和2597个P-P相互作用、1578个和3782个P-D相互作用，以及761个和1067个D-D相互作用分别是瑟伯氏棉和戴维逊氏棉所特有的，表明这种互作表现得极为保守。这些棉花基因组中73%以上的启动子有3个或更多的P-P相互作用，大多数启动子有大约1个P-D。研究团队还发现瑟伯氏棉和戴维逊氏棉染色体内相互作用的长度中位值分别为90kb和100kb，两个棉种间的大多数P-D相互作用都在100kb以内，只有不到6%的相互作用大于300kb。

研究团队利用瑟伯氏棉和戴维逊氏棉的叶片进行转录组测序，研究染色体相互作用与基因表达的关系，发现有染色质相互作用的基因表达水平相对高于无相互作用的基因，然而存在约40%的有相互作用的基因没有表达或表达量很低（FPKM<0.1）。此外，在瑟伯氏棉和戴维逊氏棉基因组中分别存在43%和46%的基因没有染色质相互作用，但却在叶片中表达。

七、基因顺序和结构变异

研究团队在瑟伯氏棉和戴维逊氏棉之间共鉴定到32 981个直系同源基因，其中1104个直系同源基因位于倒位区域，占3.3%，比陆地棉栽培品种TM-1和ZM24之间的比例更高，表明更多的基因受到种间倒位而不是种内倒位的影响。

研究团队还观察了瑟伯氏棉和戴维逊氏棉基因组中基因扩张的程度，发现了3400多个串联重复基因，通过KEGG富集分析发现这些基因富集在与胁迫相关的途径中，包括苯丙氨酸代谢（phenylalanine metabolism）、谷胱甘肽代谢（glutathione metabolism）、植物-病原体相互作用（plant-pathogen interaction）和苯丙烷类生物合成（phenylpropanoid biosynthesis），表明串联重复显著增强了瑟伯氏棉和戴维逊氏棉对各种胁迫的抗性。

八、着丝粒进化

着丝粒主要由重复的逆转座子（repetitive retrotransposons）和卫星重复序列（satellite repeats sequences）组成，可以利用长读长测序数据准确组装着丝粒，然而目前依然对于着丝粒的进化情况知之甚少。研究团队成功利用Hi-C数据开发出一种新的方法，能够对着丝粒进行表征。首先将Hi-C数据与其对应的参考基因组进行比对，得到有效互作的位点并生成Hi-C热图（50kb分辨率），利用它来搜索那些明显形成染色体臂内相互作用障碍的区域。结果证明，与染色体臂内接触作用的频率相比，这些两侧染色体臂之间接触作用频率较低的区域确实是中心点。根据系统发育关系，研究团队用已知的棉花着丝粒LTR与参考基因组进行比对，验证了这些Hi-C着丝粒的准确性。最后，对着丝粒的序列特征（包括序列组成、LTR插入时间、LTR插入模式和着丝粒富集的LTR）进行系统分类，为着丝粒进化研究奠定基础（图2-15）。

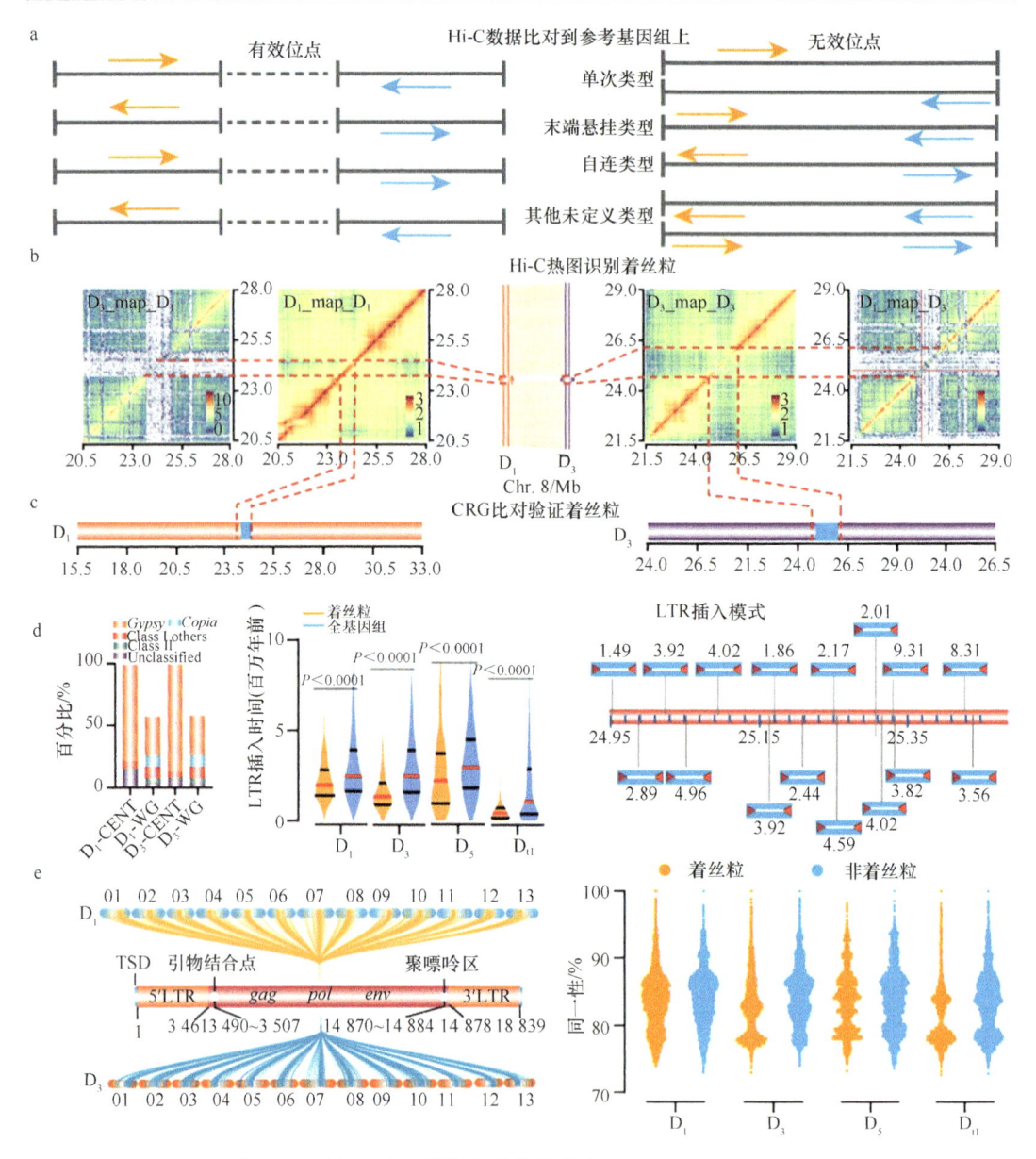

图 2-15 基于 Hi-C 数据的着丝粒鉴定（Yang et al., 2021）

a. Hi-C 数据与参考基因组的比对示意图。b. Hi-C 热图中的着丝粒的特征描述。左图显示了染色质的相互作用。中间的部分显示了着丝粒周围的基因组排列。三维的环代表着丝粒。右图显示了染色质的相互作用。橙色线内的区域是着丝粒区域；c. 通过着丝粒 LTR (centromere retroelement gossypium, CRG) 比对验证着丝粒。d. 着丝粒特征分析。左图显示了着丝粒与全基因组的重复序列的比较。中间显示的是着丝粒的 LTR 插入时间分布，以及整个基因组的 LTR 插入时间分布。图中的中心红线表示中位数，黑线表示插入时间的上、下四分位数。右图是对完整的 LTR 插入模式的分析，介绍了瑟伯氏棉 Chr. 4 的一个例子。数字显示了附近 LTR 的插入时间。e. 着丝粒 LTR 富集分析。左图代表 "CenLTR" 序列的序列同一性特征，右图以点状图的形式呈现

九、着丝粒 LTR 经历的快速变化

研究团队分析了来自非同源染色体的着丝粒之间是否存在局部序列的相似性。首先

使用NCBI的blastn工具对着丝粒序列进行了比对，发现着丝粒的序列是高度重复的，从种内比较中检测到的相似序列比种间比较中检测到的更多，这表明着丝粒在物种形成后经历了复制事件。此外，研究团队还发现来自戴维逊氏棉的序列具有更高的相似性，表明戴维逊氏棉的序列复制发生的时间晚于来自瑟伯氏棉的序列。

植物着丝粒的DNA序列通常包含许多简单串联重复，然而，目前对这些序列在着丝粒功能中的作用仍然知之甚少。与许多植物的着丝粒串联重复序列不同，研究团队发现在瑟伯氏棉和戴维逊氏棉中串联重复序列的含量非常低，而LTR却明显富集，这表明棉花着丝粒是由逆转录转座子爆发产生的。研究团队使用Kimura软件分析了LTR插入时间，发现在所有D基因组（D_1、D_3、D_5和Gh_Dt1）中，着丝粒的LTR比全基因组水平的LTR更加年轻。戴维逊氏棉着丝粒的LTR（中位数为1.336个百万年前）比瑟伯氏棉的LTR（中位数为1.979个百万年前）年轻，表明戴维逊氏棉的着丝粒比瑟伯氏棉的着丝粒活跃得多，支持了戴维逊氏棉的着丝粒与瑟伯氏棉的着丝粒相比经历了扩张的观点（图2-15）。

研究团队通过使用blastn工具将所有完整的LTR与瑟伯氏棉（D_1）和戴维逊氏棉（D_3）基因组进行比对，从而鉴定着丝粒LTR，发现来自瑟伯氏棉的Chr. 12的一个LTR（位置为26 780 294～26 783 754）和瑟伯氏棉及戴维逊氏棉的每个直系同源染色体的着丝粒都能够比对得上，在整个着丝粒中检测到高度相似的序列（这个LTR类型被命名为"CenLTR"）。研究团队进一步比对了戴维逊氏棉和Gh_Dt1的基因组，发现CenLTR也在着丝粒区域富集，表明CenLTR广泛分布在D基因组物种的着丝粒中。研究团队比较了每个物种的着丝粒和非着丝粒序列之间的序列一致性，发现在戴维逊氏棉着丝粒和非着丝粒序列之间检测到大量的CenLTR多态性。类似的CenLTR多态性在Gh_Dt1着丝粒和非着丝粒序列之间也很明显（图2-15）。

十、胁迫相关基因的分化

瑟伯氏棉（D_1）具有抗黄萎病的特点。研究团队发现瑟伯氏棉幼苗比雷蒙德氏棉对大丽轮枝菌（*Verticillium dahliae*）的抗性更强，表明瑟伯氏棉是改良陆地棉的潜在种质资源材料。研究团队在瑟伯氏棉和雷蒙德氏棉中分别鉴定了3472个和5042个与大丽轮枝菌抗性相关的基因。根据瑟伯氏棉和雷蒙德氏棉对大丽轮枝菌处理后的不同反应，共鉴定到了106个显著差异基因，包括*NB-LRR*、*NPR1/3/4*、*TGA*和下游转录因子（如*WRKY33*、*SARD1*和*CPB60g*）可能参与了抗病反应过程。*PAD4*、*EDS1*、*SAMT*和*SBPB2*基因在瑟伯氏棉感染大丽轮枝菌后上调，从而激活SA生物合成信号途径（图2-16）。

与雷蒙德氏棉相比，戴维逊氏棉的幼苗表现出明显的耐盐性（图2-16）。研究团队发现在戴维逊氏棉和雷蒙德氏棉基因组之间，共有14个与乙烯有关的基因（包括*SAM*、*ACS*、*ACO*、*EIN4*、*CTR*和*EIN3*）在盐胁迫后表现出不同的反应，*CIPK*和*NHX*基因在戴维逊氏棉受到盐胁迫后上调表达。此外，研究团队还发现其他一些已知的与胁迫有关的基因，包括*ERFs*、*GRASs WRKY*、*NACs*和*MYBs*，在戴维逊氏棉受到盐处理后上调表达。

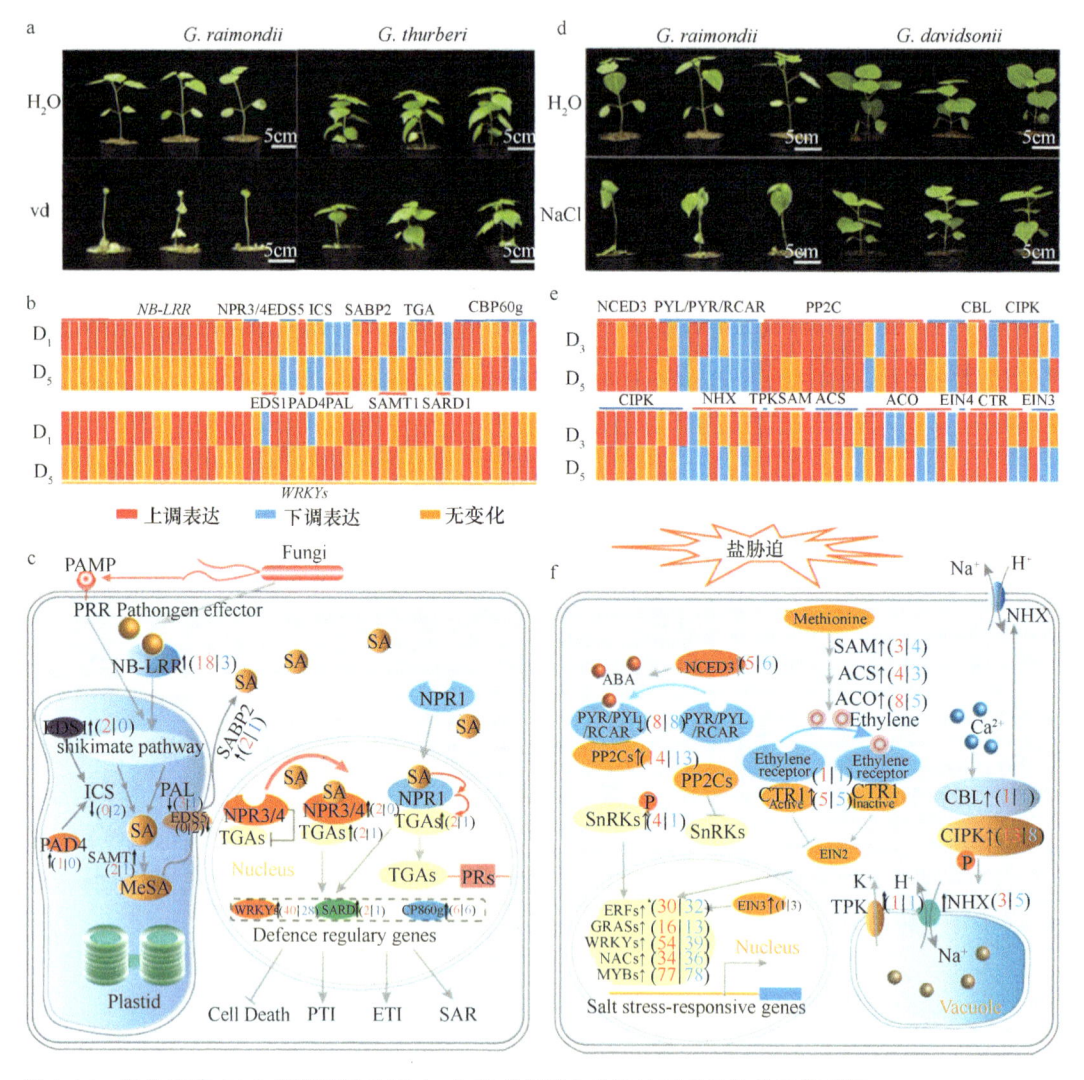

图 2-16 瑟伯氏棉（D₁）和戴维逊氏棉（D₃）的黄萎病和盐胁迫耐受性的分子模型图（Yang et al.，2021）
a. 瑟伯氏棉（D₁）和雷蒙德氏棉（D₅）幼苗（35 天的幼苗）接种大丽轮枝菌 14 天的表型比较；b. 水杨酸（SA）信号、NB-LRR 和 WRKYs 差异表达基因热图；c. SA 信号通路增强了瑟伯氏棉的黄萎病耐受性；d. 戴维逊氏棉（D₃）和瑟伯氏棉（D₁）幼苗受盐胁迫处理 14 天的表型比较；e. ABA、乙烯和 CBL-CIPK 途径的差异表达基因热图；f. 与雷蒙德氏棉和戴维逊氏棉的盐胁迫反应有关的转录调控网络

第七节 特纳氏棉基因组研究进展

本节研究基于 NSF V1_a2 版本。

一、基因组测序、组装和注释

研究团队使用特纳氏棉的叶片提取 DNA 进行了三代 PacBio 测序，获得了 73.2 倍覆盖度的原始数据，并构建 Hi-C 文库用于基因组的辅助组装。将 PacBio 测序数据进行组装，共获得 220 个 contig，contig N50 长为 7.9Mb。研究团队利用 Dovetail Genomics

的 Hi-C 技术将 contig 进一步组装成 scaffold，使用 JuiceBox 手动调整序列的组装错误，最终获得 13 条假染色体，基因组组装大小为 910Mb。在特纳氏棉（D_{10}）基因组中共注释到 38 489 个编码基因。BUSCO 分析表明有超过 90%的核心保守基因在特纳氏棉基因组中是完整的，表明基因组的组装完整性较好。

研究团队还新组装了一个雷蒙德氏棉（D_5）基因组，并将其和特纳氏棉（D_{10}）基因组、陆地棉的 D 亚基因组和雷蒙德氏棉（D_5）JGI 版本（Paterson et al.，2012）进行共线性分析，发现 4 个基因组之间的共线性良好，表明基因组组装质量较好。使用 MCScanX 软件检测到特纳氏棉（D_{10}）和新组装的雷蒙德氏棉（D_5）基因组之间共有 23 499 个共线性直系同源基因对，表明这两个物种基因组之间是基本保守的。进一步对这两个新组装的基因组的重复序列进行注释，发现两者转座子含量相近。相比于 JGI 版本的和新组装的雷蒙德氏棉（D_5）基因组序列，特纳氏棉（D_{10}）基因组分别多了 8.5Mb 和 10.6Mb 的重复序列，这可能是特纳氏棉（D_{10}）基因组组装大小比雷蒙德氏棉（D_5）基因组大的原因。

二、D 基因组之间的结构变异

研究团队通过特纳氏棉（D_{10}）和雷蒙德氏棉（D_5）之间的比较发现了两个基因组之间仅存在少量的结构变异，整体上高度相似，均没有发现明显的重复片段。特纳氏棉（D_{10}）基因组的组装序列长度比雷蒙德氏棉（D_5）基因组长 20.3Mb，编码基因数量相似。两个基因组之间累计长度最多的结构变异是染色体倒位，横跨 64Mb，这些区域共包括 2592 个基因（占基因总数的 6.4%）。

第八节　草棉基因组研究进展

一、WHU V1 版本

（一）基因组测序、组装和注释

研究团队选择草棉的非洲变种——阿非利加棉（A1-0076）作为测序材料，采集新鲜的嫩叶提取 DNA，对阿非利加棉（A_1）基因组进行二代测序，共获得 52Gb 的 Illumina 测序数据；进行三代测序，共获得 225Gb 的 PacBio 数据；进行 Hi-C 测序，共获得 256Gb 的干净数据。

将三代 PacBio 数据进行组装，共获得 1781 个 contig，contigs N50 长为 1915kb。使用 Hi-C 数据将这些 contig 进一步组装成 scaffold，最终得到阿非利加棉（A_1）基因组组装长度为 1489Mb，其中 95.69%（1424.82Mb）的序列被锚定到 13 条假染色体上。

利用从头预测、同源搜索预测和转录组辅助预测的方法进行编码基因的预测，共注释到 43 952 个编码基因，主要分布在染色体的两端。研究还发现新组装的阿非利加棉（A_1）基因组中转座子占比例多达 79.71%，染色体中间转座子分布丰富的区域转录水平较低，而染色体两端基因分布丰富的区域转录水平较高。

（二）染色体易位和倒位

研究团队还新组装了一个亚洲棉（A$_2$）基因组，并发现与阿非利加棉（A$_1$）基因组相比，亚洲棉（A$_2$）基因组在1号染色体和2号染色体之间发生了易位现象。这种易位现象可能发生在这两个物种分化之后，并在亚洲棉基因组中保留下来。阿非利加棉（A$_1$）基因组和亚洲棉（A$_2$）基因组与A$_{t1}$亚基因组之间分别存在2个和3个易位，而四倍体A$_{t1}$亚基因组内部的染色体2和3之间以及染色体4和5之间存在两个特有的易位现象，表明这两个易位可能发生在多倍体化之后。此外，研究还发现了阿非利加棉（A$_1$）基因组和亚洲棉（A$_2$）基因组之间，在10号和12号染色体上存在两个大规模的倒位事件，并被Hi-C数据和PCR扩增结果所证实。共线性分析结果显示，10号染色体的倒位现象均存在于A$_1$基因组或A$_{t1}$亚基因组中，而12号染色体的倒位现象只存在于A$_1$基因组中。因此，这两个倒位很可能发生在阿非利加棉和亚洲棉这两个棉种分化形成之后。

二、USDA V1 版本

（一）基因组测序、组装和注释

研究团队选择草棉的栽培种——*G. herbaceum* cv. Wagad（A1-Wagad）作为测序材料，分别进行二代 Illumina 测序、三代 PacBio 测序和 Hi-C 测序，最终组装成 13 条染色体，基因组组装大小为 1.6Gb。BUSCO 分析表明有超过 96.5%的核心保守基因在草棉（A1-Wagad）基因组中是完整的，只有 3.5%的核心保守基因是不完整的（1.2%）或缺失的（2.3%），表明基因组的组装较为完整。

利用从头预测、同源搜索预测和转录组辅助预测的方法进行编码基因的预测，共预测到 39 100 个编码基因，比草棉的非洲变种——阿非利加棉（A1-0076）基因组 WHU V1 版本中的编码基因数目少了大概 5000 个，也比已公布的几个亚洲棉基因组版本中的编码基因（40 134～43 278）数量少（Li et al., 2014; Du et al., 2018; Huang et al., 2020），和长萼棉（*Gossypium longicalyx*，F$_1$）基因组中的编码基因（38 378）数量相近（Grover et al., 2020）。研究还发现新组装的草棉（A1-Wagad）基因组中重复序列占比例达 59.2%，其中58%为逆转录转座子，1.2%为DNA转座子。逆转录转座子中57.3%为LTR，其中39.9%为"*Gypsy/DIRS1*"类型，10.2%为"*Ty1/Copia*"类型。

（二）共线性分析

研究团队将新组装的草棉（A1-Wagad）基因组和 WHU V1 版本进行了共线性分析，发现两者之间具有高度的共线性，只出现了少数的变异情况。例如，在 1 号、2 号和 6 号染色体上各携带 1 个倒位，累计长度为 6Mb；在 13 号染色体上携带两个倒位，总长为 43Mb。研究还发现在两个草棉基因组与亚洲棉基因组之间具有一些共享的倒位片段，证明了新组装的草棉（A1-Wagad）基因组的组装正确性。

第九节 长萼棉基因组研究进展

本节研究基于 NSF V1 版本。

一、基因组测序、组装和注释

研究团队收集长萼棉（F_1）的叶片提取 DNA 并进行三代 PacBio 测序，共获得了 144 倍覆盖度的 PacBio 数据。对 PacBio 数据进行组装，获得 229 个 contig，contig N50 长为 28.8Mb，进一步结合 Hi-C 和 BioNano 数据将 contigs 组装成 17 个 scaffold，平均长度为 70.4Mb，最终挂载到 13 条假染色体上，长萼棉（F_1）基因组的组装大小为 1190.7Mb。

研究团队通过 BUSCO 分析来评估基因组组装质量，最终检索到超过 95.8% 的核心保守基因在长萼棉（F_1）基因组中是完整的，只有不到 5% 的核心保守基因是不完整的（1.4%）或缺失的（2.8%），表明基因组的组装完整性较好。使用长末端重复序列组装指数（LAI）方法检验基因组 LTR 组装连续性，最终 LAI 得分是 10.74。LAI 值的评估标准中，得分 10~20 表示达到参考基因组水平，因此表明长萼棉（F_1）基因组的组装质量较好。

研究团队通过同源搜索预测和转录组辅助预测，共预测到 38 378 个编码基因。相比之下，在以前公布的二倍体雷蒙德氏棉（Paterson et al., 2012）和亚洲棉（Du et al., 2018）基因组版本中分别预测到了 37 505 个和 40 960 个编码基因，长萼棉基因组中的编码基因数量位于两者之间。通过长萼棉基因组与这两种二倍体棉种基因组的直系同源分析发现，长萼棉的 38 378 个编码基因中分别有 25 637 个（67%）和 26 249 个（68%）基因与雷蒙德氏棉或亚洲棉基因之间存在一一对应关系，分别有 2615 个（7%）和 3158 个（8%）基因与雷蒙德氏棉或亚洲棉基因之间存在"一/多"关系，即一个或多个长萼棉编码基因分别与一个或多个雷蒙德氏棉或亚洲棉基因相匹配。此外，研究团队基于同源序列相似性和重复序列结构特征这两种策略进行重复序列注释，发现重复序列在长萼棉基因组中占 44%~50%。

二、长萼棉的染色质可及性

研究团队采集长萼棉新鲜叶片进行 ATAC-seq 测序，设置两个重复，共鉴定到 28 030 个可接触染色质区域（ACR），长度范围为 130~400bp，累积长度为 6.4Mb，占长萼棉（F_1）基因组组装大小的 0.5%。基因转录起始位点周围 ACR 的富集表明这些区域在功能上很重要，并且可能富含顺式调节元件。根据离它们最近的注释基因的距离远近程度，这些 ACR 被分类为基因型（gACR；重叠基因）、近端型（pACR；基因的 2kb 内）或远端型（dACR；基因>2kb）。gACR 和 pACR 分别占 ACR 总数量的 12.2% 和 13.2%，累积长度分别为 952kb 和 854kb，剩余约 75% 的 ACR 为 dACR，累积长度为 4.6Mb。研究还发现 dACR 中 GC 最高，达 52%，其次是 gACR（46%）和 pACR（44%）。分别与随机选择的相同长度的对照区域进行比较，发现这三种类型的 ACR 中的 GC 含量都明显更高。

三、长萼棉肾形线虫病抗性研究

肾形线虫（reniform nematode）是危害棉花的重要病原线虫之一，会导致棉花生长受阻、开花和（或）结果延迟，从而造成减产和品质降低。经过驯化的棉花品种在很大程度上容易受到肾形线虫的影响，但一些未驯化的野生种对肾形线虫具有天然的抗性，其中长萼棉的抗性尤为突出。研究团队在以前的研究中发现了一个与抗性相关的分子标记（BNL1231），该标记的两侧是 SNP 标记 Gl_168758 和 Gl_072641，均位于长萼棉第 11 号染色体上被称为"RenLon"的区域（Dighe et al.，2009；Zheng et al.，2016）。研究团队通过检索鉴定了位于长萼棉基因组 RenLon 区域中的基因，共获得 52 个候选基因。分析候选基因的功能注释信息，发现 29 个基因（占 56%）是"TMV resistance protein N-like"家族基因。在烟草中，"TMV resistance protein N-like"家族基因对烟草花叶病毒（TMV）具有超敏反应（hypersensitive response）（Erickson et al.，1999）。该基因的同源基因在其他物种中报道与寄生虫和病原体抗性相关，包括番茄的蚜虫和线虫抗性（Rossi et al.，1998），马铃薯（Hehl et al.，1999）和亚麻（Ellis et al.，2007）的真菌抗性，以及辣椒的病毒抗性（Guo et al.，2017）等。该区域还包括 6 个异胡豆苷合成酶类似基因（strictosidine synthase-like，SSL）基因，也可能在免疫和防御过程中发挥作用（Sohani et al.，2009）。

四、比较基因组学和纤维的进化

长萼棉及其姐妹分支（由 A 基因组亚洲棉和草棉组成）之间的棉花纤维形态具有显著差异。长萼棉纤维较短且紧紧附着在种子表皮上，而 A 基因组棉种纤维较长且适合纺纱。通过全基因组比较分析，研究团队发现长萼棉和亚洲棉（长纤维的驯化）的基因组总体上十分保守，在少数染色体上存在一些染色体结构变异，其中 1 号和 2 号之间存在明显的易位现象，3 号、5 号和 6 号染色体上均存在着倒位现象，这些结构变异表明它们的染色体水平产生了分化，可能与表型分化相关。

第十节　异常棉基因组研究进展

一、NSF V1 版本

（一）基因组测序、组装和注释

研究团队收集异常棉（B_1）的叶片提取 DNA 并进行三代 PacBio 测序，测序深度覆盖基因组的 55 倍。使用 PacBio 数据进行组装，获得 229 个 contig，contig N50 长为 11Mb。使用 Hi-C 数据将这些 contig 进一步组装到染色体水平，最终锚定到 13 条假染色体上，异常棉（B_1）基因组组装大小为 1196Mb。

研究团队通过 BUSCO 分析来评估基因组组装质量，最终检索到超过 97.1% 的核心保守基因在异常棉（B_1）基因组中是完整的，只有不到 3% 的核心保守基因是不完整的（0.5%）或缺失的（2.4%），表明基因组的组装完整性较好。

研究团队通过同源搜索预测和转录组辅助预测，共注释到 37 830 个编码基因，数量与其他棉花二倍体相似（Paterson et al.，2012；Du et al.，2018；Udall et al.，2019；Grover et al.，2020，2021；Huang et al.，2020；Wang et al.，2021），介于司笃克氏棉（*Gossypium stocksii*）（Grover et al.，2021）的 34 928 个和草棉（*Gossypium herbaceum*）（Huang et al.，2020）的 43 952 个之间。在这 37 830 个编码基因中，36 802 个通过 BLAST 进行了注释；21 768 个通过 GO 进行了注释；34 916 个通过 InterPro 进行了注释；29 248 个通过 Pfam 进行了注释；2897 个通过 TIGRFAM 进行了注释；34 916 个能够在至少两个数据库中注释；29 280 个能够在三个以上的数据库中注释。这些基因平均具有 5.8 个外显子和 4.8 个内含子，其平均长度分别为 257bp 和 339bp，与以前发表的棉花物种相似。

（二）重复序列鉴定与分析

研究团队基于同源序列相似性和重复序列结构特征这两种策略进行重复序列注释。使用 RepeatMasker 软件检测到重复序列在异常棉（B_1）基因组中占 42%，使用 RepeatExplorer 软件检测到重复序列占 46.5%。这两种方法对不同类型转座子（如 DNA 转座子、*Ty3/Gypsy*、*Ty1/Copia* 等）的鉴定结果基本一致，唯一的区别是 RepeatMasker 软件鉴定到 *Copia* 的累积长度为 47.7Mb，远多于 RepeatExplorer 软件鉴定到的 29.1Mb，这可能是由于 RepeatExplorer 软件不能精准地对 *Copia* 进行鉴定分类，而是将它们划分到"LTR"类别中（21.9Mb）的原因。两种方法鉴定到的重复序列大部分都是 *Gypsy*，其中 RepeatMasker 软件鉴定到的 *Gypsy* 在基因组中占 38%，RepeatExplorer 软件鉴定到的占 42%。

研究团队提取先前测序的二倍体棉种和异常棉（A～G 和 K）的重复序列进行聚类分析，发现美国的 D 基因组棉种聚在一起，澳大利亚棉种（C、G 和 K 基因组）聚在一起，非洲棉种（A、B、E 和 F 基因组）也聚在一起，并且位置介于美国的 D 基因组棉种和澳大利亚棉种之间，这种结果和基因组之间的系统发育关系大体一致。相对于其他棉种，异常棉（B_1）具有中等数量的转座子，基因组中约一半为重复序列（627Mb），这些重复序列中的大部分（90%）是 *Gypsy*。虽然异常棉（B_1）基因组比非洲棉种 E 基因组（这里以索马里棉 *Gossypium somalense* 为代表）组装长度小 200Mb 左右，但这 200Mb 中大约有 60Mb 为重复序列，并且其中 40Mb 为 *Gypsy*。虽然棉种 A 基因组（以草棉 *G. herbaceum* 和亚洲棉 *G. arboreum* 为代表）组装大小只比异常棉（B_1）大 350Mb，但它们具有的重复序列大约是异常棉的 1.5 倍，主要是 *Gypsy*，其中 A 基因组中 *Gypsy* 累积长度为 927Mb，B 基因组中为 565Mb。

二、JAAS V1.2 版本

（一）基因组测序、组装和注释

研究团队收集异常棉（B_1）的叶片提取 DNA 并进行三代 PacBio 测序，获得 82.68Gb 的数据，覆盖基因组的 64 倍。进行二代 Illumina 测序，获得 132.61Gb 数据，覆盖基因组的 103 倍。首先通过 *K-mer* 分布分析，预估基因组大小为 1.29Gb，使用流式细胞实验预估基因组大小为 1.35Gb。使用 PacBio 数据进行组装，获得 661 个 contig，contig N50 长为 7.78Mb。使用 Hi-C 数据将这些 contigs 进一步组装，获得 364 个 scaffold，scaffold

N50 长为 99.19Mb，异常棉（B₁）基因组组装大小为 1.21Gb，最终 99.21%的序列被锚定到 13 条假染色体上。

研究团队通过 CEGMA 和 BUSCO 分析来评估基因组组装质量，最终分别检索到超过 97.58%和 99.01%的核心保守基因在异常棉（B₁）基因组中是完整的。使用长末端重复序列组装指数（LAI）方法检测基因组组装的连续性，最终 LAI 得分是 15.71。LAI 值的评估标准中 LAI 得分 10～20 表示达到参考基因组水平。通过二代 Illumina 数据和转录组数据分别与新组装的基因组进行比对，比对率达到 97.25%和 88.65%。以上几种方法的结果表明异常棉（B₁）基因组组装完整性较高。

研究团队通过从头预测、同源搜索预测和转录组辅助预测，共预测到 42 752 个编码基因，数量与其他棉花二倍体相似（Paterson et al.，2012；Wang et al.，2012；Li et al.，2014；Du et al.，2018；Udall et al.，2019；Cai et al.，2020；Grover et al.，2020；Huang et al.，2020）。在这 42 752 个编码基因中，约 97.29%能在 Swiss-Prot、NR、KEGG、InterPro、GO 或者 Pfam 数据库中获得注释信息。此外，在异常棉（B₁）基因组中还鉴定到 262 个 micorRNA（miRNA）、774 个 rRNA、1085 个 tRNA 和 6064 个小核 RNA（snRNA）。转座子总长度达到 756.28Mb，占整个基因组组装长度的 62.59%。

（二）系统发育和共线性分析

研究团队对 8 个二倍体棉种和叉柱棉（*Gossypioides kirkii*）构建分子进化树，发现异常棉（B₁）和澳洲棉（*G. australe*，G₂）（Cai et al.，2020）的共同祖先在约 6.9 个百万年（5.5～7.7 个百万年）前与特纳氏棉（*G. turneri*，D₁₀）（Udall et al.，2019）、瑟伯氏棉（*G. thurberi*，D₁）（Grover et al.，2019）和雷蒙德氏棉（*G. raimondii*，D₅）（Udall et al.，2019）发生分化，随后异常棉（B₁）和澳洲棉（G₂）（Cai et al.，2020）在约 6.6 个百万年（4.8～6.8 个百万年）前发生分化，异常棉（B₁）在约 5.0 个百万年（3.8～5.9 个百万年）前与关系较近的长萼棉（*G. longicalyx*，F₁）（Grover et al.，2020）、草棉（*G. herbaceum*，A₁）（Huang et al.，2020）和亚洲棉（*G. arboreum*，A₂）（Du et al.，2018）发生分化。

从 8 个百万年前到 0.5 个百万年前，异常棉（B₁）基因组中的长末端重复序列（LTR）含量不断增加，并且逆转录类型的 LTR 数量明显高于雷蒙德氏棉，但是低于草棉（A₁）、亚洲棉（A₂）和澳洲棉（G₂）。

共线性分析结果表明，具有一对一关系的同线性区块占异常棉（B₁）基因组的 86.88%，与雷蒙德氏棉（D₅）基因组中的 89.99%相匹配，89.51%与长萼棉（F₁）基因组中的 87.21%相匹配，80.41%与草棉（A₁）基因组中的 72.11%相匹配，77.42%与亚洲棉（A₂）基因组中的 69.49%相匹配，65.21%与澳洲棉（G₂）基因组中的 64.63%相匹配。上述结果表明，异常棉（B₁）基因组和雷蒙德氏棉（D₅）基因组、长萼棉（F₁）基因组整体的共线性关系比和其他棉种基因组更加保守。在异常棉（B₁）基因组和雷蒙德氏棉（D₅）基因组之间的 9 条染色体（Chr. 2～5、7、10～13）上发生了 13 次以上的片段倒位，总长度为 85.65Mb。在异常棉（B₁）基因组和长萼棉（F₁）基因组、草棉（A₁）基因组、亚洲棉（A₂）基因组、澳洲棉（G₂）基因组之间分别检测到了较大的染色体重排，长度分别为 129.78Mb、184.77Mb、153.10Mb 和 146.49Mb（图 2-17）。

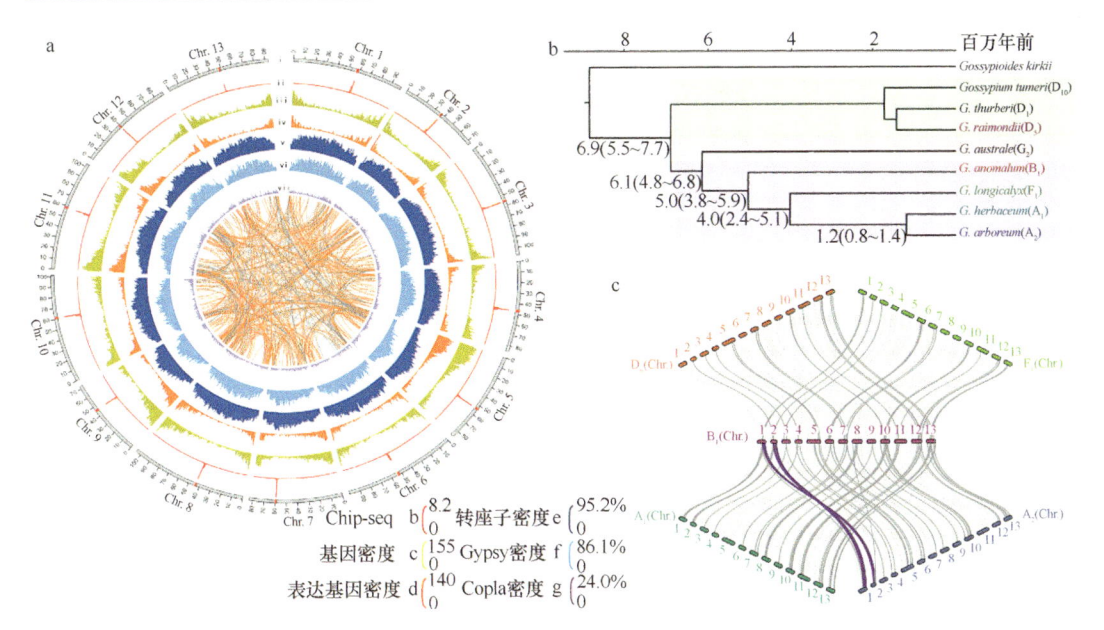

图 2-17 异常棉基因组的特征和进化（Xu et al.，2022）

a. 异常棉基因组特征：i. 每条染色体上的着丝粒分布；ii. 通过 CenH3 Chip-seq 作图分析每条染色体上的着丝粒；iii. 每条染色体中的基因密度；iv. 在至少一个组织（根、茎、叶和花）中表达的基因；v~vii. 每条染色体上的转座子（TE），*Gypsy* 和 *Copia* 密度，内部线条代表 13 条染色体之间的同线性区块；b. 8 个二倍体棉种和叉柱棉（*Gossypioides kirkii*）的分子进化树；c. 二倍体棉种基因组之间的共线性分析，浅灰色表示同线性区域，深灰色表示倒位，紫色表示易位

第十一节　司笃克氏棉基因组研究进展

本节研究基于 NSF V1 版本。

一、基因组测序、组装和注释

研究团队收集司笃克氏棉（E_1）的叶片提取 DNA，进行三代 PacBio 测序，获得数据覆盖基因组的 58 倍。使用 PacBio 测序数据进行组装，得到 316 个 contig，contig N50 长为 17.8Mb。进一步整合 Hi-C 和 BioNano 数据，将这些 contigs 锚定到 13 条染色体上，只包含 5.7kb 的缺口（gap），基因组组装大小为 1424Mb。

研究团队通过 BUSCO 分析来评估基因组组装质量，最终检索到超过 97.0% 的核心保守基因在司笃克氏棉（E_1）基因组中是完整的，只有不到 2.5% 的核心保守基因是不完整的（0.9%）或缺失的（1.5%），表明基因组的组装完整性较好。其次使用长末端重复序列组装指数（LAI）方法检测基因组组装的连续性，最终 LAI 得分是 15.4。LAI 值的评估标准中，得分在 10~20 表示达到参考基因组水平，因此表明司笃克氏棉（E_1）基因组的组装质量较好。

研究团队通过同源搜索预测和转录组辅助预测，共预测到 34 928 个编码基因。对司笃克氏棉与以前发表的棉花二倍体（Paterson et al.，2012；Du et al.，2018；Udall et al.，2019；Grover et al.，2020；Huang et al.，2020）之间的直系同源分析，发现 34 928 个编码基因中分别有 18 785 个和 27 913 个基因与澳洲棉或亚洲棉基因之间存在一一对应关系。研究还发现 5 个二倍体棉种共有的直系同源基因中包含 68 个基因，其中 62 个是 AGO 蛋白（Argonaute-like proteins）基因。此外，研究团队基于同源序列相似性和重复序列结构特征这两种策略进行重复序列注释，发现重复序列在司笃克氏棉（E$_1$）基因组中占比 43%，并且 *Ty3/Gypsy* 类型在重复序列中的含量最多，占比超过了 90%，而 *Ty1/Copia* 和 DNA 类型累积长度分别只有 43Mb 和 13Mb。

二、司笃克氏棉与索马里棉基因组间的比较分析

研究团队发现司笃克氏棉（E$_1$）和关系密切的索马里棉（*Gossypium somalense*，E$_2$）之间存在大的分化，共有 39.7Mb 的种间 SNP 均匀地分布在 13 条染色体上，其中 37.1Mb 的 SNP 位于基因间区，这里面的 30%位于基因附近区域（基因上游或下游±5kb）。虽然位于基因区的 SNP 数量要少得多，但这些区域的 SNP 数量仍占总的 39.7Mb 中的 2.6Mb，其中位于内含子区域的 SNP 数量是位于外显子区域的 SNP 的 2 倍以上，分别占整体 SNP 的 4.4%和 2.1%。

研究团队使用 VCFtools 软件对司笃克氏棉（E$_1$）和索马里棉（E$_2$）之间的核苷酸距离（π 值）进行评估，发现这两个物种之间的核苷酸距离不大（平均 π=0.0116；100kb 的窗口），介于关系非常密切的姐妹物种亚洲棉（A$_2$）和草棉（A$_1$）以及关系更远的物种拟似棉（D$_6$）和雷蒙德氏棉（D$_5$）之间。

三、司笃克氏棉作为抗病资源

陆地棉的栽培品种对棉花曲叶病（cotton leaf curl disease，CLCuD）高度敏感，但司笃克氏棉却表现出了天然的抗性，是改良陆地棉曲叶病抗性的天然资源。遗传分析表明，CLCuD 抗性可能受一个或少数几个位点调控，但是棉花中抗 CLCuD 的关键基因及分子调控网络并不清楚。

研究团队选取亚洲棉（A$_2$）中具有曲叶病抗性的材料进行转录组分析，发现曲叶病侵染的植株和对照组相比，共获得 1062 个差异表达基因（DEG），其中 17 个是与抗病性相关的主要候选基因。在这 17 个基因中，有 16 个在司笃克氏棉中具有一个或多个同源基因，唯一的例外是编码"phytosulfokines 3"的基因（即 *Cotton_A_25246_BGI-A2_v1.0*），它在睡莲（Lotus）中发挥病原体抗性作用（Wang et al.，2015）。

第十二节 比克氏棉基因组研究进展

本节研究基于 ZJU V1 版本。

一、基因组测序、组装和注释

研究团队采集比克氏棉（G$_1$）新鲜的嫩叶提取 DNA，进行二代 Illumina 测序，共获得 299.22Gb 数据，测序深度覆盖基因组的 176.01 倍；进行三代 PacBio 测序，共获得 248.64Gb

数据，测序深度覆盖基因组的142.08倍；进行Hi-C测序，共获得277.57Gb数据，覆盖基因组的163.27倍。此外，澳洲棉（*Gossypium australe*，G_2）、奈尔逊氏棉（*Gossypium nelsonii*，G_3）、斯特提棉（*Gossypium sturtianum*，C_1）、草棉（*Gossypium herbaceum* cv. 'Hongxing'，A_1）、亚洲棉（*Gossypium arboreum* cv. 'Shixiya1'，A_2），以及陆地棉［*Gossypium hirsutum*，$(AD)_1$］的一对有腺体和无腺体的近等基因系CCRI12（有棉酚）和CCRI12gl（低酚）这些材料也包含在此研究中。CCRI12和CCRI12gl是由Hai-1（海岛棉）与CCRI12（一个陆地棉栽培品种）杂交，并与CCRI12回交，选择低酚（glandless）性状，历经10多代培育而成。

研究团队进行*K-mer*分布分析来评估比克氏棉（G_1）基因组大小，最终基因组预估大小为1706.79Mb，杂合度为0.18%，重复序列含量为74.19%，表明基因组的重复性较高。利用PacBio数据进行contig组装，共获得1574个contigs，contig N50长为4.62Mb。通过Hi-C数据将contigs进一步组装和排序，共获得445个scaffold，scaffold N50长为133.90Mb，最终比克氏棉（G_1）基因组组装大小为1766.07Mb，其中1704.25Mb（96.51%）的序列被锚定到13条假染色体上。比克氏棉（G_1）基因组组装大小与澳洲棉（G_2）基因组（1752.74Mb）相似（Cai et al., 2020），略高于A基因组（Huang et al., 2020），是D基因组（Paterson et al., 2012；Wang et al., 2019）的2倍以上。

研究团队将二代Illumina高质量数据与比克氏棉（G_1）基因组进行比对，比对率达到98.88%，覆盖基因组序列的96.07%。通过CEGMA和BUSCO分析来评估基因组组装质量，最终分别检索到超过93.95%和98.7%的核心保守基因在比克氏棉（G_1）基因组中是完整的，表明基因组的组装完整性较好。

研究团队通过从头预测、同源搜索预测和转录组数据辅助预测对基因组进行预测，共获得43 790个编码基因，基因平均长度为2979.93bp，每个基因平均含有4.63个外显子。大约有41 776个（95.4%）编码基因可以在4个蛋白质数据库（NR、Swiss-Prot、KEGG和InterPro）中的至少一个进行功能注释。研究还发现比克氏棉基因组中具有1450个tRNA、324个miRNA、1928个rRNA和10 521个snRNA。转座子在比克氏棉（G_1）基因组中占比例高达70.22%，这与G_2基因组中的转座子含量（72.58%）相似，低于A基因组中的转座子含量，而远远高于D基因组中的转座子含量。逆转录类型的长末端重复序列（LTR）占比克氏棉基因组的67.08%，其中大部分为*Gypsy*（59.29%）和*Copia*（4.37%），主要集中位于染色体的中间区域，与基因分布丰富的区域位置相反（图2-18）。

二、四个叶绿体基因组的测序和组装

研究团队从比克氏棉（G_1）、澳洲棉（G_2）、奈尔逊氏棉（G_3）和斯特提棉（C_1）的新鲜叶片中提取DNA进行测序，分别获得24.04Gb、34.12Gb、35.43Gb和35.23Gb的二代Illumina数据，平均深度分别为"13.67×"、"19.57×"、"22.19×"和"25.77×"，组装成完整的叶绿体基因组，组装大小分别为159.46kb、159.58kb、159.58kb和159.54kb。注释结果显示，这4个叶绿体基因组均是由4个区域组成：大单拷贝（LSC）、小单拷贝（SSC）、倒位重复a（IRa）和倒位重复b（IRb），与已有的报道一致。其中，LSC占叶绿体基因组的55%以上，是导致基因组大小出现差异的主要区域（图2-18）。

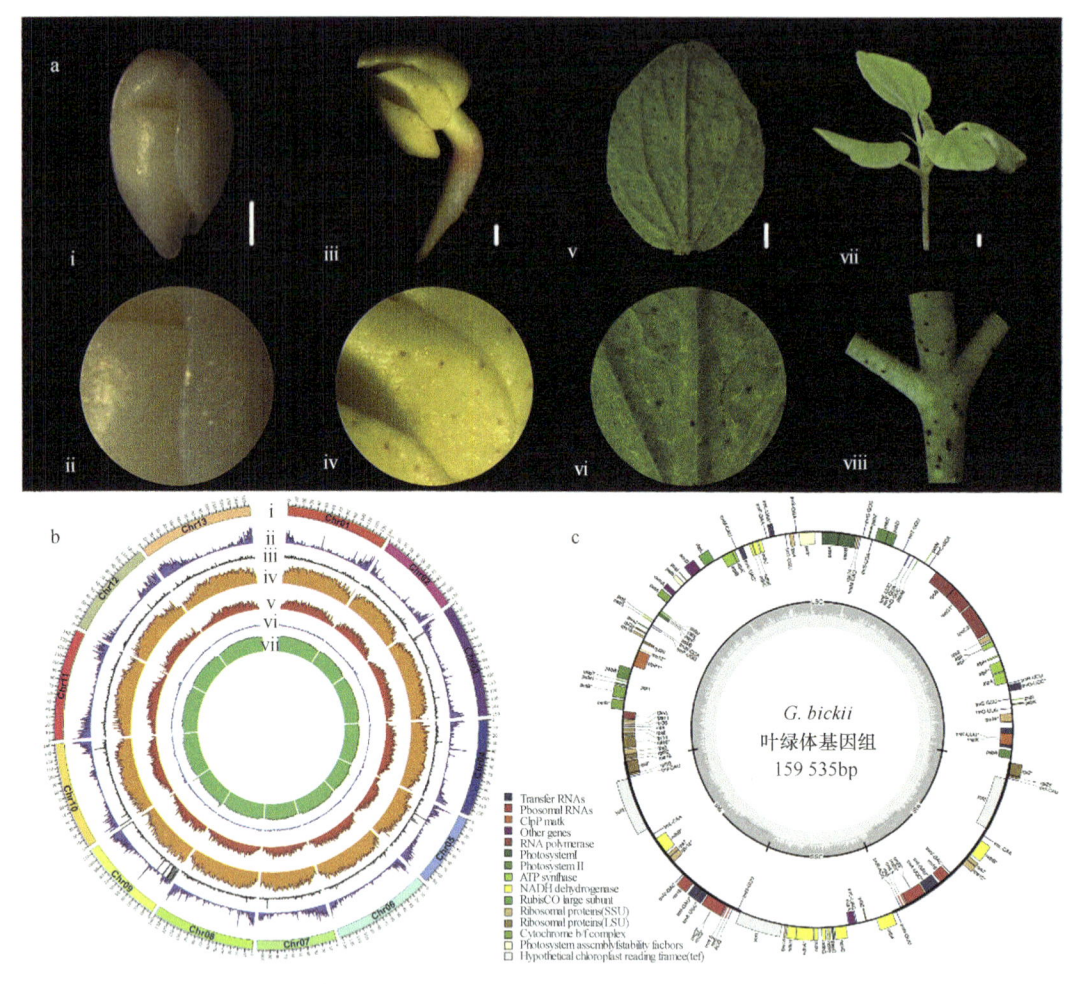

图 2-18 比克氏棉的形态学、染色体和叶绿体特征分析（Sheng et al.，2022）

a. G₁ 中色素腺的特征：i. 休眠种子；ii. 休眠种子局部放大的视野；iii. 萌发 36h 后的种子；iv. 萌发 36h 后的种子局部放大的视野；v. 幼苗的真叶；vi. 幼苗的真叶局部放大的视野；vii. 幼苗的下胚轴；viii. 幼苗的下胚轴局部放大的视野。b. G₁ 的染色体特征：i. G₁ 基因组的 13 条染色体；ii. 基因密度；iii. ncRNA 密度；iv. TE 密度；v. *Gypsy* 密度；vi. *Copia* 密度；vii. GC 含量。c. G₁ 叶绿体基因组特征。内圈线表示反向重复序列（IRa 和 IRb）的位置，它将基因组分成小单拷贝区（SSC）和大单拷贝区（LSC）；内圈的内侧代表 GC 的含量。外圈线代表每一类的基因位置信息，用不同颜色分类

三、比克氏棉基因组的进化

研究团队选择包括比克氏棉在内的 10 个锦葵科（Malvaceae）物种进行基因家族分析，鉴定到 30 329 个基因家族成员，在这 10 个物种之间共鉴定到 3532 个单拷贝直系同源基因，对这些同源基因构建系统发育树，发现所有的棉属物种都聚集在一个支系中，与叉柱棉（*Gossypioides kirkii*）和可可（*Theobroma cacao*）发生了分化。可可约在 68.5 个百万年（65.2~75.0 个百万年）前与其他物种发生分化，而叉柱棉约在 9.0 个百万年（7.3~14.2 个百万年）前与 A、G 和 D 基因组物种发生分化。在棉属物种中，A 基因组和 G 基因组的共同祖先约在 6.6 个百万年（5.8~7.7 个百万年）前与 D 基因组发生分化，随后 G 基因组的共同祖先和 A 基因组的共同祖先约在 5.9 个百万年（5.2~7.0 个百万年）前发生分化，接

着比克氏棉（G_1）和澳洲棉（G_2）约在 4.4 个百万年（3.4~5.0 个百万年）前发生分化。利用 G_1 基因组和其他棉种基因组之间的同源基因进行 Ks 分析，预估的分化时间与上述系统发育树的结果相似（图 2-19）。研究还发现，与 G 基因组的共同祖先相比，比克氏棉（G_1）基因组中具有 1689 个扩张基因家族和 605 个收缩基因家族。GO 和 KEGG 富集结果表明，比克氏棉（G_1）基因组中这些扩张基因家族主要与光合作用相关，其次与呼吸作用相关。

研究团队将包括 G 基因组在内的棉属物种的转座子含量和 LTR 含量与各自的基因组大小进行相关性分析，发现转座子含量与基因组大小之间的相关系数为 0.9693，LTR 含量与基因组大小之间的相关系数为 0.9715。D 基因组的大小不到其他基因组的一半，其转座子的含量比例相应也是最低的。研究还发现在 0~5 个百万年前，A、D 和 G 基因组中均发生了 LTR 的扩张事件，G 基因组中转座子和 LTR 的含量和比例与 A 基因组中的相似，是 D 基因组中的 2 倍多，这些发现揭示了棉属基因组和转座子/LTR 之间的关系。此外，同其他棉属物种相比，比克氏棉（G_1）基因组在 13~20 个百万年前发生了一次特有的全基因组复制事件，在可可的进化过程中没有发生，棉属特有的基因组复制事件导致棉属基因组持续扩张。

四、比克氏棉基因组特有的结构变异

结构变异在陆地棉和海岛棉的分化中发挥着关键作用，它不仅赋予陆地棉广泛的适应性和高产特性，还赋予海岛棉优异的纤维品质和良好的抗病性。研究团队发现比克氏棉（G_1）基因组的 13 号染色体与除澳洲棉（G_2）之外的其他棉种的 5 号染色体之间存在一个大的片段（长度为 47.21Mb）易位现象，然而比克氏棉（G_1）和澳洲棉（G_2）之间没有发现这个易位。在这个易位区域共发现 2728 个功能基因，占 13 号染色体所有基因数量的 50.83%。同样，在比克氏棉的 5 号染色体和其他基因组的 13 号染色体之间检测到了另一个易位（5.12Mb），比克氏棉和澳洲棉之间同样没有发现这个易位。在这个区域中共发现 409 个功能基因，占 5 号染色体所有基因数量的 11.68%。上述研究表明 G 基因组与其他基因组间的 5 号和 13 号染色体之间存在相互的易位。这两个易位片段上包含了与棉酚生物合成有关的基因，包括 *CDNC* 和 *CYP82D113*，以及与纤维伸长和次生壁增厚有关的基因，包括 *ADF1*、*PAG1*、*Sus1*、*RL1* 和 *CFE1A*。上述这两个易位可能是比克氏棉和澳洲棉之间的独有事件（图 2-19）。

与其他棉属物种相比，研究团队在比克氏棉的 13 号染色体上检测到了一个大的倒位（65.48Mb），这在其他棉属物种中不存在。在这个区域中共发现 634 个功能基因，占 13 号染色体所有基因数量的 23.24%，包括与纤维伸长有关的转录因子基因 *MYB25* 等。此外，研究团队还在比克氏棉的 12 号染色体上检测到了另一个倒位（95.34Mb），该倒位只在比克氏棉和澳洲棉之间检测到，在这个区域中共发现 1588 个功能基因。KEGG 富集分析发现，上述的这些功能基因主要和光合作用相关，位于比克氏棉 5 号染色体的易位片段以及 12 号和 13 号染色体的倒位片段中。此外，甘油磷脂代谢相关基因位于比克氏棉 5 号染色体的易位片段和 12 号染色体的倒位片段中，植物激素信号转导相关基因位于比克氏棉 12 号染色体的易位片段和 13 号染色体的倒位片段中（图 2-19）。

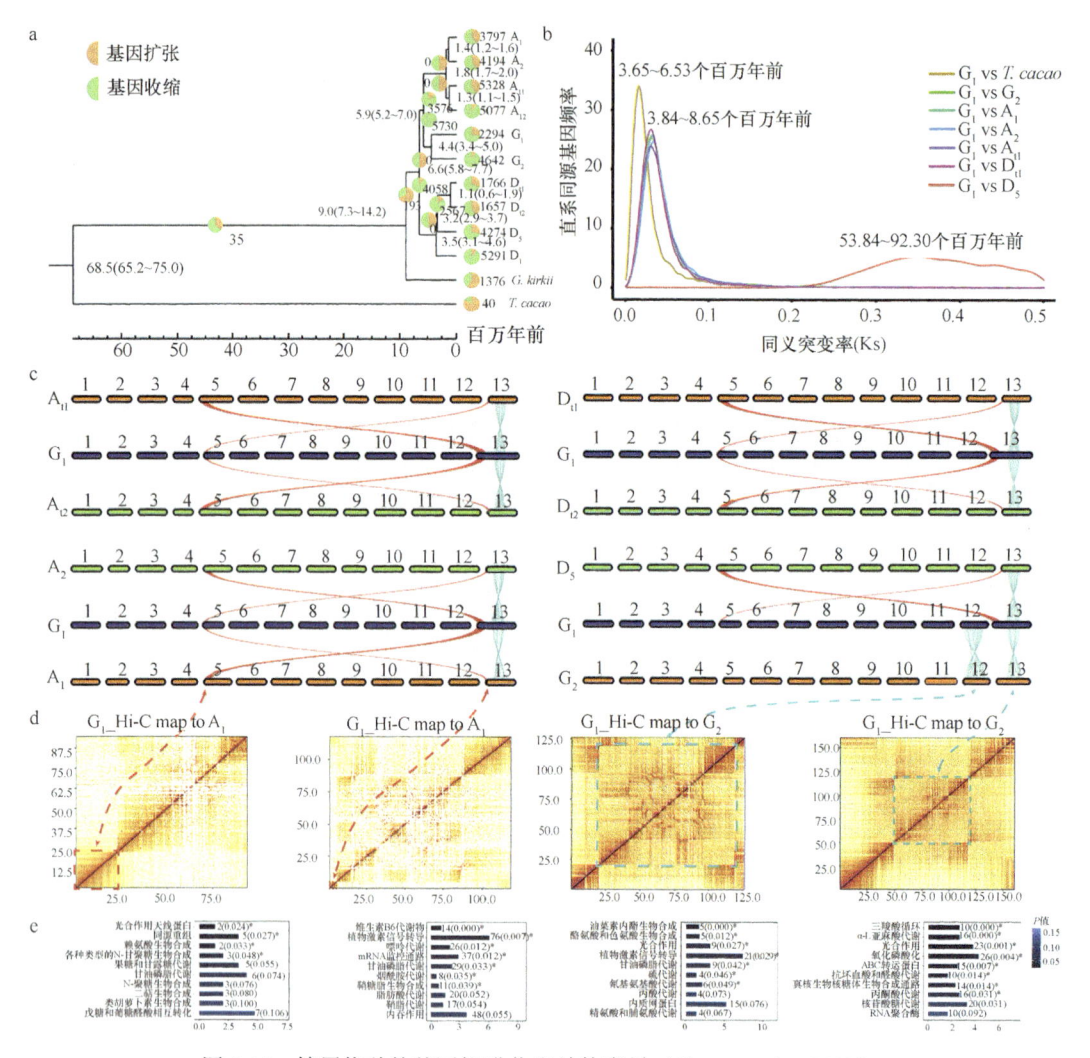

图 2-19 棉属物种的基因组进化和结构变异（Sheng et al.，2022）

a. 锦葵科（Malvaceae）物种系统发育树以及棉属物种和其他物种间的分化时间。b. 通过计算 G_1 和其他棉种之间直系同源基因的 Ks 值来预估 G_1 和其他棉种之间的分化时间。c. 棉种间基因组结构变异的特征。基因组之间共线性基因对用灰色线条连接，G 基因组（G_1 和 G_2）和其他棉种之间的大的易位用红色突出显示，G_1 和 G_2 基因组之间在 12 号染色体上的倒位用蓝色突出显示，G_1 基因组和其他棉种之间在 13 号染色体上的倒位用青色突出显示。d. 染色体倒位和易位片段的 Hi-C 热图验证。用 G_1 基因组的 Hi-C 辅助组装数据分别比对 G_1 和 A_1 的 5 号和 13 号染色体，G_1 和 G_2 基因组的 12 号和 13 号染色体，以验证倒位和易位片段的真实性。e. 选择 5 号和 13 号染色体中的所有易位基因以及 12 号和 13 号染色体中的倒位基因进行 KEGG 通路富集分析，展示前 10 个 KEGG 富集通路

五、比克氏棉基因组与物种的形成

研究团队将比克氏棉（G_1）、澳洲棉（G_2）、奈尔逊氏棉（G_3）和斯特提棉（C_1）的重测序数据与比克氏棉基因组进行比对，获得 SNP 信息。提取核基因组的 SNP 信息和叶绿体基因组的单拷贝基因，分别构建了系统发育树。在核基因组系统发育树上发现，和斯特提棉相比，比克氏棉与澳洲棉、奈尔逊氏棉的关系更近，斯特提棉约在 3.9 个百万年（3.3～4.4 个百万年）前与澳洲棉、奈尔逊氏棉发生了分化（图 2-20）。然而，在叶

绿体系统发育树上，比克氏棉与斯特提棉的关系更近，两者约在 1.2 个百万年（1.2~1.4 个百万年）前发生分化，晚于比克氏棉和澳洲棉、奈尔逊氏棉的分化时间（4.7~5.2 个百万年）前。因此，假设澳洲棉和奈尔逊氏棉有一个共同的祖先，这里称为 G_0，比克氏棉（G_1）最初可能是以斯特提棉（C_1）的祖先作为母本，和作为父本的 G_0 在 3.9 个百万年（3.3~4.4 个百万年）前的种间杂交形成的。斯特提棉（C_1）的叶绿体基因组

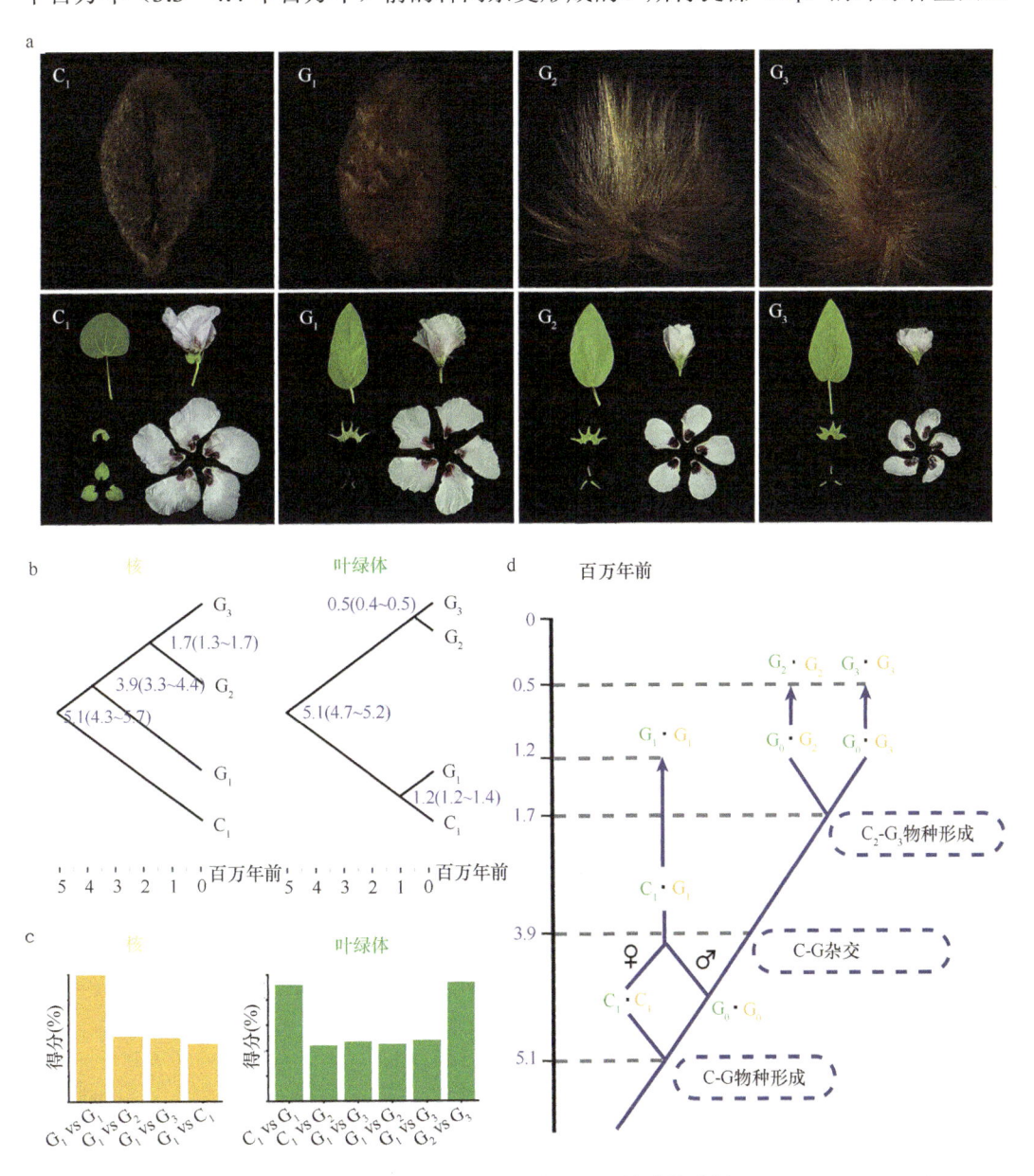

图 2-20　C_1、G_1、G_2 和 G_3 的核基因组和叶绿体基因组的进化分析（Sheng et al.，2022）

a. 棉属中 4 个物种的纤维、叶片、萼片、苞片和花瓣的表型。b. 棉属 4 个物种的核基因组和叶绿体基因组系统发育树和分化时间分析。基于 SNP 构建的核基因组系统发育树和基于叶绿体基因组的 72 个单拷贝基因构建的叶绿体基因组系统发育树。c. 棉属中 4 个物种的核基因组和叶绿体基因组的同一性得分。d. 棉属中 4 个物种的进化模型。绿色和黄色的字分别代表核基因组和叶绿体基因组。蓝色的数字代表分化时间

在杂交种中是母系遗传的，杂交种在后期直到约 1.2 个百万年前才进化成比克氏棉（G_1），这可能是与 G_0 回交的结果。

此外，研究发现比克氏棉（G_1）的纤维长度与澳洲棉（G_2）和奈尔逊氏棉（G_3）的相似，比斯特提棉的长；比克氏棉（G_1）的纤维形态与斯特提棉（C_1）的相似，与澳洲棉（G_2）和奈尔逊氏棉（G_3）的不同；比克氏棉（G_1）的叶子、萼片和苞片的形状和大小与澳洲棉（G_2）和奈尔逊氏棉（G_3）的相似，但与斯特提棉（C_1）的不同；比克氏棉（G_1）花瓣的大小和颜色与斯特提棉（C_1）的相似，但与澳洲棉（G_2）和奈尔逊氏棉（G_3）的不同（图 2-20）。上述这些发现表明，比克氏棉（G_1）的一些表型是介于斯特提棉（C_1）和澳洲棉（G_2）或奈尔逊氏棉（G_3）之间的。C 基因组和 G 基因组的澳大利亚棉种的遗传关系比较密切，没有地理上的隔离，这为它们提供了更多的杂交机会。因此，可以解释比克氏棉（G_1）的一些表型是介于斯特提棉（C_1）和澳洲棉（G_2）或奈尔逊氏棉（G_3）之间的现象，也进一步证实比克氏棉（G_1）是由 G 基因组和 C 基因组的共同祖先杂交而来。

六、棉酚和色素腺体有关的基因

大多数棉花品种在胚珠发育过程中形成色素腺体，只有澳大利亚的野生二倍体棉花品种除外，其子叶中的色素腺体形态发育会发生延迟。研究团队通过比较草棉（A_1）、亚洲棉（A_2）和比克氏棉（G_1）的子叶在胚珠发育期（10 天、20 天和 30 天）和种子发芽期（0h、12h、24h 和 36h）腺体形成的过程（图 2-21），发现草棉和亚洲棉的子叶在胚珠发育期（20 天）之前没有出现色素腺体，后续的胚珠中可以观察到色素腺体。然而，比克氏棉的子叶在胚珠发育期间和种子发芽初期（0h、12h 和 24h）没有色素腺体出现，直到种子发芽后的 36h 才出现色素腺体。同样，在草棉和亚洲棉中，子叶在胚珠发育期（10 天）之前没有检测到棉酚，但在 20 天和 30 天的时候棉酚的含量分别达到 5.91mg/g 和 7.85mg/g。在比克氏棉的种子发芽 12h 之前没有检测到棉酚的显著积累，含量只有 0.054mg/g。

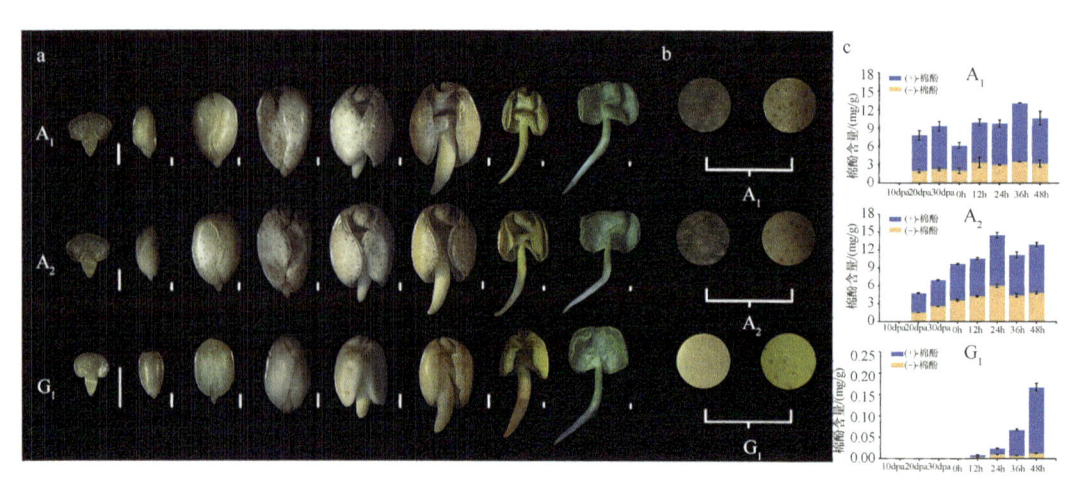

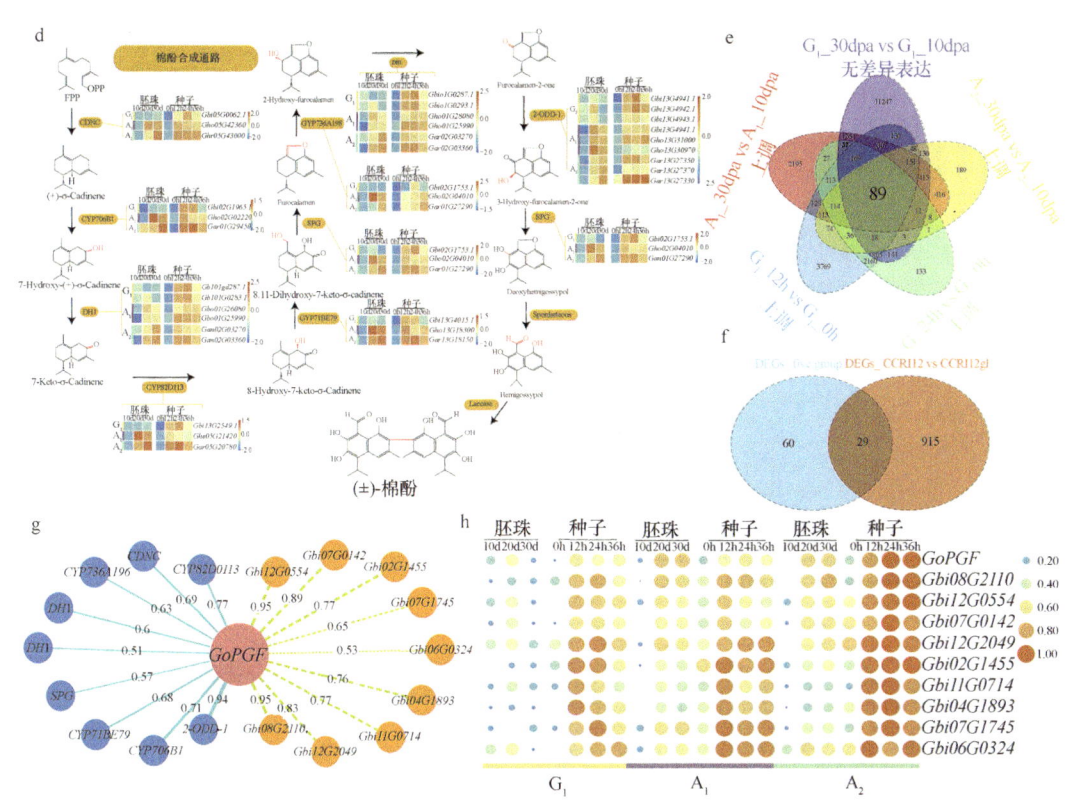

图 2-21 A_1、A_2 和 G_1 的形态学、棉酚含量和不同的表达分析（Sheng et al.，2022）

a. 胚珠在 10 天、20 天和 30 天时的形态，休眠的成熟种子（0h），以及发芽后 12h、24h、36h 和 48h 的种子。图中比例尺为 0.5mm b. A_1、A_2 和 G_1 中的腺体和无腺体子叶。A_1 和 A_2 中 10 天时的无腺体子叶和 20 天时的有腺体子叶，以及 G_1 中发芽后 24h 的无腺体棉花子叶和发芽后 36h 的有腺体棉花子叶。c. A_1、A_2 和 G_1 中发芽后 10 天、20 天和 30 天的胚珠和 0h、12h、24h、36h 和 48h 的种子中棉酚含量。d. 棉酚生物合成途径中差异表达基因（DEG）的热图。e. 五组基因的文氏图（Venn 图）：四个上调组（A_1_30dpa vs A_1_10dpa、A_2_30dpa vs A_2_10dpa、G_1_12h vs G_1_0h、G_1_24h vs G_1_0h）和一个无差异表达组（G_1_30dpa vs G_1_10dpa）。f. e 中共有的 89 个差异基因与 CCRI12 vs CCRI12gl 中鉴定到的差异表达基因的文氏图。
g. GoPGF 和其他 18 个差异表达基因的相关性。h. 在 g 中挑选 9 个基因，以热图的形式展示基因的表达量

研究团队通过对已报道的棉酚和色素腺体相关的基因进行 BLAST 搜索，在比克氏棉中共检索到 48 个棉酚和 1 个色素腺体形成的相关基因（图 2-21），这些基因分布在比克氏棉的 7 条染色体上。转录组分析显示，在草棉、亚洲棉和比克氏棉之间，与色素腺体形成和棉酚生物合成有关的基因的表达模式明显不同。这些基因的大多数在草棉和亚洲棉的胚珠发育过程中上调表达，而在比克氏棉中，这些基因直到种子发芽时期才上调表达。此外，研究团队还发现棉酚生物合成途径中的一些基因在比克氏棉和草棉、亚洲棉中具有不同的表达模式，而另外两个澳大利亚棉种（G_2 和 G_3）的基因表达模式和比克氏棉（G_1）之间是相似的。与 G_2 和 G_3 相比，G_1 在育种上似乎更具有优势，它不仅在子叶中的色素腺体形态发育上出现延迟，还有其他一些有用的性状，如高结铃率、生物和非生物胁迫耐受性、纤维品质优等。

研究团队从比克氏棉（G_1）、草棉（A_1）和亚洲棉（A_2）发芽后 10 天、20 天和 30 天的胚珠和发芽后 0h、12h、24h 和 36h 的种子中提取总 RNA，进行转录组测序和比较分析，鉴定到了 89 个差异表达基因（DEG）。这些基因在草棉和亚洲棉发芽后 30 天

的胚珠及比克氏棉发芽后 12h 和 24h 的种子中上调表达，其中包括 *GoPGF* 和 12 个棉酚生物合成基因。此外，在无腺体近等基因系（NIL）组（CCRI12 vs CCRI12gl）中也鉴定到了 29 个差异表达基因，其中的 9 个棉酚生物合成基因与 *GoPGF* 的表达模式显示出明显的正相关，可能与色素腺体的形成和棉酚的生物合成有关（图 2-21）。

七、*CYP76B6* 基因的功能和机制

上述得到的 9 个基因与 *GoPGF* 呈正相关（图 2-21g），因此研究团队通过 VIGS 实验来验证这 9 个基因的功能。其中，*Gbi08G2110* 基因是陆地棉中 *CYP76B6* 基因的同源基因，对比克氏棉（G_1）中的棉酚生物合成具有明显影响。在比克氏棉（G_1）中沉默 *GbiCYP76B6* 基因，发现幼苗叶片和茎部的棉酚含量分别降低至 0.347mg/g 和 0.049mg/g，明显低于阴性对照 TRV：00 的幼苗（茎部 0.748mg/g，叶片 0.113mg/g）。

研究团队进一步研究了 *GoPGF* 和 *CYP76B6* 之间的关系，发现与阴性对照 TRV：00 相比，沉默 *GoPGF* 后 *GbiCYP76B6* 基因的表达显著下调。此外，与有腺体的 NIL CCRI12 相比，*GbiCYP76B6* 基因的同源基因 *GhCYP76B6_A12* 和 *GhCYP76B6_D12* 在无腺体 NIL CCRI12gl 中显著下调。上述结果表明，*GbiCYP76B6* 基因的表达受到 *GoPGF* 基因的调节。*CYP76B6* 属于 CYP76 家族的细胞色素 P450 酶，在催化单萜醇的单一或双重氧化中发挥作用。研究团队通过用 PlantCARE 软件预测了 *GbiCYP76B6* 启动子序列（2000bp）中顺式调控元件的功能，发现了多个与非生物胁迫有关的位点，包括对光、赤霉素和 MeJA 的反应元件。其中，在编码区上游 1467bp 处发现一个响应光照的 G-box，它可能与 *GoPGF* 相互作用。*GoPGF* 作为一类 bHLH 转录因子，可能通过与 *GbiCYP76B6* 的启动子元件结合来调节其表达，从而影响棉酚的生物合成。

第十三节 圆叶棉、亚洲棉、雷蒙德氏棉基因组研究进展

本节研究基于 HAU V1 版本。

一、基因组测序、组装和注释

研究团队选择圆叶棉（*Gossypium rotundifolium*，K_2）、亚洲棉（*G. arboreum*，A_2）和雷蒙德氏棉（*G. raimondii*，D_5）作为测序对象，采集新鲜的嫩叶提取 DNA，进行 Nanopore 测序，分别获得 304Gb、212Gb 和 125Gb 的数据，覆盖 K_2、A_2 和 D_5 基因组的 124 倍、131 倍和 167 倍。将 Nanopore 数据进行组装，在圆叶棉（K_2）中共获得 3593 个 contig，contig 总长度为 2.44Gb，contig N50 长为 5.33Mb；在亚洲棉（A_2）中共获得 1173 个 contig，contig 总长度为 1.62Gb，contig N50 长为 11.69Mb；在雷蒙德氏棉（D_5）中共获得 366 个 contig，contig 总长度为 0.75Gb，contig N50 长为 17.04Mb。使用二代 Illumina 高质量数据对上述得到的 contig 进行纠错后，使用 Hi-C 测序数据对 contig 进一步定向和挂载，圆叶棉（K_2）、亚洲棉（A_2）和雷蒙德氏棉（D_5）中分别有 2559 个、485 个和 201 个 contig 被锚定到 13 条染色体上，占基因组组装总长度的 99% 以上（图 2-22）。

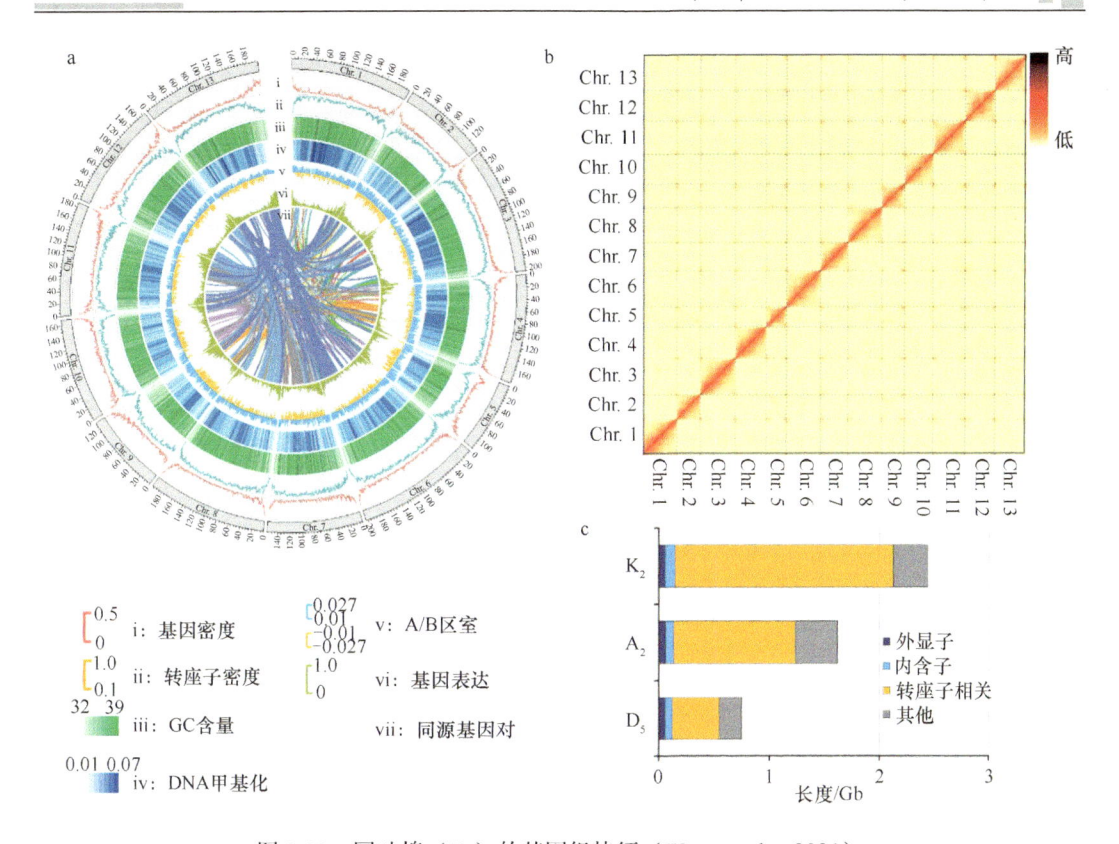

图 2-22 圆叶棉（K₂）的基因组特征（Wang et al., 2021）

a. 圆叶棉基因组特征的圈图。b. 圆叶棉的 Hi-C 热图。c. 圆叶棉（K₂）、亚洲棉（A₂）和雷蒙德氏棉（D₅）的基因组成分。数据包括外显子、内含子、转座子和其他基因组区域的长度

研究团队将二代 Illumina 高质量数据与各自新组装的基因组进行回比，以评估基因组的组装质量，结果表明比对率均超过 97%。此外，研究团队还通过 BUSCO 保守序列与组装的结果进行比对，评估基因组组装质量，最终分别检索到超过 92.5%、93.9% 和 95.4% 的核心保守基因在圆叶棉（K₂）、亚洲棉（A₂）和雷蒙德氏棉（D₅）的基因组中是完整的，表明基因组的组装完整性较好。

研究团队通过从头预测、同源搜索预测与转录组辅助预测的方式，在圆叶棉（K₂）、亚洲棉（A₂）和雷蒙德氏棉（D₅）基因组中分别预测到 41 590 个、41 778 个和 40 820 个编码基因，和其他以前公布的二倍体基因组的注释基因数量相似（Wang et al., 2012; Li et al., 2014; Du et al., 2018; Huang et al., 2020）。圆叶棉（K₂）、亚洲棉（A₂）和雷蒙德氏棉（D₅）基因组中的非编码 RNA 数量分别为 20 782、11 033 和 6535，分别包含 132 个、133 个和 122 个 miRNA。与许多植物物种一样，这三个棉花基因组中重复序列含量较为丰富，分别占每个基因组的 57%～81%（K₂=1978Mb、A₂=1103Mb 和 D₅=428Mb），重复序列的含量随基因组的扩张而增加。重复序列注释结果表明，逆转录类型的长末端重复序列（LTR）扩增，尤其是 *Gypsy* 和 *DIRS* 类型，是造成圆叶棉（K₂）、亚洲棉（A₂）和雷蒙德氏棉（D₅）这三个棉种基因组大小呈现 3 倍差异的原因。

如图 2-23 所示，与许多植物一样，棉属基因组中含有大量的逆转录类型的 LTR（K_2 中占 72%，A_2 中占 64%，D_5 中占 49%），其中大部分是 *Gypsy*。对于圆叶棉（K_2）和亚洲棉（A_2）来说，两者基因组 *Gypsy* 总长度之间的差异倍数大于基因组大小的差异倍数。也就是说，虽然圆叶棉（K_2）和亚洲棉（A_2）的基因组大小约为雷蒙德氏棉（D_5）的 3 倍和 2 倍，但圆叶棉（K_2）和亚洲棉（A_2）的 *Gypsy* 总长度却分别约为雷蒙德氏棉（D_5）的 6 倍和 4 倍。研究还发现在这三个新组装的基因组中，转座子所占的比例与基因间区的大小有关，表明转座子的扩张在增加基因间区方面起到一定的作用。研究团队在圆叶棉（K_2）、亚洲棉（A_2）和雷蒙德氏棉（D_5）基因组中分别发现了 26 852 个、21 590 个和 3911 个全长 LTR。对这些 LTR 的聚类结果显示，亚洲棉（A_2）中 30% 的 LTR 位于具有 20 个以上元件的家族中，而圆叶棉（K_2）和雷蒙德氏棉（D_5）中只有 12% 的 LTR 位于这些家族中。这些结果表明，亚洲棉（A_2）中的 LTR 比圆叶棉（K_2）和雷蒙德氏棉（D_5）中的 LTR 具有更高的序列相似性，可能表明亚洲棉（A_2）基因组近期发生了

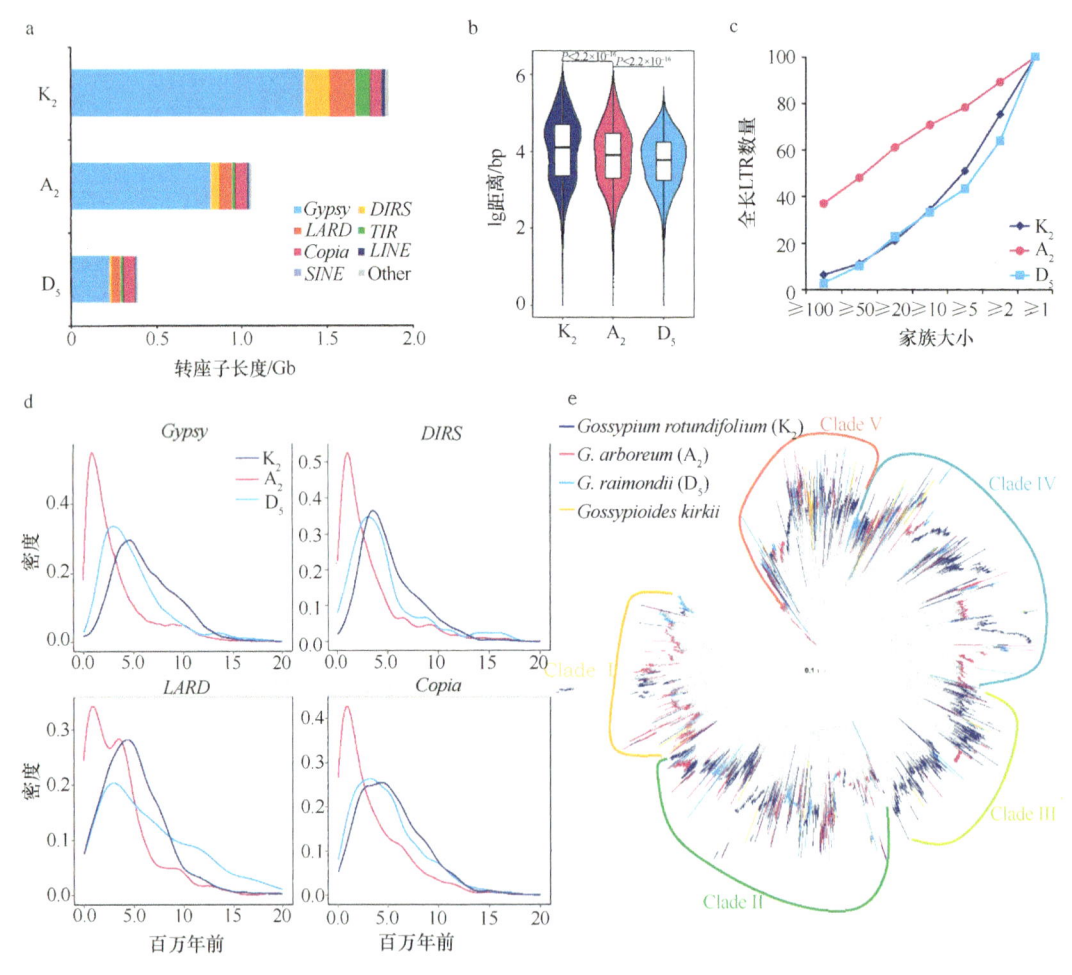

图 2-23　圆叶棉（K_2）、亚洲棉（A_2）和雷蒙德氏棉（D_5）中转座子进化的特征（Wang et al.，2021）
a. 不同类型转座子的长度；b. 三个基因组中两个相邻基因之间的基因间区长度；c. 全长 LTR 的聚类情况；
d. *Gypsy*、*DIRS*、*LARD* 和 *Copia* 转座子的预估插入时间；e. Gorge3 转座子的系统发育分析

扩张。圆叶棉（K$_2$）基因组在4.5~5个百万年前发生了LTR大量插入事件，而亚洲棉（A$_2$）基因组中的 *Gypsy*、*DIRS*、*LARD* 和 *Copia* 则在0.6~1个百万年前出现了一次扩增，表明圆叶棉（K$_2$）基因组中转座子插入最为古老，而亚洲棉（A$_2$）基因组具有更多年轻的转座子。

二、比较基因组学和进化

共线性分析发现，圆叶棉（K$_2$）基因组与亚洲棉（A$_2$）或雷蒙德氏棉（D$_5$）基因组之间的共线性关系良好，共线性区块总长度分别达到圆叶棉（K$_2$）基因组的84%和89%。圆叶棉（K$_2$）基因组共线性区块平均长度为11.3Mb，大于亚洲棉（A$_2$）的6Mb以及雷蒙德氏棉（D$_5$）的3.5Mb，这与圆叶棉（K$_2$）基因组组装大小是亚洲棉（A$_2$）或雷蒙德氏棉（D$_5$）基因组的2~3倍相一致。共线性分析还检测到亚洲棉（A$_2$）和圆叶棉（K$_2$）基因组在Chr01与Chr02染色体间存在一个特有的大的易位；圆叶棉（K$_2$）和雷蒙德氏棉（D$_5$）基因组在Chr13与Chr05染色体间存在一个特有的大的易位。对这些共线性基因进行Ks分析，结果表明，三个棉种在57~71个百万年前存在一次共同的全基因组复制事件，并在5.1~5.4个百万年前经历了一次分化事件。由于这三个棉种来自同一祖先，因此研究团队进一步鉴定了物种分化后共线性基因丢失和增加的情况。分析结果表明，圆叶棉（K$_2$）和雷蒙德氏棉（D$_5$）/亚洲棉（A$_2$）之间，圆叶棉（K$_2$）基因丢失数量最多（D$_5$和A$_2$基因组之间具有5868个共线性基因，这些基因在K$_2$基因组中丢失）。使用OrthoMCL进行基因家族分析，发现这三个棉种的基因组各自均具有约15%的基因未聚类，可能是各自特有的基因（图2-24）。

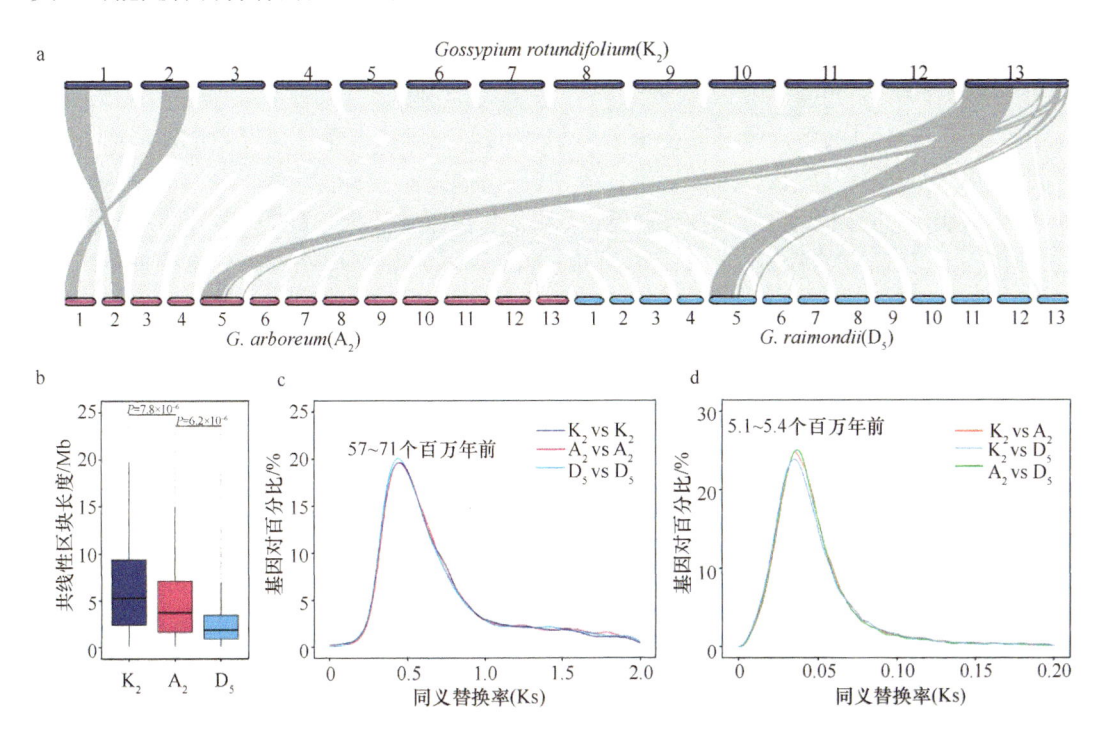

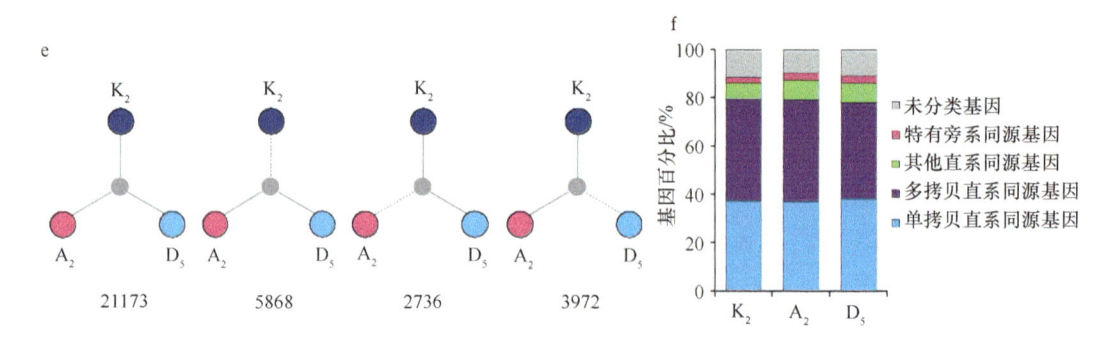

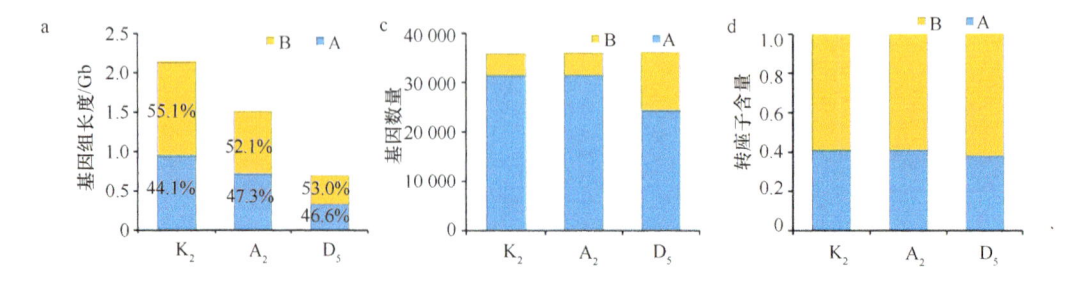

图 2-24 圆叶棉（K₂）、亚洲棉（A₂）和雷蒙德氏棉（D₅）的基因组共线性结果（Wang et al., 2021）
a. 圆叶棉（K₂）、亚洲棉（A₂）和雷蒙德氏棉（D₅）之间的全基因组共线性区块；b. 圆叶棉（K₂）、亚洲棉（A₂）和雷蒙德氏棉（D₅）基因组中共线性区块的长度；c. 圆叶棉（K₂）、亚洲棉（A₂）和雷蒙德氏棉（D₅）基因组的全基因组复制时间；d. 三个棉种基因组之间的物种分化；e. 三个棉种基因组中保守的共线性基因；f. 圆叶棉（K₂）、亚洲棉（A₂）和雷蒙德氏棉（D₅）基因组中的聚类基因和未聚类的特有基因

三、A/B 区室的演化

植物染色质被划分为"活跃"（A）和"非活跃"（B）区室，分别对应于常染色质和异染色质。研究团队发现与亚洲棉（A₂）或雷蒙德氏棉（D₅）相比，圆叶棉（K₂）基因组的活跃区室较少，约占基因组的 44%，而非活跃区室较多，约占基因组的 55%。组装大小较大的圆叶棉（K₂）和亚洲棉（A₂）基因组在 A/B 区室之间具有更多的嵌入，与这些较大基因组中发现的富含转座子的区域相对应。亚洲棉（A₂）/圆叶棉（K₂）与雷蒙德氏棉（D₅）相比多了约 7000 个基因，这与活跃的转座子扩增事件有关。值得注意的是，在较大的基因组中，A 区室中转座子所占的比例也会略微偏高，可能表明这些较大基因组（K₂ 和 A₂）所显示的 A/B 区室的变化会导致边界扩散，并在 A 区室中包含更多的基因和转座子（图 2-25）。

为了进一步研究这三个基因组中 A/B 区室的染色质状态变化情况，研究团队对直系同源基因区域的染色质状态进行分析，发现圆叶棉（K₂）与亚洲棉（A₂）之间，468 个基因表现出 A 向 B 区室的转换；圆叶棉（K₂）与雷蒙德氏棉（D₅）之间，3770 个基因表现出 A 向 B 区室的转换。在三个基因组相互之间，分别只有 296 个、73 个和 67 个基因表现出 B 向 A 区室的转换。上述结果表明，圆叶棉（K₂）基因组与亚洲棉（A₂）和雷蒙德氏棉（D₅）相比，更多的基因偏向于 A 向 B 区室的转换。圆叶棉（K₂）基因组和亚洲棉（A₂）基因组中有更多的基因位于 A 区室，而雷蒙德氏棉（D₅）基因组中有更多的基因位于 B 区室（图 2-25）。

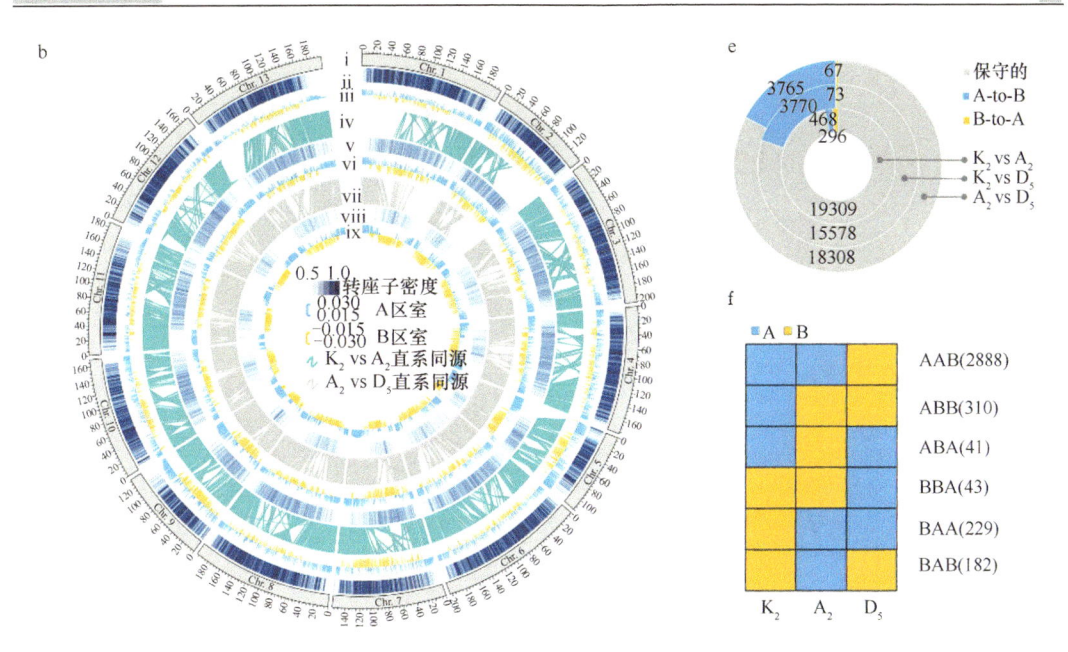

图 2-25 圆叶棉（K$_2$）、亚洲棉（A$_2$）和雷蒙德氏棉（D$_5$）基因组中 A 和 B 区室的特征
（Wang et al.，2021）

a. 圆叶棉（K$_2$）、亚洲棉（A$_2$）和雷蒙德氏棉（D$_5$）的 A 和 B 区室的基因组长度；b. 圆叶棉（K$_2$）、亚洲棉（A$_2$）和雷蒙德氏棉（D$_5$）基因组中的直系同源基因和 A/B 区室：i. K$_2$ 基因组的染色体长度；ii. K$_2$ 基因组的 TE 密度；iii. K$_2$ 基因组的 A/B 区室；iv. K$_2$ 和 A$_2$ 之间的直系同源基因；v. A$_2$ 基因组的 TE 密度；vi. A$_2$ 基因组的 A/B 区室；vii. A$_2$ 和 D$_5$ 之间的直系同源基因；viii. D$_5$ 基因组的 TE 密度；ix. D$_5$ 基因组的 A/B 区室；c. K$_2$、A$_2$ 和 D$_5$ 基因组中 A 和 B 区室的基因数量；d. A 区室和 B 区室的相对 TE 含量；e. K$_2$-A$_2$、K$_2$-D$_5$ 和 A$_2$-D$_5$ 比较中的保守基因和 A/B 区室转换基因的百分比；f. 三个基因组中显示 A/B 染色质区室状态转换的直系同源基因的数量

四、TAD 结构演化对 TAD 结构的影响

拓扑结构域（TAD）位于染色质区室中相互作用相对频繁的基因组区域，与位于区域外的位点的相互作用频率较低。由于 TAD 边界的重组可以指示 TAD 结构的重组，研究团队比较了共线性区域内的 TAD 边界，以探索三个基因组中的 TAD 的进化（图 2-26）。TAD 的长度为 300kb 至 3Mb，在较大的圆叶棉（K$_2$）和亚洲棉（A$_2$）基因组中平均长度约为 860kb，在较小的雷蒙德氏棉（D$_5$）基因组中平均长度约为 645kb。圆叶棉（K$_2$）基因组中位于 TAD 边界的基因数量最少，而雷蒙德氏棉（D$_5$）基因组中位于 TAD 边界的基因数量最多。位于 TAD 边界的基因表达量往往比位于 TAD 内部的基因表达量高。在圆叶棉（K$_2$）、亚洲棉（A$_2$）和雷蒙德氏棉（D$_5$）基因组中随着 TAD 总数的增加，谱系特异性边界的数量也相应增加，分别达到 1393、580 和 131。例如，在圆叶棉（K$_2$）（Chr. 8：81.4~91.7Mb）和雷蒙德氏棉（D$_5$）（Chr. 8：29.3~32.4Mb）之间的共线性区块，只有大约 45% 的 TAD 边界在雷蒙德氏棉（D$_5$）中是保守的，而在圆叶棉（K$_2$）（Chr. 7：70~79.5Mb）和亚洲棉（A$_2$）（Chr. 7：62.75~68.45Mb）之间的共线性区块，大约 70% 的 TAD 边界在亚洲棉（A$_2$）中是保守的。TAD 边界处的 motif 分析显示圆叶棉（K$_2$）中具有 69 个特有的结构域（motif），但亚洲棉（A$_2$）和雷蒙德氏棉（D$_5$）中分别只有 8 个和 4 个特有的 motif。

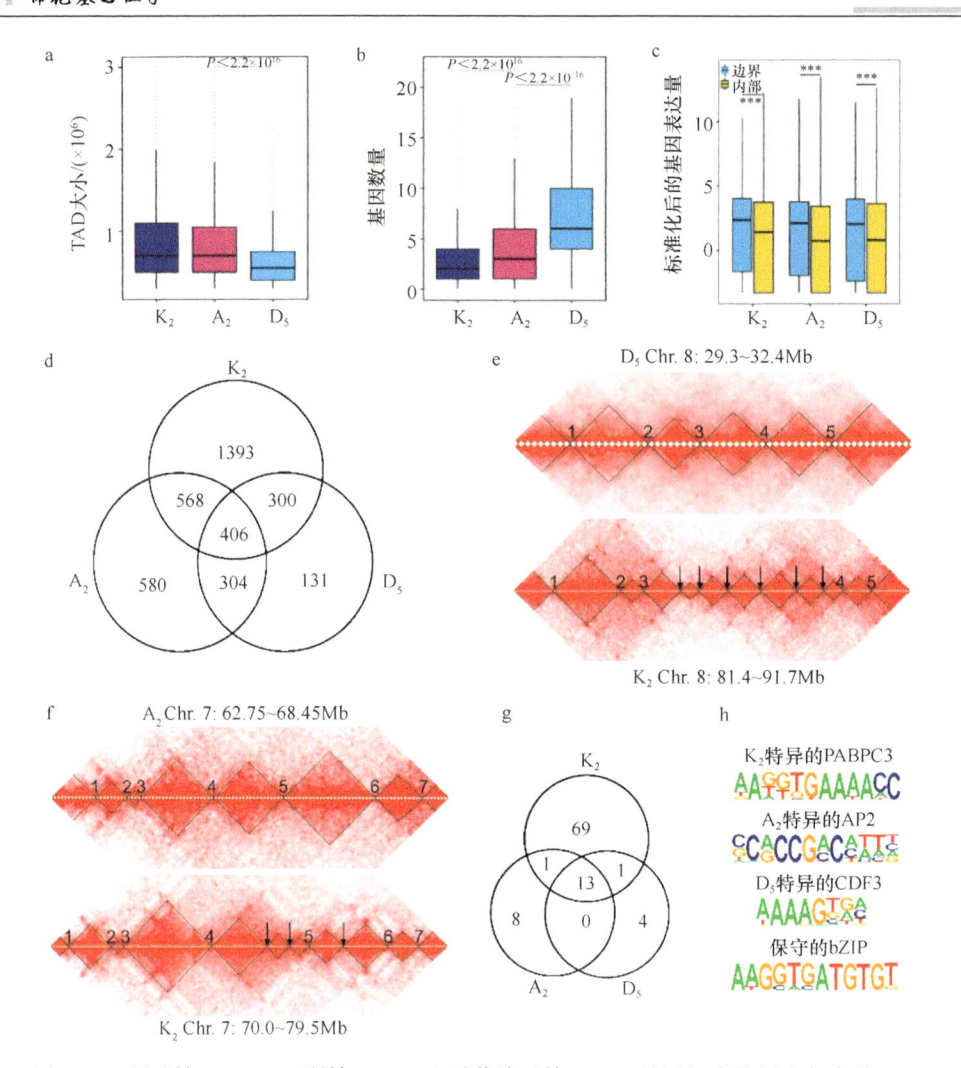

图 2-26　圆叶棉（K₂）、亚洲棉（A₂）和雷蒙德氏棉（D₅）基因组中特异和保守的 TAD
（Wang et al.，2021）

a. 圆叶棉（K₂）、亚洲棉（A₂）和雷蒙德氏棉（D₅）基因组中的 TAD 大小；b. TAD 边界的基因数量（−50～50kb）；c. 圆叶棉（K₂）、亚洲棉（A₂）和雷蒙德氏棉（D₅）基因组的 TAD 边界和 TAD 内部的基因表达；d. 圆叶棉（K₂）、亚洲棉（A₂）和雷蒙德氏棉（D₅）基因组中特异和保守的 TAD 的数量；e. 圆叶棉（K₂）和雷蒙德氏棉（D₅）之间 Chr. 8 上的共线性区块的 TAD 结构；f. 圆叶棉（K₂）和亚洲棉（A₂）之间 Chr. 7 上的相邻区块的 TAD 结构；g. 特异和保守的 TAD 边界的 motif 数量；h. 特异的和保守的 TAD 边界中最显著富集的序列的 motif

五、转座子扩增对 TAD 结构的影响

为了分析转座子（TE）的插入与丢失与 TAD 边界重组之间的关系，研究团队分析了 TAD 边界的 TE 含量。分析发现在圆叶棉（K₂）、亚洲棉（A₂）和雷蒙德氏棉（D₅）基因组中，*Gypsy* 类 LTR 分别占 TAD 边界基因组序列总长度的 60%、44% 和 26%，是 TAD 边界中含量最丰富的转座子类型。与全基因组水平相比，TAD 边界处表达的 TE 比例更高。在圆叶棉（K₂）和亚洲棉（A₂）基因组中物种特异 TAD 边界的 TE 覆盖度高于保守 TAD 边界中的，这一结果与圆叶棉（K₂）和亚洲棉（A₂）基因组中 A 区室比 B

区室存在更多物种特异性边界的发现相一致。此外，研究发现年轻的转座子通常与系谱特异的 TAD 边界有关，而古老的转座子更倾向与保守的 TAD 边界相关。研究还发现在三个棉种中年轻的逆转录转座子的表达量均高于古老的逆转录转座子。这些结果表明在圆叶棉（K₂）和亚洲棉（A₂）基因组中表达的转座子的近期扩增可能有助于在三个物种分化后形成物种特异性 TAD 边界（图 2-27）。

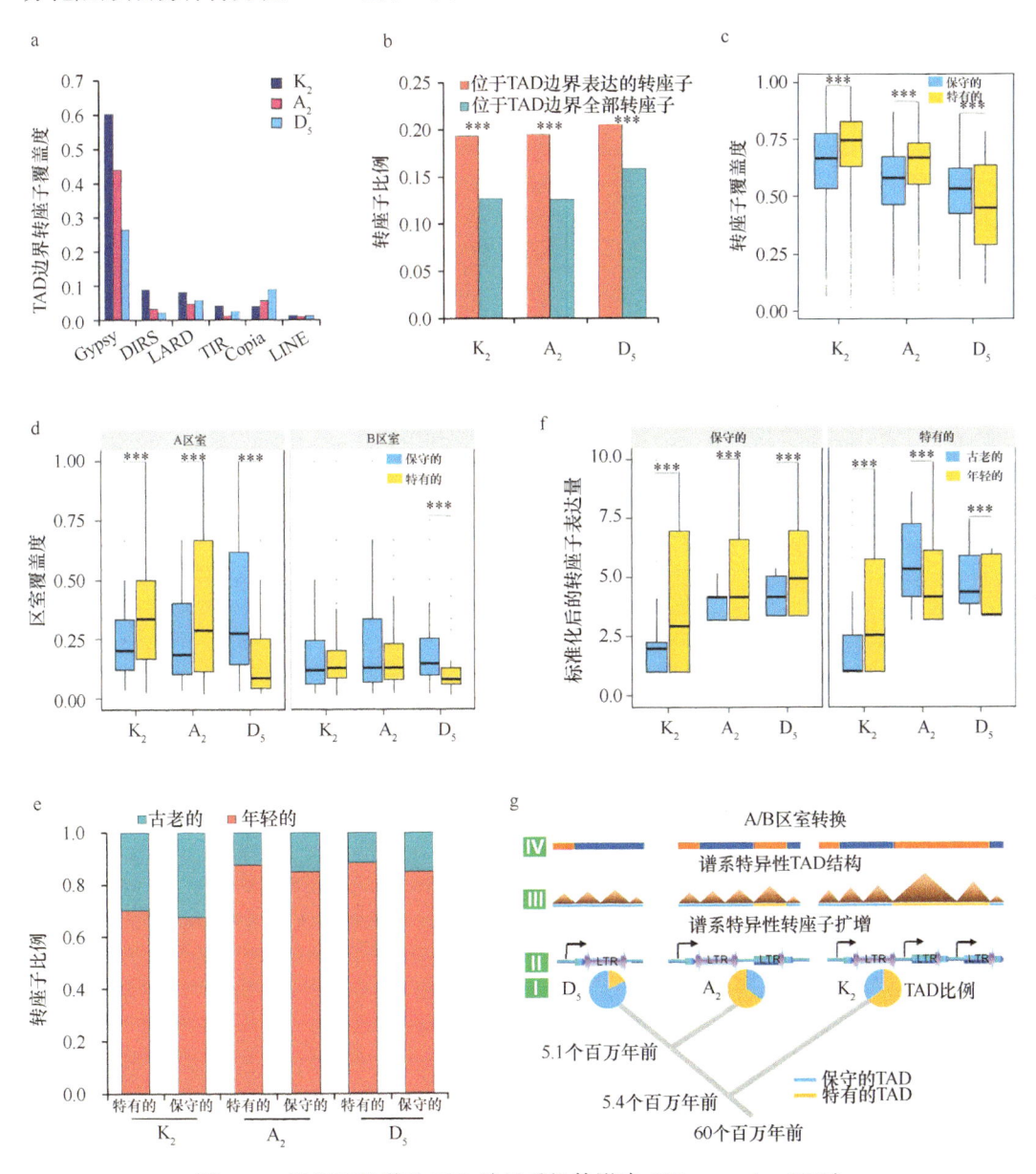

图 2-27　转座子扩增对 TAD 边界重组的影响（Wang et al.，2021）

a. 圆叶棉（K₂）、亚洲棉（A₂）和雷蒙德氏棉（D₅）基因组中 TAD 边界的转座子覆盖率；b. TAD 边界中表达的转座子和所有转座子相对于整个基因组的比例；c. 转座子在特异性和保守的 TAD 边界的覆盖率；d. 特异性和保守的 TAD 边界的 A/B 区室覆盖率；e. 特异性和保守的 TAD 边界中的古老和年轻的 LTR；f. 古老和年轻的转座子在特异性和保守的 TAD 之间的归一化表达；g. 棉花进化过程中 LTR 逆转录子扩增诱导的系谱特异性 TAD 的概念性模型

参 考 文 献

Cai Y, Cai X, Wang Q, et al. 2020. Genome sequencing of the Australian wild diploid species *Gossypium australe* highlights disease resistance and delayed gland morphogenesis. Plant Biotechnol J, 18(3): 814-828.

Dighe N D, Robinson A F, Bell A A, et al. 2009. Linkage mapping of resistance to reniform nematode in cotton (*Gossypium hirsutum* L.) following introgression from *G. longicalyx* (Hutch & Lee). Crop Sci, 49(4): 1151-1164.

Dixon J R, Jung I, Selvaraj S, et al. 2015. Chromatin architecture reorganization during stem cell differentiation. Nature, 518(7539): 331-336.

Du X, Huang G, He S, et al. 2018. Resequencing of 243 diploid cotton accessions based on an updated A genome identifies the genetic basis of key agronomic traits. Nat Genetics, 50(6): 796-802.

Ellis J G, Dodds P N, Lawrence G J. 2007. Flax rust resistance gene specificity is based on direct resistance-avirulence protein interactions. Annu Rev Phytopathol, 45: 289-306.

Erickson F L, Holzberg S, Calderon-Urrea A, et al. 1999. The helicase domain of the TMV replicase proteins induces the N-mediated defence response in tobacco. Plant J, 18(1): 67-75.

Grover C E, Arick M A, Thrash A, et al. 2019. Insights into the evolution of the new world diploid cottons (*Gossypium*, Subgenus *Houzingenia*) based on genome sequencing. Genome Biol Evol, 11(1): 53-71.

Grover C E, Pan M, Yuan D, et al. 2020. The *Gossypium longicalyx* genome as a resource for cotton breeding and evolution. G3(Bethesda), 10(5): 1457-1467.

Grover C E, Yuan D, Arick M A, et al. 2021. The *Gossypium stocksii* genome as a novel resource for cotton improvement. G3(Bethesda), 11(7): jkab125.

Guo G, Wang S, Liu J, et al. 2017. Rapid identification of QTLs underlying resistance to *Cucumber mosaic virus* in pepper (*Capsicum frutescens*). Theor Appl Genet, 130(1): 41-52.

Hehl R, Faurie E, Hesselbach J, et al. 1999. TMV resistance gene N homologues are linked to *Synchytrium endobioticum* resistance in potato. Theor Appl Genet, 98: 379-386.

Huang G, Huang J Q, Chen X Y, et al. 2021. Recent advances and future perspectives in cotton research. Annu Rev Plant Biol, 72: 437-462.

Huang G, Wu Z, Percy R G, et al. 2020. Genome sequence of *Gossypium herbaceum* and genome updates of *Gossypium arboreum* and *Gossypium hirsutum* provide insights into cotton A-genome evolution. Nat Genet, 52(5): 516-524.

Li F, Fan G, Wang K, et al. 2014. Genome sequence of the cultivated cotton *Gossypium arboreum*. Nat Genet, 46(6): 567-572.

Paterson A H, Wendel J F, Gundlach H, et al. 2012. Repeated polyploidization of *Gossypium* genomes and the evolution of spinnable cotton fibres. Nature, 492(7429): 423-427.

Ramaraj T, Grover C E, Mendoza A C, et al. 2023. The *Gossypium herbaceum* L. Wagad genome as a resource for understanding cotton domestication. G3(Bethesda), 13(2): jkac308.

Rossi M, Goggin F L, Milligan S B, et al. 1998. The nematode resistance gene *Mi* of tomato confers resistance against the potato aphid. Proc Natl Acad Sci USA, 95(17): 9750-9754.

Sheng K, Sun Y, Liu M, et al. 2022. A reference-grade genome assembly for *Gossypium bickii* and insights into its genome evolution and formation of pigment gland and gossypol. Plant Commun, 4(1): 100421.

Sohani M M, Schenk P M, Schultz C J, et al. 2009. Phylogenetic and transcriptional analysis of a strictosidine synthase-like gene family in *Arabidopsis thaliana* reveals involvement in plant defence responses. Plant Biol, 11(1): 105-117.

Udall J A, Long E, Hanson C, et al. 2019. *De novo* genome sequence assemblies of *Gossypium raimondii* and *Gossypium turneri*. G3(Bethesda), 9(10): 3079-3085.

Wang C, Yu H, Zhang Z, et al. 2015. Phytosulfokine is involved in positive regulation of *Lotus japonicus* nodulation. Mol Plant Microbe Interact, 28(8): 847-855.

Wang K, Wang Z, Li F, et al. 2012. The draft genome of a diploid cotton *Gossypium raimondii*. Nat Genetic,

44(10): 1098-1103.

Wang M, Li J, Wang P, et al. 2021. Comparative genome analyses highlight transposon-mediated genome expansion and the evolutionary architecture of 3D genomic folding in cotton. Mol Biol Evol, 38(9): 3621-3636.

Wang M, Tu L, Yuan D, et al. 2019. Reference genome sequences of two cultivated allotetraploid cottons, *Gossypium hirsutum* and *Gossypium barbadense*. Nat Genet, 51(2):224-229.

Xu Z, Chen J, Meng S, et al. 2022. Genome sequence of *Gossypium anomalum* facilitates interspecific introgression breeding. Plant Commun, 3(5): 100350.

Yang Z, Ge X, Li W, et al. 2021. Cotton D genome assemblies built with long-read data unveil mechanisms of centromere evolution and stress tolerance divergence. BMC Biol, 19(1): 115.

Zhang Q, Liang Z, Cui X, et al. 2018. N(6)-methyladenine DNA methylation in Japonica and Indica rice genomes and its association with gene expression, plant development, and stress responses. Mol Plant, 11(12):1492-508.

Zheng X, Hoegenauer K A, Quintana J, et al. 2016. SNP-Based MAS in cotton under depressed-recombination for Renlon-flanking recombinants: results and inferences on wide-cross breeding strategies. Crop Sci, 56(4): 1526-1539.

第三章 异源四倍体棉花基因组研究

第一节 异源四倍体棉花基因组研究现状

异源四倍体棉花（2n=2x=52）是由 A 基因组和 D 基因组天然杂交和染色体加倍形成的，两个亚基因组在进化速率、基因丢失、表达偏好和甲基化水平等方面表现出明显的不对称性。异源四倍体棉花主要包含 7 个棉种，陆地棉［*Gossypium hirsutum*，(AD)$_1$］、海岛棉［*G. barbadense*，(AD)$_2$］、毛棉［*G. tomentosum*，(AD)$_3$］、黄褐棉［*G. mustelinum*，(AD)$_4$］、达尔文氏棉［*G. darwinii*，(AD)$_5$］、艾克棉［*G. ekmanianum*，(AD)$_6$］和斯蒂芬氏棉［*G. stephensii*，(AD)$_7$］（表 3-1）。大多数野生棉纤维较短，仅附着在种子上。目前用于纺织生产的棉花主要是栽培品种陆地棉和海岛棉。其中，陆地棉占全球棉花纤维产量的 90%以上。目前，7 个四倍体棉种都已经公布染色体水平的参考基因组图谱。2018 年 Wang 等（2018）结合棉花品种的拉丁学名，对棉花的基因组、染色体命名方式以及对应的中文名称进行规范（表 3-1）。

表 3-1 四倍体棉花的基因组和染色体命名规范

拉丁学名	中文名称	基因组名称	染色体名称
G. hirsutum	陆地棉	(AD)$_1$	Ah01-Ah13；Dh01-Dh13
G. barbadense	海岛棉	(AD)$_2$	Ab01-Ab13；Db01-Db13
G. tomentosum	毛棉	(AD)$_3$	Att01-Att13；Dtt01-Dtt13
G. mustelinum	黄褐棉	(AD)$_4$	Am01-Am13；Dm01-Dm13
G. darwinii	达尔文氏棉	(AD)$_5$	Ad01-Ad13；Dd01-Dd13
G. ekmanianum	艾克棉	(AD)$_6$	Ae01-Ae13；De01-De13
G. stephensii	斯蒂芬氏棉	(AD)$_7$	As01-As13；Ds01-Ds13

资料来源：Wang et al., 2018。

一、四倍体棉花基因组大小评估

常用的评估基因组大小的方法是流式细胞术和基因组调研图。1974 年 Edwards 等（1974）评估了 5 个四倍体棉花的基因组大小，包括广泛种植的陆地棉和海岛棉。2005 年 Hendrix 和 Stewart（2005）等总结了棉属的基因组 DNA 含量，其中四倍体棉花基因组的 DNA 含量的平均值 2C 是 4.91pg，单套基因组的大小平均约为 2.401Gb，预测四倍体棉花的基因组大小为 2.347~2.489Gb，不同四倍体棉种的基因组大小差距相对较小（表 3-2）。

表 3-2 流式细胞术分析碘化丙啶染色的细胞核测定四倍体棉的 DNA 含量

分类学名称	ID	pg（2C）（±s.e.）	Mb（1C）
G. hirsutum	TM-1	4.96（0.09）	2425
G. hirsutum 'Tamcot CAMD-E'	PI529633	4.80（0.05）	2347
G. hirsutum	PI631052	4.82（0.04）	2357
G. hirsutum	PI631019	4.82（0.02）	2357
G. hirsutum 'Acala Maxxa'	PI540885	5.08（0.04）	2484
G. hirsutum 'DP491'	PI618609	5.09（0.03）	2489
G. barbadense	3–79	5.01（0.07）	2450
G. tomentosum	unknown	4.87（0.06）	2381
G. mustelinum	AD4-9	4.85（0.08）	2372
G. darwinii	AD5-14	4.83（0.11）	2362

资料来源：Hendrix and Stewart，2005。

注：使用 *Oryza sativa* 'IR36'、*Zea mays* 'W64'、*Hordeum vulgare* 'Sultan' 作为外部参考。Mb（1C）=（[978×pg（2C）] /2）（Doležel et al., 2003）。

二、四倍体棉花基因组组装的历程

四倍体棉花的起源及其演化，一直以来都是备受关注的科学问题。对棉属进行遗传进化研究，有利于棉花野生种质的利用、栽培种的改良和新种质的创制。解码异源四倍体棉花的基因组奥秘能够帮助我们深入了解棉花的起源、进化及其重要农艺性状的分子遗传机制。

棉花的基因组研究经历了两个发展阶段：第一个阶段是 2012~2015 年，是棉花基因组草图阶段；第二个阶段是 2017 年至今，是棉花参考基因组发展阶段。2007 年中国农业科学院棉花研究所联合国内外多家单位，率先在国际上牵头启动了棉花基因组计划，并于 2009 年开始棉花基因组测序项目，使用全基因组鸟枪法（whole genome shotgun，WGS）策略进行组装，结合遗传图谱将 scaffold 锚定到染色体上。2012 年 10 月中国农业科学院棉花研究所联合华大基因和北京大学生命科学学院组装了棉属第一个基因组——雷蒙德氏棉（*Gossypium raimondii*）的基因组草图，相关研究成果发表在 *Nature Genetics* 上（Wang et al., 2012）。随后同一团队又完成了亚洲棉（*Gossypium arboreum*）石系亚 1 号的基因组组装（Li et al., 2014）。

棉花 A 基因组和 D 基因组的相继发布，为异源四倍体棉花的全基因组测序奠定了基础。陆地棉是世界上种植面积最广、最受关注的栽培种，因此陆地棉是最先被测序的异源四倍体种。2015 年 4 月 20 日中国农业科学院棉花研究所联合北京大学等在 *Nature Biotechnology* 上发表了陆地棉 TM-1 的参考基因组图谱，同期南京农业大学等单位也发布了 TM-1 的另外一个版本的基因组图谱。早期主要是采用全基因组鸟枪法策略进行测序和组装，借助细菌人工染色体（BAC）文库测序（一般为 100kb 左右）、Illumina 大片段文库（5~40kb）及人工分离群体的遗传图谱三种方法进行染色体挂载。中国农业科学院棉花研究所等组装的 BGI_TM-1 V1 版本的基因组大小为 2.17Gb（Li et al., 2015），南京农业大学等组装的 TM-1 NBI V1.1 版本的基因组大小为 2.4Gb（Zhang et al., 2015）。同年，国内两个不同的研究团队相继在 *Scientific Reports* 上发表了海岛棉的新海 21 和 3-79 的基因组草图（Liu et al., 2015; Yuan et al., 2015）。新海 21 基因组组装大小为 2.47Gb，注释了 76 526 个基因，重复序列比例为 69.11%；3-79 基因组组装大小为 2.57Gb，注释了 80 876 个基因，重复序列比例为 63.2%（Yuan et al., 2015）。

2018 年亚洲棉更新版本的基因组发布，正式开启了棉花高质量的参考基因组时代。2019 年国内多个研究团队分别发布了陆地棉（TM-1、ZM24）和海岛棉（3-79、Hai7124）的高质量参考基因组序列，组装序列的连续性和序列挂载的准确性大幅度提升（Hu et al., 2019）。2020 年，Chen 等（2020）发布了 5 个异源四倍体棉种的基因组图谱；2022 年，安阳工学院、中国农业科学院棉花研究所、诺禾致源等单位合作公布了艾克棉和斯蒂芬氏棉的参考基因组图谱（Peng et al., 2022），至此全部 7 个已知异源四倍体棉种基因组均被解析。

三、异源四倍体棉花基因组和二倍体基因组的比较分析

异源四倍体的 A 和 D 亚基因在多倍化后，基因组是如何变化的？基因表达是如何变化的？这些问题都是棉花基因组学研究的基础科学问题。通过比较基因组学研究，科学家们逐步揭示了棉属多倍化基因组的变异特征。研究发现，与两个二倍体 A 基因组（A_1 基因组，1556Mb；A_2 基因组，1637Mb）相比，陆地棉的 A 亚基因组（1449Mb）大小显著收缩；相比于 D 基因组供体雷蒙德氏棉（738Mb），D 亚基因组在多倍化后基因组明显膨胀（822Mb）。相对于 D_5 基因组，A（A_1 和 A_2）基因组大小扩张了 2 倍。Huang 等（2020）利用高斯概率密度函数，估计了棉花（陆地棉 TM-1）基因组中完整的和片段化的 *Gypsy* 型 LTR 的插入时间。最早的 LTR 峰出现在 5.7MYA（百万年前），这和估算的 A、D 基因组的分化时间基本对应。在 D 亚基因组和 A 亚基因组中，第二个峰在 2.0MYA，表明此时可能已经发生了全基因组复制事件，形成了异源四倍体棉花。这些转座子（TE）的爆发最终塑造了棉花独特的基因组结构，并推动了棉花基因组膨胀、物种形成和进化。通过将两个 A 基因组与陆地棉的 A 亚基因组进行比较，鉴定到大量的结构变异（SV），A_1 和 A_2 基因组中分别包含 61 053 个和 61 383 个 SV，其中 35 997 个在两个 A 基因组中是共有的。这些巨大的遗传差异和染色体 SV 结果表明两个二倍体 A 基因组之间不是"祖先—后代"的进化关系，而是独立起源和进化的关系。

陆地棉和海岛棉的 A、D 亚基因组之间经历了不对称的基因组进化，A 亚基因组和 D 亚基因组与二倍体祖先种间的结构变异数目相差很大，其中 A 基因组与 A 亚基因组染色体间不但存在倒位现象，还存在染色体易位现象，A 基因组在进化上更加活跃（Yang et al., 2019）。例如，陆地棉的 A 亚基因组与二倍体 A 组的 2 号和 3 号染色体之间以及 4 号和 5 号染色体之间的两个相互易位，在 A 亚基因组中发现了染色体重排和大的着丝粒周围倒位，这表明二倍体棉花的 A 基因组在 A_0 基因组并入异源四倍体棉花基因组后的某个时间进行了重组（Wang et al., 2019; Huang et al., 2020）。

棉花中的多倍化诱导了广泛的基因表达变化和新基因相互作用。研究团队对 35 个

营养和生殖组织的转录组分析表明，20%～40%的同源基因在陆地棉中表现出 A 亚基因组或 D 亚基因组偏向表达（Zhang et al.，2015）。野生种、驯化种及其 F_1 杂交种之间的纤维比较转录组分析揭示了全基因组新的顺式和反式调节模式，共鉴定到 1655 个具有顺式或反式调节变异的纤维表达基因，其中 A_t 偏性表达通常与反式调节机制相关，而 D_t 偏性表达与顺式调节变化更密切相关（Bao et al.，2019）。多达 80%的长链非编码 RNA（lncRNA）在异源四倍体棉花中表现出等位基因表达，这表明杂交和多倍体化使 lncRNA 转录的新功能化成为可能（Zhao et al.，2018；Huang et al.，2021）。

四、异源四倍体棉花亚基因组的起源和进化

多倍化是真核生物中普遍存在的现象，尤其是在植物中，被认为是进化和多样化的驱动力（Van de Peer et al.，2021）。多倍化也被认为是作物驯化的关键因素，如小麦（*Triticum aestivum*）、甘蓝型油菜（*Brassica napus*）、棉花（*Gossypium* spp.）和大豆（*Glycine max*）等，它们通过基因组多倍化，改变了基因组结构、基因表达和基因互作及表观遗传等，进而促进物种的多样化和增强其环境适应性（Ding and Chen，2018）。结合了两个不同的亲本基因组的异源多倍体通常比其二倍体祖先表现出增强的特征，如生长活力更高、生态适应性更广泛和胁迫耐受性更强。在不适合亲本物种生存的环境中，异源多倍体物种具有更强的竞争力和适应性，这得益于异源多倍体的固定杂合性、基因组间相互作用和基因表达剂量增加。异源多倍化的形成涉及在同一个细胞核内容纳不同来源的基因组和转录组，产生巨大的组合复杂性，具有加速进化的潜力（Dong et al.，2022）。多倍化的主要特征是基因表达和功能发生改变。在全基因组复制之后，复制的基因通常有几种可能的命运：一是两个拷贝都被保留以保持剂量平衡；二是一个拷贝被保留，另一个拷贝丢失、沉默或分化以获得新功能（新功能化或亚功能化）（Wendel，2015）。现有已报道的异源多倍体物种中，一部分复制基因对（同源基因）的表达不均等，这种现象在不对称进化的异源多倍体棉花基因组中得到了证实。偏向性表达的基因可能因物种、组织甚至细胞而异，是异源多倍体的基本特征（Chen et al.，2017）。

葡萄基因组与被子植物古六倍化后的祖先状态比较相近，随后分化形成可可，大约在 60MYA 棉花与可可从共同的祖先分开后，棉属基因组经历了一次特有的 5～6 倍化的全基因组复制事件，与被子植物的祖先相比棉花的基因复制了 30～36 次（Paterson et al.，2012）。棉属包括大约 45 个二倍体（$2n=2x=26$）和 7 个四倍体物种（$2n=4x=52$）。其中这些二倍体物种可以分为 8 个二倍体染色体组，即 A～G 和 K。尽管二倍体的基因组彼此不同，大小差异高达 3 倍，最小是 D 组，约为 800Mb，最大是 K 组，约为 2400Mb，但二倍体物种中基因组上编码基因顺序具有高度的保守性。

A 和 D 基因组在 5～10MYA 由共同的祖先分开。异源四倍体棉花是由旧世界非洲或亚洲 A 基因组与新世界美洲的二倍体 D 基因组之间通过天然杂交和染色体加倍形成的（Paterson et al.，2012），异源四倍体棉属包括 7 个不同的多倍体种，分别是陆地棉(AD)[1]、海岛棉(AD)[2]、毛棉(AD)[3]、黄褐棉(AD)[4]、达尔文氏棉(AD)[5]、艾克棉(AD)[6]

和斯蒂芬氏棉(AD)₇。(AD)₁至(AD)₅五个棉种的基因组比较分析结果表明，这 5 个异源四倍体物种具有共同祖先，是单系起源的，在 0.20～0.63MYA 逐渐分化形成 5 个姐妹种（图 3-1）。它们的基因组通过亚基因组转座子的动态交换而多样化，这加速了异源多倍体多倍化后基因组大小的平衡。尽管它们的地理分布广泛且极具多样化，但异源四倍体棉种间的基因含量和基因组共线性在杂交、多倍体化和驯化过程中十分保守。在过去的 8000 年里，经平行驯化陆地棉和海岛棉由多年生变为一年生作物，实现了一年一熟，便于其在全球传播和推广。与纤维发育和种子油分相关的基因在驯化过程中受到了选择作用，与野生棉相比，纤维长度、花形态、授粉和繁殖等表型性状都发生了改变。陆地棉和海岛棉在纤维长度和品质方面差异巨大，陆地棉适应性广、产量潜力大，海岛棉具有用于生产特种棉纺织品的优质超长纤维。这些不同的驯化性状是由异源四倍体棉种驯化后同源基因的特异性表达和不同的亚功能化引起的。有趣的是，野生棉和栽培棉种间杂交能够克服重组抑制，这为打破传统作物育种瓶颈提供了实用策略。与二倍体栽培种棉花相比，四倍体栽培种棉花的纤维品质和产量更高。但陆地棉经过长期的驯化与改良，大部分遗传多样性可能在驯化过程中丢失，造成遗传多样性差。这是现代陆地棉遗传改良的瓶颈所在。利用种间远源杂交，将二倍体野生种的优异基因导入陆地棉，是拓展陆地棉遗传多样性，改良陆地棉抗逆性的有效手段。此外，在基因编辑技术（如 CRISPR-Cas9）和转基因技术的推动下，基于野生棉高质量基因组，将能够靶向改造陆地棉，提高其抗病性和环境适应性，保留优良农艺性状。

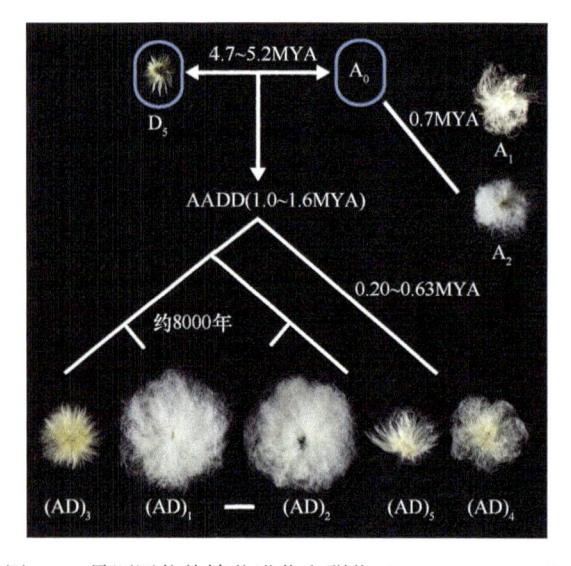

图 3-1 异源四倍体棉花进化和驯化（He et al.，2020）

在异源四倍体的两个供体中，二倍体 A 基因组具有纺织用长纤维，而 D 基因组仅具有附着在种子表皮的短纤维，因此 A 基因组是四倍体棉花长纤维的来源。对于 A 基因组的供体是亚洲棉还是草棉一直存在争议，Huang 等（2020）研究表明陆地棉的供体种可能已灭绝。相比之下，雷蒙德氏棉（D₅）一直都是公认的四倍体 D 亚基因组的供体种,因为它的大小比其他二倍体 D 基因组物种更接近 D 亚基因组(Hu et al.,2019)。与二倍体 D 基因组拥有 13 个物种不同,现存 A 基因组只有两个物种,即草棉（*G. herbaceum*，A_1）和亚洲棉（*G. arboretum*，A_2）。遗传和形态学研究表明,亚洲棉（A_2）可能是 A 亚基因组的供体。早期系统发育分析表明,亚洲棉（A_2）和雷蒙德氏棉（D_5）之间的杂交产生了所有四倍体棉花的祖先（Stephens，1944）。然而,细胞遗传学证据表明草棉（A_1）比亚洲棉（A_2）更接近 A 亚基因组,非洲棉花草棉（A_1）可能是四倍体棉花 A 亚基因组的供体种,因为它的基因组比 A_2 的更原始（Gerstel，1953）。近年来的研究又有了新发现,可能 A_1 和 A_2 均非四倍体棉花 A 亚基因组的供体种,而是可能存在一个更古老的已经灭绝的物种 A_0。2020 年,研究人员组装了一个阿非利加棉 A_1 基因组,并更新了亚洲棉 A_2 和陆地棉(AD)$_1$ 的基因组,研究 A 亚基因组的起源和进化。他们开发了一种高斯概率密度函数的新方法,克服了先前分析方法的缺陷,分析了棉花基因组中转座子爆发事件。结果表明,A_1 和 A_2 的进化关系最近,形成一枝,两者祖先基因组与 A 亚基因组来自共同祖先,且从 D_5 到 A 亚基因组的距离远小于从 D_5 到其先前认为的共同祖先（A_1 或 A_2）的距离,且 A 亚基因组（30.54%）比 A_1（20.52%）和 A_2（20.04%）具有更多的祖先基因型（与雷蒙德氏棉相同的 SNP 定义为祖先基因型）。因此,A 亚基因组的供体既不是 A_1 也不是 A_2。A_1 和 A_2 是独立进化和驯化的,两者之间是"兄弟"关系,A_1 var. *africanum* 是栽培草棉种质资源唯一存世的野生种。分子系统发育分析表明,异源四倍体 AD 的形成先于 A_1 和 A_2 物种的分化,并且两个 A 基因组（A_1 和 A_2）大约在 0.7MYA 从共同的祖先支 A_0 中分开（图 3-1）。A_0 与 D_5 的杂交产生了当前的异源四倍体棉花,而它随后分化为当今的 A_1 和 A_2 基因组。该研究可能会终结关于异源四倍体 AD 基因组中的 A 亚基因组是来自 A_1 或 A_2 基因组的争论（Huang et al.，2020）。

五、陆地棉和海岛棉种间杂交后代遗传衰退模型分析

群体基因组学研究表明陆地棉的遗传多样性狭窄,阻碍了棉花的常规育种。随着现代生物技术的发展,植物育种者可以使用基因组编辑系统靶向诱变和精确碱基编辑陆地棉基因组。基因组重测序和全基因组关联分析已经鉴定到许多与纤维品质和产量性状相关的基因或位点。可以使用基因组编辑或基因渐渗育种将关键基因导入栽培种中,同样也可以利用从头驯化的手段,对野生资源进行从头驯化,但基因编辑技术仍有技术和政策监管上的不确定性。渐渗育种在实际的杂交育种过程中具有更强的操作性,创制的材料不用进行转基因安全评价就可以在生产上直接使用。然而,在棉花的渐渗育种实践中,也面临着一些技术难题。种间杂交不亲和、杂交后代遗传衰退是利用海岛棉改良陆地棉的主要瓶颈。

一般来说,陆地棉和海岛棉杂交的子一代 F_1 是可育的,但 F_2 和后代的表型偏向于它们的双亲之一,这种现象被称为"遗传衰退"（genetic breakdown）。遗传衰退是通过杂交将优良农艺性状从海岛棉导入陆地棉的主要瓶颈。已有研究表明水稻亚种粳稻（*Oryza sativa* subsp. *japonica*）和籼稻（*O. sativa* subsp. *indica*）之间的遗传衰退主要是由

于等位基因不兼容引起的。在棉花中，海岛棉和陆地棉之间的基因渐渗仅在一些染色体的狭窄无倒位区域中观察到，表明减数分裂时种间杂种的染色体重组受到抑制。比较基因组结果表明，陆地棉和海岛棉间的多条染色体上存在着大规模倒位现象。倒位的遗传效应在拟南芥和棉花中已有较为深入的研究，倒位抑制倒位区域及其邻近区域的染色体重组，导致有/无倒位两种基因型的染色体之间很难发生重组，致使后代的基因组偏向父母本中的一方。因此，不难看出陆地棉和海岛棉之间大范围的倒位限制了 F_1 杂种中双亲基因型的交换重组，限制了基因组交换。随后的种间杂种在分离过程中偏向双亲中的一方，产生遗传衰退现象（Yang et al.，2020）。

六、异源四倍体棉花基因组中的倒位和易位

多倍化对基因组的结构产生影响，引发结构变异，进而导致表型变异。一个物种的不同生态型通常可以通过染色体结构变异来区分，如易位和倒位。染色体倒位通过减少基因重组，保持有利等位基因组合，在进化中发挥重要作用。倒位在植物中广泛存在，通常与环境适应性有关，也与有助于选择交配的性状有关，可能是环境适应性和物种形成的关键（Huang and Rieseberg，2020）。

在高质量参考基因组的基础上，通过分析陆地棉、海岛棉以及二倍体祖先种基因组之间的共线性，可以推断不同基因组发生易位和倒位事件（Zhang et al.，2015；Huang et al.，2020）。利用种间 Hi-C 数据相互比对分析表明，海岛棉和陆地棉基因组之间全部 26 条染色体都发生了染色体重排（Wang et al.，2019；Yang et al.，2020）。在陆地棉和海岛棉之间共鉴定了长度为 170.2Mb 的倒位区域，主要是位于 A 亚基因组。共发现 4 条染色体携带臂内倒位，11 条染色体携带臂间倒位。陆地棉和海岛棉之间的 A06 染色体中有 4 个大倒位事件，包括 3 个臂内倒位和 1 个臂间倒位（Wang et al.，2019）。研究者们又进一步利用 D_5 基因组（JGI）（Paterson et al.，2012）分析了陆地棉和海岛棉 D 亚基因组中特有和共有的结构变异。例如，他们在海岛棉 D05（41.48~51.18Mb）和陆地棉 D12（14.15~31.54Mb）中分别发现了一个大片段的特有臂间倒位，并且在 D09 上发现一个海岛棉和陆地棉共有的大片段倒位（Wang et al.，2019）。与陆地棉 A 亚基因组相比，A_1 具有两个易位片段，涉及陆地棉的 A 亚基因组的 A02-A03 和 A04-A05 染色体；A_2 基因组中具有三个易位片段，涉及 A01-A03、A02-A03 和 A04-A05 染色体。在 A_1 和陆地棉的 A10 号染色体之间发生倒位（A_1 中 18.4~61.3Mb 和陆地棉 A10 中 23.09~97.42Mb）（Huang et al.，2020）。在 5 个四倍体棉花基因组中，除了 $(AD)_3$-$(AD)_4$、$(AD)_4$-$(AD)_2$ 的 D10 和 $(AD)_5$-$(AD)_3$-$(AD)_4$ 的 D12 染色体中的少量小片段倒位外，5 个 D 亚基因组染色体间具有高度共线性。相比较而言，A 亚基因组比 D 亚基因组的倒位现象更广泛。与 D_5 相比，在陆地棉中至少鉴定了 9 个易位和 28 个倒位，其中在 A02 和 A03 之间以及 A04 和 A05 之间发现了两个大的相互易位，在 A12 和 D12 部分同源染色体上发现了三个倒位（Zhang et al.，2015）。在海岛棉和陆地棉基因组序列之间，鉴定到 3820 个易位（Wang et al.，2019）。此外，陆地棉和海岛棉的 1~3 号染色体，以及 4 号和 5 号染色体之间存在易位（Hu et al.，2019；Pan et al.，2020）。在 D04 染色体上发生了一

个大规模的倒位事件（4.48Mb），它将 G_h 类（即 G_e、G_s 和 G_h）与 G_t、G_b、G_d 和 G_m 区分开来，表明这个倒位可能发生在 G_h 类与 G_t 分开之后（Peng et al.，2022）。

第二节 陆地棉基因组测序研究进展

目前已完成基因组测序组装的陆地棉材料有 8 个 [TM-1、ZM24（中棉所 24）、中棉所 12、NDM8（农大棉 8 号）、B713、Bar32、G_hP 和最近公布的中植棉 2 号]。其中最先测序组装、研究最为深入的是陆地棉遗传标准系 TM-1，仅这一材料先后就进行了 8 次基因组组装（表 3-3）。按照发布的先后顺序，笔者对不同陆地棉基因组序列的基本信息进行统计分析，结果表明随着测序技术的发展，组装基因组的连续性不断提高（contig N50 长度越来越长），BUSCO 基因的完整度也越来越高。陆地棉基因组的 GC 含量基本为 34.11%～34.72%，组装大小为 2.2～2.3Gb（TM-1_NBI V1.1 版本的缺口长度过长，删除缺口后长度也在该区间范围内），这与之前流式细胞术估计的结果基本吻合。不同的基因组版本注释到的重复序列比例和编码基因数量差异较大，其中重复序列比例为 62.10%～76.9%，基因数目为 66 577～80 124 个，不同的重复序列和编码基因注释流程产出的结果差异较大，未来需要在基因组注释方面投入更多的力量来提高注释的准确性。

表 3-3 已组装的陆地棉基因组信息统计

基因组版本	基因组的品种名称	总 PacBio 的覆盖倍数	总 Hi-C 倍数	最终组装的基因组长度/Gb	contig N50/bp	scaffold N50/bp	重复序列的比例/%	GC 含量比例/%	注释的基因数量
BGI_TM-1 V1	TM-1	—	—	2 150 929 310	78 385	65 570 391	67.20	34.45	76 943
TM-1_NBI V1.1	TM-1	—	—	2 546 077 166	32 273	65 894 135	64.75	34.11	70 478
TM-1_UTX_JGI V1.1	TM-1	77.79	—	2 341 876 381	389 437	90 410 113	74.49	34.23	66 577
HAU-AD1 V1.1	TM-1	89.4	33.63	2 348 137 562	1 893 044	97 782 242	69.86	34.37	70 199
TM-1_ZJU V2.1	TM-1	—	119.12	2 298 437 019	113 327	107 588 319	63.89	34.72	72 761
TM-1_ICR	TM-1	89	78.72	2 289 066 421	4 760 671	96 727 820	73.70	34.38	73 624
TM-1_WHU V1	TM-1	81.6	29.82	2 290 427 971	5 020 827	106 041 875	64.06	34.37	74 350
TM-1_UTX V2.1	TM-1	94.06	40	2 305 241 538	783 933	108 141 443	73.20	34.36	75 376
ZM24	中棉所 24	54	130.39	2 309 266 482	1 976 132	93 248 268	72.10	34.41	73 707
NDM8	农大棉 8 号	89.6	125	2 291 769 868	13 149 061	107 674 087	62.10	34.36	80 124
B713	B713	51.35	缺失	2 296 054 235	66 207 413	107 964 587	76.00	34.36	78 475
Bar32	Bar32	37.67	缺失	2 296 536 638	88 519 516	108 284 803	76.90	34.36	78 326
ICR_XLZ 7	新陆早 7	138	100	2 301 080 338	41 530 368	107 337 844	—	34.39	—

注：新陆早 7 没有进行编码基因组注释和重复序列分析。Bar32 和 B713 未查询到 Hi-C 数据量的信息。"—"表示没有产生对应类型的数据。

一、BGI_TM-1 V1 版本基因组

2007 年 12 月，中国农业科学院棉花研究所联合国内外优势科研单位，率先在国

际上启动了棉花基因组计划。2012年8月，雷蒙德氏棉（D基因组）全基因组图谱绘制完成。2014年4月，亚洲棉（A基因组）全基因组测序工作完成。在上述工作的基础上，2015年4月，李付广等完成了四倍体棉花——陆地棉（AD组）基因组的测序、组装及分析工作（以下简称BGI_TM-1 V1），相关成果发表在 Nature Biotechnology，题目为"Genome sequence of cultivated Upland cotton（Gossypium hirsutum TM-1）provides insights into genome evolution"。

（一）BGI_TM-1 V1版本基因组的测序和组装

该研究使用全基因组鸟枪法（WGS）测序进行组装，利用二代测序的短读长序列进行从头组装，共获得445.7Gb的原始数据，覆盖基因组组装总长度的181倍。研究人员通过构建不同插入片段长度的文库（250bp至40kb）用于基因组contig的组装和scaffold的挂载。同时，研究团队还构建了细菌人工染色体（BAC-to-BAC）文库，用于染色体的辅助组装。研究人员总测定100 187个BAC克隆，获得覆盖基因组大约5倍的一代测序数据。使用SOAPdenovo软件，利用250bp至2kb的文库将基因组组装到contig水平，共获得44 816个contig，利用5～40kb的文库，将基因组组装到scaffold水平，并进一步利用BAC克隆数据，将scaffold挂载成super-scaffold。组装的总长度为2173Mb，最长的scaffold为8.4Mb。contig N50和scaffolds N50分别为80kb和764kb。基于TM-1×海岛棉3-79构建重组自交系（RIL）种群体，该群由167个家系组成，利用简化基因组测序，共获得39 662个共显性SNP标记，利用这些标记构建了高分辨率遗传图谱。利用该遗传图谱，将1923Mb（88.5%）序列锚定到26条假染色体上。研究人员利用已发表的BAC克隆的全长序列和表达序列标签（EST）数据评估了基因组的组装质量。BAC克隆数据比对结果表明223个测序的BAC与新组装序列的比对率为96%左右，表明组装质量较好。同时，将陆地棉转录组测序获得的108 790个EST回比到陆地棉序列中，发现98.9%的EST能够回贴到TM-1基因组中，再次证明基因组组装质量较好。

（二）陆地棉和亚洲棉、雷蒙德氏棉和可可的比较基因组学及进化分析

研究还发现双子叶植物之间共享的古六倍体化事件以及亚洲棉（A_2）和雷蒙德氏棉（D_5）的祖先中近期的重复事件分别发生在115～146MYA和13～20MYA（图3-2）。在1.5MYA附近仅在陆地棉中观察到额外的1个峰，它刚好对应于二倍体A和D基因组天然杂交和随后的染色体加倍事件（图3-2）。根据与二倍体祖先种基因组的共线性关系和已发表的遗传图谱，将陆地棉的26条染色体划分为A亚基因组或D亚基因组，A亚基因组长度为1170Mb，D亚基因组长度为753Mb。共注释到76 943个编码基因，其中大约84.5%的基因在不同的数据库中具有功能注释。在陆地棉中预测的基因中有93.76%（72 142个）能够定位到染色体上，其中A亚基因组中有35 056个，D亚基因组中有37 086个。此外，还预测到602个microRNA（miRNA）、2153个rRNA、2050个tRNA和8325个snRNA。

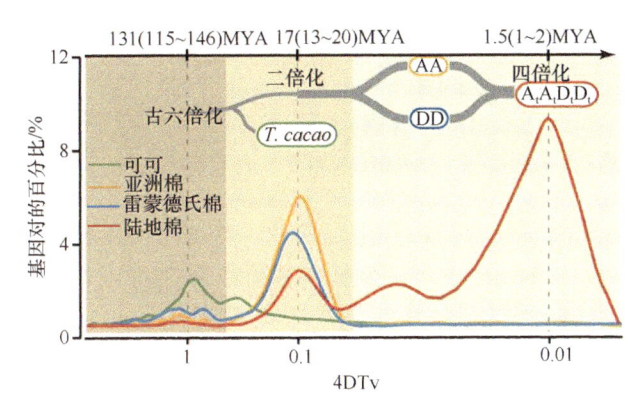

图 3-2　陆地棉、亚洲棉、雷蒙德氏棉和可可 Theobroma cacao 的 4DTv 分析（Li et al.，2015）
四倍体棉花在异源四倍化之前经历了一次全基因组重复和一次古老的重复（六倍体）事件

陆地棉基因组的共线性分析发现，D 亚基因组和 A 亚基因组分别与雷蒙德氏棉和亚洲棉的基因组具有高度共线性。亚洲棉和陆地棉之间有 1801 个共线性区块，分别覆盖了 A 基因组和 A 亚基因组组装长度的 68.2% 和 65.9%。雷蒙德氏棉和陆地棉之间共有 2241 个共线性区块，分别覆盖了各自组装长度的 91.9% 和 88.8%。

（三）BGI_TM-1 V1 版本陆地棉基因组重复序列分析

BGI_TM-1 V1 版本陆地棉基因组的转座子（TE）比例是 66.05%，陆地棉的 A 亚基因组的 *Gypsy* 含量明显高于 D 亚基因组的，而 *Copia* 的含量则相反。研究人员使用全长的逆转录长末端重复（包括 *Copia* 和 *Gypsy*）转座子估算了转座子的插入时间。在最近的 0~1MYA 时间范围内，*Copia* 比 *Gypsy* 显著更活跃（t 检验，$P \leq 0.05$），位于编码基因附近的 *Copia* 比例高于 *Gypsy*。

研究人员利用从头注释、转录组注释和同源注释三种方法对基因组上的编码基因进行了预测，共注释获得 76 943 个编码基因。通过比较两个二倍体棉花和一个四倍体棉花不同纤维发育时期乙烯的释放量，发现雷蒙德氏棉中乙烯的释放量最高，陆地棉次之，亚洲棉最低。乙烯合成关键酶 *ACO1* 和 *ACO3* 基因的表达量也支持上述结果。进一步比较 A 亚基因组和 D 亚基因组 *ACO1* 和 *ACO3* 基因的启动子序列，发现相比于 D 基因组来源的 *ACO1* 基因，A 来源的启动子上存在着一个 128bp 的缺失，导致 MYB 结合位点丢失。将 *ACO1* 的启动子分成 6 段（P1~P6）进行凝胶阻滞实验（EMSA），发现仅有 D 基因组和 D 亚基因组的 P6 片段能够与细胞核蛋白结合，表明 P6 片段差异是 *ACO1* 基因在 A 亚基因组和 D 亚基因组中差异表达的主要原因。同样，在 D 基因组来源的 *ACO3* 基因的启动子上发现一个长度为 123bp 的缺失，该缺失中并不涉及 MYB 结合域的变化，但与 A 基因组相比，D 基因组在 –757bp 的位置多出了两个 MYB 结合域。同样将 *ACO3* 基因的启动子分为 6 段（命名为 PⅠ~PⅥ）进行 EMSA 实验，发现全部来源（D_t、A_t、G_a 和 G_r）的 PⅡ 片段均能够与核蛋白结合，但仅 D 基因组来源的 PⅥ 片段能够与细胞核蛋白结合，表明 PⅥ 可能是基因差异表达的关键片段。上述研究暗示乙烯可以双向调节棉纤维伸长发育过程，乙烯过多或不足可能都会抑制棉纤维的伸长，这是不同棉种间纤维长度存在差异的重要原因之一。

二、TM-1 NBI V1.1 版本基因组

（一）TM-1 NBI V1.1 版本基因组的测序、组装和注释

与 BGI TM-1 V1 同期发表的还有南京农业大学联合诺禾致源组装的陆地棉 TM-1 基因组（Zhang et al., 2015），以下将该基因组简称为 TM-1 NBI V1.1。基因组的测序和组装策略和 BGI_TM-1 V1 版本所采取的方案基本一致。测序共获得 612Gb（245× 基因组大小）的 Illumina 短读长数据，使用 SOAPdenovo 软件进行序列的 contig 组装，使用 174 454 个 BAC 克隆双末端一代测序的 116.5Mb 数据，进行 scaffold 的组装，组装获得 TM-1 基因组 V1.0 版本序列。为了进一步将 scaffold 组装到染色体水平，对来自陆地棉 TM-1 和海岛棉 Hai7124 杂交得到的 59 个 F_2 个体进行重测序，并构建了高密度遗传图谱。该图谱由 4 999 048 个 SNP 位点划分成 4049 个重组 bin（未发生重组的染色体区块），它们分布在 26 个连锁群中，图谱总长度为 4042cM。使用该遗传图谱，纠正了 V1.0 版本序列中的 218 个错误组装的 scaffold（442.2Mb，占基因组序列的 17.6%），发现大多数组装错误是由同源序列引起的。最终组装的 V1.1 版本中包括 265 279 个 contig（N50 = 34.0kb）和 40 407 个 scaffold（N50 = 1.6Mb）。组装 scaffold 总长度为 2.4Gb，达到预估陆地棉基因组（2.5Gb）的 96%。其中 6146 个 scaffold（2.3Gb）划分到 26 个连锁群中，包括 A 亚基因组中的 1.5Gb（4635 个 scaffold）和 D 亚基因组中的 0.8Gb（1511 个 scaffold）。利用遗传图谱将 1.9Gb（79.2%）挂载到染色体水平。进一步利用二代测序数据和雷蒙德氏棉的编码基因序列验证组装的质量，结果均表明组装质量较好。在 TM-1 NBI V1.1 版本的陆地棉基因组中共预测到 70 478 个蛋白质编码基因，平均长度为 1179bp，平均每个基因有 5 个外显子。其中 67 736 个（96.1%）（包括 A 亚基因组中的 32 032 个和 D 亚基因组中的 34 402 个）获得了功能注释。共预测到来自 59 个基因家族的 4778 个转录因子，占编码基因总量的 6.8%。此外，基于同源性的非编码 RNA 序列注释预测到 2226 个 tRNA 基因、301 个 miRNA 基因、885 个 snRNA 基因和 1061 个 rRNA 基因。

（二）TM-1 NBI V1.1 版本基因组结构变异分析

多倍化导致全基因组复制，随后通常会经历一个二倍化过程，其特点是基因组快速重组和大量基因丢失。该研究表明在异源四倍体棉花中，在 A 亚基因组和 D 亚基因组中的编码基因的顺序与已报道的 D_5（雷蒙德氏棉）基因组中的基本上是一致的。因此使用雷蒙德氏棉基因组进行比较基因组分析。在陆地棉基因组草图中，鉴定出至少 9 个易位和 28 个倒位，包括 A02 和 A03 之间以及 A04 和 A05 之间的两个大的相互易位。总体而言，A 亚基因组和 D 亚基因组之间的染色体重组次数（19 次和 18 次）相近。然而，A 亚基因组累计重组长度 372.6Mb，大于 D 亚基因组（82.6Mb）。A 亚基因组重组的平均长度为 19.6Mb，显著大于 D 亚基因组（4.6Mb）。

（三）A 亚基因组和 D 亚基因组的不对称进化

通过比较已测序的祖先基因组和两个亚基因组之间的 21 618 个直系同源基因对的同义替换率（Ks）的分布频率，估算 A 和 D 亚基因组的祖基因组之间的分歧时间为 6.0～6.3MYA（Ks 峰值分别为 0.031 和 0.033），陆地棉形成于 1～1.5MYA（Ks 峰值分别为 0.005 和 0.008）。与其相应的祖先基因组相比，A 亚基因组和 D 亚基因组中的 Ka 和 Ks 值均升高，表明异源四倍体棉花的进化速度更快。有趣的是，A 亚基因组可能比 D 亚基因组进化得更快，这表明两个亚基因组的进化不对称。进化不对称可能是由 A 亚基因组中的更强选择压力引起的。

（四）TM-1 NBI V1.1 版本基因组重复序列分析

组装的 A 亚基因组（1477Mb）的大小几乎是 D 亚基因组（831Mb）的 2 倍，这与二倍体亚洲棉和雷蒙德氏棉之间的基因组大小差异一致。重复序列注释表明，陆地棉基因组组装长度的 64.8% 是转座子（TE）序列。尽管 TM-1 NBI V1.1 版本 TE 的总含量与 BGI_TM-1 V1 陆地棉基因组中的含量相近（64.8% 对 66%），但是逆转录转座子占比例不同（52.29% 对 62.81%），这种差异很可能是由注释方法和参数不同引起的。分析表明 A 亚基因组 TE 的长度为 843.5Mb，比 D 亚基因组中的 433Mb 更长。其中，A 亚基因组中的 *Gypsy* 长末端重复序列长度为 362Mb，是 D 亚基因组（136Mb）的 3 倍。使用 "Kimura distance" 分析 TE 的活性，结果表明大多数 TE 在异源多倍体棉花形成之前已发生扩张，TE 的爆发很可能发生在祖先基因组中，并在异源多倍化后保留。

（五）棉花进化过程中的基因丢失

研究人员进一步分析了异源四倍体棉花基因组中的基因丢失情况，发现 A 亚基因组中有 228 个基因丢失，D 亚基因组中有 141 个基因丢失。此外，还鉴定到 4312 个被破坏的基因，它们与其直系同源基因相比包含移码突变或提前终止。与不对称基因丢失一致，A 亚基因组有 2425 个破坏基因，明显多于 D 亚基因组（1887 个）。这些被破坏的基因的平均表达水平显著低于其相应亚基因组中的其他所有基因，这表明异源四倍体棉花中基因丢失很可能是一个持续的过程。

（六）同源基因在异源四倍体棉花中的表达

多倍体化的另一个影响是多倍体中直系同源基因的表达不均衡，组成同源基因对的两个基因存在着偏向性表达。约 90% 的（25 358 对）同源基因对在 35 个营养或生殖组织中表达（FPKM >1）。尽管不同组织和发育阶段的平均表达水平和表达基因数量不同，但全基因组水平的同源基因对并未表现出表达偏差。然而，在特定组织或发育阶段，20%～40% 的同源基因对显示出偏向 A 或 D 亚基因组方向表达，这种偏向性表达可能导致基因的亚功能化。研究还发现 A 和 D 亚基因组之间的表达并不对称，表达偏向于 D 亚基因组同源基因的略多于 A 亚基因组。在棉花纤维伸长期[开花后 10 天（DPA）] 和次生细胞壁合成期（20DPA），偏向 A 或 D 亚基因组表达的同源基因数量与先前报道的相似，转录因子基因（如 MYB 家族成员）偏向于更多地在 A 亚基因组中表达，表明其在纤维发育中起重要作用。

三、TM-1_UTX_JGI V1.1 基因组

（一）TM-1_UTX_JGI V1.1 基因组的测序和组装

2015 年 4 月发布的陆地棉 TM-1 的参考基因组 BGI_TM-1 V1 和 TM-1 NBI V1.1 两个版本都是采用二代测序进行组装的，基因组组装难免存在错误。三代测序读长更长，能够直接横跨重复序列区，在基因组组装上更具有优势。2017 年 9 月，美国 Hudson Alpha 生物技术研究所的格里姆伍德和得克萨斯大学奥斯汀分校的陈增建公布了使用三代测序组装的陆地棉 TM-1 的基因组，以下简称为 TM-1_UTX_JGI V1.1。利用 PacBio RSII 长读长序列和 Illumina 短读长序列进行二代加三代的混合组装。共获得 77.79 倍 PacBio 数据（平均读取大小 9.6kb）和 54 倍 Illumina PE250 数据，其中二代数据主要用于三代测序读长的纠错。使用 FALCON 软件进行序列的组装，使用 Quiver 软件对获得的序列进行纠错。此外，还分别将已发表的陆地棉基因草图中的特异序列（148 239 个特有的、非重复、非重叠的 1kb 序列）和 TM-1×3-79 杂交产生了 51mer 标记（4 920 681 个）回比到纠错的组装序列上，对序列进一步纠错，在不正确的组装处进行序列打断处理（共打断 1748 处）。使用 51mer 标记对 scaffold 进行染色体定向和排序。最后，使用 Illumina 数据（PE250，800bp 长度插入片段）对序列中纯合 SNP 和 InDel 进行校正。

通过比对来自雷蒙德氏棉基因组注释的基因（v2.0 版本）来评估基因组中常染色体的组装质量。在 1 个基因有多个转录本的情况下，选择最长的转录本用于比对。按照以下条件筛选比对的结果：剔除一致性小于 90% 或比对覆盖度低于 85% 的比对结果。结果表明有 36 832 个（占总序列的 99.7%）基因能够与新组装的基因组匹配，表明该组装不存在丢失基因组中重要序列的情况。最终组装的基因组的总长度为 2341Mb，scaffold 数量为 5355 个，contig 总数为 13 583 个，新组装的基因组仍呈碎片化状态。contig N50 仅为 389.4kb，组装的连续性需要进一步提升。

（二）TM-1_UTX_JGI V1.1 基因组编码基因预测

使用 PERTRAN 软件，利用 13 个组织或个体（叶、茎、根、纤维、胚珠、子叶、下胚轴、花瓣、分生组织、雌蕊、雄蕊、外果皮、未成熟棉铃）150bp 的 Illumina 短读长数据（2.8 亿对），组装获得 169 999 个转录本。使用 PASA 软件，利用 RNA-seq 数据和 507 810 个 EST 数据组装共获得 142 414 个转录本。进一步利用同源注释的方法预测编码基因，最终获得 66 577 个编码基因和 87 800 个编码转录本。

四、HAU-AD1 V1.1 版本基因组

2018 年 10 月 30 日，华中农业大学发布了陆地棉 TM-1 和海岛棉 3-79 的三代基因组。其中陆地棉 TM-1 的版本称为 HAU-AD1 V1.1 版本。

（一）HAU-AD1 V1.1 版本基因组的测序和组装

应用单分子实时测序技术（PacBio RSII 测序平台）从头组装陆地棉遗传标准系 TM-1 基因组序列，共获得 194.01Gb 的长读长序列，覆盖基因组的深度为 89.4 倍。利用二代加三代测序混合组装的策略，组装获得 4792 个 contig，contig N50 的长度为 1.89Mb。使用 Illumina 双末端测序数据对 PacBio 测序中的低质量核苷酸和 InDel 进行纠错。利用高分辨率光学图谱（BioNano Genomics Irys）数据将纠错后的 contig 进行混合组装，共获得 3434 个 scaffold，scaffold N50 的长度为 5.22Mb。使用 Hi-C 技术对通过光学图谱获得的 scaffold 进行分类和排序，最终组装获得 2190 个 scaffold，其中挂载到 26 条假染色体上的序列占全部定向序列的 98.94%。进一步利用已发表的遗传图谱对组装质量进行评估。结果表明每个染色体的遗传图谱与物理图谱之间具有高度一致性。进一步将 36 个 BAC 克隆数据和 Illumina 短读长序列回比到新组装的基因组序列上，结果表明基因组的组装质量较高。

进一步对基因组的编码基因进行预测，共注释到 70 199 个编码基因，利用 PacBio 的 Iso-seq 测序数据预测了基因座上的转录本，共注释到 115 835 个转录异构体。基因组重复序列的完整组装，代表组装的连续性和完整性的重大提高。利用长末端重复逆转录转座子（LTR-RT）鉴定了每条染色体的着丝粒区域。与先前基于 Illumina 短读长测序组装的陆地棉基因组相比，新组装的基因组中着丝粒区域的 LTR-RT 含量显著提升，表明着丝粒区组装的质量大幅提升。

（二）陆地棉和海岛棉的变异分析

通过对海岛棉和陆地棉基因组进行比较，鉴定两个棉种间的遗传变异。共鉴定到 12 816 698 个 SNP，平均为 5.89 个/kb，其中 A 亚基因组中携带 8 131 276 个 SNP（5.95 个/kb），略大于 D 亚基因组（4 685 422 个 SNP，5.81 个/kb）。染色体上的 SNP 密度分布进一步证实上述结果。研究发现与其他染色体相比，A01 染色体上的遗传变异显著减少。研究还鉴定到 2 682 689 个 InDel，平均为 1.2 个/kb。遗传变异的功能注释表明这些 SNP 和 InDel 可能会对陆地棉中的 14 076 个基因和海岛棉中的 14 880 个基因的功能具有影响。进一步分析了上述基因在两个棉种中的选择压力，发现 4039 个基因受到正选择作用（Ka/Ks>1）。GO 富集分析将上述基因富集到包括 Ras/ARF 蛋白信号转导在内的几种生物途径。值得注意的是，有 6.5%的 SNP 和 7.2%的 InDel 是位于先前发表的陆地棉基因组（TM-1 NBI V1.1）的缺失区域中，这些都是新检测到的四倍体棉花的遗传变异。

进一步利用比较基因组学分析陆地棉和海岛棉基因组之间的大片段结构变异发现，陆地棉和海岛棉之间有 170.2Mb 的序列位于倒位区间内，其中来自 A 亚基因组的有 120.4Mb，来自 D 亚基因组的有 49.8Mb。在这些发生结构变异的染色体中，有 4 条染色体携带臂内倒位（paracentric inversions），11 条染色体携带臂间倒位（pericentric inversions）。其中 A06 染色体中携带的 4 个大片段倒位，包括 3 个臂内倒位（in1、in3 和 in4）和 1 个臂间倒位（in2）。此外在 D12 染色体上检测到一个大片段的臂间倒位。通过 Hi-C 热图（图 3-3）和 BioNano 进一步证实了上述倒位的真实性。研究还检测到 3820 个易位，包括总长度为 3.8Mb 的 1074 个染色体内易位和总长度为 6.8Mb 的 2746 个染色体间易位。

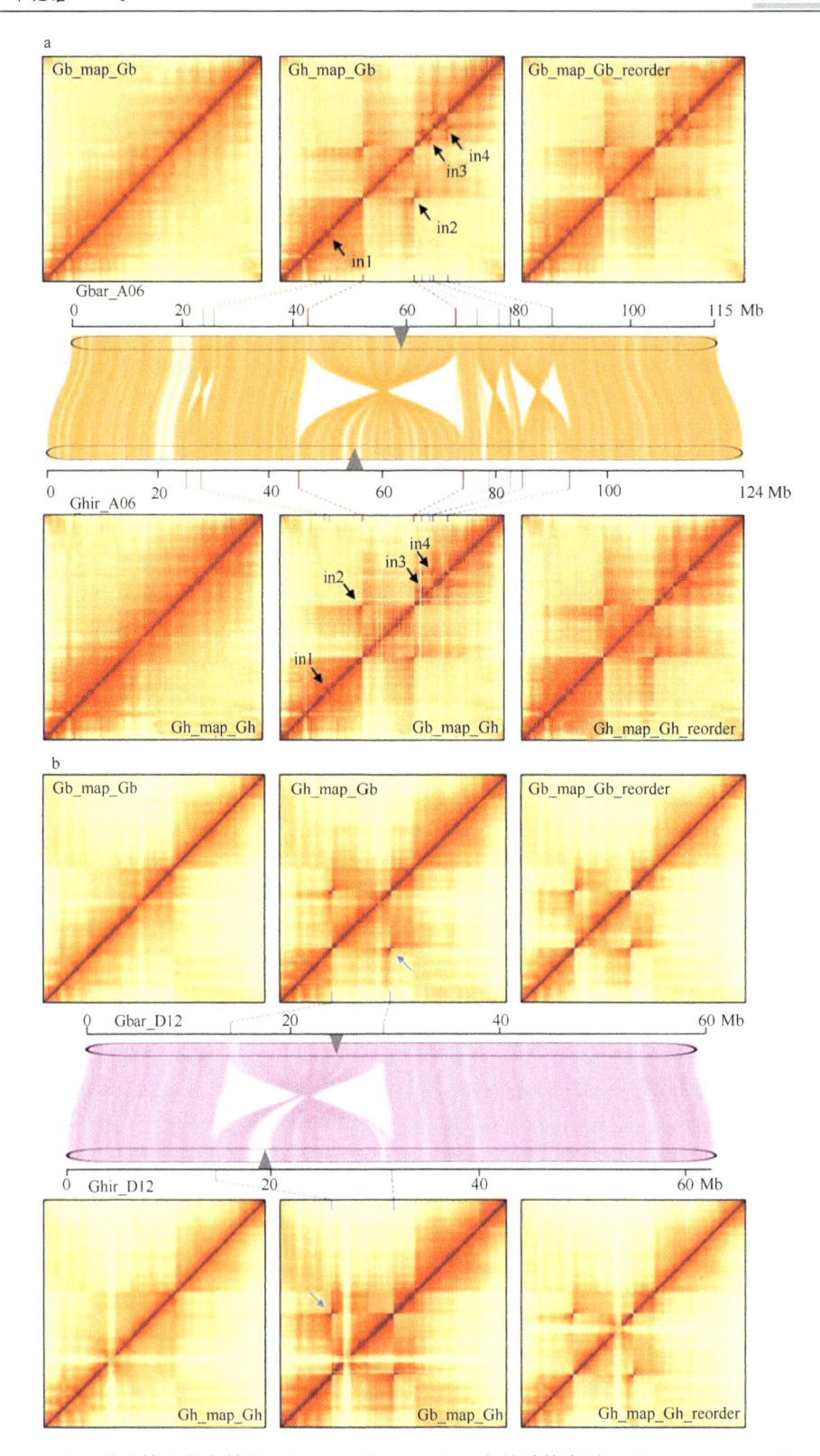

图 3-3 陆地棉和海岛棉在 A06（a）和 D12（b）上的结构变异（Wang et al.，2019）

此外，在陆地棉中鉴定到的总长度为 179.9Mb（9135 个）的片段在海岛棉中不存在；在海岛棉中鉴定到的总长度为 139.8Mb（7710 个）的片段在陆地棉中不存在。陆地棉有 1844 个基因，海岛棉有 1614 个基因位于这些 PAV（插入或缺失）区域中。在这些基因中，有 220 个是海岛棉特有的且在纤维发育过程中高量表达。例如，在海岛棉的 *EXPANSIN* 基因的第三个外显子中缺失一个 450bp 长度的片段，导致多糖结合结构域的丢失。已有的研究表明截断的 *EXPANSIN* 蛋白在海岛棉的优质纤维形成过程中具有重要的功能。

五、TM-1 ZJU V2.1 版本基因组的组装和注释

2019 年 3 月 18 日，浙江大学以 "*Gossypium barbadense* and *Gossypium hirsutum* genomes provide insights into the origin and evolution of allotetraploid cotton"为题在 *Nature Genetics* 上发表陆地棉和海岛棉更新版的参考基因组（Hu et al.，2019）。研究者分别对陆地棉 TM-1 和海岛棉 Hai7124 进行基于二代数据的组装，通过与以色列 NRGene 合作，利用该公司的 DeNovoMAGIC 软件进行序列组装，分别获得陆地棉和海岛棉的参考基因组图谱，以下将陆地棉的简称为 TM-1 ZJU V2.1（Hu et al.，2019）。TM-1 ZJU V2.1 版本的基因组组装的最终长度大小为 2.30Gb，大约 97.4%的组装序列被定向挂载到 26 条假染色体上，contig N50 长度为 113.02kb，基因组的 GC 含量为 34.72%。剔除缺口（gap）序列（一般以 N 表示）后，基因组组装的总大小为 2211Mb。利用 36 个已报道的 BAC 克隆序列，验证了组装序列的完整性。同时，利用染色体荧光原位杂交（FISH）技术构建了 A12 和 D12 两条同源染色体的部分细胞遗传学图谱，结果再次证明组装序列的准确性较高。利用 CenH3-Chip 实验鉴定着丝粒区，发现与先前发表的基因组草图相比，着丝粒区组装质量显著提升，着丝粒的长度为 0.65～2.85Mb，与利用着丝粒特异转座子 CRGs 鉴定的结果高度一致。该基因组共预测到 72 761 个编码基因，超过 96%的基因预测结果被转录组数据支持。利用 BUSCO 保守基因评估了编码基因的完整性，结果表明陆地棉中完整的 BUSCO 基因占 97.5%，表明基因组序列组装质量较好。

研究还鉴定到长度为 1460.46Mb 的转座子（TE）序列，占总基因组组装大小的 62.2%。其中 A 亚基因组中的 TE 累计长度为 979.05Mb，是 D 亚基因组中（443.23Mb）的 2.2 倍。大多数的 TE 是 *Gypsy* 长末端重复序列，占基因组组装全长的 41.4%。利用全长的转座子序列（同时包含 5′LTR 和 3′LTR）两端完整 LTR 序列差异来预测 LTR 的插入时间。进一步分析了在亚洲棉、雷蒙德氏棉和四倍体物种的 A 亚基因组和 D 亚基因组之间的直系同源基因，共鉴定到 22 054 个直系同源基因对，又进一步计算了非同义替代率（Ka）和同义替代率（Ks）。通过绘制 Ks 的频率分布曲线，观察 Ks 的峰值来估算分化时间，结果表明 A 和 D 祖先基因组的分歧时间为 6.2～7.1MYA，异源四倍体形成为 1.7～1.9MYA。海岛棉和陆地棉的分歧发生在 0.4～0.6MYA（Ks 峰值分别为 0.002 和 0.003）。

研究者还比较了陆地棉 TM-1 和海岛棉 Hai7124 开花后 5～40 天的纤维长度的动态发育过程（图 3-4a），发现陆地棉 TM-1 纤维的快速伸长期在开花后 5～15 天，而海岛棉的在开花后 5～20 天。纤维最快伸长速率在陆地棉和海岛棉中均出现在开花后 15～20

大，TM-1 的速率在开花后 25 天突然下降，而 Hai7124 则一直持续到开花后 30 天，海岛棉中纤维伸长时间持续更久（开花后 5~30 天）可能是其纤维长度比陆地棉更长的原因（图 3-4b）。通过比较 TM-1 和 Hai7124 不同纤维发育时期细胞渗透压激活相关的主要可溶物含量（可溶性糖、K^+ 和苹果酸），发现 TM-1 的中可溶物在 5~10DPA 含量持续升高，此后逐渐降低；在 Hai7124 中这种增长趋势一直持续到开花后 15 天，此后逐步降低（图 3-4c~e）。通过透射电镜（TEM）观察，发现在开花后 5 天的伸长纤维细胞中存在一个巨大的中央液泡，占细胞总体积的 98% 左右，这个大液泡主要用来保存渗透激活的可溶物，以保障纤维细胞伸长具有充足的膨胀压。在 TM-1 和 Hai7124 的纤维中分别发现 45 129 个和 45 328 个表达的基因（FPKM > 1）。KEGG 分析表明在海岛棉中表达的基因与陆地棉相比主要在膜转运、转录、多糖生物合成和碳代谢通路富集，表明这些基因在物种特异的纤维发育过程中发挥重要作用。研究还发现，蔗糖转运载体（*GbTST1*）、Na^+/H^+ 逆向转运体（*GbNHX1*）和铝激活苹果酸转运蛋白（*GbLAMT16*）基因在 Hai7124 的纤维中表达持续的时间长于 TM-1，这些转运蛋白能够向液泡中泵入更多的蔗糖、钾离子和苹果酸。此外，*VIN1* 基因能够水解蔗糖形成 6 元单糖，该基因在 Hai7124 中的表达持续时间长于 TM-1。

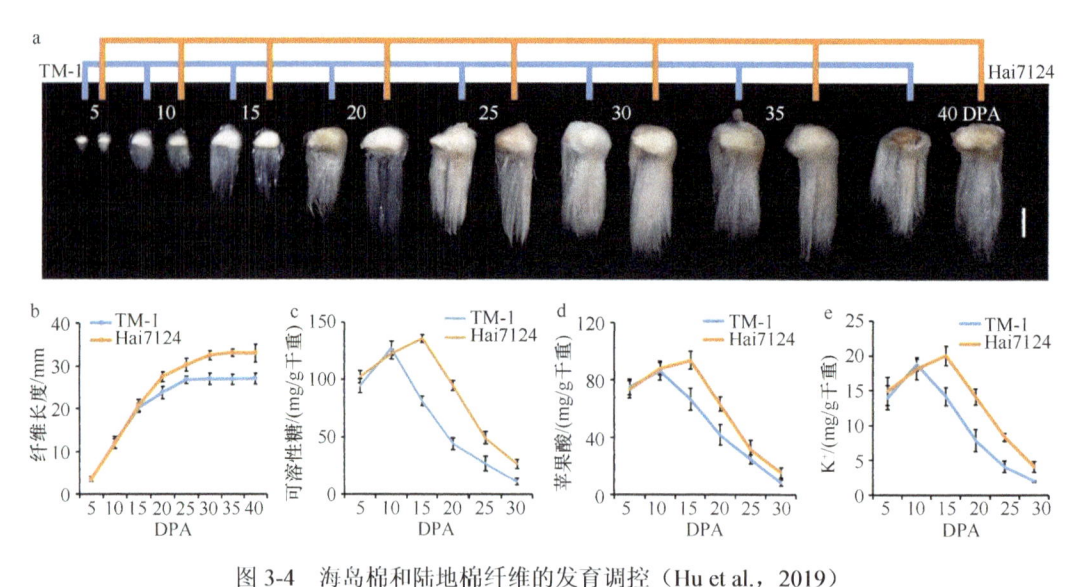

图 3-4 海岛棉和陆地棉纤维的发育调控（Hu et al., 2019）
a. 5~40DPA 陆地棉 TM-1 和海岛棉 Hai7124 含种子的纤维表型；b. TM-1 和 Hai7124 的纤维长度变化；5~40DPA 陆地棉 TM-1 和海岛棉 Hai7124 的细胞可溶物可溶性糖（c）、苹果酸（d）、K^+（e）的含量变化

通过对 TM-1 和 Hai7124 苗期的耐盐性、耐旱性、耐冷性和耐热性进行比较和分析，发现两者的耐盐性和耐旱性之间并无明显差别。TM-1 的耐热性和耐冷性显著优于 Hai7124。转录组数据分析表明 TM-1 和 Hai7124 中分别有 16 029 个和 5270 个差异基因与耐热相关，有 8725 个和 12 475 个差异基因与耐冷相关。在热胁迫下，共鉴定到 51 个 HSF 的下游基因（包括 *PIPK*、*PIP*、*CaM*）在 TM-1 和 Hai7124 中差异应答。其中 39 个基因（尤其是 *CaM* 基因）在 TM-1 中受到热胁迫上调表达。另外各有 9 个乙烯受体和乙烯响应因子（ERF）在 TM-1 中上调表达，表明在热胁迫时乙烯通路在 TM-1

中被激活,它们可能在调控 EIN3 和 EIL1 的热激活中发挥作用。

与 Hai7124 相比,TM-1 的幼苗对冷胁迫表现出更强的抗性。在冷胁迫时,共鉴定到 ABA 受体（PYR/PYR）、SNRK 和 PP2C 蛋白磷酸化激酶（ABI/AHG/PP2C）家族的 21 个基因在 TM-1 和 Hai7124 中差异应答,这些基因可能在 TM-1 耐冷方面发挥重要作用。

六、TM-1 ICR 版本基因组

（一）TM-1 ICR 版本基因组的测序和组装

2019 年 7 月 5 日,中国农业科学院棉花研究所的杨召恩等在 *Nature Communications* 上发表了题为 "Extensive intraspecific gene order and gene structural variations in upland cotton cultivars" 的论文（Yang et al.，2019）。该文发布了陆地棉现代改良品种（中 24，ZM24）首个高质量的参考基因组,更新了陆地棉标准系 TM-1 的参考基因组图谱,以下将该研究组装的 TM-1 基因组称为 TM-1 ICR 版本。使用 PacBio Sequel 平台获得了覆盖陆地棉 TM-1 基因组 89 倍（约 205Gb）的长读长序列。利用 Canu 软件等组装获得 1823 个 contig,利用 Illumina 短读长序列对 contig 上的纯合 InDel 进行纠错,并利用 Hi-C 数据对 contig 的组装质量进行校准,总共获得 2286Mb 长的组装序列,contig N50 长度为 4760kb。

利用 3.24 亿个有效的 Hi-C 相互作用序列,将约 2.23Gb 的组装序列锚定到 TM-1 的 26 条假染色体上,占基因组组装总长度的 97.4%。其中 A 亚基因组的组装长度约为 1.41Gb（458 个 contig）,D 亚基因组组装长度为 0.82Gb（241 个 contig）。与之前发布的 TM-1 NBI V1.1 版本相比,该基因组的组装质量显著提高,contig N50 的长度从 34.0kb 提高到 4760kb,染色体上的挂载长度由 1.9Gb（79.2%）提升至 2.23Gb（97.4%）。与同年华中农业大学发表的 HAU-AD1 V1.1 版本相比,本次组装的序列的连续性提升了 2.52 倍。比较这两个新组装的 TM-1 参考序列,发现除了 D08 染色体的一个小片段的倒位外,其他染色体间均具有良好的共线性。通过 Hi-C 热图和新组装的 TM-1 的 D08 染色体与已发表的不同基因组间（包括 TM-1_ZJU V2.1、TM-1 NBI V1.1 和 D 亚基因组的祖先种雷蒙德氏棉）共线性分析,发现本研究组装的 TM-1 的 D08 染色体与上述基因组间不存在倒位现象,表明本研究组装的 D08 染色体组装正确。

利用三种不同的方法对组装的基因组质量进行评估。第一种是利用 NCBI 中公布的 58 个 BAC 克隆序列回比 TM-1 参考基因组,对其组装质量进行评估,结果表明选定的 58 个 BAC 克隆序列与新组装的序列均完美匹配。第二种是利用 7.840×10^8 对双末端 Illumina 短读长回比到 TM-1 基因组序列,发现大约 99% 的序列正确映射到这个参考基因组上。第三种方法是利用 BUSCO 的 1440 个保守的胚胎基因对基因组的完整性进行评估,结果表明新组装的 TM-1 基因组中携带超过 99.5% 的 BUSCO 基因。上述三种方法均表明新组装的 TM-1 基因组的组装质量较高。73.7% 的 TM-1 基因组序列被注释为重复序列,LTR 占组装总长度的比例为 49.0%,其中 *Gspsy* 型逆转录转座子占 41.7%；*Copia* 型逆转录转座子占 7.4%。将 TM-1 ICR 版本基因组与先前发表的遗传图

谱（Wang et al.，2015）进行比较，结果表明新组装序列的每条染色体与遗传图谱之间均具有高度一致性。

与华中农业大学先前发表的 HAU-AD1 V1.1 版本相比，本研究中注释基因的数目多3500 多个，达到 73 624 个，本研究中的编码基因覆盖了 HAU-AD1 V1.1 版本的 95.7%（70 199 个中的 67 160 个）。

（二）TM-1、ZM24、亚洲棉和雷蒙德氏棉基因组的比较分析

通过 Kimura 距离评估转座子序列的分歧度，发现来自亚洲棉、TM-1 A 亚基因组、TM-1 D 亚基因组、ZM24 A 亚基因组和 ZM24 D 亚基因组中的转座子都很年轻，可能非常活跃。分别计算亚洲棉（A_2）、雷蒙德氏棉（D_5）、TM-1 和 ZM24 基因组的 LTR 插入时间。棉花中 A_2、TM-1 和 ZM24 A 亚基因组中的 LTR 逆转录转座子的爆发主要发生在 2MYA，而 TM-1 和 ZM24 D 亚基因组中的主要在近 1MYA。与 D 亚基因组相比，在雷蒙德氏棉中观察到的逆转录转座子的含量相对较低，这一发现可能是数据错误导致的，因为该比较中使用的雷蒙德氏棉是使用短读长序列组装获得的，其基因组中的长末端重复序列组装质量较差，该情况在玉米中有类似相关报道（Sun et al.，2018）。A 基因组和 A 亚基因组之间转座子分歧时间和转座子插入时间相近，表明陆地棉中大多数转座子在祖先基因组中已发生扩增，并在异源多倍体形成后保留。

异源多倍体中不同来源基因组的结合，通常会导致基因组的结构发生变化，在古多倍体玉米和异源多倍体小麦、油菜和棉花中均有相关的报道。高质量的陆地棉基因组序列使开展 A 亚基因组和 D 亚基因组与其各自的祖先基因组〔亚洲棉（A_2）和雷蒙德氏棉（D_5）〕的系统比较成为现实，可全面评估多倍化对棉花基因组重排的可能影响。A 亚基因组和 A_2 基因组之间以及 D 亚基因组和 D_5 基因组之间的共线性在总体上十分保守。大约 75.3% 的 TM-1 A 亚基因组与 72.1% 的 A_2 基因组位于一对一的共线性区块内。有 78.1% 的 TM-1 D 亚基因组与 85.6% 的 D_5 基因组位于一对一的共线性区块内。

非同源序列包括重复元件、物种特异性低拷贝序列和具有结构变异的区域。TM-1 A_t 和 A_2 之间有 13 819 个染色体重组（易位和倒位）（图 3-5a）；TM-1 D_t 和 D_5 之间有 7492 个染色体重组（图 3-5b）；TM-1 和 ZM24 之间有 2254 个染色体重组，可见种间的染色体重组数量远大于种内的。TM-1 A_t/D_t 和 A_2/D_5 之间的染色体重组总长度达到 620Mb，是 TM-1 和 ZM24 之间的（累积长度 51.2Mb）12 倍。

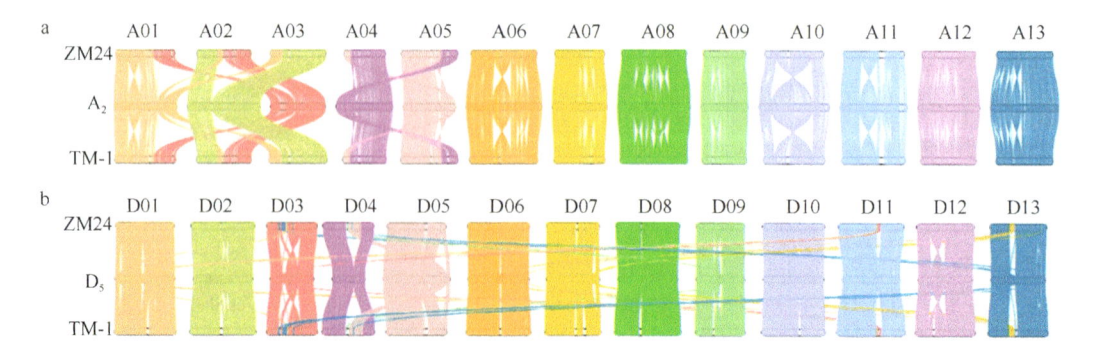

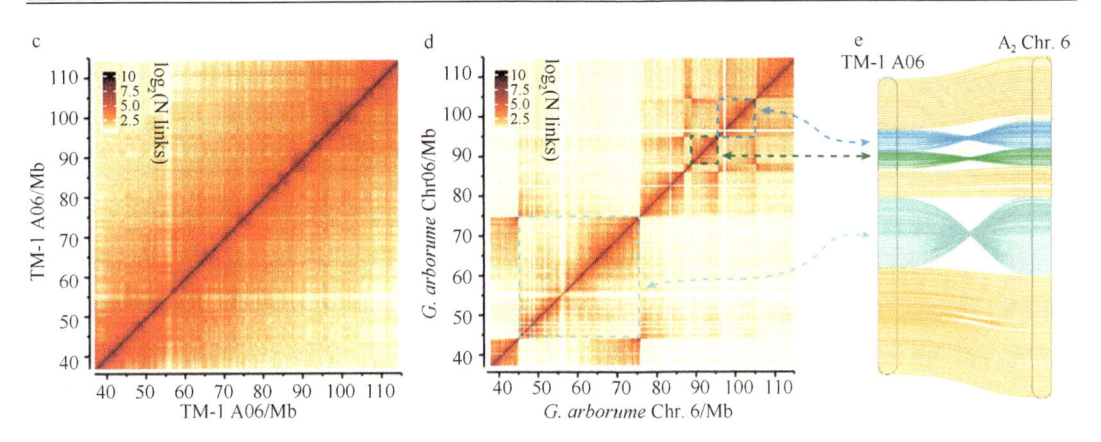

图 3-5 陆地棉 TM-1 和 ZM24 与 A_2、D_5 基因组的比较（Yang et al.，2019）

a. TM-1 A 亚基因组、亚洲棉（A_2）和 ZM24 A 亚基因之间的共线性分析；b. TM-1 D 亚基因组、雷蒙德氏棉（D_5）和 ZM24 D 亚基因组之间的共线性分析；c. TM-1 A06 染色体 Hi-C 热图；d. 亚洲棉（A_2）Chr. 6 Hi-C 数据比对到 TM-1 参考基因组的热图，虚线框表示存在倒位的位置；e. TM-1 A06 和亚洲棉（A_2）Chr. 6 的基因组共线性分析。双箭头虚线表示 Hi-C 图谱和染色体之间相同的倒位

将上述相邻小片段的变异通过手动方法合并为大的变异片段。合并后在 TM-1 A 亚基因组和 A_2 基因组之间共鉴定到 39 个（324Mb）倒位和 35 个（219Mb）易位；在 TM-1 D 亚基因组和 D_5 基因组之间共鉴定到 15 个（48Mb）倒位和 29 个（34Mb）易位。此外，在 TM-1 和 ZM24 的 A 亚基因组之间鉴定出至少 60 个（38.5Mb）倒位和 1314 个（4.8Mb）易位。然而，TM-1 和 ZM24 的 D 亚基因组之间，倒位和易位的总长度分别仅为 4.7Mb 和 3.2Mb，远小于 A 亚基因组。因此，在进化过程中 A 衍生的亚基因组显然比 D 衍生的亚基因组更活跃。

共线性分析发现，染色体重组遍及 26 条染色体，这些大结构变异中的大部分是 TM-1 和 ZM24 中的 A 亚基因组和 D 亚基因组共有的（图 3-5a），表明这些结构重组发生在多倍化之后，但在这两个陆地棉种质的形成之前。通过比较 A 亚基因组和 A_2 基因组，鉴定到三个大的相互易位，一个已在 A 亚基因组中报道，涉及 A01 和 A03 染色体（Desai et al.，2006）；另外两个涉及 A02 和 A03 染色体之间以及 A04 和 A05 染色体之间，这些易位通过细胞遗传学或 Hi-C 热图在 A 亚基因组中得到证实（图 3-5a）。此外，Hi-C 热图也证实了陆地棉 A06 和亚洲棉 Chr06 之间的倒位（图 3-5c~e）。在 D04 和 D05 之间观察到雷蒙德氏棉（D_5）与 D 亚基因组之间唯一的大片段易位现象，来自 TM-1 和 ZM24 的 D04 和 D05 与亚洲棉（A_2）对应的部分同源染色体之间并未观察到易位现象，表明这种易位是雷蒙德氏棉所特有的（图 3-5b）。

（三）TM-1 和 ZM24 之间基因组的变异

将 ZM24 与 TM-1 两者的 A 亚基因组进行比对，发现 99.3% 的 ZM24 基因组序列与 95.2% 的 TM-1 基因组序列位于一对一的共线性区块中。同样，在 D 亚基因组中 98.1% 的 ZM24 基因组序列与 94.3% 的 TM-1 基因组序列位于一对一的共线性区块中，这表明陆地棉中两个基因型的基因组大部分区域是稳定的。在 TM-1 和 ZM24 基因组之间鉴定到 127 个倒位、234 个染色体内的易位和 1893 个染色体间的相互易位，它们累计长度约为51.2Mb。最长的三个结构变异来自A08染色体，这些区域的总长度占TM-1 A08总长度的约30%，占染色体重组总长度的约71.8%。转座子对基因组进化具有很大影响，因为它们驱动染色体重组。为了验证转座子与结构变异之间的关系，研究者分析了染色体重组断点周围的转座子含量，发现重组区域中的转座子含量显著高于非重组区域，暗示转座子可能介导了陆地棉染色体重组。

研究还分析了TM-1和ZM24之间的染色体片段插入或缺失（PAV）。在TM-1中共鉴定到7953个特异性基因组片段（以下PAV指特异的插入片段）。在ZM24中共鉴定到13 160个特异性PAV，大多数的长度小于10kb。在TM-1和ZM24中分别鉴定到1101个和2327个长度大于10kb的PAV。PAV在不同的染色体上分布并不均匀，如ZM24的A08染色体上（1847个PAV，长度为7.9Mb）的PAV明显多于其他染色体。此外，与TM-1-A08相比，ZM24-A08具有更多的PAV，尤其是在倒位区域内，表明结构变异与PAV形成有关。TM-1 D亚基因组（4875个）和ZM24 D亚基因组之间的PAV数量（4277个）相近，该结果表明A亚基因组相对于D亚基因组发生了更广泛的遗传变异。ZM24染色体上最长的特异性片段是D08上的长为46.7kb的PAV和A08上长为43.95kb的PAV；TM-1染色体上最长的PAV是A13上（44.6kb）和D08上（46.3kb）的PAV。在这些PAV中，共携带744个ZM24基因和635个TM-1基因。将上述基因分别与祖先种亚洲棉和雷蒙德氏棉基因组进行比对，发现TM-1和ZM24 A亚基因组PAV基因的约58%和69%在亚洲棉中具有直系同源基因，至少73%和61%的TM-1和ZM24 D亚基因组的PAV基因在雷蒙德氏棉中具有直系同源基因，表明大多数PAV基因在祖先基因组中存在。在陆地棉TM-1中从A亚基因组到D亚基因组的渐渗片段长度约为8.3Mb，从D亚基因组到A亚基因组的长度约为7.8Mb；相应的，在ZM24中分别鉴定到约为8.8Mb和约为7.0Mb的相互渐渗片段。因此，从A亚基因组到D亚基因组的渐渗片段长于从D亚基因组到A亚基因组的。

（四）TM-1和ZM24之间的基因顺序和结构变异

为了分析直系同源基因的结构变异，在TM-1和ZM24之间共鉴定了71 794个直系同源基因对，其中58 913个直系同源基因对在4个亚基因组中显著保守。分别有5570个和5400个直系同源基因对仅存在于A亚基因组和D亚基因组中。A亚基因组内共有34 634个（约96.1%）直系同源基因对，D亚基因组内有34 518个（约96.3%）直系同源基因对。利用上述基因对进行基因结构的比较分析，结果显示34 243个基因对位于A亚基因组的共线性区块中（非染色体重组区域），34 156个基因对位于D亚基因组的共线性区块中。此外，来自A亚基因组和D亚基因组的391个和362个直系同源基因对位于非共线性区块内（染色体重组区域），分别占A亚基因组和D亚基因组分析的直系同源基因对总数的约1.1%和约1.0%，这些直系同源基因在多种代谢途径中被富集，如维生素B6代谢和糖胺聚糖降解。在共线性基因中，来自A亚基因组的23 963个直系同源基因对在TM-1和ZM24之间没有任何氨基酸发生变化，其中大约68%和56%编码序列（CDS）或基因主体区（CDS和内含子区域）完全保守。发现24 144个（约71%）直系同源基因对在D亚基因组中的氨基酸未发生任何变化，其中69%和57% CDS或基因主体区未发生变化。TM-1和ZM24之间有16 014个高度保守的直系同源基因对，它们的整个基因区域（基因主体区加基因上下游各 2kb）没有变异。此外，在两个 A 亚基因组之间或在 D 亚基因组之间，还分别鉴定到 3465 个和 3296 个直系同源基因对，在它们的 CDS 发生非移码类型的 InDel 错误突变，这些基因连同缺乏任何氨基酸变化的基因，被归类为结构上保守的基因。

这些结构上保守的基因占共线性直系同源基因对的约 80%。约 6.4% 的共线性直系同源基因对携带大效应突变，包括起始密码子突变、终止密码子突变、剪接供体突变、剪接受体突变和移码突变。此外，大于 13% 的共线性直系同源基因对携带较大的结构变异，其中 93.4% 的基因对丢失了至少一个外显子。

进一步分析 ZM24 和 TM-1 之间非共线性区域内的结构保守基因，其中 382 个直系同源基因对被归为结构保守基因。约 12% 的 A 亚基因组直系同源基因对和约 17% 的 D 亚基因组直系同源基因对携带大效应突变，约 31% 的 A 亚基因组直系同源基因对和约 39% 的 D 亚基因组直系同源基因对携带较大的结构变异。共鉴定到 13 902 个直系同源基因对，它们具有大效应突变或大结构变异。大约 10% 的注释直系同源基因对在 TM-1 和 ZM24 之间具有氨基酸变异，这些变异的生物学作用需要进一步研究。

利用 MCSCANX 对 TM-1 和 ZM24 编码基因的复制情况进行分析。在 TM-1 和 ZM24 中，共鉴定到 6532 个和 6938 个单基因（singleton gene），9640 个和 10 812 个分散复制（dispersed duplication）基因，49 238 个和 47 291 个片段重复（segmental duplications，SD）或全基因复制（whole genome duplication，WGD）基因。其他基因是近端重复（proximal duplications，PD）或串联重复（tandem duplications，TD）。值得注意的是，在 WGD 和 SD 中，转录因子的比例远高于单基因，表明转录因子在全基因组或片段复制后倾向于保留，类似于先前玉米中的发现。

（五）A08 大片段结构变异在陆地棉中广泛存在

在四倍体的 A08 上发现了三个大片段倒位（大于 4Mb）。利用 TM-1 和 ZM24 相互比对 Hi-C 热图证实了倒位的真实性。当将 TM-1 的 Hi-C 数据比对到 ZM24 的基因组上时，Hi-C 热图对角线区域存在不连续信号，为倒位所在的区域。通过比较基因组序列，精确地鉴定了 SV1 和 SV3 的左右断点，并通过 PacBio 长读长数据、PCR 和 Sanger 测序进一步证实了断点的真实性。

使用全基因组重测序数据对全球收集的 419 份极具多样性的种质材料进行了单倍型分析。利用 Illumina 短读长序列，分析了种质资源材料 SV1 和 SV3 的断点类型。以 TM-1 基因组为参考，发现 66 个材料可以横跨断点，表明它们的 A08 染色体与 TM-1 之间不存在倒位；348 个材料与 ZM24 类似，不能横跨断点，存在倒位现象。因此，该倒位在陆地棉中广泛存在，并将陆地棉分为两类。在 ZM24 和 TM-1 横跨 SV1 和 SV3 的区域中分别鉴定到 226 个和 248 个基因，表明结构变异区域中的基因丢失严重。

七、TM-1 WHU V1 版本基因组

2020 年 4 月 13 日，武汉大学等在 *Nature Genetics* 上发表 "Genome sequence of *Gossypium herbaceum* and genome updates of *Gossypium arboreum* and *Gossypium hirsutum* provide insights into cotton A-genome evolution",公布了第一个阿非利加棉 A_1 的参考基因组,显著改进现有亚洲棉 A_2 和陆地棉(AD)$_1$ 基因组(Huang et al., 2020)。组装的陆地棉 TM-1 的基因组称为 TM-1 WHU V1 版本。

(一) TM-1 WHU V1 版本基因组的测序和组装

使用高深度 PacBio Sequel 测序技术对陆地棉 TM-1 进行基因组测序,共获得大约 205Gb 数据,覆盖基因组的 81.6 倍。最终组装得到的 TM-1 基因组大小为 2290Mb,其中有 99.17%的序列被划分到 26 条染色体上(A_t,1449Mb;D_t,822Mb)。新组装的 TM-1 基因组的 contig N50 长度为 5020kb,远大于 HAU-AD1 V1.1 版本的 1892kb;染色体上的缺口数量为 893 个,小于 HAU-AD1 V1.1 版本(2564 个),基因组的连续性提高了 2.65 倍。Hi-C 的信号主要聚集在对角线区域表明组装的棉花基因组准确性较高。与已发表的基因组的共线性分析,再次证明该版本的基因组组装质量较高。与已发表的遗传图谱相比,每条染色体的物理图谱和遗传图谱之间具有高度一致性。该基因组共注释到 74 350 个蛋白质编码基因,主要位于染色体的两端。染色体中间区域富含 TE,通常为异染色质区,该区域的转录水平相比于染色体两端富含基因的区域更低。

(二) A_1、A_2、D_5 和(AD)$_1$ 基因组之间的染色体易位和倒位

与陆地棉 A 亚基因组相比,在 A_1 基因组鉴定到两个易位,涉及陆地棉 A 亚基因组的 A02-A03 和 A04-A05 染色体;在 A_2 基因组中鉴定到三个易位片段,涉及 A01-A03、A02-A03 和 A04-A05 染色体。A_1 和 A_2 基因组之间检测到两个大规模倒位事件,分别在 Chr10 和 Chr12 染色体上(图 3-6),这得到 Hi-C 热图和 PCR 扩增验证。这两个倒位可能发生在 A_1 和 A_2 棉花的物种形成之后。

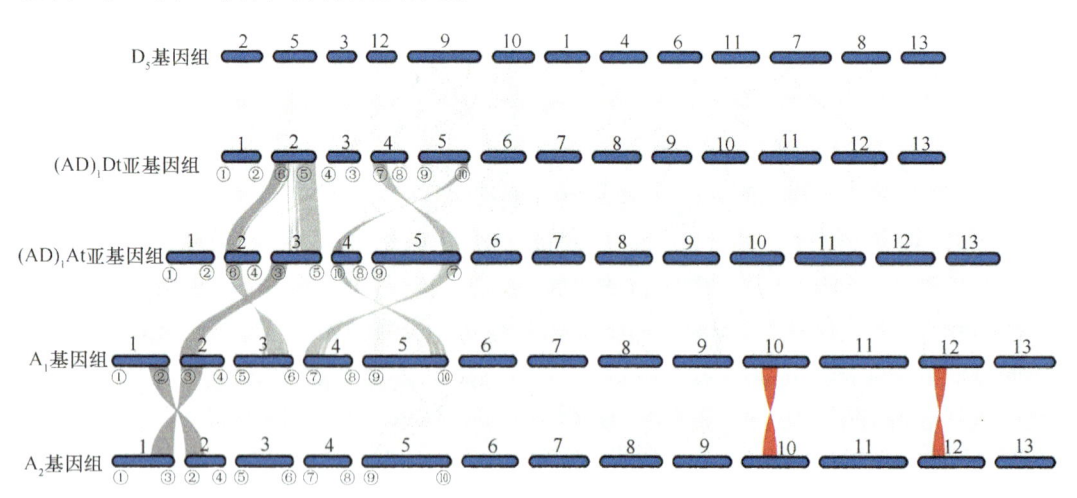

图 3-6 陆地棉(AD)$_1$ 的 A、D 亚基因组和 A_2、D_5 基因组的共线性(Huang et al., 2020)
红色线条表示倒位,深灰色线条表示易位

(三) 异源四倍体棉花的起源

基于单拷贝基因的系统发育树分析表明 A_1 和 A_2 是姐妹种，它们的共同祖先与海岛棉和陆地棉 A 亚基因组的共同祖先是姐妹关系，A_1 和 A_2 的分化时间在 0.7MYA，晚于异源四倍体形成的时间（1.0～1.6MYA）。对 A_1、A_2、陆地棉 A 亚基因组和 D_5 进行全基因比对，并将比对结果拆分成 10kb 长度的窗口，对每个窗口分别重构进化树，发现这些进化树主要存在三种拓扑结构。第一种拓扑结构的可能性为 56.17%，支持陆地棉 A 亚基因组与 A_1 和 A_2 具有共同祖先，且陆地棉 A 亚基因组与 D_5 的亲缘关系更近。第二种拓扑结构支持 A_1 和陆地棉 A 亚基因组为姐妹关系，它们的祖先与 A_2 具有共同祖先，可能性为 22.22%。第三种拓扑结构支持 A_2 和陆地棉 A 亚基因组为姐妹关系，它们的祖先与 A_1 具有共同祖先，可能性为 22.61%。使用海岛棉替换陆地棉的 A 亚基因组获得的结果与上述结果类似，三种拓扑结构的可能性分别为 59.75%、22.11% 和 18.14%。上述结果再次支持基于单拷贝基因构建的基因树的结果，表明 A_1 和 A_2 都不可能是 A_t 的祖先种，A_t 比 A_1 或 A_2 更原始。Ks 结果再次证明 A_1 和 A_2 之间的分歧度较低。同样，还发现 A_1 与 A_2 直系同源基因间的一致性位点显著高于 A_1 或 A_2 与陆地棉或海岛棉 A 亚基因组间的一致性点位。利用 30 个陆地棉、14 个 A_1 和 21 个 A_2 的 SNP 进化树又进一步验证了上述结果。以 D_5 为外群，分析 A_1、A_2、陆地棉 A 亚基因组中的祖先基因型比例，结果表明 A_t 中携带的祖先基因型（30.54%）显著高于 A_1（20.52%）和 A_2（20.04%）。核苷酸变异分析表明 A_1 与陆地棉 A 亚基因组的遗传变异在全部 13 条染色体上都小于 A_2 与陆地棉 A 亚基因组间的遗传变异。基于以上证据，研究人员构想了一个多倍体形成的模式图，一个已灭绝的 A_0 与类似 D_5 的 D 组在 1.0～1.6MYA，通过天然杂交和染色体加倍形成异源四倍体，并在 0.7MYA 分化形成 A_1 和 A_2（图 3-7）。

(四) 基因组扩张和进化

在锦葵科已发布基因组序列的物种中，D_5 和陆地棉的 D 亚基因组大小与木棉（*Bombax ceiba*）或榴莲（*Durio zibethinus*）的较为相近，相比于可可和黄麻（*Corchorus capsularis*）D 组的基因组的大小扩张了近 2 倍。两个 A 基因组和陆地棉 A 亚基因组的膨胀与转座子的爆发高度相关（相关系数 R^2 = 0.978）。尽管 D 基因组（738Mb）和陆地棉 D 亚基因组（822Mb）的大小与榴莲基因组（715Mb）的大小相近，但棉属中的长末端重复序列（LTR）（陆地棉 D 亚基因组为 52.42% 和 D_5 基因组为 53.2%）的含量显著高于榴莲（26.2%）。长末端逆转录重复序列分别占 A_1 和 A_2 基因组组装长度的 72.57% 和 73.62%。棉属和木棉中的长末端逆转录转座子爆发主要发生在 0～2MYA，而榴莲则在 8～10MYA 经历了一次明显的爆发事件。A_2 基因组中的逆转录转座子进一步分为 64 个家族，其中 68% 属于 *Gypsy* 超家族，12.6% 属于 *Copia* 超家族。研究还使用了具有代表性的 *Gypsy* 序列（特征序列）来评估棉花基因组中转座子的爆发时间。在不同的棉花基因组中观察到 5 个不同插入峰（分别对应 5 个插入时间），与特征序列相似性最低的为 65%～76%，最高的为 96.4%～99.4%。使用高斯概率密度函数（GPDF）分析，

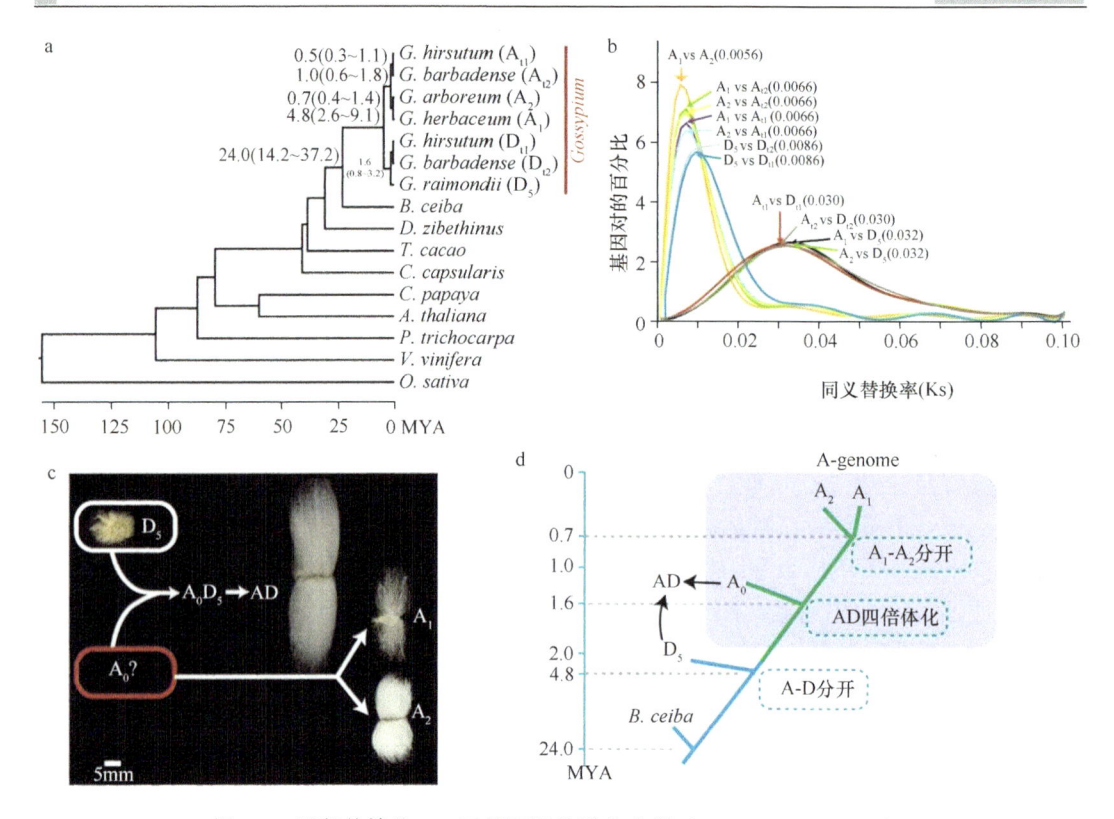

图 3-7　四倍体棉花 AD 亚基因组的进化分析（Huang et al.，2020）

a. 棉属和其他双子叶植物的系统进化树；b. 棉花基因组中同源基因 Ks 值的分布，括号中显示了每次比较的峰值；c. 异源四倍体棉花形成的模型显示了来自陆地棉 TM-1(AD)₁、D₅、A₁ 和 A₂ 的纤维表型；d. 棉花基因组进化的示意图，主要的进化事件显示在虚线框中

估计了主要峰的爆发时间，发现最早插入事件发生在 5.7MYA，这与 A 和 D 基因组分歧时间基本一致。陆地棉 A 亚基因组和 D 亚基因组在 85.5%～88.5% 处具有特有的峰，对应的形成时间为 2.0MYA，但在 D₅、A₁ 或 A₂ 中没有发现特有的峰，这表明异源四倍体棉花最早可能在 2.0MYA 形成。A₁ 和 A₂ 在 87%～89.5% 处共享 1 个峰，对应的形成时间为 0.89MYA，表明其可能是异源四倍体棉花形成后，A₁ 和 A₂ 从共同祖先种分开前发生的。93.0%～93.8% 的峰（对应的形成时间为 0.61MYA）是 A₁ 所独有的，而最后一个峰是 A₂ 独有的，由于发生在近期，因而无法估算准确时间。因此，A₁ 和 A₂ 的分化时间为 0.61～0.89MYA。利用 30 个陆地棉、14 个 A₁ 和 21 个 A₂ 的四倍简并位点，使用 fastsimocoal2 软件分析获得的 A₁ 和 A₂ 分化时间（A₁ 和 A₂ 之间分化间=1 016 499 年）进一步证实了上述结果。

（五）结构变异和纤维发育

SV 包括大片段的缺失和插入（>50bp），已有的研究表明它们会驱动物种内的重要表型变异。该研究发现陆地棉纤维细胞在开花后 30 天（DPA）之前经历了长达 30.5mm±0.7mm 的快速伸长，而 A₁（14.7mm±0.7mm）和 A₂（16.1mm±0.9mm）中的纤维细胞伸长速度较慢且在 20DPA 提前终止。通过将两个 A 基因组与陆地棉的 A 亚基因组进行比较，在 A_1 中鉴定到 39 476 个缺失和 21 577 个插入事件；在 A_2 中鉴定到 40 480 个缺失和 20 903 个插入事件。该研究共鉴定到 35 997 个共有的 SV 事件，包括 A_1 和 A_2 共有的 21 431 个缺失和 14 566 个插入，表明这些 SV 主要发生在两个 A 基因组物种的共同祖先中，在它们分化后得以保留。在所有共有 SV 中，11 395 个插入事件（31.66%）与 9839 个独特基因的基因区域重叠，其中 912 个事件发生在编码序列（CDS）中，1105 个发生在内含子中，9378 个发生在基因上游/下游区域。在已报道的 1753 个可能与纤维性状相关的基因中，有 460 个基因包含共有的 SV，其中多数为上游/下游区域类型的 SV。在纤维细胞快速伸长期，通过比较陆地棉 A 亚基因组和 A_2 的转录组数据，共鉴定到 1545 个上调表达基因和 1908 个下调表达基因。此外，在纤维细胞快速伸长期，陆地棉 A 亚基因组和 A_1 之间有 2941 个上调表达基因和 3350 个下调表达基因。在上述差异表达的基因（DEG）中，949 个陆地棉 A 亚基因组与 A_2 的 DEG 和 1687 个陆地棉 A 亚基因组与 A_1 的 DEG 包含共同的 SV。GO 富集分析表明，上述基因主要富集在脂肪酸生物合成、细胞壁沉积或生物发生以及碳水化合物代谢等通路。实时定量 PCR（RT-qPCR）分析了脂肪酸生物合成的几个关键基因的表达情况，包括编码 3-酮脂酰辅酶 A 合酶（KCS）、脂肪酸羟化酶（WAX2）和脂质转运蛋白，验证了陆地棉 A_t 相比 A_1 或 A_2 上调的表达模式，这些基因的上游或下游区域在陆地棉 A_t 和 A_1 间或陆地棉 A_t 和 A_2 间存在大片段的序列变异。*KCS6* 是超长链脂肪酸生物合成的关键基因，利用两种启动子将其导入陆地棉 ZM24 背景中。与对照 ZM24 相比，35S 启动子驱动的三个纯合株系（L241-1、L241-2、L241-3）和纤维特异表达启动子 E6 驱动的株系（L245-1）的纤维长度均显著增加（增幅为 6.0%～11.66%）。包括 WRKY12、HD-Zip2 和 MYB6 在内的 56 个与 SV 相关的转录因子在三种棉花株系中差异表达。全基因组水平扫描不同转录因子的结合位点，并整合 A_2 和陆地棉 A_t 差异表达结果，发现 WRKY12 在全基因组水平具有 198 个潜在靶基因，HD-Zip2 具有 232 个潜在靶基因。陆地棉中这些潜在靶基因更高表达强度可能导致陆地棉的纤维比 A_1 或 A_2 中的更长。

八、TM-1 UTX V2.1 版本基因组

2020 年 4 月 20 日，美国 Hudson Alpha 生物技术研究所和得克萨斯大学奥斯汀分校合作，在 *Nature Genetics* 上发表了题为 "Genomic diversifications of five *Gossypium* allopolyploid species and their impact on cotton improvement" 的论文。该研究组装了 5 个四倍体棉花的基因组，分别是陆地棉(AD)$_1$、海岛棉(AD)$_2$、毛棉(AD)$_3$、黄褐棉(AD)$_4$、达尔文氏棉(AD)$_5$。

（一）和先前已发布的基因组的比较

此前已有多项研究对二倍体棉花 D 基因组（G_r）、A 基因组（G_a）和两个栽培四倍体陆地棉（G_h）、海岛棉（G_b）的基因组进行了组装测序和注释。已有的研究分析了栽培棉花的纤维性状和胁迫反应相关的结构、遗传和基因表达变异，但多倍化对于野生种和栽培种的选择和驯化的影响仍然知之甚少。该研究组装了 5 个异源四倍体物种的基因

组,包括陆地棉(G_h)、海岛棉(G_b)、毛棉(G_t)、黄褐棉(G_m)和达尔文氏棉(G_d),尽管它们的地理分布广泛且表型极具多样化,但与现存的二倍体 A 组和 D 组相比,异源四倍体保留了绝大部分直系同源基因。转座子(TE)在两个亚基因组之间动态交换,促进异源多倍化后的基因组大小平衡。使用共表达网络和 N^6-甲基腺苷(m^6A)RNA 修饰分析了选择和驯化驱动的两个栽培种棉花纤维组织中平行基因表达的相似性。在多倍体栽培棉花中,染色体重组抑制与 DNA 高度甲基化和染色质间的弱相互作用相关,这些重组抑制可以通过野生棉基因渐渗和表观遗传重塑来克服。

使用全基因组鸟枪法对 5 个异源四倍体棉花基因组进行组装,使用的数据包括通过单分子实时测序(PacBio Sequel RSII,440×)获得的长读长序列和 Illumina 短读长序列(HiSeq 和 NovaSeq,约 286×;Hi-C 约 326×)。G_b 中 scaffold 的挂载率为 97%,在其他 4 个物种中为 99%或更高。scaffold 被定向、排序并组装成 26 个染色体,缺口(gap)含量非常低(0.1%~0.8%)。组装的基因组的大小为 2.2~2.3Gb,略小于二倍体 A 和 D 基因组长度的总和(1.7/A + 0.8/D≈2.5Gb/AD)。近 73%的组装基因组是重复序列和 TE(表 3-4),且主要位于着丝粒周围区域。这些基因组的完整性和连续性与基于 Sanger 测序法组装的高粱(*Sorghum bicolor*)(Paterson et al.,2009)和二穗短柄草(*Brachypodium distachyon*)(Gordon et al.,2017)的序列相当。

表 3-4 Chen 等组装的 5 个四倍体棉花的基因组信息

基因组特征	G_h	G_b	G_m	G_t	G_d
基因组	$(AD)_1$	$(AD)_2$	$(AD)_4$	$(AD)_3$	$(AD)_5$
预估的基因组大小/bp	2 305 241 538	2 195 804 943	2 315 094 184	2 193 557 323	2 182 957 963
scaffold 的数量	1 025	2 048	383	319	334
scaffold 总长度/Mb	2 305.20	2 195.80	2 315.10	2 193.60	2 183.00
scaffold N50/Mb	108.1	93.8	106.8	102.9	101.9
contig 的数量	6 733	4 766	2 147	750	821
contig 总长度(Mb)和缺口(%)	2 302.3(0.1%)	2 193.9(0.1%)	2 297.5(0.8%)	2 189.2(0.2%)	2 178.1(0.2%)
contig N50/Mb	0.783 9	1.8	2.3	10	9.1
染色体占基因组长度的比例/%	98.9	97	99	99.2	99.1
编码基因数量	75 376	74 561	74 699	78 338	78 303
重复序列比例/%	73.21	72.24	72.85	72.24	72.29

资料来源:Chen et al.,2020。

研究人员使用真核生物的 BUSCO 基因评估了 5 个新组装的基因组的组装质量,完整 BUSCO 基因的比例均大于 97%。进一步使用在雷蒙德氏棉基因组注释的主要转录本,对组装质量进行进一步评估,其中超过 36 880 个(>99%)在新组装的序列中具有匹配的靶序列。这 5 个基因组注释到的编码基因数量为 74 561~78 338 个,比已报道的华中农业大学发表的陆地棉(HAU_AD1 V1.0 版本)和海岛棉(AD2 3-79 HAU V2 版本)的编码基因数量多 3000~4000 个。上述结果表明,5 个多倍体基因组的常染色质序列是完整的。虽然 A 亚基因组(1.7Gb)的大小是 D 亚基因组(0.8Gb)的 2 倍多,但两者具有的编码基因数量却较为接近(D/A≈1.06)。

与已发表的陆地棉（TM-1_ZJU V2.1 版本）和海岛棉（AD2 H7124 版本）基因组相比，本次新组装的陆地棉基因组的 contig 序列的连续性增加了 6.9 倍，断裂片段减少了 7.7 倍（51 849 个减少到 6733 个）；海岛棉基因组组装的 contig 数量减少了 15.9 倍，contig N50 长度增加了 23 倍（77.6～1800kb）。以上结果说明本次新组装的陆地棉和海岛棉的基因组的连续性较之前得到大幅提升。此外，3 个多倍体野生种基因组组装的大多数质量指标比陆地棉和海岛棉高 2～5 倍（表 3-4）。

本次组装的陆地棉和海岛棉的特有序列分别比已发表的（TM-1_ZJU V2.1 版本和 AD2 H7124 版本）序列多 23 倍和 2.7 倍。本研究注释的和已发表的数据中存在一些特有基因，这些基因在很大程度上与基因拷贝数变异有关（减少多于增加）。在陆地棉和海岛棉基因组上均发现大的倒位（累计长度 132～133Mb），其中两个大的倒位（A06 和 D03）存在于陆地棉和海岛棉的共线性区域内，使用 Hi-C 热图证明这些倒位确实存在。值得注意的是，先前发表的 Hai7124 与本研究使用的 3-79 是不同的海岛棉材料，本研究使用的陆地棉 TM-1 与之前其他人的 TM-1 材料可能有所不同，这也可能导致观察到的变化。

（二）5 个多倍体棉花种内和种间的进化

使用二倍体雷蒙德氏棉、亚洲棉和 5 个多倍体棉花基因组进行了分化时间的评估，发现棉属与可可的分化时间为 58～59MYA，二倍体 A 和 D 组之间分化时间为 4.7～5.2MYA，多倍体和二倍体进化枝分开的时间为 1.0～1.6MYA。全基因组系统发育分析支持 5 个异源四倍体棉种是单系起源的结论。在多倍体进化枝内，G_m 和其他 4 个物种之间的分化时间最远（约为 0.63MYA），G_b 和 G_d 之间的分化时间最近（约在 0.20MYA）。四倍体棉花种间基因组多样化是伴随着它们地理分布的改变而产生的，G_d 主要分布在加拉帕戈斯群岛，G_t 主要分布在夏威夷群岛，G_m 主要分布在南美洲（巴西东北部），G_h 和 G_b 主要分布在中美洲和南美洲、加勒比海地区，与在阿拉伯南部、北非、印度西部和中国的二倍体栽培棉花在地理分布和驯化上是完全独立的。在过去的 8000 年里，陆地棉（G_h）和海岛棉（G_b）分别在南美洲西北部和墨西哥尤卡坦半岛独立驯化，在人类的强烈选择作用下，产生了现代一年生棉花。

研究还分析了四倍体棉种间基因的复制与丢失情况。使用 5 个异源四倍体物种共有的 17 136 个部分同源基因对，与二倍体棉花相比，85.5%（14 583 对）的同源基因对的进化速率在统计学上并无明显差异，这些进化速率变化的基因对在 A 亚基因组（1476 对，8.5%）中的分布比在 D 亚基因组（845 对，5%）中更加普遍。进一步分析发现，D 同源基因发生突变的速率通常比 A 同源基因的更快，然而 G_h 和 G_t 中 A 同源基因对的分化情况比 D 的更剧烈。A 同源基因对快速分化现象在谱系特异性速率测试（lineage-specific rate test）中也有所体现。在 5 种多倍体中，包括 G_h 在内的 G_h/G_t 进化枝的 A 同源基因对进化速率快，D 同源基因对进化速率慢。以上结果表明亚基因组之间或不同多倍体棉花之间的谱系特异性速率存在普遍的异质性。

使用 4369 个单拷贝直系同源基因分析基因丢失和获得模式，这些单拷贝基因至少存在于一个异源四倍体和两个二倍体（雷蒙德氏棉和亚洲棉）棉种中。与二倍体祖先种相比，G_m 的基因净丢失水平最高，其中 A 亚基因组的基因丢失数量（547 个）是 D 亚基因组（149 个）的 3.7 倍。其他多倍体棉花的基因丢失较少，基因丢失没有亚基因组偏好性。进一步利用 5 个棉种共有的部分同源基因对进行选择压力分析，发现 G_m 中的正选择基因（Ka/Ks>1）的数量（3200~3300 个）最多，具有最长的分支；最近分化的 G_b 和 G_d 之间的正选择基因数量最少，仅有 1100 个左右。在 5 个异源多倍体棉花中，受到正选择的 D_t 同源基因数量普遍比 A_t 的多 10%~20%，这表明所有多倍体棉花的亚基因组功能受到的进化影响是一致的。

（三）5 种多倍体的基因组多样性

从染色体、基因含量和核苷酸水平来看，A 和 D 两个亚基因组在 5 个异源四倍体棉种中均是保守的。D 亚基因组比 A 亚基因组具有更少和更小的倒位，这与先前陆地棉中的报道一致。除了 G_t-G_m 和 G_m-G_b 的 D10 和 G_d-G_t-G_m 的 D12 中的一些小片段的倒位外，其他区域均保持良好的共线性关系，这种结构保守程度与小麦类似，但与甘蓝型油菜和花生等不同，它们的基因组在多倍化后发生快速的染色体重组。5 个四倍体间的基因顺序和数量也是十分保守的。在注释的编码基因（74 561~78 338 个）中，有 56 870 个直系同源组或 65 300 个基因（32 650 个同源对）（84%~88%）在所有 5 个物种之间共有。

（四）两个亚基因组之间的转座子交换平衡了基因组大小变异

亚洲棉 G_a（1.7Gb）和雷蒙德氏棉 G_r（0.8Gb）基因组之间的大小相差 2 倍多，此差异在 A 和 D 基因组加倍后的四倍体棉花的 A 亚基因组和 D 亚基因组间依然存在（图 3-8a）。A 亚基因组的着丝粒和近着丝粒区富含大量的重复序列（图 3-8b）。A 亚基因组的重复序列含量比二倍体 A 基因组（G_a）低 4.0%~5.9%，而 D 亚基因组的含量比二倍体 D 基因组（Gr）高 1.5%~2.9%（图 3-8c）。类似的，A 亚基因组的长末端逆转录转座子比二倍体 A 基因组少 3%~11%，D 亚基因组的长末端逆转录转座子比二倍体 D 基因组多 10%~20%。亚基因组转座子含量的变化可能解释了 5 个异源多倍体多倍化后基因组大小收缩和基因组大小平衡。

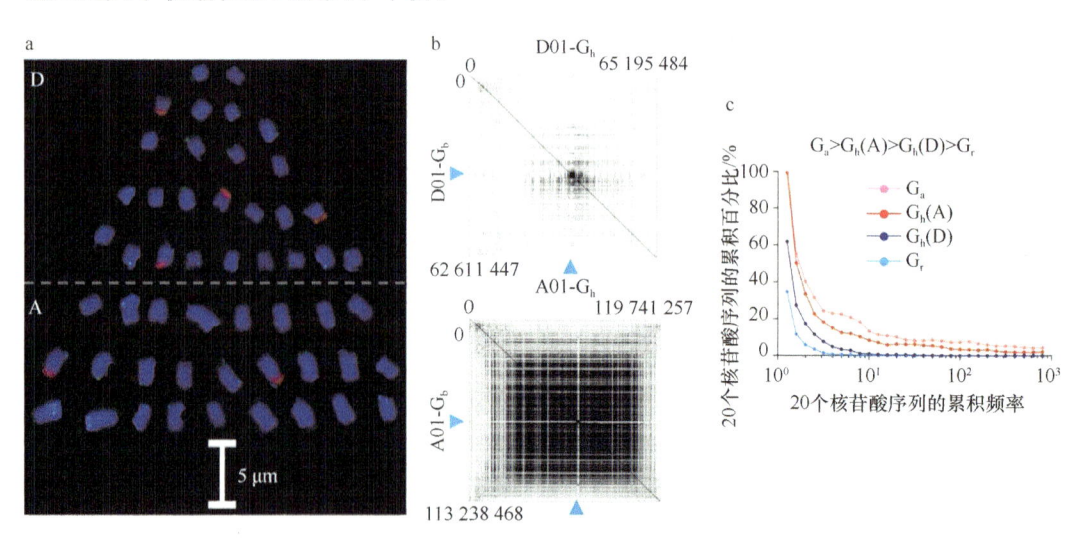

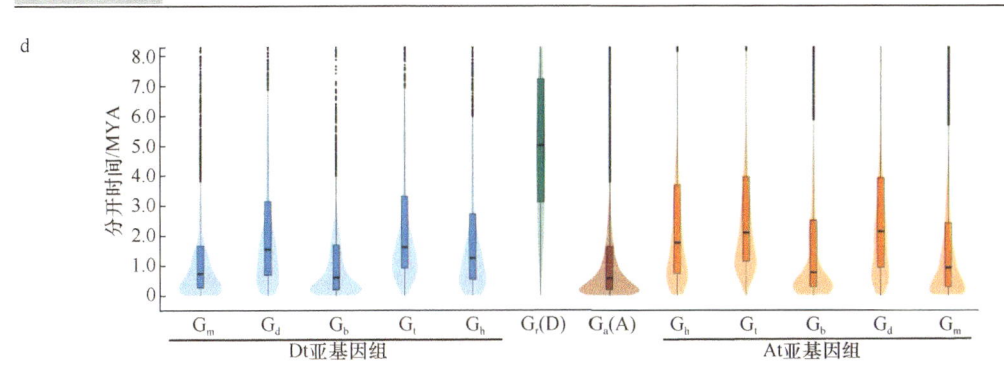

图 3-8　5 种异源四倍体棉花 A 和 D 亚基因组的基因组多样性（Chen et al.，2020）

a. 使用 DNA 探针标记端粒（绿色）和 25S 核糖体 DNA（红色）对陆地棉进行染色杂交；使用 4',6-二脒基-2-苯基吲哚（DAPI，蓝色）进行 DNA 染色。分离 A（下半部分）和 D（上半部分）同源染色体并重排成树状。b. 使用 Gepard 对 G_h 和 G_bD01（顶部）及 A01（底部）之间的 18 个核苷酸序列进行成对比较（点图）。蓝色箭头表示着丝粒位置。基因组长度位置显示在每个图中。c. 在 G_h 的 A 亚基因组和 D 亚基因组中相对于 G_a（A）和 G_r（D）的 20 个核苷酸序列的累积百分比（y 轴）及其频率（x 轴）。d. A 亚基因组和 D 亚基因组中的 TE（*Copia* 和 *Gypsy*）分别相对于二倍体 G_a（A 组）和 G_r（D 组）的分开时间（MYA）。使用 $3.48×10^{-9}$ 的同义替代率（r）估计分歧时间

　　Copia 和 *Gypsy* 类型转座子是陆地棉基因组中含量最多的长末端重复序列（LTR）。据估算，在多倍体多样化过程中有 5.6%（G_t）～15.5%（G_h）和 39.7%（G_b）的 LTR 产生分化（<0.6MYA）。自多倍体形成以来，5 种多倍体的 D 亚基因组中的 LTR 显著增加（图 3-8d）。这些结果表明在多倍化后 D 亚基因组中的 LTR 被激活，或 LTR 从 A 亚基因组转移到 D 亚基因组。确实存在一些类 *Copia* 和 *Gypsy* 的元件仅存在于 D 亚基因组中，而在二倍体祖先种 D 基因组中不存在。

（五）基因家族多样化

　　栽培棉 G_h 和 G_b 之间共有 417 个特异直系同源基因，野生棉 G_m、G_t 和 G_d 之间共有 464 个特异的直系同源基因。这些特异直系同源基因分别归属于 403 个和 359 个直系同源基因群，尽管 5 个四倍体间的纤维长度（图 3-9a）和花形态（图 3-9b）等表型差异巨大，但是并未鉴定到物种特有的直系同源基因群。GO 富集分析表明两种栽培棉的特有的直系同源基因主要在基于微管的运动（microtubule-based movement）、脂质生物合成和转运（transport）等通路中富集，对应于纤维发育和棉籽油相关的性状。在这些特异的直系同源基因中，这些特异的直系同源基因多数受到正向选择，同时这些基因也位于基因组上影响棉花驯化性状（纤维产量和品质）的区域内。相比较而言，3 个野生多倍体棉花中特有基因主要富集到授粉和生殖相关通路，表明这些基因在自然环境生殖适应上发挥重要作用。

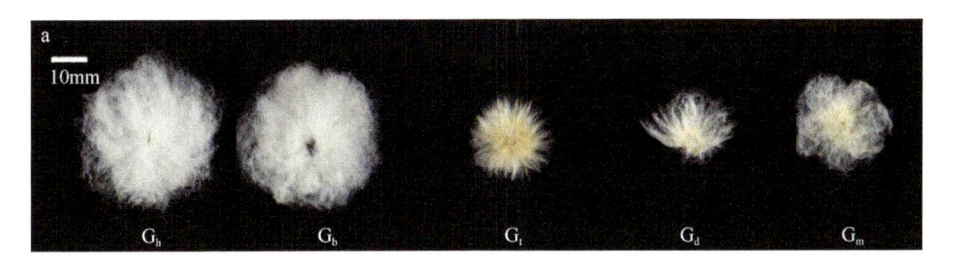

图 3-9　5 种异源四倍体棉的纤维和花器官的比较（Chen et al.，2020）
a. 5 种异源四倍体棉纤维的对比；b. 5 种异源四倍体花朵的对比

植物已经进化出复杂的先天性免疫系统，通过细胞内抗病蛋白（R）介导的防御反应保护它们免受病虫害的侵袭。尽管这 5 个异源四倍体棉花共有 271 个核心抗病基因，但每个物种都有其独特的抗病基因，物种之间共有的基因很少，这表明抗病基因在选择和驯化过程产生了广泛的多样性。这与两个栽培物种之间共享与纤维和种子性状相关的特有基因以及三个野生物种共有与生殖和适应性性状相关的特有基因形成强烈对比。在两个亚基因组之间，D 亚基因组的抗病基因数量（7.8%）高于 A 亚基因组。转录组分析发现 A 亚基因组和 D 亚基因组中分别有 291 个和 384 个抗病基因的表达量受到枯萎病菌的诱导，约占各自抗病基因总数的 96%。其中 A 亚基因组和 D 亚基因组中分别有 7 个和 19 个显著上调表达，表明 D 基因组的物种对于棉花抗病性具有重要的贡献。

（六）基因表达多样化

研究还发现在 5 个异源四倍体棉花中，不同发育阶段及亚基因组之间存在广泛和动态变化的表达多样性。主成分分析不同发育阶段的样品在主成分 1（PC1）上分开，不同的亚基因组在主成分 3（PC3）上分开。在多数检测的组织中，D 部分同源基因表达量数目多于 A 部分同源基因，与前者的组蛋白第三亚基四号赖氨酸的三甲基化（H3K4me3）水平高于后者相对应。值得注意的是，除了陆地棉和海岛棉亚基因组间的表达量在纤维伸长期和纤维素合成期高度相关外，表达与亚基因组变异的相关性比与组织类型的相关性更密切，这表明驯化可能造就了两个栽培种间纤维相关基因平行表达的相似性。

纤维中差异表达的基因可能有助于纤维发育，因为 GO 富集分析表明它们在水解酶（hydrolase）和 GTPase 结合活性（GTPase-binding activities）中富集。水解酶对植物细胞壁发育至关重要，Ras 和 Ran（Ras-related nuclear protein）GTPase 蛋白具有 GTP 水解酶活性，参与纤维由初生壁合成向次生壁合成的转变。此外，翻译（translation）和核糖体生物合成途径（ribosome biosynthesis pathway）基因在陆地棉纤维伸长期和海岛棉次生壁加厚期富集，这与陆地棉纤维发育更快和海岛棉纤维发育持续时间更久的情况相一致。

（七）纤维中的表达网络和 m^6A RNA 分析

4 种物种间（G_h、G_b、G_t 和 G_m）纤维中的共表达模块也表现出基因表达量的多样性。模块相关基因在驯化棉花 G_h-G_b 之间表现出比两种野生棉种（G_t 和 G_m）更高的相似性。这些模块包括陆地棉中的超分子纤维组织（supramolecular fiber organization）基因和海岛棉中的油菜素内酯信号（brassinosteroid signaling）基因，这些基因可能影响纤维细胞伸长。两种野生棉种具有不同的生物学功能，主要是转录因子在纤维相关的模块中富集，这可能解释了它们与驯化棉种纤维性状的不同（图3-9a）。

转录和转录后调控，包括小RNA的活性和DNA甲基化，介导纤维细胞发育过程。m^6A信使RNA的修饰可以稳定mRNA并促进翻译，在植物和动物的发育调节中发挥作用。在陆地棉纤维样品中，m^6A峰主要存在于1205个基因的5'端和3'端非转录区域，其水平是叶片中的7倍，然而两个组织中表达基因的数量相似。值得注意的是，纤维中的m^6A修饰的mRNA和转录组数据都靶向与翻译、水解酶活性和GTP酶结合活性相关的基因。以上结果表明当纤维细胞周期停滞时，mRNA稳定性和翻译活性可能决定纤维伸长和纤维素生物合成。

（八）重组和表观遗传特征

为了阐明多倍体棉种基因组中的重组特征，研究人员使用新组装的陆地棉基因组序列和CottonSNP63K芯片对17 134个SNP进行基因分型，并使用全基因组群体连锁分析在陆地棉中鉴定到总共1739个低重组单倍型块（冷点）。这些单倍型块平均长度约为678.9kb，平均含有8.4个SNP，总长度跨越基因组的1.18Gb（约52%），在A亚基因组和D亚基因组中分别占58%和41%（图3-10a）。此外，这些单倍型块在所有染色体中除了一大部分集中分布在靠近着丝粒的区域外，其余呈现随机分布。

研究人员进一步发现，A08染色体上分布了62个单倍型块，其中一个长度非常大，长达72Mb（图3-10b）。有趣的是，不同四倍体之间的种间杂交可以增加这些区域的重组率。例如，在$G_b \times G_h$的F_2分离群体中，左侧区域（29~30Mb）的重组率增加幅度超过4~6cM/Mb，并且在其他两个区域也有类似情况。此外，在$G_m \times G_h$的BC_1F_1群体中，重组率也有所增加（图3-10b）。在$G_b \times G_h$的F_2分离群体中，与A08染色体同源的D08染色体低重组单倍型块的重组率也出现类似的增加趋势。研究人员还观察到亲本所具有的单倍型块在$G_h \times G_m$的BC_2F_1或$G_h \times G_t$的BC_3F_1群体中发生分离，分离比率符合预期。这些数据表明这些单倍型区域在驯化过程中具有稳定性，并在育种过程中经历了选择作用。

在栽培种陆地棉和海岛棉中，全基因组重组冷点（单倍型块）和热点（无单倍型块）与CG、CHG（H=A、T或C）和CHH位点的DNA甲基化频率相关（图3-10c），其中冷点的甲基化频率高于热点，结果支持DNA甲基化在影响重组特征的过程中具有一定的作用。

在三个种间杂交（$G_b \times G_h$的F_2、$G_m \times G_h$的BC_1F_1和$G_t \times G_h$的BC_1F_1）过程中发生的重组事件与强连接位点（strongly connecting sites，强度>5）的平均数量呈负相关，并与Hi-C染色质矩阵中它们的连接强度也呈负相关。重组热点在短距离内具有较少但更强烈的染色质相互作用，而重组冷点在长距离内往往具有更多但较弱的相互作用。例如，在染色体A08区域中分布了2个热点和9个冷点，其中7个冷点跨越了32Mb，并与较低的Hi-C强度和DNA超甲基化相关。这些数据表明，在多倍体棉种的基因组中，DNA超甲基化和弱的染色质相互作用会对重组事件造成干扰。

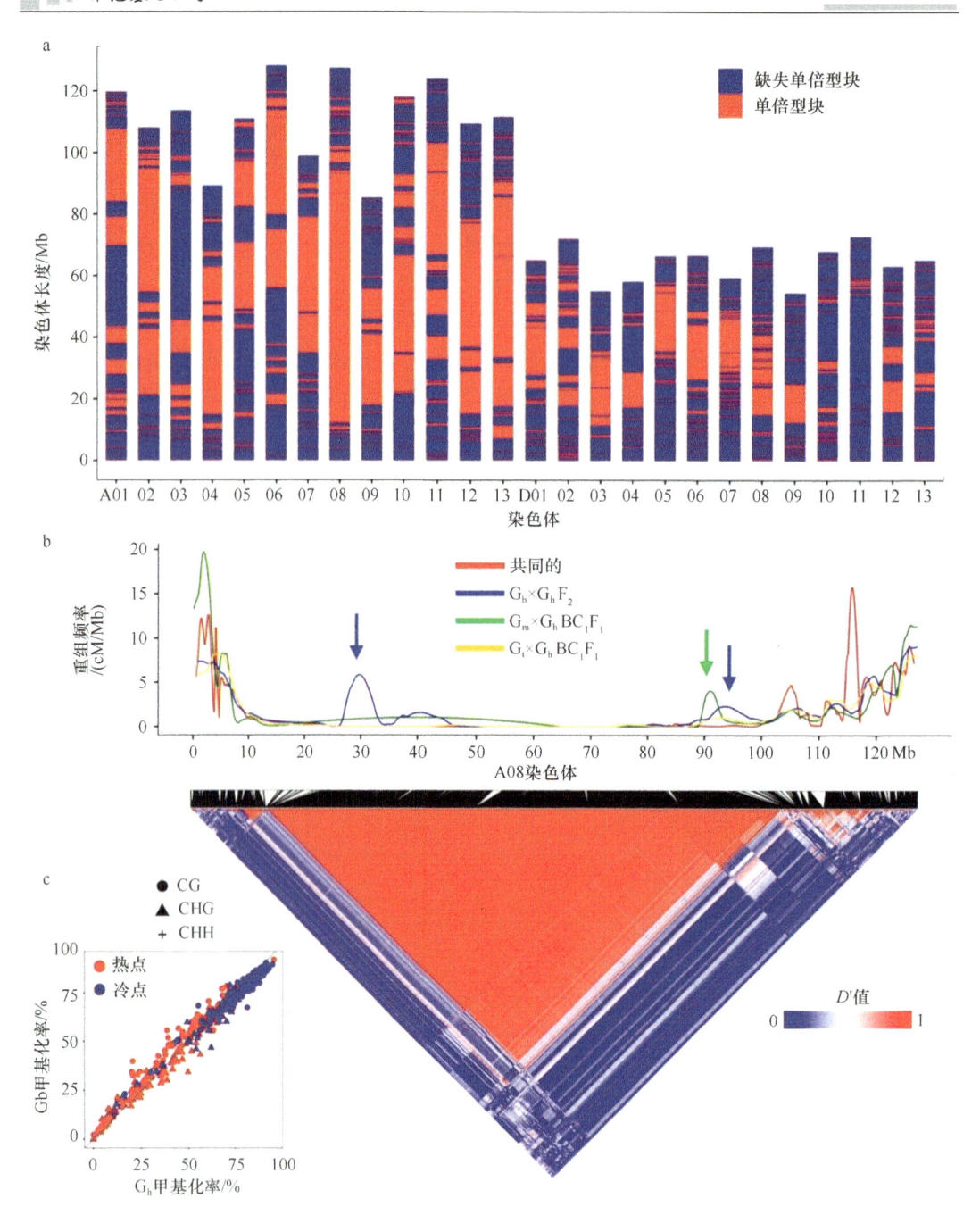

图 3-10 低重组单倍型块及其在育种和驯化过程中的被稳定性选择（Chen et al., 2020）

a. 陆地棉中 26 条染色体上存在或不存在单倍型块的分布；b. A08 染色体底部着丝粒周围区域（72Mb）附近的低重组单倍型块。颜色表示从低（蓝色）到高（红色）的连锁不平衡系数（D'）和重组终止值的置信上限（D'=0.90）；c. G_b 和 G_h 之间的重组热点（红色）和冷点（蓝色）中 CG（圆圈）、CHG（三角形）和 CHH（加号）甲基化的平均百分比

九、ZM24 基因组的组装和注释

中棉所 24（ZM24）是由中国农业科学院棉花研究所选育的陆地棉品种。2019 年 7 月

5 日，ZM24 基因组由中国农业科学院棉花研究所、安阳工学院等单位合作测序组装发布。使用 PacBio Sequel 平台为 ZM24 基因组产生了 125Gb（54×）的长读长数据。总共获得 3718 个 contig。使用 Illumina 短读长数据进行校正后，最终组装的 ZM24 基因组大小为 2309Mb，contig N50 长度为 1976kb。利用 4.76 亿对有效的 Hi-C 互作读长序列将 contig 挂载到染色体水平。最终 2.15Gb 的组装序列被锚定并定向到 26 条染色体上，占组装总长度的 93.2%。为了评估本次组装，将这个基因组与先前发表的遗传图谱进行比较，发现物理图谱和遗传图谱之间具有良好的共线性。将已发表的 58 个具有完整序列的细菌人工染色体回比到 ZM24 的基因组序列上，发现所有 BAC 克隆均完美比对到不同位置。同时将 4620 万对双末端 Illumina 短读长序列回比到 ZM24 基因组上，正确比对率大于 99%。ZM24 基因组的 BUSCO v3.0.2b 评估中完整的 BUSCO 数量为 1419，完整度为 98.54%。ZM24 基因组中重复序列的比例为 72.1%，逆转录转座子占 ZM24 基因组序列的 61.5%。长末端重复序列占 ZM24 基因组序列的约 49.0%，包括 *Gypsy* 型逆转录转座子（40.65%）和 *Copia* 型逆转录转座子（7.3%）。ZM24 基因组共鉴定到 73 624 个编码基因，基因组的 GC 含量为 34.38%。

十、NDM8 基因组

2021 年 8 月 9 日，河北农业大学等联合相关单位在 *Nature Genetics* 上发表 "High-quality genome assembly and resequencing of modern cotton cultivars provide resources for crop improvement"（Ma et al.，2021）。这项研究组装了陆地棉栽培品种农大棉 8 号（NDM8）和海岛棉栽培品种 Pima90 的高质量参考基因组。NDM8 在中国黄河流域棉花产区广泛种植，Pima90 是棉花育种的遗传材料。

（一）NDM8 基因组的测序组装

使用 PacBio Sequel 测序技术，获得 NDM8 基因组 205.18Gb 的长读长序列，覆盖基因组深度为 89.60 倍。使用 116.19 倍覆盖率的 Illumina 短读长数据校正初始组装。随后使用覆盖基因组长度 118.76 倍的 10×genomics 数据将校正的 contig 组装到 scaffold 水平。最后使用覆盖基因组长度 125.67 倍的 Hi-C 数据将 scaffold 挂载到染色体水平。最终组装的 NDM8 基因组序列大小为 2.29Gb，contig N50 长度为 13.15Mb，scaffold N50 长度为 107.67Mb。共有 99.57% 的基因组序列锚定在 NDM8 的染色体上，基因组上仅包含极少数的缺口（gap）（基因组序列长度的 0.003%），表明序列的连续性较高。研究使用了三种不同的方法评估了基因组的组装质量。第一种是使用 BUSCO 数据中 1440 个高度保守的植物胚胎基因评估基因组组装的完整性，结果 96.1% 的 BUSCO 基因在 NDM8 是完整的。第二种是用遗传图谱评估基因组组装质量，结果表明不同染色体的物理图谱和遗传图谱间具有高度的相关性。此外，还通过与 36 个细菌人工染色体（BAC）序列比对，证实了组装质量较高。NDM8 基因组的着丝粒区域与已发表的 TM-1_ZJU V2.1 版本基因组的着丝粒区域具有良好的共线性。将 NDM8 与 HAU-AD1 V1.1 版本和 ZM24 基因组进行共线性分析，结果表明 NDM8 与上述两个基因组具有超高的共线性（共线性区间占 99.69%以上）。NDM8 基因组具较高的 LAI 值（14.2），达到了参考基因组水平。在 NDM8 基因组中预测到 80 124 个编码基因，其中 78 509 个是通过基于该实验室的转录组数据和已发表的数据预测注释的。新组装的 NDM8 基因组与已发表的 TM-1（HAU-AD1 V1.1 版本）、ZM24 基因组和亚洲棉的编码基因模型相比，96.98%的同源编码基因模型（NDM8 的蛋白质序列与匹配靶序列的一致性超过 80%）具有良好的匹配。在 NDM8 基因组中鉴定到 1499 个新预测的编码基因（蛋白质序列的一致性<20%），其中的 96.5%在陆地棉中转录表达。研究还分析 1499 个新预测的基因在 1081 个重测序的种质中的频率及其在近缘种亚洲棉石系亚 1 号、海岛棉 Pima90 和 Hai7124 中的表达，发现 95.26%的新基因至少被 900 个种质材料携带，87.53%的基因至少在一个品种中表达，100%的基因至少在一种组织中表达。同样，研究还在 Pima90 中鉴定到 1267 个新预测基因，其中 90.53%至少在石系亚 1 号和 5 个陆地棉材料中的一个中表达，92.66%至少在一种组织中表达。与 TM-1 相比，NDM8 丢失了 1324 个基因，其中 635 个具有功能注释。

（二）NDM8 基因组 LTR 的鉴定

在 NDM8 和 Pima90 基因组中鉴定到的 LTR 总长度分别为 1263Mb 和 1204Mb，覆盖各自基因组组装序列总长的 55.1%和 54.5%。*Copia* 在新组装基因组中的比例远低于 *Gypsy*（陆地棉中的为 17.8%对 81.2%；海岛棉的为 18.1%对 81.0%）。共鉴定到 14 900 个和 14 628 个具有 *Copia* 和 *Gypsy* 插入，其中 96.69%和 95.05%的基因被转录组结果所支持。其中 *Copia* 插入基因的平均表达基因数为 1.84×10^{-2}，是 *Gypsy* 插入基因的（3.92×10^{-3}）的 4.69 倍，表明 *Copia* 对基因表达的影响可能大于 *Gypsy*。*Copia* 插入到外显子和启动子区域的平均基因数为 9.48×10^{-2}，是 *Gypsy* 插入的（2.54×10^{-2}）3.73 倍，这些结果支持 *Copia* 在最近 0～1MYA 内比 *Gypsy* 更活跃这一发现。进一步分析 *Copia* 和 *Gypsy* 插入对四倍体栽培棉花基因表达的影响，重点关注海岛棉和陆地棉之间的所有同源基因。研究发现数千个基因与 *Copia* 和（或）*Gypsy* 插入相关，其中 6306 个海岛棉基因和 5268 个陆地棉基因表达量发生变化。此外，在纤维发育过程中海岛棉表达的基因数目（5457 个）大于陆地棉的（4841 个），但海岛棉基因表达比例稍低（86.54%对 91.89%）。类似地，在大丽轮枝菌（Vd）胁迫处理下，海岛棉中表达基因的比例低于陆地棉中的（82.48%对 87.81%）。海岛棉中上调基因占比例（纤维为 26.50%，Vd 为 22.55%）低于下调基因（纤维为 40.02%，Vd 为 47.63%），而在陆地棉中则相反。这些发现表明 *Copia* 和 *Gypsy* 在两种棉花品种农艺性状多样化的进化中发挥重要作用。

（三）Pima90 比对到 NDM8 的基因组结构变异

为了在陆地棉育种中高效地使用海岛棉基因组结构变异，研究者们将 Pima90 基因组序列比对到 NDM8 基因组上，发现基因组间高度多样化。发现 78 126 个 Pima90 的基因与 NDM8 的 78 238 个基因是同源基因。对于非同源基因，1394 个在共线性区块中，93 个在非共线性区块中，其中 62.81%的此类基因在数个组织中表达。在 Pima90 中检测到 846 363 个结构变异，其中包含 517 230 个插入和 317 638 个缺失。发生插入和缺失变异最多的三条染色体分别是 A12、A09 和 D11。小于等于 10bp 的插入和缺失变异占总数的 94.34%。A_t（418 107 个）的插入和缺失总数与 D_t（416 761 个）相当；然而，D_t 中的插入（312 个/Mb）和缺失密度（194 个/Mb）显著高于 A_t 中的（分别为 188 个/Mb 和 114 个/Mb）。研究还使用海岛棉和陆地棉的转录组数据，比较了携带变异基因对的表达情况。利用不同纤维发育时期的纤维、根、茎、叶和 Vd 处理不同时间点的样品进行比较，发现 31 296 个结构变异基因对［在基因和（或）±1kb 侧翼调节区］之间的显著差异表达（$\log_2 FC \geqslant 1$，$P \leqslant 0.05$），表明结构变异可能在一定程度上影响基因表达。例如，EXPANSIN 基因 GbM_D08G1627 的内含子中携带 2 个 1bp 插入和 1 个 1bp 缺失，其同源蛋白能够增加纤维长度（FL）和马克隆值（M），该基因仅在纤维伸长期间在海岛棉中表达。$G_b bHLH$（GbM_A12G2140）的下游具有 8bp 和 1bp 的插入，$G_b DIR$（GbM_A04G0106）内含子中有 4 个插入，下游包含有 4 个缺失变异。这两个基因都是木质素生物合成的正调节因子，棉花纤维细胞壁中过多的木质素会限制细胞伸长和次生细胞壁（SCW）的合成。$G_b bHLH$ 和 $G_b DIR$ 的无效表达可能与纤维品质更优有关。

在 Pima90 的 5256 个基因的外显子中鉴定到 5815 个变异，其中 4180 个导致移码突变，381 个变异导致终止密码子获得或丢失。其中 3178 个变异在海岛棉和陆地棉的转录组中（纤维、根、茎、叶和 Vd 处理样本）也被鉴定到。在这些基因中，GbM_D13G2394 编码蔗糖合酶（Sus），已有研究中表明它参与棉纤维伸长或次生壁合成。Pima90 中该基因携带一个 2bp 缺失的跨膜结构域，$G_b Sus$ 在海岛棉的纤维伸长期和次生壁加厚期优势表达，表明 $G_b Sus$ 可能在海岛棉纤维伸长和强度形成中发挥作用。在纤维品质优良的 3-79、Hai7124、海岛棉渐渗系 NDM 373-9 和 Luyuan343 中也发现了该变异。

该研究在 Pima90 染色体上鉴定到 9515 个非随机分布的倒位，倒位平均长度为 21.85kb。其中，A_t 和 D_t 分别有 6685 个和 2830 个倒位，A_t（4.84×10^{-3}/kb）的密度高于 D_t（2.71×10^{-3}/kb），倒位数量最多的 3 条染色体依次是 A06、A08 和 A12，这与先前报道的海岛棉 3-79 中的情况有所不同。最长的倒位长度为 585.02kb，位于 A05 染色体上；而 3-79 最长的倒位长度为 328.2kb，位于 D12 染色体上。2024 个倒位与基因的外显子重叠，这可能导致基因功能变化。此外，研究还检测到 1980 个易位，其中 74.09% 是染色体间易位。为了说明海岛棉种质资源在陆地棉育种中的潜在用途，通过与供体亲本 Pima90 回交培育的陆地棉新品系 NDM373-9 表现出比其受体亲本 CCRI8 更强的黄萎病（VW）抗性和更优的纤维品质。对 NDM373-9 进行重测序（测序深度为 30×），发现 NDM373-9 包含从 Pima90 转移的 171 个外显子结构变异，其中 34 个和 12 个基因分别与抗病性和纤维发育有关。

（四）陆地棉 NDM8 的基因组结构变异

通过比较 NDM8 与 TM-1（HAU-AD1 V1.1 版本）的基因组，解析现代育种改良过程中基因组的变异，两者的发布时间相隔半个多世纪。在 NDM8 基因组中鉴定到 76 568 个结构变异，包括 27 708 个插入、47 221 个缺失、808 个倒位和 831 个易位（图 3-11）。在重测序群体中检测到 28 626 个一致的结构变异，这些变异由重测序群体中 10～1081

个种质材料支持。A 亚基因组的倒位数量是 D 亚基因组的 2.62 倍，这与 A 亚基因组大小是 D 亚基因组的 1.70 倍的比例不符，A 亚基因组的倒位密度明显更高，这与插入或者缺失在两个亚基因组上的密度分布恰好相反。在 831 个易位中，57.52%是染色体间的易位。鉴定到 4984 个没有任何结构变异位置的一致基因，表明这些基因可能在维持基本生物学功能中有重要作用。对 NDM8 和 ZM24 基因组进行比较，鉴定到 1393 个插入、9113 个缺失、243 个倒位和 146 个易位。对于倒位和易位的长度，发现存在 NDM8 vs ZM24 < ZM24 vs TM-1 < NDM8 vs TM-1 的规律，说明两个品种的育种年份越接近，变异越少。

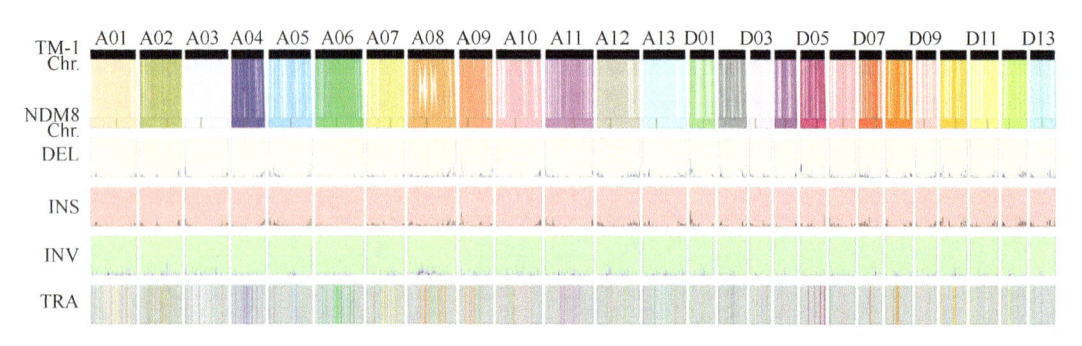

图 3-11　NDM8 和 TM-1_HAU-AD1 V.1.1 基因组的比较（Ma et al., 2021）
DEL. 缺失；INS. 插入；INV. 倒位；TRA. 易位

研究还比较了 100 个早期品种（1970 年前发布，主要通过系谱选择开发）和 100 个农艺性状显著改良的现代品种（1990 年后发布，主要通过杂交培育）的结构变异。与早期品种相比，现代品种在育种过程中获得了 1128 种结构变异（至少 51%的品种中存在）。分别在 A 亚基因组和 D 亚基因组中发现了 555 个和 573 个获得性的结构变化，D 亚基因组中观察到的密度（6.79×10^{-4}/kb）比在 A 亚基因组（3.86×10^{-4}/kb）中更高，表明 D 亚基因组在现代育种过程中受到了更强的选择作用。

（五）陆地棉关联农艺性状的结构变异

研究人员使用 NDM8 参考基因组，对 1081 个陆地棉种质（平均测序深度为 10.65 倍）进行重测序，用以鉴定结构变异。在严格筛选的基础上，鉴定到 304 630 个结构变异，包括 141 145 个插入、156 234 个缺失、39 个倒位、6384 个易位和 828 个重复，其中 76.94%位于基因间区。研究还发现编码序列的变异占比例低于内含子区域。该研究获得的结构变异以及 2 970 970 个 SNP 和遗传亲缘关系，将为棉花遗传改良提供广泛的分子基础。

十一、B713 和 Bar32 基因组

2021 年 8 月 5 日，美国农业部等机构在 *G3-Genes Genomes Genetics* 杂志上发表 "Genome assembly of two nematode-resistant cotton lines（*Gossypium hirsutum* L.）"（Perkin et al., 2021）。该研究组装了 2 个陆地棉的基因组，分别是 B713 和 Bar32。

植物寄生线虫是陆地棉的重要害虫，会导致产量和皮棉品质下降。在美国，根结线虫（*Meloidogyne incognita*）和肾形线虫（*Rotylenchulus reniformis*）平均每年造成减产 4.0%以上。陆地棉种质系 BARBREN-713（Reg. No. GP-987，PI 671965）由 USDA-ARS、密西西比州农林试验站、得克萨斯 A&M AgriLife Research 和 Cotton Incorporated 于 2012 年创制和释放（Bell et al., 2015）。该品系在温室和田间试验中显著减少了根结线虫和肾形线虫的繁殖，显著增加了受肾形线虫侵染的棉田的产量，并增加了翌年在同一田地种植的易感品种的产量。未公开 BAR 32-30 育种系与 BARBREN-713 具有相同的亲本，都是选育自 6 个杂交品种。BAR 32-30 在田间试验中优于所有其他品系，在产量、纤维质量、对根结线虫的抗性等方面优于 BARBREN-713 和其他几个优良品种。

（一）B713 和 Bar32 基因组的测序组装

该项目采取了 PacBio Sequel II 进行三代测序，使用 hifiasm 组装获取的三代 hifi 数据。最后使用 Hi-C 技术辅助把 scaffold 挂载到染色体上。组装的陆地棉 BARBREN-713 和 BAR 32-30 基因组长度分别为 2.56Gb 和 2.45Gb。BARBREN-713 和 BAR 32-30 的初始组装分别有 6403 个和 4716 个 contig，contig N50 长度分别为 64.8Mb 和 75.3Mb。

与之前的陆地棉组装 TM-1 UTX V2.1 版本和 TM-1 WHU V1 版本相比，这两个基因组具有更少的缺口（gap）和更长的染色体。与之前的 TM-1 基因组序列相比，16 条 BARBREN-713 和 19 条 BAR 32-30 染色体分别包含额外的 18.4Mb 和 19.6Mb。使用陆地植物端粒典型的 T_3AG_3 重复单元序列分析染色体端粒的完整性。在 BARBREN-713 中，20 条染色体的两端发现了端粒重复，其余 6 条染色体在单端具有端粒重复。在 BAR 32-30 中，19 条染色体的两端均发现端粒重复，其余 7 条染色体在单端具有端粒重复。

（二）与 TM-1 UTX V2.1 基因组比对验证基因组组装的准确性

新组装的序列分别与陆地棉 TM-1 UTX V2.1 基因组进行比较。总体而言，全部的染色体都与 TM-1 中的一一对应，但在这两个基因组和 TM-1 之间观察到 8 个小倒位（1.08～12.50Mb）。此外，在 A06 和 A08 染色体上（大小为 31.30～4.50Mb）发现了先前报道（Yang et al., 2019；Dai et al., 2020）的大倒位。四倍体基因组的 A 亚基因组和 D 亚基因组分别与最近组装的二倍体基因组 *G. herbaceum*（A_1，Huang et al., 2020）和雷蒙德氏棉（D_5，Udall et al., 2019）进行比对。A_1 基因组和 A 亚基因组比对，证实了几个已知的易位和重组。这些差异可能来自 A_1 和 A 亚基因组的不同进化轨迹，也可能是由于先前发表的 A_1 基因组中的装配错误。二倍体 D_5 基因组和 D 亚基因组之间的染色体重组较少。由于在 D_5 和 D 亚基因组中显而易见的倒位在 D_5 和 D_{10} 基因组之间并不存在（Udall et al., 2019），表明它们是多倍化后在 BARBREN-713 和 BAR 32-30 的 D 亚基因组祖先中形成的。新组装的 BARBREN-713 和 BAR 32-30 基因组相互比对，显示出良好的共线性。在 BARBREN-713 和 BAR 32-30 基因组之间没有发现大的染色体重排。

使用 Hi-C 热图评估新基因组组装的完整性，新组装的两个基因组中都没有观察到组装错误。在新组装的 B713 基因组序列和 TM-1 之间具有最大结构变异的 3 条染色体分别是 A06、A08 和 D03。Hi-C 热图和 PacBio 长读长序列验证 B713 基因组这些位置是正确组装。使用 BUSCO 评估在这两个基因组的组装质量。分别在 BARBREN-713 和 BAR 32-30 基因组中鉴定到 97.4%和 98.2%的完整 BUSCO 基因，表明基因组组装质量较高。由于陆地棉的多倍体性质，几乎所有保守基因都被鉴定为重复基因，并且在 BUSCO 分析中极少数基因是片段化或缺失的。

（三）单倍型分析

hifiasm 软件可以对组装的基因组进行单倍型解析（Cheng et al., 2021）。在该研究中没有可用的父母本的信息用来区分可变的单倍型来源。尽管如此，hifiasm 清除了每个基因组中许多区域的可变单倍型。在这两个基因组中鉴定到少量的可变单倍型（在 BARBREN-713 和 BAR 32-30 中分别为 2.5%和 0.7%），表明这 2 个品种的杂合性较低。与 BARBREN-713 相比，BAR 32-30 基因组的纯合度更高，可能促成 BAR 32-30 更优的组装质量（更少的 contig，更长的 contig N50 和 N90 长度，更少的 scaffold 和更高的 BUSCO）。BARBREN-713 和 BAR 32-30 基因组中每条染色体可变的单倍型长度的中位数分别为 524kb 和 803kb。尽管这些可变的单倍型的长度小于 40kb，但在两个基因组中发现总长度为 886 976bp 的共有区域携带可变的单倍型（分布在 12 条染色体上的 31 个不同区域）。可变单倍型可能是由于这两个材料具有相同的祖先引入的。

（四）基因组注释

两个基因组中 76%的序列被鉴定为重复序列。重复序列主要分为逆转录转座子、LTR 或未分类三种类型。BARBREN-713 和 BAR 32-30 基因组鉴定出的重复序列比 Chen 等最近报道的 5 个四倍体棉花基因组中的更多，这可能与所使用的鉴定重复序列数据库不同有关，两个基因组中重复序列比例基本相似。

在这两个基因组序列中注释到约 76 000 个基因。注释基因的数量与 TM-1 UTX V2.1 中注释的基因数量相似。BARBREN-713 和 BAR 32-30 的不同染色体中鉴定到的基因数目范围为 1902～4569 个，并且染色体 A05 和 D05 中鉴定到的基因数量比其他染色体更多。

十二、新陆早 ICR_XLZ 7 基因组的组装

2021 年 4 月 15 日，中国农业科学院棉花研究所等研究单位在 *Nature Genetics* 杂志上发表 "The genomic basis of geographic differentiation and fiber improvement in cultivated cotton"（He et al., 2021）。该研究组装了一个陆地棉新陆早 7 的基因组，以下简称为 ICR_XLZ 7 版本。使用 PacBio Sequel 三代测序获得了 318Gb 长读长序列，基因组覆盖度为 138 倍，利用 Canu 软件对三代测序数据进行组装。使用约 100× 基因组覆盖率（222.6Gb）的 Hi-C 数据进行辅助挂载染色体。最终组装的基因组序

列有342个contig，总长度为2.30Gb，基因组的GC含量为34.39%，contig N50长度为42.98Mb。该研究并没有对ICR_XLZ 7基因组的编码基因和重复序列等做进一步的注释和分析。

十三、CRI-12版本基因组的组装

2022年4月1日，中国农业科学院棉花研究所、安阳工学院等以"A high-quality assembled genome and its comparative analysis decode the adaptive molecular mechanism of the number one Chinese cotton variety CRI-12"为题在 *GIGAScience* 上发表了陆地棉CRI-12（中棉所12）的参考基因组（Lu et al., 2022），以下简称为CRI-12版本。

（一）CRI-12基因组的测序组装和注释

该研究使用PacBio和Hi-C测序技术对CRI-12进行测序，获得264Gb（覆盖基因组深度为110.94倍）三代长读长数据进行基因组组装，获得53Gb（覆盖基因组深度为22.27倍）的Illumina二代测序数据用于矫正组装。最终组装的CRI-12基因组序列总长为2.31Gb，contig N50长度为19.65Mb，scaffold总长度为2199.32Mb，scaffold N50的长度为91.74Mb，GC含量为34.34%。使用Hi-C技术把98.55%的scaffold序列定向挂载到26条染色体上。使用包含1614个同源单拷贝基因BUSCO(version 5.2.1)评估CRI-12基因组的完整性，完整的BUSCO基因占99.60%，说明基因组的组装质量较高。CRI-12版本基因组的LAI值为14.39，表明该版本的组装质量达到参考基因组水平。

与已发表的棉花基因组进行共线性分析，结果表明本次组装的CRI-12基因组与之前的版本具有良好的共线性。对CRI-12、拟南芥、咖啡和榴莲等基因组进行共线性分析，鉴定直系同源基因对，并计算直系同源基因对的4DTv值，用4DTv的峰值来估算物种间分化时间。研究人员在CRI-12和榴莲之间观察到一个相对接近的分化峰（4DTv峰值为0.15），而在CRI-12与拟南芥（4DTv峰值是0.55）和CRI-12与咖啡（4DTv峰值是0.65）之间的分化峰相对更加古老，说明CRI-12与榴莲的分化时间晚于CRI-12与拟南芥或咖啡的分化时间。

在CRI-12基因组序列中使用多种工具和方法对编码基因进行预测，共得到72 293个编码基因，数量略多于海岛棉Hai7124，而少于陆地棉TM-1和ZM24。预测的所有编码基因的平均长度为2834bp，CDS长度为1134bp，基因的外显子数量平均为4.98个，长度平均为227.97bp，内含子长度平均为427.50bp。预测的基因中有99.30%在Swiss-Prot、Nr、KEGG、InterPro、GO和Pfam数据库中有功能注释。在CRI-12基因组序列组装长度中，重复序列占63.55%，转座子序列占62.57%。其中，LTR转座子是所有转座子中占比例最大的一类，占所有转座子的93.06%，而SINE转座子仅占1.60%。

在CRI-12基因组序列中鉴定到523个miRNA、2214个tRNA、2749个rRNA和8160个snRNA。miRNA的总长度为67 890bp，平均长度为129bp，tRNA的总长度为166 317bp，平均长度为75bp。此外，snRNA的总长度在所有非编码RNA中最长，为882 686bp，而rRNA的平均长度在所有非编码RNA中最长，为254bp。

（二）CRI-12 中与压力耐受性相关的扩张和收缩基因家族

基因家族往往来源于同一祖先，经历一系列基因重复和≥2 个拷贝的物种差异，因此在结构、功能和蛋白质产物上具有明显的相似性。基因家族聚类的鉴定和注释分析是进化分析的一个重要方面，也与生物学特性相关。为了揭示陆地棉 CRI-12 的遗传基础，研究人员鉴定了不同棉花品种之间独有或共有的基因家族数量。在 CRI-12、陆地棉 TM-1、海岛棉、黄褐棉和达尔文氏棉中鉴定到 22 854 个共有的基因家族，以及 CRI-12 中特有的 555 个基因家族。此外，研究还分析了 CRI-12 和其他棉种的基因家族扩张和收缩，最终根据基因家族聚类分析结果鉴定出 MYB、WRKY、DREB、bZIP、NAC 和 AP2 6 个基因家族。

研究人员在 CRI-12 基因组中鉴定到 384 个正选择基因。这些基因的 GO 和 KEGG 分别富集分析到 63 个和 27 个通路。富集的基因中包含许多与抵抗环境压力相关的基因，主要是 MYB 转录因子、细胞色素 P450 基因和 E3 泛素蛋白。

（三）与其他栽培棉基因组相比的结构变异

该研究比较了 CRI-12 与其他棉花品种（包括陆地棉 TM-1、海岛棉、黄褐棉和达尔文氏棉）的结构变异。总共鉴定到 7966 个 SV，平均长度为 48 791bp，最大的 SV 位于染色体 D11 上。在所有 SV 中，46.16%（3677 个）是缺失变异，40.57%（3232 个）是插入变异，而拷贝数变异和倒位变异分别只占 8.29% 和 4.98%，这表明缺失变异和插入变异是棉花品种分化过程中的两个主要驱动因素。此外，还获得了 7379 个 PAV，长度范围为 51～2 452 232bp，平均长度为 24 585bp。最大的 PAV 位于 D02 染色体。D 亚基因组上 SV 和 PAV 的变异百分比低于 A 亚基因组。D 亚基因组中的 PAV 变异（13.80%）少于 A 亚基因组中的 PAV 变异，表明 A 亚基因组中的高变异是造成农艺性状差异的主要原因。

研究人员还统计了每条染色体上的 SV 和 PAV 变异，结果显示染色体 D01 上分布了 529 个 SV（7.17%，主要包括拷贝数变异、缺失变异、插入变异和倒位变异）和 363 个 PAV（4.56%），PAV 数量在所有染色体中是最多的。PAV 相关基因 GO 分析富集到 3 个通路，分别是分子转导活性（GO：0060089）、信号受体活性（GO：0038023）和 G 蛋白偶联受体信号通路（GO：0007186）。SV 相关基因主要富集到细胞器（GO：0043226）、细胞内非膜结合细胞器（GO：0043232）和非膜结合细胞器（GO：0043228）。SV 和 PAV 相关基因的通路富集分析表明，大多数变异相关基因与细胞器、信号受体和分子转导器相关，表明细胞器、信号接收和转导相关基因可能是导致不同棉花品种农艺性状差异的关键基因。相比之下，一些染色体包含较少的变异，如 D03（138 个 SV 和 124 个 PAV）、D04（169 个 SV 和 115 个 PAV）和 D13（189 个 SV 和 129 个 PAV）。这 3 条染色体可能包含许多棉花长期进化过程中与生长相关的基础基因。

（四）在二倍体棉花的多倍化和进化中发现了强单倍型

单倍型是指生物体中具有密切连锁关系的一组基因，这些单倍型可以由父母传给后代。研究人员研究了 A 基因组（亚洲棉）、D 基因组（雷蒙德氏棉）、TM-1（陆地棉）

和 Hai7124（海岛棉）中的单倍型多态性，并分别获得了 31 769 个、37 177 个、51 682 个和 51 023 个单倍型。此外，在 CRI-12 中共发现 56 267 个单倍型，在不同棉种中数量最多，但却小于 A 基因组（亚洲棉）和 D 基因组（雷蒙德氏棉）的总和，表明超过 10 000 个单倍型丢失或在多倍化过程中重组。陆地棉 CRI-12 和海岛棉 Hai7124 之间的单倍型数量比陆地棉 TM-1 和海岛棉 Hai7124 之间的单倍型数量多 10%，表明 CRI-12 的单倍型多态性比其他四倍体棉品种更为丰富，这可能与 CRI-12 育种过程中大量的人为选择和强单倍型有关。

已有研究在 CRI-12 中鉴定到 420 个基因，其中分别有 2 个、2 个和 20 个与黄萎病、耐盐性和耐旱性相关的单倍型块（Lu et al.，2019）。在这些单倍型块中，超过一半（24 个中的 13 个）位于染色体 D13 上，其中 13 个单倍型块中有 12 个与耐旱性相关，说明 D13 染色体在棉花抗旱适应过程中起至关重要的作用。此外，另一个单倍型块（M2：ATCTCGCATGTAGAGTTCAT CCGGTAGAAACCGTTTTTACAT）与黄萎病相关，表明染色体 D13 可能在多重耐受性的形成过程中具有重要作用。

（五）DNA 甲基化可能为 CRI-12 的广泛环境适应性提供优势

DNA 甲基化变异是最常见的表观遗传修饰，与正常生长发育、器官分化、应激反应和环境适应密切相关。为了研究 DNA 甲基化是否参与 CRI-12 重要农艺性状的形成过程，研究人员对干旱和盐胁迫下的叶片进行了全基因组亚硫酸氢盐测序。之前的研究结果揭示了人工选择中重要农艺基因的单倍型遗传和重组，并在 CRI-12 家族中鉴定到了 66 个差异甲基化单倍型。在这些单倍型中，6 个单倍型来自母本 Uganda4，19 个单倍型来自父本 Xingtai6871，表明 DNA 甲基化单倍型贡献较大的是父本 Xingtai6871。12%（8/66）的 DNA 甲基化单倍型富集在染色体 D13 上，表明 D13 上的 DNA 甲基化变异可能在 CRI-12 单倍型的调控机制中起至关重要的作用。此外，研究人员还发现在干旱和盐处理下，有 6 个单倍型被标记为 CG-up 甲基化，表明这些单倍型中的 DNA 甲基化变异可能在响应不同压力方面具有适应性优势。

十四、陆地棉 G_hP ICR 版本的组装和注释

安阳工学院、中国农业科学院棉花研究所、诺禾致源等单位合作组装了陆地棉的野生种系 G_hP 的参考基因组，版本号为 ASM2470478v1（GenBank：GCA_024704785.1）。使用三代 PacBio 测序、二代 Illumina 测序以及 Hi-C 测序技术进行测序、组装和矫正，最终获得 contig 总数为 1111 个，contig N50 长度为 11.489Mb，基因组组装大小为 2.29Gb。使用 120 倍的 Hi-C 数据将上述序列挂载到 26 条染色体上，在染色体上能够确定方向和顺序的序列占组装总长度的 96.46%。基因组的 GC 含量是 34.45%。使用 1440 个真核生物 BUSCO 对基因组的组装质量进行评估，完整的 BUSCO 基因占 95.4%。LAI 的值达到了 12.7，说明组装的基因组达到参考基因组水平。基因组序列中转座子序列的总长度为 1488Mb，占基因组组装长度的 65%。该研究还预测到 74 520 个编码基因，其中 97.75% 的编码基因具有功能注释（表 3-7）。

第三节 海岛棉基因组研究进展

异源四倍体棉花有 2 个栽培种，分别是陆地棉和海岛棉。海岛棉能够产生超长纤维，纤维品质及抗病性都明显优于陆地棉，但海岛棉产量比陆地棉低，全球种植面积不到陆地棉的 1%。Yuan 等（2015）和 Liu 等（2015）采用全基因组鸟枪法测序、细菌人工染色体文库测序及高分辨率遗传图谱 3 种方法相结合，分别对海岛棉品种 3-79 和新海 21 进行了全基因组测序及组装，组装的 3-79 全基因组序列长度为 2.57Gb，预测到 80 876 个编码基因；组装的 Xinhai21 基因组序列长度为 2.47Gb，预测到 76 526 个编码基因。目前已经组装基因组序列的海岛棉品种有 3-79、Hai7124（海 7124）、Pima90 这 3 个品种。新海 21 这个品种的组装序列比较特殊，分别对 A 亚基因组和 D 亚基因组进行组装。通过与后续组装的高质量海岛棉基因组相比，可以看出早期组装的海岛棉基因组 AD2_3-79 HAU V1 版本的组装序列偏大，后续组装的海岛棉基因组大小为 2.19~2.27Gb，比较接近预测的海岛棉基因组大小（表3-5）。

表 3-5 已组装的海岛棉的基因组信息统计

基因组版本名称	AD2_3-79 HAU V1	AD2_3-79 HAU V2	AD2_HGS V1.1	AD2_H7124	AD2_Pima90
基因组的品种名称	3-79	3-79	3-79	Hai7124	Pima90
总 PacBio 的覆盖倍数	—	96.85	90.05	—	90.78
总 Hi-C 倍数	—	32.4	45	125.34	125
最终组装的基因组长度	2 573 185 887	2 266 746 731	2 195 804 943	2 226 679 100	2 210 138 243
总共的 contig 数量	292 360	4 943	4 767	75 898	1 160
contig N50/bp	25 298	2 151 565	1 769 554	77 663	9 240 876
总共的 scaffold 数量	17 460	3 032	2 048	11 350	309
scaffold N50/bp	66 700 274	92 880 876	93 754 744	101 615 779	102 448 369
重复序列比例/%	69.10	69.83	72.24	62.15	61.85
GC 含量比例/%	33.86	34.20	34.12	34.29	34.17
注释的基因数量	80 876	71 297	74 561	71 297	79 613

注：因为新海 21 是分开组装的 A_t 和 D_t 基因组，而且受当时测序和组装技术的限制，组装的质量并不高，因此未纳入上表中进行统计。"—"表示没有对应种类的数据。

一、新海 21 基因组的组装和注释

（一）新海 21 基因组的测序组装

2015 年 9 月 30 日，陈晓亚和张天真等团队联合组装的第一个海岛棉基因组，成果以"*Gossypium barbadense* genome sequence provides insight into the evolution of extra-long staple fiber and specialized metabolites"为题发表在 *Scientific Reports* 上（Liu et al.，2015）。其采用渐进式策略对异源四倍体海岛棉 Xinhai21（新海 21）进行基因组测序，最终获得

contig N50 长度为 72kb，scaffold N50 长度为 503kb，A 亚基因组组装长度为 1.395Gb，D 亚基因组组装长度为 0.776Gb。最终组装的基因组序列长度占 K-mer 估计的基因组长度 2.470Gb 的 88%。基因组序列中有 63.2%是重复序列，其中一半是转座子，主要由 LTR 逆转录转座子组成。

（二）编码基因预测和功能注释

通过转录组预测，分别在海岛棉 A 亚基因组和 D 亚基因组中鉴定到 40 502 个和 37 024 个编码基因，平均长度分别为 1077bp 和 1123bp，与雷蒙德氏棉的编码基因的数量和长度相似。对预测的 77 526 个编码基因进行功能注释，其中 62 966 个有功能注释，没有功能注释的编码基因在 A 亚基因组和 D 亚基因组中分别有 8518 个和 6042 个。

二、AD2_3-79 HAU V1 版本的组装和注释

2015 年 12 月 4 日，华中农业大学在 Scientific Reports 上发表 "The genome sequence of Sea-Island cotton（Gossypium barbadense）provides insights into the allopolyploidization and development of superior spinnable fibres"。该研究组装了一个海岛棉 3-79 的参考基因组，以下称其为 AD2_3-79 HAU V1 版本。

（一）AD2_3-79 HAU V1 基因组的测序和组装

经过一系列测序和组装，共获得 29 751 个 contig，长度范围为 1～2.15Mb，contig N50 长度为 260.06kb，最终组装的基因组总长度为 2.57Gb，其中缺口长度为 334.55Mb。

研究人员构建了海岛棉的 BAC 文库，并对 10 个随机选择的 BAC 克隆进行测序。将这些 BAC 序列与海岛棉的 scaffold 比对，除了 BAC06 之外，10 个 BAC 序列中有 9 个与单个 scaffold 匹配，平均覆盖率超过 90.5%，一致性为 99.5%。为了进一步评估组装质量，研究人员将 17 894 个 EST 和 1 959 060 个短读长转录组序列与基因组 scaffold 比对，在基因组序列中比对到 93.9%的 EST 和 96.7%的转录组序列。

研究人员在海岛棉基因组中鉴定到 80 876 个编码基因，其中在 A 亚基因组中有 36 947 个，在 D 亚基因组中有 34 575 个。基因转录本的平均长度为 3223bp，平均编码序列大小为 1164bp，每个基因平均有 5.2 个外显子。RNA-seq 数据支持超过 91.8%的预测编码序列。预测的编码基因中，大约 95.6%在公共数据库中具有同源基因；90.1%在 TrEMBL 数据库中能够注释；76.9%在 InterPro 数据库中能够注释；60.5%在 GO 数据库中能够注释。

（二）A 亚基因组的扩张

转座子是植物基因组中重要的基因组特征，在驱动基因组进化中发挥重要作用。研究人员在海岛棉基因组中鉴定到 1778.6Mb 的转座子，占基因组序列总长的 69.1%，包括 A_t 中 1098.0Mb（占亚基因组的 73.5%）和 D_t 中 541.6Mb（占亚基因组的 63.5%）。

进一步分析长末端重复序列（LTR）在海岛棉基因组中的分布，观察到 Gypsy 超

家族 LTR 在 A 亚基因组中的长度为 599.6Mb（占 A 亚基因组长度的 40.2%），大大高于在 D 亚基因中的长度（214.2Mb，占 D 亚基因组长度的 25.1%）（图 3-12a）。聚类模式表明，特定的 LTR 簇优先出现在 A_t 中（图 3-12b）。LTR-RT 的插入时间分析表明在 D_t 中 LTR-RT 扩增在 1.90MYA 达到峰值，而发生在 A_t 中的时间为 3.1MYA（图 3-12c）。以上结果表明 LTR-RT 的大规模爆发发生在 A 组和 D 组分离之后，但在异源四倍体形成之前。

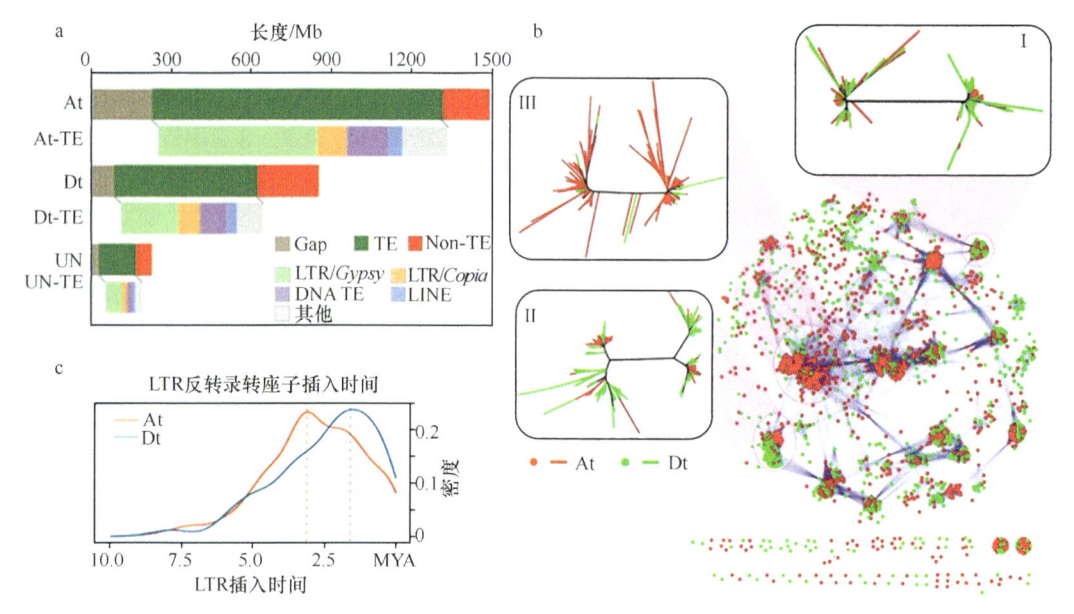

图 3-12　海岛棉的 A 亚基因组中 LTR 逆转录转座子的扩张（Yuan et al.，2015）
a. 不同类别的转座子的分布；b. LTR 逆转录转座子根据相互的原始相似性聚集到推定的家族中，棉属谱系共享（I）、分歧（II）、A_t 谱系特异性（III）LTR 转座子被扩张；c. LTR 逆转录转座子分别在 A_t 和 D_t 中的插入时间

三、AD2_3-79 HAU V2 版本的组装和注释

2018 年 10 月 3 日，华中农业大学同时发布了陆地棉 HAU-AD1 V1.0 版和海岛棉 AD2_3-79 HAU V2 版本的参考基因组。这两个基因组同年 12 月以"Reference genome sequences of two cultivated allotetraploid cottons，*Gossypium hirsutum* and *Gossypium barbadense*"为题发表在 *Nature Genetics* 期刊上（Wang et al.，2019）。

利用 PacBio RSII 测序技术对海岛棉 3-79 的基因组进行测序，共获得 210.98Gb 数据。组装获得 contig 的总数为 4943 个，contig N50 长度为 2.15Mb；scaffold 总数为 3032 个，scaffold N50 长度是 6.89Mb，Hi-C 技术辅助挂载到染色体的序列比例为 97.68%，GC 含量为 34.20%，重复序列比例为 69.83%，预测到 71 297 个编码基因。

四、AD2_HGS V1.1 版本的组装和注释

AD2_HGS V1.1 版本是由得克萨斯大学奥斯汀分校等单位合作组装的，同期组装了

5个四倍体棉花基因组。该版本的海岛棉的品种是 3-79，使用基因组覆盖度为 90.05 倍的 PacBio 三代长读长序列组装基因组。最终组装的 AD2_HGS V1.1 基因组大小为 2.20Gb。contig 总数是 4767 个，contig N50 长度为 1.77Mb。挂载并定向到染色体的序列占组装基因组序列长度的 97%，预测到编码基因 74 561 个，重复序列占基因组序列的比例为 72.24%。

五、AD2_H7124 版本的组装和注释

2019 年浙江大学同时组装了海岛棉 Hai7124（AD2_H7124 版本）和陆地棉 TM-1（TM-1 ZJU V2.1 版本）的基因组。经过一系列测序和组装，最终得到 scaffold N50 长度是 23.44Mb，contig N50 长度是 77.66kb，染色体中的缺口（gap）大小降低至 32.46Mb，基因组中 GC 含量比例为 34.29%。基因组的 BUSCO 值中完整的 BUSCO 数量达到了 2308 个，占总共双子叶 BUSCO 的 99.23%。共预测到 75 071 个编码基因，其中大于 96% 得到全长转录本数据的支持。来自 58 个家族的 5606 个基因被鉴定为转录因子，占预测编码基因总数的 7.5%。重复序列的长度为 1374.61Mb，占基因组组装长度的 63.9%。A 亚基因组中的重复序列含量（922.04Mb）是 D 亚基因组中（420.66Mb）的 2 倍多。其中大多数（39.5%）重复序列是 *Gypsy* 型 LTR 逆转录元件。通过完整 LTR 两端的序列差异来预测 LTR 的插入时间，确定 Hai7124 最近的 LTR 插入事件似乎发生在 13MYA 左右。

六、AD2_Pima90 版本的组装和注释

2021 年 8 月 9 日，河北农业大学等单位合作在 *Nature Genetics* 上发表了题为 "High-quality genome assembly and resequencing of modern cotton cultivars provide resources for crop improvement" 的论文。该研究为陆地棉 NDM8 和海岛棉 Pima90 组装了高质量的参考基因组序列。以下简称该版本的海岛棉基因组为 AD2_Pima90 版本。

经过一系列测序和组装，最终获得 309 个 scaffold，scaffold N50 长度是 102.45Mb，contig N50 长度是 9.24 Mb。基因组组装总长度为 2.21Gb。共有 99.75% 的基因组序列锚定在染色体上。使用包含 1440 个胚胎植物保守基因的 BUSCO 分析 AD2_Pima90 基因组，鉴定到完整的 BUSCO 基因占 95.9%，显示了基因组组装的完整性。将本次组装的基因组与已发表的遗传图谱进行比较，基因组的每条染色体都展现出高度一致性。利用 36 个细菌人工染色体序列同比到 Pima90 的参考基因组上，证实了该基因组具有较高的组装质量。将 AD2_Pima90 版本与 3-79 HAU V2 版本基因组进行比对，显示出超过 99.69% 的高共线性。LAI 得分为 12.1，也表明本次组装的基因组是高质量的。

该版本基因组预测到 79 613 个编码基因，其中 78 980 个（99.20%）编码基因是通过基于转录组数据和已发表的数据预测注释的。与已发表的 3-79 HAU V2、H7124 基因组的编码基因模型相比，97.42% 的同源编码基因具有良好的匹配。此外发现与 3-79 HAU

V2 相比，Pima90 丢失了 2318 个基因，其中 1605 个具有功能注释。Pima90 基因组中 LTR 总长度为 1204.74Mb，覆盖 54.51%的基因组序列。在 Pima90 基因组的 LTR 中，*Copia* 的比例（18.14%）远低于 *Gypsy*（81.07%）。

第四节　其他四倍体棉花基因组研究进展

除了目前使用比较广泛的纤维产量较高的陆地棉和纤维质量较优的海岛棉，四倍体野生棉的（毛棉、黄褐棉、达尔文氏棉、艾克棉、斯蒂芬氏棉）基因组也相继被测序和组装。毛棉$(AD)_3$目前已经组装的基因组有 AD3_HGS V1.1 和 AD3_HAU V1 两个版本（Yu et al.，2021）；黄褐棉$(AD)_4$目前已经组装的基因组有 AD4_HGS V1.1 和 AD4_HAU V1 版本；达尔文氏棉目前已经组装的只有 AD5_HGS V1.1 版本（表 3-6），最近中国农业科学院棉花研究所联合安阳工学院、诺禾致源等对$(AD)_6$和$(AD)_7$基因组进行测序组装和注释。这些组装时间相对较晚的四倍体棉花基因组都是使用三代测序技术组装的，总体的组装质量较好，预测的重复序列的比例也较高。

表 3-6　毛棉（G_t）、黄褐棉（G_m）、达尔文氏棉（G_d）不同版本的基因组组装信息统计

基因组版本名称	AD3_HGS V1.1	AD3_HAU V1	AD4_HAU V1	AD4_HGS V1.1	AD5_HGS V1.1
物种中文名称	毛棉	毛棉	黄褐棉	黄褐棉	达尔文氏棉
基因组缩写名称	G_t	G_t	G_m	G_m	G_d
总 PacBio read 数量/Gb	139.31	229.32	232.1	206.28	139.34
总 Hi-C 倍数	17	77.25	66.21	36	22
最终组装的基因组长度/Gb	2 193 557 323	2 228 718 597	2 297 221 019	2 315 094 184	2 182 957 963
总共的 contig 数量/个	749	1 286	1 509	2 146	821
contig N50/bp	9 994 151	11 978 058	8 062 049	2 312 865	9 070 717
总共的 scaffold 数量/个	319	914	593	383	334
scaffold N50/bp	102 861 178	103 048 976	107 837 000	106 758 837	101 902 339
重复序列的比例/%	72.24	75.25	—	72.85	72.29
GC 含量比例/%	34.18	34.20	34.37	34.39	34.12
注释的基因数量	78 281	72 620	70 405	74 699	78 303

注：因为$(AD)_6$和$(AD)_7$基因组目前（2022 年 11 月）尚未公开完整的基因组数据，未进行统计。

一、AD3_HGS V1.1 版本基因组的组装和注释

2019 年由美国 Hudson Alpha 生物技术研究所提交的 AD3_HGS V1.1 是最先组装的$(AD)_3$基因组，对应的 NCBI 编号是 GCA_007990485.1，采用了三代测序方法 PacBio Sequel 测序和利用 Hi-C 技术辅助挂载到染色体的方法进行基因组组装。使用 MECAT 软件（Xiao et al.，2017）利用覆盖基因组深度为 76.81 倍的三代长读长进行组装，并使用覆盖基因组深度为 17 倍的 Hi-C 数据辅助挂载到染色体。AD3_HGS V1.1 版本组装的

基因组序列长度为 2.2Gb，其中有 99.2%的序列被挂载到 26 条染色体上。该版本基因组序列最终的 contig 总数是 749 个，contig N50 长度约为 10Mb，GC 含量是 34.18%。该基因组预测到编码基因 78 338 个，基因组序列中有 72.24%是重复序列。

二、AD3_HAU V1 版本的组装和注释

2021 年 7 月，华中农业大学以 "*Gossypium tomentosum* genome and interspecific ultra-dense genetic maps reveal genomic structures, recombination landscape and flowering depression in cotton" 为题在 *Genomics* 杂志上发表论文（Shen et al.，2021）。该研究组装了一个毛棉基因组，以下称为 AD3_HAU V1 版本。使用 PacBio 测序技术对异源四倍体野生种毛棉(AD)$_3$ 进行测序，获得覆盖基因组深度为 102.90 倍，共 229.32Gb 的基因组长读长数据（读长的 N50 长度为 21.44kb）。组装后的基因组序列为 2.23Gb，包含 1286 个 contig，contig N50 长度约为 11.98Mb。借助 Hi-C 数据将 98.40%的基因组序列挂载到 26 条染色体上。组装的基因组序列长度占 *K-mer* 评估的总基因组大小（2.36Gb）的 94.64%。利用 1440 个真核生物胚胎保守的 BUSCO 基因评估组装的质量，结果表明新组装序列中 98.68%的保守基因是完整的。在基因组序列中预测到 72 620 个注释的编码基因，这些基因主要分布在染色体末端。与基因丰富的区域相比，富含转座子的区域主要集中在染色体中间，占毛棉基因组的 75.25%，基因组序列 GC 含量为 34.20%。此外，共鉴定到 426 个 miRNA、2297 个 tRNA、4098 个 rRNA 和 11 355 个 snRNA。与之前的 AD3_HGS V1.1 版本相比，有 178Mb 的结构变异，其中 124Mb 在 A 亚基因组，54Mb 在 D 亚基因组。

陆地棉和海岛棉的共线性优于毛棉和陆地棉之间的共线性，这清楚地表明在四倍体棉花基因组中毛棉和陆地棉的种间染色体重组多于陆地棉和海岛棉之间的种间染色体重组。A 亚基因组比 D 亚基因组具有更多的倒位。在毛棉和陆地棉之间鉴定到 9408 个染色体重组（累计总长度约为 241Mb），包括 A 亚基因组中的 6737 个重组（占据 170Mb）和 D 亚基因组中的 2671 个重组（占据 71Mb）。陆地棉和海岛棉之间包括 A 亚基因组中的 3192 个重组（占据 61.4Mb）和 D 亚基因组中的 1012 个重组（占据 17.1Mb）。

三、AD4_HGS V1.1 版本基因组的组装和注释

目前已经组装的黄褐棉(AD)$_4$ 基因组有 2 个版本，分别是 AD4_HGS V1.1 和 AD4_HAU V1。AD4_HGS V1.1 版本基因组是由美国 Hudson Alpha 生物技术研究所组装提交的（NCBI 编号是 GCA_007990455.1），基因组组装采用的是三代测序 PacBio Sequel 和 Hi-C 技术辅助挂载。三代测序的覆盖深度为 94.12 倍，Hi-C 的测序深度是 36 倍。AD4_HGS V1.1 版本的基因组序列长度是 2.3Gb，挂载组装到 26 条染色体的比例为 99%。contig 总数是 2146 个，最终的 contig N50 长度约为 2.3Mb。基因组序列的 GC 含量是 34.39%，注释的编码基因有 74 699 个，基因组重复序列的比例是 72.85%。

四、AD4_HAU V1 版本基因组的组装和注释

华中农业大学组装的 AD4_HAU V1 版本的基因组在 NCBI 的编号是 GCA_017165895.1（ASM1716589v1）。通过 PacBio Sequel 测序获得 99.43 倍的三代测序数据，使用 Canu（V1.1 版本）软件进行基因组组装。使用 66.21 倍的 Hi-C 数据辅助挂载和定向组装到 26 条染色体上，最终组装的基因组大小约为 2.297Gb。contig 总数是 1509 个，contig N50 长度约为 8.062Mb。基因组序列的 GC 含量比例为 34.37%，预测的编码基因数量是 70 405 个。

五、AD5_HGS V1.1 版本基因组的组装和注释

达尔文氏棉$(AD)_5$ 目前已经组装的基因组只有 AD5_HGS V1.1 版本。AD5_HGS V1.1 版本基因组是由美国 Hudson Alpha 生物技术研究所组装提交的（对应的 NCBI 编号是 GCA_007990335.1）。采用了三代测序技术 PacBio Sequel 进行基因组组装，Hi-C 技术辅助挂载到染色体。三代测序的覆盖深度为 80.57 倍，Hi-C 的基因组覆盖度是 22 倍。AD5_HGS V1.1 版本组装的基因组大小约为 2.18Gb，挂载组装到 26 条染色体的比例为 99.1%。contig 总数是 821 个，最终的 contig N50 长度约为 9.1Mb。基因组序列的 GC 含量是 34.12%，预测到编码基因 78 303 个，重复序列的比例是 72.29%，缺口的比例是 0.2%。

六、AD6_ICR V1 版本基因组的组装和注释

艾克棉$(AD)_6$（*G. ekmanianum*）和斯蒂芬氏棉$(AD)_7$（*G. stephensii*）都是最近才被鉴定确认的异源四倍体棉花。来自多米尼加共和国的 G_e（艾克棉）和来自法属波利尼西亚附近维克环礁的 G_s（斯蒂芬氏棉）都与陆地棉 G_h 密切相关。2022 年 9 月 19 日，安阳工学院、中国农业科学院棉花研究所、诺禾致源等单位合作以 "Evolutionary divergence of duplicated genomes in newly described allotetraploid cottons" 为题在 *PNAS* 杂志上发表论文（Peng et al., 2022）。该研究组装了艾克棉$(AD)_6$、斯蒂芬氏棉$(AD)_7$ 和陆地棉野生种 G_hP 的参考基因组。三个基因组都采用相同的策略和工具进行基因组的组装和注释。基因组组装使用 PacBio Sequel 进行三代测序组装，然后使用大于 120 倍深度的 Illumina 二代测序数据进行矫正，最后使用 Hi-C 技术辅助挂载到基因组染色体上。艾克棉使用 255.52Gb 的三代数据和 249.84Gb 的 Illumina 数据（106 倍）进行基因组组装，274.44Gb 的 Hi-C 数据用于辅助挂载到染色体上。最终组装的艾克棉基因组大小为 2.342Gb。contig 总数是 3781 个，contig N50 长度约为 1.568Mb。基因组的 GC 含量比例为 34.34%，基因组缺口（gap）的长度为 0.36Mb。基因组的 LAI 得分为 13.7，1440 个 BUSCO 基因中 95.5% 在新组装的序列中是完整的。TE 占基因组的比例为 64.86%，预测的编码基因数量是 74 178 个（表 3-7）。

表3-7 安阳工学院、中国农业科学院棉花研究所、诺禾致源等单位合作组装的
3个异源四倍体棉花基因组的统计信息

基因组版本名称	AD6_ICR V1	AD7_ICR V1	G$_h$P_ICR
物种中文名称	艾克棉	斯蒂芬氏棉	陆地棉野生种
物种基因组缩写	G$_e$	G$_s$	G$_h$P
组装的scaffold的长度/Mb	2 341.87	2 291.84	2 292.48
scaffold的数量/个	160	243	277
scaffold N50/Mb	108.06	108.2	106.96
contig的总长度/Mb	2 341.51	2 291.47	2 292.40
contig的数量/个	3 781	3 927	1 111
contig N50/Mb	1.57	1.23	11.49
Gap的数量/个	3 621	3 684	834
Gap的长度/Mb	0.36	0.37	0.08
染色体的总长度	2 337.03	2 272.89	2 283.07
重复序列的比例/%	64.86	63.01	64.89
基因组的总基因数量/个	74 178	74 970	74 520
在染色体上的基因数量/个	74 038	73 324	74 283
完整的BUSCO/%	95.50	97.10	95.40

资料来源：Peng et al., 2022。

七、AD7_ICR V1基因组

（一）AD7_ICR V1版本基因组的测序组装

斯蒂芬氏棉(AD)$_7$基因组是最近被中国农业科学院棉花研究所等单位测序组装的，以下简称为AD7_ICR V1版本。AD7_ICR V1版本的基因组对应的NCBI编号是ASM2470479v1，对应的GenBank编号是GCA_024704795.1。组装基因组使用255.07Gb PacBio Sequel数据和290.44Gb（127倍）Illumina数据，使用覆盖深度为120倍（276.59Gb）的Hi-C数据用于辅助染色体的挂载。最终组装的基因组序列长度约为2.292Gb，contig总数为3927个，contig N50长度约为1.234Mb。基因组GC含量为34.45%，缺口的长度为0.37Mb（表3-7）。1440个保守BUSCO基因的97.1%在新组装的序列中是完整的，基因组的LAI得分为12.76，基因组重复序列的长度为1489Mb，占基因组的比例为63.01%。总共预测到74 970个编码基因，其中有功能注释的占98.00%（表3-7）。对每条染色体1000个滑动窗口中转座子和编码基因密度的评估表明，在距离染色体端粒最近的20%的窗口内，*Copia*和编码基因积累有很强的偏差，与其他染色体区域相比分别平均增加0.85倍和2.34倍。与其他区域相比，端粒的*Gypsy*密度平均降低了0.74倍。

（二）四倍体棉花的系统发育分析

以叉柱棉（*Gossypioides kirkii*，G$_{ki}$）为外群，研究人员使用了8个二倍体和8个多

倍体棉种的 3281 个单拷贝编码基因以最大似然法构建了系统发育树。其中二倍体棉花包括草棉 A_1、亚洲棉 A_2、长萼棉 F_1、澳洲棉 G_2、瑟伯氏棉 D_1、雷蒙德氏棉 D_5 和特纳氏棉 D_{10}；四倍体棉花包括 $(AD)_1 \sim (AD)_7$ 和一个陆地棉半野生棉——尖斑棉（G_{hp}）。众所周知，四倍体棉花是由二倍体 A 组和 D 组天然杂交和染色体加倍而来，进化树结果强烈支持上述观点，进化树分析发现所有的 A 亚基因组与二倍体 A 基因组聚在一起，而 D 亚基组与二倍体 D 基因组聚在一起。不同棉种间的分歧时间使用直系同源基因对的 Ks 进行估算（图 3-13a、图 3-13b）。与之前的报道一致，四倍体进化枝的分化时间约为 1.80MYA（1.10~2.72MYA）（图 3-13b）。除毛棉和黄褐棉外，剩余的棉种在进化上可以聚为两个亚群，栽培种陆地棉和海岛棉分别分布在两个亚群中，因此，将陆地棉所在的亚群命名为 G_h 类分支，海岛棉所在的亚群命名为类 G_b 分支（图 3-13c），并且推断两个亚群在 0.79MYA 分开（0.49~1.49MYA）。G_b-G_d 分化时间约为 0.63MYA（0.37~1.26MYA），证实了先前的报道，即加拉帕戈斯岛特有的达尔文氏棉（G_d）是从内陆分布的近缘种 G_b 中分化来的（先前有研究认为 G_d 和 G_b 属于同一个种）。正如先前分析所预期的那样，两个野生四倍体棉 G_e 和 G_s 都属于 G_h 进化枝，与它们最近的共同祖先在 0.75MYA（0.42~1.33MYA）分开。关于二倍体的分化，有两个明显的分支（图 3-13a），即新世界进化枝（D 基因组）和非洲-澳大利亚-亚洲进化枝（A、G、F 基因组）。G_e、G_s、G_h 和 G_{hp} 在 A_t、D_t 分枝上的进化关系并不一致，A_t 进化枝的进化关系为 [G_e，(G_s，(G_h，G_{hp})]，D_t 进化枝的进化关系为 [(G_e，G_s)，(G_h，G_{hp})]。上述结果支持了先前关于异源多倍体棉花单系起源的推论。尽管四倍体棉花的 A 亚基因组与 A_2（1.31MYA）间的分化程度大于它和 A_1（1.23MYA）间的分化程度，但估计的分化时间范围有重叠。与之前的报道一致，D_t 同源基因对的同义替换率（Ks）高于 A_t，可能反映了亚基因组特异性进化过程，包括重组率和选择性清除的差异。

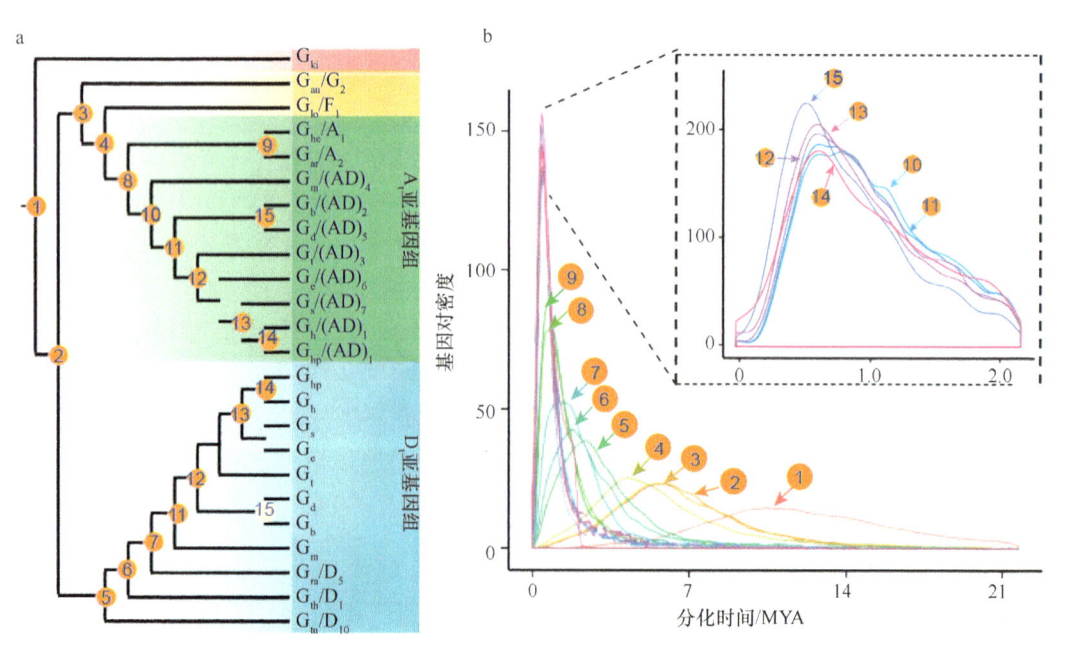

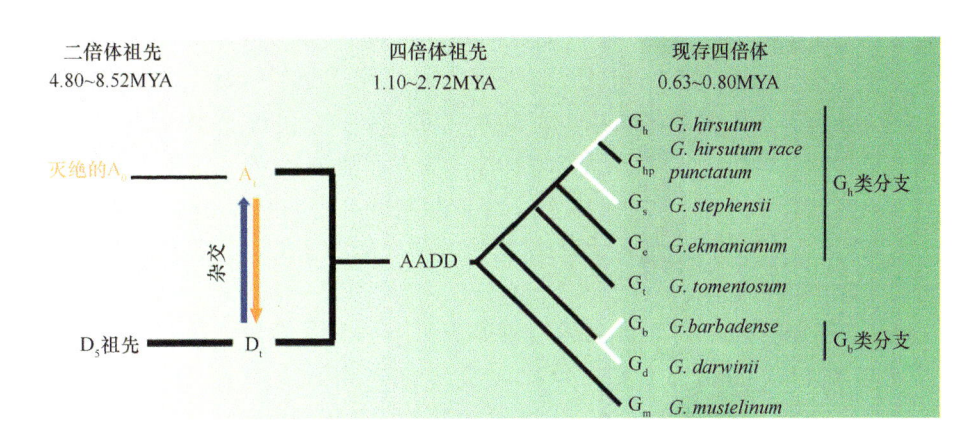

图 3-13 棉花基因组的系统发育分析（Peng et al., 2022）
a. 使用 G. kirkii（G_{ki}）作为外群重构的最大似然树；b. 棉花基因组中直系同源基因的 Ks 值分布；
c. 异源多倍体棉花进化枝，由已灭绝的 A_0 和 D_5 的祖先杂交后形成

（三）四倍体棉花进化过程中发生的基因组结构变异

在植物进化和驯化过程中经常发生基因组结构变异（SV），它是表型多样性的主要遗传来源。研究人员重点关注了棉花基因组中长度大于 50bp 的 SV，因为这些 SV 的研究较少，但可能影响基因功能。将 7 个四倍体棉花组装的基因组及其测序读数映射到黄褐棉的参考基因组（G_m: AD4_HGS V1.1），通过 4 种方法（smartie-SV、SVMU、SyRI 和 Breakdancer）综合鉴定 SV（图 3-14）。对于鉴定结果，仅保留至少在两种

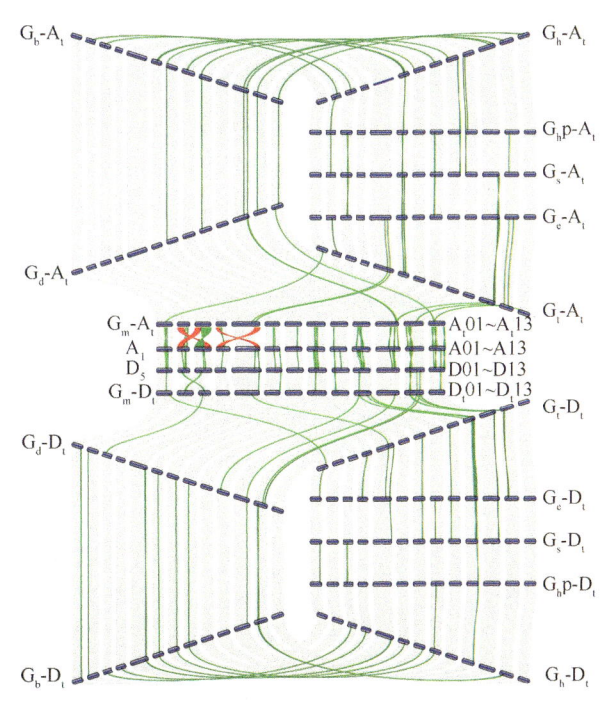

图 3-14 棉花 A 亚基因组和 D 亚基因组的变异分析（Peng et al., 2022）
基因共线性区块由灰线连接。易位和倒位分别由红线和绿线连接

方法中都鉴定到的 SV。平均每个基因组获得 72 965 个（为 67 885～77 756 个）插入、63 126 个（为 59 663～65 670 个）缺失和 339 个（为 297～410 个）倒位。值得注意的是，在所分析的 7 个四倍体棉花基因组中，栽培种（G_b 和 G_h）SV 的平均长度最长，而其他 5 个材料基因组上携带了更多的 PAV（插入和缺失）。研究发现物种特异性 SV（范围为 36 476～75 125 个）占比例较高，不同材料间共有的 PAV 较少（8277 个），平均占 6.05%，这表明 PAV 可能加速物种/材料的分化（相对于 G_m）。这些共有的 PAV 对 646 个蛋白质序列产生影响。

除 G_h 外，所有多倍体棉花种质 D 亚基因组中 PAV 的数量（为 61 132～67 223 个）略少于 A 亚基因组中 PAV 的数量（为 64 875～78 695 个），表明在 A 亚基因组中 PAV 的密度更高。与已有的研究结果一致，大多数 PAV 位于基因间区（70.53%～76.81%），并且外显子的含量低于内含子的含量。外显子上重叠的 PAV 导致 11 557 个（占总数的 15.68%）编码基因产生 20 343 个移码和 9771 个提前终止或丢失突变，其中包括 1168 个基因至少同时在 4 个样本中发生改变。基因区受 PAV 影响最大的 3 条染色体是 A05（535 个基因）、A11（428 个基因）和 D11（312 个基因）。

在受 SV 影响的基因中，在 8 个四倍体基因组的 A10 染色体（对应于陆地棉栽培种的 84 877 673～84 878 123 个）上的一个共线性区块内发现了一个 450bp 的 SV，导致 *Ghi_A10G09231* 在 G_b、G_d 和 G_t 中的转录本长度较短（图 3-15a）。这些较短的转录本在系统发育上是同源的，可能是由于重复截短（repeated truncation）或者祖先中存在长、短两个转录本，通过谱系选择分别得以保留。该基因编码磷酸肽结合蛋白（phosphopeptide-binding protein），可能与纤维长度有关，缺少该 SV 的基因在棉花纤维中的表达量显著降低。在 G_b 和 G_d 中缺失这个 SV（相对于 G_m），表明缺失事件发生在与 G_m 分歧之后。在 D04 上的一个线性区间内发现了一个大规模的倒位事件（4.48Mb），它能够区分 G_h 类（即 G_e、G_s 和 G_h）与 G_t 和 G_b 类（G_b 和 G_d）（图 3-15b）。通过将 4 种种质（G_b、G_e、G_s 和 G_{hp}）的 Hi-C 数据映射到 TM-1_WHU V1 上进一步证实这个倒位的真实性。值得注意的是，该倒位边界上的两个基因参与了多种非生物胁迫反应，其中 *Ghi_D04G05266* 基因编码钙依赖性蛋白激酶（calcium-dependent protein kinase），*Ghi_D04G0499* 基因编码 P 类酒精脱氢酶（alcohol dehydrogenase class-P）。另一个大倒位（约 986kb，位于 D01 共线性块中）同时存在于栽培种（G_b 和 G_h）中，而它们在近缘野生种中并不存在（图 3-15c）。在该倒位的边界处有一个拟南芥 *BXL* 基因的同源基因 *Ghi_D01G09866*，它编码与次生细胞壁代谢相关的 β-木糖苷酶，表明该基因可能与纤维品质有关；另一个基因 *Ghi_D01G10141* 编码乙烯响应转录因子，它与 TPL 相互作用以调节种子萌发。总之，在四倍体棉花的进化过程中出现的 SV 可能导致了重要的表型分化。

结合先前发表的 5 种四倍体棉种（G_h、G_b、G_t、G_m 和 G_d），利用 8 个四倍体开展了棉花泛基因组分析，共检测到 96 537 个基因家族。与其他植物中的发现类似，核心基因富集到与"生物合成过程调节"和"代谢过程"相关的生物学过程。棉属中泛基因（pan-gene）数量随着基因组的数目增加而持续增多，基因数目增长并未出现平台期，这与大多数种内或种间泛基因组研究结果并不一致。例如，大豆及其野生近缘种比较时，泛基因数目增加有一个平台期。在棉属的基因家族中，大多数来自核心家族，平均占比

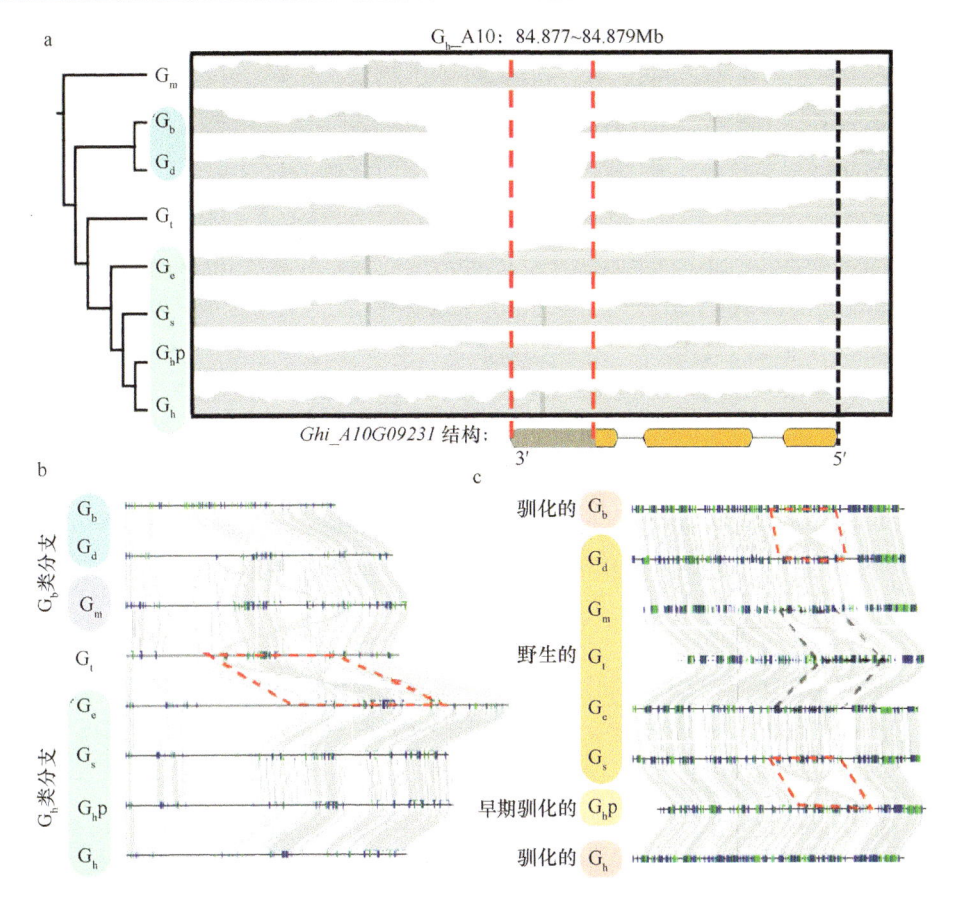

图 3-15　四倍体棉花基因组中的 SV（Peng et al.，2022）

a. 在所有 8 个四倍体棉基因组的 A_t10 中的共线性块中，一个 450bp 片段 SV 发生在 G_h 和 G_b 进化枝之间，显示了 8 个四倍体棉基因组的 Illumina 读数覆盖的 G_h 基因组（上）和 *Ghi_A10G09231* 的基因结构（下）。*Ghi_A10G09231* 的删除区域以红色勾勒并以灰色条标记。黄色条表示编码序列区域。进化关系显示在左侧的树中。b. 在 G_h 和 G_b 进化枝之间发生了 4.5Mb 的倒位。c. 相对于它们的野生祖先，G_b 和 G_h 都发生了 980kb 的倒位

例为 59.78%（27 484 个家族），近 1/4 的基因是补偿基因（每个基因组中平均有 18 809 个基因）。研究发现平均 6.81% 的基因为物种特异性基因，G_h 类分枝中特异基因的数量是其他 4 种棉花中的 2 倍左右。此外，与陆地棉和海岛棉的野生近缘种比较，两者中特异基因数量较少（即 G_h 与 G_hp 和 G_b 与 G_d 对比）。

核苷酸结合位点富含亮氨酸重复基因（NLR）家族介导植物对生物胁迫的抗性。在 8 个四倍体棉花基因组中分别鉴定了 3462~4312 个 NLR 基因。NLR 基因几乎分散在所有染色体上，且 D 亚基因组中的数量显著高于 A 亚基因组中的数量，与已报道的研究结论一致。研究还在 G_hp 和 G_e 的 A04、A11 和 D11 染色体上观察到基因簇现象。针对 G_e 的 A04 和 A11 染色体上 NLR 基因簇设计的寡核苷酸探针，分析这些基因簇在其他四倍体基因组中的分布情况。值得注意的是，驯化棉花基因组中观察到的 NLR 基因结构域范围比在其他基因组中范围更窄，这种现象在 G_h 类进化枝中尤为明显，表现出从野生棉到驯化棉逐渐减少的趋势。

（四）相对早期驯化的 G_hp 的基因进化

野生四倍体棉花的栖息地周期性地发生干旱或盐胁迫。受现代改良作用较少的 G_hp 可能包含适应这些恶劣环境的基因或基因家族。值得注意的是，与其他 7 个异源四倍体棉花物种相比，在 G_hp 中鉴定到 446 个扩张基因家族包含 948 个基因。GO 富集分析表明这些基因主要富集到钠离子转运（GO：0006814）、糖酵解过程（GO：0006096）、生物素代谢（ath00780）、脂肪酸代谢（ath01212）和脂肪酸生物合成（ath00061）通路。为了分析 G_hp 在胁迫中的作用，分别取 G_hp 在盐和干旱胁迫处理后（0h、12h 和 24h）的幼苗进行转录组测序分析。以 0h 幼苗叶作为对照组，分别在盐和干旱处理中鉴定到 9700 个和 1197 个差异表达基因（DEG）。研究发现在 G_hp 的 948 个扩张基因中有 402 个（42.41%）呈现明显的转录表达变化，表明这些基因家族的扩张可能有助于非生物和生物胁迫抗性。在这些扩张的 DEG 中，鉴定到一个 DEG——*GhirPD0101G028900*，编码烯酰辅酶 A-delta-异构酶 3（enoyl-CoA delta isomerase 3，ECI3），是拟南芥 *ECI3* 的同源基因。该基因参与拟南芥对盐和干旱胁迫的响应，并且该基因在棉花中的同源基因在干旱和胁迫处理中表达水平均发生了显著变化。还观察到一个 DEG——*GhirPA0801G001500*，它是乙烯响应转录因子 *RAP2-7* 的同源基因，属于 AP2/ERF 转录因子家族。该家族不仅通过胁迫因子和胁迫信号转导途径参与基因表达的调控，而且还负调控植物营养生长与开花间的转变。这些结果说明了半野生棉 G_hp 在优异基因发掘，尤其是在环境适应性相关基因的发掘方面具有潜力。

棉属 7 个异源四倍体棉花的参考基因组序列组装完成，为深入挖掘棉花野生资源中的优异基因奠定基础。以基因组序列为参考，未来结合全景多组学数据，不仅有利于更好地了解棉花的进化和驯化，并将进一步加速棉花优异性状关键基因，尤其是与逆境胁迫应答和纤维发育相关的基因的挖掘。

参 考 文 献

Bao Y, Hu G, Grover C E, et al. 2019. Unraveling cis and trans regulatory evolution during cotton domestication. Nat Commun, 10(1): 5399.

Bell A A, Robinson A F, Quintana J, et al. 2015. Registration of BARBREN-713 germplasm line of upland cotton resistant to reniform and root-knot nematodes. J Plant Regist, 9(1): 89-93.

Chen Z J, Sreedasyam A, Ando A, et al. 2020. Genomic diversifications of five *Gossypium* allopolyploid species and their impact on cotton improvement. Nat Genet, 52(5): 525-533.

Chen Z, Cao J, Zhang X, et al. 2017. Cotton genome: challenge into the polyploidy. Sci Bull, 62(24): 1622-1623.

Cheng H, Concepcion G T, Feng X, et al. 2021. Haplotype-resolved de novo assembly using phased assembly graphs with hifiasm. Nat Methods, 18(2): 170-175.

Dai P, Sun G, Jia Y, et al. 2020. Extensive haplotypes are associated with population differentiation and environmental adaptability in Upland cotton (*Gossypium hirsutum*). Theor Appl Genet, 133(12): 3273-3285.

Desai A, Chee P W, Rong J, et al. 2006. Chromosome structural changes in diploid and tetraploid A genomes of *Gossypium*. Genome, 49(4): 336-345.

Ding M, Chen Z J. 2018. Epigenetic perspectives on the evolution and domestication of polyploid plant and

crops. Curr Opin Plant Biol, 42: 37-48.
Doležel J, Bartoš J, Voglmayr H, et al. 2003. Letter to the editor. Cytom Part A, 51A(2): 127-128.
Dong Y, Hu G, Grover C E, et al. 2022. Parental legacy versus regulatory innovation in salt stress responsiveness of allopolyploid cotton (*Gossypium*) species. Plant J, 111(3): 872-887.
Edwards G A, Endrizzi J E, Stein R. 1974. Genome DNA content and chromosome organization in *Gossypium*. Chromosoma, 47(3): 309-326.
Gerstel D U. 1953. Chromosomal translocations in interspecific hybrids of the genus *Gossypium*. Evolution, 7(3): 234-244.
Gordon S P, Contreras-Moreira B, Woods D P, et al. 2017. Extensive gene content variation in the *Brachypodium distachyon* pan-genome correlates with population structure. Nat Commun, 8(1): 2184.
He P, Zhang Y, Xiao G. 2020. Origin of a subgenome and genome evolution of allotetraploid cotton species. Mol Plant, 13(9): 1238-1240.
He S, Sun G, Geng X, et al. 2021. The genomic basis of geographic differentiation and fiber improvement in cultivated cotton. Nat Genet, 53(6): 916-924.
Hendrix B, Stewart J M. 2005. Estimation of the nuclear DNA content of *Gossypium* species. Ann Bot, 95(5): 789-797.
Hu Y, Chen J, Fang L, et al. 2019. *Gossypium barbadense* and *Gossypium hirsutum* genomes provide insights into the origin and evolution of allotetraploid cotton. Nat Genet, 51(4): 739-748.
Huang G, Huang J, Chen X, et al. 2021. Recent advances and future perspectives in cotton research. Annu Rev Plant Biol, 72(1): 437-462.
Huang G, Wu Z, Percy R G, et al. 2020. Genome sequence of *Gossypium herbaceum* and genome updates of *Gossypium arboreum* and *Gossypium hirsutum* provide insights into cotton A-genome evolution. Nat Genet, 52(5): 516-524.
Huang K, Rieseberg L H. 2020. Frequency, origins, and evolutionary role of chromosomal inversions in plants. Front Plant Sci, 11: 296.
Li F, Fan G, Lu C, et al. 2015. Genome sequence of cultivated Upland cotton (*Gossypium hirsutum* TM-1) provides insights into genome evolution. Nat Biotechnol, 33(5): 524-530.
Li F, Fan G, Wang K, et al. 2014. Genome sequence of the cultivated cotton *Gossypium arboreum*. Nat Genet, 46(6): 567-572.
Liu X, Zhao B, Zheng H, et al. 2015. *Gossypium barbadense* genome sequence provides insight into the evolution of extra-long staple fiber and specialized metabolites. Sci Rep, 5(1): 14139.
Lu X, Chen X, Wang D, et al. 2022. A high-quality assembled genome and its comparative analysis decode the adaptive molecular mechanism of the number one Chinese cotton variety CRI-12. GigaScience, 11: glaco19.
Lu X, Fu X, Wang D, et al. 2019. Resequencing of cv CRI-12 family reveals haplotype block inheritance and recombination of agronomically important genes in artificial selection. Plant Biotechnol J, 17(5): 945-955.
Ma Z, Zhang Y, Wu L, et al. 2021. High-quality genome assembly and resequencing of modern cotton cultivars provide resources for crop improvement. Nat Genet, 53(9): 1385-1391.
Pan Y, Meng F, Wang X. 2020. Sequencing multiple cotton genomes reveals complex structures and lays foundation for breeding. Front Plant Sci, 11: 560096.
Paterson A H, Bowers J E, Bruggmann R, et al. 2009. The *Sorghum bicolor* genome and the diversification of grasses. Nature, 457(7229): 551-556.
Paterson A H, Wendel J F, Gundlach H, et al. 2012. Repeated polyploidization of *Gossypium* genomes and the evolution of spinnable cotton fibres. Nature, 492(7429): 423-427.
Peng R, Xu Y, Tian S, et al. 2022. Evolutionary divergence of duplicated genomes in newly described allotetraploid cottons. Proc Natl Acad Sci USA, 119(39): e2208496119.
Perkin L C, Bell A, Hinze L L, et al. 2021. Genome assembly of two nematode-resistant cotton lines (*Gossypium hirsutum* L.). G3(Bethesda), 11(11): jkab276.
Shen C, Wang N, Zhu D, et al. 2021. *Gossypium tomentosum* genome and interspecific ultra-dense genetic

maps reveal genomic structures, recombination landscape and flowering depression in cotton. Genomics, 113(4): 1999-2009.

Stephens S G. 1944. Phenogenetic evidence for the amphidiploid origin of new world cottons. Nature, 153(3871): 53-54.

Sun S, Zhou Y, Chen J, et al. 2018. Extensive intraspecific gene order and gene structural variations between Mo17 and other maize genomes. Nat Genet, 50(9): 1289-1295.

Udall J A, Long E, Hanson C, et al. 2019. *De novo* genome sequence assemblies of *Gossypium raimondii* and *Gossypium turneri*. G3(Bethesda), 9(10): 3079-3085.

Van de Peer Y, Ashman T-L, Soltis P S, et al. 2021. Polyploidy: an evolutionary and ecological force in stressful times. Plant Cell, 33(1): 11-26.

Wang K, Wang Z, Li F, et al. 2012. The draft genome of a diploid cotton *Gossypium raimondii*. Nat Genet, 44(10): 1098-1103.

Wang K, Wendel J F, Hua J. 2018. Designations for individual genomes and chromosomes in *Gossypium*. J Cotton Res, 1(1): 3.

Wang M, Tu L, Yuan D, et al. 2019. Reference genome sequences of two cultivated allotetraploid cottons, *Gossypium hirsutum* and *Gossypium barbadense*. Nat Genet, 51(2): 224-229.

Wang S, Chen J, Zhang W, et al. 2015. Sequence-based ultra-dense genetic and physical maps reveal structural variations of allopolyploid cotton genomes. Genome Biol, 16(1): 108.

Wendel J F. 2015. The wondrous cycles of polyploidy in plants. Am J Bot, 102(11): 1753-1756.

Xiao C, Chen Y, Xie S, et al. 2017. MECAT: fast mapping, error correction, and de novo assembly for single-molecule sequencing reads. Nat Methods, 14(11): 1072-1074.

Yang Z, Ge X, Yang Z, et al. 2019. Extensive intraspecific gene order and gene structural variations in upland cotton cultivars. Nat Commun, 10(1): 1-13.

Yang Z, Qanmber G, Wang Z, et al. 2020. *Gossypium* genomics: trends, scope, and utilization for cotton improvement. Trends Plant Sci, 25(5): 488-500.

Yu J, Jung S, Cheng C H, et al. 2021. CottonGen: the community database for cotton genomics, genetics, and breeding research. Plants, 10(12): 2805.

Yuan D, Tang Z, Wang M, et al. 2015. The genome sequence of Sea-Island cotton (*Gossypium barbadense*) provides insights into the allopolyploidization and development of superior spinnable fibres. Sci Rep, 5(1): 17662.

Zhang T, Hu Y, Jiang W, et al. 2015. Sequencing of allotetraploid cotton (*Gossypium hirsutum* L. acc. TM-1) provides a resource for fiber improvement. Nat Biotechnol, 33(5): 531-537.

Zhao T, Tao X, Feng S, et al. 2018. LncRNAs in polyploid cotton interspecific hybrids are derived from transposon neofunctionalization. Genome Biol, 19(1): 195.

第四章 棉花种质资源与变异组学研究

第一节 中国棉花种质资源概况

一、棉花种质资源的分类

种子是农业的芯片,而种质资源(germplasm resource)是种子的基础。种质资源,又称遗传资源,是指选育新品种(系)的基础材料,包括植物的选育品种、农家品种、野生种的繁殖材料及利用上述繁殖材料人工创造的各种植物的遗传材料。棉花种质资源主要包括棉属的选育品种、陆地棉半野生种系(农家品种)、野生棉及其近缘种等。

(一)选育品种

选育品种是人们按照生产的需求,经过系统选育、杂交、诱变、转基因和基因编辑等现代育种技术培育的,正在生产上或曾在生产上使用的材料,它们是种质资源的基本材料,同时还是进一步选育新品种的种质基础。

(二)农家品种

农家品种,又称地方品种或传统品种,它们多数未经现代育种技术改良,是在某地种植数十年、数百年,甚至更长时间的品种。一个品种在局部地区内经长期的选择和栽培,使某种特点获得了增强,演变成适合当地特定的生态条件下种植的品种,通常是以地方地名或性状命名。我国现存亚洲棉中农家品种的数量十分庞大,如睢县紫花棉、海门紫棉花、江陵中棉等。地方品种的某些特性比较突出,但整体农艺性状较差,已经被现代选育品种所取代,退出历史舞台。

(三)野生棉

除棉属的四大栽培种外,棉属至少还包含49个野生种。按照基因组的亲缘关系,可分为A、B、C、D、E、F、G和K 8个二倍体染色体组以及1个异源四倍体AD组。在野生种中,D和K染色体组中的棉种数目均超过12个,是数量最多的两个染色体组。尽管野生棉不能在棉花生产上直接应用,但野生棉中蕴藏大量优异的抗病、抗旱、抗虫和纤维品质改良基因,是改良陆地棉的天然优异基因资源。通过远缘杂交的方法利用二倍体野生棉改良陆地棉十分困难,但也有成功的案例。例如,近来He等(2021)报道了瑟伯氏棉(D_1)在陆地棉的纤维品质改良中具有重要作用;江苏省农业科学院研究团队利用异常棉创制了陆地棉背景的染色体替换系,替换系材料的抗旱性和纤维品质大幅提升（Xu et al., 2022）。哈克尼西棉（D_{2-2}）是陆地棉不育系的主要贡献者之一，在棉花三系杂交上具有广泛的应用。相较而言，异源四倍体野生棉（黄褐棉、毛棉、达尔文氏棉、艾克棉和斯蒂芬氏棉）能够直接和陆地棉杂交，但面临杂交后代不稳定的情况。

（四）陆地棉半野生种系

陆地棉原产于美洲墨西哥的高地及加勒比海地区，又称高原棉（upland cotton）。陆地棉除了包含现代选育品种外，还存在 7 个半野生棉地理种系，分别为莫利尔氏棉（*Gossypium hirsutum* subsp. *morilli*）、李奇蒙德氏棉（*G. hirsutum* subsp. *richmondi*）、鲍莫尔氏棉（*G. hirsutum* subsp. *palmeri*）、尖斑棉（*G. hirsutum* subsp. *punctatum*）、尤卡坦棉（*G. hirsutum* subsp. *yucatanense*）、玛丽加朗特棉（*G. hirsutum* subsp. *marie-galante*）、阔叶棉（*G. hirsutum* subsp. *latifolium*）。半野生棉具有抗病、抗虫、耐盐碱和具高强纤维等优良性状，可用于陆地棉的遗传改良。莫利尔氏棉主要分布在墨西哥的瓦哈卡、普埃布拉和莫雷洛斯等地，是分布最北的一个地理种系。它是多年生灌木，分枝繁茂，可达到或超过主茎高度，棉铃较小，纤维长绒多为白色、乳白色或棕色，短绒多绿色。李奇蒙德氏棉分布在墨西哥的瓦哈卡以南地区。它也是多年生灌木，株型松散，节间较长，果枝柔细，棉铃小而圆，长绒为白色、乳白色或棕色，短绒绿色或棕色。鲍莫尔氏棉分布在墨西哥格雷罗和瓦哈卡西部沿海地区。它也是多年生灌木，主茎高大，节间短，棉铃呈圆形，长绒多数为白色，也有部分呈棕色，短绒为绿色或棕色。尖斑棉分布在墨西哥湾的中美洲、海地、古巴等地区和国家，向南延伸到波多黎各岛。它也是多年生灌木，丛生状，果枝细少，长绒为白色或棕色，短绒也为白色或棕色。尤卡坦棉分布在墨西哥北部尤卡坦半岛，普罗格雷素地区海边的沙丘上。它的植株细小，生长慢，果枝多，主茎叶光滑，花青素少，棉铃小而圆，纤维为白色或棕色，短绒为棕色。玛丽加朗特棉分布在古巴以南、巴拿马到巴西北部的南美洲沿海地区。它也是多年生灌木，植株高大，花瓣白色无红斑，长绒为白色，短绒为绿色。阔叶棉分布在墨西哥的恰帕斯地区和危地马拉中北部。大田种植的阔叶棉为一年生亚灌木。茎秆有茸毛，叶片面积较大，花瓣呈白色，花基斑为红色或无花基斑，铃呈卵圆或椭圆，铃重 2.0~6.3g，长绒为白色或棕色。18 世纪初从恰帕斯阿克拉（Acala）生长的阔叶棉中选育出爱字棉（Acala）和许多陆地棉品种，由于其具有广泛的适应性和高产等优点，迅速在全球的棉花种植国传播。基于序列的进化树研究表明，不同的地理种系在进化树上表现出混杂现象，说明它们的基因组序列比较相似，并在基因型上产生明显的分化现象。因此，先前按照地理来源进行分类的方式可能需要重新审视。

二、中国棉花种质资源概况

我国是棉花生产大国，但并不是棉花的起源地，历来种植的棉花都由引种发展而来。我国棉花种质资源的保有量居世界第二位，截至"十三五"末，国家棉花种质资源中期库中共保存 1.2 万余份棉花种质资源材料。此外，国家野生棉种质资源圃（三亚）内还保存 38 个活体棉种。棉属共包含四大栽培种，分别为亚洲棉（*G. arboreum*）、草棉（*G. herbaceum*）、陆地棉（*G. hirsutum*）和海岛棉（*G. barbadense*），它们都在中国推广使用过，目前广泛种植的是陆地棉。

（一）亚洲棉种质资源研究概况

亚洲棉在中国具有近千年的种植史，是中国种植历史最为悠久、对中华民族贡献最大的棉种。它起源于印度河下游的河谷地带，是唯一在亚洲起源和驯化的棉种。2000 多年前，亚洲棉经缅甸、泰国、越南传入中国西南地区（云南、广西等地），再由西南地区逐步推广到长江和黄河流域种植。亚洲棉是古老的栽培种，是人类种植最早的农作物之一，按照地理分布可分为 6 个地理种系：印度棉、苏丹棉、缅甸棉、中棉、垂铃棉和孟加拉棉。亚洲棉在中国形成了独特的地理种系，称为"中棉"，19 世纪后期随着纺织工业的兴起，亚洲棉逐渐被产量高、品质优的陆地棉所取代。亚洲棉具有早熟、抗病、耐旱、纤维耐湿、抗虫等陆地棉所不具备的优点，能够应用于陆地棉的遗传改良。新中国成立后，我国通过种质资源的收集和征集，抢救了一批宝贵的亚洲棉种质资源，国家棉花种质资源中期库中保存的亚洲棉种质资源为 620 份左右。

（二）草棉种质资源研究概况

草棉和亚洲棉一样都属于二倍体栽培种，它起源于非洲南部，早期在东南非洲或西南非洲种植。草棉是最早传入中国的棉种，大约在 2200 年前，经"丝绸之路"，自中亚传入中国西北地区，并在新疆、甘肃等地种植。由于种植年代久远，早期人们对棉花种质资源的重要性认识不足，导致我国草棉的绝大部分种质资源都已经灭绝，国家棉花种质资源中期库中现存的草棉种质资源数目仅几十份。

（三）陆地棉种质资源概况

陆地棉是全球种植最为广泛的棉种，也是我国棉花种质资源数量最多的棉种。我国最早于 1865 年在上海开始试种陆地棉，这是最早引入美棉的记录，但由于规模太小，未能在当时的棉花主产区大量推广。中国最早的大规模引种可以追溯到 1892 年，湖广总督张之洞大规模从美国引入陆地棉，在湖北武昌、孝感、麻城等 15 个州县试种，由此拉开了美棉在中国大规模应用的序幕（喻树迅，2018）。1904 年从美国引入乔治思、奥斯亚等品种，1919 年又从美国引入金字棉、爱字棉、脱字棉、杜兰果棉、哥伦比亚棉、隆字棉、埃及棉和海岛棉 8 个棉花标准品种，在长江流域和黄河流域棉区的 20 处试种。此后又从朝鲜引入金字棉-木浦 113-4（特早熟品种）、德字棉 531、斯字棉 4 号、岱字棉 14、珂字棉 100、斯字棉 2B 等品种在我国大规模推广。在上述背景下，经过系统选育和杂交转育等方法创制了一批棉花种质资源。由于棉花种质资源遗传背景狭窄，我国在世界上开展了广泛的合作，不断从国外引进棉花种质资源材料。2005 年之前，我国从 53 个国家或地区引入棉花种质资源 100 次以上，引入资源

2222份,其中陆地棉2013份,海岛棉209份;2008~2017年从俄罗斯、塔吉克斯坦等国引进材料706份,其中陆地棉567份。2011~2013年收集巴西棉花种质资源16份,墨西哥材料45份和美国材料239份(杜雄明等,2012)。截至2022年10月,我国棉花种质资源中期库共收集陆地棉种质资源材料10 812份,跃居世界棉花种质资源大国行列。

(四)海岛棉种质资源概况

海岛棉,又称"长绒棉",起源于南美洲、中美洲和加勒比地区。我国海岛棉引种有记录可查的最早时间为1919年,是从美国引入的埃及型海岛棉。20世纪50年代,新疆开始引种试种海岛棉,其中苏联的埃及型海岛棉在新疆具有较强的适应性。新疆的阿克苏地区、喀什和吐鲁番等地是中国长绒棉的主产区,其中阿克苏地区种植的长绒棉面积占90%。经过近70年的发展,新疆长绒棉种质资源的收集、整理和保存工作取得了长足发展,国家棉花种质资源中期库中现存1000余份海岛棉种质资源材料(数据截至2022年11月)。

三、中国种质资源收集与保存

种质资源是良种的基础,随着科技的发展,种质资源对良种的研发愈发重要。新中国成立后,我国曾组织了多次棉花种质资源考察和收集工作。1953~1957年,中国组织了一次大规模的棉花种质资源考察收集工作。1955年和1956年农业部连续两年发布全国征集主要农作物原始品种材料的通知。通过此次活动,共收集到超过2000份的棉花种质资源材料。1975~1983年,中国农业科学院棉花研究所等有关涉棉研究单位,组织科研人员开展了第二次大规模的棉花种质资源考察和收集工作,对我国西南地区的云南、广西、贵州以及海南岛的棉花种质资源进行考察和收集。2002年10~11月,中国农业科学院棉花研究所科研人员组成三队再次对中国西南地区少数民族居住的边远山区进行考察和收集,共收集到种质资源176份(喻树迅,2018)。"十一五"以来,中国农业科学院棉花研究所又对中国西南边境地区濒危棉花地方品种进行了多次抢救性发掘、收集和保护工作。最近一次发生在2012~2015年,考察组考察了107个县市(来自广西、云南、贵州、广东、海南、西藏和新疆)的地方品种,共收集到262份资源材料,包含55份陆地棉地方品种——蓬蓬棉(杜雄明等,2017)。

四、棉花种质资源评价和表型鉴定

(一)棉花种质的表型精准鉴定

利用各种棉花种质资源的第一步就是要进行表型的鉴定。棉花的表型鉴定主要依靠人工,设置不同试验地点和年份的田间试验,采用相同的技术规范要求(《农作物种质资源鉴定评价技术规范棉花》NY/T 2323—2013)进行表型数据的收集。一般调查的性状包括播种期、吐絮期、生育期、株型、株高、第一果枝节位、果枝类型、果枝数、铃数、铃型、铃重、叶片颜色、叶片性状、叶片面积、叶片厚度、叶背主脉茸毛、主茎茸毛、衣分、纤维品质等性状。此外，为了筛选抗逆种质资源，耐盐鉴定主要在盐池中完成，并结合沿海盐碱滩涂实境鉴定；抗病鉴定主要由重病田鉴定结合病圃鉴定的方法完成。"十三五"期间，我国在棉花种质资源精准鉴定方面发展迅速，亚洲棉核心种质资源、陆地棉核心种质资源和海岛棉资源材料的表型数据均已搜集完成，为资源高效利用奠定了基础。

（二）棉花种质资源材料的基因型鉴定

基因型鉴定一直以来都是种质资源鉴定的核心工作。早期基因型的鉴定工作主要通过细胞学的方法完成，如根据染色体数目和形态特征对外形特征不易区分的棉种进行分类。随着分子标记技术的发展，限制性片段长度多态性（RFLP）标记、随机扩增多态性 DNA（RAPD）标记、简单重复序列（SSR）和单核苷酸多态性（SNP）标记等技术在不同时期均对棉花种质资源分类起到了促进作用。

1. RFLP 标记

限制性片段长度多态性标记的概念产生于 1980 年，作为第一代分子标记广泛应用于生物学研究。它的基本原理是当同源染色体上同一区段序列具有差异时，用酶处理可以产生不同长度的限制性片段。主要研究步骤包括 DNA 提取、限制性内切酶消化 DNA、凝胶电泳分离 DNA 片段、DNA 片段转移、DNA 片段的杂交和显影。通过杂交能够显示不同长度的 DNA 片段，限制性内切酶对序列的识别具有专一性。因此，使用不同的限制性内切酶处理同一 DNA 分子时，将产生与之对应的不同限制性片段，进而产生大量的多态性位点。RFLP 标记遍及低拷贝的编码区，且十分稳定。RFLP 标记是第一种可以用于作图的分子标记，具有如下特点：处在染色体上的位置相对固定；亲代与子代相同位置位点上的多态性不变；RFLP 位点具有共显性，可以在同一块凝胶电泳中同时显示。因此，RFLP 在基因遗传定位和人类疾病遗传分析方面发挥了重要的作用。然而 RFLP 分析需要大量的 DNA，操作十分繁琐，且分子标记的密度较低，很快被其他技术所替代。

2. RAPD 标记

随机扩增多态性标记是在 1990 年发明的，它是一种基于 PCR 技术而发展起来的标记技术，常用于表征和追踪不同植物、动物物种的系统发育和生物品种鉴定。通过 10~12bp 长的随机短引物对基因 DNA 进行大规模扩增，经琼脂糖或聚丙烯酰胺电泳分离和溴化乙锭染色后，可在紫外线下观察序列的多态性。RAPD 的特点是不需要了解目标基因组的 DNA 序列，引物将结合到模板上的某个位点，但不确定具体结合的位置。

3. SSR 标记

简单重复序列按照重复单位的长度可将串联重复序列分为卫星 DNA（单个 100~

300bp)、小卫星 DNA（单个 10～60bp）、微卫星 DNA（单个 1～6bp）。微卫星 DNA 序列以 1～6 个核苷酸为 1 个重复单元，首尾相连组成的串联重复，重复次数为 10～50 次，长度为数百个碱基。研究发现，微卫星的重复单元数目高度变异，不同个体在同源染色体的同一区段上的 SSR 序列的长度不同，所以通过 PCR 扩增后再经琼脂糖或聚丙烯酰胺凝胶电泳能将差异小至几个碱基的序列分开。尽管微卫星序列的差异较大，但其两侧的侧翼序列一般较为保守，可用于标记引物的开发。SSR 标记在基因组中分布十分广泛，且分布较均匀，该技术广泛应用于遗传图构建、目标基因精细定位、遗传多样性分析、亲缘关系分析和指纹图构建。

SSR 标记具有高度重复性、共显性、丰富的多态性、高度可靠性等特点，但在设计引物时需要对所研究物种的一系列微卫星位点进行克隆和测序分析，这是非常费时、费力且成本高昂的工作。因此，在没有参考基因组的物种中应用十分困难。此外，研究中还发现 SSR 的密度对于进行精细定位和关联分析等还是远远不足的。

4. SNP 标记

随着高通量测序技术的发展和测序成本的降低，直接利用全基因组测序数据开发单核苷酸多态性（SNP）标记已在动植物和微生物中得到广泛应用。通过这种测序方法一次能够开发出数百万的标记，直接实现单碱基水平的定位，极大地促进了棉花种质资源的研究。目前，基因组重测序已经在亚洲棉、陆地棉和海岛棉种质资源基因型鉴定方面得到广泛应用，棉花种质资源的遗传本底得到进一步明确，通过全基因组关联分析棉花重要农艺性状遗传基础亦被解析。

（三）棉花种质资源群体遗传多样性研究的基本方法

在基因组测序完成之后，一般都会开展对种质资源的重测序工作。重测序主要是对不同的种质资源材料的基因组序列开展低深度的基因组测序工作，测序的深度可以根据预算调整，一般推荐深度覆盖基因组的 5～10 倍，随着测序成本的降低棉花中也有测序 30 倍的报道。随着测序深度的提升，检测变异的能力也随之提升，尤其是基因组结构变异（拷贝数变异、大片段的插入或缺失等）需要高深度的重测序才能完成。测序一般选择经过连续多代自交的材料，这样可以降低基因组的杂合度，增加纯合变异位点，更加有利于候选位点的分析。

二代测序的平台目前还是以 Illumina 公司的测序平台为主。早期的有 HiSeq 系列，目前比较主流的为 NovaSeq 6000 系列，该机器配备了不同的测序模块，可供用户选择。华大集团也推出了一系列的国产二代测序仪，包括 DNBSEQ-T10×4、DNBSEQ-T7、MGISEQ-2000 等。其中 DNBSEQ-T7 的日产能高达 6TB，PE150 的测序时间仅为 24～30h，测序碱基质量值达 Q30 的比例（1000 个碱基中有 1 个错误）大于 80%。

一般情况下我们从测序公司获得的二代测序数据都是 FASTQ 格式的，可以称为原始数据（raw data）。实际上二代测序的原始数据是显微拍摄的图片信息，经由图像转换数据软件（如 Illumina 用 Bcl2Fastq）转化为序列信息。获得测序序列后需要去除序列的接头，过滤和剪切掉一些碱基质量不高的序列。我们从测序公司获得的每条测序读长在文件中包含4行，第一行为序列名称，第二行为序列碱基，第三行为序列名称，可以与第一行相同也可以用+表示，第四行为碱基的质量，见图4-1。

@A00601: 394: HW5WKDSXY:3:1101: 17219: 1063 1:N: 0: CAGCGTTA
CGACCGCATCCCTAAAAAACCAAAGGTTCAACTTTCTTTCCCCAAAAGCTGTACCCATGAAACATGTGTCTTCCACCCCTCCAAAGCCTACCAAGCTGTACAGAGGGGTGAGACAGAGGC
+
FFHJFKFFEFBFCFFFFFHFFFHFFFFFFFFFFFGFGFFFFFFFFFF?FFFGFFFFFFFFFFFFFFHFFFFFFFFFFFFFFFFFFFFFFFFFFFFFFFFFFFFF

图4-1　FASTQ文件的范例

碱基质量值是一个碱基错误概率的对数值，Illumina 使用的碱基质量值格式为Phred+33。碱基质量值使用 Q（Phred 值），其计算公式如下：

$$Q = -\lg(P)$$

式中，P 为碱基的错误率。碱基质量值与错误率的关系如表4-1所示。

表4-1　常用碱基质量值与错误率关系对应表

Q 值	碱基错误可能性	错误率（P）
10	10 个有 1 个错误	0.1
20	100 个有 1 个错误	0.01
30	1000 个有 1 个错误	0.001

如果进行单末端测序，测序数据中只有一个FASTQ测序文件；如果进行双末端测序，测序结果一般包含两个FASTQ测序文件，分别代表先后测序获得的读长数据，两个文件中的行数应当一致，相同行数的数据来自同一条DNA片段的双末端测序数据。

对获得的FASTQ测序文件完成质量控制之后，需要对高通量的数据进行比对。比对前需要先选定比对的参考基因组序列，在有多个参考基因组的前提下，尽量选择序列连续性较高的版本作为比对的参考序列。二代测序得到的短读长进行比对的常用软件有Bowtie、BWA、HISAT2和Tophat等。基因组重测序常用的比对软件是BWA（Burrows-Wheeler-Alignment tool），包含3种算法：①BWA-bactrack，用于Illumina reads的比对，读长的长度最长为100bp；②BWA-SW，用于比对长读长，支持长度为70~1 000 000bp；③BWA-MEM，与BWA-SW的适用性一致，速度和准确性进一步提升，与BWA-bactrack相比，比对性能也进一步提升。比对的第一步就是需要对参考基因组序列进行Index数据库构建，随后就是对读长使用BWA-MEM进行序列比对。

比对的结果以SAM（the Sequqnce Alignment/Map format）格式呈现。SAM文件由头部区和主体区两部分组成，均以Tab分列。头部区信息以"@"开始，呈现比对的一般信息，包括SAM格式的版本、比对的参考序列和使用的软件等（表4-2）；主体区主要呈现比对结果，每个比对结果是一行，有11个主列和可选列（表4-3）。

表 4-2 头部文件的含义

名称	含义
@HD VN: 1.0 SO: unsort	VN 是格式版本；SO 是排序类型，包括 unkonwn（default）、unsort、queryname 和 coordinate 几种
@SQ SN: A01 LN: 115951030	SN 后边 A01 是参考序列名称；LN 是对应参考序列的长度
@RG ID: SRR4006740	ID 后边是样品的名称，可以有多个
@PG ID: bwa VN: 0.7.17-r1188 CL: bwa	ID 后边是比对软件，VN 后边是软件版本号

表 4-3 主体区部分的含义

列号	含义
1	QNAME，比对序列的名称，如 SRR4006740.25579571
2	FLAG，比对的类型：paring、strand、mate strand
3	RNAME，比对上的参考序列的名称，如 A01
4	POS，序列第一个碱基比对到参考序列的位置，如 15
5	MAPQ，比对质量，如 60
6	CIGAR，比对结果信息，包括匹配碱基数、可变剪切等。"M" 表示 mattch；"I" 表示 insert；"D" 表示 deletion；"N" 表示 skipped；"S" 表示 soft clipping；"H" 表示 hard clipping；"P" 表示 padding；"=" 表示 match；"X" 表示 mismatch
7	MRNM，相匹配另一条序列比对到参考序列值，"=" 表示两条相同
8	MPOS，相匹配另一条序列比对到参考序列第一个碱基的位置
9	1-Based leftmost Mate Position
10	ISIZE，插入片段长度，如 350
11	QUAL ASCII，read 质量的 ASCII 编码
12	Optional fields，可选的自定义区域。AS: i 匹配的得分；XS: i 第二好的匹配的得分；YS: i mate 序列匹配的得分

获得比对结果后，下一步是进行 SNP/InDel 的分析。分析的常用软件 GATK（Genome Analysis ToolKit）是由千人基因组计划开发出来的。GATK 设计之初是用于分析人类外显子和全基因组数据，随着其不断的发展，现在也可以用于其他物种的分析，同时还支持拷贝数变异（CNV）分析和结构变异（SV）分析，官网上提供了最佳流程。

使用 GATK 获得结果一般以 VCF（variant call format）格式保存，用于记录 SNP/InDel 的信息。VCF 文件包括头部注释信息和主体变异信息（图 4-2）。头部文件都以 "#" 号开头的部分，主要是对 VCF 的注释信息。主体部分包括 10 列数据，每行代表一个变异的信息。

在获取变异信息之后，可以开展一系列的分析，主要包括进化分析、群体结构分析和主成分分析、不同亚群或不同来源材料构成亚群之间的固定指数（F_{st}）分析、群体的遗传多样性分析和重要农艺性状的关联分析等。

#CHROM	POS	ID	REF	ALT	QUAL	FILTER	INFO	FORMAT	B001
A01	2732	.	A	C	1777.29	PASS	.	GT:AD:DP:GQ:PL	0/1:5, 3:8:84:84, 0, 164
A01	89027	.	A	G	24223.3	PASS	.	GT:AD:DP:GQ:PL	0/0:2, 0:2:6:0, 6, 66
A01	198249	.	A	G	38056.4	PASS	.	GT:AD:DP:GQ:PL	1/1:0, 7:7:21:248, 21.0
A01	258439	.	A	G	34232	PASS	.	GT:AD:DP:GQ:PL	1/1:0, 5:5:15:151, 15, 0
A01	263916	.	A	C	23236	PASS	.	GT:AD:DP:GQ:PL	./.:0, 0:0:., :0, 0, 0
A01	272269	.	G	A	23529.2	PASS	.	GT:AD:DP:GQ:PL	1/1:0, 2:2:6:72, 6, 0
A01	280242	.	G	A	21309.4	PASS	.	GT:AD:DP:GQ:PL	1/1:0, 2:2:6:73, 6, 0
A01	286951	.	G	A	11150.5	PASS	.	GT:AD:DP:GQ:PL	0/0:7, 0:7:21:0, 21, 235
A01	287965	.	T	C	11974.5	PASS	.	GT:AD:DP:GQ:PL	0/0:8, 0:8:21:0, 21, 276
A01	290038	.	C	G	8933.37	PASS	.	GT:AD:DP:GQ:PL	0/0:3, 0:3:6:0, 6, 84
A01	295129	.	C	T	6538.2	PASS	.	GT:AD:DP:GQ:PL	./.:0, 0:0:., :0, 0, 0
A01	295454	.	G	A	10671.2	PASS	.	GT:AD:DP:GQ:PL	0/0:2, 0:2:6:0, 6, 67

图 4-2 SNP 变异信息范例

"#"号行为头部信息的最后一行,代表主体部分每列的信息。第一列为参考序列的名称;第二列为变异第一个碱基对应的位置;第三列为变异的名称,若空缺用"."表示;第四列为参考序列的基因型;第五列为等位变异的基因型,若有多个用逗号分开;第六列为变异的质量值,是 Phred 格式,代表此处为纯合位点的概率,值越大代表此处存在二等位或多等位的可能性越大;第七列代表此位点是否要被过滤掉;第八列为变异的相关信息;第九列代表变异的格式,如 GT:AD:DP:GQ:PL。其中 GT 代表样品的基因型,两个数字中间用"/"分开,这两个数字代表双倍体样品的基因型信息,0 表示参考序列基因型,1 表示第一个等位基因型,2 表示第二个等位基因型。0/0 表示样品的位点与参考序列相同,且为纯合位点,0/1 表示样品的变异为杂合位点,1/1 表示样品的基因型与等位变异相同;AD 表示每种基因型的覆盖度,前一个值表示 ref 基因型的覆盖度,第二个值为等位基因型的覆盖度;DP 表示该位点的覆盖度;GQ 表示基因型的质量值。Phred 格式,计算方法为 Phred 值=-10×lg(1-P),P 为基因型存在的概率,Phred 值越大可能性就越大;PL 代表三种基因型(0/0、0/1、1/1)的质量值,三种基因型质量值的和为 1。计算公式为 Phred 值=-10×lg(P),P 为基因型存在的概率,该值越大基因型的可能性越小。

第二节 全转录组关联分析

棉花纤维产量和品质是棉花生产中最重要的数量性状,受基因型和环境共同影响。

一、全转录组关联分析的基本概念

关联分析(association analysis)(又称关联作图)是以连锁不平衡(linkage disequilibrium,LD)为基础,通过将群体材料目标性状的表型数据与遗传标记相结合进行统计分析,发掘性状关联位点的方法(Uffelmann et al.,2021)。里施等在 1996 年首次提出全基因组关联研究分析(genome-wide association studies,GWAS)的概念,即在全基因组水平对单基因性状或多基因复杂性状进行关联分析(Risch et al.,1996)。GWAS 分析常用的模型有一般线性模型(generalize linear model,GLM)和混合线性模型(mixed linear model,MLM)。

由于连锁不平衡现象的存在,GWAS 分析获得的目标性状关联位点往往是一个较大的基因组区间,区间内可能涉及多个紧密连锁但与目标性状不相关的基因。研究还表明 GWAS 分析获得的大部分显著 SNP 位点位于非编码区,可能通过改变调节基因表达的调控元件来影响基因的表达,从而改变目标性状。因此,通常需要将区间内基因的表达水平和 GWAS 分析相结合来辅助筛选候选基因。在这个背景下,整合 GWAS 和基因表达数据集来识别基因与性状之间关联关系的全转录组关联分析(transcriptome-wide association studies,TWAS)方法应运而生。

表达数量性状基因座(expression quantitative trait loci,eQTL)是染色体上解释

mRNA 表达水平在不同条件下变化的 SNP。eQTL 分析通过将每个基因的表达量作为性状的表型，研究遗传标记与基因表达量的相关性，以识别基因组内的调控位置。根据 eQTL 位点与它们调控的基因的物理距离可以将 eQTL 分成顺式 eQTL（*cis*-eQTL）和反式 eQTL（*trans*-eQTL）两大类（图 4-3）。顺式 eQTL 通常是指在它调控的基因的转录起始位点（transcription starting site，TSS）两侧短距离范围内（约 1Mb）的 SNP 变异，而反式 QTL 是指那些距离它们调控的基因较远（至少在 TSS 上游或下游 1Mb 以外的区域）或与调控基因位于不同染色体上的 SNP 变异。靶基因的表达可以通过顺式和反式 eQTL 的共同作用来控制。顺式 eQTL 可以调控多个基因的表达，但是效应都较小（Kliebenstein，2009）；反式 eQTL 主要通过调控靶基因的反式作用因子（如转录因子、增强子）影响靶基因的表达。eQTL 热点的鉴定是 eQTL 分析的一项重要工作。eQTL 热点通常是指能够导致多个下游基因表达量发生变化的变异位点所富集的区域。研究表明，调节因子或转录因子中的许多遗传位点会导致大量的一致性效应，说明 eQTL 热点可能是重要的调控区域（Breitling et al.，2008）。

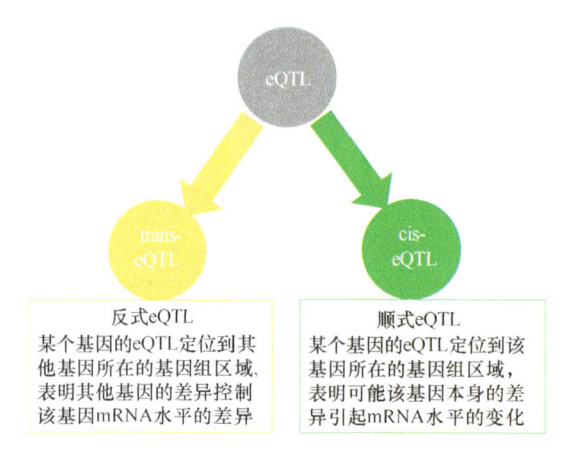

图 4-3 eQTL 种类

二、全转录组关联分析步骤

（一）种质材料选择与表型考察

丰富的种质资源是 GWAS 分析的基础，一般推荐选择 300 个以上的材料。材料的表型性状不仅受基因型的控制，还受种植环境的影响。因此，应制定科学的试验计划，从时间和空间上（如多年和多地点）增加表型的重复，从而降低环境的影响。在表型鉴定时，应尽量避免人工测量误差。

（二）基因型鉴定和转录组测序

随着高通量测序技术的发展和测序成本的降低，可以使用全基因组重测序的方法获得群体材料的 SNP 位点信息，由此来区分不同材料的基因型。同时，进行转录组测序提供每个基因的表达水平，用于鉴定调控基因表达的 eQTL。

(三) 群体结构和亲缘关系分析

自花授粉作物的群体结构会导致某些等位基因频率在不同亚群之间存在显著差异，从而导致假阳性的结果。因此，在 GWAS 分析前需要通过构建群体材料的系统发育树、主成分分析、Structure 分析，研究材料间的群体结构和亲缘关系。

(四) 全基因组关联分析

随着 GWAS 研究的不断深入，关联分析的算法模型和分析软件不断得到优化。目前有很多可以用于全基因组关联分析的软件，如 Emmax、Fast-LMM、GAPIT、PLINK、TASSEL 和 mrMLM 等。

(五) 表达数量性状位点（eQTL）的鉴定

首先，通过 R 软件中的"qqnorm"函数标准化每个基因的转录本表达水平。随后，挑选最小等位基因频率大于 0.05 的 SNP，通过采用 R 软件中的 matrixeQTL 软件与标准化的基因表达量进行关联分析，鉴定出正相关的 SNP（Shabalin，2012）。最后，将距离小于 20kb 的显著 SNP 位点分到同一集群中，具有至少 4 个集群的区域认为是候选 eQTL（Li et al.，2013）。

(六) 全转录组关联分析（TWAS）

GWAS 分析仅能获得候选的基因组区间，无法准确定位到具体的某个基因。TWAS 分析把转录水平（expression）作为遗传变异（genotype）和表型（phenotype）之间的媒介，可以实现对候选基因的筛选。它主要分三个步骤。①基于 reference panel 建模，构建 SNP 和基因表达量之间的关系。reference panel 中的样本同时包含基因型和基因表达量，根据距离确定基因对应的 SNP 位点，如选择基因上下游 500kb 或者 1Mb 范围内的 SNP 位点，拟合这些 SNP 位点和基因表达量之间的关系。②用第一步建模的结果预测另一个队列的基因表达量，这个队列中的材料只有 GWAS 的分析结果，称为 gwas cohort。这一步可以看作是对 gwas cohort 中的基因表达量进行填充。③用填充之后的基因表达量来分析基因表达情况和性状之间的关系。从上述研究思路可以看到，基于 SNP 预测基因表达量的准确性和基因表达量与表型之间的关联程度，是影响 TWAS 分析结果的两个主要因素。

三、全转录组关联分析的影响因素

(一) 群体结构对 GWAS 的影响

当分析材料来源的群体较多时，会导致 GWAS 分析结果出现假阳性的概率升高。因此，试验前要先选取具有代表性的种质资源作为研究群体，通过增大群体容量和评估群体结构来尽可能降低假阳性的概率，进而减少群体结构对 GWAS 分析结果准确性的影响。

（二）连锁不平衡对 GWAS 的影响

连锁不平衡在群体遗传学中是指给定种群中不同基因座（位点）上的等位基因之间的非随机关联性，是 GWAS 分析的理论基础。一般情况下，连锁不平衡的衰减距离越小，关联分析时需要的 SNP 标记越多，越容易找到与目标性状紧密连锁的分子标记，提高关联分析的精确性。因此，在构建关联群体时，为了减少连锁不平衡性，获得更多的表型和遗传变异，应选择地理差异较大的品种作为关联分析材料。

第三节 亚洲棉变异组及重要性状遗传基础解析

一、亚洲棉核心种质资源的筛选及表型鉴定

亚洲棉在我国具有近千年的种植史，形成了丰富的变异类型，不仅是研究生物学问题的载体，还是研究我国古代农业的重要材料之一。亚洲棉平均铃重在 5g 左右，纤维长度为 15~25mm。与陆地棉相比，亚洲棉的产量和品质均处于劣势，但抗性整体强于陆地棉，是种质资源研究的重要对象。

依托国家棉花种质资源中期库的优势，杜雄明等筛选了 243 份代表性材料，它们主要来自华南地区、长江流域和黄河流域的棉区。对其中的 215 份亚洲棉核心种质资源材料在河南安阳、新疆阿克苏、海南三亚开展了田间农艺性状数据调查，获得了铃重（BW）、籽指（SI）、衣分（LP）、果枝数（SBN）、吐絮时间（S-BO）、开花时间（S-F）、干旱存活率（DTSR）、枯萎病病指（FWDI）、纤维短绒（SF）、总油分和不同脂肪酸组分含量等 19 个表型数据。不同表型数据的变异系数为 0.04~0.74，其中开花时间变异系数最小（0.04），枯萎病病指变异系数最大（0.74）（Du et al., 2018）。

同时，Gong 等（2018）对 215 份亚洲棉核心资源群体的黄萎病抗性进行了温室的抗病鉴定工作，结果显示群体病情指数为 3.0~79.2，平均病指为 21.8%，表明亚洲棉整体较为抗病。Hu 等（2022a，2022b）对亚洲棉核心资源群体的苗期生物量进行调查，共统计了 11 个性状（根部鲜重、干重、水分含量，地上部分鲜重、干重、水分含量，整株鲜重、干重、水分含量，地下部分与地上部分鲜重比、地下部分与地上部分干重比），这些性状的变异系数为 1.96%~28.41%。同样，他们还对叶茸毛、叶腺体数目、叶面积、叶干重、叶鲜重、叶片厚度和叶片含水量 7 个叶片相关的性状进行了调查。

二、亚洲棉遗传多样性研究

亚洲棉是一个古老的棉种，最早在亚洲传播和栽培，因此被称为亚洲棉，亚洲棉具有 5000 多年的栽培历史，是我国种植历史最长、种植范围最广（从海南到东北）的棉花栽培种。早期对亚洲棉种质资源遗传多样性的研究主要基于表型分析。例如，项显林收集了 369 份来自中国 20 个省的亚洲棉种质资源材料，使用 72 个性状将亚洲棉分为 40 种形态，按照材料的原产地和表型数据可将全部材料分为早熟矮秆、中熟、多

毛高秆三种类型（项显林，1988）。

相比表型分类，使用 DNA 分子标记的分类更加有效。早期主要采用微卫星序列（SSR）标记开展。Guo 等（2006）采用 60 对 SSR 标记对 109 份亚洲棉种质的遗传多样性进行评估，其中 106 份是来自 19 个省的地方品种。该研究发现每个基因平均包含 2.13 个等位基因，其中 Chr03 染色体上遗传多样最高，中国南方地区的遗传多样性高于长江和黄河流域地区，不同个体间的亲缘关系远近与地理分布之间并未有明显的联系。Liu 等使用 358 对 SSR 引物对 39 个亚洲棉进行了多样性分析，结果表明亚洲棉比陆地棉具有更高的遗传多样性（Liu et al., 2006）。周忠丽等（2013）利用 83 对 SSR 引物对 200 份来自国家棉花种质资源中期库的代表性亚洲棉材料进行了遗传多样性分析，结果表明亚洲棉遗传多样性较高，可以分为 8 个类群。

尽管通过表型分析、SSR 标记分析等对亚洲棉遗传多样性有了初步认识，但受研究手段的限制，研究中所使用的分子标记数目太少，并未能够全面反映亚洲棉种质资源的遗传多样性，而使用高通量的 SNP 标记研究植物遗传多样性优势则愈加的突出。美国国家植物种质系统收集了全球 1600 多份亚洲棉种质资源材料，通过对 375 份材料进行简化基因组测序（genotyping-by-sequencing），获得了 6224 个高质量的 SNP（最小基因等位频率大于 0.05，基因型完整性大于 0.8）。群体结构和进化树分析表明这些材料可以分为 I 类和 II 类两大类，其中 I 类材料包含 302 个材料，II 类包含 64 个材料。I 类材料可以进一步细分为 2 个亚群，II 类材料可以细分为 3 个亚群（Li and Erpelding, 2016）。

Du 等（2018）团队采用二代测序技术，对 243 份二倍体 A 组材料进行了全基因组测序工作，其中亚洲棉材料 230 份，草棉材料 13 份。共获得 17 883 108 个高质量的 SNP 和 2 470 515 个 InDel 标记，平均每 1000 个碱基包含 10.5 个 SNP 和 1.4 个 InDel 标记。SNP 注释结果表明，242 449 个（1.36%）SNP 和 16 816 个（0.68%）InDel 分布在 36 205 个基因的编码区中，其中 128 512 个 SNP 导致了 31 549 个基因产生非同义突变，11 372 个 InDels 导致了 8117 个基因产生移码突变（frame-shifted）。共鉴定到 25 117 个大效应变异，主要包括基因提前终止、基因密码子通读、移码突变及其他导致基因丧失编码蛋白能力等。

进一步利用 72 419 个高质量的 SNP 重构亚洲棉的进化关系，结果表明中国亚洲棉可分为三个亚群，与它们的地理分布基本吻和，表明在近千年的种植过程中亚洲棉分化形成不同的地理亚群。群体结构分析进一步证实亚洲棉可以分为华南地区（SC）、长江流域（YZR）和黄河流域（YER）三个亚群。华南地区亚群的核苷酸多样性（π 值）为 0.211×10^{-3}，长江流域 π 值为 0.197×10^{-3}，黄河流域 π 值为 0.199×10^{-3}，华南地区亚群的核苷酸多样性高于其他两个亚群。与水稻、大豆和番茄等作物相比，亚洲棉的核苷酸多样性较低，表明亚洲棉的遗传背景较为狭窄（Du et al., 2018）。

三、亚洲棉在中国由南向北传播

分析发现，来自华南地区材料的遗传多样性显著高于其他两个亚群，表明华南地区的材料更为原始。同时，对不同亚群材料的表型数据进行比较分析，发现华南地区材料的产量性状（包括铃重、衣分和籽指）较其他两个亚群更差，说明长江流域和黄河流域的材料在产量性状上受到显著的人工选择作用，进一步表明华南地区的材料更为原始。以雷蒙德氏棉为外群重构亚洲棉的进化关系，再次证明华南地区的材料更为原始。综上所述，亚洲棉起源于中国的华南地区，并以华南地区为中心传播到长江流域和黄河流域，造福华夏百姓（Du et al., 2018）。

四、亚洲棉和草棉是平行进化和驯化的

草棉和亚洲棉同属于 A 基因组棉种，两者之间的关系一直存在争论。一种认为草棉更加原始，亚洲棉由草棉分化而来，属于"父子"关系；另一种认为两者从共同祖先分化驯化而来，是"兄弟"关系。以雷蒙德氏棉为参考，分析亚洲棉和草棉群体中的祖先 SNP，发现亚洲棉和草棉的祖先 SNP 数目相当，表明亚洲棉和草棉与雷蒙德氏棉的分歧度基本相等，有力地支持亚洲棉和草棉为"兄弟"关系，两者由共同祖先平行进化和驯化而来（Du et al., 2018）。

五、亚洲棉重要农艺性状遗传基础解析

亚洲棉在中国传播演化过程中形成了丰富的变异类型，解析形成重要农艺性状的遗传基础对亚洲棉在陆地棉育种中的应用十分重要。

（一）亚洲棉抗病性状关联分析

棉花枯萎病是一种土传性真菌病害，主要由尖孢镰刀菌引起，发病时棉花的维管束褐化，是棉花的主要病害之一。尖孢镰刀菌的宿主十分广泛，导致的枯萎病在番茄、烟草、莴苣、瓜类蔬菜、红薯、香蕉和棉花等重要作物中已有报道。它主要引起叶片的萎蔫、黄化、坏死、过早脱落以及维管束的褐化，进而引起植物发育迟缓甚至植株枯死。利用 215 份亚洲棉核心种质资源材料进行测序，共获得 1 425 003 个高质量的 SNP（图 4-4）。在此基础上，使用 EMMAX 软件对获得的亚洲棉枯萎病抗病表型数据进行全基因组关联分析，最终在 Chr. 11 染色体上检测出一个主效位点，该位点的–lg（P）值为 8.96。进一步分析发现信号主要集中在 *Ga11G2353* 基因的启动子区域，该基因是拟南芥谷胱甘肽转移酶 Phi 亚族基因（*AtGSTF9*）的直系同源基因。拟南芥中该家族基因与植物的生物胁迫和非生物胁迫密切相关，推测 *Ga11G2353* 参与亚洲棉的抗病应答。将信号最高点的不同等位基因型作为抗病（C）和感病（T）基因型的代表，分析发现感病基因型主要在华南地区材料中出现，而抗病基因型主要分布在长江流域和黄河流域材料中，呈现由南向北积累的趋势，暗示亚洲棉的抗病性受到了强烈的地理选择作用。

进一步对 3 个抗病材料和 3 个感病材料进行了枯萎病菌处理，并提取了根部总 RNA，通过反转录获得 cDNA 序列。在此基础上，分析候选基因 *GaGSTF9* 的表达情况，发现该基因在抗病材料中受到明显的诱导作用，而感病材料中的诱导并不显著。利用病毒介导的

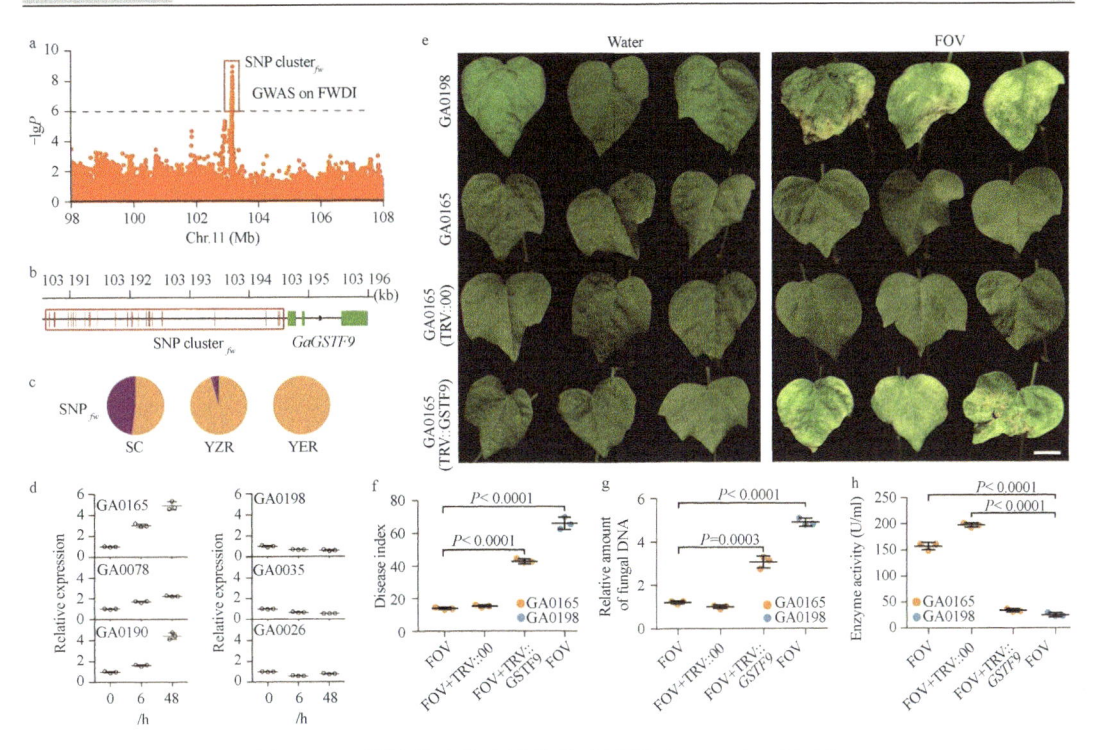

图 4-4 亚洲棉抗病位点遗传基础解析（Du et al., 2018）

a. 枯萎病抗性（FWDI）信号的曼哈顿图。最强关联 SNP（SNP$_{fw}$簇）由红色框标记，黑色虚线指示 GWAS 信号的阈值。b. *GaGSTF9* 基因结构图及其附近显著关联 SNP（–lg$P$>6，红色垂直线）。相应的 SNP$_{fw}$簇由红色框标记。c. 不同亚群中最显著 SNP（–lg$P$=8.96）两种基因型的频率分布。感病基因型和抗病基因型分别为紫色和橙色。d. *GaGSTF9* 在高抗（GA0165、GA0078 和 GA0190）和高感（GA0198、GA0035 和 GA0026）材料接种镰刀菌（FOV）后的表达量分析。数据以平均值±标准差（s.d.）表示（n=3，技术重复）。e. GA0198、GA0165、TRV∷00 和 TRV∷GSTF9 植株接水或 FOV 后的发病症状。所有图片均为第三片真叶的。白色线段长度为 1cm。f. 接种 FOV 后 35 天（dpi）GA0198、GA0165、TRV∷00 和 TRV∷GSTF9 植物的疾病指数。g. 35dpi 时，GA0198、GA0165、TRV∷00 和 TRV∷GSTF9 植物中真菌（FOV）DNA 的相对含量。h. GA0198、GA0165、TRV∷00 和 TRV∷GSTF9 植物接种 24h 后 GST 酶活性测定。f～h 中的数据显示为平均值±s.d.（n=3 个独立实验）

基因沉默技术，干涉该基因在抗病亚洲棉中的表达，发现干涉材料对枯萎病菌变得敏感，干涉材料体内枯萎病菌的定殖量明显高于对照材料，证实 *GaGSTF9* 与枯萎病抗性相关（Du et al., 2018）。

黄萎病也是一种真菌性病害，主要由 *Verticillium dahliae*、*V. albo-atrum*、*V. longisporum*、*V. nubilum*、*V. theobromae* 和 *V. tricorpus* 这 6 种轮枝菌引起，已经在超过 400 种植物中被报道。黄萎病严重影响了农业的生产，每年给全球农业造成巨大损失。很多重要的经济作物包括棉花、番茄、马铃薯、油菜、向日葵、茄子、生菜、菠菜、辣椒、橄榄树、猕猴桃树、苜蓿等对黄萎病菌十分敏感。棉花黄萎病主要是由大丽轮枝菌（*Verticillium dahliae*）引起的病害，在棉花主产区频繁发生，一旦发生轻则减产 15%～30%，重则绝产。目前，尚无有效的防治手段，只能通过培育抗病品种来解决上述问题。

亚洲棉在我国传播演化的过程中积累了抗黄萎病基因。为了挖掘亚洲棉资源中的抗病基因，通过开展黄萎病全基因组关联分析，最终在三条染色体上鉴定到了信号。该研究发现最强的信号与枯萎病定位在 11 号染色体上的信号共定位，表明 *GaGSTF9* 基因同时调控枯萎病和黄萎病。对三个抗病和三个感病材料进行黄萎病菌诱导处理，取根部提取总 RNA，并反转录合成 cDNA 进行定量分析，发现 *GaGSTF9* 基因受病菌诱导上调表达。在抗病棉花中干涉该基因的表达，能够显著降低棉花的抗病性，而过表达该基因能够提升转基因拟南芥的抗病性。此外，水杨酸信号通路与植物抗病密切相关，分析发现水杨酸合成通路基因 *AtNPR1*、*AtPR1* 和 *AtPR3* 在转基因拟南芥中上调表达。进一步分析发现过表达 *GSTF9* 基因可以通过消除过多的活性氧（ROS）来提高拟南芥在病菌胁迫下的抗性（Gong et al., 2018）。

（二）亚洲棉纤维短绒关联分析

纤维是种子表皮上的绒毛，可以分为长绒和短绒两种类型，其中长绒主要用于纺织工业，短绒的用途极为广泛，如人民币的特种纸、礼品包装纸、火药、香烟滤嘴、酸奶增稠剂等。亚洲棉中包含大量不含纤维短绒的突变体，是研究纤维短绒发育的重要材料。通过全基因组关联分析，获得调控亚洲棉纤维短绒发育的 QTL 信息，发现短绒发育是由 8 号染色体上的一个信号调控，该信号位于 0.7～2.15Mb 的区间内。为了进一步定位候选基因，以有短绒的 GA0146 和无短绒的 GA0149 为双亲，构建了 F_2 分离群体，F_2 中有无短绒的个体数量的比例接近 1∶3，表明无短绒是显性单基因控制性状。在 F_2 子代中各选取 30 个材料构建成有绒和无绒的子代混池，与双亲一起进行高通量测序。通过分析有无混池材料的 SNP-index，并采用滑动窗口方法计算 ΔSNP index，在 8 号染色体的 0.5～3.0Mb 区间定位到一个主要信号，与 GWAS 信号在一个 600kb 区间内完成重叠，是亚洲棉纤维短绒发育的关键候选区间（Du et al., 2018）。

进一步分析发现亚洲棉叶片绒毛密度与纤维短绒发育受同一个位点调控。使用 InDel 和拷贝变异为标记开展全基因组关联分析，发现上述两个性状可能受染色体的结构变异调控。*Ga08G0121* 基因启动子上的一个长度为 6.2kb 的插入（命名为 larINDEL$_{FZ}$）可能是导致无纤维短绒的主要原因。结合 F_2 大群体 1212 个家系的表型及其携带 larINDEL$_{FZ}$ 的情况，发现群体中纯合有短绒∶杂合无短绒∶纯合无短绒的比例接近 1∶2∶1，表明 larINDEL$_{FZ}$ 与叶绒毛和纤维短绒紧密连锁。分析纤维、根、下胚轴和叶片中基因的表达量发现 larINDEL$_{FZ}$ 与 *Ga08G0121* 基因的表达密切相关。从 GA0146 和 GA0149 中克隆 *Ga08G0121* 基因的启动子，并使用 GUS 分析启动子活性，发现两者启动子整体活性差异不大。将 larINDEL$_{FZ}$ 切割成不同长度的序列连接 LUC，发现仅有完整的 larINDEL$_{FZ}$ 序列具有激活活性。在陆地棉中异源过表达 *Ga08G0121* 基因，转基因棉花的纤维短绒凸起明显减少，证实该基因参与纤维短绒发育。转录组分析表明 *Ga08G0121* 基因可能抑制超长链脂肪酸合成的限速酶 KCS（β-ketoacyl-CoA synthase）基因的表达，进而影响纤维短绒的起始（Wang et al., 2021）。

（三）亚洲棉种子油分含量关联分析

棉花除了提供纤维外，还是重要的油料作物。棉花是全球第六大植物油料作物，中国第四大油料作物。通过检测亚洲棉核心群体种子油分含量及不同脂肪酸组分数据，结合群体基因型数据，开展全基因组关联分析。结果表明，亚洲棉核心群体的种子油分含量为 28%～39%，平均为 34%，表型变异系数为 5%，表型差异较小，关联分析未检测出过阈值信号。

分析亚洲棉油分脂肪酸组成，发现亚油酸、油酸和棕榈酸是含量最丰富的三种成分。关联分析结果表明肉豆蔻酸（C14：0）的合成是由多位点调控的，分别位于 Chr. 1、Chr. 2、Chr. 4、Chr. 6、Chr. 8、Chr. 13 上，其中 8 染色体 80～84.5Mb 区间是一个主效 QTL；亚油酸在 12 染色体的末端检出 1 个信号，该信号位点位于 *Ga12G2461* 基因的内含子区。

棕榈酸（C16：0）和棕榈油酸（C16：1）在 11 染色体上共定位，最强信号位于 122156027，该 SNP 包含 T 和 C 两种基因型，引起 *GhKASIII*（*Ga11G3851*）基因第 8 个外显子上 330 位 Cys 到 Arg 的非同义突变。*GhKASIII* 基因编码 3-酮脂酰-酰基载体蛋白（ACP）合酶III基因，是脂肪酸合成通路前期的关键酶，催化乙酰-CoA 和丙二酰-ACP 缩合生成 3-丁酮-ACP。群体中携带 C 的个体棕榈酸和棕榈油酸的平均含量均大于携带 T 的个体。不同发育时期胚珠转录组数据分析表明该基因在油分积累关键期（开花后 30 天）高量表达。使用 Phyre2 预测两种基因型蛋白质的三维结构，结果表明 Cys/Arg 位于靠近酶活中心和 CoA 结合位点的 α 螺旋上。*GhKASIII* 是棉花中首个采用正向遗传的方法定位到的关键候选基因（Du et al.，2018）。

（四）亚洲棉产量相关性状关联分析

高产不仅是育种者的目标，也是棉农的追求。安阳、三亚和阿克苏三地棉花铃重关联分析结果表明铃重受环境影响较大。在安阳共检测出 8 个位点，其中 Chr. 7 上位点最多；在三亚检出 3 个位点，分别位于 Chr. 7、Chr. 10 和 Chr. 13 上；在阿克苏共检测出 7 个信号，其中 6 个信号来自 7 号染色体。衣分在安阳和阿克苏各检出 1 个信号，分别位于 Chr. 5 和 Chr. 13 上（Du et al.，2018）。

（五）亚洲棉苗期生物量关联分析

对亚洲棉核心群体的 11 个苗期生物量相关性状开展全基因组关联分析，共获得 102 个显著的 SNP［$-\lg(P)$ >6.15］，其中地上部分水含量和根部水含量占 88 个信号。在 Chr. 7 上鉴定到 SNP$_{Chr07\_93706195}$ 与根部的水分含量相关，该位点位于 *Ga07G2433* 基因的启动子区，携带"T"基因个体的平均根部含水量显著高于携带"C"的个体。同样在 Chr. 11 染色体 73～76Mb 区间发现一个连续信号与地上部分水分关联，发现最强信号的 SNP$_{Chr. 11: 74923286}$ 的两种基因型材料的地上部分水分含量差异显著。进一步对亚洲棉叶片相关的 7 个性状进行关联分析，共获得 32 个 SNP 信号和 44 个候选基因，结合极端材料的转录组数据，筛选获得两个编码基因（*Ga03G2383* 和 *Ga05G3412*）和两个 microRNA（hbr-miR156、unconservative_Chr03_contig343_2364）作为候选基因（Hu et al.，2022a，2022b）。

六、亚洲棉亚群分化研究

亚洲棉在中国传播过程中形成了三个不同的亚群，这些亚群之间的基因组发生了哪些变化？为了回答上述问题，研究者比较三个组合（SC vs YZR，SC vs YER 和 YZR vs

YER）的群体固定指数（F_{st}）。选取 F_{st} 前 5% 区间作为分化选择区间，在上述三个组合中分别鉴定到 59 个、53 个和 51 个分化选择区间，区间内分别包含 3162 个、2879 个和 3308 个基因。在 SC vs YZR 和 SC vs YER 中共有 21 个共有区间，包含 915 个共有基因，这些基因可能与 SC 和 YZR 及 YER 之间的共有表型变异有关。分析不同亚群之间的差异基因发现 SC vs YER 差异基因为 1646 个，SC vs YZR 差异基因为 1502 个，YER vs YZR 之间的差异基因为 259 个。其中 SC vs YZR 与 SC vs YER 间共有差异基因为 427 个，SC vs YER 与 YER vs YZR 间共有差异基因为 51 个，然而 SC vs YER 与 YER vs YZR 共有差异基因为 23 个。结果表明 SC 与 YER 和 YZR 之间差异比较大，而 YER 和 YZR 之间差异则较小。比较 F_{st} 基因和差异基因，发现 SC vs YZR、SC vs YER 和 YER vs YZR 的差异基因与 F_{st} 基因的共有基因数目分别为 124 个、120 个和 44 个，显然 F_{st} 基因和差异基因相差很大，表明基因差异表达在群体的性状分化上也发挥重要的作用。此外，结合 GWAS 信号，发现果枝数、开花时间、吐絮时间和抗病性与上述分化区间重叠，这些性状在亚洲棉由华南地区传到长江流域和黄河流域时可能受到了地理选择作用（Du et al., 2018）。

七、亚洲棉 eQTL 研究进展

Han 等（2022）以 214 份亚洲棉材料为研究对象，通过 eGWAS 分析获得 30 089 个 eQTL，进一步分析发现 eQTL 热点 hotspot-309 调节了 325 个与茎长、鲜重、种子发芽率、细胞壁生物合成和盐胁迫相关基因的表达。

（一）样品的准备

2018 年春季将亚洲棉核心群体材料种植于中国农业科学院棉花研究所安阳实验基地的温室中，种植条件为 28℃，光照 16h 和黑暗 8h。培养至二叶期，选取长势一致的 5 个单株混合取样，样品在液氮冷冻保存。提取不同样品的总 RNA，并将样品浓度、纯度和完整性符合转录组建库标准的样品送公司建库测序。

（二）转录组分析

转录组测序共获得 1.9Tb 的数据。对测序下机的原始数据进行过滤，主要是去除接头序列和低质量的读长序列。干净序列的原始数据已上传至 NCBI 的 SRA 中，BioProject 的登录号为 PRJNA704732。利用 HISAT2（v2.1.0）软件将过滤后的数据与亚洲棉参考基因组进行序列比对，默认参数，比对结果保存为 BAM 格式。比对率最低为 85.49%，最高为 95.41%，平均的比对率是 91.7%。利用 SAMtools（v1.9）软件对 BAM 文件进行排序，过滤掉 q 值小于 20 的结果。表达量分析使用 Stringtie（v2.2.1）软件进行计算。

表达量分析结果表明 4868 个基因在所有的样本中均不表达，表达量平均值小于 5 的基因占约 60%。进一步对不同基因表达量变异系数进行分析，发现 90% 以上的表达量变异系数小于 5%。统计不同基因的平均表达量，筛选平均表达量大于 0.1 的基因，共获得 28 382 个基因用于后续分析。

（三）关联分析

使用 EMMAX 软件开展基因表达量的全基因组关联分析，共获得 426 042 个关联信号，与 22 442 个基因关联（eGene）。研究还发现信号的显著性随着与 eGene 距离的增加而降低。进一步将获得的 SNP 信号进行过滤，保留 10kb 窗口内至少包含 3 个 SNP 的信号，并使用信号最强 SNP 作为 lead-SNP。最后根据 Plink 计算 LD 区间（R^2>0.2）去合并信号，并使用最强信号代表所在区间内的信号，共获得 30 089 个 lead-SNP。

按照信号与 eGene 的距离，将 eQTL 分为顺式（距离小于 1Mb）和反式（其他情况）。共获得顺式 eQTL 2467 个，反式 eQTL 27 622 个，反式 eQTL 占绝对优势。通过比较顺式和反式信号的 –lg（P）值，发现顺式 eQTL 的信号强度整体强于反式 eQTL 的信号强度。分析顺式和反式 eQTL 的分布，发现它们的分布与基因的分布基本相同，在染色体上呈现"U"形分布，即染色体的两端多，中间少。

对顺式 eQTL 和反式 eQTL 调控的 eGene 进行富集分析，结果发现顺式 eQTL 靶基因的功能多与基因转录翻译的过程有关，如双链断裂修复、核苷磷酸代谢过程、细胞质 mRNA 加工体组装、线粒体 mRNA 修饰和 mRNA 剪接（剪接体）等；反式 eQTL 调控 eGene 富集到与植物生长和抗逆有关相关的信号通路，包括防御反应、萜类生物合成过程、木质素生物合成过程、细胞壁大分子代谢过程和植物型次生细胞壁生物发生等。

进一步利用对群体转录组数据和亚洲棉核心群体的耐盐性状的 GWAS 数据进行联合分析，使用 1011 个顺式 eQTL 基因用于计算表达量的权重矩阵，获得 19 个显著关联位点，其中 3 个与 150mmol/L 盐处理鲜重相关，3 个与相对电导率相关，4 个与 150mmol/L 盐处理下的茎长相关，3 个与水分含量有关和 6 个与 150mmol/L 盐处理下的水分含量有关。预测出 19 个关键候选基因，部分基因的同源基因已在其他物种中报道与抗逆相关，如 *Ga11G3524* 编码钙结合蛋白的膜联蛋白 *D2* 基因，它在番茄中的同源基因 *AnnSp2* 已被报道与植物抗旱和耐盐相关；*Ga10G0163* 编码冠状不敏感蛋白 1（COI1），其拟南芥同源基因 *AtCOI1* 是镉或盐诱导的 JA 信号 NRT1.5 下调所必需的；此外，*Ga03G0409* 编码生长素反应蛋白（IAA14）的基因，其拟南芥同源基因通过与干旱诱导的 Di19 蛋白相互作用参与非生物胁迫应答。

（四）热点分析

使用 hot_scan 软件分析反式 eQTL 的调控热点，在全基因组水平共鉴定到 1298 个热点区域，调控 6599 个基因的表达。热点调节基因的数目为 3～358 个，其中热点调节基因数目小于 20 的占 89%。随着热点内靶基因数量的增加，全基因组水平的热点数目呈减少的趋势。对其同一热点内的靶基因表达量进行相关性分析，发现同一热点调节基因表达量多数呈现显著正相关，均值接近 0.6。以热点 hotspot1201 为例，其调节基因数目为 358，基因表达量的皮尔森相关性均值为 0.566，表明热点内部基因表达模式较为相近。

对热点以及对应调节基因在不同染色体上的分布情况进行分析，发现亚洲棉苗期的热点分布与基因密度和 SNP 位点密度分布类似，即每条染色体都呈现出中间的分布密度较低，而两边的分布密度显著高于中间的分布密度。Chr. 9 和 Chr. 6 上的热点频率显著高于其他染色体。富集分析表明 Chr. 9 上热点调控的 eGene 主要富集在生长发育和抗性相关通路，包括植物类次生细胞壁合成、木质素生物合成过程、细胞壁大分子代谢过程、碳水化合物代谢过程、生物合成过程、萜类生物合成过程、对活性氧的反应、生物刺激反应等；Chr. 6 上热点调控的 eGene 富集到生物胁迫相关通路，包括萜类生物合成过程、生物刺激反应、黄酮醇生物合成过程、植物类次生细胞壁合成、缺水反应等。

将热点与耐盐表型的关联分析结果联合分析，鉴定出一个与耐盐相关的 hotspot309，该热点包含 325 个调节基因，基因分析表明它们与逆境胁迫相关的通路有关，包括植物型次生细胞壁生物发生（GO：0009834）、苯丙醇代谢过程（GO：0009698）、细胞对铁离子饥饿的反应（GO：0010106）、淀粉和蔗糖代谢（ko00500）、抗坏血酸和醛酸盐代谢（ko00053）、苯丙氨酸代谢（ko00360）、谷胱甘肽代谢（ko00480）等。分析发现 29 个基因与细胞壁合成相关。其中 5 个是纤维素合成酶 A（CESA）相关基因（*Ga05G0095*、*Ga07G0463*、*Ga07G2381*、*Ga08G0544*、*Ga10G2710*），3 个是纤维素沉积和细胞壁膨胀相关的 COBRA 基因（*Ga01G1918*、*Ga11G2338*、*Ga08G0607*），2 个 UDP-木糖合酶（UXS）基因（*Ga01G2357*、*Ga05G1026*），1 个 β-木糖苷酶（BXL）基因（*Ga07G1428*），3 个葡萄糖醛酸木聚糖（IRX）基因（*Ga03G2054*、*Ga13G2817*、*Ga09G1729*），8 个漆酶（laccase）基因（*Ga01G2197*、*Ga04G0648*、*Ga11G0024*、*Ga06G1973*、*Ga09G1756*、*Ga10G0166*、*Ga11G0039*、*Ga11G0041*），2 个与果胶合成或分解相关的多聚半乳糖醛酸酶（polygalacturonase）基因（*Ga05G0369*、*Ga06G0835*）和 2 个类几丁质酶（CTL）基因（*Ga09G0843*、*Ga10G1044*），一个蔗糖合成酶（SUS）基因（*Ga05G0384*），一个 UDP-葡萄糖焦磷酸化酶（UGP）基因（*Ga08G0443*），一个 β-葡糖苷酶（*Ga11G0347*）。

第四节 陆地棉变异组及重要性状遗传基础解析

棉花作为重要的经济作物，在全球多个国家和地区广泛种植，是亿万棉农经济的主要来源。陆地棉（AD$_1$）提供了全球棉花总产量的 95% 以上，是最重要的棉种，受到了广泛的关注。种质资源是育种的基础，聚合优异基因是培育性状突出优异品种的关键所在。在陆地棉基因组测序完成后，种质资源材料的重测序工作成为研究的热点，促进了棉花种质资源遗传多样性的研究。

一、陆地棉核心种质资源表型调查分析

通过表型变异、遗传多样性和地理来源综合分析，Ma 等（2018）从国家棉花种质资源中期库中保存的 7362 份陆地棉材料筛选获得了陆地棉种质资源核心群体，该群体共 419 份，由中国、美国和苏联等国家的陆地棉材料构成。2014～2015 年，在 6 个环境下对纤维品质和产量性状进行了表型鉴定，6 个环境包括河北沧州、河南安阳、江苏盐城、湖北荆州、甘肃敦煌、新疆阿拉尔，它们代表中国棉花主产区的地理气候条件，研

究极具代表性。共调查了 13 个纤维相关的性状，包括纤维长度（FL）、纤维强度（FS）、马克隆值（M）、纤维伸长率（E）、纤维整齐度（LU）、纤维成熟度（MAT）、纺织一致性指数（SCI）、铃重（BW）、衣分（LP）、籽指（SI）、衣指（LI）、单铃重（FWPB）、开花时间（FT），获得了 154 组表型数据，除了籽指和衣指外，其他性状均获得 12 个环境的完整数据。

对核心群体不同性状进行皮尔森相关性分析，结果表明除马克隆值外，纤维长度与其他性状均呈显著正相关，其中与纤维整齐度相关性高达 0.735；除马克隆值外，纤维强度与其他性状均呈正相关；纺织一致性指数与纤维长度的相关性高达 0.93；衣分与籽指呈显著负相关；铃重与衣指呈显著正相关。

通过扩大群体，He 等（2021）对 1260 份陆地棉组成的大群体进行表型精准鉴定，主要调查群体的纤维品质。该工作主要在河北石家庄、河南安阳、江苏盐城、湖南长沙、新疆石河子、新疆库车和阿拉尔完成，最终获得 1245 个材料表型用于关联分析。

二、陆地棉遗传多样性研究

Fang 等（2021）对 35 份陆地棉的地方品种、258 份现代改良品种和 13 份优良品种进行重测序，共获得 3.96Tb 测序的原始数据。通过与陆地棉标准系 TM-1 参考基因组比对，分别获得 31% 和 21% 的读长序列唯一比对到 At 和 D 亚基因组上。使用 SSAHA 软件对这些序列进行 SNP 分析，共获得 216 万个 SNP（最小等位基因频率>0.05），其中 19 万个 SNP 位于基因区，6.6 万个位于编码区，769 个基因发生提前终止或终止密码子通读。

进化树分析表明地方品种和现代栽培种可以分为两个组，其中第一组主要包括陆地棉的祖先品种，包括 Acala、Burling's Mexican 和 Maryland 绿籽棉等；第二组主要由现代栽培改良品种组成，可以进一步细分为两个亚群，第一个亚群包含美国地方品种斯字棉 2B（STV2B）和帕马斯特棉 54（Paymaster 54），主要在黄河流域种植，第二个亚群包含岱字棉 15（DPL15）、拉卡特棉 57（Lankart 57）、迪克西金字棉和岱字棉 15 衍生出的品种，在中国三大棉区都有种植。主成分分析和群体结构分析结果与进化树分析结果类似，表明中国陆地棉遗传背景十分狭窄，多数材料都是由相同祖先材料分化而来。群体的核苷酸遗传多样性（π 值）分析表明所选材料中地方品种 π 值为 $2.59×10^{-4}$，现代改良种 π 值为 $1.79×10^{-4}$。通过分析 $π_{landrace}/π_{cultivar}$ 共鉴定到 25 个改良选择区间，其中 15 个与 XP-CLR 获得区间重叠，鉴定到 80 个已报道的 QTL 与改良选择区间共定位。

Wang 等（2019）利用 321 份陆地棉现代栽培种和 31 份野生种构建基因组变异图谱。通过基因组重测序，共获得 6.1Tb 的读长序列，平均测序深度为 6.9 倍。共获得 749 万个 SNP 和 35 个 InDel，Sanger 测序分析表明 SNP 位点的准确率为 98.2%。进化树和主成分分析均表明该群体可以分为三组：第一组主要由野生种构成，第二组由国外（美国、巴西和印度，简称 ABI）材料构成，第三组由中国的材料构成。其中中国的材料主要来自西北内陆、北部特早熟地区、长江流域和黄河流域棉区。

群体核苷酸多样性分析表明野生种的 π 值为 $1.32×10^{-3}$，ABI 组的 π 值为 $0.88×10^{-3}$，中国组的 π 值为 $0.67×10^{-3}$。与方磊等的报道相比，核苷酸多样性明显提高，这可能是测序深度导致的，低深度测序会丢失大量遗传变异信息。同时，他们还统计了 A_t 和 D_t 亚组的核苷酸多样性，发现 A_t 和 D_t 亚组的遗传多样性在驯化过程中均有所降低，但受到的选择压力不同，D_t 亚组遗传多样性降低更为明显。此外，连锁不平衡（LD）分析表明野生种的 LD 值为 84kb，ABI 组的 LD 值为 162kb，中国组的 LD 值为 296kb，可见陆地棉现代栽培种的 LD 值大于栽培玉米（30kb）、栽培水稻（123kb）和栽培大豆（133kb），但小于栽培土豆（865.7kb）。

驯化选择区间分析表明，现代栽培种与野生种间共有 93 个潜在选择区间，这些区间至少被 XP–CLR 和 $π_w/π_c$ 中的一个支持。驯化区间总长度为 178Mb，其中 A_t 基因组为 74Mb，D_t 基因组为 104Mb，共包含 1777 个基因，D_t 上的基因数目（1228 个）远大于 A_t（549 个），表明 D_t 亚组受到的选择压力远大于 A_t 亚组。分析发现 25 个 QTL 热点与驯化区间重叠，其中 17 个热点与纤维长度、纤维强度、马克隆值、纤维伸长率和整齐度相关。热点中包含的受选择基因为 400 个，而 17 个热点上有 327 个基因来自 D 亚基因组（Wang et al., 2019）。

在驯化过程中陆地棉纤维表型变化与基因表达变化有关。然而，这种发育过程变化的遗传基础并不清楚。为了理解驯化过程中共存的 A_t 和 D_t 各自的贡献，他们通过重构祖先染色体从亚基因组水平解决上述问题。利用 15 456 个部分同源基因对，构建二倍体祖先种的染色体状态。通过与驯化区间比较，鉴定到 620 个受驯化选择的基因对（192 个来自 A_t，428 个来自 D_t），其中只有 34 对基因在 A_t 和 D_t 中均受到选择作用，表明共存的 A_t 和 D 亚基因组在驯化中受到不对称的选择作用。例如，*PIF1* 基因参与肌动蛋白细胞骨架组织，该基因在 A 亚基因组中受到了选择作用，而 D 亚基因组中却未观察到选择信号，A_t 中的改变可能与纤维的伸长相关。进一步在 D_t 中鉴定到 17 个胁迫响应通路基因，包括活性氧信号通路基因，他们猜想这些基因在野生棉纤维中的高表达可能对发育的纤维造成氧化损伤，进而抑制纤维伸长，加速纤维由伸长阶段向次生壁加厚阶段转化。研究还发现 D 亚基因组上的苯丙烷合成通路基因 *4CL* 和 *CHS* 受到选择作用，可能参与白色纤维的驯化过程（Wang et al., 2019）。

依托国家棉花种质资源中期库的优势，杜雄明研究员团队与河北农业大学马峙英教授团队合作，对筛选到的陆地棉核心资源开展了基因组重测序工作，测序深度平均覆盖基因组的 6.55 倍（Ma et al., 2018）。通过与 TM-1 参考基因组比对，利用 GATK（v3.1）的 UnifiedGenotyper 模块鉴定了核心群体的 SNP 和 InDel 变异，其获得 3 665 030 个高质量的（基因型缺失率小于 20%，最小等位基因频率大于 0.05）SNP 标记信息。进一步对这些 SNP 的功能进行注释，其获得 224 201 个 SNP 分布于 17 446 个基因上，70 959 个 SNP 位于基因上游或下游，剩余 3 369 870 个位于基因间区。其中位于编码基因上的 SNP 中有 47 995 个非同义突变、364 个引起外显子剪切突变、210 个导致终止密码子丢失、1050 个导致提前终止或者转录本延长。A_t 和 D_t 亚基因组上的 SNP 密度分别为 1.3 个/kb 和 1.4 个/kb。

通过重构陆地棉核心种质资源群体的进化关系，发现陆地棉核心资源材料可以分为

G1、G2 和 G3 三个亚群，它们分别包含 65 个、268 个和 86 个样本。其中 G1 材料主要选自或衍生自中国陆地棉早期引入的骨干材料，像美国的岱字棉，主要在长江流域推广，开花时间较长（85.5 天）；G2 包括来自全球主要棉花生产国的材料以及黄河流域的材料，开花时间处于中间（85.0 天）；G3 包括中国西北内陆棉区材料和苏联材料，开花时间较短（83.5 天）。群体的平均核苷酸多样性为 5.39×10^{-4}，A_t 和 D_t 亚组的分别为 4.2×10^{-4} 和 3.4×10^{-4}，三个亚群的为 $(3.13\sim3.72)\times10^{-4}$，低于栽培水稻和大豆。三个亚群之间的 F_{st} 为 0.032～0.049。上述结果再次表明陆地棉遗传狭窄，遗传多样性较差，需要进一步加强棉花种质资源的创新利用。

研究发现，对品种进行人工改良会降低群体的遗传多样性。研究人员通过整理不同材料产生的时间，选择了 82 个早期品种和 67 个现代改良品种，这两类材料在创制时间上相差近 20 年。早期品种产生的时间在 1976 年之前，现代品种主要产生时间为 1996～2008 年。通过比较核苷酸多样性，发现现代改良品种的核苷酸多样性（π 值 3.2×10^{-4}）较早期品种（π 值 3.5×10^{-4}）降低了 8.6%，A_t 和 D_t 亚组的分别降低 7.7% 和 8.7%，而 F_{st} 值为 0.009，群体分化不显著。

以上研究所使用的群体数目都较小，部分反映出陆地棉的遗传多样性特征。杜雄明研究员团队新测定 1786 个样本，并整合已经发表的 1492 个样本（NCBI 数据库数据编号：PRJNA257154、PRJNA336461、PRJNA375965、PRJNA399050 和 PRJNA414461），构建了由 3278 个材料组成的超大群体（命名为 3K-TCG），以此来全面展示陆地棉的遗传本底特征（He et al.，2021）。新测定 1756 个四倍体棉花材料的平均测序深度为 13.8 倍，共获得 61.64Tb 的新序列。他们以李付广研究团队发布的最新的三代 PacBio 测序组装的 TM-1 基因组为参考，使用 BWA（v.0.7.12）进行不同样品序列比对，采用 GATK（v3.8）的 UnifiedGenotyper 模块进行遗传变异分析，共获得 65 696 715 个原始的 SNP，进一步过滤获得了 6 711 614 个高质量的 SNP（缺失率小于 20%，最小等位基因频率大于 0.05）。

由于数据量过大，直接使用全部的 SNP 进行群体结构分析需要的计算资源较多，因此他们采用从每 100 个 SNP 中随机选择 1 个 SNP 的策略，对 SNP 集合进行压缩，共获得 66 969 个 SNP 用于聚类分析。以黄褐棉为外群，可将 3K-TCG 分为 8 个亚群（G0～G7）（图 4-5），其中 6 个亚群为陆地棉。G0 是野生棉，G7 为海岛棉。G1 主要为美国的地方品种，值得注意的是 G1 中还包含一个由 43 个中国华南地区收集的本土多年生蓬蓬棉的分枝，这意味着陆地棉在大航海时代已被引入中国，早于先前记载的晚清时代，把中国陆地棉植棉史向前推进了几百年。研究还发现陆地棉的地方品种的 7 个地理种系是混杂的，因此，前人根据表型将陆地棉划分为 7 个地理种系的分类方式需要重新审视。G2 为中国南方的地方品种，主要来自 2003～2012 年从我国云南、广西和贵州搜集来的 75 份陆地棉地方品种，它们都是未报道的一年生地方品种，主要在中国南方的偏远山区种植，未经过人工改良，农艺性状较差。G3 中主要是一些早熟材料，近一半来自西北地区和华北地区。G4 组成较为混杂，包含中国三大棉区的品种，主要是一些已淘汰的早期品种。G5 主要是长江流域棉区的材料；G6 中包含的材料最多，主要来自黄河流域棉区和一些美国材料。该研究第一次报道中国南方陆地棉材料，这些材料分散于陆地棉的 6 个亚群，表明中国陆地棉引种史十分复杂。

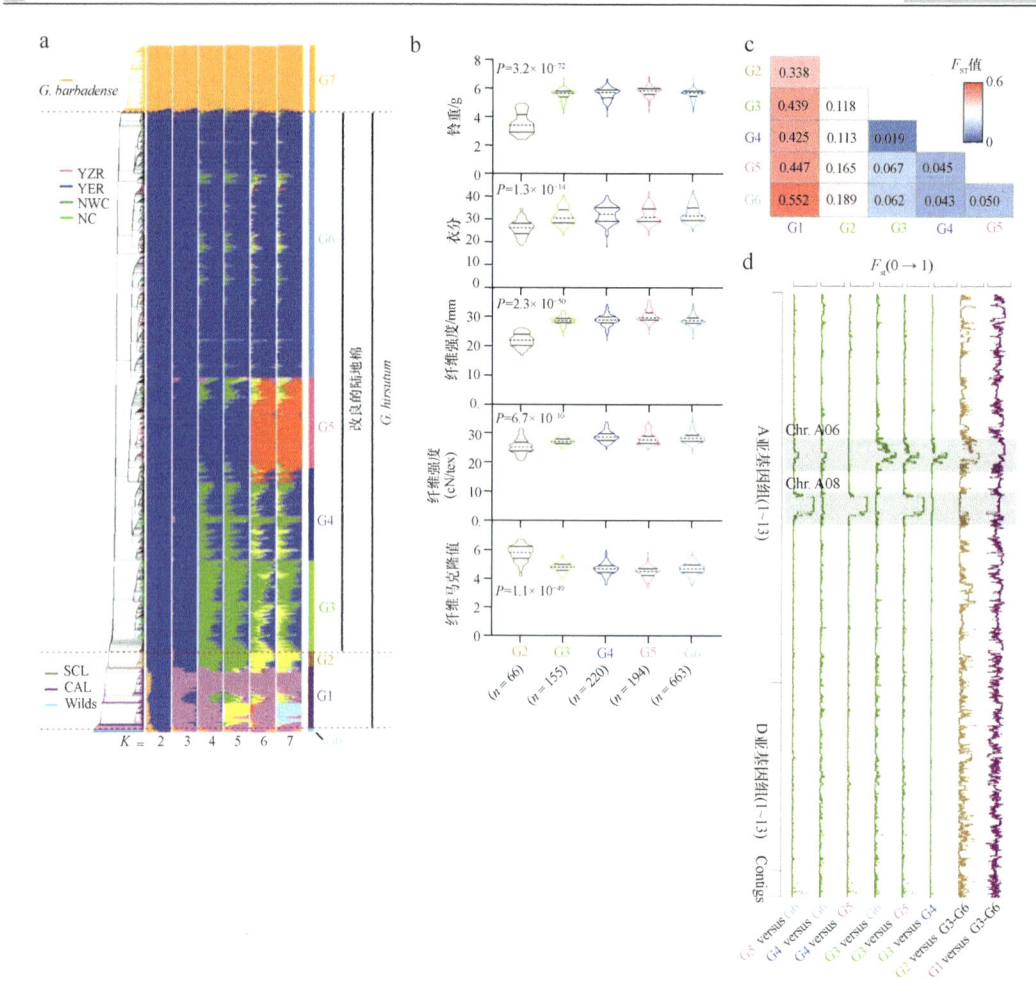

图 4-5 基于 3K-TCG 的陆地棉群体结构分析（He et al.，2021）

a. 3248 个陆地棉基于系统发生树和群体结构（K=2~7）的分类。野生种 *G. mustelinum* 用作进化树的外群。整个种群被分成 7 个亚组，如彩色带所示（右）。Wilds 代表野生四倍体棉种；CAL. 中美洲地方品种；SCL. 华南地方品种。现代改良陆地棉中所有中国审定的品种都按照它们的地理分布对进化树进行了着色。YZR 代表长江流域；YER 代表黄河流域；NWC 代表西北内陆；NC 代表华北。b. G2~G6 亚群之间主要农艺性状的比较。在小提琴图中，实线和点线分别表示四分位数和中位数。c. 陆地棉不同亚组间固定指数（F_{st}）值的成对比较。d. F_{st} 值全基因组水平的比较。透明灰色带突出显示了染色体 A06 和 A08 染色体

不同亚群间的固定指数（F_{st}）分析表明现代改良组（G3~G6）内的分化较弱（0.019~0.067）。当与地方品种 G1 比较时，F_{st} 值变得更大（0.425~0.552），与 G2 比较时 F_{st} 处于中间（0.113~0.189），表明现代改良种与地方品种间的分化较强。与半野生棉群体（G1~G2）相比（$\pi = 0.459\times10^{-3}$），现代栽培陆地棉群体（G3~G6）的遗传多样性（$\pi = 0.172\times10^{-3}$）明显降低，表明陆地棉存在显著的遗传瓶颈。

三、驯化影响启动子上的顺式调控元件

人们在改良作物过程中不仅影响功能基因，还可能重塑基因的调控网络。不同的基因组变异相关研究都表明基因间区的遗传变异远多于基因区，非编码区的遗传变异可以

影响顺式调控元件（CRE），进而导致群体中基因的差异表达。利用 DNase I 酶切和测序，Wang 等（2019）对启动子上的 CRE 的驯化选择作用进行了分析，在叶片和纤维中鉴定到 188 360 个 DNase I 超敏感位点（DHS），约 47%为两者所共有。DHS 倾向于分布在染色体的两臂，近一半的位点位于启动子或基因间区。启动子区域中的 DHS 通常以高水平的活性三甲基化组蛋白 H3K4me3 和非活性三甲基化组蛋白 H3K27me3 为标志，但也表现出低水平的活性单甲基化 H4K4me1 和非活性二甲基化 H3K9me2。同样基因间区的 DHS 位点也表现出高水平的 H3K4me3 和 H3K27me3，但 H3K9me2 缺失，H3K4me1 未见富集。基因区和转座子区的甲基化模式差异较大。启动子区包含 DHS 位点基因的表达量比不含 DHS 位点基因的表达量更高，且组织特异性启动子的 DHS 位点所对应编码基因具有更高的表达水平。

对启动子 DHS 位点与群体的 SNP 位点进行联合分析，共鉴定到来自 25 580 个启动子 DHS 位点的 90 737 个 SNP。对启动子 DHS 位点的驯化选择信号进行分析，共获得 738 个（358 个来自 A 亚基因，380 个来自 D 亚基因）受到驯化选择的位点，其中 461 个位点在野生棉和栽培品种中检测出分化（F_{st}>0.24）。为了理清 DHS 位点变异如何调节基因的表达，对变异与转录因子结合模体的关系进行分析，共鉴定到来自 95 个转录因子的 178 个模体包含启动子的 DHS 位点，其中一些大家熟知的转录因子结合模体受到纯化选择作用，一些受到正选择作用。例如，ABA 调控转录因子的 TRAB1-1 结合模体位于驯化选择区间内，纤维起始相关 GL3 结合模体也位于驯化选择区间内，与植物中高温介导的适应相关 PIF4 结合模体受到了正向选择作用。

四、外源渐渗片段对农艺性状的影响

物种间的天然杂交在自然间十分常见，是新物种产生的来源之一。在实际的育种实践过程中，利用远缘杂交人工创制新物种或新材料的方法在作物新品培育中报道较多。例如，小黑麦是由小麦属（*Triticum*）和黑麦属（*Secale*）物种属间有性杂交和杂种染色体数加倍而人工结合形成的新物种。它聚合了小麦的高产、优质和黑麦的抗病、抗寒及赖氨酸含量高等特性，生长优势明显，可作为饲料、酿酒和生物能源及粮食应用。同样，还可以通过现代育种手段将一个供体物种的有利片段导入受体物种中，进而改良受体物种的性状。例如，李振声院士利用小麦与长穗偃麦草远缘杂交，育成了"小偃麦"新类型和新品种。小偃 6 号是一个易位系，对条锈病有良好的抗性，1985 年推广面积超过 1000 万亩[①]，到 20 世纪 80 年代末推广面积 1.2 亿亩，在保障我国粮食安全上发挥重要作用。因此，外源渐渗在作物育种中具有重要作用。

棉花是利用远缘杂交较早的作物之一。早在 1927 年扎伊采夫等利用草棉和陆地棉获得了杂种后代。1935 年哈兰德以海岛棉为母本与亚洲棉杂交获得杂交后代，杂交一代完全不育。1937 年，美国学者 A. F. 布莱克斯利（A. F. Blakeslee）成功地应用秋水仙素加倍曼陀罗等植物的染色体数，使得棉花的远缘杂交迎来了突破性进展，随后 Beasley（1940）通过秋水仙素处理陆地棉×草棉第一代杂种幼苗，突破了 F_1 不育，成功创制了

[①] 1 亩≈667m²，下同。

人工多倍体杂种。此外，美国利用亚洲棉与瑟伯氏棉或雷蒙德氏棉杂交加倍后代与陆地棉进行再次杂交，获得了三元杂交种，并经过一系列的选育，创制了 PD 系列种质，有效拓展了陆地棉的遗传多样性，改良了陆地棉的抗逆性和纤维品质。同样，美国还利用陆地棉×亚洲棉×瑟伯氏棉育种抗黄萎病的爱字棉 SJ 系列。我国棉花远缘杂交工作起始于 20 世纪 40 年代，至 80 年代，中国科学院遗传研究所、山西农业科学院作物遗传研究所、石家庄农林科学研究院和江苏农业科学院等多家单位进行联合攻关，建立一整套棉属种间杂交新方法，创制了一大批陆地棉与野生棉种间杂交的高代材料，并从中选育出一系列的推广品种（何守朴，2020）。

早期远缘杂交的鉴定主要通过形态学和细胞学完成。通过观察染色体之间的核型和染色体分带，鉴定染色体数目和形态特征，可以有效判定是否加倍成功。Chen 等（2014）利用 GISH 成功地鉴定了一套完整的陆地棉-澳洲棉异附加系。然而在远缘杂交实际应用过程中，还需要将远缘杂交材料与陆地棉进一步杂交和回交，以减少外源渐渗带来的不利影响。因此，单纯的细胞学观察很难追踪陆地棉基因组中的外源片段。随着 DNA 分子标记技术的发展，棉花外源渐渗片段鉴定的报道也越来越多。早期主要使用 SSR 标记对基因组中的渐渗片段进行评估。例如，Pang 等（2006）利用 SSR 分子标记对 155 份陆地棉渐渗系进行多样性分析，通过与供体外源种对比，发现陆地棉中 25 个标记可能来自于外源种。

随着二代测序技术在棉花种质资源研究中的广泛应用，棉属种间渐渗研究迎来了新发展，鉴定的广度和精度均大幅提升。Fang 等（2017）分别对 52 份陆地棉和海岛棉进行全基因组重测序，通过相互比较分析，发现陆地棉和海岛棉间的渐渗并不对称，陆地棉向海岛棉的渐渗多于海岛棉向陆地棉的渐渗。Wang 等（2019）对陆地棉背景的海岛棉渐渗系进行了分析，共获得 466 个海岛棉渐渗片段，结合纤维品质表型数据，鉴定到一些与纤维相关的渐渗片段。Nie 等（2020）对新疆培育的 159 份陆地棉和 70 份海岛棉品种进行比较，发现陆地棉和海岛棉之间存在着相互渐渗的片段，关联分析结果表明外源渐渗能够提升棉花的纤维品质和产量。

为了更加全面地掌握陆地棉种质资源中的渐渗信息，He 等（2021）对 2929 份陆地棉材料进行渐渗片段的精准鉴定。材料覆盖了陆地棉地方品种（landraces）、现代改良品种和渐渗系种质材料。研究选用了 13 个有远缘杂交记载的外源供体棉种，包括海岛棉（*G. barbadense*）、亚洲棉（*G. arboreum*）、草棉（*G. herbaceum*）、阿非利加棉（*G. herbaceum* var. *africanum*）、黄褐棉（*G. mustelinum*）、毛棉（*G. tomentosum*）、达尔文氏棉（*G. darwinii*）、异常棉（*G. anomalum*）、斯特提棉（*G. sturtianum*）、瑟伯氏棉（*G. thurberi*）、旱地棉（*G. aridum*）、雷蒙德氏棉（*G. raimondii*）和比克氏棉（*G. bickii*）。

通过将供体种的二代测序读长序列比对到陆地棉 TM-1 的参考基因组上，利用 GATK 分析流程获取每个材料的基因型数据。通过比较陆地棉（渐渗受体）和外源棉种（渐渗供体）之间基因型的相似性，获取每个陆地棉材料中的渐渗片段信息，将这些片段进行叠加，获得整个陆地棉群体 26 条染色体上每一种外源片段的丰度。结果表明，尽管一些外源种有远缘杂交记载（如斯特提棉和司笃克氏棉），但是并未检出渐渗片段，根据每个外源种在群体中的累积渐渗片段长度，重点关注其中渐渗片段丰度较高的 8 个外源种，发现累积渐渗片段长度大于250Mb，丰度较高。

渐渗片段累积长度排在前三的分别是海岛棉、亚洲棉和瑟伯氏棉。海岛棉和陆地棉同为 AD 基因组，两者之间存在广泛的天然和人工杂交，使得海岛棉的渐渗片段在陆地棉基因组上最多，全部 2927 份陆地棉材料中共包含约 7700Mb 长度的海岛棉的累积渐渗片段（共 4933 个片段）。Pee Dee 种质（携带亚洲棉和瑟伯氏棉外源片段）是利用频率最高的骨干亲本，在陆地棉中鉴定到亚洲棉和瑟伯氏棉片段完全符合预期，它们的渐渗片段长度分别是 885Mb（共 2005 个片段）和 726Mb（共 11 624 个片段）。值得注意的是亚洲棉的渐渗片段主要集中在陆地棉的 A 亚基因组上，而瑟伯氏棉主要分布在 D 亚基因组上，说明当染色体的亲缘关系更近时，远缘杂交更容易发生交换重组。

海岛棉渐渗片段主要分布在陆地棉的 A01、A05、A06、A10 和 D05 染色体上，亚洲棉渐渗片段则主要分布在 A09、A10 和 A12 染色体上，瑟伯氏棉渐渗片段则主要分布在 D08 染色体上，亚洲棉和瑟伯氏棉渐渗片段在陆地棉基因组上不均匀分布，暗示这些染色体可能受到过有目的性的选择，可能与一些重要的农艺性状相关。研究还发现不同棉种渐渗片段在染色体上的分布并无统一的规律，有些片段主要集中在染色体中部，而有些则集中在两臂上。

五、全基因组关联分析

（一）陆地棉核心群体的全基因组关联分析

基于 366 万个高质量的 SNP 标记，Ma 等（2018）对 13 个纤维相关性状（纤维长度、强度、马克隆值、伸长率、整齐度、纤维成熟度、纺织一致性指数、铃重、衣分、籽指、衣指、单铃重、开花时间）的 21 组数据集开展了全基因组关联分析，共获得 11 026 个显著 SNP 信号 [$-\lg(P)$ >6.0]。在这些信号中，共有 3806 个信号至少在 3 组数据集中检出。纤维长度具有最多的关联信号，其次是马克隆值和纺织一致性指数。在 A 亚基因组和 D 亚基因组上分别鉴定到 4754 个和 2587 个纤维性状相关的信号，表明 D 亚基因组在纤维发育中具有重要作用。使用 50kb 的区间长度来分析不同信号位点所在区间的候选基因，共获得 7398 个候选基因，去除重复后共获得 4820 个候选基因，其中 2108 个来自 A 亚基因组，2683 个来自 D 亚基因组。纤维长度、强度和衣分的主效信号分别位于 A10、A07 和 A08 染色体上。

（二）陆地棉纤维长度遗传基础解析

纤维品质是衡量棉花纤维优劣的主要评价指标，直接决定它的商品价值。棉花纤维品质指标主要包括纤维长度、强度、马克隆值、伸长率和整齐度。针对上述指标，不同研究团队对棉花纤维品质形成的遗传基础开展了广泛的研究。

基于 419 份陆地棉核心种质资源材料，鉴定到纤维长度的主要位点位于 A07、A10 和 D11 染色体上，分别命名为 *FL1*、*FL2* 和 *FL4*。进一步将关联分析群体扩到 1245 份材料，在 *FL2* 和 *FL4* 的基础上又新检测出两个信号，位于 A09（*FL3*）和 A10（*FL5*）染色体上。

1. *FL1* 形成的遗传基础解析

FL1 定位到 A10 染色体的 65.68～65.72Mb 区间内，该区间内仅包含 1 个基因 *Gh_A10G1256*，编码包含 Ypt/Rab-GAP 结构域的 gyp1p 超级家族成员（图 4-6）。该基因上具有两个非同义突变，第一个突变发生在 65 696 540bp，是 A 到 C 的突变，导致 134 的异亮氨酸变为甲硫氨酸；第二个突变位于 65 694 094bp，是 G 到 A 的突变，导致 567 的缬氨酸变为异亮氨酸。这两个突变形成了两种单体型，其中携带 GA 基因型亚群的纤维长度显著高于携带 AG 类型的。在携带两种基因型的长纤维和短纤维中分别检测目的基因表达量，发现 *GhFL1* 基因在长纤维中的表达量显著高于短纤维中的表达量。植物叶片的表皮毛可能与纤维具有相同的调控机制。进一步将目的基因转入拟南芥中，通过观察叶片的表皮毛来验证基因的功能，结果表明转基因拟南芥的表皮毛变得更长。因此，该基因可能与棉花纤维发育有关。

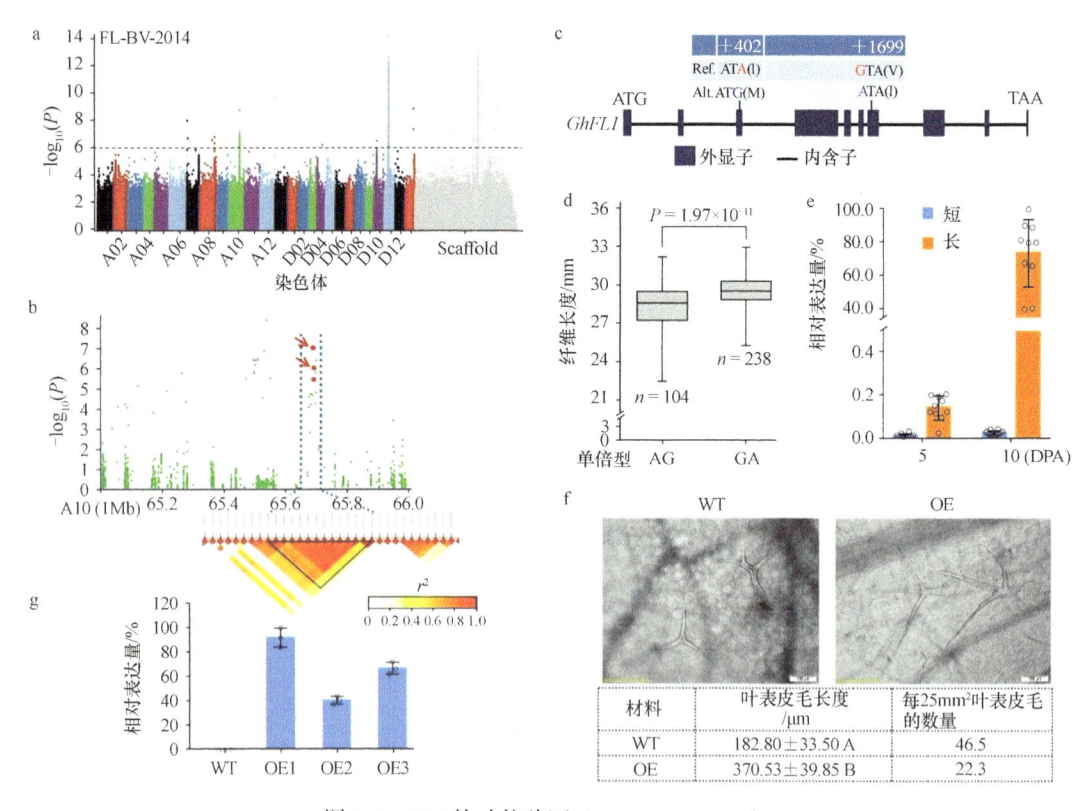

图 4-6　*FL1* 的功能验证（Ma et al., 2018）

a. 纤维的关联分析的曼哈顿图，虚线表示显著性阈值（−lgP=6）。统计分析采用双尾 Wald 检验。b. 局部曼哈顿图（上）和围绕 At10 峰的 LD 热图（下）。统计分析采用双尾 Wald 检验。红色箭头指示 Gh_A10G1256（*GhFL1*）内的非同义 SNP A10_6569409 和 A10_65696540 的位置。蓝色虚线表示候选区域。c. *GhFL1* 的基因结构。蓝色矩形和黑线分别表示外显子和内含子。d. FL 的箱线图，基于两个 SNP 的单倍型。在箱线图中，中心线表示中位数，上下箱线是上下四分位数。n 表示具有相同基因型的种质数。差异显著性采用双尾 u 检验分析。e. 使用 qRT-PCR 检测在纤维伸长阶段（开花后 5 天和 10 天）*GhFL1* 在短纤维（AG）和长纤维（GA）品种中的表达量。*Ghhistone3b* 为定量的内参对照。f. 与野生型（WT）对照相比，*GhFL1* 过表达（OE）的拟南芥具有更长且显著更少的叶片表皮毛。对成熟莲座叶 30 个视野（25mm²/个）的表皮毛数量进行计数，并测量 30 个毛状体的长度。差异分析采用双尾 t 检验分析。A 和 B 高度显著不同（$P=1.3×10^{-3}$）。数据用平均值±标准差（s.d.）表示（n=30）。g. 用 qRT-PCR 检验转基因拟南芥中 *GhFL1* 的表达。*AtTUB2* 用作内参。数据用平均值±标准差表示（n=3 个技术重复）

2. *FL2* 形成的遗传基础解析

FL2 是纤维长度主效位点，位于 D11 染色体上，多次在不同研究中检出，表明该位点在不同的群体中均稳定存在（图 4-7）。研究表明该区间共包含两个连锁不平衡区块（命名为 block_1 和 block_2），其中 block_1 位于 24.4~24.5Mb 区间内，block_2 位于 24.5~24.8Mb 区间内，block_1 的 GWAS 信号低于 block_2。利用 3K-TCG 的基因型数据分析材料的单倍型，*FL2* 信号在群体中可分为 3 种单倍型。比较携带不同单倍型材料的纤维长度，发现 Hap_FL2_1（1 型）和 Hap_FL2_2（2 型）间纤维长度无明显差异，但都显著长于 Hap_FL2_3 型（3 型）。因此，将 1 型和 2 型的基因型命名为 *FL2*，3 型命名为 *fl2*。比较发现 2 型和 3 型之间在 block_1 的基因型基本相同，表明 block_1 的变异对纤维长度并无影响，影响 *FL2* 位点的关键变异位于 block_2 中。通过比较 *FL2* 候选区间内基因表达谱发现，block_2 区间内部分基因在 *FL2* 和 *fl2* 两个不同基因型材料之间纤维发育关键时期存在显著差异。例如，在纤维伸长时期（+10DPA 和 +15DPA），位于 block_2 边界的 *Gh_D11G206800*（编码类细胞周期依赖性蛋白激酶抑制剂 7 蛋白基因）在短纤维材料中的表达量显著高于长纤维材料。研究还发现 *FL2* 起源于半野生棉（G1 和 G2），且在现代品种亚群（Group-6）中的比例最高。

3. *FL3* 形成的遗传基础解析

纤维长度和强度呈现显著的正相关，调控纤维长度的 *FL3* 位点和调控纤维强度的 *FS2* 位点在 A09 染色上共定位，是一个多效位点，命名为 *FL3/FS2*（图 4-7）。其候选区间位于 61.8~62.1Mb 区间内，区间内共包含 9 个基因。该区域基因型可分为 Hap_FL3/FS2_1 和 Hap_FL3/FS2_2 两个单倍型。比较两种单倍型材料的纤维品质，发现携带 Hap_FL3/FS2_2 单倍型的材料纤维长度和强度均显著高于 Hap_FL3/FS2_1 单倍型，其对纤维长度和强度的改良贡献率分别达到了 15.6% 和 14.2%。利用不同发育时期的胚珠和纤维的转录组数据分析候选区间内基因的表达谱，发现一个编码类丝氨酸羧肽酶 51 基因（*Gh_A09G105000*）在携带 *FL3/FS2* 位点材料中的表达量要显著高于携带 *fl3/fs2* 类型的材料。分析 *FL3/FS2* 位点在 3K-TCG 中的分布情况，发现该位点的优异等位变异在半野生棉（G1 和 G2）中并不存在，仅在栽培种中发现，表明该位点可能来源于人工改良过程。

分析发现 *FL3/FS2* 候选区间和种质资源群体中的一个亚洲棉渐渗片段完全重叠，暗示该信号可能源于亚洲棉。利用候选区间内的 SNP（61.2~62.2Mb）重构进化树，发现携带 *FL3/FS2* 位点的材料与亚洲棉聚类到一起，证实该位点是通过后期远缘杂交所获得的。研究发现在 3K-TCG 中共包含 127 个材料在 A09 染色体上携带长短不一的亚洲棉渐渗片段，其中 109 个材料携带的渐渗片段与 *FL3/FS2* 候选区间重叠。通过纤维品质性状比较分析，发现携带重叠渐渗片段材料的纤维长度和强度要显著强于其他材料。

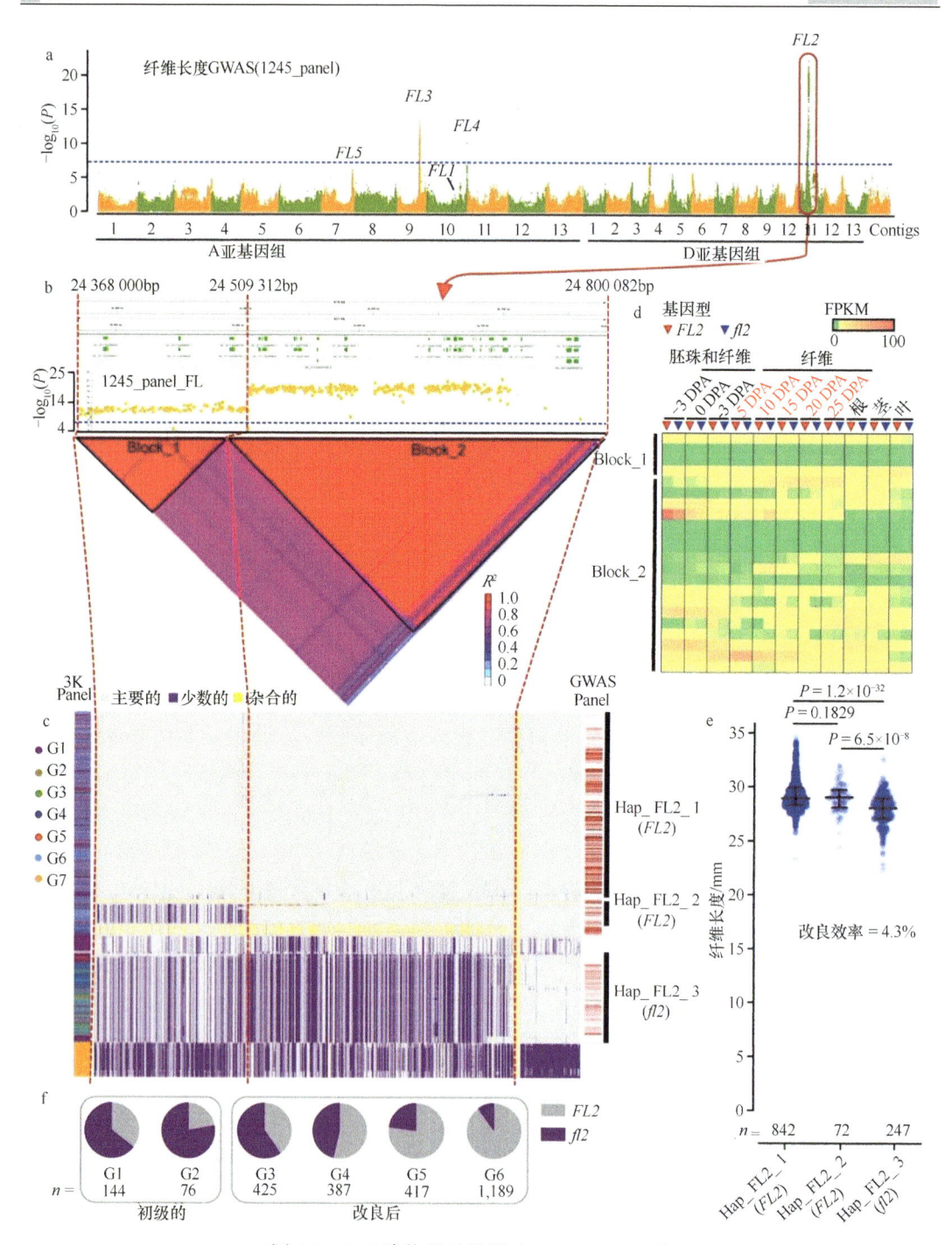

图 4-7　*FL2* 遗传基础解析（He et al.，2021）

a. 使用 1245 个个体组成群体的纤维长度的关联分析的曼哈顿图。红色阀圈表示染色体 D11 上 *FL2* 位点位置。蓝色点线表示 $-\lg(P)$ 的显著阈值 (7.35)。b. *FL2* 区域的编码基因（顶部）、局部曼哈顿图（中部）和局部 LD 热图（底部）。c. 3K-TCG 群体中 *FL2* 基因座的单倍型。材料的基因型可分为三种单倍型（Hap_FL2_1、Hap_FL_2 和 Hap_FL1_3）。彩色线（左）表示进化树的亚群分类，红色线（右）表示为 GWAS 选择的材料（n=1245）。d. FL2 基因组区间内的基因表达谱。对两种单倍型（*FL2* 和 *fl2*）在不同组织中基因表达进行比较。DPA. 花后天数。e. *FL2* 位点不同单倍型之间纤维长度的比较。利用双尾 t 检验进行显著性分析。f. 陆地棉不同亚群中 FL2 位点的等位基因频率分布比较

178

4. *FL4* 的遗传基础解析

研究发现 *FL4* 是由单碱基变异（SNP_A09_111991164）引入的，该位点位于 A10 染色体末端（图 4-7）。此外，该 SNP 位点位于 NAC 转录因子 *Gh_A10G233100*（命名为 *GhNAC029*）上的第一个外显子上，该突变引入一个新的终止密码子（AAA→TAA），导致 NAC029 基因转录提前终止。分析发现 *GhNAC29* 基因在不同发育时期的胚珠、纤维、根、茎和叶片中均不表达，因此基因功能需要后续的相关实验进一步明确。分析还发现 *FL4* 等位变异仅存在于栽培陆地棉群体中，推测应该是在栽培种中突变形成的。

5. *FL5* 的遗传基础解析

FL5 位于 A07 染色体上，与调控纤维强度的 *FS1* 位点重合，是一个多效位点，命名为 *FL5/FS1*（图 4-7），该位点也多次在不同的研究中发现，介导纤维长度和强度，二者呈显著正相关。研究发现该位点所在 LD block 区间（88.4～88.6Mb）内共包含 7 个候选基因。表达量分析发现一个编码类根部培养的生长素诱导蛋白 12 的基因（*Gh_A07G212600*）在 10DPA、15DPA 的纤维和根中优势高表达，并且它在优质纤维材料（携带 *FL5/FS1*）中的表达量要显著高于普通材料（携带 *fl5/fs1*）。此外，该区间内另一个编码内质蛋白的基因（*Gh_A07G212900*）在优质纤维材料中的表达量显著高于普通材料。SNP 单倍型分析表明 *FL5/FS1* 区间大致划分为 Hap_FL5/FS1_1、Hap_FL5/FS1_2、Hap_FL5/FS1_3 和 Hap_FL5/FS1_4 这 4 种类型。比较不同种单倍型材料的纤维长度和纤维强度，发现 Hap_FL5/FS1_3 的纤维长度和纤维强度均显著高于其他类型（$P<0.0001$）。进一步分析发现，*FL5/FS1* 位点起源于陆地棉半野生棉，在栽培陆地棉亚群 G4 中的频率最高。

（三）陆地棉纤维强度遗传基础解析

He 等（2021）对表型数据进行分析，结果表明纤维长度和纤维强度两者呈显著正相关，通过关联分析也发现调控长度的 *FL5* 和 *FL3* 与调控强度的 *FS2* 和 *FS1* 信号共定位，这两个信号在陆地棉自然群体中广泛存在，对纤维长度和纤维强度的改良具有一定作用。为了持续改良陆地棉的纤维品质，人们通过远缘杂交将外源片段导入陆地棉中。研究发现 D08 染色体上存在一个来自瑟伯氏棉的渐渗富集区域。在陆地棉育种历史上，亚洲棉-瑟伯氏棉-陆地棉三元杂交种的成功，对于推动陆地棉的纤维品质尤其是纤维强度的提升具有重要作用。研究人员以携带 D08 渐渗片段的优质纤维材料 J02-508 和不携带渐渗的 ZRI015 为双亲，构建了 1 个重组自交系（RIL），并通过 QTL 定位分析发现 D08 上 7.8～60.4Mb 的区间与纤维强度密切相关。

在 3K-TCG 中分析 D08 渐渗片段，共鉴定到 37 份材料在 D08 上携带瑟伯氏棉渐渗片段，其中有 21 份材料与重组自交系中纤维强度 QTL 的物理位置重叠，该 QTL 在 D08 染色体上的 34.9～53.1Mb 区间内。在携带渐渗片段的材料中，渐渗区间内具有纤维强度 QTL 材料的纤维强度显著强于不含纤维强度 QTL 的材料，证明该渐渗区间可能与渐渗系优异的纤维品质形成有关。研究人员进一步利用 D08 染色体候选区域内的全部 SNP

对 3K-TCG 进行聚类分析，发现瑟伯氏棉与这些优质渐渗系材料聚类在一起。因此，推测这个影响纤维强度的优异等位变异应来源于瑟伯氏棉的渐渗。

（四）陆地棉纤维品质优异基因起源分析

通过分析不同位点在陆地棉 7 个亚群中的分布频率，发现纤维品种形成位点具有不同的来源，其中 *FL2* 和 *FL5/FS1* 是在驯化的过程中直接从半野生棉继承而来的。*FL3/FS2* 和 *FS3* 则是研究者利用远缘杂交手段，将二倍体棉优异片段直接导入栽培陆地棉中产生的。*FL4* 作为一个单碱基突变，推测是在陆地棉推广过程中自然产生的变异。研究表明目前大部分现代改良品种主要携带从半野生棉直接继承而来的位点组合类型 *FL2* 和 *FL2+FL5/FS1*。其他优异等位变异组合类型仅存在于极少数的优异种系（elite lines）中，并未在育种中得到广泛的应用（图 4-8）。因此，系统解析纤维品质相关优异位点的分布规律，将有助于纤维品质关键分子标记的开发，推动陆地棉分子育种进程。

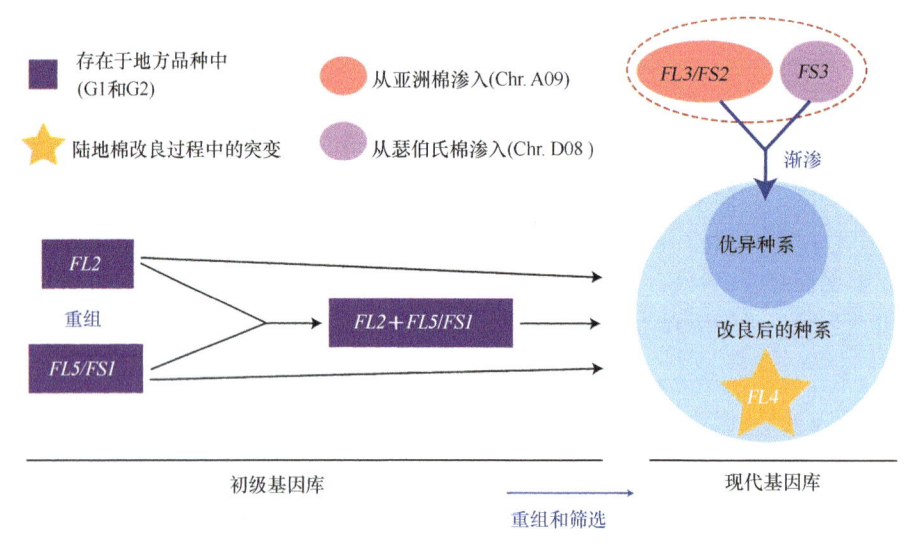

图 4-8　纤维长度和强度优异基因来源示意图（He et al.，2021）

（五）纤维伸长率遗传基础解析

1. *FE1* 遗传基础解析

全基因组关联分析表明，纤维伸长率在陆地棉种质资源中至少包含 3 个主效 QTL，分别位于 A05、D01 和 D04 染色体上，其中位于 D04 染色体 *FE1* 位点的信号最强（图 4-9）。分析发现，该位点所在区间（52.4～52.5Mb）可分为两个单倍型，其内部和附近共包含 7 个基因。转录组分析表明，其中 *TUA2* 基因在纤维伸长关键期（5～15DPA）上调表达。实时定量 PCR 实验分析发现 *TUA2* 基因在携带 *FE1* 单倍型材料中的表达量要显著高于携带 *fe1* 类型的，并且在拟南芥中过表达该基因会抑制根的伸长。因此，推测 *TUA2* 基因是 *FE1* 位点的候选基因。分析 *FE1* 等位变异在陆地棉 7 个亚群中的分布规律发现，*FE1* 来源于陆地棉半野生棉群体。

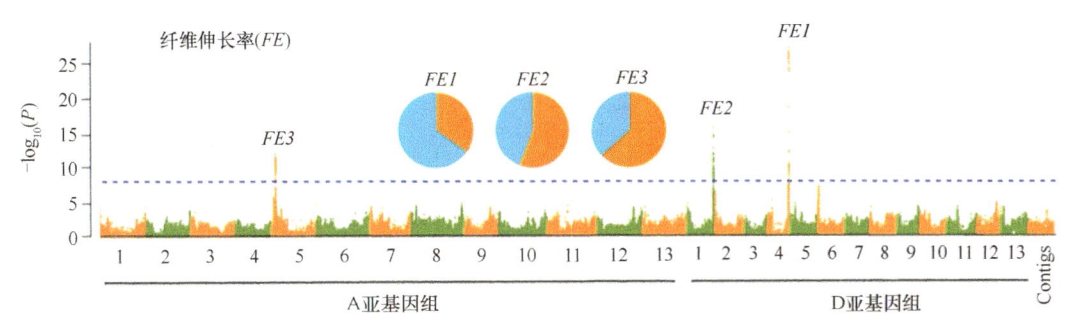

图 4-9 纤维伸长率遗传基础解析（He et al., 2021）

纤维伸长率由三个位点调控。饼图为两种等位基因型频率的占比，橙色代表优势基因型，蓝色代表普通基因型

2. *FE2* 遗传基础解析

FE2（图 4-9）位于 D01 染色体末端的 61.0～61.2Mb 的区间内，该区间内包含 8 个候选基因。单倍型分析表明，该候选区间可划分为 Hap_FE2_1 和 Hap_FE2_2 两种主要单倍型。转录组数据分析表明，一个未知功能的基因 *Gh_D01G220400* 在纤维生长关键时期优势表达。实时定量 PCR 分析发现候选基因的表达量在两个携带 *fe2* 的材料（伸长率低）中要显著高于携带 *FE2* 的材料（伸长率高），表明候选基因可能对纤维伸长率起抑制作用。

3. *FE3* 遗传基础解析

纤维伸长率的第三个位点 *FE3*（图 4-9）位于 A05 染色体的 9.96～10.01Mb 区间内，该区间包含 5 个基因。该候选区间可以分为 Hap_FE3_1 和 Hap_FE3_2 两种主要单倍型。转录组数据分析表明，*Gh_A05G094100* 在纤维生长关键时期特异表达。实时定量 PCR 分析发现 *Gh_A05G094100* 的表达量在携带高伸长率单倍型（*FE3*）材料中要显著高于携带低纤维伸长率单体型（*fe3*）材料，推测 *Gh_A05G094100* 可能正向调控纤维伸长率。研究表明 *FE3* 位点优异等位变异依然来自于半野生棉。

（六）衣分形成遗传基础解析

衣分是影响纤维产量的主要因素，直接受到纤维发育的影响。通过对衣分关联分析，在 A02、A08 和 D02 染色体上一共获得 824 个衣分相关的基因，其中 16 个基因携带非同义突变。对 D02 染色体上的信号进行深入分析，该信号位于 D02 染色体末端，区间内包含 5 个同义突变的 SNP，其中三个 SNP 位于 *Gh_D02G0025* 基因上，该基因为类四肽重复序列超家族成员。这些 SNP 产生了两种单倍型，其中携带 GTT 单倍型的材料的衣分显著高于携带 ACC 单倍型的。转录组分析表明，*Gh_D02G0025* 基因在 0DPA 和 5DPA 的纤维中高表达。富含 TPR 结构域的蛋白质在植物生长发育中起核心作用，主要是通过植物激素信号通路实现。研究表明，TPR 蛋白在番茄和拟南芥中与乙烯互作调控植物的生长发育。此外，含有 10 个 TPR 结构域的拟南芥 SPINDLY 基因通过调节赤霉素生物合成影响下胚轴长度和开花，TPR 结构与蛋白 SSR1 参与根发育和生长素极性运输。以上结果表明，*Gh_D02G0025* 可能通过不同的植物激素来调控纤维的起始和伸长，进而决定长绒的数量。

(七) 棉花早熟性状形成遗传基础解析

生育期是棉花重要的农艺性状,直接决定棉花种植的地理气候和种植环境。陆地棉起源于热带地区,早熟棉的推广使得陆地棉在全球具有广泛的适应性。在中国,棉花最南可以在海南岛种植,最北可以在西北地区北纬46°种植。Li等(2021a)对棉花熟性相关性状进行了全基因组关联分析,揭示了熟性形成的遗传基础。通过对404份现代改良陆地棉和32份半野生棉材料进行基因组重测序和遗传变异分析,共获得10 118 884个高质量的SNP。根据生育期长短可以将群体分为3个亚群,半野生棉亚群(生育期大于180天)、早熟材料亚群(ESM,生育期为113.06天±10.85天)、晚熟材料亚群(MLM,生育期为134.66天±10.66天)。利用10 180个4d-SNP位点构建进化树,结果表明这些材料可以分为3类,与表型的简单分类基本一致。PCA和群体结构分析均表明该群体可以分为3个亚群。

为了鉴定陆地棉早熟性状形成过程中基因组上的驯化区间,对不同亚群的成对固定指数(F_{st})进行了分析。与预期的一致,半野生系和现代改良品种之间分化较强,F_{st}值分别为0.31(MLM)和0.32(ESM)。相比之下,MLM和ESM亚群的F_{st}值(0.05)较低。基于位点XP-CLR方法,分析了驯化或改良过程中受选择的基因组区域,共获得357个选择清除区间,总长度为112Mb,覆盖基因组的4.94%,包含5184个基因。在这些选择区间中,16.38%位于基因间区,这意味着它们在驯化和育种中具有潜在的调控作用。GO富集分析表明驯化相关基因在开花时间、激素分解代谢、防御反应和衰老等通路富集,这些通路可能与棉花熟性驯化相关。

研究还发现驯化区间与21个已报道的QTL共定位,这些QTL可能与早熟的驯化改良相关。D03染色体上的QTL热点区域与驯化选择区间共定位。在该区域中,TOC1的直系同源基因(*Ghir_D03G010390*)通过生物钟调节的光周期途径影响开花时间,通过控制CONSTANS(CO)促进开花相关基因*FT*和*SOC*基因的表达。*Ghir_D03G010390*的表达在早熟和晚熟品种之间存在显著差异。因此,*Ghir_D03G010390*可能是调控开花时间的关键基因。此外,基于2个极端开花时间构建的F_2群体的QTL定位结果也证明调控开花的三个候选区域(A07: 20.53~21.60Mb; D03: 35.49~36.49Mb 和 39.17~40.29Mb)与驯化清除区间重叠,证实开花时间是一个驯化性状。

研究还收集了355份陆地棉材料在6个环境(2年×3个种植环境)与生育期相关的7个数量性状,包括开花时间(FT)、从第一朵花开花到第一次吐絮(FBP)、生育期(WGP)、霜冻前产量百分比(YPBF)、第一个果枝节位(NFFB)、第一果枝节位(HNFFB)和株高(PH)。皮尔逊(Pearson)相关性分析表明YPBF和其他6个性状之间存在显著的负相关,而6个性状均显示出显著的成对正相关。方差分析表明熟性相关性状表现出显著的环境和遗传效应。广义遗传力分析表明性状的范围为0.67(WGP)~0.79(FT)。

进一步对收集的性状进行全基因组关联分析,共鉴定到307个重要SNP位点分布于A01、A02、A03、A05、A06、A07、D01、D03和D05染色体上。在这些位点中有6

个（rsD03_37996318、rsD03_37952328、rsD103_38191576、rsD03_38175272、rsD003_38370420 和 rsD03_39122594）是多效性位点，至少调控 4 个以上的性状，表明多效性的遗传基础使得在育种过程中同时改良多个早熟性状成为可能。值得注意的是，A05 和 D03 染色体富含信号位点，携带位点数目占总数的 88.92%（273 个）。

研究发现 D03 染色体上的多效位点可以同时调控 5 个性状（包括 FT、FBP、WGP、YPBF 和 PH）（图 4-10）。共鉴定到 43 个显著相关的 SNP 位点，横跨染色体 3.7Mb 长的区域（36.68~40.38Mb）。其中，38 个位点与上述 F_2 群体开花 QTL 定位结果重合。两个显著关联的 SNP 位于 82.17kb 长的单倍型区域内，该区域共包含 3 个基因。利用转录组数据分析候选基因在早熟品种'CRI50'和晚熟品种'TM-1'不同发育时期花中的表达量，发现三个候选基因中只有 *Ghir_D03G011310* 在早熟品种'CRI50'中的表达水平高于晚熟品种'TM-1'。基因注释分析表明 *Ghir_D03G011310* 编码一种半胱氨酸蛋白酶（cysteine protease），其在拟南芥中功能已知的亲缘关系最近的同源基因为 *CEP1*，该基因在绒毡层中特异表达，并参与花粉发育。此外，实时定量 PCR 表明该基因在早熟品种（'Zhong213'和'CRI50'）三叶生长阶段和四叶生长阶段的表达显著高于晚熟品种（'NDM8'和'TM-1'）。显著 SNP（rsD03_39122594）位于 *Ghir_D03G011310* 起始密码子上游 1810bp 处，与 FT、WGP、YPBF 和 PH 的关联最强（平均 P 值=$4.46×10^{-8}$）。携带 HapA（A 等位基因）单倍型的品种比携带 HapB（G 等位基因）的品种表现出更早熟。利用病毒诱导的基因沉默（VIGS）在早熟棉花'CRI50'中进一步验证了 *Ghir_D03G011310* 基因的功能，发现沉默植株与对照相比表现出果枝发育迟缓，是一个潜在的候选基因。

A05 染色体也携带一个多效位点，同时调控 PH 和 HNFFB。该信号位于 A05 号染色体上的 16.30~16.94Mb（630.69kb）区间内，包含了 237 个紧密连锁的位点和 57 个编码基因。在候选区域内，大约 40%（134 个）的显著关联的 SNP 位点位于非基因间区。其中 SNP rsA05_16453277（G/T）位于 *Ghir_A05G017290* 的 3'UTR 区。共有 125 份携带 T/T 单倍型的材料比携带 G/G 的材料的株高（PH）和第一果枝节位（HNFFB）更矮。转录组数据分析表明，在开花发育阶段 *Ghir_A05G017290* 在早熟品种'CRI50'中的表达比晚熟品种'TM-1'更高。*Ghir_A05G017290* 是水稻 *OsbHLH068* 的同源基因，在拟南芥中异位过表达 *OsbHLH068* 能够调节与开花时间调控有关的基因的表达。以上结果表明，*Ghir_A05G017290* 可能是决定棉花早熟的关键基因。

随着我国棉花种植进一步向新疆集中，对品种早熟性的要求越来越高。开花时间是衡量棉花生育期长度的重要指标，但棉花开花时间研究相对薄弱，尤其是利用正向遗传研究棉花开花时间的报道较少。为了厘清棉花开花时间形成的遗传基础，Ma 等（2018）调查了陆地棉核心种质资源群体的开花时间，并开展全基因组关联分析。相关性分析表明，开花时间与纤维品质性状和产量性状呈正相关，表明生育期影响棉花的纤维品质和产量。研究发现开花时间的主效位点位于 D03 染色体上，该位点包含 1134 个超过阈值 $[-\lg(P) > 6.0]$ 的 SNP，该位点包含两个可能的候选区间。第一个候选区间位于 25.56~25.60Mb，区间内包含两个候选基因（*Gh_D03G0728* 和 *Gh_D03G0729*），其中 *Gh_D03G0728* 编码 COP1 互作蛋白 1（COP1-interactive protein 1），因此，命名为 *GhCIP1*。

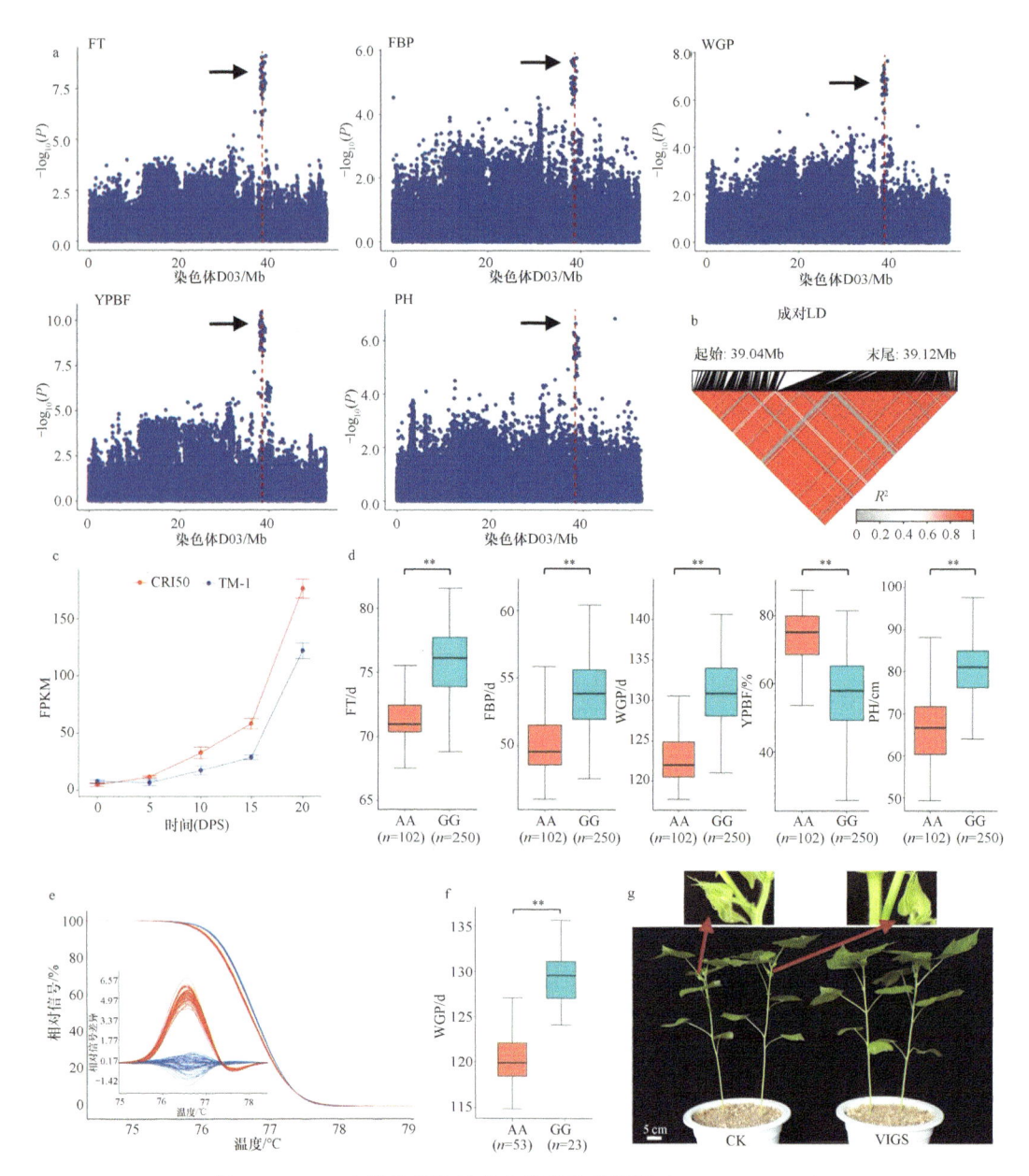

图 4-10 D03 上早熟相关的位点遗传基础解析（Li et al., 2021）

a. 染色体 D03 上开花时间（FT）、从第一朵花开花到第一次吐絮（FBP）、生育期（WGP）、霜冻前产量百分比（YPBF）和株高（PH）的曼哈顿图；箭头表示与候选基因 *Ghir_D03G011310* 显著相关的 rsD03_39122594 位点。b. 82.17kb 长候选区域的 LD 热图。以 *D'* 值表示 SNP 标记之间的成对 LD，其中红色表示值 1，灰色表示值 0。c. *Ghir_D03G011310* 的表达谱。*x* 轴表示发育阶段（0DPS、5DPS、10DPS、15DPS 和 20DPS），*y* 轴表示 RNA-seq 的相对表达水平，DPS 含义为开花后天数。误差条表示三个生物学重复的标准偏差。d. 上述两种单倍型之间 FT、FBP、WGP、YPBF 和 PH 的箱线图（**$P<0.01$）。e. 重组近交系群体中 SNP（rsD03_39122594）的 HRM 分析。外轴为原始熔解曲线；里面的轴是对数后的熔解曲线。红色和蓝色曲线分别对应于有利等位基因（A）和普通等位基因（G）。f. 两个单倍型在重组自交系群体中全生育期的比较分析（**$P<0.01$）。g. *Ghir_D03G011310* 在早熟棉 'CRI50' 中的 VIGS。用空载体处理的 'CRI50' 用作对照组。红色箭头表示方块和果枝

拟南芥中 *COP1* 基因在光介导的发育中具有重要作用，包括调控开花时间等，但 *AtCIP* 基因的功能却未知。D03 上 25568303 位点的 A/T 替换，导致 *GhCIP1* 基因发生非同义突变，致使其蛋白质序列 540 位的组氨酸变为亮氨酸。携带 TT 基因型的材料比携带 AA 基因型的开花更早。各取两种基因型的 10 个材料进行定量 PCR 分析，在决定开花时期（6～8 片真叶时期）早花材料中 *GhCIP1* 的表达量显著高于晚花材料。对开花纤维起始期的不同发育时期（开花前 1 天、开花当天和开花后 1 天）的胚珠进行定量分析，发现在开花前 1 天的胚珠中 *GhCIP1* 在两个基因型中均高量表达，表明该基因可能参与纤维的起始调控。病毒介导的基因沉默实验表明干涉 *GhCIP1* 基因植株的果枝生长受到抑制，表明该基因可能与棉花早花有关。

第二个候选区间位于 25.21～25.22Mb，包含 11 个显著的 SNP 和两个候选基因（*Gh_D03G0717* 和 *Gh_D03G0718*）。*Gh_D03G0718* 基因编码泛素结合酶（*GhUCE*），该基因在植物中的功能未见报道。*GhUCE* 内含子上包含三个信号显著的 SNP（D03_25218681、D03_215218872 和 D03_252 19272），产生两个单倍型。携带 GGA 基因型材料的开花时间明显早于携带 TTT 材料的。使用两种等位基因型的材料分析 *GhUCE* 基因的表达谱，发现在决定开花发育时期，该基因在早花品种（GGA）中的表达高于晚花品种（TTT）。在纤维起始阶段，*GhUCE* 在早花和晚花品种中均表现出高表达，因此表明其可能参与纤维起始。与野生型相比，过量表达 *GhUCE* 的拟南芥表现出早花和莲座叶减少。

（八）棉花枯萎病抗性形成遗传基础解析

枯萎病是陆地棉主要病害之一，是尖孢镰刀杆菌引起的维管束类病害，每年给棉花产量带来严重的威胁。枯萎病是一种土传性病害，防治十分困难，目前尚无有效的防治手段。实践表明培育抗病新品种是对抗棉花枯萎病最经济、最有效的手段。挖掘棉花种质资源中抗病的位点和基因，对于棉花抗病育种具有重要意义。Li 等（2021b）对 290 份棉花种质资源材料进行了枯萎病抗病性评估，获得了群体的病指（DI）数据。结果表明群体的病指为 0～81.6，其中 122 个材料对枯萎病敏感，168 个材料抗枯萎病。利用 2 719 708 个高质量的 SNP 对病指开展了全基因组关联分析。结果表明枯萎病抗性是由单基因调控的，主效位点位于 D03 染色体上，最显著的信号是 D03_2176763 位点，信号值 $-\lg(P)$ 为 10.1。中国棉花枯萎病主要是由 7 号生理小种引起的，因此，该 QTL 位点被命名为 *Fov7*。

进一步对信号位点所在区间的候选基因进行分析，发现信号区间所在的 D03 染色体 LD 长度为 200kb 左右，因此，该研究选取了最强信号上下游各 200kb 左右候选区间。候选区间内共包含 23 个候选基因和 836 个多态性位点，其中仅有 17 个位点与抗病表型显著关联。在这些关联的位点中，共注释到 2 个 SNP 能够引起氨基酸序列的变化。D03_2125319 位于基因 *GhD03G0206* 上，导致氨基酸从苯丙氨酸（Phe）变为丝氨酸（Ser）。*GhD03G0206* 是拟南芥 *CYP83B1* 基因的同源基因，编码硫代葡萄糖苷生物合成途径中的肟代谢酶。D03_2176763 位于 *Gh_D03G0209* 的第二外显子，该基因是拟南芥谷氨酸受体样 3.3（GLR3.3）的同源基因，在植物先天免疫应答中发挥重要作用。系统进化树分析表明，棉花和拟南芥中的基因可以分为4个分支，GhD03G0206位于第四分支，根据染色体上的位置命名为 GhGLR4.8。深入研究发现，Gh_D03G0209基因上包含4个非同义突变，这4个非同义突变可以分为12种单倍型，其中A～E单倍型在D03_2176763位携带C基因型，F～L单倍型在D03_2176763位携带A基因型。上述结果表明D03_2176763两种单倍型与抗病相关。此外，研究发现A基因型的材料在半野生棉和早期品种中占比例较低，在中国现代改良品种占比达43%，暗示A基因型在人工改良中受到选择作用。

研究还分析了GhGLR4.8在9个抗病材料和9个感病材料中的表达情况，结果表明，无论是在枯萎病病菌处理还是在未处理的情况下，GhGLR4.8基因表达量变化都小于2倍，推测GLR4.8基因介导的抗病可能与基因表达无关。研究人员进一步使用VIGS对22个候选基因（Gh_D03G0224表达量太低无法扩增）进行了功能初筛，结果表明除GhGLR4.8外，干涉其他基因的表达量的植株与对照植株之间并无明显差别。在YZ1和新陆早6号中干涉候选基因的表达，干涉植株比对照植株对枯萎病菌变得更敏感，且干涉植株中携带更多的病菌。研究还干涉了敏感性材料中的GhGLR4.8基因，结果表明干涉植株与对照植株之间的表型差别不大。在上述研究的基础上，研究者们利用基因编辑技术（CRISPR/Cas9）在抗病材料Jin668中编辑候选基因，共获得三个移码突变的棉花突变体材料，通过接种枯萎病菌进行抗病鉴定，结果表明突变体材料表现出严重的萎蔫现象，维管组织褐变、高病指和体内携带更多的病菌。相比而言，对照（野生型）材料对枯萎病表现出高抗，几乎观察不到维管束褐变现象。以上结果表明敲除 Fov7 位点，导致棉花对枯萎病菌的抗性丢失。

为研究 GhGLR4.8 调控棉花抗病的应答机制，研究者们利用农杆菌注射烟草瞬时表达 GhGLR4.8^A（抗病型）和 GhGLR4.8^C（普通型）蛋白。分离枯萎病菌的总分泌蛋白（SEP），并在烟草接种农杆菌48h后注射。研究发现与 GhGLR4.8^A 共注射SEP的烟草中发生了超敏反应，而 GhGLR4.8^c 共注射SEP的叶片中未见超敏反应，表明枯萎病菌可以被 GhGLR4.8^A 识别，并触发植物免疫反应。为验证 GhGLR4.8 在使用SEP后在 Ca^{2+} 内流调节中的功能，研究者们使用非损伤性扫描离子选择电极技术（scanning ion-selective electrode assays）测量了SEP处理后棉花根中的钙离子流。结果表明SEP诱导携带 GhGLR4.8^A 的 Jin668 中平均 Ca^{2+} 内流增加。iGluRs 拮抗剂（2R)-氨基-5-磷酸戊酸（AP5）显著抑制SEP诱导的反应。由SEP诱导的 GhGLR4.8^A 根中 Ca^{2+} 内流的增加现象在 Fov7 敲除植物的根中完全丢失。

（九）棉花黄萎病抗性形成遗传基础解析

黄萎病不仅侵染二倍体亚洲棉，同样也侵染陆地棉，是陆地棉面临的主要病害。Zhang等（2021）对419份陆地棉核心种质资源材料开展了苗期的黄萎病抗性评估。利用两种不同致病性的毒株（强致病性的LX2-1和中等致病性的Vd991）分别接种棉花幼苗，接种后20～25天（dpi）调查棉花的抗病表型。毒株的致病表型分为五级，如表4-4所示。

表 4-4 毒株的致病等级

致病等级（d_c）	致病症状
0	健康植株，叶片无病症
1	1~2 片子叶有症状，真叶无症状
2	2 片子叶和 1 片真叶有症状
3	2 片子叶和 2 片真叶均有症状
4	所有叶片都有症状，叶片脱落，顶端分生组织或植株死亡

病指（DI）按照以下公式计算：$DI=\sum[d\times n/(N\times 4)]\times 100$，其中 d 表示致病等级，n 表示不同 d 对应的植株数，N 表示总的植株数。共调查了 401 份材料的病指情况。结果表明 L×2-1 处理 20dpi 时病指为 20.5~70.7，处理 25dpi 时病指为 32.1%~86.1%。在利用 Vd991 处理时，20dpi 的病指为 8.6~49.3，25dpi 的病指为 11.79~71.07。在毒株处理 25dpi 时，两种处理的平均病指均高于 35，证实陆地棉黄萎病抗性整体水平较差。

利用 376 万个 SNP 标记，结合 4 组病指数据开展了全基因组关联分析，共获得 382 个显著的 SNP 信号。其中 LX-20dpi、LX-25dpi、Vd991-20dpi 和 Vd991-25dpi 的信号分别为 17 个、22 个、6 个和 354 个，这些信号分布于 A02、A03、A05、A06、A08、A12、D05、D07、D10、D11 和 D12 染色体上，D11 染色体上的信号能够在不同处理中稳定检出，表明 D11 信号可能是陆地棉苗期抗病的主效位点。通过比较不同处理的信号，发现 13 个 SNP 在 LX-20dpi 和 Vd991-25dpi 中稳定出现，它们被定位为核心 SNP，核心 SNP 位于 D11 染色体的 414.3kb 区间内。进一步利用病圃对 20 个感病材料和 7 个抗病材料进行大田鉴定，结果表明抗病型的病指（36.2）明显低于感病型的病指（66.1），证明核心信号调控棉花的抗病。

以最高信号 SNP 的上下游 300kb 为区间，鉴定获得 81 个候选基因。其中 *Ghir_D11G033410.1* 基因上携带 1 个核心 SNP（G/A 突变），引起编码蛋白的第 251 位氨基酸由异亮氨酸变为缬氨酸，它与其他三个基因（*Ghir_D11G033420.1*、*Ghir_D11G033430.1*、*Ghir_D11G033440.1*）形成 1 个基因簇（命名为 *GhLecRKs*），均编码 L 型凝集素结构域受体激酶 V.9。分析发现携带 G 基因型的材料比携带 A 基因型的病指更低，表现更抗病。病菌处理时 *Ghir_D11G033410.1* 在抗病材料中受到明显的诱导上调表达，而在感病植株 ND601 中这种诱导表达受到抑制，表明 *Ghir_D11G033410.1* 基因表达可能与抗病有关。通过 VIGS 实验和拟南芥中的过表达实验进一步证明该基因是棉花抗病的负调控基因，干涉基因表达能够提升棉花的抗病性。转录组数据分析表明，*Ghir_D11G033420.1* 基因受病菌诱导表达，*Ghir_D11G033430.1* 表现出波动的表达模式，而 *Ghir_D11G033440.1* 则不受病菌诱导。VIGS 实验表明，干涉 *Ghir_D11G033420.1* 基因能够降低植株对黄萎病菌的敏感性。通过上述研究，证明 *GhLecRKs* 与棉花的抗病有关。

除了 *GhLecRKs* 基因簇外，22 个差异基因也同时被鉴定。通过 VIGS 干涉实验，发现 18 个基因可能与棉花抗病相关，其中 15 个为病菌诱导上调基因，3 个为下调基因。15 个上调基因干涉后均对黄萎病菌表现出敏感表型，而 3 个下调基因（*Ghir_D11G033550.1*、

Ghir_D11G033690.1 和 *Ghir_D11G033820.1*）在 VIGS 干涉后，均表现出抗病性表型。过表达拟南芥实验进一步验证了候选基因的功能。

研究者们又进一步将核心群体按照不同时期分为早期材料、中期材料和现代材料，并对材料中优势抗病基因型频率（FEA）进行了分析。结果发现现代材料中 FEA 为 12.55%，显著高于早期和中期材料（4.29%），表明 FEA 受到了人工改良的选择作用。此外，研究还分析不同棉区中现代改良材料的 FEA，发现黄河流域材料携带的优势等位基因型频率更高，这与河南和河北两省棉花黄萎病十分严重的现实情况高度相符。

六、倒位调控陆地棉的群体分化

基因组结构变异包括倒位、易位、插入和缺失等，它们是近缘物种基因组分化的主要特征。研究表明棉属的二倍体棉种间或二倍体与四倍体棉种间存在着大范围的染色体重组现象，是种间分化的遗传基础。然而，栽培种内是否也存在尺度的结构变异，这些变异有何作用等都不清楚。基因组结构变异对序列的影响尺度比 SNP 和 InDel 更大，传统的检测方法是通过细胞学和染色体工程进行检测，但该类方法操作复杂、分辨率低，很难对此类遗传变异进行精准鉴定。随着三代测序技术在棉花种质中的应用，长读长序列（long reads）给棉花基因组结构变异研究带来了新动力，对于系统全面解析棉花基因组结构变异具有推动作用。

比较高质量的 TM-1 和 ZM24 基因序列（Yang et al., 2019），发现它们的基因组上存在大范围的插入和缺失（PAV）现象，令人感到兴奋的是在 A08 染色体上发现了三个大片段的倒位，横跨 A08 染色体 29.76～75.89Mb。研究者们首先利用 Hi-C 数据验证倒位的准确性。当 TM-1 的 Hi-C 数据回比到自身的参考基因组上时，A08 染色体的信号在对角线区域呈连续分布。同样将 ZM24 的 Hi-C 数据回比到自身参考基因上时，A08 染色体对角线区域的信号也是连续的，且互作强度随着两个位点之间距离的增大而衰减。然而当 ZM24 的 Hi-C 数据比对到 TM-1 的 A08 染色体上时，发现三个区域信号不连续，信号衰减不是沿着水平或垂直方向，表明该区域存在倒位现象。将 TM-1 的 Hi-C 数据比对到 ZM24 上时，同样发现 A08 染色体上存在倒位现象。进一步利用长读长来检测 TM-1 和 ZM24 在断点附近的 PacBio 长序列的覆盖情况，发现 TM-1 和 ZM24 中均有大量的长读长序列分别横跨各自的断点，表明 TM-1 和 ZM24 在 A08 染色体上的倒位现象是真实存在的。

进一步利用 PCR 的方法对倒位区间 1（SV1）和倒位区间 3（SV3）的左右断点精确到单个碱基水平，发现涉及 TM-1 倒位序列的 5'端序列与 ZM24 的 3'端序列反向互补，TM-1 倒位序列 3'端的序列与 ZM24 的 5'端序列互补，反之亦然。提取上述断点上下游的侧翼序列，分别对 TM-1 和 ZM24 设计特异引物和通用引物进行 PCR 反应。结果表明，针对 TM-1 的引物只能在 TM-1 中扩增出条带，而针对 ZM24 的引物只能在 ZM24 中扩增出条带，由此证明断点是真实存在的。

然而倒位是否在陆地棉种质资源中具有广泛性呢？针对这一问题，研究者们利用陆地棉核心种质资源群体的二代重测序数据，分析了断点的短读长覆盖情况。SV1 断点附近的读长序列覆盖情况可以分为两类，一类是支持倒位的，如 D042、D038、D101 等材料中不存在单向读长序列横跨 SV1 左右断点的情况，且断点附近比对上的单向读长序列的另外一条配对读长序列比对到距离断点较远的位置上，测序所产生的成对读长序列的插入片段大小不符合预期的 350bp 长度，表明此处存在大片段结构变异。同样，B009、D004、D041 等材料测序的单向读长序列或者成对的序列能够横跨 SV1 的左右断点，序列的覆盖情况很正常，说明所选材料在此处与参考基因组的结构完全一致，此类材料在此处不存在倒位。利用相同方法，研究者们还对 SV3 左右断点附近的读长序列进行分析，与 SV1 的情况类似，SV3 同样能够将材料分为支持倒位的和不支持倒位的两类。研究还发现材料中在 SV1 处存在倒位的，在 SV3 处也存在倒位，说明 SV1 和 SV3 是连锁的。依据断点的情况，可将陆地棉核心种质资源群体简单分为两类，共获得 66 个 TM-1 类型材料，命名为 TM-1-like；获得 347 个材料支持倒位，命名为 ZM24-like。

倒位是否对陆地棉群体结构产生影响呢？研究者们利用 31 万个高质量的 SNP 重构了陆地棉的进化树。有意思的是进化树聚类的结果与利用倒位简单分类的结果高度一致，即 TM-1-like 类材料在进化树上聚在一起，独立成一枝（橙色），ZM24-like 类型的材料也聚在一块，成为另一枝（绿色）。主成分（PCA）分析进一步支持进化树的结果，即 TM-1-like 类型的材料在 PCA 图上聚在一起（橙色），而 ZM24-like 的则聚在一块（绿色），由此可见 A08 上倒位对陆地棉的群体分化产生了重要的影响，使得陆地棉种内可以分为两个亚群，且 TM-1-like 亚组的个体在数量上占有绝对的优势（图4-11）。

通过进一步分析两个亚群的分化情况，研究发现除了在 A08 染色体外，其他染色体上均未出现明显的分化情况。A08 染色体分化明显，不仅在倒位区间内分化，邻接倒位区间的非倒位区间也表现出严重的分化，说明倒位不仅影响倒位区间内的群体分化，还影响周围区域的分化。

研究还发现两个亚群体遗传多态性在 A08 染色体上表现出巨大的差别，ZM24-like 类型的单体型密度较 TM-1-like 类型的在倒位区间及其邻接区间内显著降低。根据单体型密度降低的程度，推测 ZM24-like 组是由 A08 染色体倒位的材料衍生而来。通过分析陆地棉 TM-1 和 ZM24 与海岛棉 A08 的关系，发现 TM-1 和海岛棉在 A08 的 SV1 处并不存在倒位，这说明 SV1 倒位是 ZM24 所特有的，证明了 ZM24 类型的材料出现晚于 TM-1 类型的材料。

研究表明减数分裂的重组在倒位区受到强烈的抑制作用，两种倒位的基因型之间只有少量的交换。尽管这些区域具有强烈的遗传效应，然而在陆地棉中未见有大片段变异的遗传效应方面的研究，这与陆地棉中缺乏大片段遗传变异有关。为了在陆地棉中研究倒位的遗传效应，研究者们以 ZM24 和 TM-1 为双亲在河南安阳和海南三亚构建了 181 个家系组成的重组自交系，并对自交系进行重测序，共获得 786 241 个高质量的 SNP，利用 SNP 进一步构建了 4482 个 bin 标记，并利用这些标记构建了总遗传距离为 3370.9cM 的遗传图，基于该图谱计算了重组频率。将倒位区间与 SV1 和 SV3 进行重叠时，发现倒位区间的减数分裂重组频率与非倒位区间相比急剧降低，并且这种抑制作用在倒位区间紧密相连的非倒位区间中也存在。

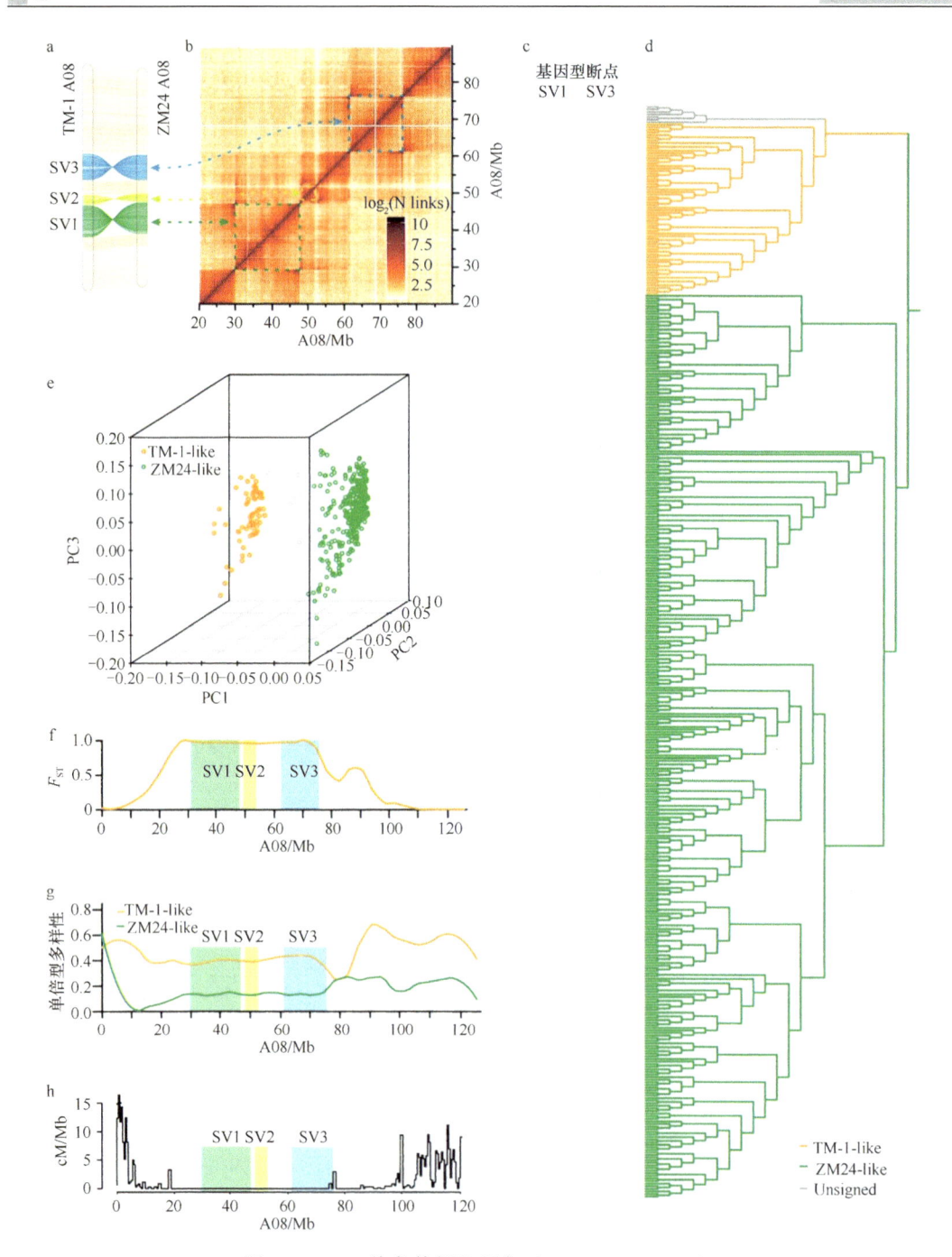

图 4-11　A08 染色体倒位研究（Yang et al.，2019）

a. TM-1 和 ZM24 之间 A08 上的倒位（SV1、SV2 和 SV3）。b. ZM24 Hi-C 数据映射到 TM-1 A08 的热图。c. 陆地棉核心种质资源群体利用 SV1 和 SV3 中断点进行基因分型。通过对 SV1 和 SV3 的断点评估，利用 A08 倒位对群体进行分类，橙色表示 TM-1 类的等位基因，绿色表示 ZM24 类的等位基因，灰色为未明确分类的。根据（d）中所示的单倍型聚类对材料进行排序。d. 基于 315 868 个 SNP（MAF ≥ 0.05）进行聚类分析，结果表明群体可分为 TM-1 亚群和 ZM24 亚群。e. 421 份材料的主成分分析。f. TM-1 亚群和 ZM24 亚群的遗传分化分析（FST）。g. TM-1 亚群和 ZM24 亚群的单倍型多样性比较分析。h. 使用源自 TM-1 和 ZM24 杂交的 RIL 群体，研究倒位对减数分裂重组率的局部影响。染色体上的黑线，cM/Mb 值；彩色框，倒位所在的位置为了在陆地棉种质资源群体中研究倒位与减数分裂重组的关系,进一步分析了陆地棉核心种质资源材料中的 ZM24-like 和 TM-1-like 材料在 A08 上 SNP 标记的分布情况。由于 TM-1-like 亚群的个体数目少,为了排除群体大小对 SNP 数量的影响,随机在 ZM24-like 中选取了与 TM-1-like 亚群个体数相等的个体组成新的亚群,用于两个亚群 SNP 个数比较分析。结果表明 ZM24-like 亚群与 TM-1-like 亚群比较的结果和随机选择材料所构成的亚群与 TM-1-like 亚群比较的结果很相似,倒位区间内 SNP 的密度在两个亚群中显著降低,且两个亚群中包含着大量私有的 SNP,以上结果再次表明携带 ZM24-like 与 TM-1-like 基因型的材料相互杂交时,倒位区的减数分裂重组受到抑制,导致两个亚群的核苷酸多样性降低。

通过比较 TM-1-like 和 ZM24-like 亚群以及它们的混合大群体中的核酸多样性(π 值),发现除 A08 染色体外,其他染色体上的 π 值曲线几乎完全重合,说明多样性在 TM-1-like 和 ZM24-like 亚群以及它们组成的大群体中并无差别。而在 A08 上,混合大群体表现出较高的遗传多样性,尤其是在倒位区间内核酸多样性显著高于 TM-1-like 和 ZM24-like 亚群。TM-1-like 亚群的平均核酸多样性(1.51×10^{-4})与 ZM24-like 亚群的(1.59×10^{-4})并无明显差别,而它们与混合大群体的(5.59×10^{-4})相比都显著降低,以上结果表明倒位导致陆地棉群体多样性的降低,混合群体中较高的多样性由两个亚群分化所致。综上所述,重组频率以及单体型结果强有力的表明,随着时间的推移,由于 A08 上的倒位所引起的减数分裂重组抑制和低频遗传交换将陆地棉分化为两个不同的群体。因此,我们有必要重新评估陆地棉的分化是如何产生的,以及这一过程如何影响群体的多样性以及性状的多态性。

为了研究倒位的起源及其在陆地棉地理分化中的作用,研究者们利用 3K-TCG 大群体进一步对倒位进行深入研究。群体结构分析表明 3K-TCG 可划分为 8 个群体,其中陆地棉占 7 个,海岛棉占 1 个。群体固定系数分析表明 A06 和 A08 染色体分化严重,其中 A08 染色体的分化已在前人研究中证明由倒位所致,而 A06 染色体可能存在一个新的倒位现象。A08 的分化主要在 G3 亚群中,而 A06 主要在 G5 亚群中,再次支持倒位影响陆地棉群体的分化。不同材料的地理来源分布分析表明 G3 主要来自华北和西北地区,G5 则主要来自长江流域,表明染色体的分化可能与地理分化有关。为了证明倒位与地理分化之间的关系,研究者们提取了 A06 和 A08 染色体上的遗传变异数据,并利用这些遗产变异进行单倍型聚类分析,依据这两条染色体,3K-TCG 中陆地棉可以分为 4 种单倍型。

F_{st} 分析表明 A06 染色体的分化区间在 77.5~115.5Mb 内。分析发现 Hap-A06-3 和 Hap-A06-4 两种单倍型主要存在于 G1 亚群(陆地棉半野生棉)和 G3 亚群中,而 G5 亚群中主要携带 Hap-A08-3 单倍型。这三种单倍型可以作为特征单倍型,将 G3 和 G5 从其他亚群中区分出来。进一步分析半野生棉中的单倍型分布,发现 A06 染色体为 Hap-A06-3 或 Hap-A06-4 类型的单倍型,而 A08 染色体为 Hap-A08-2、Hap-A08-3 或 Hap-A08-4 类型,这些类型的单倍型是祖先单倍型。因此,Hap-A06-1、Hap-A06-2 和 Hap-A08-1 为衍生单倍型,是在由半野生棉驯化为现代栽培种或现代栽培种改良过程中由祖先种的单倍型重组产生的。深入分析发现,几乎所有中国审定的品种都是携带

Hap-A06-3/Hap-A06-4（G3）和 Hap-A08-3（G5）单倍型的品种，分别分布在高纬度和低纬度地区。

为了深入理解基因组分化在棉花育种上的意义，研究人员通过整合 A06 和 A08 染色体的单倍型组合信息、品种系谱信息、地理来源和审定时间对中国不同时期审定的 851 个品种进行深入分析。根据 A06 和 A08 染色体单倍型组合，可将上述材料分为 14 类。Ⅰ～Ⅳ型由 G5 亚群携带，在长江流域种植，品种审定登记时间为 20 世纪 60～80 年代；G3 亚群携带 X～XIV 类型单体型，主要在中国的西北地区种植，审定时间主要为 1990 年至今；剩余类型（V～IX）审定时间居于 G3 和 G5 中间，审定时间为 20 世纪八九十年代，在群体中所占数量最多，主要在黄河流域种植。

研究还分析了 14 种单倍型的来源，它们中的多数可以追溯到美国或苏联的种质资源中，有 6 种单倍型可以追溯到半野生棉中。有趣的是 Hap-A06-1 和 Hap-A06-2（主要分布在 G4 和 G6）未在半野生棉中发现，它们的来源未知，需要后续进一步研究。不同时期中国棉花品种单倍型组合的交替选择，反映了中国棉花品种地理分化的基因组基础。因此，Hap-A06-3/Hap-A06-4（G3）和 Hap-A08-3（G5）可能是不同生态环境下棉花品种的基本基因组特征。

七、陆地棉 eQTL 研究进展

在棉花胚珠表皮细胞开始伸长后，棉纤维经历了阶段性细胞发育，形成成熟的皮棉纤维。Li 等（2020）测序 251 份陆地棉自然材料纤维的转录组，通过 GWAS 分析鉴定了一个调控细胞壁生物合成相关基因表达的 eQTL 热点。

1. 材料种植

涂礼莉研究团队筛选了 251 份纤维表型差异较大的陆地棉品种于 2016 年和 2017 年种植在中国新疆石河子棉花基地。每个材料种植 3 个重复，每个重复按随机区组分布。开花当天的棉铃挂牌标记为 0DPA，在开花后 15 天的上午 8～12 点取样。随机选取一个重复的 10 个以上的棉株用于 RNA 提取。取样时保证在棉桃摘下 1min 内迅速剥开棉壳，用镊子取出纤维后置于液氮中冻存。

2. 转录组分析

研究人员使用 Illumina HiSeq 4000 平台对 RNA 样本进行测序（双端 150bp 读长），共产生了 100 亿个双端测序读长，平均每个材料有 4000 万个。去除低质量碱基后，使用 HISAT 软件（v.2.1.0）将干净数据映射到 *G. hirsutum* TM-1 的参考基因组序列量化基因的表达水平，发现共有 39 863 个基因在 15DPA 纤维中表达。通过剔除在超过 95% 的样品中表达水平低于 0.1（FPKM<0.1）的基因，最后获得 35 765 个在群体中差异表达的基因，用于后续分析。

3. 关联分析

使用 FaST-LMM 软件对群体基因组的 SNP 文件（MAF > 0.05）和表达基因进行关

联分析，通过剔除位于同一个 LD 区域的假阳性 eQTL，最后鉴定到 15 330 个与 9282 个基因（受 eQTL 调控的 eGene）表达相关的 eQTL（图 4-12）。这些 eQTL 和 eGene 来自陆地棉所有的 26 条染色体。根据 eQTL 和 eGene 在染色体上的分布位置，可以将 eQTL 和 eGene 之间的关联分为染色体内的关联和染色体间的关联。在染色体间的关联中，A 亚基因组和 D 亚基因组间同源染色体的关联（15 330 个中有 691 个）最为普遍（图 4-12 红色箭头所示）。特别是 D11 号染色体与其他染色体（15 330 个中有 962 个）之间存在丰富的关联（图 4-12 橙色箭头所示），而不仅仅是亚基因组同源染色体之间的关联。

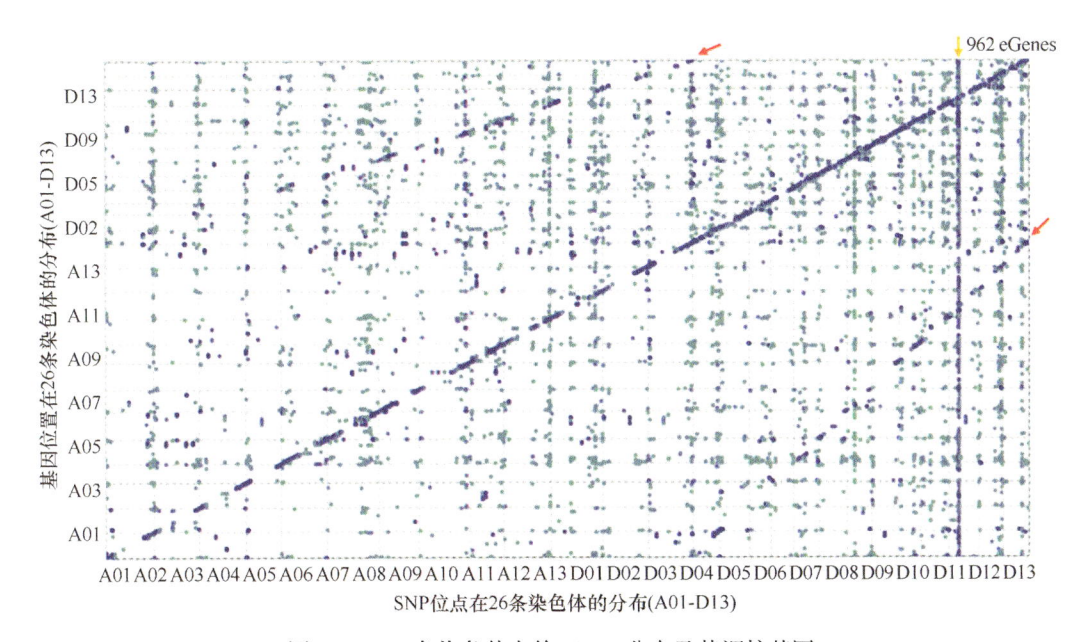

图 4-12　26 条染色体上的 eQTL 分布及其调控基因

x 轴显示了每条染色体中的单核苷酸多态性（SNP）位置（bp），y 轴显示了每个染色体中的基因位置（bp），染色体顺序从左到右（x 轴）或从下到上（y 轴）为 A01 到 D13。每个点的颜色代表每个 eQTL 基因关联的显著性（P 值），绿色的显著性低，蓝色的显著性高。每条染色体都按物理染色体长度进行缩放。对角线上的点表示染色体内的关联。三个箭头显示了同源染色体中亚基因组间关联的富集，以及 D11 和其他染色体之间的染色体间关联

进一步研究发现，位于同一条染色体上的 eQTL 和 eGene 的关联度比位于不同染色体上的 eQTL 和 eGene 之间的关联度更高。根据 eQTL 和 eGene 之间的距离，将所有的 eQTL 分为 5370 个近端 eQTL（<1Mb）和 960 个远端 eQTL（>1Mb 或在不同的染色体上）。近端 eQTL 比远端 eQTL 对表达变异的影响更大。近端 eQTL 和 eGene 之间的距离在约 5kb 处呈现富集分布。在全部的 eQTL 中，近端 eQTL 占 35%，而远端 eQTL 占 65%，其中 15% 发生在同一条染色体上，另外 50% 发生在不同的染色体上。在 eGene 中，有 5027 个受到近端 eQTL 调控，6220 个受到远端 eQTL 调控，并且绝大多数 eGene（6049 个，65.1%）仅被一个 eQTL 调控。

4. 热点分析

采用 hot_scan（-m 5000，-s 0.05）软件对每条染色体中的所有 eQTL 进行热点分析，共鉴定出 243 个热点。其中分别有 125 个和 118 个 eQTL 热点位于 A 亚基因组和 D 亚基

因组。每个热点调控的 eGene 为 3~962 个。进一步构建 eQTL 网络发现，D11 染色体上的 eQTL 热点 216（Hot216，24.43~24.62Mb）可以调节 962 个基因的表达（图 4-13）。其中 293 个基因的表达也受到其他 eQTL 热点的调控，而其余 669 个基因仅受 Hot216 的调控。进一步对 Hot216 调控的 962 个 eGene 进行 GO 富集分析发现，这些基因主要富集在细胞成分（CC）类的微管细胞骨架、分子功能（MF）类的蛋白激酶和纤维素酶活性以及生物过程（BP）类的植物细胞壁组织。例如，阿拉伯半乳糖蛋白 FLA（FLA7：*Ghir_A08G005490* 和 FLA11：*Ghir_D11G035910*）参与次生壁纤维素合成，TBL 蛋白（trichome birefringence-like；TBL3：*Ghir_D13G010200*、*Ghir_A04G010010*）参与细胞壁多糖的乙酰化修饰，β-1,4-木糖基转移酶 IRX（IRX9：*Ghir_A09G016060*、*Ghir_D09G015490*）和木葡聚糖内糖基转移/水解酶 XTH（XTH30：*Ghir_A08G016210*）参与木聚糖和木葡聚糖的代谢过程。另外还有 3 个 MYB 转录因子（MYB46：*Ghir_A13G022890*，MYB61：*Ghir_A07G014020* 和 MYB103：*Ghir_A08G012250*，*Ghir_D08G012890*）正向调控次生细胞壁形成。

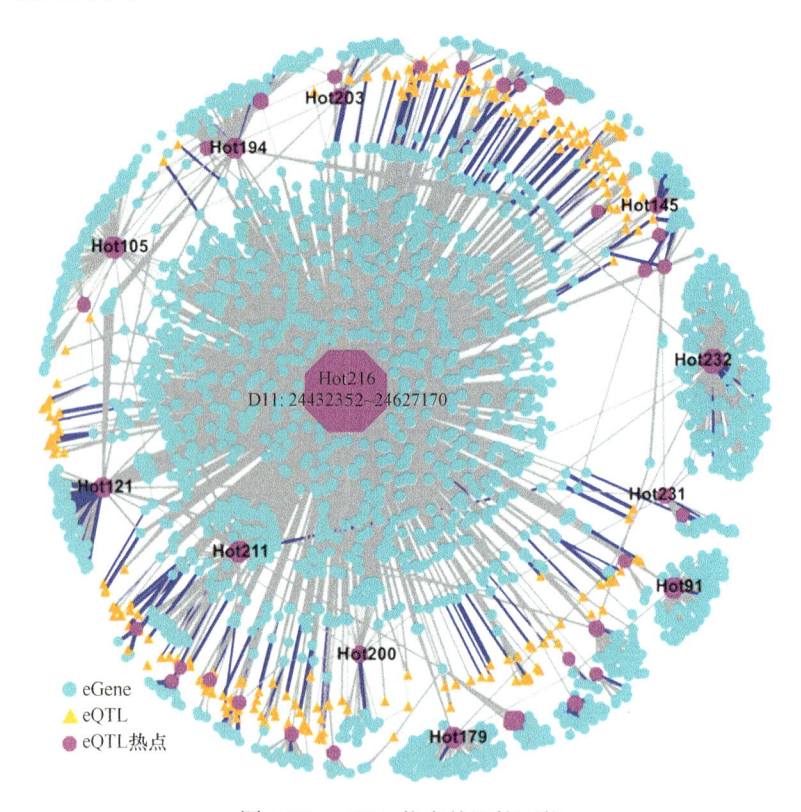

图 4-13 eQTL 热点的调控网络

绿色圆圈节点表示受 eQTL 调控的基因，黄色三角形节点表示 eQTL，八角形节点表示 eQTL 热点。染色体 D11 上的 eQTL 热点 216（Hot216）被放大，染色体位置为 24 432 352~24 627 170bp。蓝色网络边缘表示与局部 eQTL 关联，灰色边缘表示与远端 eQTL 关联。对于 Hot216，仅显示与远端 eQTL 的关联

5. 遗传变异影响纤维长度

研究团队通过整合 eQTL 和 GWAS 分析发现一个位于 Hot216 区域的显著关联信号，

进一步分析确定该信号为 *KRP6* 基因（KIP-related protein 6 基因）。*KRP6* 的第一个外显子中包含一个非同义突变（G 和 T 的变换），分析发现该变异会影响参与次生细胞壁生长的 eGene 的表达水平（图 4-14），而且可以诱导负责细胞壁合成的基因表达，促进次生细胞壁的早期生物合成，从而形成更短的棉纤维细胞。

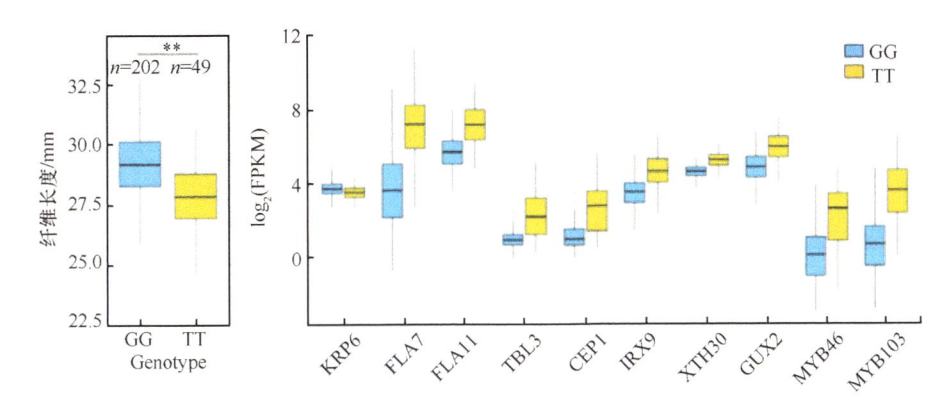

图 4-14 *KRP6* 两种不同基因型的纤维长度分布和 Hot216 网络中代表性基因的标准化表达

第五节 海岛棉变异组研究

一、海岛棉群体结构分析

研究表明，海岛棉向陆地棉的渐渗提升了陆地棉的纤维品质和抗病性，在陆地棉育种史上具有不可替代的作用。与海岛棉相比，陆地棉在产量上具有绝对优势，在海岛棉驯化和改良过程中，陆地棉向海岛棉的渐渗对于海岛棉的性状改良的报道却相对较少。最近 Wang 等（2022）对收集到的 365 份海岛棉品种进行了重测序分析，共获得 3.9Tb 数据，基因组平均覆盖度为 15.6 倍。所有的材料均来自国家棉花种质资源中期库，来源十分广泛，包括中国、南美洲、美国、埃及和中亚。通过基因型和表型调查，评估海岛棉背景的陆地棉片段的遗传效应。

利用 252 069 个 SNP（来源于 370 个材料，包括 5 个陆地棉外群，最小等位基因频率大于 0.05，LD 分析的 $r^2<0.2$）重构海岛棉的进化关系，结果表明所有的海岛棉可以分为 4 个亚群，分别命名为 G1～G4，亚群中包含的成员数分别为 22 个、174 个、106 个和 63 个。利用 SNP 计算群体的连锁不平衡值，其中 G2 亚群的为 280kb，G3 和 G4 亚群的为 340kb。G1 中包含早期的海岛棉种质，其中两个材料 CNH-64-85 和 Line-Dar 来源于海岛棉的起源地秘鲁，剩余材料都是收集自中国西南地区的多年生材料。据记载 G1 中的地方品种很可能是在 17 世纪大航海时代直接从南美洲引种而来，G1 主要分布在中国西南的山区，并未受到现代育种技术的改良，因此保持较原始的状态。来自美国（Pima 系列）、埃及（Giza 系列）和中亚的大多数过时品种（在 19 世纪和 20 世纪培育）组成了 G2 亚群。G3 亚群主要是在长江流域种植的现代改良品种，在 20 世纪由埃及引种的基础上发展而来。G4 亚群主要是由西北陆地地区（新疆地区）的材料组成，是在 20 世纪 50 年代由苏联引种的基础上改良而来（图 4-15）。

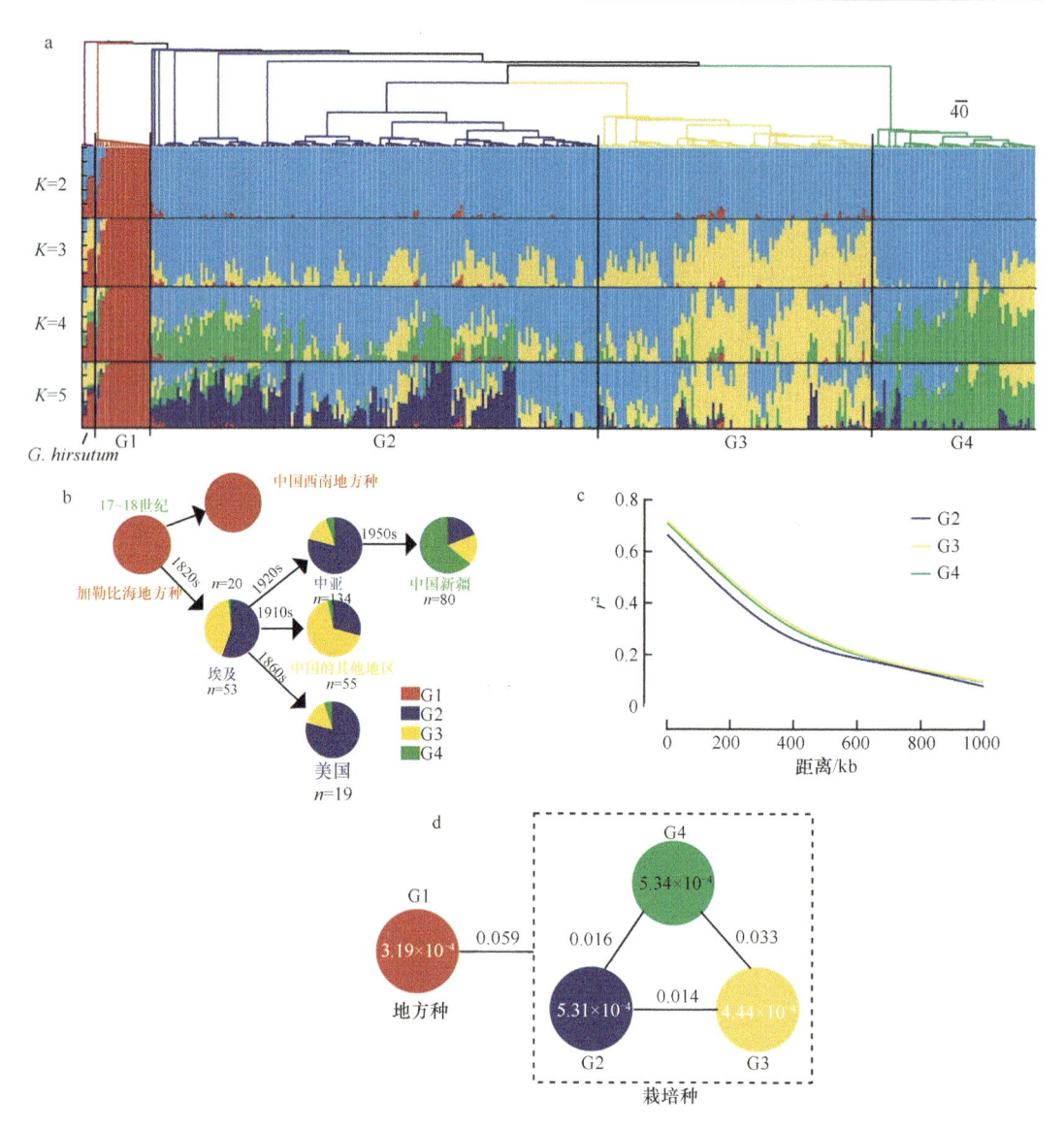

图 4-15 海岛棉的遗传多样性和引种史（Wang et al., 2022）

a. 群体进化分析。使用 252 609 个 SNP 构建的 365 个海岛棉和 5 个陆地棉的进化树（上部分）以及进行群体结构分析（下部分；K=2～5）。群体结构所有材料（y 轴）的排列顺序与系统发育树中的相同。不同颜色代表 4 个亚群。b. 主产区 4 个亚群体的基因组组成。c. 三个栽培品种亚群的连锁不平衡（LD）分析。d. 4 个群体的遗传多样性和种群分化分析。圆圈中的值表示核苷酸多样性（π），组之间的值表示种群分化（F_{st}）

Zhao 等（2022）对 336 份海岛棉进行重测序和进化分析，结果同样表明来自西北内陆（新疆）地区的材料聚为一类，中国农家品种和早期引种品种聚为一类，来自海岛棉主产国的早期材料则聚为一类，可以看出分类与 Wang 等（2022）的研究结果基本一致。Yu 等（2021）对 240 份主要来源于新疆的海岛棉材料进行聚类分析，结果表明这些材料可以分为 5 个亚群，其中 4 个亚群由新疆海岛棉组成，它们亚群分类与其地理来源有明显关联，表明新疆海岛棉并未形成不同的地理种系，不同地域之间材料存在着交换。

对不同亚群的产量、纤维品质、生育期和形态等农艺性状进行比较分析，发现 G2 和 G3 亚群农艺性状整体差别不大。但与 G2 或 G3 相比，发现除马克隆值外，G4 亚群的农艺性状整体优于 G2 和 G3，即纤维长度较长、纤维强度强、叶绒毛多和生育期短。根据地理来源将海岛棉分为 Pima 棉、Egypt 棉和中亚棉。现有的研究表明上述三种类型的棉花表型和基因型都十分相似，暗示依据地理来源的分类并不可靠，应该根据基因型将海岛棉分为 4 类，这与海岛棉引种和育种史记载一致（Wang et al.，2022）。

进一步利用 F_{st} 值（固定指数）评估不同亚群间的群体分化情况。研究发现地方品种 G1 亚群与现代改良品种群（G2、G3 和 G4）的 F_{st} 值为 0.059。在现代改良品种中，G2 和 G3 亚群间的 F_{st} 值为 0.014，G2 和 G4 亚群间的 F_{st} 值为 0.016，G3 和 G4 亚群间的 F_{st} 值为 0.033。以上结果表明 G3 和 G4 亚群可能分别来自 G2 亚群的一些原始早期材料，并在人工选择压力下分化形成不同亚群以适应不同的地理环境。进一步在 G2 和 G3 亚群间鉴定到 33 个分化区间，G2 和 G4 亚群间鉴定到 51 个分化区间，G3 和 G4 亚群间鉴定到 39 个分化区间，区间内分别包含 4733 个、6015 个和 5108 个基因（Wang et al.，2022）。

二、海岛棉中陆地棉渐渗片段鉴定

为了全面评估海岛棉中的陆地棉渐渗片段，研究者们对海岛棉中的陆地棉渐渗片段进行了全基因组鉴定分析（Wang et al.，2021）。共获得 9017 个渐渗 Bin（每个 Bin 长度为 500 个 SNP），其中有 2541 个渐渗 Bin 在群体中广泛存在（最小等位基因频率大于 0.05）。将相邻的 Bin 进行合并，共获得 315 个渐渗区间，覆盖基因组长度为 164.4Mb 长度，大约占海岛棉基因组组装长度的 7.3%。研究表明 G3 亚群中的渐渗事件最多（覆盖基因组长度为 60.4Mb），其次是 G2 亚群（覆盖基因组长度为 44.4Mb）、G4 亚群（覆盖基因组长度为 44.2Mb）和 G1 亚群（覆盖基因组长度为 7.8Mb）。G1 中的陆地棉渐渗片段一般认为是海岛棉和陆地棉之间天然杂交产生的，可见海岛棉育种中引入陆地棉渐渗片段强度远大于天然杂交过程。在海岛棉的 26 条染色体中，有 4 个渐渗事件的长度超过 9Mb，其中 A01 染色体 51.1~71.2Mb 的渐渗片段在之前研究中已经报道，其他 3 个分别位于 A01、A06 和 A10 染色体上。这 4 个渐渗片段在群体中遗传多样性较高，且位于高度分化基因组区间内，结果与预期一致。总体来看有近 70% 的渐渗区间（长度约为 122.5Mb）与遗传多样性较高染色体区域重叠，在 A01、D03 和 D09 染色体上超过 95% 的渐渗区间位于遗传多样性较高的区域内，表明陆地棉向海岛棉的渐渗增加了后者群体的多样性。

研究还发现陆地棉渐渗片段对于海岛棉性状改良具有重要作用，92 个渐渗片段至少和一个性状相关，其中 11 个、9 个和 7 个片段分别与纤维强度、纤维长度和纤维马克隆值密切相关。11 个与强度有关的区间内有近半数的对纤维强度具有负调控作用，其中 IS-A10-20 位点降低纤维强度的幅度达 16%。研究还选取了渐渗系和非渐渗系材料比较纤维强度候选基因的表达模式。*Gbar_A01G021870* 基因是 IS-A01-44 的一个候选基因，与不携带渐渗片段的材料相比,该基因在渐渗系材料开花后15天和20天纤维中高表达。*Gbar_A10G022420* 是 IS-A10-20 的候选基因,它在不含渐渗片段材料开花后15天的纤维中高表达。*Gbar_A01G021870* 编码双向糖转运蛋白 SWEET12,*Gbar_A10G022420* 编码巨噬细胞成红细胞附着物(macrophage erythroblast attacher)。上述结果表明 IS-A01-44 和 IS-A10-20 的基因渐渗事件导致 *Gbar_A01G021870* 和 *Gbar_A10G022420* 的高表达,从而影响了海岛棉的纤维强度。在9个纤维长度和7个马克隆值相关的渐渗片段中,分别有7个和4个片段对纤维品质具有负效应,表明陆地棉渐渗片段降低了纤维长度,但增加了纤维细度。IS-A07-2 是一个多效的位点,能够同时调控纤维长度和马克隆值。转录组分析表明,*Gbar_A07G001990* 和 *Gbar_A07G002030* 是关键候选基因。在9个铃重和7个衣分相关的渐渗片段中,分别有5个和6个片段具有正效应。开花前1天和开花后5天的胚珠数据分析表明,双组分应答调节器 ARR18-like 基因(*Gbar_D12G00263*)和天然自然抗性相关巨噬细胞 1(*Gbar_A08G012800*)基因分别是铃重和衣分的候选基因。

三、海岛棉和陆地棉之间相互渐渗比较分析

为了评估海岛棉和陆地棉在育种中相互利用的情况,研究者们利用 229 份海岛棉和 234 份陆地棉材料进行两者相互渐渗分析(Fang et al., 2021)。通过将重测序数据比对到陆地棉 TM-1 的参考基因组上,获得 5 556 352 个 SNP 标记用于比较基因组分析。使用 rIBD 方法对种间相互渐渗进行了分析。在海岛棉和陆地棉材料中获得了 463 万个成对血缘同源区段(IBD)(IBD 长度:中位数 4.7Mb,平均 7.4Mb),平均每个基因组覆盖 80%。大部分单倍型都具有物种特异性,陆地棉中占比例为 37.8%,海岛棉中占比例为 57.92%,仅有 4.27%(198 148bp)的单倍型是两者共有的,表明海岛棉和陆地棉的基因组高度分化。进一步分析群体中不同个体携带的 IBD 在基因组上的覆盖度,发现所有海岛棉中均存在陆地棉的渐渗,覆盖度为 0.2%~4.5%。陆地棉中有 74.6%的材料携带海岛棉片段渐渗,基因组覆盖度为 0.1%~0.5%,平均覆盖度为 0.19%。海岛棉和陆地棉之间单倍型的显著差异可以部分解释物种之间相关基因座和功能单倍型之间的不同。

研究还重点关注了海岛棉中 12 个明显的陆地棉渐渗(Gh-i)区域,命名为 Gh-i1~Gh-i12;这些渐渗片段的长度为 2.24~46.28Mb,覆盖总长度为 120.83Mb,被 6.55%~79.91%的材料所携带。在这些 Gh-i 区域,研究人员发现陆地棉和海岛棉群体之间的固定指数(F_{st})值显著下降(平均 0.79,下降到 0.2),而遗传多样性由 $4.40×10^{-4}$ 提升到 $8.16×10^{-4}$。此外,渐渗区域的连锁不平衡 r^2 由 0.40 升到 0.65,显著增强。相反,渐渗区间内的减数分裂重组受到抑制。例如,Gh-i3 和 Gh-i6 横跨着丝粒区域,在插入海岛棉基因组后在基因组进化和驯化中仍然保持完整性。

研究还对 12 个渐渗片段对农艺性状的影响进行了评估,其中 6 个与纤维品质或产量相关。Gh-i1、Gh-i2 和 Gh-i3 在海岛棉和陆地棉中的多态性较低,但仅有 Gh-i3 与海岛棉的表型变异相关。携带 Gh-i3 的材料更高产,衣分提升 1.12%,但纤维长度降低

3.70%，纤维强度降低 9.71%。与 Gh-i3 相似，携带 Gh-i5 的材料衣分含量提升 3.18%，但纤维长度降低 7.27%，纤维强度降低 14.10%，籽指降低 5.60%。此外，还鉴定到 4 个 Gh-i 片段能改良纤维品质，但部分降低产量。例如，携带 Gh-i9 的材料纤维长度提升 2.11%，纤维强度提升 3.65%，衣分降低 2.58%；携带 Gh-i10 的材料纤维长度提升 3.15%，纤维强度提升 6.94%，籽指提升 3.10%。

研究还对 6 个调控纤维品质或产量位点的遗传力（heritability）进行分析，发现这些位点解释表型变异率为 5%~40%。Gh-i5 单独可以解释纤维长度、强度、衣分和籽指表型变异的 20%左右。在提升纤维品质（包括纤维长度、强度和整齐度）的 4 个位点之中，Gh-i9 解释强度表型变异的 5%，Gh-i10 解释衣分表型变异的 5%、籽指表型变异的超过 10%。总体来说 Gh-i5 对纤维品质表型和产量表型变异贡献最大，该位点在群体中占比例不高，未来可以运用于海岛棉的改良。

研究还进一步将渐渗片段与关联分析信号进行整合分析，发现 Gh-i3、Gh-i5 以及 Gh-i6 和 6 个关联分析信号共定位。遗传力最强的 Gh-i5 片段与 A06Gb：19557428 位点共定位，调节纤维长度和衣分。LD 分析表明候选区间位于 17.56~21.56Mb 区间内，渐渗片段位于 19.26~22.43Mb 区间内，仅有 3 个基因包含显著的非同义突变 SNP，并在纤维中表达。三个候选基因分别编码微管蛋白-酪氨酸连接酶基因（*GbTTL*）、类 LURP-one 基因（*GbLURP*）和茉莉酸 ZIM 结构域蛋白编码基因（*GbJAZ1*）。研究表明棉花中的 *JAZ1* 基因负调控纤维发育和种子表皮毛起始。对 *GbJAZ1* 上 A06：19969833 位 SNP 两种基因型的表型进行比较分析，发现 AA 单倍型相比 GG 单倍型可以提升衣分和降低纤维长度，即来自陆地棉 Gh-i5 有利的一面是提高衣分含量，不利的一面是降低纤维品质。同样，*GbTTL* 中优势单倍型 TT 和 *GbLURP* 中优势单倍型 CC 均来自陆地棉。

四、海岛棉重要农艺性状全基因组关联分析

Du 等（2018）还对 17 个纤维、产量、熟性和形态相关性状在 4 个环境下的数据进行了全基因组关联分析。使用 3 797 297 个高质量的 SNP（最小等位基因频率大于 0.05，基因型缺失率小于 20%）和表型的最佳线性无偏预测（best linear unbiased prediction，BLUP）值进行关联分析，共获得 13 803 个显著的 SNP [$-\lg(P)$ >6.88]，其中叶绒毛数和马克隆值拥有的显著 SNP 数目居前二位，分别为 9813 个和 4262 个，其中叶绒毛主效信号位于 A06 染色体，马克隆值主效信号位于 D10 和 D11 染色体。

海岛棉和陆地棉由共同祖先进化和独立驯化而来，并形成了各自独特的优点。与陆地棉相比，海岛棉具有优质纤维品质。Fang 等（2021）对 229 份海岛棉材料的纤维相关性状开展了全基因组关联分析，材料包括埃及棉、美国的 Pima 棉和中亚的超长纤维棉花，共获得 4 476 574 个高质量的 SNP，收集 9 个性状（4 个产量性状：皮棉产量、种子产量、衣分、籽质；5 个纤维品质性状：纤维长度、纤维强度、伸长率、强度和整齐度）进行关联分析，共获得了 119 个显著位点，其中 64 个与产量性状相关，55 个与纤维品质性状相关。此外，用 234 个陆地棉材料，获得了 111 个调控产量性状和纤维品质性状的位点。

Yu 等（2021）利用 240 份海岛棉资源材料对 12 个性状（包括铃重、衣分、种子重量、长绒产量、纤维长度、纤维强度、马克隆值、伸长率、整齐度、株高、第一果枝节位、单株铃数）进行全基因组关联分析。材料中 220 份来自新疆，20 份来自其他地区。研究人员收集了群体材料在 4 个环境下的表型数据，计算表型的广义遗传率，结果表明衣分的遗传力最高（0.57），单株铃数最低（0.17）。种子重量、铃重、单株铃数和衣分与皮棉产量呈正相关；第一果枝节位与衣分、单株铃数和皮棉产量呈显著负相关。纤维品质的 5 个指标中除了马克隆值与纤维长度和纤维强度呈负相关外，其他均呈正相关。第一果枝节位与纤维长度、纤维强度和整齐度呈正相关。研究所使用的新疆材料创制（培育）时间主要是 20 世纪末至今，重点反映当前新疆种植海岛棉的特性特征。重测序的平均深度为 10.85 倍，关联分析共使用 3 632 231 个高质量 SNP（最小等位基因频率大于 0.05，基因型缺失率小于 10%），其中位于外显子的 SNP 占 1.63%（59 092 个）。A_t 和 D_t 亚组 SNP 密度分别为 1.64 个/kb 和 1.57 个/kb，其中 A07 染色体上密度最高，达到 4.85 个/kb，最低的为 A03 染色体，仅为 0.73 个/kb。关联分析共获得 168 个显著位点，涉及 850 个候选基因。

Zhao 等（2022）对 15 个性状（包括纤维长度、纤维强度、马克隆值、伸长率、整齐度、果枝数、铃数、单铃重、衣分、籽指、生育期、第一果枝节位、株高、果枝数和病株率）进行 6 年的 4 个环境农艺性状数据调查。使用 410 万个高质量 SNP 开展全基因组关联分析，共获得 6241 个显著的 SNP 位点，发现不同性状关联的 SNP 数目并不相同，受到人工选择或改良作用更强的性状具有更多关联的 SNP。例如，病株率具有最多的关联 SNP，其次是纤维马克隆值和纤维强度。对于那些人工改良程度较低的性状，它们关联到的 SNP 数目相对较少，如衣分、纤维整齐度、籽指、纤维长度等。将信号上下游各 500kb 的区间定义为候选区间，共获得 18 696 个候选基因，包含 6183 个至少在两个性状中共有的基因。总体来讲，纤维品质关联信号最多，其次是熟性相关性状。

（一）马克隆值形成的遗传基础解析

马克隆值是衡量纤维品质优良的重要指标，它直接决定纤维的细度。杜雄明团队的关联分析结果表明，马克隆值主要受两个位点调控（Wang et al.，2022），第一个位点 *FM1* 位于 D10 染色体的 15～18Mb 区间内；第二个位点 *FM2* 位于 D11 染色体的 8～13Mb 区间内。利用区间内的 SNP 进行单倍型分析，结果表明 *FM1* 可粗略划分为 4 种类型，分别命名为 Hap-FM-1～Hap-FM-4。表型比较分析发现 Hap-FM-1 和 Hap-FM-2 比 Hap-FM-3 和 Hap-FM-4 的马克隆值更低。因此，Hap-FM-1 和 Hap-FM-2 命名为 *FM1*，Hap-FM-3 和 Hap-FM-4 命名为 *fm1*。研究还发现 Hap-FM-1 和 Hap-FM-4 主要在 G1 中存在，表明它们可能是原始的单体型，在育种改良过程中通过染色体重组形成 Hap-FM-2 和 Hap-FM-3 型。在信号区域内未发现陆地棉渐渗信号，表明 Hap-FM-1 和 Hap-FM-4 两种单倍型可能来源于早期品种。

为了鉴定 *FM1* 区间内的候选基因，研究者利用携带 *FM1* 和 *fm1* 的材料分析了区间内 84 个基因不同发育时期（开花后 0 天、10 天和 25 天）的表达量。结合基因注释信息，

发现 *Gbar_D10G011110*（编码丝状植物蛋白）在开花后 25 天高表达，该时期是海岛棉次生壁加厚的关键期，对于纤维强度形成十分重要，暗示 *Gbar_D10G011110* 是 *FM1* 位点的关键候选基因。

研究发现 *FM2* 可以分为 3 种单倍型，分别命名为 Hap-FM2-1、Hap-FM2-2 和 Hap-FM2-3，其中前两种单倍型为优势单倍型，后一种是普通单倍型。研究人员深入研究发现 *FM2* 位点是由于陆地棉基因组渐渗所致，这与陆地棉中已有的关联分析结果一致。G1 和 G4 亚群材料主要携带普通的单倍型，而渐渗主要存在于 G2 和 G3 亚群少部分个体中。*FM2* 位点中富含编码基因，基因数目高达 411 个。比较携带 *FM2* 和 *fm2* 材料的转录组数据，发现 *Gbar_D11G011390*（编码基因沉默抑制因子 3）在新海 21（携带 *fm2*）中高表达，是一个潜在的候选基因。

研究表明同时携带 *FM1* 和 *FM2* 材料的纤维细度显著优于只携带单个位点的，其中 G3 携带最多的优势单倍型，G4 携带最少的 *FM2*，这是 G4 纤维马克隆值性状较差可能的原因。

（二）纤维强度形成的遗传基础解析

纤维强度是衡量纤维品质优劣的重要指标。为了解析海岛棉纤维强度形成的遗传基础，杜雄明团队对纤维强度关联分析（Wang et al.，2022），结果表明 90 个 SNP 与纤维强度性状相关，除三个普通 SNP（最小等位基因型频率大于 0.05）外，几乎所有 SNP 都属于稀有变异（最小等位基因型频率为 0.02～0.05）。在相关的稀有突变 SNP 中，位于 A03 染色体 5.60～6.50Mb 是最重要的一个位点。在该区域发现了高频率渐渗、较高的核苷酸多样性（π）和较强的群体分化（F_{st}），表明该区域与陆地棉的渐渗事件有关。单倍型分析表明，该区域可以分为优势单倍型 FS 和普通单倍型 fs。研究表明 FS 单倍型块来源于原始 G1 组，而 fs 单倍体几乎与陆地棉相同，意味着这些稀有的 FS 单倍型在原始的海岛棉中已存在。此外，两个候选基因在携带 FS 类型（新海 25）材料开花后 25 天的纤维中高表达。第一个基因 *Gbar_A03G004180* 编码乙烯不敏感 3 基因，在乙烯反应途径中起正向调节作用。另一个基因 *Gbar_A03G004270* 编码有丝分裂原激活蛋白激酶 3（MAPK3），它在乙烯反应途径中也起重要作用，这两个基因可能共同提高现代海岛棉的纤维强度。

此外，不同研究均表明，D11 染色体是调控纤维强度的主效位点（Yu et al.，2021；Zhao et al.，2022）。信号所在 LD 区间内共包含 169 个候选基因，其中 15 个基因携带非同义突变，69 个基因在起始密码子上游区包含 SNP。研究人员结合转录组数据分析了 71 个候选基因的表达模式，以此缩小候选区间范围。结合基因的注释信息，筛选到 3 个候选基因用于候选分析。第一个基因是 HD16 的同源基因 *GB_D11G3437*（*Gbar_D11G032670*），该基因在 67 030 931bp 具有 1 个 G-A 突变，引起氨基酸由苏氨酸（T）变为异亮氨酸（I），所有携带 A 基因型的材料比携带 G 基因型的材料具有更高的纤维强度。HD16 编码酪蛋白激酶 I 异构体类德尔塔蛋白，酪蛋白激酶是一种丝氨酸/苏氨酸蛋白激酶，是在大多数真核细胞中能够检测到的多功能蛋白激酶。实时定量 PCR 结果表明，该基因在纤维强度较差的材料中表达量高于纤维强度高的材料，暗示其可能是纤维强度发育的负调控基因。分析发现该基因优势单体型在中国种植过程中基因型频率逐步提升，表明该位点受人工选择作用。第二候选基因为 *GBWDL2*（*GB_D11G3460*），拟南芥 *AtWDL1*（*At3G04630*）的同源基因，主要与体内维管束结合和绑定，在维持细胞骨架稳定中发挥作用。*AtWDL1* 基因的过表达会改变表皮毛的分义。*GBWDL2* 基因上携带 4 个非同义突变，分别是 67 742 042 位的 A/T 突变引起 259 位甲硫氨酸到赖氨酸突变，67 742 416 位的 C/T 突变引起 199 位精氨酸到谷氨酸突变，67 743 095 位的 C/T 突变引起 90 位精氨酸到组氨酸突变，67 743 104 位的 G/A 突变引起苯丙氨酸到丝氨酸突变。这 4 个非同义突变形成两种单倍型，携带 ACCG 单倍型的材料比携带 TTTA 单倍型的材料具有更强的纤维强度。转录组数据分析表明，该基因在不同组织中均有表达，呈组成型表达模式。实时定量 PCR 结果表明，该基因在高纤维强度材料的胚珠中表达量高于普通强度材料的表达量。最后一个候选基因是 *GBTUBA*（*GB_D11G3471*），在其上游鉴定 7 个多态性变异。该基因编码微管蛋白 α-1 链蛋白（tubulin alpha-1 chain protein），参与微管细胞骨架组织等。携带 AGAATCT 单倍型的材料比携带 TAGCCTC 单倍型的材料具有更高的纤维强度。转录组数据表明，*GB_D11G3471* 在纤维发育阶段优势表达。qRT-PCR 分析表明，在胚珠发育过程中，高纤维强度材料的基因表达水平高于低纤维强度材料的基因表达水平。

（三）纤维长度形成遗传基础解析

Fang 等（2021）研究发现 A03$_{Gb}$：4022104 位点是 1 个多效位点，同时调控海岛棉的纤维长度、纤维强度和纤维整齐度，并与已报道的染色体替换系相关的 QTL 位点结果一致。SNP 注释结果表明，该信号区间内共包含 7 个携带非同义突变的候选基因。结合不同纤维发育时期的转录组数据，筛选到两个候选基因。第一个是 *GbVAL1*（*GB_A03G0317*），编码 B3 结构域转录因子的抑制因子。第二个是 CBL 互作蛋白激酶 *GbCIPK*（*GB_A03G0324*）。*GbVAL1* 中突变位点为 A03$_{Gb}$：3896896（CC 和 GG 之间的突变），*GbCIPK* 中突变位于 A03$_{Gb}$：3983696（GG 和 TT 之间的突变），这两个突变与纤维长度和纤维强度显著相关，且只存在于海岛棉中。拟南芥中的研究表明，VAL1 参与调控种子成熟，特别是启动从胚胎到发芽后生长；CIPK 在植物中主要与 K$^+$ 动态平衡有关。然而两个基因在棉花中的功能未见报道，需要后续实验验证。

Zhao 等（2022）研究发现 A05 染色体 16.28～16.30Mb 区间内包含调控纤维长度的主效位点。*Gbar_A05G017500* 上包含一个与纤维长度显著关联的非同义突变，该基因编码包含 U-box 结构域的 E3 泛素连接酶（PUB4），命名为 *GbFL2*。非同义突变 SNP 位于 16 286 973bp，是 T 和 G 之间颠换，导致编码氨基酸由亮氨酸变为缬氨酸，分别与长纤维和短纤维相关。研究发现优势单倍型 T 在中国地方品种和早期引种的群体中占比例较低，在中国西北内陆群体中占比例提高，达到 85.3%，表明该位点在中国现代海岛棉品种改良过程中受到定向选择作用。该基因在纤维形成过程中（开花后 0～20 天）表达量逐步降低，且长纤维材料中的表达量低于短纤维材料中的表达量。VIGS 实验表明，干涉该基因表达能够同时提升长纤维和短纤维的纤维长度，证实该基因参与纤维伸长。

（四）衣分形成遗传基础解析

衣分是皮棉产量的重要组成部分之一。关联分析表明，衣分信号主要定位于 A07 和 A13 两条染色体上。在 A07 信号所在候选区域中共发现 178 个基因，其中 27 个基因可能携带关键 SNP。为了缩小 LP 相关候选基因的范围，研究人员使用转录组数据分析了不同组织和纤维发育阶段的表达特征，选择在纤维或胚珠发育过程中优势表达的基因。进一步筛选具有非同义 SNP 或基因上游区域包含 SNP 的基因作为候选基因。在 HERK1（*GB_A07G1034*）起始密码子上游 2kb 处检测到一个位于 15 794 870bp（C/T）的显著 SNP 位点，它是拟南芥类受体蛋白激酶 HERK11（*AT3G46290*）的直系同源基因。该蛋白是一种由油菜素类固醇调节的受体激酶，在营养生长过程中是细胞伸长所必需的。携带 CC 等位基因海岛棉的衣分含量明显高于携带 TT 等位基因的海岛棉。分析 *GB_A07G1034* 在不同组织和发育阶段的表达谱，发现该基因在纤维和胚珠发育阶段的表达水平都很高。研究还发现 *GB_A07G1034* 在高衣分材料中表达量高于低衣分材料中的表达量。GbTCP（*GB_A13G0822*）也是一个重要候选基因，它与 G 蛋白偶联受体活性有关。该蛋白通过调节 JA 生物合成和一些其他途径参与纤维和根毛发育。与野生型对照相比，沉默 GbTCP 棉花的纤维变得更短，衣分降低，纤维品质下降（Fang et al., 2021）。

此外，在染色体 A05 上也发现了与衣分相关的显著信号，位于 13.00～13.20Mb 区间内。*Gbar_A05G014160* 在 13 046 765bp 上有个 C-G 的颠换，导致丙氨酸（A）变为甘氨酸（G），后者衣分含量显著提高。将该基因命名为 LINT PERCENTAGE（*GbLP1*），该基因编码靶向叶绿体 ATP 依赖性 RNA 解旋酶（DEAH12）。该基因编码的蛋白质包含一个环型锌指结构域，这是 E3 泛素连接酶 RBR 家族的特征。该基因优势等位单倍型（G）在早期的品种中比例较高，但在现代改良种中比例逐渐减少，可能与早期追求产量，现阶段追求优质的育种目标变化有关。*GbLP1* 在整个纤维发育时期优势表达，尤其在开花当天的胚珠和 5 天的纤维中高表达。在携带优势单倍型的材料中干涉该基因的表达，可以降低衣分的含量，证实 *GbLP1* 在衣分形成中发挥作用（Zhao et al., 2022）。

（五）表皮毛和生育期形成的遗传基础解析

生育期是作物的另一个适应性特征，受光周期显著影响。生育期的信号定位到 D07 染色体上 14.91～19.75Mb 区间内。最强的信号是一个位于已报道的 *GbSP*（*Gbar_D07011870*）基因外显子中的非同义突变，该基因控制果枝类型和开花时间。通过分析群体基因型数据，发现早熟单倍型（GS）可能起源于埃及早期品种 Ashmouni，培育于 19 世纪 60 年代。在栽培区域向北扩展的过程中，这种单倍型在 G4 亚群中替代晚熟的单倍型，最终占主导地位。因此，GS 是海岛棉中受到人工选择的一个驯化基因座，以适应长日照地区的生长环境。

（六）枯萎病形成的遗传基础解析

棉花枯萎病是由尖孢镰刀菌（*Fusarium oxysporum* f. sp. *vasinfectum*，FOV）引起的一种土传性病害，是影响棉花产量的重要病害之一。研究发现枯萎病病株率信号定位到

D03 染色体一个 SNP 簇上。筛选获得两个紧密连锁的候选基因，即 *Gbar_D03G001430*（命名为 *GbDP1*）和 *Gbar_D03 G001910*（命名为 *GbDP2*），分别位于 0.8~1.0Mb 和 1.5~1.6Mb 区间内（Zhao et al., 2022）。*GbDP1* 编码锌指同源结构域蛋白 6（ZHD6），*GbDP2* 编码类细胞壁相关受体激酶 14（WAKL14）。*GbDP1* 和 *GbDP2* 在其编码序列中均具有非同义 A-C 颠换，导致赖氨酸（K）-天冬酰胺（N）和丝氨酸（S）-精氨酸（R）突变。携带 CC 单倍型材料的病株率明显低于携带 AA 单倍型的材料。大多数早期引进的品种携带高致病率单倍型（AA），FOV 接种后，*GbDP1* 和 *GbDP2* 在感病材料中均高表达，暗示候选基因负调控抗病性。与携带空载体和野生型棉花感病材料相比，沉默感病材料中的 *GbDP1/2* 增强了对 FOV 的抗性。以上结果表明，*GbDP1* 和 *GbDP2* 是海岛棉 FOV 抗性的两个潜在靶点。

（七）植物株型和营养生长相关性状遗传基础解析

除了高纤维质量和抗病性外，较强的营养生长习性也是区分海岛棉与陆地棉的一个重要特征性状。研究发现三个成熟度相关性状，包括第一果枝节位、生育期和开花期，相互之间均呈正相关。营养生长相关和植物株型相关性状，包括果枝数、果枝类型、叶面积和鲜叶重，相互之间也呈正相关。此外，所有成熟相关性状与营养生长相关性状均呈显著负相关。GWAS 结果表明 GS 是一个多效位点，对果枝类型、成熟相关性状（第一果枝节位和开花时间）和营养生长相关性状（果枝数、叶面积和 FBN、LA 和新鲜叶片质量）具有多效性影响。以上所有性状都与 *GbSP* 基因上的一个非同义突变位点 SNP_15803388 显著相关（Wang et al., 2022）。

五、陆地棉和海岛棉改良分化研究

Fang 等（2021）比较了海岛棉和陆地棉关联分析结果获得位点的功能单倍型。通过海岛棉和陆地棉的基因组共线性分析，发现陆地棉的 111 个位点与海岛棉 119 个位点之间除了在 A08、D05、D12 染色体外均不存在共定位情况。尽管 A08、D05、D12 上的三个位点部分重叠，但是它们在陆地棉和海岛棉中关联的性状却完全不相同，表明在物种分化和改良过程中遗传变异对表型的调控可能发生变化。例如，A08$_{Gb}$: 106724585 在海岛棉中调控产量性状，但在陆地棉中对应的位点 A08$_{Gh}$: 112329779 却调控纤维品质性状，包括伸长率、长度和马克隆值。进一步分析两者 LD 区间重叠区间，发现海岛棉中包含 10 个非同义突变基因，陆地棉中仅包含 1 个携带非同义突变的基因，区间内并不存在相同的候选基因。

参 考 文 献

杜雄明, 刘方, 王坤波, 等. 2017. 棉花种质资源收集鉴定与创新利用. 棉花学报, 29(增刊): 51-61.
杜雄明, 孙君灵, 周忠丽, 等. 2012. 棉花资源收集、保存、评价与利用现状及未来. 植物遗传资源学报, 13(2): 163-168.
何守朴. 2020. 外源渐渗对栽培陆地棉群体分化和纤维品质的影响. 武汉: 华中农业大学博士学位论文.

项显林. 1988. 中国亚洲棉性状研究及其利用. 中国农业科学, (4): 94.

喻树迅. 2018. 中国棉花产业百年发展历程. 农学学报, 8(1): 85-91.

周忠丽, 杜雄明, 潘兆娥, 等. 2013. 亚洲棉种质资源的SSR遗传多样性分析. 棉花学报, 25(3): 217-226.

Beasley J O. 1940. The origin of American tetraploid *Gossypium* species. Am Nat, 74(752): 285-286.

Breitling R, Li Y, Tesson B M, et al. 2008. Genetical genomics: spotlight on QTL hotspots. PLoS Genetic, 4(10): e1000232.

Chen Y, Wang Y, Wang K, et al. 2014. Construction of a complete set of alien chromosome addition lines from *Gossypium australe* in *Gossypium hirsutum*: morphological, cytological, and genotypic characterization. Theor Appl Genet, 127(5): 1105-1121.

Du X, Huang G, He S, et al. 2018. Resequencing of 243 diploid cotton accessions based on an updated A genome identifies the genetic basis of key agronomic traits. Nat Genet, 50(6): 796-802.

Fang L, Gong H, Hu Y, et al. 2017. Genomic insights into divergence and dual domestication of cultivated allotetraploid cottons. Genome Biol, 18(1): 33.

Fang L, Zhao T, Hu Y, et al. 2021. Divergent improvement of two cultivated allotetraploid cotton species. Plant Biotechnol J, 19(7): 1325-1336.

Gong Q, Yang Z, Chen E, et al. 2018. A Phi-Class glutathione S-Transferase gene for verticillium wilt resistance in *Gossypium arboreum* identified in a genome-wide association study. Plant Cell Physiol, 59(2): 275-289.

Guo W, Zhou B, Yang L, et al. 2006. Genetic diversity of landraces in *Gossypium arboreum* L. race sinense assessed with simple sequence repeat markers. J Integr Plant Biol, 48(9): 1008-1017.

Han X, Gao C, Liu L, et al. 2022. Integration of eQTL analysis and GWAS highlights regulation networks in cotton under stress condition. Int J Mol Sci, 23(14): 7564.

He S, Sun G, Geng X, et al. 2021. The genomic basis of geographic differentiation and fiber improvement in cultivated cotton. Nat Genet, 53(6): 916-924.

Hu D, He S, Jia Y, et al. 2022a. Genome-wide association study for seedling biomass-related traits in *Gossypium arboreum* L. BMC Plant Biology, 22(1): 54.

Hu D, He S, Sun G, et al. 2022b. A genome-wide association study of lateral root number for Asian cotton (*Gossypium arboreum* L.). Journal of Cotton Research, 5(1): 19.

Kliebenstein D. 2009. Quantitative genomics: analyzing intraspecific variation using global gene expression polymorphisms or eQTLs. Annu Rev Plant Biol, 60: 93-114.

Li H, Peng Z, Yang X, et al. 2013. Genome-wide association study dissects the genetic architecture of oil biosynthesis in maize kernels. Nat Genet, 45: 43-50.

Li L, Zhang C, Huang J, et al. 2021a. Genomic analyses reveal the genetic basis of early maturity and identification of loci and candidate genes in upland cotton (*Gossypium hirsutum* L.). Plant Biotechnol J, 19(1): 109-123.

Li R, Erpelding J E. 2016. Genetic diversity analysis of *Gossypium arboreum* germplasm accessions using genotyping-by-sequencing. Genetica, 144(5): 535-545.

Li T, Zhang Q, Jiang X, et al. 2021b. Cotton CC-NBS-LRR *GbCNL130* gene confers resistance to verticillium wilt across different species. Front Plant Sci, 12: 695691.

Li Z, Wang P, You C, et al. 2020. Combined GWAS and eQTL analysis uncovers a genetic regulatory network orchestrating the initiation of secondary cell wall development in cotton. New Phytol, 226(6): 1738-1752.

Liu D, Guo X, Lin Z, et al. 2006. Genetic diversity of asian cotton (*Gossypium arboreum* L.) in China evaluated by microsatellite analysis. Genet Resour Crop Evol, 53: 1145-1152.

Ma Z, He S, Wang X, et al. 2018. Resequencing a core collection of upland cotton identifies genomic variation and loci influencing fiber quality and yield. Nat Genet, 50(6): 803-813.

Nie X, Wen T, Shao P, et al. 2020. High-density genetic variation maps reveal the correlation between asymmetric interspecific introgressions and improvement of agronomic traits in Upland and Pima cotton varieties developed in Xinjiang, China. Plant J, 103(2): 677-689.

Pang C, Du X, Ma Z. 2006. Evaluation of the introgressed lines and screening for elite germplasm in Gossypium. Chinese Science Bulletin, 51: 304-312.

Risch N, Merikangas K. 1996. The future of genetic studies of complex human diseases. Science, 273(5281): 1516-1517.

Shabalin A A. 2012. Matrix eQTL: ultra fast eQTL analysis *via* large matrix operations. Bioinformatics, 28(10): 1353-1358.

Uffelmann E, Huang Q Q, Munung N S, et al. 2021. Genome-wide association studies. Nat Rev Dis Primers, 1(1): 59.

Wang M, Tu L, Yuan D, et al. 2019. Reference genome sequences of two cultivated allotetraploid cottons, *Gossypium hirsutum* and *Gossypium barbadense*. Nat Genet, 51(2): 224-229.

Wang P, Dong N, Wang M, et al. 2022. Introgression from *Gossypium hirsutum* is a driver for population divergence and genetic diversity in *Gossypium barbadense*. Plant J, 110(3): 764-780.

Wang X, Miao Y, Cai Y, et al. 2021. Large-fragment insertion activates gene GaFZ (Ga08G0121) and is associated with the fuzz and trichome reduction in cotton (*Gossypium arboreum*). Plant Biotechnol J, 19(6): 1110-1124.

Xu Z, Chen J, Meng S, et al. 2022. Genome sequence of *Gossypium anomalum* facilitates interspecific introgression breeding. Plant Communications, 3(5): 100350.

Yang Z, Ge X, Yang Z, et al. 2019. Extensive intraspecific gene order and gene structural variations in upland cotton cultivars. Nat Com, 10(1): 2989.

Yu J, Hui Y, Chen J, et al. 2021. Whole-genome resequencing of 240 *Gossypium barbadense* accessions reveals genetic variation and genes associated with fiber strength and lint percentage. Theor Appl Genet, 134(10): 3249-3261.

Zhang Y, Chen B, Sun Z, et al. 2021. A large-scale genomic association analysis identifies a fragment in Dt11 chromosome conferring cotton verticillium wilt resistance. Plant Biotechnol J, 19(10): 2126-2138.

Zhao N, Wang W, Grover C E, et al. 2022. Genomic and GWAS analyses demonstrate phylogenomic relationships of *Gossypium barbadense* in China and selection for fibre length, lint percentage and fusarium wilt resistance. Plant Biotechnol J, 20(4): 691-710.

第五章 植物三维基因组学研究

第一节 三维基因组学概述

一、基因组学的发展

真核生物的基因组在细胞核内以染色质的形式存在,其中染色质是由 DNA、组蛋白、非组蛋白和少量 RNA 组成的复合物,基本单位是核小体,是遗传信息和表观遗传信息的载体。近几十年来,基因组学研究经历了三次阶段性的发展。第一次基因组学发展以人类基因组计划为代表,主要是通过基因组测序得到碱基的线性排列和基因的位置等,即一维的线性信息。1990～2003 年,该计划对人类基因组进行了测序,定义了人类基因组中主要的基因及其线性结构,同时极大地发展了基因组测序技术,为其他物种的研究提供了基础,并开启了基因组学时代。

第二次基因组学发展以"人类基因组百科全书计划"为代表,研究得到了不同表观遗传标志(epigenomic marks)在线性基因组上分布的信息,即表观基因组。从 2003 年开始,该计划对人类基因组 DNA 序列进行系统地解读和注释,分析了 147 个人体组织细胞类型,发现人类基因组中 80%的序列是可以被转录的,其中包括大量的未知基因序列,而且发现了几十万个不同的基因调控元件,并对基因表达和染色质状态进行了定义(Consortium,2012)。这标志着基因组学的发展进入了功能基因组学时代,即后基因组学时代。第三次基因组学的发展则是三维基因组学研究。

二、三维基因组学的起源、定义与功能

人体细胞中的所有 DNA 全部首尾相连,其长度相当于往返地球与太阳间约 340 次,是赤道的 250 万倍。因此,DNA 必须经过高度折叠才能被容纳在大小约为 10μm 的细胞核内(图 5-1)。后来,研究人员致力于研究 DNA 在细胞核内是如何折叠成为染色体的。Anthony(2008)发现染色质 DNA 在组蛋白的帮助下被包装在核内,带负电荷的 DNA 上紧密地黏附着带正电荷的蛋白质,形成核小体。核小体进一步折叠为 30nm 的染色质纤维,形成宽 300nm 的环,再经过压缩和折叠产生 250nm 宽的纤维,紧密地卷绕到染色体上。这也就是说在细胞核的三维空间结构内染色质被包装和折叠。例如,在哺乳动物细胞中,DNA 折叠成为染色质,染色质则通过各种机制被包装和折叠,占据细胞核内不同的位置(Fraser et al.,2015b)。

三维基因组,顾名思义,即基因组在细胞核内并不是无序排列的,而是形成一定的三维空间结构。染色体包含不同类型的遗传信息,如基因、顺式调控元件和重复序列;

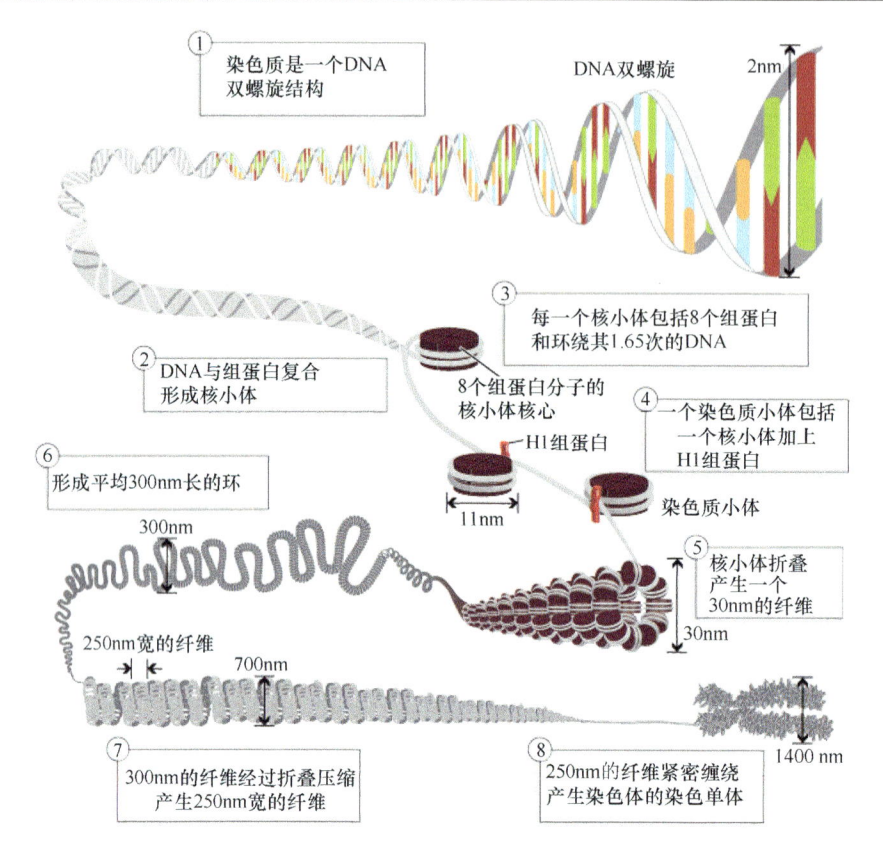

图 5-1　染色体由紧密缠绕在组蛋白周围的 DNA 组成（Anthony，2008）

基因组中这些相距很远的调控元件，在染色质空间上相互靠近，来调控 DNA 复制和基因转录等生物学过程，也就是说很多功能元件需要形成一定的三维空间结构才能行使功能（Margueron and Reinberg，2010）。例如，高阶染色质结构常常与远距离基因调控有关，而远距离基因调控又控制着细胞的发育和命运（Gorkin et al.，2014）。所以，三维基因组学是指在一维基因组 DNA 序列和基因结构等的基础上，研究细胞核中的染色质通过折叠形成的三维空间结构以及不同的调控元件在基因组三维空间结构中对 DNA 复制、DNA 损伤修复和基因转录等生物学过程的调控机制，探究染色质三维结构对生长发育、疾病发生或表型变异的调控作用。鉴定染色质三维结构并将其结构特征与功能联系起来是非常重要的，这将使我们更好地理解关键生物过程的转录调控。

三维基因组对生物学功能的影响是多方面的。首先最重要的是三维基因组学研究涉及的调控元件，不仅包括启动子周围的近程调控元件，还有同一染色体上的远程调控元件以及不同染色体之间的调控元件。已知的远程增强子和基因启动子之间的相互作用是一个很好的远程调控元件通过三维空间结构发挥调控功能的例子。在乳腺癌细胞系 MCF7 中，已经发现很多远程调控元件参与了与乳腺癌相关的基因调控（Fullwood et al.，2009）；在多个癌细胞系研究中，研究人员发现大量的启动子与启动子之间的远程相互作用，展示了很多基因在线性基因组序列上距离很远，但在空间结构上距离很接近，并为多个基因的共同表达调控提供了特定的拓扑结构基础（Li et al.，2012）。另外，遗传事件,如 DNA 突变(Lawrence et al.,2013;Liu and Michor,2013)和染色体易位(Fudenberg et al.,2011),也受染色质高级结构的影响。在细胞功能方面,与封闭的染色质结构域相比,开放的染色质结构域通常会在细胞分裂间期的早期被复制(Ryba et al.,2010)。还有研究表明,长链非编码 RNA(long non-coding RNA,lncRNA)Xist 在细胞核内的扩散也受基因组三维结构的影响(Engreitz et al.,2013)。此外,染色质结构域之间的开关在动物肢体发育中起重要作用(Andrey et al.,2013)。这说明"结构决定功能"的共识同样适用于全基因组这样的大型 DNA 聚合分子。因此,检测并描绘染色质相互作用,研究全基因组的三维空间结构及其功能,理解基因组三维空间结构如何决定细胞获取、阅读、解释和执行遗传信息,对生物学有着重要的意义。

第二节　三维基因组学研究技术

目前,研究三维基因组的方法主要包括三大类:显微成像技术(imaging)、基于 3C 的方法(3C-based methods)和非邻近连接方法(proximity-ligation-free methods)(图 5-2)。3C 技术是依赖于染色质交互双末端的邻近连接,但是它只能检测单个位点对单个位点的交互作用。随后,开发了许多 3C 衍生的高通量相互作用检测技术(如 4C、5C、Hi-C 和 ChIA-PET 等)。由于 3C 衍生技术具有低信噪比、低连接效率以及高假阳性率的缺点,因此,产生了非邻近连接技术(如 GAM、SPRITE 和 ChIA-Drop 等),该技术可以构建全基因组染色质交互图谱和鉴定拓扑结构域,同时可以稳定地检测 3 个及以上 DNA 片段的高复杂度的染色质交互。另外,染色质结构的显微可视化也是 3D 基因组领域的一个重要研究方向,其代表方法为荧光原位杂交(fluorescence *in situ* hybridization,FISH)技术。FISH 通过对 DNA 序列的荧光染色来确定两个或多个位点的位置和空间距离,可以在单细胞水平观察不同位点的三维空间信息;但是其分辨率低,通量小,只能观察有限位点的交互。

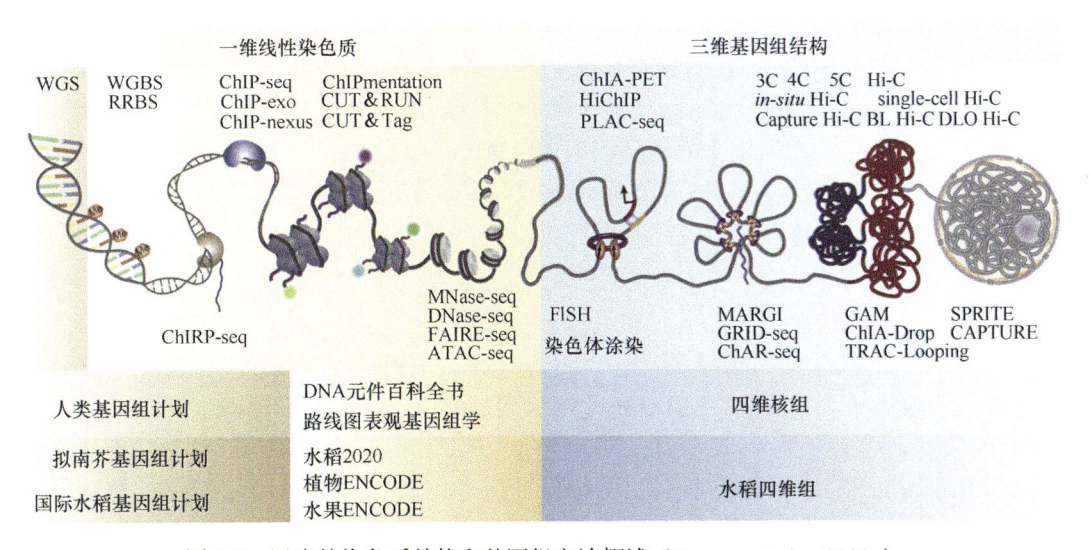

图 5-2　层次的染色质结构和基因组方法概述(Ouyang et al.,2020a)

一、显微成像技术

在测序技术出现之前,荧光原位杂交(FISH)是研究三维基因组结构的主要方法(Langer-Safer et al., 1982)。该技术的原理是用荧光素等标记探针分子,通过变性、复性过程,探针分子与DNA或者RNA分子以互补配对的方式原位杂交,通过检测荧光的位置,即可确定特定目标序列的位置。如果分别用不同颜色的荧光标记不同的探针序列,就可以检测不同的目标序列之间是否存在染色质交互。FISH是绘制DNA序列染色体位置最直接的方法,已广泛应用于检测中期和间期细胞核中的染色体数量畸变和结构重排。FISH技术成本低、稳定性强、特异性好和灵敏度高,所以常用于验证特定染色质的相互作用。然而,以FISH为代表的传统方法通量较低,能够同时检测到的染色质区域非常少,因此目前可视化方法的分辨率无法满足许多生物功能分析的需求。这便需要我们通过开发新的染色质可视化方法增加靶标位点的通量和提高模糊图像的计算机分析和处理能力。

研究人员对FISH方法进行了改进,如高军涛博士团队开发的MB-FISH技术(Ni et al., 2017)。该方法通过改变荧光探针的形式减少了非特异性结合,从而获得更多荧光信号;进一步地,应用此方法在3D STORM系统中实现了2.5kb分辨率的基因组杂交信号。在另一项报道中,研究人员开发了SD-SIM技术,使用不同的探针和荧光信号来确定靶标DNA区域(Cremer et al., 2017)。

基因组荧光成像和活细胞靶位点定位是另一种3D基因组研究的成像方法。继之前开发的基于CRISPR Cas9同源蛋白和gRNA的DNA成像方法后,Ma等(2016)进一步开发了一种新方法,可以在活细胞中用多种颜色同时标记6条染色体。他们最近又发表了一种更高灵敏度的实验技术CRISPR-Sirius(Ma et al., 2018a)。该方法专门设计了gRNA并插入RNA支架,保证了gRNA的稳定,提高了荧光标记的效率,大大提高了DNA检测灵敏度和应用范围。

ChromEMT技术使用新型染料标记DNA,是一种突破性的基因组可视化方法,发表在《科学》(Science)杂志上(Ou et al., 2017)。在这项研究中,作者使用DNA荧光染料催化二氨基联苯胺聚合物沉积,并在电子显微镜下用四氧化锇(OsO_4)可视化DNA。扫描电子显微镜(SEM)用来分析基因组的特征和层次结构。结果显示了30nm染色质纤维的结构,但是没有观察到明显的更高级结构;半柔性链结构可以通过不同状态下的组装密度来调节。这种方法为研究人员首次直接看到染色体的形态提供了一种途径。该技术为3D基因组研究提供了一个很好的工具。但是,相关结论仍需要使用其他研究方法进行验证。

哈佛大学庄小威博士团队一直致力于显微成像技术的开发。该小组于2018年在《科学》杂志上发表了一种基于"MERFISH"的新技术(Bintu et al., 2018)。该实验方法以30kb的长度分割染色质序列,然后对每个染色质片段进行杂交和成像,用高分辨率荧光显微镜拍照,并自动将下游序列与第二段探针杂交。随后,通过对数百组荧光成像结果的综合分析模拟了染色质的空间构象。他们的结果证明了TAD和其他染色质结构的真实存在以及细胞间三维结构的高度可塑性和动态性。

Boettiger 博士进一步开发了一种更高分辨率的高通量荧光染色质可视化技术,称为染色质结构光学重建(RCA)(Mateo et al., 2019)。该方法在庄小威论文中的方法的基础上增加了探针的密度并进行了一些修改,使得染色质结构的分辨率提高到 2kb 和纳米级水平。这些优化方法可以加快基因组中的高分辨率增强子-启动子相互作用的检测速度。研究人员利用该技术对果蝇胚胎中 Hox 基因家族的多梳复合物位点进行了三维结构分析,并解释了在发育过程中发育基因是如何通过染色质折叠进行调控的。该技术帮助研究人员首次系统地获得了大片段基因组的 3D 结构,为研究 3D 基因组的结构和功能提供了重要的证据和方法。

二、3C 衍生技术

3C(chromosome conformation capture)技术是基于邻近连接的原理开发的,用于检测两个目标基因组位点之间的交互频率(Dekker et al., 2002)(图 5-3)。3C 技术的核心原理是邻近连接(proximity ligation):先用甲醛交联固定染色质,然后分离细胞核,用限制性内切酶对交联的细胞核染色质进行酶切消化,得到蛋白质-DNA 复合物和线性裸

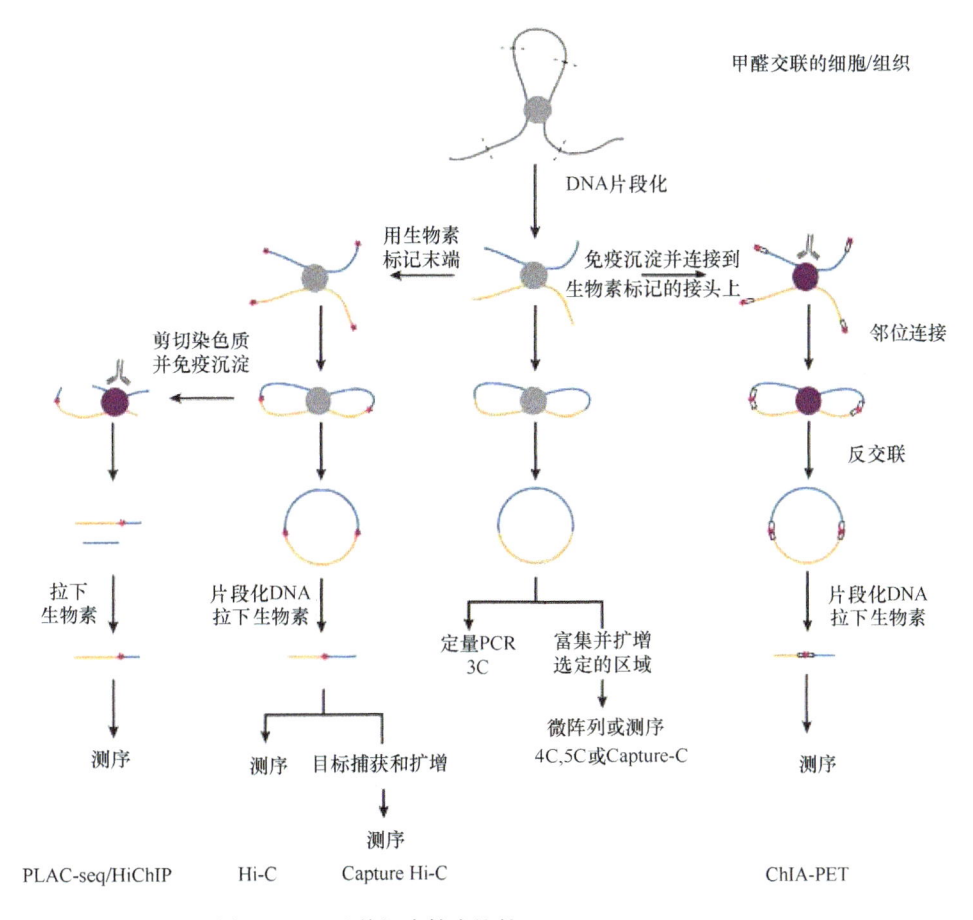

图 5-3 3C 及其衍生技术比较(Yu and Ren,2017)

露的 DNA，酶切产物高度稀释，加入连接酶进行连接反应，在极度稀释的反应体系中，蛋白质-DNA 复合物中的蛋白质之间的互作使 DNA 相互靠近进而发生连接，而裸露的 DNA 不会发生连接反应。连接反应结束后用蛋白酶 K 进行解交联，纯化 DNA 片段，根据两个目标片段设计引物并进行 PCR 扩增。通过 PCR 产物的有无和多少可以分别检测两个目标片段是否有互作及互作的强弱（Dekker et al.，2002）。

3C 技术具有分辨率高和操作相对简便的特点，因而得到了广泛应用，目前已成功应用于酵母、哺乳动物细胞、植物、果蝇及微生物等多种模式生物中（Tolhuis et al.，2002；Lanzuolo et al.，2007；Louwers et al.，2009）。但是，3C 技术只能检测两段特定的 DNA 序列之间的相互作用，进行"一对一"的研究。因此，两个不同的实验室在 3C 技术的基础上开发了高通量的 4C（circular chromosome conformation capture）技术，克服了这一缺陷（Simonis et al.，2006；Zhao et al.，2006）（图 5-3）。4C 技术与微阵列和高通量测序平台结合，可以在全基因组范围筛选与特定 DNA 元件相互作用的 DNA 区域，进行"一对所有"的研究（Sandhu et al.，2009；Soler et al.，2010）。4C 技术已广泛地应用于研究基因的顺式调控，尤其是在发育和疾病方面。它非常适合用于检测短程相互作用，但也被应用于检测较长基因组距离的交互，包括整条染色体。

利用 DNA 退火、选择性连接的原理，Job Dekker 建立了对特定染色体区域进行"多对多"系统研究的 3C 副本（chromosome conformation capture carbon copy，5C）技术（Dostie et al.，2006）（图 5-3）。在 5C 技术中，数兆碱基大小的基因组区域使用混合的复杂正向和反向引物进行扩增。例如，通过 5C 分析揭示了 *Xist* 基因周围的 4.5Mb 染色体区域的 TAD 的存在。5C 技术具有生成高分辨率数据的优势。但是，5C 的分辨率取决于设计给定基因座的限制性片段的正向和反向引物的能力；合适的引物缺失时，一些匹配的片段将被排除在外。

5C 技术实际上是放大的、多重的 3C，需要设计大量的引物，无法真正进行全基因组筛选。此外，3C、4C 和 5C 并不能为染色体之间相互作用的分子机制提供直接的信息。3C 与染色体免疫沉淀（ChIP）和克隆技术结合（combined-3C-ChIP-cloning，6C）则解决了这一问题，它能够筛选特定蛋白质所介导的染色体之间的相互作用（Tiwari et al.，2008）。但由于该技术依赖经典的分子克隆与筛选，效率和通量非常有限，因此 6C 并不适合系统研究特定蛋白质所介导的染色体相互作用。

（一）Hi-C 及其衍生技术

Hi-C 技术是构建全基因组染色质交互图谱最常用的方法。在 Hi-C 中，使用限制性内切酶消化甲醛交联的染色质；然后，将酶切位点的 5′端用带生物素标记的核苷酸补平，并在稀释的条件下连接 DNA 的平末端；最后，通过亲和纯化富集带有生物素标记的嵌合的连接产物，并进行建库测序（图 5-4）。这样，Hi-C 技术可以捕获全基因组范围的所有的染色质交互信息（Lieberman-Aiden et al.，2009）。TCC（tethered chromosome capture）是一种新的染色体构象捕获方法，它通过在连接之前将交联的、生物素化的染色质吸附到链霉亲和素磁珠上，来减少非交联片段之间的非特异性连接（Kalhor et al.，

2012）。这种方法能够检测比标准的 3C 技术更长距离的染色体内和染色体间的交互。相比之下，一种与 Hi-C 同时开发的基因组构象捕获（genome conformation capture，GCC）技术对 3C 文库中所有的 DNA 进行测序，无需预选连接片段（Rodley et al.，2009）。虽然此方法目前非常昂贵（尤其是对于大基因组），但是具有直接标准化 DNA 丰度的优势，从而控制测序偏好和基因组变异（如拷贝数变异）。后来，针对 Hi-C 技术，研究人员又开发了拷贝数变异检测和标准化的方法（Dixon et al.，2018；Servant et al.，2018；Vidal et al.，2018）。

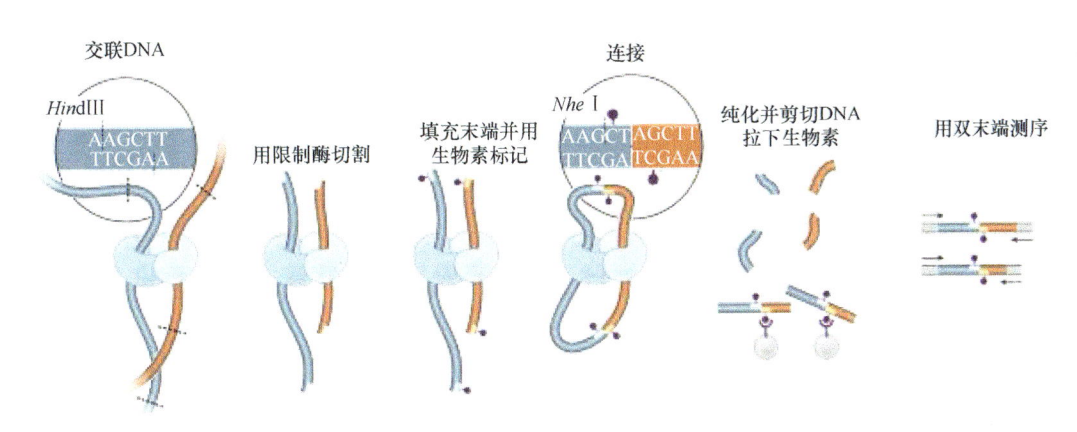

图 5-4　Hi-C 实验流程（Rao et al.，2014）

随后，研究人员报道了越来越多的 Hi-C 衍生技术。从对原始 Hi-C 实验方案技术优化的 DNase Hi-C（Ma et al.，2015；Ma et al.，2018b）和原位 Hi-C（Rao et al.，2014）、提高分辨率的 Micro-C（Hsieh et al.，2015，2016，2020），到富集特定蛋白质或开放染色质区域介导的交互的实验方案，如 OCEAN-C（open chromatin enrichment and network Hi-C）（Li et al.，2018b）。目前，最常用的方法是原位 Hi-C。在原来的 Hi-C 实验方案中，使用十二烷基硫酸钠（SDS）破坏核膜；因此，部分交联 DNA 的连接发生在溶液中。而原位 Hi-C 省略了 SDS 步骤，使染色质片段在完整细胞核内的相对更天然的环境中连接。这样便降低了随机连接数目，提高了信噪比，从而降低测序深度，获取更高分辨率的交互图谱。然而，原始 Hi-C 实验方案中的交互片段的详细分析表明，大部分连接的染色质保留在部分消化的细胞核内（Gavrilov et al.，2013）。尽管如此，原位 Hi-C 实验方案仍然比原来的方法更快且更容易，主要是因为它不需要在 DNA 连接前大量稀释交联的染色质（Rao et al.，2014）。因此，所有后续步骤可以在较小的体积中进行，便于更有效地连接和 DNA 提取。Easy Hi-C 是另一种 Hi-C 简化方法，其优势是避免生物素富集和使用比标准 Hi-C 更少的细胞数目。

DLO Hi-C 和 BL Hi-C 是两种基于大量细胞的 Hi-C 技术。DLO Hi-C 技术（Lin et al.，2018）由华中农业大学曹罡教授团队和李国亮教授团队共同开发。该方法使用特殊设计的带有半限制性内切酶位点的接头，酶切和连接同时进行；通过对精确大小（约 80bp）的切割产物进行测序获得全基因组空间邻近信息，并在质量控制过程中使用另一种限制性内切酶评估随机连接噪声。该实验方法节省时间，并且添加了一个初始质量控制步骤。

作者将 K562 细胞系的 DLO Hi-C 数据与稀释 Hi-C、原位 Hi-C 和其他 Hi-C 衍生方法的数据进行了比较。他们发现 DLO Hi-C 方法具有更高的信噪比，并且更经济、更快。Bridge linker Hi-C 技术（Liang et al.，2017）由清华大学 Michael Zhang 教授和陈扬博士团队开发，是对 Hi-C 技术的又一次改进。该方法使用了与长读长 ChIA-PET 中使用的相似的接头，而且能够通过计算机模拟分析基因组线性距离较短的 DNA 片段造成的随机连接噪声的概率。在使用桥式接头进行染色质片段空间邻近连接后，通过接头与生物素结合来富集相互作用。该方法中的三重连接模型（一对 DNA 末端与接头的连接）有利于降低噪声并提高染色质复合物中相互作用的比例。本研究为 3D 基因组邻近连接的选择提供了很好的理论探索。

北京大学李程教授课题组开发了一种名为 Ocean-C 的新方法（Li et al.，2018b），结合 FAIRE-Seq 和 Hi-C 技术进行染色质相互作用的检测。Ocean-C 方法可以鉴定开放染色质区域的相互作用（HOCI）以及活跃顺式调控元件与其靶基因之间的关系；进一步分析结果表明，HOCI 主要是 DNA 结合蛋白绑定的启动子和增强子。

3C 文库使用捕获的方法实现一个或多个感兴趣的基因组区域参与的相互作用的富集，如 Capture-C、Capture Hi-C 和 CAPTURE。稀释 Hi-C 和原位 Hi-C 的限制之一是测序成本，因成本太高而无法达到足够的测序深度来进行高分辨率分析。为了降低测序成本并提高感兴趣区域的测序深度，研究人员开发了 Capture Hi-C（Mifsud et al.，2015）技术，用于富集某些特定区域参与的相互作用。启动子捕获 Hi-C（Orlando et al.，2018）是一种特殊的捕获 Hi-C 方法，可以大量富集基因启动子相关的远程相互作用。与 Hi-C 相比，启动子捕获 Hi-C 大大增加了检测到的启动子参与的相互作用的数目。启动子捕获文库极大地促进了基因表达顺式调控的研究。Capture-C 是另一种捕获感兴趣基因组区域参与的相互作用的方法（Hughes et al.，2014）。该方法与寡核苷酸捕获技术（OCT）、3C 技术和高通量测序结合，使研究人员能够在一次实验中高分辨率地检测数百个选定位点的顺式相互作用。当与标志主要顺式调控元件类别的表观遗传数据结合时，该技术可以识别与感兴趣的启动子或增强子相互作用的 DNA 元件。此外，还有一个基于捕获的重要方法是"CAPTURE"（CRISPR 亲和纯化原位调控元件）（Liu et al.，2017b）。这种方法不属于"all-to-all"类 Hi-C 方法，其基本原理是 DNA 末端原位邻近连接，然后纯化生物素 CRISPR 染色质复合物，可以帮助我们深入研究感兴趣的目标位点的染色质结构。该方法不仅可以检测 3D 基因组结构，还可以同时检测染色质结合的转录组和蛋白质组。

单细胞 Hi-C 技术是随着单细胞技术的发展产生的一种 Hi-C 技术。标准 Hi-C 产生的是数百万个细胞的平均交互图谱，并不能检测到群体细胞之间的异质性。为了克服这一限制，单细胞 Hi-C 技术通过分离单个细胞生成 Hi-C 文库，并构建单细胞 Hi-C 交互图谱（Nagano et al.，2013，2015）。单细胞 Hi-C 适合研究稀有细胞（Flyamer et al.，2017）和细胞周期特定阶段细胞的染色体结构（Nagano et al.，2017）。单细胞 Hi-C 实验方案包括交联并消化的染色质原位邻近连接，然后从细胞悬液分离单核，最后产生每个核的测序文库（Nagano et al.，2015，2017）。单细胞组合索引 Hi-C（sciHi-C）方法不是将实验材料分离为单个细胞，而是给每个细胞核内的 DNA 标有一个特异的条形码组合（Ramani et al.，2017）。该方法的具体步骤为：首先，细胞固定、裂解和用限制性内切酶消化；

然后，将已经消化的细胞悬液中的完整细胞核分配到96孔板，并用单独的条形码索引，合并然后再次拆分；经过数轮索引，对混合在一起的核进行原位邻近连接和文库准备，用于生成高通量单细胞Hi-C文库。单细胞Hi-C技术的主要挑战之一是相互作用的有效获取：不充分的消化和连接以及使用材料的不完整获取导致得到的交互图谱只代表单个细胞中的一部分交互。通过改进原始实验方案使得每个细胞中检测到的交互数目的平均值从一万增加到数十万，但这也只是基因组可能的交互的很小一部分（2%~5%）。Dip-C（二倍体染色质构象捕获）技术通过在实验方案中省略生物素加入和添加全基因组扩增的步骤使得可检测到的交互的数目增加为平均每个细胞约100万（Tan et al.，2018）。

（二）ChIA-PET及其衍生技术

特定蛋白质（如染色质修饰因子、结构蛋白和细胞类型特异性转录因子等）介导的染色质相互作用通常具有一定的生物学功能。为了探索与特异蛋白质相关的染色质交互，研究人员采用3C邻近连接和ChIP实验免疫共沉淀原理相结合的方法，在DNA片段邻近连接前通过染色质免疫沉淀（ChIP）富集Hi-C文库。早期应用此方法开发的技术有ChIP-loop（Horike et al.，2005）和增强型4C-ChIP（e4C）（Schoenfelder et al.，2010）。ChIP实验需要染色质完全溶解以便其在连接前进行特异性免疫沉淀。然而3C流程中的SDS处理后细胞核基本保持完好（Gavrilov et al.，2013），染色质无法充分溶解，导致信噪比较低。为了解决这一问题，研究人员开发了配对双末端标签测序的染色质相互作用分析技术（ChIA-PET），在原有方法的基础上添加了细胞核超声处理的步骤，提高了信噪比，从而高分辨率地捕获特定蛋白质介导的染色质交互信息（Fullwood et al.，2009）。该技术的基本实验流程：甲醛交联的染色质经超声波断裂后，用特定的抗体对相关的蛋白质-DNA复合物进行免疫沉淀，然后对富集的蛋白质-DNA的DNA片段进行邻近连接，最后通过对连接产物进行测序即可获得目标蛋白介导的全基因组染色质交互信息（Fullwood et al.，2009；Li et al.，2012）（图5-5）。长读长（long read，LR）ChIA-PET

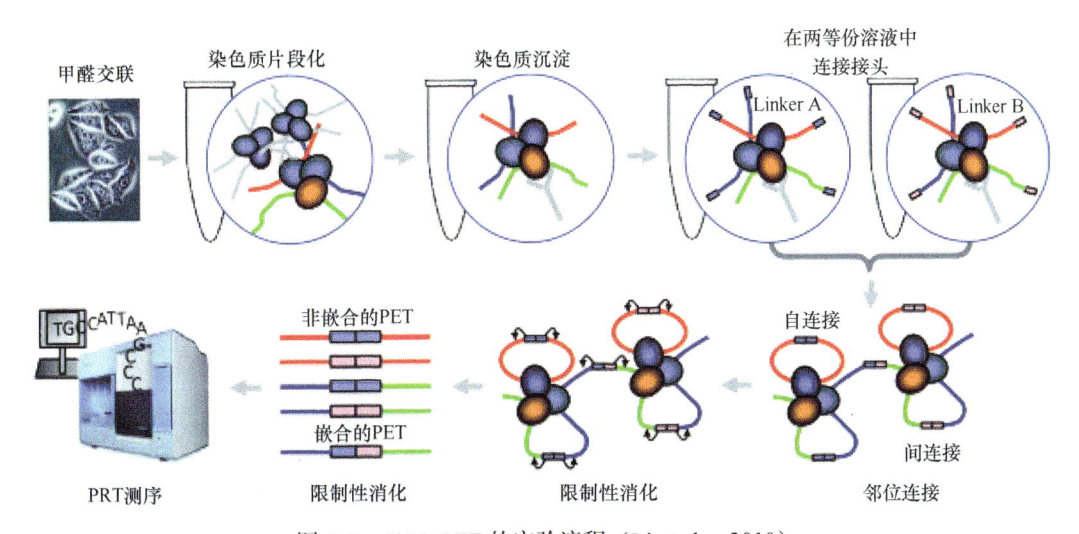

图5-5　ChIA-PET的实验流程（Li et al.，2010）

使用 bridge-linker 替代了最初的 half-linker A/B，并且在建库时使用 Tn5 转座酶。这不仅提高了连接效率，简化了建库流程，而且增加了测序读长和比对的准确率，因此可以用于绘制单倍型分辨率的染色质交互图谱（Tang et al.，2015；Li et al.，2017c）。

虽然超声处理能够使染色质有效沉淀，但是对随后的邻近连接的影响仍然不清楚。为此，研究人员开发了 Hi-ChIP（Mumbach et al.，2016）和邻近连接辅助染色质免疫沉淀测序（proximity ligation-assisted ChIP-seq，PLAC-seq）（Fang et al.，2016）技术。它们是两种相似的 ChIA-PET 衍生技术，都结合了 Hi-C 和 ChIP 的方法。这两种方法的目的类似于 ChIA-PET，都是捕获富含特定蛋白质的染色质相互作用。与 ChIA-PET 不同的是，Hi-ChIP 和 PLAC-seq 在超声和免疫沉淀之前进行原位 Hi-C 和邻近连接，使得连接发生在最优条件下的完整细胞核中和感兴趣蛋白质介导的的染色质交互富集之前。并且，与原位 Hi-C 相比，该方法过滤了大量的非特异性相互作用信息，提高了与特定蛋白质相关的相互作用的信号强度，从而实现比原位 Hi-C 方法更高的分辨率和效率。

三、不依赖于邻近连接的方法

（一）非富集的方法

由于基于邻近连接的技术具有信噪比低、连接效率低以及假阳性率高的缺点，因此产生了一些非邻近连接技术（图 5-6）。基因组结构作图技术（genome architecture mapping，GAM）是一种对细胞核进行激光显微切割的方法（Beagrie et al.，2017）（图 5-6a）。该技术的原理是：首先将细胞核交联固定，然后使用激光显微切割技术以随机的方向对细胞核进行冷冻切片，最后对分离的每个切片中的 DNA 进行建库测序；在 3D 空间中彼此靠近的基因组区域通常被切割分离到相同的切片中并用于测序；通过计算两个基因座的共分离频率，即可推断它们在细胞核中的交互强度和空间距离。GAM 能够捕获所有可能的染色质交互，包括蛋白质或 RNA 介导的染色质交互和没有介质介导的染色质交互（Kempfer and Pombo，2020）。不过，由于 GAM 依赖于先进的冷冻切片和激光显微切割技术，技术门槛较高，因此其实际适用性受到一定限制（Zhang and Li，2020）。

分装-混合标签延伸法鉴定染色质交互（split pool recognition of interactions by tag extension，SPRITE）是一种基于条形码组合标记的不依赖于邻近连接的三维基因组学方法（Quinodoz et al.，2018）（图 5-6b）。在 SPRITE 中，交联的细胞核经片段化之后得到蛋白质-DNA-RNA 复合物，将复合物随机分装到 96 孔板中，96 孔板含有 96 种条形码标签，通过连接反应为每个 DNA 或 RNA 末端带上一个条形码标签；DNA 或 RNA 连接上标签后，将复合体混合并重新分配到 96 孔板中进行第二轮的条形码标签连接；经过 5 轮的依次分装—tag 标记—混合再分装后，回收 DNA 和 RNA 进行建库测序；属于同一复合物的 DNA 或者 RNA 分子在每一轮分装时，都会被分到同一个孔中，从而连接上相同的标签；依据这个原理可以推断，凡是含有相同的唯一的标签组合的 DNA 和 RNA 分子，都属于同一个蛋白质-DNA-RNA 复合体，因此，通过分析条形码标签的组合即可获得全基因组的染色质交互信息。

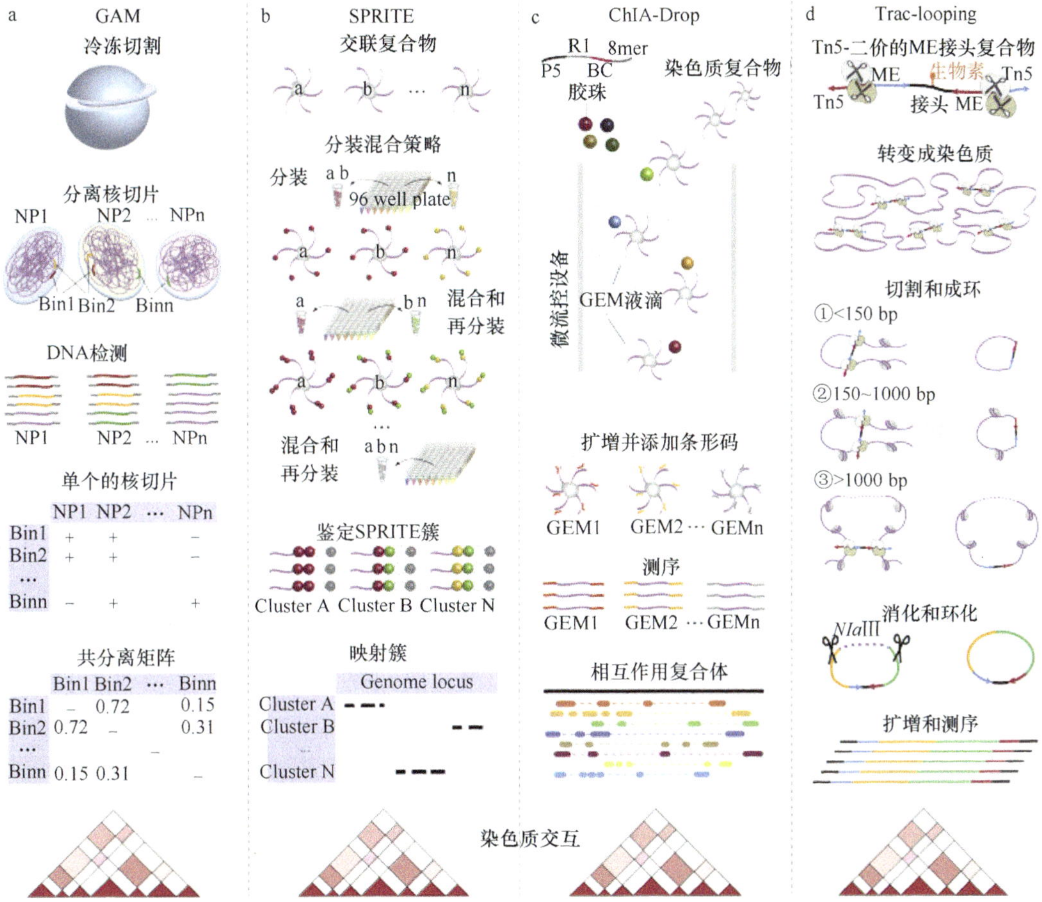

图 5-6 不依赖于邻近连接的三维基因组学研究（Ouyang et al.，2020b）

ChIA-Drop 是一种结合了 ChIA-PET 和微流控条形码标签测序技术的不依赖于邻近连接的方法（Zheng et al.，2019）（图 5-6c）。在 ChIA-Drop 中，交联的染色质经超声波处理片段化后，将片段化的蛋白质-DNA 复合物加载到微流控设备上；微流控系统可以生成数以百万的乳化液滴，并在每一个液滴中包裹一种复合物和一个带有独特条形码的胶珠（gel bead），且每个胶珠都含有唯一的条形码标记和通用的 PCR 扩增引物；通过在乳化液滴中进行 PCR 扩增，可以给属于相同复合物的 DNA 分子带上相同的条形码标签，即具有相同条形码的 DNA 分子来自同一个蛋白质-DNA 复合物，而来自同一个复合物的基因组区域之间通常被认为存在染色质相互作用。因此，可以通过具有相同条形码的 DNA 分子的分类来鉴定基因组区域间的染色质相互作用。

转座酶介导的染色质环分析（transposase-mediated analysis of chromatin looping，Trac-looping）通过巧妙地设计转座酶 Tn5 的四聚体对染色质进行切割，并同时将切口末端连接（图 5-6d）。这种方法并不需要 3C 技术的基于连接酶的邻近连接反应，可以同时检测开放染色质区域及其介导的远距离的染色质交互（Lai et al.，2018）。

（二）富集的方法

DamID 是一种体内的在全基因组范围检测感兴趣蛋白质和 DNA 相互作用位点的方法。该方法的实验原理是：感兴趣的蛋白质［如 RNA 聚合酶 II（*Pol* II）］的 DNA 结合结构域与来自大肠杆菌的 DNA 腺嘌呤甲基转移酶（Dam）融合（van Steensel and Henikoff，2000；Vogel et al.，2007；Marshall et al.，2016），尤其是甲基化 GATC 序列中的腺嘌呤；当融合蛋白在细胞中表达时，感兴趣蛋白质的 DNA 结合位点或附近的 GATC 序列被甲基化标记；提取 DNA 后，甲基化的 GATC 位点用甲基化敏感的限制性酶切割并添加接头，从而确保只有甲基化的结合位点被扩增和测序。TaDa（targeted DamID）是 DamID 的改进方法（Marshall et al.，2016），通过使用目标表达系统（如 Gal4-UAS 系统），使 Dam 融合蛋白仅在感兴趣的特异的细胞类型中表达。这种方法可以检测细胞类型特异性的 DNA-蛋白质相互作用，而无需事先分离或分选细胞。DamID 已成功应用于 DNA 与蛋白质（如 Lamin B1）相互作用的研究，描述了全基因组核纤层相关的结构域图谱并提供了核外围的染色质空间信息（Guelen et al.，2008；Peric-Hupkes et al.，2010）。然而，染色质和其他核区室（如剪接斑点）之间的相互作用无法用 DamID 检测到，因为这些区室周围的大多数 DNA 并不直接与标记的蛋白质结合。

为了解决这个问题，TSA-seq 使用酪酰胺信号放大技术测量染色质和核区室之间的距离（Chen et al.，2018b）。在这种方法中，辣根过氧化物酶（HRP）与感兴趣核区室的特异蛋白质上的抗体结合，催化产生生物素结合的酪胺自由基，然后扩散并结合附近的大分子（包括 DNA）。随后通过生物素富集获得生物素标记的 DNA，然后测序以鉴定与标记的感兴趣的蛋白质接近的基因组区域。TSA-seq 已被应用于构建全基因组的基因与最近的剪接斑点之间的距离图谱。

DamC 是另一个 DamID 的改进方法，用于检测目标区域和周围的 DNA 区域之间的 4C 样交互，其距离可达几十万碱基（Redolfi et al.，2019）。在 DamC 中，Dam 与反向四环素受体（rTetR）融合，然后与插入到感兴趣基因组区域的 Tet 位点结合。进一步地，Dam 融合蛋白使靶标及其互作的伴侣甲基化。通过与高通量测序结合，DamC 能够检测不依赖于交联或连接的染色质交互。与其他的 3C 方法和非连接方法不同，该方法需要对感兴趣的细胞进行工程改造。DamC 数据与 4C 和 Hi-C 数据的比较分析表明，它们在 TAD 和 CTCF 环水平具有很高的相似性；然而，也可以观察到一些环和子 TAD 结构的差异。

（三）DNA-RNA 交互捕获技术

目前的三维基因组学研究大部分都集中在 DNA-DNA 交互的层面，实际上 RNA 作为细胞核的重要组成成分，在基因组的三维结构中发挥了重要的作用。近年来，越来越多的科学家开始关注 RNA 的基因组三维结构及其参与的转录调控功能等，并先后开发了 MARGI（Sridhar et al.，2017）、GRID-seq（Li et al.，2017b）和 ChAR-seq（Bell et al.，2018）等技术（图 5-7）用于研究全基因组范围的 DNA-RNA 交互。

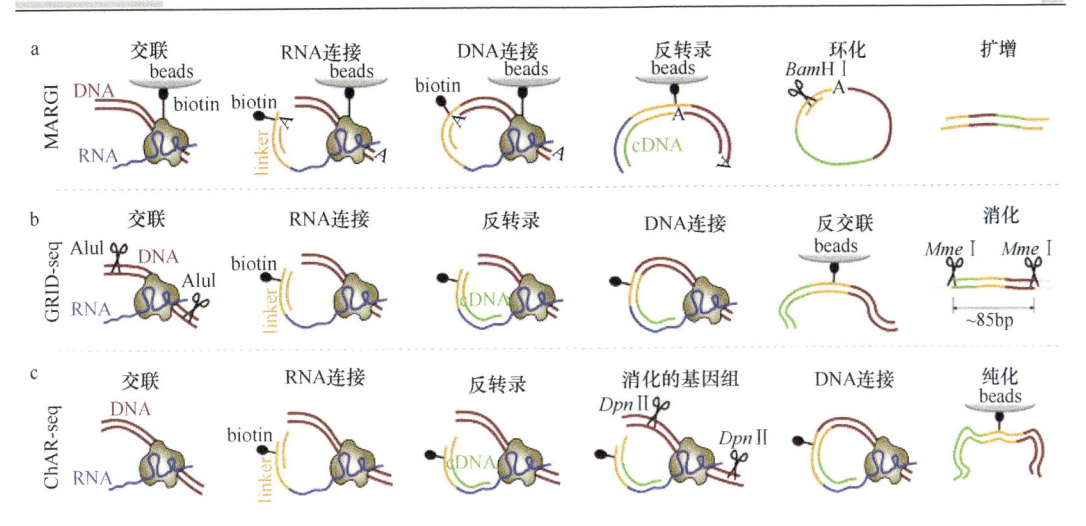

图 5-7　DNA–RNA 交互捕获技术（Ouyang et al.，2020b）

MARGI（mapping RNA-genome interactions）、GRID-seq（global RNA interactions with DNA with sequencing）和 ChAR-seq（chromatin-associated RNA sequencing）三种方法的原理比较相似：首先交联的染色质经过片段化后得到蛋白质-DNA-RNA 复合物；然后用特殊设计的 linker 序列进行连接反应，linker 序列一端与 DNA 分子连接，另一端与 RNA 分子连接；随后对连接的嵌合产物进行 RNA 反转录，得到 DNA-linker-cDNA 嵌合 DNA 分子，通过对嵌合 DNA 进行建库测序即可获得全基因组的 DNA-RNA 信息（Ouyang et al.，2020b）。

第三节　植物三维基因组层级结构

运用显微成像和染色质构象捕获等技术得到的染色质三维结构的研究结果表明：在细胞核的三维空间中，染色体并不是无序排列的，它们被折叠成不同基因组尺度的层级结构域，以便通过基因组的有效包装和排列形成不同的功能区室。根据基因组尺度由大到小，染色体层级结构依次包括染色体疆域（chromosome territories，CT）、两种类别的区室（A/B compartment）、拓扑相关结构域（topological associated domain，TAD）和染色质环（chromatin loop）（Risca and Greenleaf，2015）（图 5-8）。

一、染色体疆域

在细胞分裂间期，染色体占据不同的非随机的细胞核空间位置，即为染色体疆域（图 5-8a）。Bolzer 等（2005）最早通过光学显微镜观察到染色体疆域。后来，利用荧光原位杂交（FISH）或染色体涂染（chromosome painting）技术，通过显微镜观察也发现了染色体疆域。分别用不同颜色的荧光标记不同染色体的 DNA 序列，在显微镜下观察可以发现不同的荧光并不是弥散混杂的，而是有相对清晰的界限，表明每条染色体在细胞核中各自占据一定的空间位置，形成染色体疆域（Cremer and Cremer，2010）。随着三维

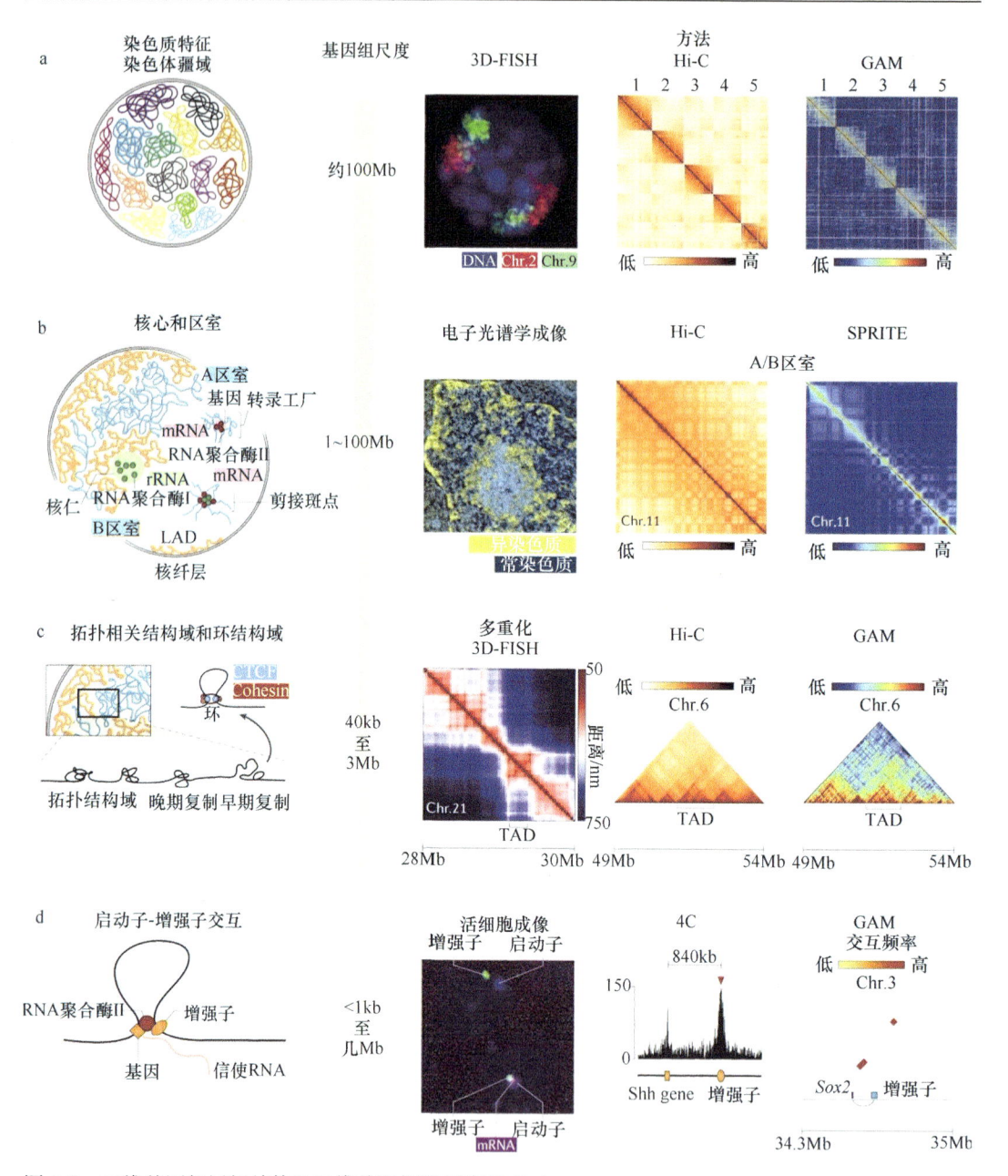

图 5-8 三维基因组层级结构及三维基因组学研究技术（Tang et al.，2015；Kempfer and Pombo，2020）

基因组检测技术的发展，基于 3C 的技术和无连接的方法也同样推断出染色体离散的疆域结构，因为在染色体内部检测到的相互作用频率比它们之间更高；同时还检测到了染色体之间的交互，并且已经用成像技术成功验证（Schoenfelder et al.，2010；Mifsud et al.，2015；Nagano et al.，2017）。对染色体疆域的进一步研究发现：在每个染色体疆域内部，基因组区域位置是非随机分布的，染色体上的基因和调控元件之间存在许多近程和远程的交互，具有转录功能且基因密度大的区域往往位于染色体疆域的边缘（Shah et al.，2018）；在不同的染色体疆域之间也检测到了特异的交互，大约 20%的染色体疆域与其他染色体疆域混合,通常位于它们的外围,并且在电离辐射损伤时,染色体疆域之间的混合程度与易位概率直接相关,这强调了染色体之间的物理接近度会影响它们对 DNA 损伤反应的稳定性(Zhang et al., 2012; Maharana et al., 2016)。

在植物细胞中,通过早期的细胞学研究,尤其是荧光原位杂交(FISH)或染色体涂染技术,研究人员发现植物染色体疆域具有多种构型,包括 Rabl、Bouquet 和 Rosette(Grob and Grossniklaus, 2017)。拟南芥染色体具有玫瑰花构型,其中常染色质环从染色体中心发出(Fransz et al., 2002)。与拟南芥染色体不同,小麦和大麦的染色体显示 Rabl 构型,其中端粒和着丝粒位于细胞核中相反的两极(Dong and Jiang, 1998)。高通量染色体构象捕获(Hi-C)图谱也显示出了染色体构型,其结果与细胞学结果一致:染色体在主对角线和反对角线上具有强烈信号,显示出 X 形交互(Rabl 构型)(Mascher et al., 2017)。有趣的是,同一物种不同组织的染色体显示出不同的染色质构型。例如,Rabl 是在水稻木质部导管细胞中观察到的,然而在叶肉细胞中观察到的并不是 Rabl 构型,并且在减数分裂细胞中观察到了 Bouquet 构型(Prieto et al., 2004; Dogan and Liu, 2018)。

二、染色质区室

目前,染色质区室结构已经得到广泛的研究。早期的电子和共聚焦显微镜的核结构分析表明染色质具有高度浓缩(异染色质)和较少浓缩(常染色质)两种状态(Monneron and Bernhard, 1969),并揭示了转录发生在核的常染色质区域(Verschure et al., 1999)。这两种不同的染色质状态,即对应我们通常所说的两种区室(图 5-8b)。研究还发现,染色体通过区室化成为早期复制和晚期复制结构域(Ferreira et al., 1997; Visser et al., 1998; Zink et al., 1999),这也就是说染色质区室与转录活性有关,且活跃转录位点主要发生在早期复制结构域(Sadoni et al., 1999)。后来,这些观察通过复制和转录的全基因组分析在很大程度上得到证实,并通过进一步地分析发现转录活跃的早期复制的染色质结构域与晚期的复制结构域不同,其能够形成单独的子区室(Hiratani et al., 2008; Schwaiger et al., 2009; Pope et al., 2014)。全基因组范围的 3C 衍生技术(如 Hi-C)的出现使得在全基因组水平构建活跃和抑制的染色质状态图谱成为可能,同时也为基因表达如何与染色质折叠相关联提供新的见解。

Hi-C 数据的分析结果也证明了染色质区室的存在(图 5-8b)。Hi-C 数据得到的交互矩阵呈现网格样(plaid)的分布模式,将每条染色体分成交替分布的兆碱基大小的基因组区块;进一步地对该交互矩阵进行主成分分析,并用正负特征向量或第一主成分定义了 A 区室(A compartments)和 B 区室(B compartments)。一般的,A 区室和 B 区室分别对应于基因的转录活性区和非活性区(Lieberman-Aiden et al., 2009)。A 区室的染色质对应基因组的常染色质区域,具有更高的基因密度、染色质开放程度和活跃组蛋白修饰;而 B 区室的染色质则对应异染色质区域,具有较低的基因密度和染色质开放程度以及抑制性组蛋白修饰。通常,染色体间或染色体内的同一类型的区室(A 区室或 B 区室)倾向于交互在一起行使功能,如活跃的 A 区室更倾向于与 A 区室发生交互,反之亦然;并且同一区室内的染色质交互比不同区室间的交互更频繁,区室 A 的染色体间的交互多于区室 B 的。研究还发现，B 区室的染色质倾向于分布在核膜和核仁周围，而 A 区室的染色质倾向于分布在剪接斑点（splicing speckles）等一些无膜细胞核小体（nuclear body）周围，预示着不同的细胞核区域具有不同的转录调控功能（Quinodoz et al., 2018）。不同类型细胞的染色体区室的比较分析表明，染色质区室具有一定的保守性（Dixon et al., 2015）。

与动物的 A/B 区室相比，水稻和玉米等植物的区室结构划分比较简单：染色体臂区的染色质通常属于 A 区室，而靠近着丝粒区的染色质则通常属于 B 区室（Dong et al., 2017）。通过使用更高分辨率的染色体构象捕获方法，如原位 Hi-C 和 HiChIP，传统的稀释 Hi-C 鉴定的区室可以分成不同类型的更小的区室结构域或子区室。这些子区室包括活跃的区室（基因富集、高转录活性和活跃的染色质标记，如 H3K27ac 和 H3K4me1）、抑制性区室（高水平 H3K27me3 和 Polycom 蛋白质富集）和异染色质区室（高水平 5mC 和 H3K9me）（Rao et al., 2014；Dong et al., 2017；Rowley et al., 2017）。进一步地，一些作物的不同组织的 Hi-C 分析表明全局 A/B 区室具有组织保守性，而局部的染色质结构域则显示出与基因差异表达相关的组织特异性模式（Dong et al., 2020）。另外，在棉花进化的过程中，基因组异源多倍化使 A/B 区室发生了转换（Wang et al., 2018a）。

三、染色质拓扑相关结构域

在更精细的尺度上，Dixon 等（2012）通过 Hi-C 技术发现区室可以进一步细分为拓扑相关结构域（topologically associating domain，TAD）（图 5-8c）。在 Hi-C 交互图谱中，TAD 表现为对角线上明显的方形。在一些动物中，TAD 通常由染色质结构蛋白 CTCF/cohesin 复合物限定，大小为几十 kb 至几个 Mb，且彼此之间相对绝缘（Zheng and Xie，2019）。研究发现，TAD 的主要功能是限制启动子和增强子的相互作用，并通过进一步分析发现增强子的影响可以延伸至几百 kb，而 TAD 的边界会使得这种影响减弱（Symmons et al., 2014），表明 TAD 内部的交互频率要高于它与其他 TAD 的交互频率。尽管这些染色质结构域及其功能在不同的细胞系和物种中得到证实，但它们详细的基因组特征和折叠机制尚不清楚。因此，研究人员采用不同的方法对 TAD 展开了大量的研究，并取得了一系列进展。

染色质结构蛋白 CTCF/cohesin 复合物在 TAD 形成过程中发挥着重要作用。研究人员发现 TAD 的边界上会富集转录起始位点、活跃转录本和组蛋白标记（Nora et al., 2012）以及绝缘子结合蛋白和黏连蛋白（CTCF/cohesin）的结合位点。CTCF/cohesin 复合物通过"环挤出"（loop extrusion）的机制促进 TAD 的形成（Fudenberg et al., 2016；Vian et al., 2018），对于其正常功能的发挥具有重要作用。CTCF 结合位点的破坏会导致 TAD 融合和拓扑结构域重组，进而影响邻近基因的表达。进一步地研究发现，CTCF、cohesin 或 Nipbl cohesin 的丢失致使 TAD 消失，但染色质区室保持完整（Guo et al., 2015；Nora et al., 2017；Rao et al., 2017；Schwarzer et al., 2017）。因此，经典的 CTCF 依赖性 TAD 的形成需要 CTCF 和 cohesin。TAD 也可以通过 FISH 和超分辨率显微镜观察到（Wang et al., 2016；Bintu et al., 2018）；因此，FISH 相关技术已用于 TAD 边界的研究。MERFISH

和超分辨率 FISH 证明了 TAD 边界在细胞之间是不同的，它们沿基因组随机分布，但优先与 CTCF/cohesin 结合位点重合（Bintu et al., 2018）。改进的基于 3C 的技术提高了基因组研究的分辨率，能够检测到更小的结构域，即 TAD 的亚结构；它们通常与会聚的 CTCF 结合位点对重合，表明 CTCF 结合有利于将基因组的特定区域划分为自交互结构（de Wit et al., 2015; Gomez-Marin et al., 2015; Rudan et al., 2015）。另外，不同细胞类型的研究表明，TAD 的边界保守，但也有部分的边界是特异的（Dixon et al., 2015）。

在许多物种和细胞类型中均广泛地观察到 TAD 结构（Zheng and Xie, 2019）。后生动物秀丽隐杆线虫缺乏 CTCF 绝缘蛋白（Heger et al., 2009）。然而，它具有类似于哺乳动物 TAD 的边界较强的自相互作用结构域，且该结构域的边界与 X 染色体上高亲和力的剂量补偿复合物（DCC）结合的 rex 位点一致。DCC 是一种凝聚素，通过形成新的 TAD 边界来重塑 X 染色体拓扑结构。在 DCC 缺陷突变体中，通过高亲和力结合位点之间的交互弱边界得到加强（Crane et al., 2015）。在果蝇中也发现了具有清晰边界的交互结构域。然而，与人类典型的 TAD 不同，果蝇的 TAD 缺乏丰富的边界之间的交互信号。果蝇的 TAD 由绝缘复合物 BEAF-32/CP190 或 BEAF-32/Chromator 限定，而不是 CTCF/cohesin（Rowley et al., 2017; Wang et al., 2018b）。与秀丽隐杆线虫中的 DCC 和果蝇中的 BEAF-32 复合物类似，一些绝缘子蛋白质也可能存在于不含 CTCF 的生物体中，并执行类似于哺乳动物 CTCF/cohesin 的功能。

与线虫一样，植物也不含 CTCF 蛋白。第一个使用 Hi-C 技术研究的植物物种拟南芥的基因组很小，其染色体臂上并没有发现明显的 TAD 结构，但观察到相对较小的相互作用结构域（阳性条带），被称为非活跃异染色质岛（IHI）或 KNOT 接合元件（KEE）（Feng et al., 2014; Grob et al., 2014; Wang et al., 2015）。IHI 或 KEE 富集异染色质和转座元件，并与小 RNA 相关。水稻 Hi-C 相互作用图谱也揭示了相似的区域（Dong et al., 2018）。IHI 与动物中典型的 TAD 或无 CTCF 物种中的 TAD 样结构域有很大的不同。拟南芥和水稻中的 IHI 紧密且广泛地相互作用，而 TAD 或 TAD 样结构域彼此绝缘且交互频率较低（Grob and Grossniklaus, 2017）。因此，IHI 或 KEE 可能是植物中特异的相互作用结构域。

后来，在水稻、高粱、番茄、玉米、棉花和油菜籽等基因组较大的植物中均鉴定到了明显的 TAD 结构（Dong et al., 2017; Liu et al., 2017a; Wang et al., 2018a; Xie et al., 2019）。与动物中 TAD 不同的是，植物 TAD 结构并不是一个绝缘的功能基因组单元，并且在水稻的 TAD 边界鉴定到了 TCP 和 bZIP 等植物特异性转录因子结合的基序（Liu et al., 2017a）。因此，TCP 和 bZIP 可能参与水稻 TAD 样结构域的形成并发挥类似于秀丽隐杆线虫中的 DCC 和果蝇中的 BEAF-32 的功能（Liu et al., 2017a; Dogan and Liu, 2018）。在植物和动物中，Cohesin 蛋白都是保守的，并且一些 cohesin 亚基已在水稻中鉴定出来（Zhang et al., 2004; Zhang et al., 2006; Tao et al., 2007; Gong et al., 2011），但目前尚不清楚这些黏连蛋白是否具有相似的功能。研究人员可以通过使用 cohesin 抗体捕获其互作蛋白来探索植物中的 CTCF 类绝缘子。

除了棉花和油菜籽外，根据表观遗传特征，TAD 可以被分为 4 种类型：活跃结构域（开放染色质）、多梳抑制性结构域（H3K27me3）、沉默结构域（DNA 甲基化）和中间物（没有特异的特征）(Dong et al.，2017)。与哺乳动物中的 TAD 相似，这些染色质结构域在不同组织间很稳定，但在不同物种的植物中并不保守，这与哺乳动物中高度保守的 TAD 完全不同 (Dong et al.，2017；Dong et al.，2020)。此外，棉花进化研究的 Hi-C 分析表明异源多倍化之后发生了 TAD 重组 (Wang et al.，2018a)。通过更高分辨率的染色质交互图谱，基因组被进一步划分为更小尺度的染色质交互结构域。在水稻中，H3K4me3、RNAPII 和 H3K9me2 等蛋白的抗体获得的长读长 ChIA-PET 数据也鉴定到了多种染色质交互结构域 (chromatin interacting domains，CID)，包括 H3K4me3 相关的活跃交互结构域 (active interacting domains，AID)、RNAPII 相关的转录交互结构域 (transcriptional interacting domains，TID)、H3K9me2 相关的异染色质交互结构域 (heterochromatic interacting domains，HID) 以及 H3K4me3 与 H3K9me2 相关的混合交互结构域 (mixed interacting domains，MID)。这些 CID 注释了超过 80% 的基因组序列。AID 和 TID 具有较多的活跃基因、较高的活跃组蛋白修饰密度、较低的 DNA 甲基化水平和较高的基因转录水平，而 HID 则含有相反的染色质特征 (Zhao et al.，2020)。通过与 Hi-C 数据鉴定的 TAD 进行比较发现，超过 50% 的 TAD 对应多个 CID，预示着在更高分辨率的三维基因组图谱中，TAD 可以按照染色质类型进一步划分为更多小的结构单元 (Ouyang et al.，2020b；Zhao et al.，2020)。

TAD 是代表细胞群的结构域，还是代表一类偏好性交互的平均值，这一问题一直存在争议。尽管通过单细胞 Hi-C 和成像技术在单细胞中观察到的相互作用通常不能鉴定出完整的 TAD，但是单细胞中检测到的交互经常存在于群体 Hi-C 定义的 TAD 中 (Nagano et al.，2013；Stevens et al.，2017；Bintu et al.，2018)。小鼠 ESC 和卵母细胞中的染色质交互成像显示，大约有 40% 的侧翼 TAD 边界区域之间的 3D 物理距离要短于 TAD 内部区域之间的距离，表明不同细胞中的 TAD 高度变异，且与群体细胞中的 TAD 位置不一致 (Nagano et al.，2013)。与这一观察结果一致，在单个细胞中检测到的 TAD 边界区域之间的染色质交互通常与 TAD 内部区域的交互具有相似的频率 (Finn et al.，2019)。然而，特别值得注意的是，单细胞 Hi-C 和群体 Hi-C 数据的 TAD 整合分析结果表明，TAD 代表细胞群体的偏好交互，而不是单个细胞中染色质的折叠结构域 (Fudenberg et al.，2016；Flyamer et al.，2017)。

四、染色质环

在高分辨率的数据中，研究人员观察到了三维基因组更为精细的结构——染色质环，其基因组尺度约为数十至数百 kb 大小（图 5-8d）。顺式调控元件及其空间临近的靶基因启动子在基因组上的线性距离很远，但在空间上相互靠近，形成染色质环。这些由蛋白质或 RNA 介导形成的染色质环，通常被认为是基因组结构的基本单元 (Ouyang et al.，2020b)。在哺乳动物中，已鉴定出了大量的增强子与启动子 (EPI) 和启动子与启动子交互 (PPI)，并在基因转录调控中发挥关键作用 (Li et al.，2012；Tang et al.，2015)。

增强子和启动子之间的物理交互是基因转录所必需的 (Chen et al.，2018a)。使用高分辨率的 3C 衍生技术能够创建全基因组范围的候选启动子-增强子交互图谱，这些交互是由 RNA PolII 或启动子区域的组蛋白修饰介导的,或者启动子相关的交互介导的（Mifsud et al.,2015；Fang et al.,2016；Mumbach et al.,2016）。基因启动子和增强子之间的交互已成为增强子最突出的功能,这是因为基于 3C 的技术只能检测局部成对的交互,而不是染色质高层次构象。然而,其他增强子调控功能的机制也正在出现,如染色质中心的形成、基因被约束到活跃的染色质或核环境中（Finlan et al.,2008；Kumaran and Spector 2008；Reddy et al.,2008；Zullo et al.,2012）和相分离（Strom et al.,2017；Nott et al.,2015）。使用芽殖酵母的一项有趣研究表明,同源配对是基因激活的一种机制（Kim et al.,2017）。在二倍体酵母基因组中,由于细胞缺乏葡萄糖,*TDA1*基因的两个拷贝被重新定位到核周边,然后其同源物彼此互作,激活 *TDA1* 表达。此外,在发育过程中观察到一个更经典的基因调控机制,增强子和启动子之间的顺式调控经常发生在一个 TAD 内部（Chetverina et al.,2014；Lupianez et al.,2015；Symmons et al.,2016）。虽然 TAD 内部调控的特征是一种常见的机制,但是跨越大基因组距离的 TAD 边界基因之间也存在相互作用（Tiwari et al.,2008；Bantignies et al.,2011；Schoenfelder et al.,2015；Beagrie et al.,2017）。使用非连接的方法（如 FISH、GAM 和 SPRITE）也检测到了跨过 TAD 边界的长程交互（Fraser et al.,2015a；Beagrie et al.,2017；Quinodoz et al.,2018）,并且 Hi-C 交互图谱的详细分析同样鉴定到了跨过 TAD 的交互,其长度超过了数十兆碱基,与随机交互有着统计学的差异（Fraser et al.,2015a）。进一步地,通过编辑细胞中的异位染色质交互（Deng et al.,2014；Kim et al.,2019）验证这些交互功能的重要性。尽管增强子与启动子的交互及其功能已经得到广泛研究,但是关于基因启动子之间的交互及其功能的研究仍然知之甚少。敲除小鼠 ESC 基因组中的几个基因启动子能够改变附近基因的表达,这一现象表明基因本身可能通过招募顺式调控信号充当其他基因的增强子,与转录工厂中的基因成簇的聚集具有调控功能这一观点相一致。

基于酶切断裂 DNA 的 Hi-C 技术的分辨率太低,不能鉴定高分辨率的染色质环,而基于超声波的 ChIA-PET 技术具有较高的分辨率,可以检测全基因组范围的染色质环（Fullwood et al.,2009；Fullwood and Ruan,2009）。Li 等（2012）使用 ChIA-PET 方法鉴定了人类细胞系中的由 RNAPII 介导的大量的启动子-启动子交互（promoter–promoter interaction,PPI）和远程的增强子-启动子交互（enhancer–promoter interaction,EPI）,且大多数以启动子为中心的交互基因具有相关且相对较高的表达水平。使用 CTCF/cohesin 和 RNAPII 长读长 ChIA-PET,Tang 等（2015）构建了 RNAPII 相关的转录工厂和 CTCF/cohesin 相关染色质交互结构域（CCD）,CCD 类似于 Hi-C 检测到的 TAD。在更高的分辨率下,发现了大量的 CTCF 和 RNAPII 参与的等位基因偏向的染色质交互。这些等位基因特异的染色质交互参与等位基因特异性染色质结构对等位基因特异性表达的调控,并且可能与一些疾病相关（Tang et al.,2015）。

植物中最早报道的两个染色质环分别是玉米中的 *b1* 基因座和拟南芥中的 *FLC* 基因座。在植物 3D 基因组学研究的早期,拟南芥和玉米中的一些染色质环是通过染色体构象捕获技术（3C）鉴定的。在拟南芥中 *FLC* 启动子和 *FLC* 基因座下游 3′端之间的基因环已经得到了充分研究。在春化期间,这个环被破坏,使 lncRNA COOLAIR 表达和 *FLC*

基因座表达受抑制，从而致使开花。因此，*FLC* 环的破坏被认为是春化过程中表观遗传转换的早期步骤（Crevillen et al., 2013）。另一个 *FLC* 基因座内的染色质环连接启动子和第一个内含子的 3′端（COLDAIR 转录位点的下游区域）。与启动子和 *FLC* 3′端之间的 *FLC* 环不同，这种抑制性的基因内染色质环是稳定维持春化作用中的 *FLC* 抑制所必需的，并且该环的形成依赖于 COLDAIR 和 COLDWRAP（Kim and Sung, 2017）。在玉米中，*b1* 表观等位基因（*B-I* 和 *B'*）的染色质环与 *b1* 表达相关，使得不同表观等位基因或组织中的黄酮类色素沉淀不同。在 *b1* TSS 上游约 100kb 的位置，*B-I* 和 *B'* 有一个以 853bp 长度的序列为重复单位的 7 拷贝重复序列，并作为 *b1* 表达的增强子。*B-I* 表观等位基因上的 7 拷贝重复序列区域的染色质易于结合转录因子和介导蛋白，因此果壳中的黄酮类色素含量较高。相比之下，*B'* 表观等位基因上的 7 拷贝重复序列区域是不活跃的，且与 *b1* 的 TSS 相互作用频率较低，因此色素沉淀的水平较低（Louwers et al., 2009; Rodriguez-Granados et al., 2016）。

最近，通过 ChIA-PET、HiChIP 和 Hi-C 等数据分析实现了全基因组范围的植物染色质环的检测。在拟南芥、水稻和棉花中，高分辨率 Hi-C 分析揭示了 20 000 多个染色质环，其中一些将基因的 5′端与相应的基因体连接起来；同时具有染色质环和基因环的基因往往比没有这些环的基因更活跃（Liu et al., 2016; Dong et al., 2018; Wang et al., 2018a）。在具有大基因组的玉米和番茄中，检测到许多超出 TAD 的长程染色质环，其连接了活跃转录的基因岛（局部 A 区室），并被异染色质结构域（局部 B 区室）分开（Dong et al., 2017）。由于分辨率有限，Hi-C 无法捕获连接调控元件和基因的短程染色质环。因此，应用 ChIA-PET 技术将有助于检测植物中的精细染色质结构。到目前为止，在玉米和水稻中，基于 ChIA-PET 数据的相互作用图谱已鉴定出数以万计的短程和长程染色质环，如启动子-启动子相互作用、启动子-远端相互作用和异染色质相互作用。Zhao 等（2019）通过 RNAPII、H3K4me3 和 H3K9me2 介导的长读长 ChIA-PET（long-read ChIA-PET，LR ChIA-PET）数据绘制了水稻的全基因组范围的活跃染色质以及异染色质相关的染色质环。在高分辨率 3D 基因组图谱中检测到广泛的远程启动子-启动子交互（PPI）。与基础启动子基因（不参与染色质交互的 H3K4me3 修饰基因）相比，参与 PPI 的基因具有更高的表达水平。在 RNAPII 相关的交互图谱中，启动子与启动子之间的相互作用形成了复杂的空间转录单位，促进基因的协同表达，这与人类细胞中观察到的以启动子为中心的 RNAPII 相关的染色质环中的基因协同表达的现象一致（Li et al., 2012; Zhao et al., 2019）。通过对 20 个水稻参考表观基因组的综合分析发现，许多 PPI 相关的启动子被鉴定为增强子样启动子（enhancer-like promoter）（Zhao et al., 2020），为植物增强子的鉴定以及调控元件在三维空间上的基因转录调控提供了新的见解。此外，两个研究团队分别描绘了玉米的 H3K4me3/H3K27ac 和 H3K4me3/RNAPII 相关的三维基因组图谱，同样鉴定出许多 PPI，并发现玉米的 PPI 基因也具有协同转录的特征（Li et al., 2019b; Peng et al., 2019）。Hi-C 和 HiChIP 数据证明了在玉米基因组中增强子样顺式调控元件（CRE）的广泛存在。这些 CRE 富含表观基因组标记，并通过众多染色质环调控基因表达。总之，染色质环调控启动子和调控元件的相互作用并为转录调控提供拓扑基础。

结合转录组数据，研究人员发现启动子和远端调控元件之间形成的染色质环可以调控基因表达和一些表型性状（Peng et al., 2019）。在玉米中，通过 B73 和 Mo17 构建的 RIL 群体的转录组数据鉴定了 4691 个 eQTL 和 24 930 个 e-trait，并检测到 405 个 eQTL 与 475 个靶基因之间存在染色质交互。进一步分析调控元件与基因启动子形成的染色质环对植株表型变异的调控，发现在参与染色质交互的远端调控元件中，有 2149 个远端调控元件与代谢 QTL 重合，有 432 个远端调控元件与农艺性状 QTL 重合，预示着远端调控元件通过形成染色质环与靶基因的启动子物理靠近，从而调控靶基因的转录活性，进而调控代谢性状和农艺性状。例如，在玉米开花相关的转录因子 *ZmCCT9* 基因上游 57kb 处定位到一个开花相关 QTL-Harbinger-like 转座子元件，且 Harbinger-like 转座子元件与 *ZmCCT9* 基因之间存在染色质交互。这表明 Harbinger-like 转座子元件可能作为调控元件，通过形成染色质环与 *ZmCCT9* 的启动子在空间上物理接近，从而调控 *ZmCCT9* 的表达水平，最终调控玉米的开花时间。进一步地，ChIA-PET 数据显示，3D 基因组结构不仅通过 *ZmRAP2.7*、*UB3*、*BX1*、*TB1* 和 *ZmCCT9* 与先前报道的候选增强子形成的环为调控玉米重要农艺性状提供拓扑结构，而且也有助于其他潜在调控元件及其靶基因的鉴定（Li et al., 2019b; Peng et al., 2019）。总之，这些结果表明染色质环在基因转录调控和性状表型调控中发挥重要作用，调控元件或者数量性状基因座 QTL 可以与相关的功能基因位点形成染色质环，在物理空间上相互靠近，进而调控植株相关性状和表型。染色质环为远端调控元件调控功能基因的转录活性和植株性状表型提供了三维基因组拓扑基础。调控元件在三维空间上物理靠近形成染色质环，为探究植物的转录调控和性状调控网络提供了新的见解，为作物的分子育种提供了新的思路。

RNA 和多价蛋白对染色质环的形成至关重要。例如，与介体和 RNAPII 相关的增强子 RNA 促进增强子-启动子环的形成以调节人类细胞系中靶基因的转录活性（Lai et al., 2013; Pefanis et al., 2015）。在拟南芥中，MED25（Mediator 的一个亚基）增强了茉莉酸（JA）信号通路中茉莉酸增强子（JAE）及其启动子之间的动态染色质环以触发转录重编程（Wang et al., 2019）。在 *FLC* 基因座鉴定到了活跃的组蛋白修饰及其变体（如 H3K4me3、H3K36me3、H2A.Z 和 H2Bub1 等），并结合了一些组蛋白修饰因子，如组蛋白 3 赖氨酸 4（H3K4）甲基转移酶（COMPASS 样复合物）和 H3K36 甲基转移酶（Li et al., 2018c）。组蛋白修饰因子稳定地结合到 FLC 的 5'端和 3'端区域，然后由 FRIGIDA 复合物（FRIc）将两端连接起来，进而形成 5'端到 3'端的基因环。FRIc 的 FRIGIDA LIKE 1 组件与转录共激活因子[如 RNA 聚合酶 II 相关因子 1（PAF1c）]相互作用，形成 FRIc 和组蛋白修饰因子的 FRI 超级复合物，建立转录中心，并提供 FLC 转录激活的拓扑结构。基于上述研究结果，我们提出非编码 RNA 和一些活跃的组蛋白修饰因子（reader、writers 和 mediators 等）可能会调控 H3K4me3/RNAPII 相关的活跃染色质环的形成。此外，其他类型的组蛋白修饰可能形成 H3K9me2/5mC 的沉默染色质环和 H3K27me3/PcG 相关的抑制性染色质环。这些不同类型的染色质环可能将功能相关的基因连接在一起，实现高效协调转录、转录共抑制或有效的酶的共修饰。

第四节　三维基因组数据分析

虽然已有的研究使我们对 3D 基因组的结构和功能有了初步的认识,但是仍然存在大量的未知。例如,染色质纤维在细胞核的 3D 空间中是如何折叠的、怎样预测基因或基因调控元件的突变等扰动引起的结构变化以及基因组结构对功能的影响的评估。解决这些问题,不仅需要开发和改进三维基因组实验技术,同时也需要产生高效的数据分析方法。实验和分析的结合,有助于对染色体结构的定量和功能的理解。

通常情况下,大部分三维基因组实验技术都有相应的数据分析流程,为 3D 基因组学的发展提供了有力支持,是 3D 基因组学重要的组成部分。和其他的组学(如 RNA-seq 和 ChIP-seq)数据分析一样,3D 基因组数据分析流程同样包括数据预处理、序列比对、数据分析和定量以及个性化分析。由于 3D 基因组 DNA 测序文库是嵌合分子序列,即该序列的两端来自基因组上的不同位置,因此在定位的时候需要将两端的读长(reads)分别比对,然后根据读长的成对信息得到基因组上参与交互的两个位点。Hi-C 和 ChIA-PET 是目前应用最广泛的用于测定基因组三维结构的技术。接下来,我们主要对 Hi-C 和 ChIA-PET 的数据分析流程以及三维基因组数据的标准化、三维建模和可视化做具体介绍。

一、Hi-C 数据分析

Hi-C 实验数据的处理流程可分为测序数据比对、过滤、分箱(binning)、标准化和层级结构鉴定等部分。测序数据比对到基因组上的方法主要有两种:一种是酶切位点截断后匹配;另一种是从较短序列开始,重复迭代匹配,直到唯一地匹配到基因组上或者到达测序的最大长度。过滤步骤主要是去除自连接、扩增重复、非特异连接和未连接的片段。接下来,将所有有效交互片段按照一定分辨率通过 binning 得到原始的交互作用图谱,进一步地经过标准化方法校正去除系统偏差。通常 Hi-C 数据处理的软件将读长比对、过滤、binning 和标准化等步骤打包成一个流程供用户使用,表 5-1 列出了主要的 Hi-C 数据处理软件。在这里重点针对标准化和层级结构鉴定进行系统总结和归纳。

(一)标准化方法

经过读长定位、过滤和 binning 得到的原始交互作用矩阵会受到系统偏差(如酶切片段长度和 GC 含量等)的影响。这些偏差使不同基因组区域间的交互作用强度的分布受到干扰,进而对后续的特征提取等分析产生不利影响。为了减少这种偏差,需要通过标准化对数据进行校正。常用的标准化方法按照是否考虑系统偏差的具体来源类型可分为显式和隐式标准化;另外,按照各样本间是否存在数据交互又可分为单样本和跨样本标准化(表 5-2)。

显式标准化是指确定系统偏差来源的标准化方法,其基本思路是确定校正因子,然后构建概率模型用于计算期望的交互作用,进而校正原始交互作用矩阵。研究人员(Yaffe

表 5-1 Hi-C 数据处理软件

软件	读长比对	过滤	binning	标准化	特点	实现语言
HiCUP	Y	Y			针对读长比对和过滤	Perl/R
HIPPIE	Y	Y			鉴别显著增强子-靶基因交互作用	R/Python/Perl
HOMER		Y	Y	Y	显著交互作用的鉴别	Java/R/Perl
HiFive		Y	Y	Y	处理 Hi-C 或 5C 数据	Python
HiC-Pro	Y	Y	Y	Y	特异等位片段的分析	Python
HiCdat	Y	Y	Y	Y	可视化、样本比较、区室鉴别	C++/R
TADbit	Y	Y	Y	Y	TAD 的鉴别和三维模型构建	Python
Hiclib	Y	Y	Y	Y	读段迭代定位，矩阵平衡和分解	Python
HiCapp	Y	Y	Y	Y	包含 HiCorrector、HiCUP、caICB	Perl/R
Juicer	Y	Y	Y	Y	包含 HiCCUPS 和 Arrowhead 等特征提取模块	Java
HiC-bench	Y	Y	Y	Y	整合多种特征鉴别和标注的功能	R/C++/Python
NucProcess	Y	Y	Y		单细胞 Hi-C 数据处理，配合三维建模软件 NucDynamics 使用	Python

表 5-2 常用的标准化方法

方法	分类	特点	实现语言	典型程序
HiCNorm	显式，单样本	泊松回归估计系统偏差	R	HiCNorm.R/HiTC
scHiCNorm	显式，单样本	两种模型校正三种系统偏差	R，Perl	scHiCNorm_cis/trans.R
ICE	隐式，单样本	迭代修正的矩阵平衡	R，C，Python	HiTC/HiCorrector
SCN	隐式，单样本	行列归一化的矩阵平衡	MATLAB	SCN_sumV2.m
KR	隐式，单样本	内外迭代的快速矩阵平衡	MATLAB	BNEWT.m
chromoR	隐式，单样本	分解、去噪和矩阵校正	R	chromoR
HiCorrector	隐式，单样本	分块并行处理的矩阵平衡	C	ic/ic_mes/ic_mep
caICB	显式，单样本	移除拷贝数偏差的改进 ICE	R，Perl	HiCapp
HiCcompare	隐式，跨样本	双样本，局部加权线性回归	R	HiCcompare
MultiHiCcompare	隐式，跨样本	多样本，局部加权线性回归	R	multiHiCcompare
Binless	隐式，跨样本	配对末端序列片段的统计显著性分析	R	Binless

and Tanay，2011）考虑酶切位点距离、嵌合分子 GC 含量和序列特异性三种系统误差来源构造联合概率修正模型，通过交互作用数据学习最大似然的参数，进而估计期望的交互作用。该方法需要估计的参数数量多，且在酶切片段分辨率下计算最大似然需要较高的计算成本。HiCNorm 改进这一方法，使用基于泊松回归的方法计算修正模型，减少模型参数和在更低分辨率的交互作用上估计参数，提高了校正效果和计算效率（Hu et al.，2012）。此外，为适应单细胞 Hi-C 数据中多零特点，研究人员提出了针对性标准化方法。例如，scHiCNorm 使用零膨胀模型（zero-inflated model）和栅栏模型（hurdle model）检测单细胞的交互作用，并对三种系统偏差进行校正（Liu and Wang，2018）。

隐式标准化则是指不考虑具体系统偏差来源的标准化方法。Hiclib 软件假设基因组上任意两个区域具有相同的可见性（equal visibility）（Imakaev et al.，2012），即有效交互作用数目之和相等；按照这一假设，通过迭代算法获得真实矩阵和偏差。2012年，Cournac等（2012）提出序列组件标准化（sequential component normalization，SCN）方法，该方法通过对单条染色体交互矩阵的行列归一化产生标准化的双随机矩阵。同年，Imakaev等（2012）提出了面向全基因组的迭代修正和特征向量分解（iterative correction and eigenvector decomposition，ICE）方法，基于交互频率库规模等量和偏差分解思想进行交互矩阵的快速标准化。2013年，Knight和Ruiz（2013）提出一种矩阵平衡的数学方法（knight-ruiz，KR），随后Rao等（2014）将此方法应用于Hi-C交互矩阵的标准化中以提高矩阵平衡的收敛速度。2014年，Shavit和Lio（2014）提出了chromoR方法，通过分解、去除噪声和重建过程来校正交互矩阵。为应对高分辨率下交互作用矩阵过大的问题，HiCorrector方法将交互作用矩阵分块并行处理，以实现矩阵平衡的目标（Li et al., 2015）。2016年，Wu和Michor（2016）提出了caICB方法，通过移除拷贝数偏差（copy number bias）对原始ICE标准化进行改进。2018年，Stansfield等（2018）提出基于局部加权线性回归的双样本标准化方法HiCcompare，并在2019年将其升级为能够处理多组重复样本的MultiHiCcompare方法（Stansfield et al., 2019）。2019年，Spill等（2019）提出基于负二项回归模型的Binless方法，该方法不依赖于交互矩阵的分辨率，可在配对末端序列片段水平进行Hi-C数据标准化。目前，除Binless之外，Hi-C数据的标准化均是在交互矩阵水平上展开的。

尽管这两类标准化方法被广泛地采用，但它们有着不同的假设，在应用中应根据自身需求进行选择。在显式标准化方法中，有可能忽略其他系统偏差。例如，癌症基因组中的拷贝数变异，而此时采用隐式标准化方法有助于去除这一偏差；在隐式标准化方法中，如矩阵平衡法，有些基因组区域由于自身性质不一定具有相同的"可见性"，如超级增强子区域本身具有更多的远程交互作用，利用显式标准化方法则更有利于保留这种特征（Schmitt et al., 2016）。因此，需要根据研究目的和对象选择合适的标准化方法。

（二）层级结构鉴定

三维基因组具有不同的层级结构，主要包括区室、拓扑相关结构域、染色质交互等（图5-8）。层级结构的鉴定可将复杂模式的交互作用矩阵转化为易于解读的特征信号，以便于样本间的比较及其与生物特征的关联分析。

1. 区室的鉴定

A/B区室鉴定的步骤包括交互作用矩阵去除距离偏差、计算相关系数矩阵和主成分分析，最终获得呈现双峰分布的第一主成分，进而根据基因密度或表达量的高低分为A区室（开放）和B区室（关闭）（Lieberman-Aiden et al., 2009）。CscoreTool改进传统的计算方式，将问题转化为求解最大似然，从而改善传统方法中计算速度慢和内存占用大的问题（Zheng and Zheng, 2018）。随着对三维基因组认识的发展，涌现出多种计算方法可计算类似A/B区室的特征。

迭代修正和特征向量分解（ICE）方法将经过矩阵平衡的全基因组交互作用矩阵进

行特征值分解，前三个特征值对应的特征向量分别表示染色质的开放性、着丝粒位置、端粒位置信息（Imakaev et al.，2012）。而北京大学李程课题组利用马尔可夫过程模拟蛋白质在染色体上随机游走可得到蛋白质分子的平衡分布（Wang et al.，2017b）。这一特征与染色体开放性有更强的相关性。同济大学张勇课题组通过计算对数比例将基因组分为富集和缺乏功能元件的区域（Liu et al.，2012）。此外，对染色体间交互作用矩阵聚类，可以避免染色体上基因组线性距离的影响，获得与交互作用图谱相似的染色质区域。将低分辨率（Mb）的全基因组范围的染色体间（trans）交互作用进行 K-means 聚类可得到高度活性区域、低度活性的着丝粒附近区域和低度活性的着丝粒远端区域（Yaffe and Tanay，2011）。将更高分辨率（100kb）的染色体间交互作用矩阵进行聚类，可获得更加精确的子区室（sub-compartment）（Rao et al.，2014）。对染色体间交互作用聚类为我们研究染色体间交互作用提供了一种策略。

由于距离因素的影响，在高分辨率交互作用矩阵中远距离的交互作用更加稀疏。为避免稀疏的远端交互作用产生的偏差，计算 A/B 区室通常选择低分辨率的交互作用矩阵或者平滑过的高分辨率交互作用矩阵。

2. 拓扑相关结构域的鉴定

目前 TAD 的鉴定方法非常丰富，根据具体步骤可分为两类：一类是从二维交互作用矩阵中提取一维特征进行分割；另一类是基于交互作用矩阵直接分割。

第一类主要包括基于 DI-HMM（directionality index-hidden markova model）和阻隔系数（insulation score）的方法。DI-HMM 方法首先采用方向指数（directionality index）表示一个染色体区域与上下游交互作用的偏差，当这个偏差出现符号跳转时，意味着可能出现 TAD 的边界。在方向指数中利用隐马尔可夫模型可以推断出 TAD 的具体位置。阻隔系数用来反映基因组上一段区域对交互作用的阻隔效果。在 TAD 边界附近，阻隔系数会达到局部最大。通过算法确定这些局部极值位置即可确定 TAD 的边界，进而确定 TAD 位置。然而，局部极值的位置易受参数选择的影响而偏离实际 TAD 边界，TopDom 方法则在获得局部极值后，将局部极值区域拓展，进一步通过统计检验的方法确定 TAD 的精确位置，提高了 TAD 鉴定的准确性。这类方法得到的 TAD 不具有层级结构。

第二类鉴定方法既有根据 TAD 结构特点构造目标函数，通过优化来鉴别 TAD 结构的方法（Serra et al.，2017；Wang et al.，2017a），也有借助聚类方法鉴定 TAD 结构的方法（Haddad et al.，2017；Oluwadare and Cheng，2017；Yan et al.，2017）。例如，HiTAD 方法基于最优化交互作用分割的原则，在改进的 DI-HMM 鉴别出的结构域的基础上，构造优化函数搜索最优 TAD 分割方案，同样模式应用在子 TAD 的鉴定上，从而获得层级的 TAD 结构。目前，鉴定 TAD 的层级结构，已成为这类方法的发展方向，这也符合高分辨率交互作用图谱的实际特点。此外，部分 TAD 的鉴定提供衡量单个 TAD 或边界可信度的指标，这些指标为研究者提供了 TAD 或边界强度的定量表示，对研究一些特殊过程中 TAD 强度变化有着重要作用（Du et al.，2017；Nora et al.，2017）。表 5-3 收集了常用的 TAD 鉴定算法。

表 5-3 TAD 的鉴定方法

方法	层级结构	TAD 或边界衡量指标	特点
DI-HMM			基于一维信号
Insulation Score		Y	基于一维信号
TopDom		Y	增加了统计检验，提高准确度
Armatus			有交互作用距离对目标函数影响的参数
HiCseg			借助图像分割理论，最大似然
Arrowhead		Y	高分辨率交互作用中鉴别更小的结构域（185kb）
TADtree	Y		借助 TAD 内交互作用随距离变化的特点
TADbit		Y	BIC 惩罚的最大似然
HiTAD	Y		在改进的 DI-HMM 结果空间上优化 TAD 组合
GMAP	Y	Y	利用混合高斯构建交互作用的后验
IC-Finder	Y	Y	基于改进的分级聚类
ClusterTAD	Y		使用多种非监督机器学习方法
MrTADFinder			转化为在网络中寻找模块
Laplacian	Y		转化为图模型，使用谱聚类
CaTCH	Y	Y	可获得从间隔到子 TAD 层面的层级结构

虽然大量的 TAD 鉴定算法为用户提供了众多的选择，但是不同算法侧重点不同，适用场景也有所差异，需要根据自身需要进行选择。此外，某些算法的参数选择依赖经验或对数据的了解，更有一些参数的不同选择反映不同生物层面上的侧重点。因此，在使用算法过程中应重视参数的选择，可通过变化参数的方式考察参数的效果。目前，已有一些研究针对其中一部分算法的效果进行系统评估（Dali and Blanchette，2017；Forcato et al.，2017）。

3. 染色质交互作用的鉴定

在 Hi-C 实验获得的交互作用矩阵中，大多数的交互作用并不是染色质环信号。从交互作用矩阵中获得显著交互作用，对于认识染色质的结构和基因的调控具有重要的意义。鉴别显著交互作用的基本思路是对交互作用矩阵元素进行统计建模，构建背景模型，从而识别显著交互作用。按照鉴别的内容分为显著交互作用的鉴别和显著差异交互作用的鉴别（表 5-4）。

显著交互作用的鉴别可分为两种。一种是考虑系统偏差或基因组线性距离的影响，直接对单独的交互作用元素建模。例如，Fit-HiC 通过对交互作用与距离关系的两次建模，估计了随机聚合物的交互作用受距离的影响，利用二项分布对交互作用建模，给出交互作用的显著性（Ay et al.，2014）。另一种是考虑相邻交互作用或其他层级结构的影响，这种方法通常适用于更高分辨率的交互作用，在一定程度上可以增强结果的准确性。例如，PSYCHIC 方法在 TAD 结构域的基础上建立背景模型，用于鉴定增强子与启动子之间的显著交互作用（Ron et al.，2017）。此外，针对 Capture Hi-C 数据，CHiCAGO 利

表 5-4 显著交互作用鉴别方法

算法或软件	模型	针对性	特点
HIPPIE	负二项分布	显著交互作用	在酶切片段分辨率下，近距离互作
Fit-HiC	二项分布	显著交互作用	对交互作用与距离的关系两次拟合
GOTHiC	二项分布	显著交互作用	利用覆盖率估计期望的交互作用
HiC-DC	零截尾负二项分布	显著交互作用	模型考虑了 Hi-C 数据的多零和高散度的特性
HOMER	二项分布	显著或差异交互作用	多功能集成软件
HMRFBayes&FastHiC	负二项分布、隐马尔可夫随机场	显著交互作用	考虑相邻交互作用的影响
HiCCUPS	泊松过程	显著交互作用	去除 TAD 结构的影响
PSYCHIC	对数正态分布	显著交互作用	基于 TAD 结构构建背景模型
CHiCAGO	负二项方分布、泊松分布	显著交互作用	针对 Capture Hi-C 实验数据
Dynamic Interactions	二项分布	显著交互作用	利用生物学重复
HiBrowse 和 DiffHiC	负二项分布	显著交互作用	借助 edgeR，利用生物学重复
FIND	空间泊松过程	显著交互作用	考虑相邻交互作用的关联性

用负二项随机变量与泊松随机变量结合的方法对交互作用建模（Cairns et al.，2016），负二项随机变量期望可以看作距离的函数，实现对布朗碰撞的描述；泊松随机变量期望可以看作与片段性质相关的函数，实现对技术误差的描述。

在鉴别显著差异交互作用方面，最初有研究利用二项分布对相同距离的交互作用建模，确定差异交互作用的 P 值，再通过组合来自不同样本的生物学重复建立背景，从而确定差异交互作用的错误发现率（false discovery rate, FDR）。随后，HiBrowse 和 DiffHiC 借鉴了基因差异表达鉴别软件 edgeR 的方法，利用生物学重复鉴定显著差异的交互作用（Paulsen et al.，2014b；Lun and Smyth，2015）。清华大学张奇伟组发表的 FIND 方法考虑高分辨率交互作用矩阵中相邻交互作用关联的特性，用空间泊松过程鉴别交互作用（Djekidel et al.，2018），提高了鉴别结果的信噪比。显著差异交互作用的鉴别是对显著交互作用鉴别的拓展。

二、ChIA-PET 数据分析

双末端标签测序的染色质相互作用分析（ChIA-PET）可以高分辨率地捕获感兴趣的特定蛋白质介导的染色质相互作用。在 ChIA-EPT 数据中，蛋白质结合的位点（peak）称为 anchor，两个 anchor 之间的 PET cluster 形成的染色质交互（chromatin interaction）称为染色质环（chromatin loop）。该数据分析步骤一般包括 linker 过滤、PET 比对、去冗余、PET 分类、peak 分析和相互作用分析等，主要的 ChIA-PET 数据分析软件见表 5-5。ChIA-PET Tool 是第一个完整的 ChIA-PET 数据分析软件包，对 ChIA-PET 数据进行完整的数据分析（Li et al.，2010），具体步骤包括过滤接头（linker）、比对到参考基因组以及鉴定蛋白质结合位点和染色质交互等。首先，对双末端标签（PET）读长进行接头过滤，接下来比对到参考基因组，最多允许两个错配。然后比对的双末端标签进一步分类为自连接、间连接和其他双末端标签。间连接双末端标签包括染色体间双末端标签（即双末端标签的头和尾比对到不同的染色体上)和染色体内双末端标签（即双末端标签的头和尾比对到同一条染色体上，且在基因组上的距离大于给定长度)。

表 5-5 ChIA-PET 数据分析软件

软件	Linker 类型	模糊检索	读长比对	PETs 分类	去 PCR 冗余	峰检测	Loop 检测	显著 loop 检测	质控	等位特异性
ChIA-PET	Half-linker		batman	Y	Y	Y	Y	Y		
ChiaSig								Y		
MICC								Y		
Mango	Half-linker		bowtie2	Y	Y	Y	Y	Y		
ChIA-PET2	Half-linker, Bridge linker	Y	Bwa	Y	Y	Y	Y	Y	Y	Y

由于 ChIA-PET Tool 无法纠正由于基因组位置邻近而导致的非特异性相互作用，另外一个完整的 ChIA-PET 数据分析软件 Mango 对此进行了改进（Phanstiel et al., 2015）。Mango 将基因组位点相互作用频率作为距离和峰深的函数进行建模，并使用该模型为相互作用分配统计置信度。值得注意的是，Mango 用一种简单而稳健的贝叶斯方法代替了计算上昂贵的距离匹配重布线方法。ChIA-PET2 整合了 ChIA-PET 数据分析的所有步骤，同时支持不同类型的 ChIA-PET 技术产生的数据，并为不同 ChIA-PET 分析步骤提供质量控制（Li et al., 2017a）。

显著性交互的检测是 ChIA-PET 数据分析的重要一步，因此产生了检测交互作用显著性的软件，如 ChiaSig 和 MICC。ChiaSig 只需完成数据分析步骤的 20%，使用非中心模型进行显著性检验（Paulsen et al., 2014a）。MICC 是一种易于使用的 R 包，使用混合模型高灵敏度地检测染色质相互作用，同时将错误发现率（FDR）控制在合理水平（He et al., 2015）。在不同数据集中，MICC 总能检测到比 ChIA-PET Tool 和 ChiaSig 更多的相互作用。此外，MICC 检测到的相互作用在生物学重复之间也更加一致。完整的数据分析软件 ChIA-PET Tool 和 Mango 分别使用了超几何检验和二项式检验进行交互的显著性分析。

三、三维基因组建模

Hi-C 和 ChIA-PET 产生的染色质交互作用数据的一项重要应用是三维基因组建模。三维基因组建模有助于重现染色质的物理结构，加深对染色质结构的理解，同时辅助科学研究。根据 3C 衍生技术产生的数据进行染色质三维建模的基本原理如下。染色质是由线性的核苷酸缠绕在组蛋白上，形成核小体，再经过多次折叠而成；因此，染色质（或者至少部分）可用由"线珠结构"（beads-on-a-string）组成的物理模型来表示。在这样的模型假设下，可以通过实验获得的染色质相互作用频率数据来重建染色质三维结构（Marti-Renom and Mirny, 2011）。另外，先前的研究表明，真核生物的每条染色体占据不同的区域，不同染色体之间的交互有限，而染色体内部由大量的结构域组成。从更高分辨率的层面来看，染色质之间的交互由染色质环组成。由于染色质的这种结构组织模式在某些特征上与多聚物类似，因此人们也常使用多聚物模型来表示染色质结构。同时，在染色质结构重建中，除了基于 3C 的实验提供的高通量数据，还可以集成其他信息，包括实验数据和物理理论。例如，通过荧光原位杂交（FISH）实验检测到不同 DNA 片段间的空间距离，这对改进或评估染色质三维重建的可靠性和稳定性具有重要作用。在重建三维基因组结构的过程中，通常考虑两个重要的问题：第一个问题是如何将两个 DNA 片段之间的交互作用频率转化为它们之间的空间距离，进而根据空间距离信息构建基因组的三维空间结构；第二个问题是构建平均的三维模型还是三维模型的集合。理论上来讲，大量细胞的 Hi-C 数据是多个单细胞结构的叠加，构建三维模型集合更加符合理论要求。目前三维建模的方法可分为物理/多聚物模型和优化模型，但主要以优化模型为主。

第一种方法利用物理/多聚物模型来解释实验的观察结果（Tark-Dame et al.，2011）。在这种方法中，表示染色质的珠子通常被放在一个网格化的立方体中。如果两个珠子之间的距离低于设定的网格距离，则定义它们之间产生了物理交互，反之则没有物理交互。染色质相互作用的频率既可以转换成势能并随后定义 3D 空间中的物理交互，也可以用于评估物理模拟的结果。经典的约束条件，如黏接波动和体积排斥，可以很自然地结合在势能模型中。如果适用的话，其他结构信息也可以嵌入势能模型中。如果处理方式不同，可以给出不同的势能模型。这种方法具有一定的优势，可以通过已有的统计力学和相应算法的计算机模拟来解决上述问题；这种方法可以产生不同染色质三维结构的集合，从而可以用于研究染色质结构的动态，如染色质折叠和结构群体的异构性。然而，通过计算机模拟产生这样的三维结构群体是非常耗时的，这主要是因为计算机模拟很容易陷入能量势垒的局部极小区，难以跳到其他的能量区，不能向最优化的能量区转移。

第二种方法是用优化模型进行染色质三维结构重建。在优化模型中，如果考虑交互作用的不确定性，可以利用统计模型对交互作用的数据进行建模，然后构建三维坐标在内的后验分布，进而求解符合后验的空间结构，这类方法包括 MCMC5C（Rousseau et al.，2011）、BACH（Hu et al.，2013）、BACH-MIX（Hu et al.，2013）、PASTIS（Varoquaux et al.，2014）、HAS（Zou et al.，2016）和 PRAM（Park and Lin，2017）等。这些模型一般假设交互作用服从正态分布或泊松分布，通过幂率关系将交互作用和距离互相转化，既可获得平均模型，也可获得模型的集合。

优化模型中如果不考虑交互作用的不确定性，两步走的策略被广泛地使用。两步走的方法先将交互作用频率转化为空间距离，然后将其用于构建优化模型的目标函数。其他模型信息和先验知识，如黏接波动、体积排斥和核半径，可以作为优化模型的约束条件。在这类方法中，如何将染色体交互频率转化成三维空间距离对于定义一个好的解决方案是至关重要的。因此 AutoChrom3D（Peng et al.，2013）、ChromSDE（Zhang et al.，2013）、ShRec3D（Lesne et al.，2014）、ShRec3D+（Li et al.，2018a）、Chromosome3D（Adhikari et al.，2016）、chrom3D（Paulsen et al.，2017）和 LorDG（Trieu and Cheng，2017）等方法重点关注了交互作用频率与距离的转化关系。例如，AutoChrom3D 对交互数据归一化处理后使用两个线性变化进行距离转化；ShRec3D 借用 Floyd-Warshall 算法计算最短距离。在距离到坐标的转化中，LorDG 方法将优化目标从平方误差替代为洛伦兹函数，从而减少弱交互作用不一致对优化的影响。为解决优化模型中构建高分辨三维模型的困难,"两阶段算法"和 miniMDS 方法被提出(Segal and Bengtsson, 2015; Rieber and Mahony, 2017)。两阶段算法利用 ChromSDE 方法获得单个染色体结构,然后利用基因组幂率关系组合多个染色体,构建全基因组的三维结构。MiniMDS 方法则是根据交互作用将基因组分为多层结构,在高分辨率的局部区域和低分辨率的整体区域分别进行三维构建,然后将高分辨率的局部三维结果进行低分辨率处理,再经过旋转、镜像和移动后,与低分辨率的三维结果进行匹配,最终获得整体的三维结构。虽然两步走策略被广泛采用,但是交互作用频率与最终的三维结构优化并没有紧密结合起来,因此建立基于交互作用的优化过程是一个新的方向。例如,GEM 方法借助流型的思想,建立基于交互作用频率和构象能量的优化过程,将 Hi-C 数据空间的约束转化到三维空间(Zhu et al.,2018)。

由于在优化过程中约束条件是必须要满足的,所以约束条件的设置一定要谨慎,只有必须满足的前提条件或信息才能够被设置为优化模型的约束条件,如上面提到的黏接波动、体积排斥和核半径。此外,有些物种的染色质空间结构具有特殊性,如在裂殖酵母(*Schizosaccharomyces pombe*)中着丝粒占据着空间特殊位置(Tanizawa et al.,2010)。这种系统特殊性也可以设置成约束条件来限制染色质三维结构重建。与第一种方法相比,这种方法的优点是可以使用众所周知的优化理论有效地解决问题。同时,在优化模型框架下,更容易理解三维结构重建问题,而且不需要太多的统计力学背景知识。然而,这种方法每次运行只返回单个的染色质结构,使得群体结构分析变得困难。此外,该解决方案还有一个优化过程中普遍存在的问题,即容易陷入局部最优解。所有这些问题都有待通过开发新的算法和方法得到解决。

随着单细胞 Hi-C 技术的发展,单细胞数据的三维构建也受到关注。单细胞 Hi-C 数据虽然具有低分辨率、高稀疏性的特点,但理论上讲,数据来自一个细胞核,一定是协调一致的。贝叶斯结构推断(ISD)方法(Carstens et al.,2016)和基于流型的优化(MBO)方法(Paulsen et al.,2015)都在单细胞 Hi-C 数据的三维建模上有所应用。NucDynamics 方法基于染色质物理模型,建立结构的能量函数,通过模拟退火求解单细胞三维坐标(Stevens et al.,2017)。

目前,三维建模的方法为理解三维结构特点和驱动力提供了新的手段。染色体间的交互作用稀疏、尺度大,非常不利于与传统的一维信号结合发掘信息;而利用三维建模的方法研究发现,基因密度高、活跃的区域倾向分布在核内,而基因密度低、与核纤层(lamina)有关的区域倾向分布在核表层(Di Stefano et al.,2016)。借助群体理论和物理结构约束,研究人员将集成的交互作用图谱拆分为单个细胞的三维结构模型,并发掘出单细胞水平上着丝粒聚集、染色体间存在稳定聚合物和调控元件之间波动连接等特征(Giorgetti et al.,2014; Dai et al.,2016; Tjong et al.,2016)。借助三维建模的方法有助于探究传统分析方法中不易处理的问题。

第五节 三维基因组可视化

三维基因组结构对于基因的转录调控和细胞功能是至关重要的。基于染色体构象捕获技术的高通量测序技术（如 Hi-C 和 ChIA-PET）已被广泛用于研究全基因组范围的染色体之间的物理相互作用。目前，这些染色质交互作用数据主要通过热图和一维的连接图来可视化。因此，大部分三维基因组可视化软件的组合就是三维基因组数据的热图（heatmap）或者环（loop），再加上转录因子或组蛋白修饰的一维特征。Juicbox 是一款图形界面可视化工具，可以方便地查看和展示 Hi-C 图谱（Robinson et al.，2018）。对于直接使用 Juicer 进行处理的 Hi-C 数据，Juicebox 可以直接导入生成的.hic 后缀的文件生成热图；对于用 HiC-Pro 等其他软件处理的 Hi-C 数据，也可以通过转换工具将中间文件转换为.hic 后缀的文件，然后进行可视化。然而，由于.hic 后缀的文件已经含有如 5kb、10kb、20kb 和 40kb 等这种分辨率的信息，所以调整图形比较麻烦；同时，该工具也不太方便把多个三维数据放到一起进行比较。HiGlass（Kerpedjiev et al.，2018）是一款和 Juicebox 相似的可视化工具，它能够同时显示很多个热图，方便比较；但是不能导出如 PDF 等矢量图，因此只适合探索要画图的基因组区域。HiCPlotter 是一款基于 Python 语言的 Hi-C 数据可视化命令行工具，用于 HiC-Pro 下游分析和可视化，展示 Hi-C 的交互矩阵（Kerpedjiev et al.，2018）。除了用热图基本的展示交互矩阵外，它还支持添加基因结构和 ChIP-seq 等数据的注释信息。此外，还有一个命令行可视化工具是 hicPlotMatrix，HiCExplorer 生成的.h5 后缀的文件，可直接用于作图（Wolff et al.，2018）。该工具可以绘制一条或多条染色体的交互热图，颜色丰富，调整起来也比较方便。Sushi 是基于 R 语言的可高度定制的可视化工具，需要使用者掌握一定的编程基础知识，并且需要微调的参数较多（Phanstiel et al.，2014）。HiCPlotter、hicPlotMatrix 和 Sushi.R 都适合已经确定好范围的作图，并不适合探索合适的基因组区域。

  一些具有重大意义的计划，如 ENCODE 计划、Roadmap 计划和 4D Nucleome 计划，已经产生了大量细胞类型和组织的数以万计的转录因子结合位点和表观遗传标记的数据集。研究人员希望利用这些数据更加直观地探索一维表观基因组图谱与三维基因组结构的关系；这将有助于产生和检验各种假设，从而更好地理解基因组结构和功能的关系。上述这些需求就对传统的基因组浏览器提出了挑战。由于三维基因组染色质交互数据规模庞大，且数据特征类型和传统的组学数据差别较大，因此，已有的一维线性基因组可视化工具（如 UCSC browser）并不能可视化三维基因组交互数据。王艇课题组在 2011 年开发了华大表观基因组浏览器（WashU Epigenome Browser）。通过不断地优化和改进，该浏览器作为一种交互式工具，用于在网络浏览器中探索基因组数据（Li et al.，2019a）。相比 UCSC 等基因组浏览器，华大表观基因组浏览器不仅能够展示 RNA-seq 和 ChIP-seq 等基因组信息，而且还可以展示 Hi-C 等三维基因组数据分析结果。进一步经过十余年的加工、拓展和创新，华大表观基因组浏览器已成为基因组学研究的重要工具，与 UCSC Genome Browser 和 Ensembl Genome Browser 并为行业标杆。最近，WashU Browser 团队又扩展了 WashU Browser 的功能，可以让研究人员在网页上直观地探索 1D、2D 和 3D 基因组数据；此次改进的主要创新点是将线性基因组坐标关联到多分辨率的染色体 3D 模型上（Li et al.，2022）。GIVe 基因组浏览器（Cao et al.，2018）的设计理念和 Epigenome Browser 不太相同，不是简单的热图或者环加上普通的轨道，而是两个平行的基因组；它也可以用来显示整体的 DNA 和 RNA 的交互。

为了完整无缝地整合与 3D 基因组数据可视化紧密相关的线性、拓扑和物理三个层次，中国科学院北京基因组研究所的张治华研究员和赵文明高级工程师团队开发了一个名为 Delta 的全新的 3D 基因组数据分析和可视化平台（Tang et al., 2018）。Delta 是一个多组学数据可视化平台，目前包含 ENCODE 的主要表观遗传学数据和最常用的高分辨率 Hi-C 数据。另外，Delta 开放了用户上传数据的功能，这样，用户可以根据自己的需要上传自定义的基因组注释或者 Hi-C 实验数据。3D Genome Browser 能够可视化基因组 3D 结构和长距离染色体相互作用，是美国宾夕法尼亚州立大学岳峰课题组和华盛顿大学王艇课题组合作开发的基于网页的 3D 基因组网站（浏览器）（www.3dgenome.org）（Wang et al., 2018c）。该网站拥有众多染色体结构相关的数据类型（包括 Hi-C、ChIA-PET、HiChIP 和 Capture Hi-C 等）和数据对象（包括人类和小鼠的数十种组织和细胞系）。该网站（浏览器）能够使研究人员更加方便快捷地可视化高通量染色体结构捕获技术（如 Hi-C）产生的数据。其主要功能如下：用热图的方式可视化 Hi-C 数据和 Hi-C 类型数据（如 GAM、SPRITE 和 DNase Hi-C）；可视化不同染色体之间的 3D 结构；比较不同组织或物种之间的染色体 3D 构型；将 Hi-C 数据转换为虚拟 4C（virtual 4C），从而可以更方便地查看染色体上特定位点的相互作用；可视化染色质免疫共沉淀与染色体构象捕获技术结合的 Hi-C 衍生技术（如 ChIA-PET、PLAC-seq、HiChIP 和 Capture Hi-C）。最近，美国卡内基梅隆大学的马坚教授团队开发了一个有效集成多模态数据并提供交互式可视化的分析和探索平台——Nucleome Browser（Zhu et al., 2022）。这个新的可视化平台有两大特点：其一是可以同时显示多组学数据、影像数据和三维基因组结构模型；其二是可以将现有的大型基因组网站和影像数据资源（如常用的 UCSC Genome Browser、WashU Epigenome Browser、HiGlass 和 IDR）统一集成在一个新平台中进行浏览和分析。这种前所未有的高度集成的可视化方式对于研究像三维基因组空间结构这种复杂的问题大有裨益，可以帮助研究者探索新的问题，同时也方便分享数据。

第六节　植物三维基因组研究进展

一、植物三维基因组

近年来植物三维基因组结构的研究揭示了植物基因组在细胞核中的三维空间结构。初期的植物三维基因组研究主要以模式植物拟南芥为研究对象。Grob 等（2014）发现拟南芥的染色体臂可以划分为紧密和松散的两个结构域。Feng 等（2014）发现拟南芥染色体中的染色质互作与活跃或抑制染色质的表观遗传学标记有关，但是其中几乎找不到类似 TAD 的染色质结构。这可能是因为植物中缺乏与 CTCF 类似的绝缘子。Wang 等（2015）利用高分辨率的 Hi-C 图谱在拟南芥中发现了具有 TAD 边界特征和绝缘子的区域；这些区域富集不同的表观遗传标记，并且与基因表达水平相关。其他植物的 Hi-C 数据也能够观察到与哺乳动物一样的区室结构，以及更高分辨率下的 TAD 结构。这些不同种类的 TAD 大约覆盖了水稻基因组的 1/4（Liu et al., 2017a）。随着单细胞技术的发展，研究人员开发了植物单细胞 Hi-C（scHi-C）技术，分析了植物配子、合子和叶肉细胞的染色质空间结构，首次从单细胞水平揭示了水稻染色质的三维基因组特征，并展示了配子在受精前后的染色质空间结构的变化及其与基因表达的关系（Zhou et al.，2019）。在高粱、玉米和番茄的基因组中均可以检测到 TAD 结构，这些 TAD 边界与常染色体上的表观遗传标记和活跃基因的表达有关（Dong et al.，2017）。通过比较不同植物之间的染色质结构，研究人员发现结构域在物种间是不保守的。在哺乳动物中，TAD 的保守性是由 CTCF 结合位点的保守性导致的（Rudan et al.，2015）。而在植物中不存在 CTCF，其结构域可能是由其他因子介导形成的（Dong et al.，2017）。大量的动物实验证明了染色质环的形成对于转录控制具有重要作用。有研究表明，植物染色质环通常参与植物的发育过程（Rodriguez-Granados et al.，2016）。Liu 等（2016）使用 Hi-C 技术揭示了高分辨率的拟南芥染色质相互作用图谱，并发现拟南芥基因组上存在许多局部染色质环。然而，由于 Hi-C 图谱的分辨率有限，涉及调控元件的高分辨率染色质图谱仍然难以阐明其对转录调控的影响。

ChIA-PET 技术将配对双末端标签测序（paired-end tag sequencing）技术与染色质免疫共沉淀（chromatin immunoprecipitation，ChIP）技术相结合，通过富集特定蛋白质介导的全基因组范围的相互作用，获得高特异性和高分辨率的染色质交互图谱。ChIA-PET 数据鉴定的高分辨率的、功能特异的相互作用图谱主要用于研究功能元件（如启动子、增强子）对基因转录调控的影响。李兴旺教授和李国亮教授课题组使用长读长 ChIA-PET 技术先后合作构建了玉米和水稻高分辨率的染色质相互作用图谱。在玉米中，Peng 等（2019）通过长读长 ChIA-PET 数据构建了高分辨率的远程调控元件相互作用图谱。该图谱表明调控元件之间能够形成染色质环，且启动子区域之间的相互作用的基因对倾向于共表达；同时，该图谱也证明了影响基因表达和表型的数量性状位点的拓扑结构基础。在水稻中，Zhao 等（2019）通过长读长 ChIA-PET 技术，构建了单个碱基或单个基因分辨率的 H3K4me3 和 RNA 聚合酶 II（RNAPII）介导的启动子-启动子交互图谱和 H3K9me2 介导的异染色质交互图谱。这些染色质交互将基因组分成不同的与转录潜能有关的空间交互模块，大约覆盖了基因组的 82%；另外，通过遗传变异对染色质相互作用的影响的研究，分析了 eQTL 和 e-traits 遗传调控的空间相关性。在已有研究的基础上，通过 6 个时间点的 RNAPII 介导的 ChIA-PET 数据构建了水稻节律三维基因组图谱。结果表明，早上的核心节律基因交互网络高度密集，而晚上的核心节律基因交互网络则比较松散，这也就是说它们分别共定位于相应的交互网络中，并在早上和晚上表现出不同的交互特征和基因昼夜节律转录输出。

二、棉花三维基因组

棉花作为重要的纤维和油料作物，其三维基因组也得到了广泛的研究。华中农业大学王茂军教授团队一直致力于棉花三维基因组的研究，研究结果揭示了棉花三维基因组层级结构的存在及其在多倍化和发育过程中的变化。同时，通过多组学数据的整合分析，探索了三维基因组结构对转录调控的影响。2018 年，Wang 等（2018a）构建了二倍体和四倍体棉花的三维基因组，并且发现了 A/B 区室和拓扑相关结构域（TAD）的存在；通过将四倍体的每一个亚基因组与相应的二倍体基因组比较，作者发现基因组异源多倍化有助于亚基因组 A/B 区室的转化和 TAD 的重构。2021 年，他又运用纳米孔技术（ONT）组装了 *Gossypium rotundifolium*（K2）、*G. arboreum*（A2）和 *G. raimondii*（D5）三个不同基因组大小的棉花品种。通过分析发现大约有 17%的共线基因表现出 A 区室和 B 区室染色质状态的改变，只有 42%的 TAD 边界在三个基因组中保守（Wang et al., 2021）。2022 年，该团队构建了异源四倍体棉花纤维动态变化的三维基因组结构，该过程代表了典型的植物单细胞发育的不同阶段（Pei et al., 2022）。研究结果表明，从活跃到非活跃的染色质区室的亚基因组传递的转换与发育抑制基因的沉默相结合，同时还精确定位了亚基因组协同对纤维发育的贡献。同年，应用 Pore-C、Hi-C 和 ChIA-PET 三种技术，优化了异源四倍体陆地棉的三维基因组层级结构，并结合 ATAC-seq、ChIP-seq 和 RNA-seq 数据，阐述了染色质相互作用对两个亚基因组之间的同源基因转录的可能影响（Huang et al., 2022）。

第七节　展　　望

尽管植物 3D 基因组学研究取得了一定的进展。然而，仍然存在一些技术挑战，如基于 3C 的方法的低分辨率和高噪声水平、实验材料的异质性、对 LLPS 机制和功能的先验知识很少和对 3D 基因组结构及其与植物性状控制之间联系的理解有限。为了应对上述挑战并阐明染色质结构在植物性状中的功能，植物 3D 基因组未来的研究方向主要有以下三个方面：①开发更高分辨率的实验技术，从而增进我们对植物染色质结构和功能的理解；②单细胞/分子和单细胞多组学方法的设计与应用，如 scHi-C 和 scMethyl-HiC 等，使我们能够在单细胞水平捕获植物染色体构象；③不依赖于邻近连接的可降低噪声的 3D 基因组研究方法的设计，如单分子分辨率的 ChIA-Drop、SPRITE 和 GAM。应用这些技术可以在不同时空分辨率下构建性状相关的 SNP 或 eQTL 与其靶基因的综合相互作用图谱，阐明植物关键性状形成过程中 DNA 元件、RNA 分子和蛋白质之间相互作用的机制。

参 考 文 献

Adhikari B, Trieu T, Cheng J L. 2016. Chromosome3D: reconstructing three-dimensional chromosomal structures from Hi-C interaction frequency data using distance geometry simulated annealing. Bmc Genom, 17(1): 886.

Andrey G, Montavon T, Mascrez B, et al. 2013. A switch between topological domains underlies *HoxD* genes collinearity in mouse limbs. Science, 340(6137): 1234167.

Anthony T A. 2008. DNA packaging: nucleosomes and chromatin. Nature Education, 1(1): 26.

Ay F, Bailey T L, Noble W S. 2014. Statistical confidence estimation for Hi-C data reveals regulatory chromatin contacts. Genome Res, 24(6): 999-1011.

Bantignies F, Roure V, Comet I, et al. 2011. Polycomb-dependent regulatory contacts between distant Hox loci in *Drosophila*. Cell, 144(2): 214-226.

Beagrie R A, Scialdone A, Schueler M, et al. 2017. Complex multi-enhancer contacts captured by genome architecture mapping. Nature, 543(7646): 519-524.

Bell J C, Jukam D, Teran N A, et al. 2018. Chromatin-associated RNA sequencing (ChAR-seq) maps genome-wide RNA-to-DNA contacts. Elife, 7: e27024.

Bintu B, Mateo L J, Su J H, et al. 2018. Super-resolution chromatin tracing reveals domains and cooperative interactions in single cells. Science, 362(6413): eaau1783.

Bolzer A, Kreth G, Solovei I, et al. 2005. Three-dimensional maps of all chromosomes in human male fibroblast nuclei and prometaphase rosettes. Plos Biol, 3(5): 826-842.

Cairns J, Freire-Pritchett P, Wingett S W, et al. 2016. CHiCAGO: robust detection of DNA looping interactions in Capture Hi-C data. Genome Biol, 17(1): 127.

Cao X Y, Yan Z M, Wu Q Y, et al. 2018. GIVE: portable genome browsers for personal websites. Genome Biol, 19(1): 92.

Carstens S, Nilges M, Habeck M. 2016. Inferential Structure Determination of Chromosomes from Single-Cell Hi-C Data. Plos Comput Biol, 12(12): e1005292.

Chen H T, Levo M, Barinov L, et al. 2018a. Dynamic interplay between enhancer-promoter topology and gene activity. Nat Genet, 50(9): 1296-1303.

Chen Y, Zhang Y, Wang Y C, et al. 2018b. Mapping 3D genome organization relative to nuclear compartments using TSA-Seq as a cytological ruler. J of Cell Biol, 217(11): 4025-4048.

Chetverina D, Aoki T, Erokhin M, et al. 2014. Making connections: insulators organize eukaryotic chromosomes into independent *cis*-regulatory networks. Bioessays, 36(2): 163-172.

Consortium E P. 2012. An integrated encyclopedia of DNA elements in the human genome. Nature, 489(7414): 57-74.

Cournac A, Marie-Nelly H, Marbouty M, et al. 2012. Normalization of a chromosomal contact map. Bmc Genom, 13: 436.

Crane E, Bian Q, McCord R P, et al. 2015. Condensin-driven remodelling of X chromosome topology during dosage compensation. Nature, 523(7559): 240-244.

Cremer M, Schmid V J, Kraus F, et al. 2017. Initial high-resolution microscopic mapping of active and inactive regulatory sequences proves non-random 3D arrangements in chromatin domain clusters. Epigenet Chromatin, 10(1): 39.

Cremer T, Cremer M. 2010. Chromosome territories. Cold Spring Harb Perspect Biol, 2(3): a003889.

Crevillen P, Sonmez C, Wu Z, et al. 2013. A gene loop containing the floral repressor FLC is disrupted in the early phase of vernalization. Embo J, 32(1): 140-148.

Dai C, Li W Y, Tjong H, et al. 2016. Mining 3D genome structure populations identifies major factors governing the stability of regulatory communities. Nat Commun, 7: 11549.

Dali R, Blanchette M. 2017. A critical assessment of topologically associating domain prediction tools. Nucleic Acids Res, 45(6): 2994-3005.

de Wit E, Vos E S, Holwerda S J, et al. 2015. CTCF binding polarity determines chromatin looping. Mol Cell, 60(4): 676-684.

Dekker J, Rippe K, Dekker M, et al. 2002. Capturing chromosome conformation. Science, 295(5558): 1306-1311.

Deng W, Rupon J W, Krivega I, et al. 2014. Reactivation of developmentally silenced globin genes by forced chromatin looping. Cell, 158(4): 849-860.

Di Stefano M, Paulsen J, Lien T G, et al. 2016. Hi-C-constrained physical models of human chromosomes recover functionally-related properties of genome organization. Sci Rep, 6: 35985.

Dixon J R, Jung I, Selvaraj S, et al. 2015. Chromatin architecture reorganization during stem cell differentiation. Nature, 518(7539): 331-336.

Dixon J R, Selvaraj S, Yue F, et al. 2012. Topological domains in mammalian genomes identified by analysis of chromatin interactions. Nature, 485(7398): 376-380.

Dixon J R, Xu J, Dileep V, et al. 2018. Integrative detection and analysis of structural variation in cancer genomes. Nat Genet, 50(10): 1388-1398.

Djekidel M N, Chen Y, Zhang M Q. 2018. FIND: differential chromatin interactions detection using a spatial poisson process. Genome Res, 28(3): 412-422.

Dogan E S, Liu C. 2018. Three-dimensional chromatin packing and positioning of plant genomes. Nat Plants, 4(8): 521-529.

Dong F G, Jiang J M. 1998. Non-Rabl patterns of centromere and telomere distribution in the interphase nuclei of plant cells. Chromosome Res, 6(7): 551-558.

Dong P F, Tu X Y, Chu P Y, et al. 2017. 3D chromatin architecture of large plant genomes determined by local A/B compartments. Mol Plant, 10(12): 1497-1509.

Dong P F, Tu X Y, Li H X, et al. 2020. Tissue-specific Hi-C analyses of rice, foxtail millet and maize suggest non-canonical function of plant chromatin domains. J Integr Plant Biol, 62(2): 201-217.

Dong Q L, Li N, Li X C, et al. 2018. Genome-wide Hi-C analysis reveals extensive hierarchical chromatin interactions in rice. Plant J, 94(6): 1141-1156.

Dostie J, Richmond T A, Arnaout R A, et al. 2006. Chromosome Conformation Capture Carbon Copy (5C): a massively parallel solution for mapping interactions between genomic elements. Genome Res, 16(10): 1299-1309.

Du Z H, Zheng H, Huang B, et al. 2017. Allelic reprogramming of 3D chromatin architecture during early mammalian development. Nature, 547(7662): 232-235.

Engreitz J M, Pandya-Jones A, McDonel P, et al. 2013. The Xist lncRNA exploits three-dimensional genome architecture to spread across the X chromosome. Science, 341(6147): 1237973.

Fang R X, Yu M, Li G Q, et al. 2016. Mapping of long-range chromatin interactions by proximity ligation-assisted ChIP-seq. Cell Res, 26(12): 1345-1348.

Feng S H, Cokus S J, Schubert V, et al. 2014. Genome-wide Hi-C analyses in wild-type and mutants reveal high-resolution chromatin interactions in *Arabidopsis*. Mol Cell, 55(5): 694-707.

Ferreira J, Paolella G, Ramos C, et al. 1997. Spatial organization of large-scale chromatin domains in the nucleus: A magnified view of single chromosome territories. J of Cell Biol, 139(7): 1597-1610.

Finlan L E, Sproul D, Thomson I, et al. 2008. Recruitment to the nuclear periphery can alter expression of genes in human cells. Plos Genet, 4(3): e1000039.

Finn E H, Pegoraro G, Branda H B, et al. 2019. Extensive heterogeneity and intrinsic variation in spatial genome organization. Cell, 176(6): 1502-1515.

Flyamer I M, Gassler J, Imakaev M, et al. 2017. Single-nucleus Hi-C reveals unique chromatin reorganization at oocyte-to-zygote transition. Nature, 544(7648): 110-114.

Forcato M, Nicoletti C, Pal K, et al. 2017. Comparison of computational methods for Hi-C data analysis. Nat Methods, 14(7): 679-685.

Fransz P, de Jong J H, Lysak M, et al. 2002. Interphase chromosomes in *Arabidopsis* are organized as well defined chromocenters from which euchromatin loops emanate. Proc Natl Acad Sci USA, 99(22): 14584-14589.

Fraser J, Ferrai C, Chiariello A M, et al. 2015a. Hierarchical folding and reorganization of chromosomes are linked to transcriptional changes in cellular differentiation. Mol Syst Biol, 11(12): 852.

Fraser J, Williamson I, Bickmore W A, et al. 2015b. An overview of genome organization and how we got there: from FISH to Hi-C. Microbiol Mol Biol Rev, 79(3): 347-372.

Fudenberg G, Getz G, Meyerson M, et al. 2011. High order chromatin architecture shapes the landscape of chromosomal alterations in cancer. Nat Biotechnol, 29(12): 1109-1113.

Fudenberg G, Imakaev M, Lu C, et al. 2016. Formation of chromosomal domains by loop extrusion. Cell Rep, 15(9): 2038-2049.

Fullwood M J, Liu M H, Pan Y F, et al. 2009. An oestrogen-receptor-alpha-bound human chromatin interactome. Nature, 462(7269): 58-64.

Fullwood M J, Ruan Y. 2009. ChIP-based methods for the identification of long-range chromatin interactions. J Cell Biochem, 107(1): 30-39.

Gavrilov A A, Gushchanskaya E S, Strelkova O, et al. 2013. Disclosure of a structural milieu for the proximity ligation reveals the elusive nature of an active chromatin hub. Nucleic Acids Res, 41(6): 3563-3575.

Giorgetti L, Galupa R, Nora E P, et al. 2014. Predictive polymer modeling reveals coupled fluctuations in chromosome conformation and transcription. Cell, 157(4): 950-963.

Gomez-Marin C, Tena J J, Acemel R D, et al. 2015. Evolutionary comparison reveals that diverging CTCF sites are signatures of ancestral topological associating domains borders. Proc Natl Acad Sci USA, 112(24): 7542-7547.

Gong C Y, Li T, Li Q, et al. 2011. Rice *OsRAD21-2* is expressed in actively dividing tissues and its ectopic expression in yeast results in aberrant cell division and growth. J Integr Plant Biol, 53(1): 14-24.

Gorkin D U, Leung D, Ren B. 2014. The 3D genome in transcriptional regulation and pluripotency. Cell Stem Cell, 14(6): 762-775.

Grob S, Grossniklaus U. 2017. Chromosome conformation capture-based studies reveal novel features of plant nuclear architecture. Curr Opin Plant Biol, 36: 149-157.

Grob S, Schmid M W, Grossniklaus U. 2014. Hi-C analysis in *Arabidopsis* identifies the *KNOT*, a structure with similarities to the *flamenco* locus of *Drosophila*. Mol Cell, 55(5): 678-693.

Guelen L, Pagie L, Brasset E, et al. 2008. Domain organization of human chromosomes revealed by mapping of nuclear lamina interactions. Nature, 453(7197): 948-951.

Guo Y, Xu Q, Canzio D, et al. 2015. CRISPR inversion of CTCF sites alters genome topology and enhancer/promoter function. Cell, 162(4): 900-910.

Haddad N, Vaillant C, Jost D. 2017. IC-Finder: inferring robustly the hierarchical organization of chromatin folding. Nucleic Acids Res, 45(10): e81.

He C, Zhang M Q, Wang X W. 2015. MICC: an R package for identifying chromatin interactions from ChIA-PET data. Bioinformatics, 31(23): 3832-3834.

Heger P, Marin B, Schierenberg E. 2009. Loss of the insulator protein CTCF during nematode evolution. Bmc Mol Biol, 10: 84.

Hiratani I, Ryba T, Itoh M, et al. 2008. Global reorganization of replication domains during embryonic stem cell differentiation. PLoS Biol, 6(10): 2220-2236.

Horike S, Cai S T, Miyano M, et al. 2005. Loss of silent-chromatin looping and impaired imprinting of *DLX5* in Rett syndrome. Nat Genet, 37(1): 31-40.

Hsieh T H S, Cattoglio C, Slobodyanyuk E, et al. 2020. Resolving the 3D landscape of transcription-linked mammalian chromatin folding. Mol Cell, 78(3): 539-553.

Hsieh T H S, Fudenberg G, Goloborodko A, et al. 2016. Micro-C XL: assaying chromosome conformation from the nucleosome to the entire genome. Nat Methods, 13(12): 1009-1011.

Hsieh T H S, Weiner A, Lajoie B, et al. 2015. Mapping nucleosome resolution chromosome folding in yeast by Micro-C. Cell, 162(1): 108-119.

Hu M, Deng K, Qin Z H, et al. 2013. Bayesian inference of spatial organizations of chromosomes. PLoS Comput Biol, 9(1): e1002893.

Hu M, Deng K, Selvaraj S, et al. 2012. HiCNorm: removing biases in Hi-C data *via* Poisson regression. Bioinformatics, 28(23): 3131-3133.

Huang X H, Tian X H, Pei L L, et al. 2022. Multi-omics mapping of chromatin interaction resolves the fine hierarchy of 3D genome in allotetraploid cotton. Plant Biotechnol J, 20(9): 1639-1641.

Hughes J R, Roberts N, McGowan S, et al. 2014. Analysis of hundreds of *cis*-regulatory landscapes at high resolution in a single, high-throughput experiment. Nat Genet, 46(2): 205-212.

Imakaev M, Fudenberg G, McCord R P, et al. 2012. Iterative correction of Hi-C data reveals hallmarks of chromosome organization. Nat Methods, 9(10): 999-1003.

Kalhor R, Tjong H, Jayathilaka N, et al. 2012. Genome architectures revealed by tethered chromosome conformation capture and population-based modeling. Nat Biotechnol, 30(1): 90-98.

Kempfer R, Pombo A. 2020. Methods for mapping 3D chromosome architecture. Nat Rev Genet, 21(4): 207-226.

Kerpedjiev P, Abdennur N, Lekschas F, et al. 2018. HiGlass: web-based visual exploration and analysis of genome interaction maps. Genome Biol, 19(1): 125.

Kim D H, Sung S. 2017. Vernalization-triggered intragenic chromatin loop formation by long noncoding RNAs. Dev Cell, 40(3): 302-312.

Kim J H, Rege M, Valeri J, et al. 2019. LADL: light-activated dynamic looping for endogenous gene expression control. Nat Methods, 16(7): 633-639.

Kim S, Liachko I, Brickner D G, et al. 2017. The dynamic three-dimensional organization of the diploid yeast genome. Elife, 6: e23623.

Knight P A, Ruiz D. 2013. A fast algorithm for matrix balancing. Ima J Numer Anal, 33(3): 1029-1047.

Kumaran R I, Spector D L. 2008. A genetic locus targeted to the nuclear periphery in living cells maintains its transcriptional competence. J of Cell Biol, 180(1): 51-65.

Lai B B, Tang Q S, Jin W F, et al. 2018. Trac-looping measures genome structure and chromatin accessibility. Nat Methods, 15(9): 741-747.

Lai F, Orom U A, Cesaroni M, et al. 2013. Activating RNAs associate with Mediator to enhance chromatin architecture and transcription. Nature, 494(7438): 497-501.

Langer-Safer P R, Levine M, Ward D C. 1982. Immunological method for mapping genes on *Drosophila* polytene chromosomes. Proc Natl Acad Sci USA, 79(14): 4381-4385.

Lanzuolo C, Roure V, Dekker J, et al. 2007. Polycomb response elements mediate the formation of chromosome higher-order structures in the bithorax complex. Nat Cell Biol, 9(10): 1167-1174.

Lawrence M S, Stojanov P, Polak P, et al. 2013. Mutational heterogeneity in cancer and the search for new cancer-associated genes. Nature, 499(7457): 214-218.

Lesne A, Riposo J, Roger P, et al. 2014. 3D genome reconstruction from chromosomal contacts. Nat Methods, 11(11): 1141-1143.

Li D F, Hsu S, Purushotham D, et al. 2019a. WashU Epigenome Browser update 2019. Nucleic Acids Res, 47(W1): W158-W165.

Li D F, Purushotham D, Harrison J K, et al. 2022. WashU Epigenome Browser update 2022. Nucleic Acids Res, 50(W1): W774-W781.

Li E, Liu H, Huang L L, et al. 2019b. Long-range interactions between proximal and distal regulatory regions in maize. Nat Commun, 10: 2633.

Li G P, Chen Y, Snyder M P, et al. 2017a. ChIA-PET2: a versatile and flexible pipeline for ChIA-PET data analysis. Nucleic Acids Res, 45(1): e4.

Li G, Fullwood M J, Xu H, et al. 2010. ChIA-PET tool for comprehensive chromatin interaction analysis with paired-end tag sequencing. Genome Biol, 11(2): R22.

Li G, Ruan X, Auerbach R K, et al. 2012. Extensive promoter-centered chromatin interactions provide a topological basis for transcription regulation. Cell, 148(1-2): 84-98.

Li J G, Zhang W, Li X D. 2018a. 3D genome reconstruction with ShRec3D+ and Hi-C data. Ieee Acm T Comput Bi, 15(2): 460-468.

Li T T, Jia L M, Cao Y, et al. 2018b. OCEAN-C: mapping hubs of open chromatin interactions across the genome reveals gene regulatory networks. Genome Biol, 19(1): 54.

Li W Y, Gong K, Li Q J, et al. 2015. Hi-Corrector: a fast, scalable and memory-efficient package for normalizing large-scale Hi-C data. Bioinformatics, 31(6): 960-962.

Li X W, Luo O J, Wang P, et al. 2017c. Long-read ChIA-PET for base-pair-resolution mapping of haplotype-specific chromatin interactions. Nat Protoc, 12(5): 899-915.

Li X, Zhou B, Chen L, et al. 2017b. GRID-seq reveals the global RNA-chromatin interactome. Nat Biotechnol, 35(10): 940-950.

Li Z C, Jiang D H, He Y H. 2018c. FRIGIDA establishes a local chromosomal environment for *FLOWERING LOCUS C* mRNA production. Nat Plants, 4(10): 836-846.

Liang Z Y, Li G P, Wang Z J, et al. 2017. BL-Hi-C is an efficient and sensitive approach for capturing structural and regulatory chromatin interactions. Nat Commun, 8(1): 1622.

Lieberman-Aiden E, van Berkum N L, Williams L, et al. 2009. Comprehensive mapping of long-range interactions reveals folding principles of the human genome. Science, 326(5950): 289-293.

Lin D, Hong P, Zhang S H, et al. 2018. Digestion-ligation-only Hi-C is an efficient and cost-effective method for chromosome conformation capture. Nat Genet, 50(5): 754-763.

Liu C, Cheng Y J, Wang J W, et al. 2017a. Prominent topologically associated domains differentiate global

chromatin packing in rice from *Arabidopsis*. Nat Plants, 3(9): 742-748.
Liu C, Wang C M, Wang G, et al. 2016. Genome-wide analysis of chromatin packing in *Arabidopsis thaliana* at single-gene resolution. Genome Res, 26(8): 1057-1068.
Liu L, De S, Michor F. 2013. DNA replication timing and higher-order nuclear organization determine single-nucleotide substitution patterns in cancer genomes. Nat Commun, 4: 1502.
Liu L, Zhang Y Q, Feng J X, et al. 2012. GeSICA: genome segmentation from intra-chromosomal associations. Bmc Genom, 13: 164.
Liu T, Wang Z. 2018. scHiCNorm: a software package to eliminate systematic biases in single-cell Hi-C data. Bioinformatics, 34(6): 1046-1047.
Liu X, Zhang Y Y, Chen Y, et al. 2017b. *In Situ* capture of chromatin interactions by biotinylated dCas9. Cell, 170(5): 1028-1043.
Louwers M, Bader R, Haring M, et al. 2009. Tissue- and expression level-specific chromatin looping at maize *b1* epialleles. Plant Cell, 21(3): 832-842.
Lun A T L, Smyth G K. 2015. diffHic: a bioconductor package to detect differential genomic interactions in Hi-C data. Bmc Bioinform, 16: 258.
Lupianez D G, Kraft K, Heinrich V, et al. 2015. Disruptions of topological chromatin domains cause pathogenic rewiring of gene-enhancer interactions. Cell, 161(5): 1012-1025.
Ma H, Tu L C, Naseri A, et al. 2016. Multiplexed labeling of genomic loci with dCas9 and engineered sgRNAs using CRISPRainbow. Nat Biotechnol, 34(5): 528-530.
Ma H, Tu L C, Naseri A, et al. 2018a. CRISPR-Sirius: RNA scaffolds for signal amplification in genome imaging. Nat Methods, 15(11): 928-931.
Ma W X, Ay F, Lee C, et al. 2015. Fine-scale chromatin interaction maps reveal the cis-regulatory landscape of human lincRNA genes. Nat Methods, 12(1): 71-78.
Ma W X, Ay F, Lee C, et al. 2018b. Using DNase Hi-C techniques to map global and local three-dimensional genome architecture at high resolution. Methods, 142: 59-73.
Maharana S, Iyer K V, Jain N, et al. 2016. Chromosome intermingling-the physical basis of chromosome organization in differentiated cells. Nucleic Acids Res, 44(11): 5148-5160.
Margueron R, Reinberg D. 2010. Chromatin structure and the inheritance of epigenetic information. Nat Rev Genet, 11(4): 285-296.
Marshall O J, Southall T D, Cheetham S W, et al. 2016. Cell-type-specific profiling of protein-DNA interactions without cell isolation using targeted DamID with next-generation sequencing. Nat Protoc, 11(9): 1586-1598.
Marti-Renom M A, Mirny L A. 2011. Bridging the resolution gap in structural modeling of 3D genome organization. PLoS Comput Biol, 7(7): e1002125.
Mascher M, Gundlach H, Himmelbach A, et al. 2017. A chromosome conformation capture ordered sequence of the barley genome. Nature, 544(7651): 427-433.
Mateo L J, Murphy S E, Hafner A, et al. 2019. Visualizing DNA folding and RNA in embryos at single-cell resolution. Nature, 568(7750): 49-54.
Mifsud B, Tavares-Cadete F, Young A N, et al. 2015. Mapping long-range promoter contacts in human cells with high-resolution capture Hi-C. Nat Genet, 47(6): 598-606.
Monneron A, Bernhard W. 1969. Fine structural organization of the interphase nucleus in some mammalian cells. J Ultrastruct Res, 27(3): 266-288.
Mumbach M R, Rubin A J, Flynn R A, et al. 2016. HiChIP: efficient and sensitive analysis of protein-directed genome architecture. Nat Methods, 13(11): 919-922.
Nagano T, Lubling Y, Stevens T J, et al. 2013. Single-cell Hi-C reveals cell-to-cell variability in chromosome structure. Nature, 502(7469): 59-64.
Nagano T, Lubling Y, Vaarnai C, et al. 2017. Cell-cycle dynamics of chromosomal organization at single-cell resolution. Nature, 547(7661): 61-67.
Nagano T, Lubling Y, Yaffe E, et al. 2015. Single-cell Hi-C for genome-wide detection of chromatin interactions that occur simultaneously in a single cell. Nat Protoc, 10(12): 1986-2003.

Ni Y, Cao B, Ma T, et al. 2017. Super-resolution imaging of a 2.5kb non-repetitive DNA *in situ* in the nuclear genome using molecular beacon probes. Elife, 6: e21660.

Nora E P, Goloborodko A, Valton A L, et al. 2017. Targeted Degradation of CTCF decouples local insulation of chromosome domains from genomic compartmentalization. Cell, 169(5): 930-944.

Nora E P, Lajoie B R, Schulz E G, et al. 2012. Spatial partitioning of the regulatory landscape of the X-inactivation centre. Nature, 485(7398): 381-385.

Nott T J, Petsalaki E, Farber P, et al. 2015. Phase transition of a disordered nuage protein generates environmentally responsive membraneless organelles. Mol Cell, 57(5): 936-947.

Oluwadare O, Cheng J L. 2017. ClusterTAD: an unsupervised machine learning approach to detecting topologically associated domains of chromosomes from Hi-C data. Bmc Bioinform, 18(1): 480.

Orlando G, Law P J, Cornish A J, et al. 2018. Promoter capture Hi-C-based identification of recurrent noncoding mutations in colorectal cancer. Nat Genet, 50(10): 1375-1380.

Ou H D, Phan S, Deerinck T J, et al. 2017. ChromEMT: visualizing 3D chromatin structure and compaction in interphase and mitotic cells. Science, 357(6349): eaag0025.

Ouyang W Z, Cao Z L, Xiong D, et al. 2020a. Decoding the plant genome: from epigenome to 3D organization. J Genet Genomics, 47(8): 425-435.

Ouyang W Z, Xiong D, Li G L, et al. 2020b. Unraveling the 3D genome architecture in plants: present and future. Mol Plant, 13(12): 1676-1693.

Park J, Lin S L. 2017. A random effect model for reconstruction of spatial chromatin structure. Biometrics, 73(1): 52-62.

Paulsen J, Gramstad O, Collas P. 2015. Manifold based optimization for single-cell 3D genome reconstruction. PLoS Comput Biol, 11(8): e1004396.

Paulsen J, Rodland E A, Holden L, et al. 2014a. A statistical model of ChIA-PET data for accurate detection of chromatin 3D interactions. Nucleic Acids Res, 42(18): e143.

Paulsen J, Sandve G K, Gundersen S, et al. 2014b. HiBrowse: multi-purpose statistical analysis of genome-wide chromatin 3D organization. Bioinformatics, 30(11): 1620-1622.

Paulsen J, Sekelja M, Oldenburg A R, et al. 2017. Chrom3D: three-dimensional genome modeling from Hi-C and nuclear lamin-genome contacts. Genome Biol, 18(1): 21.

Pefanis E, Wang J G, Rothschild G, et al. 2015. RNA Exosome-regulated long non-coding RNA transcription controls super-enhancer activity. Cell, 161(4): 774-789.

Pei L L, Huang X H, Liu Z P, et al. 2022. Dynamic 3D genome architecture of cotton fiber reveals subgenome-coordinated chromatin topology for 4-staged single-cell differentiation. Genome Biol, 23(1): 45.

Peng C, Fu L Y, Dong P F, et al. 2013. The sequencing bias relaxed characteristics of Hi-C derived data and implications for chromatin 3D modeling. Nucleic Acids Res, 41(19): e183.

Peng Y, Xiong D, Zhao L, et al. 2019. Chromatin interaction maps reveal genetic regulation for quantitative traits in maize. Nat Commun, 10(1): 2632.

Peric-Hupkes D, Meuleman W, Pagie L, et al. 2010. Molecular maps of the reorganization of genome-nuclear lamina interactions during differentiation. Mol Cell, 38(4): 603-613.

Phanstiel D H, Boyle A P, Araya C L, et al. 2014. Sushi.R: flexible, quantitative and integrative genomic visualizations for publication-quality multi-panel figures. Bioinformatics, 30(19): 2808-2810.

Phanstiel D H, Boyle A P, Heidari N, et al. 2015. Mango: a bias-correcting ChIA-PET analysis pipeline. Bioinformatics, 31(19): 3092-3098.

Pope B D, Ryba T, Dileep V, et al. 2014. Topologically associating domains are stable units of replication-timing regulation. Nature, 515(7527): 402-405.

Prieto P, Santos A P, Moore G, et al. 2004. Chromosomes associate premeiotically and in xylem vessel cells *via* their telomeres and centromeres in diploid rice (*Oryza sativa*). Chromosoma, 112(6): 300-307.

Quinodoz S A, Ollikainen N, Tabak B, et al. 2018. Higher-order inter-chromosomal hubs shape 3D genome organization in the nucleus. Cell, 174(3): 744-757.

Ramani V, Deng X X, Qiu R L, et al. 2017. Massively multiplex single-cell Hi-C. Nat Methods, 14(3):

263-266.

Rao S S P, Huang S C, St Hilaire B G, et al. 2017. Cohesin loss eliminates all loop domains. Cell, 171(2): 305-320.

Rao S S P, Huntley M H, Durand N C, et al. 2014. A 3D map of the human genome at kilobase resolution reveals principles of chromatin looping. Cell, 159(7): 1665-1680.

Reddy K L, Zullo J M, Bertolino E, et al. 2008. Transcriptional repression mediated by repositioning of genes to the nuclear lamina. Nature, 452(7184): 243-247.

Redolfi J, Zhan Y X, Valdes-Quezada C, et al. 2019. DamC reveals principles of chromatin folding *in vivo* without crosslinking and ligation. Nat Struct Mol Biol, 26(6): 471-480.

Rieber L, Mahony S. 2017. miniMDS: 3D structural inference from high-resolution Hi-C data. Bioinformatics, 33(14): I261-I266.

Risca V I, Greenleaf W J. 2015. Unraveling the 3D genome: genomics tools for multiscale exploration. Trends Genet, 31(7): 357-372.

Robinson J T, Turner D, Durand N C, et al. 2018. Juicebox.js provides a cloud-based visualization system for Hi-C data. Cell Syst, 6(2): 256-258.

Rodley C D M, Bertels F, Jones B, et al. 2009. Global identification of yeast chromosome interactions using Genome conformation capture. Fungal Genet Biol, 46(11): 879-886.

Rodriguez-Granados N Y, Ramirez-Prado J S, Veluchamy A, et al. 2016. Put your 3D glasses on: plant chromatin is on show. J Exp Bot, 67(11): 3205-3221.

Ron G, Globerson Y, Moran D, et al. 2017. Promoter-enhancer interactions identified from Hi-C data using probabilistic models and hierarchical topological domains. Nat Commun, 8: 2237.

Rousseau M, Fraser J, Ferraiuolo M A, et al. 2011. Three-dimensional modeling of chromatin structure from interaction frequency data using Markov chain Monte Carlo sampling. Bmc Bioinform, 12: 414.

Rowley M J, Nichols M H, Lyu X W, et al. 2017. Evolutionarily conserved principles predict 3D chromatin organization. Mol Cell, 67(5): 837-852.

Rudan M V, Barrington C, Henderson S, et al. 2015. Comparative Hi-C reveals that CTCF underlies evolution of chromosomal domain architecture. Cell Rep, 10(8): 1297-1309.

Ryba T, Hiratani I, Lu J, et al. 2010. Evolutionarily conserved replication timing profiles predict long-range chromatin interactions and distinguish closely related cell types. Genome Res, 20(6): 761-770.

Sadoni N, Langer S, Fauth C, et al. 1999. Nuclear organization of mammalian genomes: polar chromosome territories build up functionally distinct higher order compartments. J of Cell Biol, 146(6): 1211-1226.

Sandhu K S, Shi C X, Sjolinder M, et al. 2009. Nonallelic transvection of multiple imprinted loci is organized by the H19 imprinting control region during germline development. Genes Dev, 23(22): 2598-2603.

Schmitt A D, Hu M, Jung I, et al. 2016. A compendium of chromatin contact maps reveals spatially active regions in the human genome. Cell Rep, 17(8): 2042-2059.

Schoenfelder S, Furlan-Magaril M, Mifsud B, et al. 2015. The pluripotent regulatory circuitry connecting promoters to their long-range interacting elements. Genome Res, 25(4): 582-597.

Schoenfelder S, Sexton T, Chakalova L, et al. 2010. Preferential associations between co-regulated genes reveal a transcriptional interactome in erythroid cells. Nat Genet, 42(1): 53-61.

Schwaiger M, Stadler M B, Bell O, et al. 2009. Chromatin state marks cell-type- and gender-specific replication of the *Drosophila* genome. Genes Dev, 23(5): 589-601.

Schwarzer W, Abdennur N, Goloborodko A, et al. 2017. Two independent modes of chromatin organization revealed by cohesin removal. Nature, 551(7678): 51-56.

Segal M R, Bengtsson H L. 2015. Reconstruction of 3D genome architecture via a two-stage algorithm. Bmc Bioinform, 16: 373.

Serra F, Bau D, Goodstadt M, et al. 2017. Automatic analysis and 3D-modelling of Hi-C data using TADbit reveals structural features of the fly chromatin colors. PLoS Comput Biol, 13(7): e1005665.

Servant N, Varoquaux N, Heard E, et al. 2018. Effective normalization for copy number variation in Hi-C data. Bmc Bioinform, 19(1): 313.

Shah S, Takei Y, Zhou W, et al. 2018. Dynamics and spatial genomics of the nascent transcriptome by intron seqFISH. Cell, 174(2): 363-376.

Shavit Y, Lio P. 2014. Combining a wavelet change point and the Bayes factor for analysing chromosomal interaction data. Mol Biosyst, 10(6): 1576-1585.

Shin H J, Shi Y, Dai C, et al. 2016. TopDom: an efficient and deterministic method for identifying topological domains in genomes. Nucleic Acids Res, 44(7): e70.

Simonis M, Klous P, Splinter E, et al. 2006. Nuclear organization of active and inactive chromatin domains uncovered by chromosome conformation capture-on-chip (4C). Nat Genet, 38(11): 1348-1354.

Soler E, Andrieu-Soler C, de Boer E, et al. 2010. The genome-wide dynamics of the binding of Ldb1 complexes during erythroid differentiation. Genes Dev, 24(6): 623.

Spill Y G, Castillo D, Vidal E, et al. 2019. Binless normalization of Hi-C data provides significant interaction and difference detection independent of resolution. Nat Commun, 10: 1938.

Sridhar B, Rivas-Astroza M, Nguyen T C, et al. 2017. Systematic mapping of RNA-chromatin interactions *in vivo*. Curr Biol, 27(4): 610-612.

Stansfield J C, Cresswell K G, Dozmorov M G. 2019. multiHiCcompare: joint normalization and comparative analysis of complex Hi-C experiments. Bioinformatics, 35(17): 2916-2923.

Stansfield J C, Cresswell K G, Vladimirov V I, et al. 2018. HiCcompare: an R-package for joint normalization and comparison of HI-C datasets. Bmc Bioinform, 19(1): 279.

Stevens T J, Lando D, Basu S, et al. 2017. 3D structures of individual mammalian genomes studied by single-cell Hi-C. Nature, 544(7648): 59-64.

Strom A R, Emelyanov A V, Mir M, et al. 2017. Phase separation drives heterochromatin domain formation. Nature, 547(7662): 241-245.

Symmons O, Pan L, Remeseiro S, et al. 2016. The *Shh* topological domain facilitates the action of remote enhancers by reducing the effects of genomic distances. Dev Cell, 39(5): 529-543.

Symmons O, Uslu V V, Tsujimura T, et al. 2014. Functional and topological characteristics of mammalian regulatory domains. Genome Res, 24(3): 390-400.

Tan L Z, Xing D, Chang C H, et al. 2018. Three-dimensional genome structures of single diploid human cells. Science, 361(6405): 924-928.

Tang B X, Li F F, Li J, et al. 2018. Delta: a new web-based 3D genome visualization and analysis platform. Bioinformatics, 34(8): 1409-1410.

Tang Z, Luo O J, Li X, et al. 2015. CTCF-mediated human 3D genome architecture reveals chromatin topology for transcription. Cell, 163(7): 1611-1627.

Tanizawa H, Iwasaki O, Tanaka A, et al. 2010. Mapping of long-range associations throughout the fission yeast genome reveals global genome organization linked to transcriptional regulation. Nucleic Acids Res, 38(22): 8164-8177.

Tao J Y, Zhang L R, Chong K, et al. 2007. *OsRAD21-3*, an orthologue of yeast *RAD21*, is required for pollen development in *Oryza sativa*. Plant J, 51(5): 919-930.

Tark-Dame M, van Driel R, Heermann D W. 2011. Chromatin folding—from biology to polymer models and back. J Cell Sci, 124(6): 839-845.

Tiwari V K, Cope L, McGarvey K M, et al. 2008. A novel 6C assay uncovers polycomb-mediated higher order chromatin conformations. Genome Res, 18(7): 1171-1179.

Tjong H, Li W Y, Kalhor R, et al. 2016. Population-based 3D genome structure analysis reveals driving forces in spatial genome organization. Proc Natl Acad Sci USA, 113(12): E1663-E1672.

Tolhuis B, Palstra R J, Splinter E, et al. 2002. Looping and interaction between hypersensitive sites in the active beta-globin locus. Mol Cell, 10(6): 1453-1465.

Trieu T, Cheng J L. 2017. 3D genome structure modeling by Lorentzian objective function. Nucleic Acids Res, 45(3): 1049-1058.

van Steensel B, Henikoff S. 2000. Identification of *in vivo* DNA targets of chromatin proteins using tethered Dam methyltransferase. Nat Biotechnol, 18(4): 424-428.

Varoquaux N, Ay F, Noble W S, et al. 2014. A statistical approach for inferring the 3D structure of the genome. Bioinformatics, 30(12): 26-33.

Verschure P J, van der Kraan I, Manders E M M, et al. 1999. Spatial relationship between transcription sites and chromosome territories. J of Cell Biol, 147(1): 13-24.

Vian L, Pekowska A, Rao S S P, et al. 2018. The energetics and physiological impact of cohesin extrusion. Cell, 175(1): 292-294.

Vidal E, le Dily F, Quilez J, et al. 2018. OneD: increasing reproducibility of Hi-C samples with abnormal karyotypes. Nucleic Acids Res, 46(8): e49.

Visser A E, Eils R, Jauch A, et al. 1998. Spatial distributions of early and late replicating chromatin in interphase chromosome territories. Experimental Cell Res, 243(2): 398-407.

Vogel M J, Peric-Hupkes D, van Steensel B. 2007. Detection of *in vivo* protein-DNA interactions using DamID in mammalian cells. Nat Protoc, 2(6): 1467-1478.

Wang C M, Liu C, Roqueiro D, et al. 2015. Genome-wide analysis of local chromatin packing in *Arabidopsis thaliana*. Genome Res, 25(2): 246-256.

Wang H, Li S Y, Li Y A, et al. 2019. MED25 connects enhancer-promoter looping and MYC2-dependent activation of jasmonate signalling. Nat Plants, 5(6): 616-625.

Wang M J, Li J Y, Wang P C, et al. 2021. Comparative genome analyses highlight transposon-mediated genome expansion and the evolutionary architecture of 3D genomic folding in cotton. Mol Biol Evol, 38(9): 3621-3636.

Wang M J, Wang P C, Lin M, et al. 2018a. Evolutionary dynamics of 3D genome architecture following polyploidization in cotton. Nat Plants, 4(2): 90-97.

Wang Q, Sun Q, Czajkowsky D M, et al. 2018b. Sub-kb Hi-C in *D. melanogaster* reveals conserved characteristics of TADs between insect and mammalian cells. Nat Commun, 9(1): 188.

Wang S Y, Su J H, Beliveau B J, et al. 2016. Spatial organization of chromatin domains and compartments in single chromosomes. Science, 353(6299): 598-602.

Wang X T, Cui W, Peng C. 2017a. HiTAD: detecting the structural and functional hierarchies of topologically associating domains from chromatin interactions. Nucleic Acids Res, 45(19): e163.

Wang Y A, Fan C Q, Zheng Y X, et al. 2017b. Dynamic chromatin accessibility modeled by Markov process of randomly-moving molecules in the 3D genome. Nucleic Acids Res, 45(10): e85.

Wang Y L, Song F, Zhang B, et al. 2018c. The 3D Genome Browser: a web-based browser for visualizing 3D genome organization and long-range chromatin interactions. Genome Biol, 19(1): 151.

Wolff J, Bhardwaj V, Nothjunge S, et al. 2018. Galaxy HiCExplorer: a web server for reproducible Hi-C data analysis, quality control and visualization. Nucleic Acids Res, 46(W1): W11-W16.

Wu H J, Michor F. 2016. A computational strategy to adjust for copy number in tumor Hi-C data. Bioinformatics, 32(24): 3695-3701.

Xie T, Zhang F G, Zhang H Y, et al. 2019. Biased gene retention during diploidization in *Brassica* linked to three-dimensional genome organization. Nat Plants, 5(8): 822-832.

Yaffe E, Tanay A. 2011. Probabilistic modeling of Hi-C contact maps eliminates systematic biases to characterize global chromosomal architecture. Nat Genet, 43(11): 1059-U1040.

Yan K K, Lou S K, Gerstein M. 2017. MrTADFinder: A network modularity based approach to identify topologically associating domains in multiple resolutions. Plos Comput Biol, 13(7): e1005647.

Yu M, Ren B. 2017. The three-dimensional organization of mammalian genomes. Annu Rev Cell Dev Biol, 33: 265-289.

Zhang L R, Tao J Y, Wang S X, et al. 2006. The rice OsRad21-4, an orthologue of yeast Rec8 protein, is required for efficient meiosis. Plant Mol Biol, 60(4): 533-554.

Zhang L R, Tao J Y, Wang T. 2004. Molecular characterization of *OsRAD21-1*, a rice homologue of yeast *RAD21* essential for mitotic chromosome cohesion. J Exp Bot, 55(399): 1149-1152.

Zhang Y, Li G L. 2020. Advances in technologies for 3D genomics research. Science Sci China Life Sci, 63(6): 811-824.

Zhang Y, McCord R P, Ho Y J, et al. 2012. Spatial organization of the mouse genome and its role in recurrent chromosomal translocations. Cell, 148(5): 908-921.

Zhang Z Z, Li G L, Toh K C, et al. 2013. 3D chromosome modeling with semi-definite programming and

Hi-C data. J Comput Biol, 20(11): 831-846.

Zhao L, Wang S Q, Cao Z L, et al. 2019. Chromatin loops associated with active genes and heterochromatin shape rice genome architecture for transcriptional regulation. Nat Commun, 10(1): 3640.

Zhao L, Xie L, Zhang Q, et al. 2020. Integrative analysis of reference epigenomes in 20 rice varieties. Nat Commun, 11(1): 2658.

Zhao Z, Tavoosidana G, Sjolinder M, et al. 2006. Circular chromosome conformation capture (4C) uncovers extensive networks of epigenetically regulated intra- and interchromosomal interactions. Nat Genet, 38(11): 1341-1347.

Zheng H, Xie W. 2019. The role of 3D genome organization in development and cell differentiation. Nat Rev Mol Cell Biol, 20(9): 535-550.

Zheng M Z, Tian S Z, Capurso D, et al. 2019. Multiplex chromatin interactions with single-molecule precision. Nature, 566(7745): 558-562.

Zheng X B, Zheng Y X. 2018. CscoreTool: fast Hi-C compartment analysis at high resolution. Bioinformatics, 34(9): 1568-1570.

Zhou S L, Jiang W, Zhao Y, et al. 2019. Single-cell three-dimensional genome structures of rice gametes and unicellular zygotes. Nat Plants, 5(8): 795-800.

Zhu G X, Deng W X, Hu H L, et al. 2018. Reconstructing spatial organizations of chromosomes through manifold learning. Nucleic Acids Res, 46(8): e50.

Zhu X P, Zhang Y, Wang Y C, et al. 2022. Nucleome Browser: an integrative and multimodal data navigation platform for 4D Nucleome. Nat Methods, 19(8): 911-913.

Zink D, Bornfleth H, Visser A, et al. 1999. Organization of early and late replicating DNA in human chromosome territories. Experimental Cell Res, 247(1): 176-188.

Zou C C, Zhang Y P, Ouyang Z Q. 2016. HSA: integrating multi-track Hi-C data for genome-scale reconstruction of 3D chromatin structure. Genome Biol, 17: 40.

Zullo J M, Demarco I A, Pique-Regi R, et al. 2012. DNA Sequence-dependent compartmentalization and silencing of chromatin at the nuclear lamina. Cell, 149(7): 1474-1487.

第六章 棉花的表观遗传学研究

第一节 表观遗传学的发展、定义和分类

表观遗传学的现象最早起源于 20 世纪初在玉米中基因印记（imprinting）的发现，40 年代康拉德·哈尔·沃丁顿将这种生物现象的研究定义为一门研究生物发育机制的学科——表观遗传学（epigenetics），但在随后的 30 年中没有获得广泛认识和发展，于 70 年代中期被重新认识，并于 80 年代后期被重新提出。1987 年，英国分子生物学家罗宾·霍利迪对此现象进行了系统表述，形成了现在广为接受的表观遗传学概念——研究在基因的 DNA 序列没有发生改变的情况下，基因功能发生了可遗传的变化，并最终导致表型的变化。90 年代末至今，表观遗传学迅猛发展，成为生命科学领域的研究热点之一（图 6-1）。目前确定的表观遗传过程包括（组）蛋白甲基化、乙酰化、磷酸化、泛素化、糖基化等多种蛋白翻译后修饰；DNA 甲基化、非编码 RNA 的作用调控及近期发现的成熟 RNA 的修饰调控。随着研究的深入，其他表观遗传机制也将随之发现和确定。目前研究最为广泛和深入的是 DNA 甲基化和组蛋白的多种翻译后修饰作用（图 6-2）。

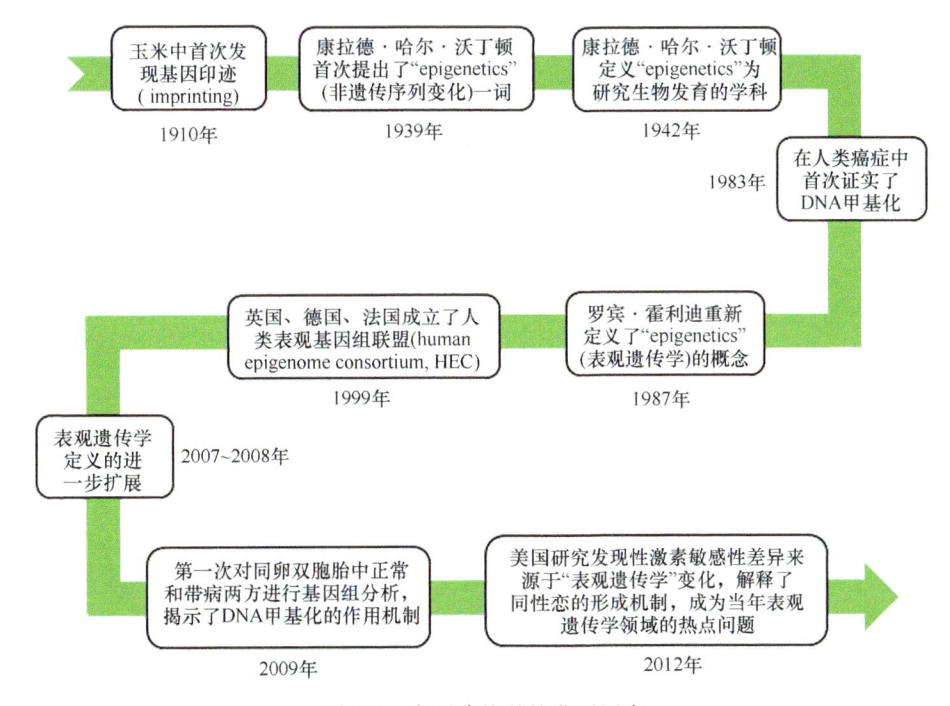

图 6-1 表观遗传学的发展历史

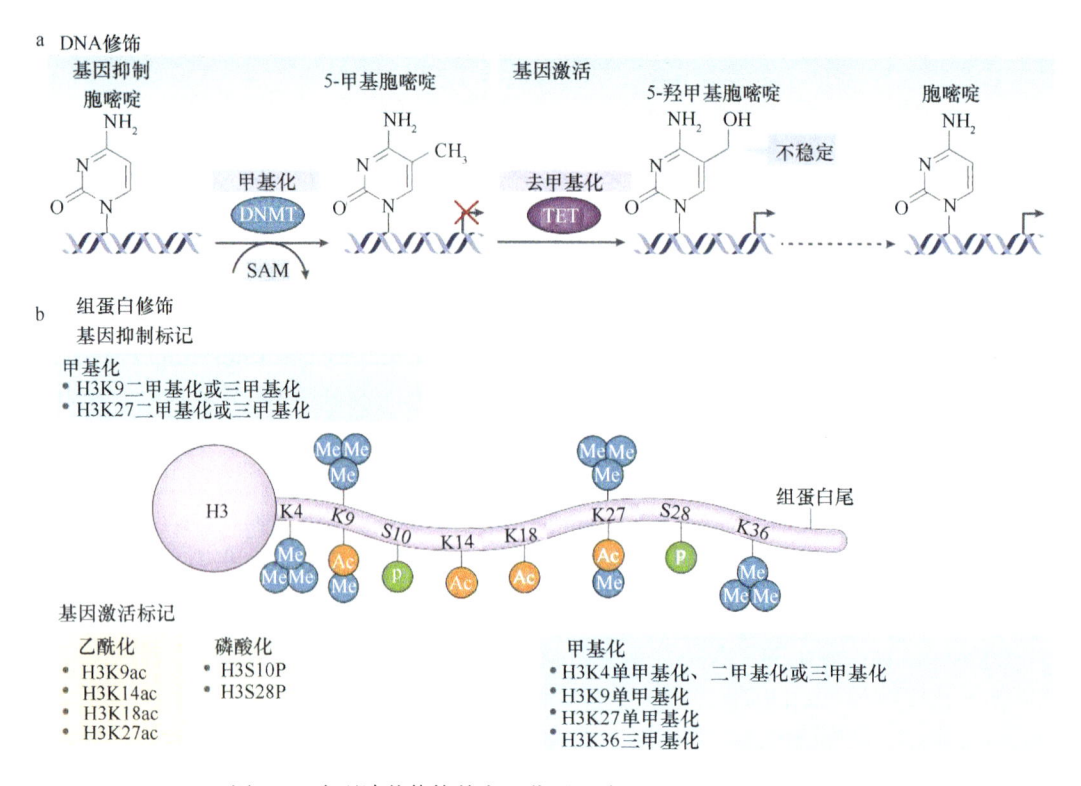

图 6-2 表观遗传修饰的主要作用方式（Hwang et al.，2017）

a. DNA 甲基化作用方式、对基因表达的调控及相关酶蛋白；b. 组蛋白修饰的种类和方式

第二节　表观遗传学的研究现状

随着对表观遗传学研究和认识的深入，其在生物体发育、人类疾病的发病和治疗等领域的作用越来越大。各个国家和组织都积极开展和参与了表观遗传学研究的规划和布局，尤其在人类疾病领域发展迅速。

一、表观遗传学研究的国际组织和国家规划与布局

（一）人类表观遗传基因组计划

人类表观基因组联盟（human epigenome consortium，HEC）于 2003 年确定实施人类表观基因组计划（human epigenome projects，HEP），总体目标是绘制人类基因组甲基化可变位点（methylation variable positions，MVP）图谱。MVP 图谱是指在不同组织类型或疾病状态下，甲基化胞嘧啶在基因组 DNA 序列中的分布情况和发生频率。它是在表观基因组水平上对 DNA 甲基化进行精确定量分析的表观遗传学标记（epigenetic markers），对于增强对人类疾病的了解和提升诊断能力具有重要的实用价值。HEP 的提出和实施，标志着与人类发育和肿瘤疾病密切相关的表观遗传学和表观基因组研究跨上

了一个新的台阶。

（二）国际人类表观遗传学合作组织

国际人类表观基因组联盟（International Human Epigenome Consortium，IHEC）2010年在巴黎成立，并计划在第一阶段10年内标记出1000个参考表观基因组。目前，IHEC实施的表观基因组相关计划有两个："表观基因组平台计划"和"疾病表观基因组"。

（三）美国表观遗传学研究进展

美国国立卫生研究院（National Institues of Health，NIH）在2008年发布了表观遗传学路线图项目，宣布在之后的5年里投资1.9亿美元，加速生物医学研究新兴领域表观遗传学研究。该项目的目标是通过开发全面的参考表观基因组图谱以及创新的综合性表观基因组分析技术，产生人类表观基因组数据的公共资源，以促进基础生物学和面向疾病的研究。此外，美国癌症研究联合会和世界卫生组织里昂抗癌中心也联合发起了两个与疾病相关的"表观遗传组学研究计划"，分别是建立人类表观基因组学与疾病联盟（Alliance for Human Epigenomics and Disease，AHEAD）和肿瘤表观基因组学数据库的计划。

（四）欧盟在表观基因组学领域的率先发展

欧盟早在1998年就启动了解析人类DNA甲基化谱的研究计划——"表观基因组学计划"，以及旨在阐明基因的表观遗传谱式建立和维持机制的"基因组的表观遗传可塑性研究计划"。1999年，欧洲的生物学家成立"人类表观基因组联合研究体"。2004年欧洲又成立了表观遗传学研究的国际性协作组织表观基因学会（Epigenome Network of Excellence Epigenome NoE，http://www.epigenome-noe.net），同年，按照欧盟第六轮框架计划，由欧洲6个国家的25个核心实验室和26个相关实验室组成的研究联盟正式启动了欧洲表观基因组学先进网络。英国积极资助表观遗传学与社会科学的交叉研究。2015年7月30日，英国生命科学和生物技术理事会（BBSRC）、经济和社会研究理事会（ESRC）共同宣布，将共同出资300余万英镑，资助8个研究项目，研究早期生活经历对健康结果的影响。

（五）加拿大环境与健康表观遗传学研究进展

2011年7月28日，加拿大健康研究院（Canadian Institutes of Health Research，CIHR）公布资助"加拿大表观遗传学、环境与健康研究协会表观遗传学、环境与健康研究"，旨在加强加拿大在表观遗传学和健康领域的研究实力和引领作用。该机构将协调加拿大现有的基因组测序设备充分发展关注人类健康和疾病的表观遗传方面的研究能力。

（六）澳大利亚表观遗传学研究进展

2008年，澳大利亚的研究人员组成了表观遗传学联盟，目标是促进所有澳大利亚表观遗传学研究组之间的沟通，鼓励成员分享专门知识和想法，提高公众对表观遗传学、人类健康和疾病、农业环境影响重要性的认识。

（七）德国的人类健康表观遗传学研究计划

2012年9月，德国正式启动了"德国人类表观遗传学研究计划"。21家来自德国高校、研究机构和生物技术企业的研究团队组成研究联盟参与计划实施。该计划的发展目标是标记测量健康细胞和疾病细胞的表观遗传基因开关。

（八）亚洲各国表观遗传学研究的交流合作

2011年，日本科技部发起称为"开发依赖表观基因组分析进行诊断和治疗的基本技术"的项目，在此基础上，日本科技部承担了IHEC的"疾病表观基因组"计划，作为其"科学技术发展推进核心项目"中的首要计划。我国科技部也于2005年启动了"肿瘤和神经系统疾病的表观遗传机制"的"973"重大专项研究。2006年，中国、日本、韩国、新加坡的研究人员召开了第一届亚洲表观遗传组学联盟（Asian Epigenome Alliance）年会，成为亚洲表观遗传学研究发展的重要交流和合作平台。

二、表观遗传主要研究进展、国家、机构和团队

（一）各个国家在表观遗传领域的科研进展

从论文发表数量来看，2012~2016年，表观遗传学领域发文量排名首位的是哈佛大学，其中，在 *Cell*、*Nature*、*Science*（CNS）及其子刊上的发文量也遥遥领先，ESI高水平论文157篇，可见其研究质量之高。中国科学院以1151篇的发文量排名第二，CNS及其子刊上发文量为99篇，在Top10机构中排名第4，但ESI高水平论文数仅为20篇，在Top10机构排名第9（表6-1）。从国家分布可以看到，美国发表的研究论文数量为3342篇，文章数占总量的30.4%；中国发表的文章数为2608篇，占23.7%，排在第二位；德国、意大利和西班牙分列第三至五名。尽管中国发文量排名全球第二位，但单篇平均被引频次仅为8.64次，低于其他发达国家，CNS及其子刊论文数以及ESI高水平论文数

表6-1 2012~2016年表观遗传学领域主要国际研究机构发表论文情况（单位：篇）

机构	论文量	总被引频次	均被引频次/篇	CNS及其子刊论文数	ESI高水平论文数
哈佛大学	1 572	58 674	37.32	316	157
中国科学院	1 151	14 005	12.17	99	20
约翰霍普金斯大学	727	17 646	24.27	70	43
宾夕法尼亚大学	665	14 683	22.08	96	36
得克萨斯MD安德森癌症研究所	647	15 740	24.33	73	29
剑桥大学	642	17 777	27.69	115	49
密歇根大学	650	11 204	17.24	83	32
斯坦福大学	610	23 429	38.41	118	42
东京大学	562	8 142	14.49	57	11
美国国家癌症研究院	560	13 580	24.25	63	27

所占比例分别为 3.28%和 1.30%，在发文量前十的国家中排名最低，整体研究水平还有待提高。截至 2022 年 6 月，全球表观遗传学领域研究已经发表了 48 246 篇 Medline 收录的文献。

（二）表观遗传研究的主要团队

除了以上机构，哈佛医学院遗传系罗伯特·金士顿（Robert Kingston）实验室、霍华德休斯医学研究所张毅实验室和马普学会免疫学与表观遗传学研究所等研究团队，在生化分子与表观遗传学领域也作出了很多重要成就，推动了表观遗传研究的发展。

1. 哈佛医学院遗传系罗伯特·金士顿实验室

罗伯特·金士顿院士现任职于麻省总医院生物分子部门，其研究方向为揭示真核生物染色质修饰酶的功能和机制。近年来，罗伯特·金士顿及其团队在 *Science*、*Nature Genetics*、*PNAS*、*Molecular Cell* 等优秀期刊上先后发表论文 50 多篇。

2. 霍华德休斯医学研究所张毅实验室

霍华德休斯医学研究所（HHMI）研究员张毅（现就职于哈佛医学院）是分子生物学和遗传学领域高影响力论文发表数量最多的前十位顶级科学家之一，是表观遗传学 DNA 甲基化研究领域的权威专家。张毅实验室主要关注表观遗传修饰介导的染色质结构动态变化过程，已经取得了大量表观遗传学成果，包括表征和鉴定了多种 ATP 依赖的核小体重塑和组蛋白去乙酰化酶、组蛋白甲基转移酶、组蛋白去甲基化酶、组蛋白 H2A 泛素 E3 连接酶等蛋白质分子。

3. 马普学会免疫学与表观遗传学研究所

马普学会免疫学与表观遗传学研究所有两大研究主题，表观遗传学研究是其中之一，目标是分析染色质可塑性和表观遗传变异基因组研究，这些机制可能是维护胚胎发育、细胞类型、细胞分化的关键，同时表观遗传学的研究将有助于解释疾病（如癌症、神经退行性疾病、代谢性疾病）的发病机制。

4. 芝加哥大学何川教授

何川教授主要从事化学生物学、核酸化学和生物学、遗传学等方面的研究。近年来在甲基化修饰，尤其是 5hmC 和 6mA 修饰等方面获得了许多重要的发现。迄今已在 *Nature*、*Science* 等国际权威学术期刊发表论文 70 余篇。曾荣获美国癌症研究青年科学家奖，以及凯克基金会医学研究杰出青年学者奖等多个奖项，2013 年当选为顶级生命医学研究院 HHMI 研究员。

5. 中国科学院遗传与发育生物学研究所曹晓风研究员

曹晓风研究员长期从事植物表观遗传学研究，系统揭示了组蛋白甲基化和去甲基化、蛋白质精氨酸甲基化及小分子 RNA 等表观遗传修饰在转录和转录后水平调控基因表达和转座子活性的分子机制，取得了一系列原创性成果，促进了植物表观遗传学学科的发展。建立了高等植物组蛋白甲基转移酶分离纯化体系,首次揭示了蛋白质精氨酸甲基化通过转录后水平调控基因表达的新机制。鉴定了水稻小 RNA 产生的关键因子及遗传途径,揭示转录与转录后共同调控基因表达的规律;发现了小分子 RNA 丰度的变化可导致表观遗传水平差异;发现了转录后调控机制在水稻育种中的重要作用。

三、表观遗传领域的发明专利及其他

从公开专利量来看,美国 22 227 件公开专利量遥遥领先,且其 PCT(《专利合作条约》)国际申请量占比例达到 3.27%,中国以 9971 件的公开专利量排名第二,但 PCT 国际申请仅有 45 件,占比例仅为 0.45%,与其他国家差距较大。从专利申请情况看,2012~2016 年,罗氏制药有限公司拥有最多的表观遗传学相关专利(表 6-2),公开专利共 1122 件,其中 PCT 国际申请 29 件。其次是杜邦公司,申请了 1101 件专利,其中 PCT 国际申请 22 件。中国科学院以 331 件的专利申请排名第 10 位,其中 PCT 国际申请量仅有 4 件,占比例较低。

表 6-2 表观遗传学领域主要国际机构专利申请情况 (单位:件)

专利权人所属机构	公开专利量	PCT 国际申请量
罗氏制药有限公司	1122	29
杜邦公司	1101	22
诺华制药有限公司	622	14
赛诺菲公司	574	9
拜耳集团	438	13
再生元制药公司	395	7
强生公司	364	0
加州大学系统	337	0
加拿大陶氏化学公司	334	5
中国科学院	331	4

各大研究机构、大型公司还积极开展合作研究,在表观遗传靶标药物上开展研发。2011 年,Epizyme 分别和葛兰素史克公司、Eisai(卫材公司)签署合作协议,共同开发组蛋白甲基化转移酶小分子抑制剂。2014 年罗氏集团和 Oryzon genomics 达成一项全球合作,共同研发一种表观遗传学调控器——赖氨酸特异性脱甲基酶-1 抑制剂。2015 年 FDA 批准了诺华集团的 HDAC 抑制剂可用于治疗多发性骨髓瘤。可以看见,表观遗传学相关的医疗应用技术飞速发展,继基因组测序走上商业化道路后,表观遗传学也有希望成为下一个科学技术发展的方向和热点。

第三节 棉花基因组 DNA 甲基化研究进展

一、DNA 甲基化的发现和作用

DNA 甲基化是基因组中一种最稳定的表观修饰状态,在 DNA 甲基转移酶的作用下,

发生修饰的 DNA 链可随 DNA 的复制过程遗传给新生的子代 DNA，是一种重要的表观遗传机制。同时，DNA 甲基化是目前研究中发现的基因组 DNA 一种主要表观修饰形式，是维持基因组结构、功能等稳定遗传的主要手段，在调控植物的基因表达、细胞分化以及个体或系统发育、植物逆境适应等很多方面发挥重要作用（Ronemus et al.，1996；Jones and Takai，2001；Xiao et al.，2006）。植物 DNA 甲基化是指在 DNA 完成复制后，在各种 DNA 甲基化酶或 DNA 甲基转移酶（DNAmethyltransferase，DNMT）催化作用下，以 S-腺苷甲硫氨酸（S-adenosyl methionine，SAM）作为甲基供体，把 SAM 上面的甲基基团转移到基因组 DNA 链的特定序列上，通过共价键结合方式获得一个甲基基团的化学修饰过程（Peedicayil and Nadu，2005）。植物的 DNA 甲基化通常发生在 DNA 链不对称的 CHH（H 表示 A、C、T）、CG 或者 CNG（N 表示任何碱基）这些特定区段胞嘧啶的 C-5 位残基、腺嘌呤的 N-6 位残基及鸟嘌呤的 N-7 位残基等位点（Chan et al.，2005）。其中发现和研究中最多的 DNA 甲基化主要是指发生在 CpG 二核苷酸中胞嘧啶上第 5 位碳原子的甲基化过程，其产物称为 5-甲基胞嘧啶（5mC），是植物、动物等真核生物 DNA 甲基化的主要形式，另外两种分别被称为 6-甲基腺嘌呤（6mA）和 7-甲基鸟嘌呤（7mG）。

相比之下，6mA 修饰在真核生物中的分布和功能在很大程度上仍然未知，直到最近的几项研究报告了 DNA 的 6mA 修饰在单细胞绿藻莱茵变色单胞菌、真菌和包括果蝇、秀丽隐杆线虫、爪蟾、小家鼠等多细胞动物基因组中的分布模式（Fu et al.，2015；Greer et al.，2015；Zhang et al.，2015；Wu et al.，2016；Mondo et al.，2017）。虽然人们早就知道 DNA 6mA 存在于原核生物和古代真核生物中，但 6mA 的研究主要集中在原核生物中，6mA 甲基化修饰是区分侵入性外源 DNA 的主要 DNA 标记（Ratel et al.，2006a；Fu et al.，2015）。此外，原核生物中的 6mA 还影响各种生物过程，如基因的表达、细胞周期调节、DNA 复制和 DNA 的损伤修复等（Messer and Noyer-Weidner，1988；Campbell and Kleckner，1990；Collier et al.，2007）。早期对真核生物中的 6mA 的研究主要集中在较为低等的单细胞原生生物中（Ratel et al.，2006b；Wion and Casadesús，2006；Fu et al.，2015），且人们对其功能的了解远远少于原核生物（Fu et al.，2015）。在莱茵衣藻中，84% 的基因中存在 6mA 修饰（Fu et al.，2015）。并且 DNA 6mA 主要发生在转录起始位点（TSS）周围的 ApT 二核苷酸上，并与活性基因表达相关。对核小体位置的进一步研究表明，6mA 与核小体位置呈负相关。这些结果表明 6mA 可能在真核基因表达中起调节作用（Fu et al.，2015）。随着检测方法和高通量测序技术的发展，DNA 6mA 的全基因组特征正在被揭示和研究，以揭示其在真核生物中的作用和机制。最近研究发现高等真核生物的 DNA 中也含有 6mA 修饰，尽管水平很低（Ratel et al.，2006）。随着检测技术灵敏度的提升，最近对黑腹果蝇和秀丽隐杆线虫基因组 DNA（gDNA）中 6mA 的研究揭示了 6mA 在多细胞真核生物中的分布模式和潜在功能。发现 6mA 的修饰在各种组织中是动态变化的，且是黑腹果蝇发育调控所必需的（Zhang et al.，2015）。在果蝇中，6mA 主要位于转座子的基因体中，并与转座子激活相关，胚胎期去除 DNA 6mA 会导致转座子抑制（Zhang et al.，2015）。在秀丽隐杆线虫中，6mA 富含两种不同的序列基序（GAGG 和 AGAA）。并且发现 6mA 的功能与基因信息的隔代遗传有关（Greer et al.，

2015)。此外，两者之间还存在串扰。上述结果均已证明 DNA 6mA 修饰在衣藻、果蝇、秀丽隐杆线虫生物学的不同方面发挥重要作用（Fu et al.，2015；Greer et al.，2015；Iyer et al.，2016）。此外，在脊椎动物中也发现了 DNA 6mA 修饰，如非洲爪蟾和美洲小家鼠，但其 6mA 丰度远低于果蝇和秀丽隐杆线虫（Koziol et al.，2016；Wu et al.，2016）。6mA 通常在非洲爪蟾和美洲小家鼠的基因外显子中缺失（Koziol et al.，2016），并在美洲小家鼠胚胎干细胞的基因抑制中发挥作用。因此，最近的研究阐明了 DNA 6mA 修饰对真核生物的多种生物学功能发挥调控作用（Greer et al.，2015；Zhang et al.，2015；Wu et al.，2016；Liang et al.，2018）。自 1971 年以来，已在几种高等植物中检测到质体、线粒体 DNA 或核 DNA 中存在 6mA 修饰（Vanyushin et al.，1971；Vanyushin et al.，1988；Dhar et al.，1990；Fedoreyeva and Vanyushin，2002）。但是陆生植物中 6mA 的全基因组分布模式和潜在功能在很大程度上尚不清楚。近年来的研究发现，6mA 甲基化修饰在拟南芥 Col 基因组中广泛分布，在不同的拟南芥组织和发育阶段表现出水平的动态变化，并发挥重要作用。高通量测序发现近 30% 的 DNA 6mA 位点存在于基因组中。对 Col 中 6mA 甲基化组和 RNA 测序（RNA-seq）数据的比较表明，6mA 修饰与拟南芥中活跃表达的基因相关，并可能在陆地植物中作为表观遗传标记发挥重要作用。不同的表观遗传修饰之间的相互作用是普遍而复杂的。此外，DNA 中的 5mC 分别由 DNA 甲基转移酶（DNMT）和 DNA 糖基化酶（DNAglycosylase，DML）生成（Jones and Takai，2001）。而 DNA6mA 甲基化酶（DAMT）和烷烃羟化酶（ALKB）分别被证明是负责 6mA 修饰的甲基转移酶和去甲基酶（Xiao et al.，2006）。*SlALKBH2* 介导的 6mA RNA 去甲基化促进了 5mC 去甲基酶 *SlDML2* 的功能；*SlALKBH2* 的突变降低了 *SlDML2* 的转录，延迟了果实成熟（Zhou et al.，2019a；Zhao et al.，2021），显示了 5mC DNA 甲基化和 6mA RNA 甲基化之间的反馈循环。

DNA 甲基化不会改变其一级核苷酸序列和结构，但是可以引起 DNA 高级结构的变化，阻断或干扰 DNA 所携带的遗传信息的传递，从而引发形态性状等一系列生理过程和生物学功能变化（Santi et al.，1983；Wu and Santi，1985；Gabbara and Bhagwat，1995；Hurd et al.，1999；Sheikhnejad et al.，1999）。一般来说，细胞内 DNA 甲基化的动态平衡是维持细胞功能的关键指标，DNA 甲基化程度过高或过低，都会影响植物正常生长发育，引起形态、发育等多方面的异常（Finnegan et al.，1996）。在模式植物拟南芥中，转基因抑制基因组 DNA 去甲基化水平，会导致显著的表型变异（Ronemus et al.，1996）。此外，拟南芥胚胎正常发育和种子活力水平的高低均与 DNA 甲基化水平密切相关（Xiao et al.，2006）。

二、DNA 甲基化的作用方式和作用机制

DNA 甲基化修饰在植物中主要存在两种方式：一种称为从头甲基化（*de novo* methylation），指均未发生甲基化的双链 DNA 的两条链都被甲基化；另一种称为保留甲基化（maitenance methylation），即双链 DNA 的一条链已存在甲基化，另一条未甲基化的链发生甲基化修饰。根据蛋白质序列的同源性和功能特征，植物中参与甲基化的 DNA 甲基酶可分为 4 类：DNMT1（DNAmethyltranseferase 1）/MET1（methyltransferase 1）、

CMT（chrommomethyltranseferase）、结构域重排甲基转移酶（domain rearranged methylase, DRM）、DNMT2/DNMT3。DNMT1/MET1是植物发育中最重要的甲基酶，主要负责DNA中单拷贝和重复序列等CG类序列甲基化状态的维持。DNMT1主要在细胞周期S期发挥作用和行使功能，也是参与细胞周期S期DNA复制过程的一个重要因子（Leonhardt et al., 1992）。在细胞DNA分子复制过程中，新合成的DNA链和母链不同，其不具有相应的甲基化修饰，DNMT1可以特异性识别新链的CpG区域并且通过识别母链上已修饰的甲基基团快速转移甲基基团至对称位置的胞嘧啶，使其成为具有甲基化修饰的5mC，从而达到维持子代DNA与母代DNA相同的甲基化修饰水平的目的（Bolden et al., 1986；Smith et al., 1991；Smith et al., 1992）。其对植物的花期发育、胚胎发育、形态建成和栽培等过程均有重要影响（Woodcock et al., 1988；Scheidt et al., 1994；Ashapkin et al., 2016）；CMT酶是植物中特有的一类DNA甲基酶，它的催化区T和Ⅳ可以包埋染色体的主区，从而特异性地维持CG序列的甲基化。其主要催化CpNpN（N非G）和CpNpG核苷酸序列中的胞嘧啶（Genger et al., 1999）；结构域重排甲基转移酶（DRM）主要包括DRM1、DRM2和Zmet3三类，负责催化转基因沉默位点的胞嘧啶及失活转座子的甲基化修饰，同时负责非对称位点DNA序列从头甲基化，以及外源siRNA同源的DNA中全部胞嘧啶从头甲基化（Cao et al., 2000）；可能为DNMT2家族同源蛋白，如拟南芥的DMT11和玉米中的DMT104，它们和DNMT2序列相似，但功能不同，其作用机制有待进一步研究（Goodrich and Tweedie, 2002）。

DNA甲基化作为一种化学催化反应，能够被逆转，即去甲基化。去甲基化可以分为被动去甲基化和主动去甲基化两种方式。被动去甲基化是一种复制依赖性的化学反应，在细菌中，可以通过抑制DNMT1的活性来被动地去除和降低DNA分子上的甲基化水平；主动去甲基化则是非复制依赖性的（Ooi and Bestor, 2008），存在多种可能的作用机制，包括TET（ten-eleven translocation methylcytosine dioxygenase1）家族介导的羟甲基化，酶移除的去甲基化，碱基切除修复（nucleotide excision repair，NER）介导的去甲基化，5-甲基胞嘧啶脱氨基等多种方式（Wu and Zhang, 2010；Cortellino et al., 2011）。其中，TET1可催化5mC氧化成5-羟甲基胞嘧啶（5hmC），而DNMT1不能识别5hmC进行甲基化修饰，从而使甲基化在DNA复制时丢失，发挥主动去甲基化的作用（Kriaucionis and Heintz, 2009；Tahiliani et al., 2009）。

植物中相关研究主要集中于DNA糖基化酶起始的碱基切除修复机制和氧化去甲基化两个机制上。ROS1（repressor of silencing 1）是最先发现的DNA糖基化酶家族成员，编码DNA去甲基化酶，其是一个双官能团蛋白，既可以对DNA进行糖基化修饰，同时也可以降解DNA。IDM1（increased methylation 1）编码一个组蛋白乙酰基转移酶，IDM2和IDM3属于ACD家族成员，它们均可以作为分子伴侣与IDM1互作，共同通过调控组蛋白乙酰化水平，招募和介导ROS1参与的DNA去甲基化作用。MBD7（methyl-CpG-binding domain7）作为特异的甲基化结构域识别蛋白，可以与IDM2和IDM3互作，为ROS1行使功能创造适宜的染色质环境（Gong et al., 2002；Basha et al., 2012；Qian et al., 2012；Qian et al., 2014；Lang et al., 2015；Wang et al., 2015a）（图6-3）。

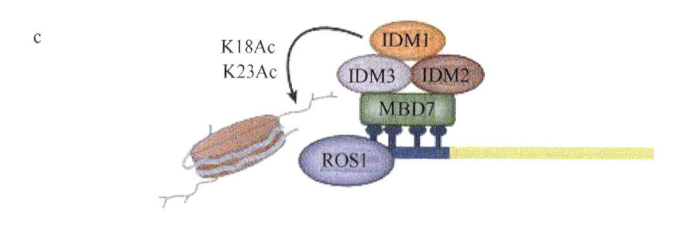

图 6-3 DNA 甲基化作用机制（Deleris et al., 2016）

a. DNA 甲基化形成机制；b. DNA 甲基化维持的作用机制；c. 依赖于 ROS1 的 DNA 甲基化作用

在植物甲基化中存在一个关键问题，即植物如何对基因组的特异位点进行甲基化。现在普遍认为存在一种由 RNA 指导的 DNA 甲基化（RNA direct DNA methylation, RdDM）机制介导了这种位点特异性的修饰作用。RdDM 首先是在含有 RNA 类病毒同源序列基因的转基因烟草中被发现并阐明的（Wassenegger et al., 1994）。在类病毒复制的植物中，DNA 甲基化在转入的基因序列中积累，而在没有病毒复制的对照植物中却没有观察到甲基化现象。随后在那些与宿主有同源序列的 RNA 病毒感染的系统中也观察到了该现象（Wang et al., 2001）。RdDM 中存在一种与基因组中的同源 DNA 序列配对的反义 RNA 触发（RNA trigger）分子，并且作为胞嘧啶甲基转移酶作用的底物，但有关 RNA 触发分子是如何与 DNA 甲基化酶相互作用，并且与 DNA 序列配对的机制却还不清楚。目前普遍认可的一种模型是基因转录产生一个临时 RNA 与 RNA 触发分子相互配对，并与染色质修饰酶和 DRM 甲基转移酶在某一特定位点形成一个复合物，从而使目标 DNA 发生甲基化。植物特有的 DNA 依赖的 RNA 聚合酶Ⅳ（Pol Ⅳ）的发现和确定对这一模型提供了新的支持（Wang et al., 2001）。RdDM 可以引起 CG 和非 CG 中的胞嘧啶致密甲基化，如在转具有 RNA 类病毒同源序列基因的烟草中，由 RNA 类病毒复制引起的甲基化使转基因中几乎所有的胞嘧啶发生致密甲基化。即使在 RNA 信号分子很少的情况下，仍然有相当部分的非 CG 甲基化发生（Luff et al., 1999）。因此，在基因组中，某一特定位点的非 CG 甲基化比例可能反映与触发分子 RNA 同源目标序列的水平和（或）效率。

研究表明，5mC 和 6mA DNA 甲基化是真核生物和原核生物中最常见的 DNA 修饰类型。此外，DNA 中的 5mC 分别由 DNA 甲基转移酶（DNMT）和 DNA 糖基化酶（DML）生成（Jones and Takai, 2001）。而 DAMT 和 ALKB 分别被证明是负责 6mA 修饰的甲基转移酶和去甲基酶（Xiao et al., 2006）。*SlALKBH2* 介导的 6mA RNA 去甲基化促进了 5mC 去甲基酶 *SlDML2* 的功能；*SlALKBH2* 的突变降低了 *SlDML2* 的转录，延迟了果实成熟（Zhou et al., 2019a, 2019b; Zhao et al., 2021），显示了 5mC DNA 甲基化和 6mA RNA 甲基化之间的反馈循环。由此可见，无论在分子水平还是细胞水平，基因组 DNA 的甲基化和去甲基化都是由多种不同的酶家族成员和辅助分子共同参与完成的，在它们的协同作用下，母代的表观遗传学密码得以传给子代。但在 DNA 的甲基化和去甲基化之间的互作调控和具体机制还不清楚（Tahiliani et al., 2009; Guo et al., 2014），因此，在 DNA 甲基化方面仍存在有许多疑问。

三、棉花 DNA 甲基化研究进展

棉花是重要的经济作物，其主成分棉纤维是重要的工业原材料和最广泛的天然纤维材料。棉籽还是重要的油料来源，解析和改造其发育调控对于提高棉花的产量、品质和经济附加值有重要意义。

（一）棉纤维发育的 DNA 甲基化研究

纤维发育的分子机制是人工改良纤维品质和提高纤维产量的理论基础，DNA 甲基化作为一种重要的植物发育调节机制，对于其在棉纤维发育当中的作用还不太清楚。利用 DNA 甲基化酶抑制剂（zebularine）外源处理棉花胚珠，发现胚珠表面的纤维发育显著受影响，随着抑制剂浓度的增加，其对纤维发育的抑制作用愈发显著，表明全基因组水平的 DNA 甲基化减少会抑制棉花纤维的发育。为了解析其具体机制，海岛棉 3-79 被用于全基因组 DNA 甲基化测序和分析。分别取发育过程中 10DPA、20DPA 和 30DPA 的纤维样品进行亚硫酸盐测序，鉴定出 $7.9\times10^7 \sim 11.7\times10^7$ 个的 DNA 甲基化位点。其中 $2.8\times10^7 \sim 3.1\times10^7$ 个属于 CG 甲基化，$2.6\times10^7 \sim 3\times10^7$ 个属于 CHG 甲基化，$2.3\times10^7 \sim 5.6\times10^7$ 个属于 CHH 甲基化。在染色体水平上进行深入分析，结果发现这三类 DNA 甲基化均高度富集在着丝粒区域。比较海岛棉 A 和 D 亚基因组水平的 DNA 甲基化，发现 A 亚基因组的 CG 和 CHG 甲基化水平整体高于 D 亚基因组，而 CHH 甲基化水平却整体低于 D 亚基因组，表明基因组 DNA 的甲基化修饰在棉花的 A 和 D 亚基因组之间具有特异的选择偏好性。通过鉴定和分析纤维不同发育时期的差异甲基化区域（DMR），发现纤维发育后期存在大量的CHH甲基化；与0DPA相比，10DPA高甲基化的CHH主要分布在转座子富集区域。表明胚珠和纤维中的DNA甲基化分布在染色体水平上存在明显差异。在陆地棉TM-1中的研究也发现，基因间的CHG和CHH甲基化促进了胚珠和纤维发育中基因在部分同源染色体的偏好性表达（Song et al.，2015）。为了验证染色体水平的DNA甲基化变化是否影响染色质的状态，利用微球菌核酸酶进行染色质的消化和MNase-seq技术处理，分析染色质在不同发育时期的开放状态和致密程度。通过对测序数据的基因组比对，发现在纤维细胞起始期（0DPA）染色质可获取性和开放程度最大，纤维次生壁大量合成时期（30DPA）染色质可接近性最低，致密程度最高。通过着丝粒区域染色质的可获取性分析，发现随着纤维发育异染色质比例和程度逐渐加深，微球菌核酸酶酶切效率逐渐降低。表明随着纤维发育，常染色质逐渐减少，异染色质逐渐增加。为了进一步分析纤维发育过程中DNA甲基化与异染色质化之间的相关性，对纤维发育过程中差异甲基化区域染色质的可获取性进行了研究。发现在整个基因组水平染色质的可接近性与DNA甲基化的高低呈负相关；随着纤维发育，CHH高甲基化区域的染色质可获取性明显降低。表明纤维发育过程中DNA甲基化的增加与染色体异染色质化相关。

由5mC和6mA组成的DNA甲基化在植物发育中发挥重要作用，但其在棉花纤维发育中的具体作用和潜在机制尚不清楚。陈广宇等对陆地棉DNA中胞嘧啶第5碳和腺嘌呤第6碳的甲基化调控基因进行全基因组鉴定，同时还系统研究了两个棉花品系Xu142和ZM24及它们的光籽突变体Xu142fl和ZM24fl在纤维起始时期的5mC和6mA DNA甲基化谱，揭示了纤维细胞起始发育过程中基因组水平的DNA甲基化的变化模式，发现光籽突变体中的甲基化程度要显著高于野生型。全基因组水平的鉴定发现，陆地棉中介导5mC甲基化和去甲基化、6mA甲基化和去甲基化的基因分别为13个、10个、6个和17个。通过分析基因的组织表达模式，发现一些纤维起始阶段优势表达基因，如 *GhDAMT1*、*GhDAMT3*、*GhALKBH12*、*GhALKBH16* 和 *GhALKBH17*。它们的表达量在光籽突变体 Xu142fl 要显著高于野生型，而 *GhALKBH3* 在 Xu142 中的表达量则要高于光籽材料 Xu142fl。以上结果为在棉纤维发育过程中DNA甲基化修饰变化的研究提供了线索。同时采用ONT（Oxford Nanopore Technologies）测序解析 ZM24 和 ZM24fl 在纤维起始发育过程的DNA甲基化变化，结果发现 ZM24 和 ZM24fl 在纤维起始时期的5mC和6mA的DNA甲基化存在显著的差异，ZM24fl 中的5mC和6mA的DNA甲基化程度要显著高于ZM24，其中6mA的甲基化在开花前2天、0天、5天的胚珠样本之间存在极显著差异。进一步研究筛选到多个基因区甲基化显著变化的基因，其中一个RNA聚合酶抑制因子编码基因 *MAF1*，在纤维起始中特异表达，通过染色质免疫共沉淀技术（ChIP-qPCR）对ZM24和ZM24fl棉花中的 *MAF1* 基因进行验证，发现 *MAF1* 在 ZM24fl 中的6mA DNA甲基化富集程度低于ZM24，表明棉花中 *MAF1* 上的6mADNA甲基化抑制其转录表达，表明其可能受到6mA甲基化调控影响纤维发育。对其蛋白质功能的初步分析，则发现GFP-GhMAF1融合蛋白同时定位在细胞核与细胞膜上。进一步对拟南芥 *maf1-2* 突变体的表皮毛数量进行统计，发现其表皮毛数量要少于野生型。通过实时荧光定量PCR（qRT-PCR）对 *maf1-2* 突变体中参与表皮毛发育的相关基因进行了筛选与检测，发现 *MAF1* 可能通过调控 *GL1*、*GL2* 等基因的转录表达，进而调控拟南芥中表皮毛的发育。而 *GIS2* 和 *JAZ1* 的表达量下调，说明 *MAF1* 也可能参与了赤霉素与茉莉酸的信号通路（Chen et al., 2022）。

染色质状态和组蛋白 H3K9me2 修饰可以影响 DNA 甲基化的修饰水平和模式。在高等植物中，DNA 甲基化的建立依赖 CMT2（依赖于 H3K9me2 修饰）和 RdDM（RNA dependent DNAmethylation）两个途径。首先分析 RdDM 途径和 DNA 甲基化之间的关系，发现随着纤维发育，24 nt 小 RNA 数量逐步降低，RdDM 途径重要基因的表达也逐步降低，这与 CHH 甲基化的逐步增加模式相反，表明纤维发育中 CHH 甲基化和 RdDM 途径之间具有负相关性，CHH 甲基化的增加可能不依赖于 RdDM 途径，可能是其他途径（H3K9me2 修饰）参与纤维发育过程中 CHH 甲基化建立。于是利用 H3K9me2 抗体和染色质免疫共沉淀技术（ChIP-Seq）分析纤维发育过程中 H3K9me2 修饰的变化模式。数据分析结果表明 H3K9me2 修饰随着纤维发育逐渐增加，并且主要体现在异染色质区域。进一步分析发现，H3K9me2 修饰分布与染色体上基因密度、24nt 小 RNA 和染色质的可接近性呈负相关，而与 DNA 甲基化的增加呈正相关。染色体水平上的分析发现高甲基化区域的 H3K9me2 修饰明显增加，尤其是在异染色质区域。在此基础上分析了基因表达和 DNA 甲基化之间的关系。观察到整体上基因的高甲基化导致了其较低的转录表达，表明了 DNA 甲基化与基因表达的负相关性，和之前的报道一致。

植物多倍化过程伴随着大量的基因非加性表达。棉花在进化当中具有显著的基因多倍化特征，在前期纤维发育 DNA 甲基化图谱分析基础之上，进一步分析四倍体棉花亚组基因表达偏向性与 DNA 甲基化之间的可能关系。结果发现无论表达偏好于 At 还是 Dt 亚组的基因，其 DNA 甲基化水平均相应降低，表明纤维发育过程中 DNA 甲基化可能是亚基因组水平非对称的基因偏向性表达的原因之一。同时分析 DNA 甲基化可能调控的纤维发育关键基因，发现调控纤维发育的脂质代谢和类黄酮代谢相关基因都在 10DPA 处于低甲基化水平，而其转录均高水平表达。在纤维发育 10DPA 中，脂肪酸途径关键基因 *KCS6* 的启动子区域发现了一个低甲基化的 DMR（DNAmethylation region），和其转录表达水平显著负相关；抗坏血酸代谢途径和纤维合酶相关基因均在 20DPA 或 30DPA 高量表达，而它们的甲基化水平则比纤维发育其他时期显著降低。均表明了 DNA 甲基化可能会通过调控脂质的合成和细胞内活性氧动态平衡的维持，从而调控棉花纤维的发育（王茂军，2017）。由此可见，DNA 甲基化可以通过调控不同途径关键基因的染色质状态和转录表达从而影响纤维发育，但具体 DNA 甲基化相关的关键修饰酶还不清楚，作用分子机制还有待探索。

（二）棉花株型调控的 DNA 甲基化研究

棉花株型对于植株抗逆、棉花产量和机械化采收至关重要。尤其在栽培机械化程度较高的世界主要棉区，棉花株型直接影响采收后的棉花最终产量和品质。为了了解棉花果枝和芽发育的表观机制，对苗期、现蕾前期和现蕾期三个时期的 DNA 甲基化变化模式进行了分析，并鉴定了棉花当中的 16 个 DNA 甲基转移酶和 6 个去甲基化酶。其中棉花 CMT、DRM2 和 MET1 在现蕾前期和现蕾期上调表达，表明 DNA 甲基化可能参与了花芽和果枝的发育。除此之外，还发现几个生物钟节律调控基因 CRY、LHY 和 CO 在 DNA 甲基化和转录表达水平都发生了显著变化，暗示昼夜节律受到 DNA 甲基化的调控，在棉花花芽和果枝发育中可能发挥重要作用（Sun et al., 2018）。张天真团队与得克萨斯大学杰夫瑞·陈的团队合作报道了野生棉和种植棉之间 500 多种表观遗传基因的差异，解析了栽培棉花（四倍体）、野生四倍体、种间杂种，以及二倍体棉花的 DNA 甲基化，分辨率达到单碱基水平，绘制了棉花表观遗传基因的"甲基化基因图谱"。为通过表观修饰育种培育出高产优质棉花提供了重要依据。研究还发现，野生棉花内的一种甲基化基因 COL2 能阻止棉花开花，而种植棉中的这种基因已发生去甲基化，导致了棉花从热带植物变成在世界多数地区发育生长的普适性农作物。参照这一最新"甲基化基因图谱"，育种专家可通过化学方法或 CRISPR-Cas9 等技术进行基因甲基化修饰，靶向培育出改良品种，同样的方法也可用于小麦、咖啡、土豆和玉米等主要农作物育种。

乙烯在调控植物株系和衰老等方面发挥重要作用。郭宁等应用甲基化敏感扩增多态性（methylation sensitive amplified polymorphism，MSAP）技术，利用不同乙烯利处理，研究棉花子叶 DNA 甲基化水平和甲基化变化模式。结果显示，经 300mg/L、500mg/L 和 700mg/L 乙烯利处理后，棉花子叶 DNA 甲基化比例分别为 32.99%、35.45% 和 37.49%，都低于对照组（37.92%）；和对照组相比，经不同浓度乙烯利处理后，棉花子叶 DNA 发生甲基化变化位点的比例分别是 2.71%、3.63% 和 4.88%，而去甲基化位点的比例分别为 10.66%、9.84% 和 9.23%；同时鉴定了 17 个 MSAP 差异基因片段，包括果胶甲酯酶、细胞色素 P450、乙醇脱氢酶基因、肌动蛋白解聚因子、翻译延伸因子等和乙烯利诱导棉花子叶衰老相关基因。表明了乙烯调控 DNA 甲基化参与了棉花子叶衰老的调控（郭宁等，2014）。

（三）棉花在非生物胁迫下的 DNA 甲基化研究

我国西北等地区具有大量的盐碱地等不利栽培的土地。随着农业产业化方式的改变，棉花种植在我国条件恶劣地区的逐步推广，盐碱胁迫成为棉花栽培面临的一个难题。利用 Me-DIP（methylated DNA immunoprecipitation sequencing）技术，分析了盐胁迫下棉花基因组水平的 DNA 甲基化变化模式，发现 DNA 甲基化主要富集在基因编码区的上游或下游 2kb 的核酸序列及 CG 岛上。94% 的甲基化区域主要富集在 LTR-gspsy 和 LTR-copia 两类转座子上；富集的相关基因则主要参与多个代谢过程、细胞成分形成和酶催化活性调节等不同的生理过程，为 DNA 甲基化参与调控棉花的盐胁迫提供了大量基础信息（Lu et al., 2017）。

李雪林等以陆地棉品系 YZ1 为材料，研究不同 NaCl 浓度下棉花幼苗生长及根基因组 DNA 的甲基化水平和变化模式。结果表明，100mmol/L NaCl 对棉花幼苗的株高和根长生长有促进作用，200mmol/L NaCl 则有显著抑制作用；100～200mmol/L NaCl 胁迫严重抑制棉花幼苗的侧根数量。甲基化敏感扩增多态性（MsAP）分析表明，经 100mmol/L、150mmol/L 和 200mmol/L NaCl 处理后根基因组 DNA 甲基化比例分别为 38.1%、35.2% 和 34.5%，均低于对照（41.2%）；同时棉花幼苗根 DNA 的甲基化水平与 NaCl 处理浓度显著负相关（$r=-0.986$）。与对照相比，100mmol/L、150mmol/L 和 200mmol/L NaCl 胁迫下棉花幼苗根基因组 DNA 的甲基化和去甲基化比例分别为 6.4%、7.6%、11.3%和 12.7%、11.1%、8.2%。此外，RT-PCR 分析表明，与 MSAP 差异片段高度同源的基因的表达在处理与对照间差异显著（Li et al., 2009）。

高温对棉花可以造成热胁迫，特别是铃期的高温，显著影响蕾、花、铃的脱落和数量，花粉败育程度，纤维产量和品质（蔡义东等，2010；裴小雨等，2015；周曙霞等，2016；Rahman et al., 2004；Reddy et al., 2017）。以耐高温品种苏棉 16 号和高温敏感品种石 185 为材料，利用甲基化敏感扩增多态性（MSAP）技术，分析了棉花花铃期高温胁迫对 DNA 甲基化变化的影响。结果显示，经过高温处理后，耐高温品种苏棉 16 号和高温敏感品种石 185 的 DNA 甲基化水平都明显上升，苏棉 16 号半甲基化率高于全甲基化率，而石 185 全甲基化率高于半甲基化率；受到高温胁迫后，耐高温品种苏棉 16 号主要发生 DNA 甲基化，高温敏感品种石 185 主要发生 DNA 去甲基化。表明高温能够诱导棉花甲基化水平的提高，同时 DNA 甲基化水平及状态变化与棉花耐热性存在重要关系，为解析棉花耐受高温胁迫的 DNA 甲基化作用机制提供了线索。利用两个在高温下存在表型差异的棉花（*Gossypium hirsutum*）品种：84021（耐高温）和 H05（敏高温），作者通过进行全基因组重亚硫酸盐测序（WGBS）来分析高温和常温条件下花药中的 DNA 甲基化水平。在高温中检测到基因组 DNA 甲基化整体水平的波动，尤其是 CHH 甲基化（H=A，C/T）变化显著，并且 24nt 小 RNA 表达水平的变化与 DNA 甲基化水平显著相关。在常温下，DNA 甲基化抑制实验导致高温下的花粉不育，但不影响花药的正常开裂。进一步的转录组分析表明，高温下花药中糖类、活性氧（ROS）代谢通路的基因表达受到显著调控，生长素的生物合成和信号转导通路变化较小，表明高温通过破坏 DNA 甲基化干扰糖类和 ROS 代谢，导致雄性败育。这项研究开辟了使用表观遗传学技术培育耐高温品种的途径（任茂等，2017）。

由低温导致的冷害（＜20℃）或冻害（＜0℃）是世界范围内广泛存在的非生物胁迫，严重影响植物的生长发育（Nakamura et al., 2008）。利用 MSAP 技术，研究人员研究了一个耐低温品种棕彩选 1 号在低温条件下的 DNA 甲基化变化模式，发现低温处理显著影响了 DNA 甲基化水平，低温胁迫信号途径基因 *GhCLSD*、*GhARK*、*GhARM* 和 *GhTPS*，其 DNA 甲基化和转录表达均发生相应的变化，表明了 DNA 甲基化介导的基因表达可能参与了棉花的低温胁迫反应（Fan et al., 2013）。

（四）棉花黄萎病抗性中的 DNA 甲基化研究

棉花黄萎病（*Verticillium dahliae* Kleb）是棉花生长过程中的一种危害严重的土传维管束系统病害，是一种世界性病害，一般造成棉花产量损失 10%～20%，严重时可以达到 60%以上，被称为"棉花癌症"，是我国棉花的主要病害，并且有逐年加重的趋势，对棉花的生产造成了极大危害（简桂良等，2003；朱荷琴等，2012）。研究人员利用 MSAP 技术，研究黄萎病胁迫下的陆地棉甲基化水平的变化和甲基化模式的改变，通过 DNA 甲基化序列的克隆分析寻找棉花抗黄萎病相关基因。结果表明，陆地棉在黄萎病胁迫后 DNA 甲基化变化没有显著差异。对部分甲基化差异基因克隆测序发现，逆转录因子基因、肌动蛋白解聚因子基因、赤霉素 20-氧化酶基因、Transducin/WD40 重复亚族蛋白基因及泛素蛋白连接酶基因在黄萎病侵染后变化较大，可能参与棉花黄萎病抗病信号途径，对黄萎病抗性机制具有重要意义，对了解棉花黄萎病信号通路的 DNA 甲基化等分子机制提供了基础（张效苪等，2018）。

（五）棉花 DNA 甲基化其他方面研究

在植物组织培养阶段，很多与细胞再生相关的内源基因会经历 DNA 甲基化和组蛋白修饰等表观遗传的改变，张献龙团队构建了再生植株和野生型以及 Jin668 株系体细胞胚胎发生三个特定时期——非胚性愈伤组织（non-embryonic callus，NEC）、胚性愈伤组织（embryonic callus，EC）和体细胞胚（somaticembryo，SE）全基因组上单碱基分辨率的 DNA 甲基化图谱，结果显示 Jin668 与 R0 相比，显示出低的 CHH DNA 甲基化，再生后代中整体甲基化呈下降趋势。在体细胞胚胎发生阶段，NEC 到 EC 过程中 DNA 甲基化呈现上升的趋势，与 RdDM 途径和 H3K9me2 途径协同调控，EC 到 SE 阶段 DNA 甲基化呈现下降趋势，只与 RdDM 显著相关。进一步分析发现，在 EC 到 SE 过程中 DNA 去甲基化酶 ROS1 和 DME 显著上调，该过程可能高度依赖于 DNA 甲基化途径。通过对差异表达基因和启动子区域的 DNA 甲基化区域（DMR）分析发现，57 个基因启动子区域低甲基化可以激活生长素相关和 WUSCHEL 等标记基因的表达。同时发现在 NEC 时期外施 DNA 甲基化抑制剂增加了胚胎数量，激活了 *WOX11*、*CKX7*、*KNOX2* 等基因表达，促进了体细胞胚胎的发生。阐明了甲基化调控相关基因的激活，促使体细胞胚胎发生，进而提高植物再生能力的分子机制（Li et al.，2019）。

由此可见，DNA 甲基化广泛参与了棉花的各个生长发育阶段和逆境响应过程，但它们的具体调控途径、作用机制、参与的 DNA 甲基化相关酶类等内在作用机制还不清楚，需要加强研究力度，进一步分析和解析其参与棉花不同发育过程的变化模式和作用机制，构建棉花发育的 DNA 甲基化作用网络。

第四节 棉花蛋白质翻译后修饰研究进展

一、蛋白翻译后修饰的作用和种类

植物新合成的蛋白质必须经过一次或多次翻译后化学修饰，才能具有一定的生物活性和功能，参与各种细胞活动和生理过程，目前已报道的真核生物蛋白翻译修饰有 400 多种，主要包括组蛋白和非组蛋白的翻译后修饰（post translational modifications，PTM）。组蛋白（histone）不同于一般的功能蛋白，其是核小体基本组成单位，主要由 5 种组蛋白（H3、H4、H2A、H2B、H1）组成，其中 H3、H4、H2A、H2B 4 种蛋白质组成核心组蛋白，没有明显的种属及组织特异性，在序列、功能和进化上十分保守。核心组蛋白 N 端尾部 15~38 氨基酸通常会发生多种翻译后共价修饰，包括乙酰化、甲基化、泛素化、磷酸化、SUMO 化（small ubiquitin-mediated protein）和 ADP-核糖基化（ADP-ribozylation）等，可以部分改变其理化特性并提供一种特异识别的标记，引导特异 DNA 和其他蛋白质结合互作，进而改变染色质的状态并影响转录因子与 DNA 序列的识别和结合,类似 DNA 遗传密码可以调控基因表达,故称为"组蛋白密码"(又称组蛋白修饰)(Strahl and Allis,2000;Jenuwein and Allis,2001;Jaskelioff and Peterson,2003;Peterson and Laniel,2004)。其中,报道最多的是组蛋白甲基化和乙酰化,对它们的作用机制研究比较清楚,它们主要通过对不同残基的修饰作用沉默或激活目的 DNA 序列的相关基因转录表达(Greer and Shi,2012)。

二、蛋白质翻译后修饰的研究进展

(一)组蛋白甲基化的研究

1. 组蛋白甲基化的作用方式

组蛋白甲基化主要发生在精氨酸(arginine,Arg)和赖氨酸(lysine,Lys)上。精氨酸可以发生单甲基化或双甲基化,而赖氨酸可以发生单甲基化、双甲基化或三甲基化。负责组蛋白甲基化的酶类分为参与相反生化过程的组蛋白甲基转移酶(histone methyltransferases,HMT)和组蛋白去甲基化酶(histone demethylase,HDMT)(图 6-4)。其中组蛋白精氨酸甲基化主要由 PRMT(protein arginine methyltransferase)家族的部分成员催化完成。一型精氨酸甲基转移酶 CARM1(cofactor associated arginine methyltransferase),以及 PRMT1 可催化产生单甲基化和非对称的二甲基化,与基因的激活相关;二型精氨酸甲基转移酶 PRMT5 可催化产生单甲基化以及对称的二甲基化,与基因的抑制有关(Wysocka et al.,2006)。赖氨酸甲基化主要由包含特异性 SET 结构域的组蛋白甲基化酶催化完成,负责组蛋白 H3 的 4 位(H3K4)、9 位(H3K9)、27 位(H3K27)赖氨酸及组蛋白 H4 的 20 位(H4K20)赖氨酸的甲基化。植物中存在多个编码含有 SET 结构域蛋白质的基因。在拟南芥、玉米和水稻中至少有 47 个、35 个和 37 个 SET 结构域蛋白质。在拟南芥中的 CLF(curly leaf)/ SDG1 是第一个被鉴定的植物 SET 结构域蛋白质。其可以调节组蛋白 H3K27 三甲基化,抑制花的同源异型基因 *AG*(agamous)和 Class I KNOX 基因 *STM*(shoot meristemless)的转录,从而影响花的形态建成和开花时间(Schubert et al.,2006)。SWN(swinger)/ SDG10 与 CLF 功能冗余共同调控了 *AG* 和 *STM* 基因的 H3K27m3。拟南芥 SDG8 可以特异性地催化 H3K36 的双甲基化和三甲基化。SDG8 功能缺失,明显降低了 Flowering Locus C(FLC)包含重要转录元件的启动子和第一个内含子的染色质区域的组蛋白 H3K36 双甲基化水平,导致 FLC 表达水平下降及植物早花,表明 SDG8 介导的 H3K36 甲基化是 FLC 表达和发挥功能所必需的表观遗传记忆密码之一。SDG8 的同源基因 SDG26 作用却相反,它的缺失导致 FLC 表达水平升高从而最终延迟植物开花(Kim et al.,2005;Zhao et al.,2005;Xu et al.,2008)。绝大多数组蛋白的共价修饰作用都是可逆的。LSD1(lysine specific histone demethylase 1)是第一个被发现的组蛋白去甲基化酶,其以 FAD 为辅助因子,以甲醛及非甲基化的赖氨酸残基为产物的蛋白酶,可以和 Co-REST、BHC80、HDAC1/2 等蛋白质形成复合物共同发挥生物学作用,从而去掉 H3K4 和 H3K9 的甲基化(Lee et al.,2006)。随后,发现了 JMJD2 家族、JARID1、PADI4 等蛋白质编码基因,它们分别可以调控组蛋白不同位置的赖氨酸或精氨酸的去甲基化。

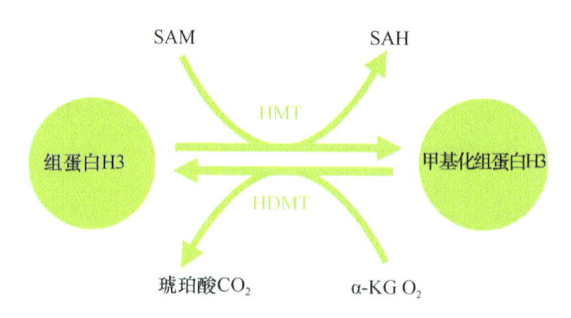

图 6-4　组蛋白 H3 的甲基化和去甲基化过程

分别有赖氨酸乙酰基转移酶（HMT）和赖氨酸去乙酰化酶（HDMT）参与完成。SAM. *S*-腺苷甲硫氨酸；SAH. *S*-腺苷高半胱氨酸；Succinate. 琥珀酸；α-KG（α-ketoglutarate）. α-酮戊二酸

2. 组蛋白甲基化修饰参与基因转录激活

H3K4 和 H3K36 的甲基化一般与基因转录激活相关。在酵母和动物中的研究表明，H3K4 双甲基化和 H3K4 三甲基化主要在激活基因区域富集，特别是 H3K4 三甲基化富集在基因启动子区。与 H3K4 甲基化类似，H3K36 的双甲基化和三甲基化也主要在基因转录激活区域富集，但是 H3K36 甲基化是在转录开始后才开始富集的，并且一般聚集在转录起始点之后一定区域内（Rao et al.，2005；Zinner et al.，2006）。酵母中的实验模型解释了 H3K4 和 H3K36 甲基化可能的作用机制。首先是 H2B K123 位点发生泛素化招募 H3K4 甲基转移酶 SETl，而导致 H3K4 甲基化并和 PAFl 形成延长复合体；当 RNA 聚合酶 II 的羧基末端结构域（carboxy-terminal domain，CTD）中第 5 位丝氨酸发生磷酸化后，可以与延长复合体互作一起启动基因转录；H3K4 的甲基化随后募集 SAGA（Sp-Ada-Gcn5-acetyhransferase）复合物，Ubp8 作为 SAGA 复合体中的一个成分，行使去泛素化作用，使得甲基化的 H3K4 去泛素化（deubiquitination），进而募集 H3K36 甲基转移酶 SET2；H3K36 甲基化与 RNA 聚合酶 II CTD 区第 2 位丝氨酸磷酸化互作进一步促进了基因转录，由此推测 H3K4 甲基化可能是启动转录发生的早期事件，而 H3K36 甲基化与基因转录的有效延伸有关（Peters and Schubeler，2005）。由于植物中组蛋白修饰的复杂性，H3K4 和 H3K36 甲基化是否具有保守的功能还需要进一步研究。但拟南芥 SDG8 介导的 H3K36 甲基化对于 FLC 的表达是必需的（Kim et al.，2005；Zhao et al.，2005；Xu et al.，2008），虽然 SDG8 与 RNA 聚合酶 II 间的相互作用还不清楚，但研究发现在 SDG8 蛋白质序列中有两个与 RNA 聚合酶 II 的 RPBl 亚单位相似的保守结构域（motif），暗示了 SDG8 具有参与基因转录的物理结构基础，可能具有参与基因转录过程的重要作用。

3. 组蛋白甲基化参与基因转录失活

动物中，常染色质区域的 H3K9 的单甲基化、双甲基化介导了特定基因的沉默。此外，H3K27 甲基化也是另一个主要的基因表达抑制标签。植物春化作用（vernalization）可以引起 H3K27 双甲基化水平的升高从而导致 FLC 的表达下调（Bastow et al.，2004）。

拟南芥中 H3K27 的三甲基化对于抑制一些发育重要基因来维持正常的发育过程是必需的，如 *AG*、*STM* 等（Kohler et al., 2005；Schubert et al., 2006）。研究表明，在基因组常染色质区域内，H3K27 三甲基化与相当多的基因表达关联；由于 H3K27 的三甲基化，这些基因在特定的时期和特定的组织中被抑制表达。拟南芥 LHP1 能够结合三甲基化状态的 H3K27，从而也参与到常染色质中的基因表达抑制机制中（Turck et al., 2007；Zhang et al., 2007a, 2007b）。

4. 非组蛋白甲基化研究进展

到目前为止，我们对蛋白质赖氨酸和精氨酸甲基化的大多数理解来自于对组蛋白及其在表观遗传学中的作用的研究（Liu et al., 2010）。近些年里，通过对纯化的甲基转移酶的生化特性的研究，如使用多肽阵列，以及针对游离的甲基化 Lys/Arg 的抗体开发，以及基于质谱（MS）的技术进步，导致在酵母、动物和锥虫细胞中鉴定出数十种非组蛋白类型的甲基化蛋白（Rathert et al., 2008；Pang et al., 2010；Uhlmann et al., 2012；Bremang et al., 2013；Fisk et al., 2013；Lott et al., 2013；Low et al., 2013）。这些蛋白质参与了多种细胞生理过程，包括转录调控、RNA 加工、蛋白质翻译、细胞内蛋白质转运、细胞信号传递或代谢。在大多数情况下，非组蛋白甲基化的生物学意义尚不清楚。然而，有几种非组蛋白底物，如转录因子 p53（Chuikov et al., 2004）或 DNA 修饰酶 DNMT1（Esteve et al., 2009）的相关研究，表明这种甲基化修饰对蛋白质功能有重要影响。相关功能研究也表明，甲基化在蛋白质-蛋白质相互作用、蛋白质-核酸相互作用或蛋白质稳定性的调控中起关键作用。这其中研究最为透彻的是著名的肿瘤蛋白 p53。多项研究表明不同的 SET 结构域甲基转移酶可以催化 p53 不同位置的赖氨酸甲基化，从而会对 p53 产生不同的调控效果，影响其转录活性或蛋白质活性（Huang et al., 2006；Kachirskaia et al., 2008；Huang et al., 2010）。在植物中，非组蛋白甲基化研究较少。利用蛋白质组学的手段，Alban 等鉴定和分析了拟南芥叶绿体蛋白质组中 Lys 和 Arg 甲基化修饰蛋白。鉴定出 23 个叶绿体蛋白，其中包含 31 个 Lys 和 Arg 甲基化位点。这些甲基化蛋白参与了光合作用在内的基本代谢过程。另外，利用芯片杂交鉴定了 9 个蛋白甲基转移酶，为探索和建立叶绿体蛋白甲基化的酶/底物关系奠定了基础。利用叶绿体基质甲基转移酶进行体外甲基化实验，确定了质体核糖体蛋白 L11 和 β 合成酶亚基的甲基化位点。此外，通过对重组叶绿体蛋白赖氨酸甲基转移酶的生化筛选，验证了核糖体蛋白 L11 和 β 合成酶亚基及甲基转移酶的直接互作。为构建甲基转移酶/甲基化蛋白网络和阐明蛋白质甲基化在叶绿体生物学中的作用提供了宝贵资源和可靠数据（Alban et al., 2014）。

5. 棉花组蛋白甲基化研究进展

雷蒙德氏棉是棉花异源四倍体陆地棉和海岛棉的 D 亚基因组的亲本，研究从雷蒙德氏棉基因组中鉴定出了 52 个含有 SET 结构域的基因。保守序列分析，将这些基因分为 7 类，不同的甲基转移酶可能催化不同形式甲基化的形成。*GrKMT1* 负责 H3K9me，*GrKMT2* 和 *GrKMT7* 负责 H3K4me，*GrKMT3* 负责 H3K36me，*GrKMT6* 负责 H3K27me，

GrRBCMT 和 *GrS-ET* 负责非组蛋白底物甲基化修饰。进化分析发现 7 对 *GrKMT* 和 *GrRBCMT* 同源基因具有重复基因，其中 1 对来自基因串联复制，5 对来自大规模或全基因组复制事件。基因的结构、结构域和表达模式分析表明，这些基因的功能可能是多种多样的。部分 *GrKMT* 和 *GrRBCMT*，尤其是 *GrKMT1A；1a*、*GrKMT 3；3* 和 *GrKMT6B；1* 受到高温胁迫的影响，转录表达变化明显（Huang et al.，2016）。这些结果为进一步揭示高温胁迫下的表观遗传调控和植物进化过程中的功能多样化提供了有用的线索。

栽培棉花主要是四倍体的陆地棉，利用免疫染色技术，研究人员研究了 H3K9me3 在陆地棉 A 亚组和 D 亚组的分布情况。发现 H3K9me3 主要分布在染色体的远端，和其远端的基因表达水平较高正相关。同时发现 H4K12ac 的分布模式和 H3K9me3 的基本一致，表明它们在棉花中是基因的激活表达标签（Pikaard，1999）。H3K27me2 是异染色质和基因沉默标签（Martin and Zhang，2005），免疫染色发现其主要在染色体的端粒区域富集，和上述激活标签 H3K9me3 和 H4K12ac 分布相反。结合基因表达的转录组分析，揭示了组蛋白修饰和四倍体棉花不同亚基因组的基因表达偏好性显著相关，可能在棉花的多倍体进化和人工驯化中发挥重要作用（Zheng et al.，2016）。这些研究表明了组蛋白甲基化在棉花发育当中的重要性，但不同甲基转移酶的具体作用和机制还没有报道。

（二）棉花蛋白乙酰化研究

1. 组蛋白乙酰化作用方式和作用机制

蛋白乙酰化修饰是在乙酰基转移酶的作用下，以乙酰辅酶 A 为供体在蛋白质赖氨酸残基上添加乙酰基，从而改变目的蛋白及其相关因子结构或生理生化特性的催化反应，是分别由赖氨酸乙酰基转移酶（lysine acetyltransferase）和赖氨酸去乙酰化酶（lysine deacetylase）参与行使的一种可逆的蛋白质修饰反应（Kurdistani and Grunstein，2003）（图 6-5）。作为细胞控制基因表达、蛋白质活性及生理过程的一种重要机制，细胞中蛋白乙酰化水平的平衡与基因组结构的稳态和植物生长发育关系密切（Wardleworth et al.，2002）。组蛋白乙酰化修饰是生物体中一种保守的表观修饰方式，基因转录调控的关键机制之一，与基因表达的活跃与沉默密切相关。在动物和植物生长发育多个方面均有重要调控作用，其主要依赖于组蛋白乙酰基转移酶（HAT）和去乙酰化酶（HDAC）相关复合体对特异基因核小体的组蛋白（H3 和 H4）进行乙酰化修饰，从而改变该基因在染色体的相关结构和转录活性，达到调控目的基因转录抑制或激活的效果（Cress and Seto，2000；Jenuwein and Allis，2001；Wade，2001；Turner，2002）。序列特征分析表明 HAT 至少可以分为 4 个不同的亚家族（Imhof et al.，1997；Sterner and Berger，2000；Strahl and Allis，2000）：①GNAT（GCN5-related N-terminal acetyltransferases）-MYST 家族，其家族成员均具有乙酰化非组蛋白和小分子的酶蛋白序列特征（Candau et al.，1996；Neuwald and Landsman，1997）；②动物中的 p300/CREB 结合蛋白辅助激活因子，参与调控细胞周期控制、分化和凋亡关键基因（Bannister and Kouzarides，1996；Giles et al.，1998）；③与哺乳动物 TAFII250 相关家族，TAFII250 是转录因子复合体（TFIID）中规模最大的

TATA 盒结合蛋白相关因子（TAFS）（Mizzen et al., 1996）。这三个家族在真核基因组中广泛存在，同源蛋白也参与了原核生物和古细菌中的非组蛋白乙酰化反应。哺乳动物有第四个亚家族，包括：核受体共激活子，如类固醇受体共激活子（SRC-1）和 ACTR，一种甲状腺激素，以及未在植物、真菌和低等动物中发现的视黄酸共激活子（Xu et al., 1999；Leo and Chen, 2000；Sterner and Berger, 2000）。

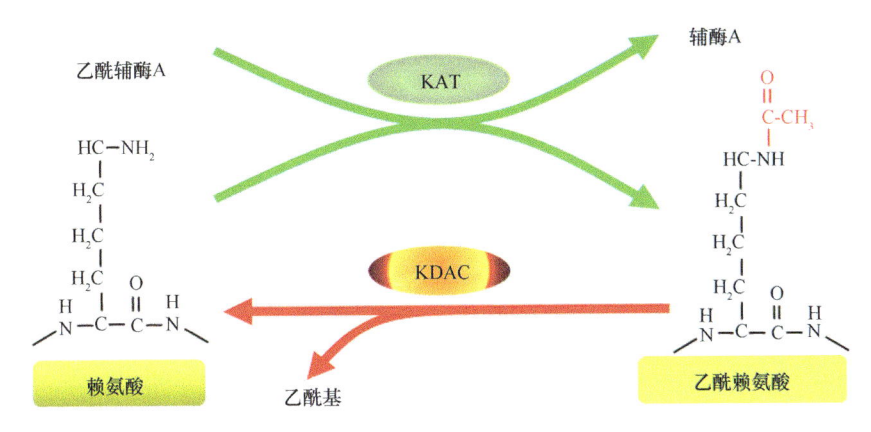

图 6-5　蛋白赖氨酸的乙酰化和去乙酰化修饰
分别由赖氨酸乙酰基转移酶（KAT）和赖氨酸去乙酰化酶（KDAC）参与完成

HDAC 是在动物、植物、真菌乃至原始细菌中保守存在的一种古老的酶家族。按照与酵母 HDAC 的序列同源性，植物 HDAC 可分为 3 个亚家族：RPD3/HDA1、SIR2 和 HD2 家族。RPD3/HDA1 在整个真核生物中普遍存在。SIR2 亚家族是 HDAC 家族中较为特殊的一类，它与其他类型的 HDAC 无结构上的相似性。HD2 是植物所特有的一类 HDAC。研究表明由 HDAC 和 HAT 介导的组蛋白乙酰化在植物生长发育的各个阶段、植物抗逆、激素和光信号途径等均发挥重要作用（Wang et al., 2014）。

2. 棉花组蛋白乙酰化研究

研究发现了棉花中一个组蛋白去乙酰化酶 GhHDA5 在纤维起始时期特异表达，RNAi 转基因表明 HDA5 表达下调降低了棉纤维数量，但促进了种子发育和增加了种子大小；进一步的分析发现胚珠中的活性氧 H_2O_2 含量降低，导致了纤维细胞分化减少；ChIP-qPCR 分析表明几个纤维起始关键基因和特异表达基因 ABC transporter、ATG8、GhAUX1、GhHD1 和 GhH2A12 在 RNAi 棉花株系中组蛋白 H3 第 9 位赖氨酸的乙酰化（H3K9ac）水平显著升高，和它们的基因表达显著上调一致（Kumar et al., 2018），初步揭示了组蛋白乙酰化在纤维发育中的作用机制。中国农业科学院棉花研究所李付广课题组利用特异性抗体和高通量测序技术分析了棉花 ZM24 和其光籽突变体中乙酰化蛋白的变化模式，结果共鉴定了 10 000 多个乙酰化蛋白，既包含保守的组蛋白 H3、H4，也包含大量的代谢相关的酶蛋白，很多蛋白的乙酰化水平在纤维发育的不同阶段表达水平不同（未发表数据），暗示了蛋白乙酰化在棉花纤维发育等过程的可能作用，但在棉花发育的其他阶段及逆境适应等过程的蛋白乙酰化作用和机制还未报道。韦珍珍等利用胚珠离体培养发现组蛋白去乙酰化抑制剂曲古抑菌素 A 显著抑制棉花纤维起始发育,转录组分析发现,植物激素、苯丙素、光合作用和碳代谢通路相关基因显著变化。研究人员进一步测定胚珠植物激素含量,证明曲古抑菌素 A 能显著促进脱落酸、茉莉酸和赤霉素的积累,且外源的生长素、赤霉素、脱落酸合成抑制剂及茉莉酸合成抑制剂不能解除曲古抑菌素 A 对棉花纤维起始的抑制。研究表明,组蛋白去乙酰化可以调控多个植物激素途径的关键基因,促进生长素、赤霉素和茉莉酸信号转导,并抑制脱落酸合成和信号转导以促进纤维细胞起始,研究结果为阐明棉花纤维细胞分化的表观遗传机制提供理论基础(Wei et al.,2022)。宋纯鹏团队利用经典的 Xuzhou142 及其光籽材料 Xuzhou142fl 开展了乙酰化组分析,发现了两个材料中大量的乙酰化差异蛋白,说明蛋白质的乙酰化调控可能在纤维分化中发挥重要作用,为解析纤维发育中的蛋白乙酰化作用机制提供了大量信息。

3. 植物非组蛋白乙酰化研究进展

在动物和人上的研究发现,组蛋白乙酰化转移酶不但作用于组蛋白进行乙酰化修饰,同时也调控非组蛋白的乙酰化修饰(Hartl et al.,2017)。植物中拟南芥、水稻、玉米等相关研究也证明了组蛋白乙酰化转移酶可以调控非组蛋白乙酰化修饰的作用机制(Hartl et al.,2017;Li et al.,2018;Walley et al.,2018)。水稻减数分裂时期的乙酰化组测序分析发现 357 个非组蛋白乙酰化蛋白,蛋白质的 Mapman 分析表明,它们参与了 DNA 合成/染色质结构、蛋白质降解和折叠、RNA 处理和转录调控、细胞组织和囊泡运输等多个细胞生理过程(Li et al.,2018)。研究人员利用质谱技术研究了病菌侵染后玉米中的乙酰化组的变化,鉴定了玉米叶片中 912 种蛋白质中产生的 2700 多个乙酰化位点并进行了分析。研究发现的乙酰化蛋白广泛参与了多种细胞代谢途径,表明蛋白质翻译后的修饰可以调节不同的生物过程。发现许多功能已知蛋白都具有乙酰化位点,包括与淀粉和油分合成等主要作物性状相关的蛋白质(Walley et al.,2018)。近期利用拟南芥开展的研究,揭示了组蛋白去乙酰化酶 HDA14 不同于其他的去乙酰化酶,主要定位在细胞器,可以调控参与光合作用的质体蛋白的乙酰化修饰,从而调节不同光强条件下的植物光合反应(Hartl et al.,2017)。乙酰辅酶 A 作为蛋白乙酰化反应的供体,其水平变化直接影响蛋白乙酰化的水平,因此细胞内影响乙酰辅酶 A 含量的相关代谢途径(如脂肪酸代谢、葡萄糖代谢等)也参与了蛋白乙酰化水平的调控(Pnueli et al.,2004;Cai et al.,2011;Galdieri and Vancura,2012;Lee et al.,2014)。由此可见,生物体内蛋白乙酰化的调控复杂多样,但棉纤维发育中蛋白乙酰化的变化模式和作用机制研究较少。利用中棉 ZM24 开展的表观组学研究,发现了蛋白质的赖氨酸乙酰化、琥珀酰化和巴豆酰化修饰广泛存在于胚珠和纤维发育多个阶段(未发表数据),证明了组蛋白和非组蛋白的多种翻译后修饰在棉花的生长发育和多种代谢中广泛存在,但其作用机制还有待深入研究。

（三）蛋白泛素化研究

1. 蛋白泛素化作用方式和作用机制

组蛋白泛素化是广泛存在的一种蛋白质翻译后修饰，分为单泛素化和多泛素化。泛素分子在激活酶（E1）、结合酶（E2）和连接酶（E3）的作用下连接于底物，形成单泛素化修饰。另外，泛素分子还可依次连接于前一泛素分子的赖氨酸或甲硫氨酸残基形成泛素链，称多聚泛素化修饰。单泛素化修饰是可逆的、非蛋白质降解的修饰和调控。可以调控如内吞作用、组蛋白活性和 DNA 的修复等过程（Hershko and Ciechanover，1998；Muratani and Tansey，2003）（图 6-6）。而蛋白质的多泛素化修饰一般介导蛋白酶体降解途径或蛋白质的定位、功能的改变。组蛋白的泛素化主要发生在 H2A 和 H2B 上。组蛋白 H2B 的泛素化水平和基因转录呈正相关。泛素化的 H2B 会富集于染色质的转录激活区域。当核小体在基因转录过程中呈开放状态时，会促进 H2B 的泛素化，由此可抑制核小体的重新折叠，促进下一轮的基因转录。研究还发现 H2B 的泛素化和 RNA 聚合酶的延伸密切相关。最近对延伸中的 RNA 聚合酶 II 的纯化结果表明，它与拟南芥中的 PAF1、FACT 和 Hub 复合亚基等染色质调控机器密切相关（Antosz et al.，2017）。由此可见，H2B 的泛素化可以通过多种方式调控和促进基因转录，是一个基因激活标签。在 H2B 123 位赖氨酸的泛素化还可以影响组蛋白 H3 的赖氨酸甲基化，表明不同的组蛋白翻译后修饰之间具有复杂的互作和调控，一个组蛋白的修饰可以影响另一个组蛋白的修饰；同一组蛋白一个位点的修饰也可以影响其他位点的修饰。

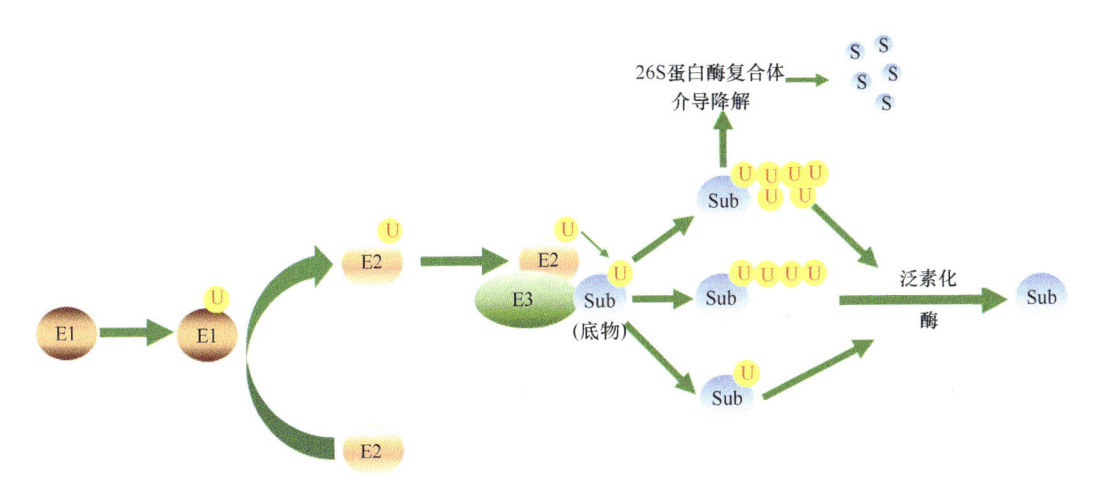

图 6-6 由激活酶（E1）、结合酶（E2）、连接酶（E3）共同参与完成的蛋白单泛素化和多泛素化过程
（Pickart and Fushman 2004）

泛素化是一个可逆的化学修饰过程，拟南芥泛素蛋白酶（UBP 26）在体内行使 H2Bub 去泛素化功能，影响发育调控因子 FLC 的表达（Schmitz et al.，2009），但它似乎独立于 SAGA 途径，并对转座子和印记基因表现出抑制作用（Sridhar et al.，2007；Luo and Luo，

2008)。很多研究也发现 SAGA、Bre1 和 PAF1c 不同亚基的同源蛋白会影响植物的发育和对生物、非生物胁迫的反应（Van Lijsebettens and Grasser，2014；Moraga and Aquea，2015；Grasser and Grasser，2018），但在植物的细胞分化和环境适应中，它们的共转录激活子的结构和功能、对基因活性的影响以及它们本身如何自我调节还大多未知。

组蛋白 H2A 泛素化研究相对较晚。在人类细胞中，泛素化 H2A（UbH2A）占 H2A 总蛋白的 10%（Levinger and Varshavsky，1980；Li et al.，2007）。大多数 H2A 单泛素化发生在组蛋白 H2A 第 119 位赖氨酸上（Bohm et al.，1980）。多梳抑制复合体（polycomb repressive complex 1，PRC1）中的 Ring1b 是主要的 E3 连接酶，介导了 H2A 的单泛素化（Wang et al.，2004a；Cao et al.，2005）。有意思的是，含有 Ring1b 的蛋白质复合物与 Kdm2 家族的组蛋白 H3K36 去甲基酶相互作用（Sanchez et al.，2007；Lagarou et al.，2008；He et al.，2013）。除了 Ring1b 外，2A-HUB（28）和 BRCA 1 还具有 E3 连接酶活性，介导了 ubH2A 的形成（Xia et al.，2003；Zhou et al.，2008）。通过全基因组分析，发现在拟南芥中广泛存在 H2AK121ub，通常与 H3K27me3 同时定位，但也占据一些没有 H3K27me3 标记的转录活性基因。此外，通过分析 atbmi1a/b/c、clf/swn 和 lhp1 突变体中的 H2AK121ub 和 H3K27me3 标记，发现大多数基因不需要有 PRC2 活性。相反，AtBMI1 功能的丧失影响了大多数多梳目的基因（H3K27me3）。这些结果进一步表明组蛋白的泛素化和组蛋白甲基化之间的复杂互作和调控。

2. 棉花蛋白泛素化研究

组蛋白 H2B 泛素化还可以通过泛素-26S 蛋白酶体参与细胞内特异蛋白的降解通路，进而参与植物的细胞代谢和发育过程。棉花中的泛素化研究相对较少，共鉴定出 7 个 E2 泛素结合酶编码基因，其中一个泛素结合酶 *GhGDRP85* 的编码区可以提前终止，形成一个功能缺失的 E2 类蛋白；Q-PCR 结果表明 *GhGDRP85* 在多个组织中都具有非常高的转录表达，表明其可能通过竞争性结合调控棉花的泛素化途径（Viana et al.，2011）。研究发现，棉花 *GhHUB2* 可以互补拟南芥 *hub2-2* 的早开花表型，而在转基因棉花中 *GhHUB2* 过量表达延迟了棉花开花，但显著提高了纤维长度和次生壁厚度。分子机制的深入分析发现 *GhHUB2* 和 *GhKNL1* 互作，并介导 26S 蛋白酶体降解其表达，从而调控了 *GhREV-08* 等下游纤维发育特异和重要基因的表达，最终调控了纤维的发育（Feng et al.，2018）。此研究对于了解蛋白泛素化调控纤维发育的分子通路提供了线索。此外，在干旱胁迫下，*GhHUB2* 转基因棉花的农艺性状，包括果枝数、铃数、结实率增加，棉铃脱落降低；同时棉株的存活率和可溶性糖、脯氨酸和叶片相对含水量均有提高。与之相反，*GhHUB2* 基因的 RNAi 敲除降低了转基因棉花的抗旱性。*AtHUB2* 的过表达通过与 *GhH2B1* 的直接相互作用，上调了转基因棉花中干旱相关基因的表达，提高了 *H2Bub1* 的表达水平。研究还发现转基因棉花中基因组水平的 H3K4me3 没有变化，但 DREB 基因位点的 H3K4me3 显著增加。表明 *AtHUB2* 在 *GhDREB* 染色质位点改变了 *H2Bub1* 和 H3K4me3 的表达水平，使 *GhDREB* 基因对干旱胁迫反应迅速，提高了转基因棉花的抗旱性（Chen et al.，2019），为了解蛋白泛素化参与植物抗旱的作用和机制提供了新的数据。这个工作也揭示了棉花中组蛋白泛素化和组蛋白甲基化之间的可能互作，但其具体机制还需深入研究。

(四) 蛋白质磷酸化研究

1. 蛋白质磷酸化作用方式和作用机制

蛋白质磷酸化是蛋白质翻译后修饰的一种重要方式，是一种可逆的过程，包括蛋白质磷酸化修饰与去磷酸化修饰（Peck，2003；Chou，2004；Khan et al.，2005）。蛋白质磷酸化修饰是在蛋白激酶的催化下供体磷酸基团转移到受体蛋白质的某个氨基酸残基上的过程，而蛋白质去磷酸化是在磷酸化酶的催化下进行的（图6-7）。在真核生物中，蛋白质磷酸化主要发生在丝氨酸、苏氨酸和酪氨酸上；在原核生物中蛋白质磷酸化也可能发生在天冬氨酸、谷氨酸和组氨酸上。

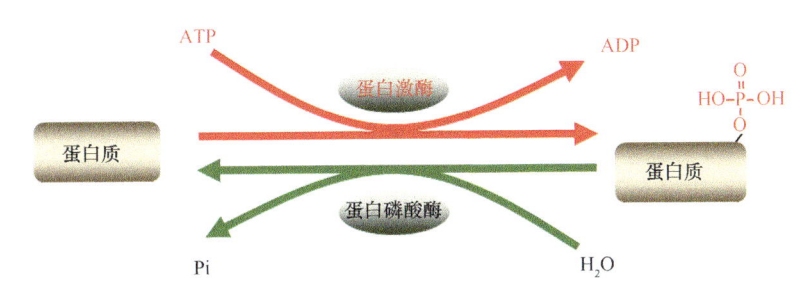

图6-7 蛋白质磷酸化和去磷酸化作用途径

蛋白质磷酸化修饰的生理生化作用主要体现在如下三个方面。①通过磷酸化修饰改变了目的蛋白的活性，蛋白质磷酸化或去磷酸化修饰起到开启或关闭蛋白质活性的作用。利用质谱技术检测发现拟南芥磷酸丙酮酸羧化酶（PEPCK）的第55位点丝氨酸（Ser55）、第58位点和第59位点苏氨酸（Thr58、Thr59）在光诱导下发生磷酸化修饰，尤其是Ser55位点的磷酸化修饰程度与PEPCK的活性呈负相关，表明第55位点丝氨酸的磷酸化抑制了光诱导的PEPCK脱羧活性（Chao et al.，2014）。②磷酸化蛋白质参与植物体内信号转导。研究发现，拟南芥叶片中光受体——光敏素B（phytochrome B）中位于第86位点的丝氨酸（Ser86）被磷酸化修饰，光敏素B的活性就会受到抑制，从而阻碍了植株光诱导的信号转导（Medzihradszky et al.，2013）。③蛋白质磷酸化影响蛋白质间的互作。由于在氨基酸残基上结合或失去了磷酸基团，从而改变了受体蛋白质的结构，影响了该受体蛋白质与其他蛋白质间的互作。在水稻和拟南芥中，三维结构分析表明α-微管蛋白的Thr349位于与β-微管蛋白互作的交界面上，对于α-微管蛋白与β-微管蛋白之间的互作及二聚体蛋白的形成至关重要。而Thr349的磷酸化修饰，影响了α-微管蛋白与β-微管蛋白间的互作，导致微管解聚（Ban et al.，2013）。

2. 棉花蛋白质磷酸化研究

磷脂酰肌醇（PtdIns）是一种重要的结构磷脂，也是蛋白质磷酸化途径中的重要中间物质，外源施用能促进棉纤维的伸长。在转基因棉花中，纤维特异性SCFP启动子调控棉花磷脂酰肌醇合成酶（phosphatidylinositol synthase，PIS）基因的特异表达，导致

GhPIS 在棉纤维发育过程中特异性上调，PtdIns 含量显著提高，从而促进了 PtdIns 磷酸化相关基因的表达，促进了木质素/类木质素酚类的生物合成。与野生型棉花相比，*GhPIS* 转基因棉花的纤维长度、强度和细度均有所提高，纤维总产量无明显损失。说明纤维发育中 PtdIns 合成和含量的特异性上调是提高棉纤维质量的一种有效策略（Long et al.，2018）。

受体类蛋白激酶（receptor-like kinases，RLK）是植物天然免疫系统的重要组成部分。研究表明，受体蛋白激酶 BIR1-1 抑制子（suppressor of BIR1-1，SOBIR1）可以与多种受体样蛋白相互作用，并且是抵抗真菌病害所必需的。在海岛棉中，鉴定克隆了一种与病害防御相关的受体类蛋白激酶基因 *GbSOBIR1*。研究发现 *GbSOBIR1* 基因在棉花各个组织中组成性表达，并且可由黄萎病菌（*V. mdahliae*）诱导表达。VIGS 下调 *GbSOBIR1* 基因表达，导致棉株对黄萎病的抗性减弱，而拟南芥中异源表达 *GbSOBIR1* 则提高了黄萎病抗性。酵母双杂交发现 *GbSOBIR1* 的激酶区与一个碱性螺旋-环-螺旋转录因子（*GbbHLH171*）相互作用。GbbHLH171 在体内和体外均能与 GbSOBIR1 相互作用并被磷酸化，对棉花对黄萎病菌的抗性有积极的促进作用。光谱分析和定点突变表明，GbbHLH171 的 413 位的丝氨酸（Ser413）是 GbSOBIR1 的磷酸化位点，Ser413 的磷酸化对 *GbbHLH171* 的转录活性和功能作用至关重要。这些结果表明，GbSOBIR1 与 GbbHLH171 的互作和磷酸化，在棉花黄萎病抗性中起关键作用（Zhou et al.，2019b）。

陆地棉中的钙依赖性蛋白激酶基因 *GhCPK33* 可以直接调控茉莉酸（JA）生物合成，从而负调控对黄萎病菌（大丽轮枝菌）的抗性。利用 VIGS 技术，发现 *GhCPK33* 下调表达后组成型激活了茉莉酸生物合成和茉莉酸介导的防御反应，增强了黄萎病抗性；进一步分析表明，蛋白激酶 GhCPK33 在过氧化物酶体中与 12-氧-植物二烯酸还原酶（GhOPR3）相互作用，磷酸化 GhOPR3 的 246 位苏氨酸，导致 GHOPR3 的稳定性降低，从而限制了茉莉酸生物合成。表明 *GhCPK33* 是提高棉花黄萎病抗性的潜在分子靶点，其参与的蛋白质磷酸化在茉莉酸参与的抗病通路中发挥重要作用（Mu et al.，2019）。

近年的研究还发现，无论在动物还是植物上，组蛋白和非组蛋白赖氨酸上还存在有大量的琥珀酰化、巴豆酰化、丁酰化等多种修饰，暗示了蛋白质翻译后修饰是普遍存在的表观修饰方式，可能还有很多未知的修饰方式等待研究发现。但棉花蛋白质翻译后修饰研究进展较少，对其在棉花发育中的作用只是揭示了冰山一角，迫切需要加大相关领域的投入和研究力量，进一步解析和了解蛋白质翻译后修饰在棉花发育中的作用机制和调控网络。

第五节　棉花非编码 RNA 研究进展

一、非编码 RNA 的定义和种类

非编码 RNA（non-coding RNA）是指细胞内无法翻译为蛋白质，但又在基因转录、蛋白质翻译等过程中发挥重要调节作用的 RNA，如 tRNA（transfer RNA）、rRNA（ribosomal RNA）、siRNA（small interfering RNA）等。这些 RNA 的核酸序列不具有完

整的可读框和蛋白质翻译潜能，但是能和其他的蛋白质或核酸结合、互作调控基因和蛋白质的表达，在表观调控中有着重要作用（Martin and Zhang，2005；Maccani and Marsit，2009）。非编码RNA按其作用机制分为看家非编码RNA（housekeeping non-coding RNA）和调控非编码RNA（regulatory non-coding RNA）两大类，后者按其核酸长度又分为两类：短链非编码RNA，包括小干扰RNA（small interfering RNA，siRNA）、微RNA（microRNA，miRNA）和piwi-interacting RNA（piRNA）；长链非编码RNA（long non-coding RNA，LncRNA）（李光雷等，2011）。piRNA是从哺乳动物生殖细胞中分离得到的一类长度约为30nt的小RNA，一般这种小RNA与PIWI蛋白家族成员相结合才能发挥它的调控作用。

二、非编码RNA的作用机制

短链非编码RNA可以降解外源核苷酸序列以保护自身的基因组，改变染色质的结构，在基因组水平调控基因表达，降解mRNA，调控基因的转录表达。其中，siRNA主要参与RNA干扰（RNA interfering），可以通过体外人工合成导入植物细胞体内，进而与同源mRNA配对从而降解mRNA，沉默靶基因，达到调控目的基因转录表达的作用（Matzke et al.，2001）。miRNA是一类由内源性非编码小分子单链RNA形成的22nt长度的基因产物，一般由一个长约70nt的茎环结构的前体miRNA（precursor miRNA）剪切而来，在进化上具有高度的序列保守性、时空和组织表达特异性（Couzin，2002）。植物中，miRNA由转录聚合酶Ⅱ（polymeraseⅡ）转录产生前体miRNA（pri-miRNA），经Dicer Like 1（DCL1）、HYPONASTICLEAVES1（HYL1）和SE（SERRATE）复合体切割加工成二聚体。在HUA ENHANCER1（HEN1）介导甲基化后，运输出细胞核进入胞质（Rogers and Chen，2013）。在细胞质中，miRNA与agronaute（AGO1）蛋白结合，通过切割靶标mRNA和（或）抑制其翻译的作用方式在转录后水平调节基因表达。miRNA的作用模式的核心组分和作用机制正被解析得越来越清晰。多个关键作用因子，如NOT2和Elongator都可以同时参与miRNA的转录和加工。说明了植物中的miRNA转录加工是一个有机和互相偶联的过程。植物miRNA进化迅速，因此在任何有机体中，非广泛保守的miRNA都代表了大多数miRNA物种。而保守的miRNA在植物发育的几乎所有方面都起至关重要的作用。截至目前，已经发现了miRNA两种主要的作用机制。第一种，部分miRNA决定和限制了目标mRNA或蛋白质的表达模式，使目标基因仅在miRNA不表达的细胞中表达。第二种，其他miRNA则与其靶基因共同表达，并抑制其靶基因的表达。

长链非编码RNA（lncRNA）一般长度为200~1000nt，序列保守性不高且表达丰度较低，在组织和细胞中具有很强的表达特异性。根据lncRNA在基因组的产生位置，可分为天然反义转录（natural antisense transcripts，NAT）lncRNA、基因间lncRNA（intergenic lncRNA，lincRNA）和内含子lncRNA（intronic lncRNA）（Moran et al.，2012）。来源于外显子序列的lncRNA进化速度比来源于基因间序列的慢，也略慢于来源于蛋白质编码基因内含子的LncRNA。然而，它们的进化速度远远快于蛋白质编码基因或mRNA UTR

(Cabili et al., 2011)。虽然不同物种之间的 lncRNA 序列存在差异，但它们的来源在基因组上似乎具有相对保守的位置（Mohammadin et al., 2015）。除了位置保守外，lncRNA 外显子还具有类似的保守剪接信号，如"GT-AG"（Li et al., 2014）。lncRNA 刚开始被认为是基因组转录的"垃圾"，是 RNA 聚合酶 II 转录的副产物，不具有生物学功能。然而，后来的研究发现，lncRNA 参与了 X 染色体沉默、基因组印记、染色质修饰、转录激活、转录干扰、核内运输等多种重要的调控过程。lncRNA 不仅在 ncRNA 数量中占绝对上风，占所有非编码 RNA 的 80% 以上，而且还在多个层面上参与细胞分化和个体发育调控，并与疾病密切相关。近年来关于 lncRNA 的研究进展迅猛，但是绝大部分 lncRNA 的功能仍然是不清楚的。随着研究的推进，各类 lncRNA 的大量发现，lncRNA 的研究将是 RNA 基因组研究非常吸引人的一个方向，使人们逐渐认识到基因组存在人类知之甚少的"暗物质"。

环状 RNA（circular RNA，circRNA）是最近发现的一类特殊的非编码内源性 RNA。它大量存在于真核细胞胞质内，主要由前体 mRNA（pre-mRNA）通过可变剪切加工而成。与它们的同源信使 RNA（mRNA）不同，circRNA 具有连接 3′端和 5′端的共价键，因此是高度稳定的 RNA 分子（Chen，2016）。很多研究已明确地表明，在真核生物，包括酵母、线虫、小鼠、人类和植物中，甚至原核古细菌中 circRNA 是丰富和普遍存在的（Danan et al., 2012）。大多数 circRNA 呈现细胞型、组织型或发育阶段特异性的表达模式（Salzman et al., 2012；Memczak et al., 2013；Salzman et al., 2013；Gao et al., 2015），并受到高度调控（Conn et al., 2015），这意味着它们是由细胞特异产生的。此外，一些 circRNA 是同步保守的。这些发现暗示了 circRNA 的潜在功能。circRNA 具有多种重要的调控功能，其可以作为竞争性内源 RNA（competing endogenous RNA，ceRNA）结合胞内 miRNA，阻断 miRNA 对其靶基因的抑制作用。事实上，新出现的证据表明，特定的 circRNA 在转录水平和转录后水平参与了基因表达的调控。例如，越来越多的 circRNA 被证明是 miRNA 海绵，能够隔离和阻止 miRNA 与其相应的靶基因结合（Hansen et al., 2013；Memczak et al., 2013），或者在特定情况下稳定它们以提高 miRNA 靶向性（Piwecka et al., 2017）。有些 circRNA 含有 RNA 结合蛋白（RNA binding protein，RBP）的多个结合位点，因此可能充当 RBP 海绵（Greene et al., 2017）。最近的一些研究表明，circRNA 的一个亚群体保留了一个内部核糖体进入位点（IRES），促使自身进入核糖体，并可转化为蛋白质或多肽（Abe et al., 2015；Pamudurti et al., 2017；Yang et al., 2017）。然而，上述功能可能在植物不同的有机体中运行，也可能不起作用。除此以外，circRNA 还可以调控其他类型 RNA 及蛋白质活性。

三、棉花等植物非编码 RNA 研究进展

（一）miRNA 在棉花等植物的作用机制研究

水稻主效数量性状基因 *IPA1*（ideal plant architecture 1）编码一个含 SBP-box 的转录因子，参与调控多个生长发育过程，是水稻株型控制的关键基因。研究发现，IPA mRNA

的稳定性与翻译同时受到 miR156 的精细调控，揭示了 miRNA 调控理想株型形成的一个重要分子机制。此外，研究还发现 miR156 调控另一个靶基因 *Os-SPL16* 参与了水稻种子大小和产量的控制（Jiao et al.，2010；Wang et al.，2011；Wang et al.，2012）。

遗传上的雄性不育在棉花杂交育种中发挥重要作用。microRNA 在植物开花和生殖发育中起关键作用，为了了解棉花中 microRNA 是否在雄性不育中也有作用，利用棉花中的一个雄性不育突变体进行了高通量测序，结果鉴定了大量的差异表达 microRNA。一些保守的 microRNA，如 Gh_miR167 和 Gh_miR166 被鉴定可能作用于 ARF4 和生长素途径，影响棉花生殖发育；miRNA172 的过量表达可以导致拟南芥和水稻的雄性不育，棉花中也发现其在不育突变体和野生型中差异表达，暗示了 miRNA172 可能调控植物生殖生长的保守机制（Chen，2004；Zhu et al.，2009；Wei et al.，2013）。研究还发现棉花 miR828 和 miR858 可以结合纤维发育关键基因 *MYB2* 的转录本，从而调控 *MYB2* 基因的表达和纤维发育，而且这种调控机制在棉花和拟南芥中可能保守存在（Guan et al.，2014）。通过正向遗传学的手段，对棉花光籽突变体 *N1* 进行基因克隆，结果发现其编码一个 MYB-Like 蛋白（GhMML3_A12），进一步分析发现，GhMML3_A12 可以产生 siRNA 来调控自身的转录表达，从而参与纤维发育的调控（Wan et al.，2016）。

棉花的体细胞胚胎发生（somatic embryogenesis，SE）是细胞分化的重要过程和棉花转基因技术的工作基础。为了了解 microRNA 在其中的可能作用，利用 smallRNA 和降解组高通量测序比较了小苗下胚轴和胚性愈伤组织之间的 microRNA 表达。结果共鉴定了 36 个已知的 miRNA 家族基因和 25 个新的 miRNA 基因。其中 miR156 和 miR167 在愈伤形成下调表达，在棉花体胚发生中可能发挥关键作用，对其作用的目的基因的进一步解析发现，生长素途径 ARF8 可能作为其调控基因在胚性愈伤和体胚发生中发挥作用（Yang et al.，2013）。

通过施加外源的渗透胁迫处理（NaCl 和 PEG 处理）和第二代测序技术，对棉花渗透胁迫下 miRNA 的表达模式和可能作用机制进行了研究。结果表明 NaCl 和 PEG 处理后，miRNA 变化模式非常相近，达到 97%。许多植物中保守的和新的 miRNA 在 NaCl 和 PEG 处理后，变化显著。干旱胁迫下调了 miR156 和 miR157 的表达；但是，盐胁迫处理后 miR157 明显下调，miR156 却显著上调。同时，鉴定了 163 个纤维发育关键 miRNA，它们主要作用于 210 个纤维发育中的关键基因去调控纤维发育过程，包括 *MYB25*、*MYB2* 等多个 MYB 家族编码基因和纤维素合成酶编码基因等。表明一些保守的和新的 miRNA 均参与了棉花的干旱、盐胁迫等非生物逆境反应（Xie et al.，2015a）。

为了了解 miRNA 在棉花黄萎病抗性中的可能作用，用抗病的海岛棉 Hai-7124（*G. barbadense*）和感病品种 Yi-11（*G. hirsutum*）进行差异 miRNA 分析。大丽轮枝杆菌（*V. dahliae*）接种实验后，进行了 miRNA 测序和分析，共鉴定了 215 个 miRNA 家族。在对照材料（未接菌的根）中，分别有 31 个和 37 个 miRNA 在 Hai-7124 和 Yi-11 中优势表达；在实验材料（接菌的根）中，分别有 28 个和 32 个 miRNA 在 Hai-7124 和 Yi-11 中优势表达。多于 65 个 miRNA 在病菌侵染后表达发生显著变化，其中 miRNA1917 和 miRNA2118 在病菌侵染后显著下调，而它们的靶基因分别是乙烯通路的关键基因和 TIR-NBS-LRR 病害响应蛋白编码基因，均相应的上调，暗示了乙烯信号通路和 TIR-NBS-LRR

抗病途径在棉花黄萎病中的保守机制和 miRNA 调控机制（Jagadeeswaran et al.，2009）。

在正常和应激条件下，动植物中的 miRNA 在不同的发育过程中起着至关重要的作用。在一些真菌中发现的 miRNA，其功能还不清楚。通过对黄萎病菌研究，也发现了很多 miRNA。用 RNA 凝胶印迹法检测大丽轮枝杆菌（*V. dahliae*）miRNA 的积累。鉴定了一个新的 VdmilR1，它由 RNA 聚合酶 II 转录而成，并能产生成熟的 VdmilR1，其过程不依赖于大丽轮枝杆菌的 DCL（dicer-like）和 Ago（argonaute）蛋白。我们发现含有 RNaseIII 结构域的蛋白 VdR 3 对大丽轮枝杆菌是必需的，并参与 VdmilR1 的生物发生。VdmilR1 可以靶定一个蛋白编码基因 *VdHy1* 的 3'UTR，通过提高其组蛋白 H3K9 甲基化，抑制 *VdHy1* 的转录表达。致病性分析表明，*VdHy1* 是真菌发挥毒力的关键。结合棉株真菌侵染过程中 *VdmilR1* 和 *VdHy1* 表达模式的时间差，证明这个新的 milRNA VdmilR1 在棉花黄萎病中起调节作用，并揭示了 VdmilR1 调控毒力靶基因的表观遗传机制（Jin et al.，2019）。总之，大量的 miRNA 表达等相关信息对于进一步了解 miRNA 在棉花黄萎病抗病、感病过程的作用机制提供了线索（Yin et al. 2012）。

（二）lncRNA 和 circRNA 在棉花等植物中的作用机制研究

植物中 lncRNA 研究进展相对较少，目前的 lncRNA 研究主要集中在拟南芥、水稻、玉米和大豆上（Struhl，2007）。拟南芥的 *lncRNA COOLAIR*（cold induced long antisense intragenic RNA）和水稻 *lncRNA LDMAR*（雄性不育）基因是两个重要的发育调控基因（Ding et al.，2007；Swiezewski et al.，2009；Ding et al.，2012b；Csorba et al.，2014）。*COOLAIR* 从成花素基因（flowering locus C，*FLC*）中转录而来，在低温条件下通过降低基因激活染色质标签 H3K36me3 而加速 *FLC* 的转录抑制。同时，通过多梳蛋白介导的调控途径基因沉默染色质标记 H3K27me3 在 *FLC* 基因内成核位点积累（Csorba et al.，2014）。因此，*COOLAIR* 促进了春化后的开花。水稻突变体 58S 在长日照下花粉不育，而短日照下花粉育性好。研究发现 *lncRNA LDMAR* 在 58S 中过表达时，可恢复其在长日照条件下的花粉育性（Ding et al.，2012a）。58S 中 *LDMAR* 的转录由一个 siRNA-Psi-LDMAR 负反馈环控制，Psi-LDMAR 是从 *LDMAR* 启动子区转录而来的；Psi-LDMAR 诱导了 RNA 依赖的 DNA 甲基化，从而导致 *LDMAR* 转录抑制，降低了 58S 在长日照下的花粉育性（Ding et al.，2012a）。这些发现加强了对 lncRNA 对重要的发育性状的影响的认识，如雄性不育（LDMAR）和开花时间（COLDAIR、COOLAIR、IPS1）（Swiezewski et al.，2009；Ding et al.，2012a）。lncRNA 对染色质结构调控的影响表明，它们参与了植物对环境信号的响应（Wierzbicki，2012）。lncRNA 在植物的生长发育、逆境适应等过程均发挥重要作用。

通过高通量测序和生物信息学方法，在拟南芥和水稻中已鉴定了近万个 circRNA，这些数据的深入分析将为植物 circRNA 形成、功能和机制的解析提供线索（Lu et al.，2015；Ye et al.，2015）。根据哺乳动物领域的研究成果，在植物中的 circRNA 功能主要集中在它们作为 miRNA 海绵或在 miRNA 通路中的潜在作用上。最近研究人员基于 mRNA 和 circRNA 都是同一个 miRNA 靶点的假设，研究了可能的 circRNA-miRNA-mRNA 作用途径（Liu et al.，2017）。基于差异表达的 mRNA、circRNA 和 miRNA，在细胞周期 M 至 S 和 G 至 M 期内，发现了多对 circRNA—mRNA—miRNA 的负反馈模型，表明了 circRNA 在叶片衰老调控网络中的可能作用。

RNA 分子，如 microRNA 和 siRNA，在植物不同胁迫条件下的基因表达调控中发挥着关键作用（Phillips et al., 2007; Khraiwesh et al., 2012）。有趣的是，在第一篇植物 circRNA 的研究报告中，拟南芥 circRNA 显示了胁迫特异性表达模式（Ye et al., 2015），暗示着 circRNA 可能也在植物的胁迫反应中发挥作用，或者是应激反应不同的 RNA 作用机制（如剪接体）上的产物。在氧化胁迫、干旱和营养缺乏等不同胁迫条件下的研究进一步揭示了 circRNA 在环境和应激反应中的差异表达，这种差异在大多数情况下与其相关 mRNA 的表达无关，进一步表明了 circRNA 在环境和应激反应中的可能作用。例如，在小麦脱水胁迫下鉴定的 62 个差异表达的 circRNA，它们与小麦的光合作用和激素信号通路有关（Wang et al., 2017）。此外，还发现了水稻和大麦中的一些 circRNA 对磷酸盐、铁和锌等养分消耗的差异反应（Ye et al., 2015; Darbani et al., 2016）。这些研究暗示 circRNA 可能在基因转录后发挥重要作用，但具体机制仍有待阐明。

为了验证水稻 circRNA 是否能通过与 miRNA 的结合而影响基因转录后的调控，并阻止其目标 mRNA 的作用机制，研究人员在水稻中鉴定了来源于 circRNA 的目标模拟物。发现在 1356 个 circRNA 中，有 235 个具有可能的 miRNA 结合位点。其中只有 31 个 circRNA 有 2~6 个 miRNA 结合位点，这比报道的人 circRNA CDR1as 中 miRNA 结合位点少得多。因为 miR172 在水稻小穗和花器官的发育中起着至关重要的作用（Zhu et al., 2009），研究人员研究了过表达的 cirRNA Os08Circ16564 转基因植株，该基因被预测为 miR172 和 miR810 的靶标。定量 RT-PCR 结果表明，对照植株与 Os08Circ16564 转基因植株中 miR172 表达水平无显著性差异，可能不是水稻 miRNA 的海绵。相关研究表明，外显子-内含子型 circRNA 可以促进其亲本基因的表达（Li et al., 2015）。研究人员进一步检测了 Os08Circ16564 亲本基因 *AK064900* 在 10 个 Os08Circ16564 转基因和对照材料水稻叶片和穗组织中的表达水平，发现在 Os08Circ16564 转基因水稻中，*AK064900* 在叶片和穗中的表达水平都比对照显著降低。由于在高表达的转基因植物中检测到大量的线性形式的转录本，表明 circRNA 及其线性形式可能是其亲本基因的转录后调控因子（Lu et al., 2015）。

在海岛棉中进行的高通量测序鉴定了 50 566 个基因间长非编码 RNA（lincRNA）和 5826 个天然反义的长非编码 RNA（lncNAT）。其中 A 亚基因组编码的 lncRNA 的数量要显著大于 D 亚基因组。基因组水平的甲基化分析发现 lncRNA 的甲基化水平远远高于基因编码区的 DNA 甲基化。而且大部分的 lncRNA 来源于转座子，和以前的结果一致，揭示了在棉花基因组中转座子、lncRNA 和 DNA 甲基化之间的互作和调控关系。lncRNA 可以作为 sRNA 的前体，也可以调控 miRNA 的成熟。分析发现 128 个 lncRNA 可能参与 25 个保守的 miRNA 家族的前体形成，101 个 lncRNA 可能参与其他新的 miRNA 的前体形成。其中一对 lncRNA 可以形成 miRNA397，从而调控漆酶（laccase，LAC），影响脂质的合成代谢。深入研究证明了 miRNA397 可以直接结合并剪切 *LAC4a* 的 mRNA，调控其转录表达（Wang et al., 2015b）。利用棉花 xuzhou142 和其野生型进行的转录组测序，鉴定出了大量的 lncRNA。采用 VIGS 技术对其中纤维特异表达的三个 lncRNA 进行抑制表达和表型分析,发现 *XLOC_545639* 和 *XLOC_039050* 在 xuzhou142 被下调表达后显著促进了纤维细胞的起始数量,在 xuzhou142 野生型中下调 *XLOC_079089* 显著降低了纤维长度,但它们的具体作用机制还不清楚。同时还鉴定了 2000 多个 circRNA,部分在 xuzhou142 和野生型中表达差异显著,可能参与了纤维发育的调控(Hu et al., 2018)。这些均表明非编码 RNA 在棉纤维发育中,参与对关键转录因子和大量基因的表达调控,但它们具体的作用网络、是否参与蛋白质活性、复合体结构组成等还不清楚。棉花中的 circRNA 数量巨大,但在棉花发育中的具体作用和机制还有待研究。

第六节 棉花表观修饰和多倍体基因组进化

一、植物基因组多倍化的形成和意义

基因组杂交和多倍体化是植物中非常普遍的现象,是许多植物进化和多样性形成的主要驱动力之一(Mallet, 2007; Leitch and Leitch, 2008; Chen, 2010)。基因组杂交可以发生在不同的亚种、品种,甚至种属之间。研究估计被子植物中多倍体占的比例接近50%(Hegarty and Hiscock, 2008)。根据多倍体化的来源和染色体的组成可将多倍体分为同源多倍体和异源多倍体(Chen, 2007)。前者是通过单个基因组复制形成的,而后者由种间杂交、染色体加倍或非减数分裂配子种间杂交后形成。但是在一些多倍体植物,如甘蔗中,它们之间的区别并不清楚(Premachandran et al., 2011)。由于种内交配的频率远高于种间杂交,因此推测同源多倍体比异源多倍体更为普遍。然而在自然界中,异源多倍体比同源多倍体更普遍(Hegarty and Hiscock, 2008; Schatlowski and Kohler, 2012)。这可能是因为异源多倍体中的杂合性和遗传冗余性都是固定的,从而导致了与祖先种相比具有更优势的性状和更好的适应性,并占据新的生境(Ramsey and Schemske, 1998)。然而,在不同倍性水平的玉米杂交种和拟南芥多倍体中,倍性和杂交育种对生理和表型的相对贡献直到最近才得到验证(Riddle et al., 2010; Miller et al., 2012)。虽然倍性和杂交分别影响细胞大小和生物量,但它们都可以改变种子大小和重量(Miller et al., 2012),表明倍性和杂交在促进营养生长和生殖生长相关性状中具有独特的作用。

多倍体的形成加倍了基因组,对生物体来说构成了基因组压力,但同时也加强了种间的杂交优势,尤其是来源于异源的多倍体化,使多倍体化物种表现出比亲本更强的生长势、更好的环境适应能力、更优异的表型和性状等,有利于自然选择和人工驯化。这些可能是多倍体化在植物中普遍存在和优先适应,并被广泛利用的遗传基础。例如,玉米、甜高粱的栽培品种都是杂交体,而栽培小麦、棉花和油菜也都是多倍体植物。尽管杂种优势是杂交或多倍体植物中的普遍现象,但也有一部分杂交和多倍体植物是不育的,称之为"杂种致死型"(Dobzhansky, 1936; Johnson, 2002)。最初,杂交造成了基因组相互作用和紊乱,统称为"基因组休克"(McClintock, 1984)。在多倍体"基因组休克"过程中伴随着快速的遗传和表观遗传的重构和变化(McClintock, 1984)。多倍体化在时间纬度内不仅经历了基因组重排和表达的缓慢变化,而且经历了迅速的遗传重构和表达变化。这些快速的变化可以使物种经历不育、不稳定的瓶颈,促进物种多倍体化

的顺利形成。研究发现，多倍体中基因表达的变化是非加性的（非加性是指杂交种的基因表达水平不等于父母本的平均值），可能导致非加性表现型；非加性基因表达与表观遗传密切相关。

多倍体化同时导致全基因组复制（whole genome duplication，WGD）事件，然后往往产生基因组快速重构和基因大量丢失形成一个二倍体的过程（Hegarty and Hiscock，2008；Leitch and Leitch，2008；Soltis et al.，2014）。在人工合成的异源多倍体小麦和芥菜中都有这种现象，导致多倍体化之后基因组序列发生较大变化（Feldman et al.，1997；Gaeta et al.，2007）。其他一些异源多倍体，如棉花和拟南芥在基因组序列上则变化不大（Liu et al.，2001；Wang et al.，2006）。甘蓝型油菜（*Brassica napus*）是甘蓝（*B. oleracea*）与白菜（*B. rapa*）杂交后染色体的自然加倍而成的异源四倍体。最近的测序结果显示，在人工驯化的异源六倍体小麦和异源四倍体甘蓝型油菜中，基因组结构相对稳定（Chalhoub et al.，2014；International Wheat Genome Sequencing，2014）。重新合成的和驯化的异源多倍体基因组稳定性的差异，可能是由于驯化而来的异源多倍体作物的真实祖先已经不再存在。这些未知的祖先使经过选择和驯化的异源多倍体结构更加优化和稳定。或者，自然选择已经消除了那些与许多基因组重排和表观遗传变化相关的早期不稳定的异源多倍体。

由此可见，多倍体化是植物适应环境变化或人工驯化过程中优胜劣汰的进化现象，是物种本身进化的遗传基础和分子基础，对于自身的繁衍和人类的选择驯化均有重要的意义。

二、植物基因组多倍化的形成机制

基因组的多倍化通常伴随着表观基因组的变化，包括基因组（Wang et al.，2019）上的表观修饰变化，如 DNA 甲基化和组蛋白的修饰等。利用 RFLP 和 AFLP 分析多倍化过程中 DNA 甲基化变化，发现在芸薹、小麦、拟南芥异源多倍体中的 CpG 和 CpNpG 位点的甲基化变化显著，不同位点的甲基化变化具有明显差异，变异序列的分析表明甲基化变化可能是发生在整个基因组加倍化过程中的普遍现象，与此同时，和 DNA 表观遗传相关的基因表达也发生了变化。研究发现在拟南芥人工合成的异源四倍体、天然异源四倍体和小麦合成异源四倍体中，分别有 1%、2.5%和 1%~5%的基因沉默频率，至少部分和 DNA 甲基化有关（Lee and Chen，2001；Kashkush et al.，2002）。在古老的多倍体拟南芥中，复制基因的缺失并不是随机的，而是多半保留下来，与功能分化有关、参与信号转导和转录的基因被优先保留下来（Blanc and Wolfe，2004）。在基因组结构方面，研究发现棉花天然异源多倍体的大多数复制基因彼此独立进化，而且和二倍体祖先的进化速度相同。加倍的序列还可能以不同的速度独立进化，包括冗余位点的缺失，变成假基因或新基因等（Cronn et al.，1999）。这些不同的基因复制、丢失、表达变化、功能变化等多倍体化中的现象可能均与表观遗传修饰的变化和调控密切关联。

小 RNA 在新合成的拟南芥异源多倍体（Ha et al.，2009）、拟南芥和水稻种内杂种（He et al.，2010；Groszmann et al.，2011），以及番茄种间杂种重组自交系（RILS）中的

"基因组冲击"、基因组不稳定性和基因表达变化中均发挥重要作用（Shivaprasad et al.，2012）。小 RNA 受外部刺激而由内源基因组 DNA 产生，包括微 RNA（miRNA）、小干扰 RNA（siRNA）、反式作用 siRNA（TA-siRNA）和天然反义 siRNA（nat-siRNA）(Chapman and Carrington，2007；Chen，2009；Molnar et al.，2011）。

虽然许多成熟的 miRNA 序列在相关的植物物种中是保守的（Jones-Rhoades et al.，2006），但 miRNA 基因座的进化经历了"生死选择"（Rajagopalan et al.，2006；Fahlgren et al.，2007）。因此，一些 miRNA 是物种特异性的。例如，24%~32%的 miRNA 位点在 1000 万年前与拟南芥发生分化后获得或丢失（Fahlgren et al.，2010；Ma et al.，2010；Hu et al.，2011）。

与蛋白质编码基因一样，miRNA 基因座的启动子含有典型的顺式启动子元件，如 TATA 盒和转录启动子，以及各种转录因子应答元件。大多数（86%）miRNA 基因座的转录本被定位在转录起始位点上，并带有一个典型的 TATA 盒基序（Xie et al.，2005；Megraw et al.，2006）。*Arabidopsis suecica* 是一种天然的异源四倍体，于 12 000~300 000 年前由现存种 *A. thaliana* 和 *A. arenosa* 杂交形成（Jakobsson et al.，2006）。无论是在其合成的还是自然的异源四倍体中，许多 miRNA 和 tasiRNA 都是非加性表达的。进一步的分析表明，miR163 的非加性积累是由其顺式作用元件对 miR163 表达的调控和反式作用因子对成熟 miR163 积累的调节共同作用的结果（Koch et al.，2000；Ng et al.，2011）。miR163 是最近分化的几个 miRNA 基因座之一。由于在 30 个凸起序列中的一个核苷酸缺失/插入，miR163 在 *A. arenosa* 和 *A. lyrata* 是 23 个核苷酸，在 *A. thaliana* 是 24 个核苷酸（Cuperus et al.，2011；Ng et al.，2011）。在拟南芥近缘种中，miR163 在 *A. thaliana* 中高表达，在 *A. arenosa* 中被抑制，在异源四倍体中表达下调（Ha et al.，2009；Ng et al.，2011）。在转录水平上，miR163 的表达差异是由于 *A. thaliana* 和 *A. arenosa* 中 miR163 启动子和可能的反式作用抑制因子作用所致，它们存在于 *A. arenosa* 和同种四倍体中，但在 *A. thaliana* 中却不存在（Ng et al.，2011）。miR163 的表达水平与 H3K9ac 和 H3K4me3 的水平相关，暗示了染色质修饰和组蛋白修饰在 miRNA 基因转录中的作用。亲本 siRNA 的差异积累也可能导致异源四倍体中同源 miRNA 基因染色质修饰的不同。这种染色质修饰和启动子调控作用可能在 *A. thaliana* 和 *A. arenosa* 成熟的 miR163 表达差异中发挥 10%~40%的作用，而 *A. arenosa* 中可能存在的抑制子发挥了大部分作用。此外，miR163 前体的加工效率在 *A. thaliana* 要比在 *A. arenosa* 中高，表明在异源四倍体中，miRNA 前体的处理加工在成熟 miR163 积累中也发挥作用。

其他的杂交植物，如水稻、小麦、甘蔗和番茄中也具有 miRNA 差异表达的现象（He et al.，2010；Zanca et al.，2010；Kenan-Eichler et al.，2011，Shivaprasad et al.，2012）。不同种之间的杂交导致了基因组休克，从而再次激活了转座子元件和基因组的重新编程（McClintock，1984）。在向日葵科家族中，3 种杂交品种，即红花、沙眼海棠和异穗海棠，都是起源于两种祖先种——红花和叶柄海棠之间的古老杂交事件（Rieseberg et al.，2003）。然而，这些杂交物种的基因组至少比其祖先的基因组大 50%（Ungerer et al.，2006）。基因组尺寸的增大伴随着 Ty3/gypsy-like 长端重复序列在杂交物种中的增殖，表明这些元件通过杂交和进化过程被重新激活和动员。虽然缺乏实验数据，但推测这些杂交物种中转座子活性的变化与 24nt 的 siRNA 有关。一般来说，miRNA 控制植物发育和形态特征，而 siRNA 维持基因组稳定性，影响转座子相关基因的表达。种间杂交将两个不同序列的基因组和同一细胞中小 RNA 的表达水平整合在一起，结果导致 rDNA 基因座、蛋白质编码基因和小 RNA 位点均呈现非加性表达的模式。小 RNA 的非加性表达受转录水平和转录后水平的调控，具体调控机制仍有许多问题有待解决。

例如，顺式调节元件和反式作用因子对小 RNA 非加性表达有什么影响？近缘物种中小 RNA 生物发生基因的同源性是否具有相似或不同的功能？非加性表达的 miRNA 和 siRNA 如何影响种间杂种和异源多倍体的生长发育性状，包括叶片形状、植株身材、生物量、开花时间和适应性？虽然许多工作研究对象是小 RNA，但类似的机制可能也可以解释其他非编码 RNA 的遗传特征，包括种间杂种和异源多倍体中的长链非编码 RNA（lncRNA）。因此，更好地理解杂种和异源多倍体中的小 RNA 调控，将有助于我们有效地选择生产杂种和异源多倍体植物的最佳亲本组合，并操纵小 RNA 表达以克服物种障碍，生产"超级杂种"，以满足食品、饲料和生物燃料日益增长的需求（Ng et al.，2012）。

三、棉花表观修饰和基因组多倍化

（一）棉花基因组多倍化中的表观修饰

表观修饰伴随着基因组加倍化，在杂交过程中也发生了很多变化，但表观基因组在多倍体的形成和进化过程中的作用仍不清楚。棉属植物约有 45 种二倍体（$2n=2x=26$）和 5 种四倍体（$2n=4x=52$），均表现出二倍体遗传模式。大约 120 万年前，起源于东半球的现存品种亚洲棉（G. arboreum，A_2）或草棉（G. herbaceum，A_1）与原产于新大陆的雷蒙德氏棉（G. raimondii，D_5）发生多倍体化，产生了 5 种异源四倍体物种：陆地棉[G. hirsutum $(AD)_1$]、海岛棉[G. barbadense $(AD)_2$]、毛棉[G. tomentosum $(AD)_3$]、黄褐棉[G. mustelinum $(AD)_4$]、达尔文氏棉[G. darwinii $(AD)_5$]（Wendel，1989；Wendel et al.，1995；Wendel and Cronn，2003）。其中陆地棉和海岛棉分别被驯化为栽培棉种。A 和 D 基因组物种融合为异源四倍体物种，获得了优良的纤维长度和品质。棉花二倍体物种的基因组大小差异很大，从雷蒙德氏棉（D 基因组）的 880Mb 到 A 基因组物种的 1800Mb，甚至在其他相关物种中变化更大（Hendrix and Stewart，2005b）。基因组序列比较分析表明，二倍体棉花基因组在与可可豆的共同祖先分化后，经历了不少于 5 次的全基因组复制事件（Paterson et al.，2012）。转录组数据表明，在二倍体 A 或 D 基因组祖先体内有 50% 或更多的转录本是多余的，超过 70% 的转录本是 A 和 D 基因组物种共有的。除全基因组复制外，长末端重复序列（LTR）反转录转座子的富集也影响了棉属基因组大小的变化（Hawkins et al.，2006）。转座元件（TES）占 D5 基因组的 61%（Paterson et al.，2012）。D 基因组中重复元件的估计大小（456Mb）小于 A 基因组中的重复元件（865Mb）（Hawkins et al.，2006）。A 和 D 基因组祖先的基因组大小和基因表达的差异导致了不同的农艺性状，如纤维形态。这些数据表明，异源四倍体棉花的遗传多样性水平提高，包括 A 和 D 基因组物种之间的同源基因和同源序列，这可能增强了选择和驯化理想农艺性状（如纤维）的潜力。在开花植物中，这种多倍体化后重复的 WGD 可能在许多其他多倍体作物，如小麦（*Triticum aestivum*）、马铃薯（*Solanum tuberosum*）、燕麦（*Avena sativa*）和甘蔗（*Saccharum* spp.）的选择和驯化中发挥了作用（Leitch and Leitch, 2008）。

异源四倍体棉花中，基因的表达通常偏向于 D 基因组（Flagel et al., 2008；Hovav et al., 2008；Flagel et al., 2009），一些与纤维性状相关的 QTL 也定位于 D 基因组（Jiang et al., 1998；Rong et al., 2007）。但有趣的是，D 基因组祖先品种并不产生纤维。推测可能 D 基因组品种中一些负调控因子，如转录抑制子和（或）小 RNA，可能优先抑制 D 同源基因组中纤维相关基因的表达。而 A 基因组中负调控因子作用变小，也会表达许多纤维相关基因。因此，有一些纤维产量性状的 QTL 也定位于 A 基因组（Jiang et al., 1998；Samuel Yang et al., 2006；Guo et al., 2007）。这表明了可能一些小 RNA 等表观遗传因子在 D 基因组的品种表型中发挥重要作用。

受 DNA 甲基化变化影响表达的基因称为表观等位基因（epiallele）。研究发现 500 多个表观等位基因与棉花的人工驯化以及农艺性状相关，包括种子休眠、控制开花和对生境适应（生物和非生物因子）的基因。野生棉花位于热带，只在短光照周期下开花，受调节光周期敏感的基因 *COL2* 控制。根据亚基因组来源的不同，将四倍体棉花的 *COL2* 基因分为亚基因组同源基因 *COL2A* 和 *COL2D*。功能学研究发现在野生和栽培四倍体棉花中，*COL2A* 都呈现高甲基化，表达沉默；在野生棉花中，*COL2D* 也是高甲基化，表达沉默，皆表现为光周期敏感。在栽培棉花中，*COL2D* 甲基化下降，表达上调，对光周期不敏感。在野生棉花中通过 DNA 甲基化抑制剂处理降低 DNA 甲基化水平，能促进 *COL2* 的表达；在栽培棉花中，下调 *COL2* 基因表达能延迟开花（Song et al., 2017）。这些研究表明人工驯化促使 *COL2* 基因的 DNA 甲基化水平降低，*COL2* 基因表达水平上调，从而降低了棉花的光周期敏感性，为棉花在世界范围的推广提供了基础。研究发现，很多类似的表观遗传靶点为将来的育种工作提供了重要的资源，并有助于开辟新的表观遗传育种方法。

棉花的主要栽培种陆地棉和海岛棉都是由二倍体亚洲棉（A 基因组）和雷蒙德氏棉（D 基因组）的相似种杂交并基因组加倍，经过自然选择和人工驯化而来。DNA 甲基化作为一种表观遗传修饰，在植物生长发育以及适应环境变化中发挥重要调控作用。通过绘制单碱基水平的高分辨率栽培棉花（四倍体）、野生四倍体、种间杂种，以及二倍体棉花的 DNA 甲基化图谱，研究发现基因组多倍体化中 DNA 甲基化和 DNA 序列协同进化，但 DNA 甲基化进化速度远高于 DNA 序列进化速度。表明了相对于 DNA 序列，DNA 甲基化能够更快适应环境，根据环境变化而迅速变化。二倍体棉花杂交后能产生许多 DNA 甲基化变化，这些变化普遍存在于野生和栽培的四倍体棉花，说明由种间杂交产生的甲基化变化能够在多倍体棉花长期进化中保留下来。在棉花自然进化过程中，DNA 甲基化的变化主要发生在基因区，而且更偏向于来源于亚洲棉祖先的 A 亚基因组，并且能够显著地影响附近基因的表达。由于棉花拥有 A 亚基因组和 D 亚基因组部分同源基因，研究发现了在基因组进化中部分同源基因的 DNA 甲基化水平可以互换，进而影响部分同源基因的偏向表达，从而有可能影响棉花的进化和人工选择。

多年的研究表明，许多的 miRNA 家族在植物进化中具有保守的进化模式和功能分类（Zhang et al.，2006；Lee et al.，2007；Grimson et al.，2008）。棉花的进化历史悠久，A 基因组和 D 基因组的两个二倍体品种虽然在 500 万年前起源于同一祖先，但后期却进化成了具有显著差异的两个品种，它们的基因组大小也相差 2 倍（Hu et al.，2019）。研究人员分析研究了二倍体棉种亚洲棉（*G. arboreum*）和雷蒙德氏棉（*G. raimondii*）中 miRNA 的进化和分化。结果表明在亚洲棉和雷蒙德氏棉的进化中，33 个 miRNA 家族具有相似的基因拷贝数和平均进化速率，一些保守的 miRNA 家族始终都保持一致，没有明显的家族分化，但它们的基因表达模式和调控目的基因的表达模式在两个棉种间却具有显著的种间不对称现象，表明棉花中 miRNA 的进化与功能分化和棉种进化之间具有一定的相关性（Gong et al.，2013）。

（二）其他植物基因组多倍化中的表观修饰

在异源多倍体中，祖先基因组间的相互作用可以引起包括 DNA 甲基化和组蛋白修饰在内的表观遗传变化（Chen，2007）。许多植物的异源多倍体和它们的祖先基因组之间的 DNA 甲基化变异都已有报道（Lee and Chen，2001；Madlung et al.，2002；Wang et al.，2004b；Lukens et al.，2006；Kenan-Eichler et al.，2011；Tian et al.，2014）。拟南芥异源四倍体甲基化敏感性扩增多态性分析表明，在 F_3 代合成的异源四倍体与其亲本 *A. thaliana* 和 *A. arenosa* 之间，8.3%的检测片段都具有不同的甲基化修饰水平（Madlung et al.，2002）。在合成的异源多倍体甘蓝型油菜中也观察到 1.4%~7%的检测片段具有 DNA 甲基化变化（Lukens et al.，2006；Xu et al.，2009）。重新合成的拟南芥异源四倍体自交世代中基因沉默是随机的，在 *ddm1*-RNAi 和 *MET1*-RNAi 株系中有部分基因被重新激活（Wang et al.，2004b）。表明基因组中的 DNA 甲基化变化对基因表达的变化具有显著的影响。

此外，在拟南芥异源多倍体 *MET1*-RNAi 株系中，着丝粒重复序列和基因特异性区域的去甲基化与转座子（TE）激活有关。在拟南芥异源四倍体中，*A. thaliana* TCP3 同源基因及其邻近基因被过度甲基化和沉默表达，而通过阻断 DNA 甲基化可以重新激活相关基因的表达，表明 DNA 甲基化在异源多倍体同源基因沉默中起重要的作用（Lee and Chen，2001）。然而，另一个位点 *miR172b* 在 *A. arenosa* 是超甲基化并导致了其低量表达，而在 *A. thaliana* 则没有这种现象（Tian et al.，2014）。这些数据表明异源多倍体同源序列之间具有不同和特异的 DNA 甲基化变化模式。这些同源序列与 *A. arenosa* 和 *A. thaliana* 之间的基因组重排有相关性，表明了遗传和表观遗传变异之间存在的相关性（Tian et al.，2014）。

在异源多倍体小麦中，研究人员发现与 miRNA 相对应的小 RNA 的百分比随倍体水平的增加而增加，而与转座子（TE）相对应的 siRNA 的百分比则下降；多倍体中大多数 miRNA 种类的丰度与两个亲本的中间值相似，但也有个别不同，如 miR168 在多倍体中的过量表达。相反，与转座子相对应的 siRNA 数量在异源多倍体化时明显减少，而在杂交时则不明显，相应 siRNA 的减少，与反转录转座子家族中 CpG 甲基化的降低有关。异源多倍体中 TE-siRNA 的下调可能是导致物种形成初期基因组不稳定的原因之一

(Kenan-Eichler et al., 2011)。另一项研究发现异源六倍体小麦中，Stowaway-like 周围的微型反转重复转座子周围的 CCGG 位点发生显著的超甲基化（Yaakov and Kashkush，2012）。这些结果表明，在多倍体的不同基因组区域，转座子的超甲基化和低甲基化可自发发生，是生物多倍体化的一个固有现象和内在机制。此外，最近发现的大米草（*Spartina anglica*）异源多倍体几乎没有遗传变异，但亲本 30%的甲基化模式在异源多倍体中发生了改变，表明 DNA 甲基化改变而不是遗传变异对大米草异源多倍体的表型多样性发挥更重要的作用（Salmon et al.，2005；Parisod et al.，2009）。

虽然 DNA 甲基化的变化主要发生在异源多倍体中（Wang et al.，2006；Chen，2007），但同源多倍体拟南芥和香茅属（*Cymbopogon*）植物的研究揭示了在同源多倍体与其同源二倍体亲本之间也存在显著的 DNA 甲基化变异（Yu et al.，2010；Lavania et al.，2012）。5-甲基胞嘧啶的原位免疫检测显示，与二倍体相比，同源四倍体香茅属植物中全基因组水平的 DNA 甲基化增强，由此调节了自身的次级代谢产物和株型大小（Lavania et al.，2012）。

用潮霉素磷酸转移酶（HPT）基因转化的二倍体拟南芥（*A. thaliana*）在几代自花授粉或与二倍体野生型植物异交后表现出稳定的潮霉素抗性（Ortrun et al.，2003）。然而，与四倍体植物的异交导致 HPT 活性降低，同源四倍体衍生物也产生 HPT 表达沉默的后代。这种现象被称为多倍体相关转录基因沉默（PaTGS）。进一步的研究表明，PaTGS 受 DNA 甲基化和组蛋白甲基化双重调控（Baubec et al.，2010）。

种间倍性杂交往往导致后代不育（Scott et al.，1998；Schatlowski and Kohler，2012）。这一生殖障碍限制了新形成的多倍体与亲本之间的基因流动，因为与其他多倍体交配的机会很少，也降低了多倍体的存活率（Hegarty and Hiscock，2008）。然而，这种生殖障碍促进了多倍体特异化，并建立在胚乳中，也被称为三倍体障碍（Kohler et al.，2010）。异倍体杂交影响胚乳母本与父本基因组的比例，改变胚乳细胞分化的时机，最终导致种子败育（Schatlowski and Kohler，2012）。研究表明，胚乳特异的 AGAMOUS-Like（AGL）和多梳抑制复合体 2（PRC2）的靶基因通过倍体杂交被释放（Erilova et al.，2009；Jullien and Berger，2010；Lu et al.，2012）；PRC2 由组蛋白甲基转移酶组成，通过增加 H3K27 甲基化来调控基因表达。Medea（*MEA*）和 Fertilization-Independent Seed 2（*FIS2*）编码 PRC2 两个亚基，它们任意一个失活均导致胚乳过度增殖和种子败育（Grossniklaus et al.，1998；Kiyosue et al.，1999）。相关研究发现，从拟南芥 *MET1* 突变体中提取的低甲基化花粉可以绕过倍体杂交屏障（Schatlowski et al.，2014）。低甲基化花粉基因组诱导了 *FIS2-PRC2* 靶基因的重头 CHG 甲基化，从而抑制了其表达。这些基因中 CHG 甲基化的增加抵消 *FIS2-PRC2* 表达和抑制功能，而 *FIS2-PRC2* 的表达则通过倍性杂交而改变。这些发现为克服植物育种中的异倍体杂交障碍提供了新的见解和思路。

拟南芥异源多倍体开花晚于其祖先同源四倍体 *A. thaliana* 和 *A. arenosa*，而天然异源四倍体 *A. suecica* 开花也晚于合成的异源四倍体（Wang et al.，2006）。这些株系开花时间的变化与开花抑制因子 FLC 的表达水平有关。拟南芥异源多倍体中 FLC 的上调是由启动子中 H3K9 乙酰化和 H3K4 二甲基化水平的增加所介导的（Wang et al.，2006）。

此外，拟南芥异源四倍体与亲本 A.thaliana 和 A.arenosa 相比，表现出明显的形态活力增强，其中莲座叶增大，生物量增加。基因组和生化分析表明，核心的生物钟基因（CCA1、LHY、TOC1 和 GI）的表观遗传改变调控了下游基因的表达变化，从而在异源四倍体中产生更多的叶绿素和淀粉（Ni et al.，2009）。异源四倍体中 CCA1 和 LHY 的抑制与启动子中 H3K9 乙酰化和 H3K4 甲基化水平降低有关，而 TOC1 和 GI 的上调与 H3K9 乙酰化和 H3K4 甲基化水平升高有关。这些结果表明，组蛋白修饰在昼夜节律调节中起重要作用，通过提高淀粉代谢和光合作用相关基因的表达水平，导致异源多倍体和杂合品种的杂种优势（Lutz，1907；Ni et al.，2009）。

核仁显性是一种表观遗传现象，它介导了许多植物和动物的种间杂种和异源多倍体的单亲核糖体 RNA（rRNA）的基因沉默（Chen and Pikaard，1997b；Chen et al.，1998；Lawrence et al.，2004）。串联 rDNA 重复序列区域被认为是核仁组织区（NOR）。在异源四倍体的拟南芥 Arabidopsis suecica 中，内源的 A. thaliana rRNA 基因被沉默，而转染 A. suecica 原生质体的 A. thaliana 和 A. arensoa rRNA 基因可以同等表达（Chen et al.，1998）。此外，利用人工合成的异源四倍体 A. suecica 与四倍体 A. thaliana 回交，可以重新激活沉默的 A. thaliana rRNA 基因。另一项来自异源多倍体甘蓝型油菜（Brassica napus）的研究表明，抑制组蛋白去乙酰化或胞嘧啶甲基化可以释放沉默的甘蓝型 rRNA 基因（Chen and Pikaard，1997a）。进一步的分析表明，启动子上 DNA 甲基化密度和特定组蛋白修饰的协调变化介导了 rRNA 基因的表达。这个过程需要植物特异性组蛋白去乙酰化酶（HDT1）来介导，HDT1 是 H3K9 去乙酰化和随后的 H3K9 二甲基化（H3K9me2）的必需因子（Lawrence et al.，2004）。在异源六倍体小麦（Triticum aestivum，AABBDD）中，A 和 D 基因组的 rDNA 位点在异源六倍体进化过程中大量丢失。最近的一项研究表明，合成的四倍体中 A 和 D 基因组的核仁组织区在第四代开始逐渐消失，在第七代完全消除。核仁组织区的完全消除与 DNA 甲基化（CHG 和 CHH 甲基化）和组蛋白甲基化（H3K27me3 和 H3K9me2）的增加有关（Feldman et al.，1997；Pikaard，1999）。这些结果表明，核仁显性是一种染色体现象，可以调控 rRNA 基因协调表达或协同沉默；组蛋白修饰和 DNA 甲基化是导致异源多倍体和种间杂种单亲 rRNA 基因沉默或消除的原因。

为了应对种间杂种或多倍体形成后的基因组冲击，新形成的多倍体必须克服遗传冗余，重建新的基因组成分和细胞类型，同时通过遗传和表观修饰，协调新的复杂的基因表达网络（Chen，2010）。在此过程中，许多重复基因可能经历逐步的丢失、假基因化（功能丧失）、亚功能化（在重复基因之间划分祖先功能）和新功能化（在其中一个重复基因中进化出新功能）（Lynch and Force，2000）。在甘蓝型油菜的核仁优势中也发现了异源多倍体的发育调控，其中甘蓝型 rRNA 基因被沉默，白菜型 rRNA 基因被转录激活（Chen and Pikaard，1997a）。然而，在花蕾、花瓣、萼片、花药等生殖组织中，沉默的 rRNA 基因被重新激活，表明了植物发育调控了种间杂种和异源多倍体中基因沉默的再次激活。与此相似，在拟南芥、棉花和婆罗门参等许多异源多倍体植物中都报道了组织特异性的基因激活和沉默（Adams et al.，2003；Wang et al.，2006；Chaudhary et al.，2009；Buggs et al.，2011）。

在异源四倍体棉花中通过对 63 个基因对的研究表明，9 个基因对呈现组织特异性亚功能化，15个基因对呈现组织特异性新功能化（Chaudhary et al.，2009）。这些数据表明，在重新合成的和天然的异源多倍体中，基因的非加性表达和同源等位基因的相互沉默可以一种组织特异性的方式，在再合成或自然异源多倍体中发生，说明植物发育对多倍体形成和进化过程中的基因表达起普遍的调控作用。

第七节　表观修饰之间的互作及其意义

目前，表观遗传学研究处于植物生物学和分子遗传学的前沿。植物是研究表观遗传学的极好模型。在拟南芥、水稻、玉米等模式植物上已经发现和积累了大量的表观遗传信息。一些表观调控机制，如 DNA 甲基化、组蛋白修饰、siRNA、副突变、核小体排列等都已被确定。还鉴定了参与植物表观遗传调控的各种修饰酶和同源因子。依赖于高分辨率的化学分析和精确的数据解析，植物 DNA 序列的表观遗传密码可能在不久的将来被解密。

植物和高等生物体表观遗传学过程的三个主要部分是 DNA 甲基化、组蛋白修饰和 RNA 干扰。在植物中，DNA 甲基化具有物种、组织、细胞和发育特异性，受植物激素、种子萌发和开花等发育过程的控制（Vanyushin，2005），还可以受到各种病原体（病毒、细菌、真菌）的影响。在植物中，DNA 甲基化出现在 CG 位点、CHG 位点（H 表示 A、C 或 T）和 CHH 位点（不对称位点），不同于在哺乳动物中，DNA 甲基化仅限于对称的 CG 序列（Bird，2002）。

一般而言，组蛋白的乙酰化标志着转录活跃区，而低乙酰化的组蛋白则出现在转录不活跃的常染色质或异染色质。组蛋白甲基化可以作为染色质活性区和非活性区的标记。植物表观遗传修饰的两个重要靶点是组蛋白 H3 赖氨酸 9（H3K9）和 H3 赖氨酸 27（H3K27）。H3K9 甲基化与异染色质形成或基因抑制有关，而 H3K27 甲基化与植物发育关键基因的表达有关（Zhou，2009）。组蛋白 H3 赖氨酸 4（H3K4）甲基化导致基因激活，而且主要存在于活性基因的启动子上（Lachner et al.，2003）。H3K9 的甲基化标记 DNA 沉默，其遍布整个异染色质区，包括着丝粒和端粒。赖氨酸甲基化可以是单聚、二聚或三聚体。不同组蛋白标记的组合调控不同的生物功能（Strahl and Allis，2000）。

研究证明，H3K9 甲基化是 DNA 甲基化的先决条件，表明了 H3K9 甲基化是组蛋白修饰与 DNA 甲基化之间的重要联系（Tamaru and Selker，2001；Jackson et al.，2002）。而 DNA 甲基化也可激发 H3K9 的甲基化（Johnson，2002；Soppe et al.，2002；Lehnertz et al.，2003；Tariq et al.，2003）。虽然目前还不清楚是什么启动了不同的表观遗传修饰募集到其特定目标序列，但组蛋白去乙酰化酶、组蛋白甲基转移酶和甲基胞嘧啶结合蛋白都可以募集 DNA 甲基转移酶（Nan et al.，1998；Fuks et al.，2000；Fuks et al.，2003）。

在拟南芥中，组蛋白 H3K9 甲基化主要以 H3K9me1 和 H3K9me2 的形式存在，富集于染色体中心、反转录元件和重复序列（Johnson et al.，2004）。在拟南芥中也可以检测到 H3K9me3，但主要分布在基因区域（Turck et al.，2007）。研究已证实 H3K9me2 参与异染色质的形成和重复序列表达抑制，而 H3K9me3 在植物基因表达中的作用尚不清楚。果蝇 SU（Var）3-9 蛋白是第一个被发现的 H3K9 特异性组蛋白赖氨酸甲基转移酶（Rea et al., 2000)。植物基因组编码约 10 个 SU（Var）3-9 同源蛋白（Qin et al., 2010），包括拟南芥 KRYPTONITE（KYP，又称 SUVH 4）、SUVH 5 和 SUVH 6，它们以位点特异性的方式催化 H3K9 单甲基和二甲基化（Jackson et al., 2004；Ebbs et al., 2005；Ebbs and Bender，2006）。在 *SUPERMAN* 和磷酸核糖氨基苯甲酸异构酶两个基因 DNA 超甲基化表观等位基因抑制子的突变体筛选中，分离到 Kyp/SUVH 4，将组蛋白 H3K9me 与 DNA 甲基化联系在了一起（Hassan et al., 2017）。研究还发现了水稻 *SUVH* 基因参与组蛋白 H3K9 甲基化、DNA 甲基化和反转录元件沉默（Ding et al., 2007；Qin et al., 2010）。

哺乳动物中 JMJD2/KDM4 家族蛋白具有清除二甲基和三甲基化组蛋白 H3K9 或 H3K36 甲基的活性（Mosammaparast and Shi，2010）。植物中也已发现了多个 H3K9 去甲基化相关基因，包括拟南芥 *IBM1/JMJ25* 和水稻 *JMJ706*（Saze et al., 2008；Sun and Zhou，2008；Inagaki et al., 2010），分别属于 JMJD1/KDM3 和 JMJD2/KDM4 家族。与 *suvh* 突变体相比，两个 *Jumonji*（*JmjC*）基因的突变都会产生严重的发育缺陷，说明组蛋白 H3K9 去甲基化是正常植物发育所必需的。IBM1/JMJ25 作为 H3K9 脱甲基酶来源的直接证据是通过体内试验获得的（Inagaki et al., 2010），其功能的突变导致依赖于组蛋白 H3K9 甲基化的 DNA 甲基化增加和多种发育表型，KYP 的突变则可以恢复这些性状（Saze et al., 2008；Inagaki et al., 2010）。JMJ706 在体内和体外均能去除甲基化组蛋白 H3K9me3 的甲基基团。*JMJ706* 基因突变影响花器官数量和花发育，导致水稻 H3K9me2/3 普遍增加（Sun and Zhou，2008）。此外，水稻 *JMJ706* 突变体表型可被少数水稻 *SUVH* 基因的 RNAi 部分抑制（Qin et al., 2010），表明 SUVH 蛋白可能与 JMJ706 形成拮抗耦合体，调节组蛋白 H3K9 甲基化的稳态。

相关研究结果表明，Early Flowering 6（ELF6）在开花中的作用是通过抑制 FT 的表达来实现的（Jeong et al., 2009）。ELF6/JMJ11 直接调控 FT 染色质状态，突变导致 FT 位点的 H3K4me3 增加，但其蛋白质的特异性去甲基酶活性仍需验证。不排除这些蛋白质也参与其他赖氨酸残基，如 H3K9 和（或）H3K36 的去甲基化。研究发现组蛋白甲基转移酶 SDG8/EFS 在 FLC 上的特异性甲基化活性可被 Relative to Early Flowering 6（REF6）抵消，表明 REF6 可能参与 H3K36 去甲基化（Ko et al., 2010）。有趣的是，研究发现 ELF6/JMJ11 和 REF6/JMJ12 与油菜素内酯（BR）信号通路中的转录因子 BES1 可以相互作用。*ELF6* 和 *REF6* 功能缺失产生 BR 相关表型，改变 BR 相关基因的表达（Yu et al., 2008），表明组蛋白去甲基化酶通过和特异的转录因子互作可以被募集到目的基因上，调控特异的蛋白质活性或信号通路。

DNA 甲基化在表观遗传过程中起着至关重要的作用，并与组蛋白甲基化有关。在植物中，胞嘧啶甲基化有三个序列背景：CG、CHG 和 CHH，其中 H 可以是 A、T 或 C，由不同的 DNA 甲基转移酶介导。甲基转移酶 1（MET1）维持 CG 甲基化，而 Chromomethylase 3（CMT3）是一种植物特异性 DNA 甲基转移酶，维持非 CG 甲基化。区域重排甲基转移酶 2（DRM2）负责所有序列的重头甲基化。DRM2 也与 CMT3 发挥冗余作用，维持某些位点的非 CG 甲基化（Chan et al., 2005）。DNA 重头甲基化是由小 RNA 或组蛋白修饰等信号触发的。在植物中，DRM2 通过 siRNA 介导的途径催化特定靶点的 DNA 甲基化（Law and Jacobsen，2010）。KYP 介导的 H3K9 甲基化是 CMT3 维持 CHG 甲基化所必需的（Jackson et al., 2002），该甲基化是通过与甲基化 H3K9 结合而形成的（Lindroth et al., 2011），表明 CHG 甲基化是通过组蛋白和 DNA 甲基化之间的自身强化反馈来维持的。

拟南芥中的研究表明，JmjC 蛋白在控制 DNA 甲基化方面起着重要的作用。如上所述，IBM1/JMJ25 具有保护活性基因避免组蛋白 H3K9me2 和 CHGDNA 甲基化修饰的作用（Saze et al., 2008）。*ibm1* 突变导致转录基因而非转座子异常的 CHG 高甲基化，这种甲基化的增加与 RNAi 通路无关，可被 KYP 和 CMT3 突变所抑制（Miura et al., 2009; Inagaki et al., 2010）。表明 IBM1 可能与 KYP 和 CMT3 介导的 CHG 甲基化维持处于同一通路。然而，在 *kyp* 或 *cmt3* 突变背景下，激活的转座子可募集 IBM1，说明染色质转录状态可能是 IBM1 靶向的关键。这些结果表明，靶序列的转录受两个拮抗的自催化反馈环控制：IBM1 去除转录基因的 H3K9me2，而转录则促进 IBM1 的功能；而在不存在 IBM1 的情况下，KYP 介导的 H3K9me2 启动了 CMT3 的 DNA 甲基化，从而增强了 KYP 的功能。然而，影响整个 H3K9me 的水稻 JMJ706 的突变并不影响 DNA 甲基化，说明 JMJ706 可能在功能上不同于 IBM1。研究表明 JMJ14 在 RdDM 通路的下游起作用。JMJ14 可能通过去除抑制 DRM2 介导的 DNA 甲基化的活性染色质标记 H3K4me3 而改变激活-抑制过程的平衡（Deleris et al., 2010）。IBM1/JMJ25 和 JMJ14 的研究结果揭示了组蛋白去甲基化在 DNA 甲基化中的重要作用，表明多个表观修饰基因之间起着互相促进或拮抗的作用，目标序列的激活或沉默状态取决于多种表观修饰复杂的相互作用的最终效果（图 6-8）。

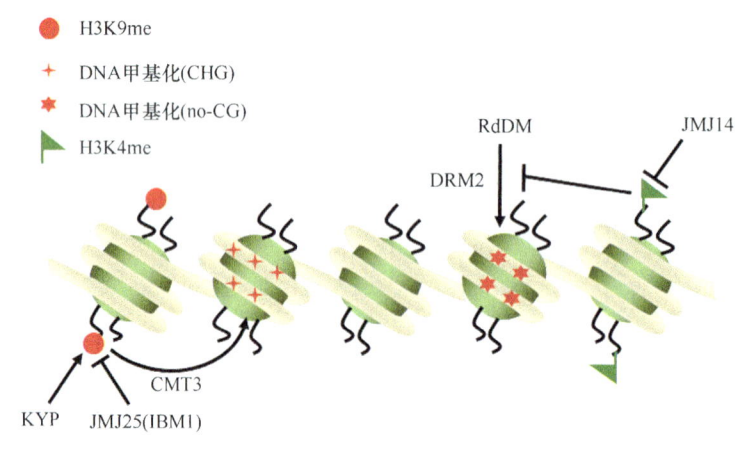

图 6-8 组蛋白甲基化和 DNA 甲基化之间的互作（Deleris et al., 2010）

部分植物 JmjC 蛋白的特性分析表明，这类蛋白在调控植物基因表达方面具有重要作用。对其他的 JmjC 蛋白的进一步分析对于全面了解组蛋白甲基化/去甲基化调控在植物基因表达的重建和表观遗传过程中的作用具有重要意义。大多数植物 JmjC 蛋白的特异组蛋白赖氨酸和基因组靶点仍不清楚。此外，研究人员还发现动物细胞 JmjC 蛋白（即 "JmjC only group" 中的 JMJD6）可以去除精氨酸甲基化（Chang et al., 2007）。在拟南芥和水稻中也发现了 JMJD6 的同源物，这些蛋白质是否具有精氨酸去甲基酶的活性仍有待研究。我们已经看到，JmjC 蛋白在组蛋白修饰与 DNA 甲基化之间的相互作用中起重要作用，但其分子机制有待进一步阐明。了解组蛋白修饰和 DNA 甲基化调节因子（包括组蛋白脱甲基酶）如何相互作用，以协调建立、维持和去除关键的表观遗传标记，对于阐明染色质调控的分子基础至关重要。组蛋白甲基化/去甲基化在发育相关基因表达的编程和再编程中起重要的作用，鉴定参与组蛋白甲基化标记表观重建的特异性 JmjC 蛋白对了解植物发育转换的染色质基础至关重要。

植物的非附着生活方式需要其具有更高的发育可塑性。组蛋白的修饰和识别已经被证明是快速激活基因表达模式以响应环境变化所必不可少的。组蛋白去甲基化酶在诱导基因表达中的作用尚待研究。除了组蛋白去甲基酶活性必需的 JmjC 结构域外，JmjC 蛋白还有许多其他保守的蛋白结构域或基序（Lu et al.，2008；Sun and Zhou，2008），暗示这些蛋白质在特定的细胞过程中可能具有不同的功能。此外，还需要以水稻、玉米或棉花为模式生物来研究组蛋白去甲基化调控，以了解具有不同基因组结构的不同物种之间的共性和特殊性。

在大多数生物体中，核内 RNAi 主要在异染色质中，它通过介导组蛋白 H3K9 甲基化和（或）胞嘧啶甲基化的方向促进特异序列表达沉默。然而，在小 RNA 的生物发生方面，特别是在小 RNA 加工和 Argonaute 蛋白募集的亚细胞定位存在差异，这可能表明了调节核 RNAi 的多个不同途径。就共转录模型而言，目前还不清楚 RNAi 复合物是如何调控转录机器的。除了调控异染色质之外，RNAi 共转录调控了部分基因表达，但这种现象是否在生物体中广泛存在还有待研究。

第八节　棉花表观遗传研究展望

表观遗传学作为一个发展中的研究领域，在物种进化和维持的分子机制、基因表达的调控、生态因子调控基因表达等方面还有待于进一步深入研究。相信飞速发展的植物表观遗传学的日益完善，将对探知植物生命活动规律、研究其进化机制并进行遗传改良等方面起到积极的推动作用。

一、棉花表观遗传研究的方向

线粒体表观遗传学。线粒体是真核细胞的一种细胞器，具有它自己的基因组，这些基因组统称为线粒体基因组。线粒体内的 DNA，可参与蛋白质的合成、转录与复制，具有较高的研究价值，除了少数低等真核生物的线粒体基因组是线状 DNA 分子外（如纤毛原生动物 *Tetrahymena pyriformis*、*Paramecium aurelia* 以及绿藻 *Clamydoomonas reinhardtii* 等），一般都是一个环状双链 DNA 分子。由于一个细胞里有许多个线粒体，而且一个线粒体里也有几份基因组拷贝，所以一个细胞里也就有许多个线粒体基因组。不同物种的线粒体基因组的大小相差悬殊。植物细胞的线粒体基因组的大小差别很大，最小的为 100kb 左右，大部分由非编码的 DNA 序列组成，且有许多短的同源序列，同源序列之间的 DNA 重组会产生较小的亚基因组环状 DNA，与完整的核基因组共存于细胞内，因此植物线粒体基因组的研究更为困难，其含有类似于组蛋白结构的类核，受到表观遗传学机制调控。线粒体表观遗传学（mitoepigentics）是指对线粒体编码的基因发生表观遗传修饰以及其他代谢物对线粒体进行表观遗传调控而对其产生影响，且线粒体与核基因组存在复杂的表观遗传学调控作用网络的研究，已然成为生命科学研究领域一个崭新的重要内容。线粒体表观遗传学有4种调控方式研究方向：①调控核基因表达的表观遗传机制，可通过调节核编码的线粒体基因的表达影响线粒体的发育和功能；②细胞特异性线粒体DNA（mtDNA）含量和线粒体活性调控核基因的DNA甲基化模式；③mtDNA变异影响核基因表达模式和核DNA甲基化水平；④mtDNA本身也受到表观遗传学修饰的调控（Manev and Dzitoyeva，2013）。此外，动物上的研究发现暴露于环境污染物和膳食营养等因素也会刺激线粒体基因的表观遗传学修饰，从而影响其基因表达（Wallace and Fan，2010）。在棉花中，线粒体表观遗传机制的研究还未见报道，有待相关研究的开展和深入。

miRNA是植物内生的一种非编码RNA，鉴于它在植物发育和基因调控中的重要性，对miRNA生物发生或活性的调控将是一个重要的研究领域。特定miRNA的加工是否受到调节？特定miRNA的活性是否受调控？miRNA活性的分子机制目前尚不清楚。例如，是什么决定了miRNA何时抑制其目标mRNA的翻译而不是切割它？目前用于预测miRNA目标的策略依赖于miRNA与其目标mRNA之间广泛的碱基配对，这是切割miRNA的必要条件。最近的一项研究表明，控制翻译抑制的配对规则可能是不同的（Chen，2009）。棉花中开展的相关研究已经发现了大量miRNA参与棉花发育、抗逆的很多过程，对它们作用网络和分子机制的进一步解析将是未来研究的焦点。

二、表观遗传研究的新策略

随着高通量测序技术的发展，RNA的高通量测序和依赖于抗体的蛋白质组测序是进行表观遗传研究的主要手段，同时也促进了更多表观遗传修饰的发现。未来需要继续加大对未知的表观修饰方式的发现、发掘和研究，进一步增强人们对表观遗传修饰的了解。

多种植物激素和小分子多肽等信号物质在植物发育中发挥重要的作用。表观遗传学的发展也使人们逐渐认识到植物中表观遗传复杂的信号调控网络。通过利用激素、小分子短肽、受体蛋白、抑制因子等开展它们和表观修饰的互作机制的研究，将对我们更清晰地了解表观遗传作用的分子机制和调控网络提供有力的数据。

棉花等多倍体植物在进化中形成了特异的基因组组成和结构，其表观遗传机制在其中也发挥着重要作用。利用多倍体植物开展表观遗传修饰的研究，将会对我们更深入地了解植物表观机制的进化和功能分化等提供更多的视野和数据。同时，对于棉花等作物的遗传改良、分子育种等也会提供基因资源和理论基础。

三、表观遗传研究中新技术的应用

科学的迅猛发展和快速进步使人们越来越认识到新的发明技术在科学发展中的重

要作用。DNA 测序技术、蛋白质测序技术等生物技术的不断革新和进步，快速推动了生命科学的发展。尤其是近几年发展起来的 Hi-C、ATAC-seq 等染色质分析技术，可以从多维度、立体、实时的层面上更好地解析不同表观修饰和染色质的状态变化等，对了解表观修饰的具体作用机制提供更准确的数据。

Hi-C 技术是染色体构象捕获（chromosome conformation capture，3C）的一种衍生技术，是指基于高通量进行染色体构象的捕获，它能够在全基因组范围内捕捉不同基因座位之间的空间交互，研究三维空间中调控基因的 DNA 元件。2009 年，乔布·德克尔研究团队利用 Hi-C 技术分析人类正常淋巴母细胞染色体中基因座空间交互信息，首次提出 Hi-C 技术的概念（Giorgetti et al.，2016）。

植物群体细胞 Hi-C 测序：植物 Hi-C 技术以整个细胞核为研究对象，利用高通量测序技术，结合生物信息分析方法，研究全基因组范围内整个染色质 DNA 在空间位置上的关系；通过对染色质内全部 DNA 相互作用模式进行捕获，获得高分辨率的染色质三维结构信息（Wang et al.，2015b）。

Hi-C 辅助基因组组装：Hi-C 技术源于染色体构象捕获技术，基于 Hi-C 数据中染色质片段间的交互强度呈现随距离衰减的规律，Hi-C 可以用于基因组组装，将杂乱的基因序列组装到染色体水平。捕获 Hi-C 测序：将 Hi-C 技术与杂交捕获技术相结合，用更小的数据量获取更高分辨率的染色质三维结构信息，并可以与 ChIP-seq、转录组数据联合分析，从基因调控网络和表观遗传网络来阐述生物体性状形成的相关机制（Jager et al.，2015；Xie et al.，2015b；Giorgetti et al.，2016）。

ATAC-seq（assay for transposase-accessible chromatin with high throughput sequencing）是 2013 年由斯坦福大学威廉·格林利夫和霍华德·常实验室开发的用于研究染色质可及性（通常也理解为染色质的开放性）的方法，是一种创新的表观遗传学研究技术，原理是通过转座酶 Tn5 容易结合在开放染色质（常染色质）的特性，对 Tn5 酶捕获到的 DNA 序列进行高通量测序，进而获得在该特定时空下基因组中所有活跃转录的调控序列。开放染色质的研究方法有 ATAC-seq 以及传统的 DNase-seq 及 FAIRE-seq 等。ATAC-seq 由于所需细胞量少，实验简单，可以在全基因组范围内检测染色质的开放状态，目前已经成为研究染色质开放性的首选技术方法。

总体看来，植物表观遗传的研究还有很多未知的问题等待解决，而棉花中的表观遗传机制更是知之甚少。未来随着高通量测序技术的发展和棉花基因组信息的愈发完善，为了更好地解析棉花发育的表观遗传机制，需要加快开展以下工作：①充分利用高通量测序技术，解析棉花发育各个阶段的表观遗传修饰图谱，如 DNA 甲基化、组蛋白甲基化、蛋白乙酰化、蛋白磷酸化等，以此为初步了解棉花基因组的表观遗传特征提供数据；②对参与表观修饰的各种关键酶蛋白进行基因组水平的鉴定、克隆、表达分析和功能验证，初步了解各种表观修饰关键作用因子的进化特征和功能分化特点，为解析表观修饰的调控机制提供基础；③构建表观修饰缺陷的棉花突变体或转基因材料，从分子、遗传的水平探讨不同表观修饰之间的互作和调控。

参 考 文 献

蔡义东, 袁小玲, 邓莅明, 等. 2010. 基于花粉萌发与结铃表现选育耐高温高产杂交棉. 湖南农业大学学报(自然科学版), 36(2): 119-122.

郭宁, 席晓广, 张晓旭, 等. 2014. 乙烯利处理对棉花子叶DNA表观遗传变化的甲基化敏感扩增多态性(MSAP)分析. 农业生物技术学报, 22(9): 1131-1140.

简桂良, 邹亚飞, 马存. 2003. 棉花黄萎病逐年流行的原因及对策. 中国棉花, 30(3): 13-14.

李光雷, 喻树迅, 范术丽, 等. 2011. 表观遗传学研究进展. 生物技术通讯, (1): 40-49.

裴小雨, 周晓箭, 马雄风, 等. 2015. 持续高温干旱年份陆地棉农艺和产量性状的遗传效应分析. 棉花学报, 27(2): 126-134.

任茂, 李博, 徐延浩, 等. 2017. 高温胁迫诱导棉花甲基化变化分析. 分子植物育种, 15(3): 1069-1076.

王茂军. 2017. 多组学数据揭示棉花纤维发育的遗传学和表观遗传学基础. 武汉: 华中农业大学博士学位论文.

张效苒, 秦一丁, 汪保华, 等. 2018. 黄萎病胁迫下陆地棉基因组DNA甲基化分析. 绿色科技, (22): 189-191.

周曙霞, 赵晓雁, 谷洪波, 等. 2016. 棉花花铃期持续高温对不同部位成铃和品质的影响. 中国棉花, 43(5): 24-27.

朱荷琴, 冯自力, 尹志新, 等. 2012. 我国棉花黄萎病菌致病力分化及ISSR指纹分析. 植物病理学报, 42(3): 225-235.

Abe N, Matsumoto K, Nishihara M, et al. 2015. Rolling circle translation of circular RNA in living human cells. Sci Rep, 5: 16435.

Adams K L, Richard C, Ryan P, et al. 2003. Genes duplicated by polyploidy show unequal contributions to the transcriptome and organ-specific reciprocal silencing. Proc Natl Acad Sci USA, 100(8): 4649-4654.

Alban C, Tardif M, Mininno M, et al. 2014. Uncovering the protein Lysine and Arginine methylation network in *Arabidopsis* chloroplasts. PLoS One, 9(4): e95512.

Antosz W, Pfab A, Ehrnsberger H F, et al. 2017. The composition of the *Arabidopsis* RNA Polymerase II transcript elongation complex reveals the interplay between elongation and mRNA processing factors. Plant Cell, 29(4): 854-870.

Ashapkin V V, Kutueva L I, Vanyushin B F. 2016. Plant DNA methyltransferase genes: multiplicity, expression, methylation patterns. Biochemistry (Mosc), 81(2): 141-151.

Ban Y, Kobayashi Y, Hara T, et al. 2013. Alpha-Tubulin is rapidly phosphorylated in response to hyperosmotic stress in rice and *Arabidopsis*. Plant Cell Physiol, 54(6): 848-858.

Bannister A J, Kouzarides T. 1996. The CBP co-activator is a histone acetyltransferase. Nature, 384(6610): 641-643.

Basha E, O'Neill H, Vierling E. 2012. Small heat shock proteins and alpha-crystallins: dynamic proteins with flexible functions. Trends Biochem Sci, 37(3): 106-117.

Bastow R, Mylne J S, Lister C, et al. 2004. Vernalization requires epigenetic silencing of FLC by histone methylation. Nature, 427(6970): 164-167.

Baubec T, Dinh H Q, Pecinka A, et al. 2010. Cooperation of multiple chromatin modifications can generate unanticipated stability of epigenetic states in *Arabidopsis*. Plant Cell, 22(1): 34-47.

Bird A. 2002. DNA methylation patterns and epigenetic memory. Genes & Development, 16(1): 6-21.

Blanc G, Wolfe K H. 2004. Functional divergence of duplicated genes formed by polyploidy during *Arabidopsis* evolution. Plant Cell, 16(7): 1679-1691.

Bohm L, Crane-Robinson C, Sautiere P. 1980. Proteolytic digestion studies of chromatin core-histone structure. Identification of a limit peptide of histone H2A. Eur J Biochem, 106(2): 525-530.

Bolden A H, Nalin C M, Ward C A, et al. 1986. Primary DNA sequence determines sites of maintenance and *de novo* methylation by mammalian DNA methyltransferases. Mol Cell Biol, 6(4): 1135-1140.

Bremang M, Cuomo A, Agresta A M, et al. 2013. Mass spectrometry-based identification and characterisation of lysine and arginine methylation in the human proteome. Mol Biosyst, 9(9): 2231-2247.

Buggs R J, Zhang L, Miles N, et al. 2011. Transcriptomic shock generates evolutionary novelty in a newly formed, natural allopolyploid plant. Curr Biol, 21(7): 551-556.

Cabili M N, Trapnell C, Goff L, et al. 2011. Integrative annotation of human large intergenic noncoding RNAs reveals global properties and specific subclasses. Genes & Development, 25(18): 1915-1927.

Cai L, Sutter B M, Li B, et al. 2011. Acetyl-CoA induces cell growth and proliferation by promoting the acetylation of histones at growth genes. Mol Cell, 42(4): 426-437.

Campbell J L, Kleckner N. 1990. *E. coli oriC* and the *dnaA* gene promoter are sequestered from dam methyltransferase following the passage of the chromosomal replication fork. Cell, 62(5): 967-979.

Candau R, Moore P A, Wang L, et al. 1996. Identification of human proteins functionally conserved with the yeast putative adaptors ADA2 and GCN5. Mol Cell Biol, 16(2): 593-602.

Cao R, Tsukada Y, Zhang Y. 2005. Role of Bmi-1 and Ring1A in *H2A* ubiquitylation and *Hox* gene silencing. Mol Cell, 20(6): 845-854.

Cao X F, Springer N M, Muszynski M G, et al. 2000. Conserved plant genes with similarity to mammalian *de novo* DNA methyltransferases. Proc Natl Acad Sci USA, 97(9): 4979-4984.

Chalhoub B, Denoeud F, Liu S, et al. 2014. Plant genetics. Early allopolyploid evolution in the post-Neolithic *Brassica napus* oilseed genome. Science, 345(6199): 950-953.

Chan S W L, Henderson I R, Jacobsen S E. 2005. Gardening the genome: DNA methylation in *Arabidopsis thaliana*. Nat Rev Genet, 6(7): 351-360.

Chang B S, Chen Y, Zhao Y M, et al. 2007. JMJD6 is a histone arginine demethylase. Science, 318(5849): 444-447.

Chao Q, Liu X Y, Mei Y C, et al. 2014. Light-regulated phosphorylation of maize phosphoenolpyruvate carboxykinase plays a vital role in its activity. Plant Mol Biol, 85(1-2): 95-105.

Chapman E J, Carrington J C. 2007. Specialization and evolution of endogenous small RNA pathways. Nat Rev Genet, 8(11): 884-896.

Chaudhary B, Flagel L, Stupar R M, et al. 2009. Reciprocal silencing, transcriptional bias and functional divergence of homeologs in polyploid cotton (gossypium). Genetics, 182(2): 503-517.

Chen G Y, Li Y H, Wei Z Z, et al. 2022. Dynamic profiles of DNA methylation and the interaction with histone acetylation during fiber cell initiation of *Gossypium hirsutum*. Journal of Cotton Research, 5(1): 8.

Chen H, Feng H, Zhang X Y, et al. 2019. An *Arabidopsis* E3 ligase HUB2 increases histone H2B monoubiquitination and enhances drought tolerance in transgenic cotton. Plant Biotechnol J, 17(3): 556-568.

Chen L L. 2016. The biogenesis and emerging roles of circular RNAs. Nat Rev Mol Cell Bio, 17(4): 205-211.

Chen X M. 2004. A microRNA as a translational repressor of APETALA2 in *Arabidopsis* flower development. Science, 303(5666): 2022-2025.

Chen X M. 2009. Small RNAs and their roles in plant development. Annu Rev Cell Dev Bi, 25: 21-44.

Chen Z J. 2010. Molecular mechanisms of polyploidy and hybrid vigor. Trends Plant Sci, 15(2): 57-71.

Chen Z J. 2007. Genetic and epigenetic mechanisms for gene expression and phenotypic variation in plant polyploids. Annu Rev Plant Biol, 58: 377-406.

Chen Z J, Comai L, Pikaard C S. 1998. Gene dosage and stochastic effects determine the severity and direction of uniparental ribosomal RNA gene silencing (nucleolar dominance) in *Arabidopsis* allopolyploids. Proc Natl Acad Sci USA, 95(25): 14891-14896.

Chen Z J, Pikaard C S. 1997a. Transcriptional analysis of nucleolar dominance in polyploid plants: biased expression/silencing of progenitor rRNA genes is developmentally regulated in *Brassica*. Proc Natl Acad Sci USA, 94(7): 3442-3447.

Chen Z J, Pikaard C S. 1997b. Epigenetic silencing of RNA polymerase I transcription: a role for DNA methylation and histone modification in nucleolar dominance. Genes Dev, 11(16): 2124-2136.

Chou K C. 2004. Structural bioinformatics and its impact to biomedical science. Curr Med Chem, 11(16): 2105-2134.

Chuikov S, Kurash J K, Wilson J R, et al. 2004. Regulation of p53 activity through lysine methylation. Nature, 432(7015): 353-360.

Collier J, McAdams H H, Shapiro L. 2007. A DNA methylation ratchet governs progression through a bacterial cell cycle. Proc Natl Acad Sci USA, 104(43): 17111-17116.

Conn S J, Pillman K A, Toubia J, et al. 2015. The RNA binding protein quaking regulates formation of circRNAs. Cell, 160(6): 1125-1134.

Cortellino S, Xu J F, Sannai M, et al. 2011. Thymine DNA glycosylase is essential for active DNA demethylation by linked deamination—base excision repair. Cell, 146(1): 67-79.

Couzin J. 2002. Small RNAs make big splash. Science, 298(5602): 2296-2297.

Cress W D, Seto E. 2000. Histone deacetylases, transcriptional control, and cancer. Journal of Cellular Physiology, 184 (1): 1-16.

Cronn R C, Small R L, Wendel J F. 1999. Duplicated genes evolve independently after polyploid formation in cotton. Proc Natl Acad Sci USA, 96(25): 14406-14411.

Csorba T, Questa J I, Sun Q W, et al. 2014. Antisense COOLAIR mediates the coordinated switching of chromatin states at FLC during vernalization. Proc Natl Acad Sci USA, 111(45): 16160-16165.

Cuperus J T, Fahlgren N, Carrington J C. 2011. Evolution and functional diversification of *MIRNA* genes. Plant Cell, 23(2): 431-442.

Danan M, Schwartz S, Edelheit S, et al. 2012. Transcriptome-wide discovery of circular RNAs in Archaea. Nucleic Acids Res, 40(7): 3131-3142.

Darbani B, Noeparvar S, Borg S. 2016. Identification of circular RNAs from the parental genes involved in multiple aspects of cellular metabolism in barley. Front Plant Sci, 7: 776.

Deleris A, Greenberg M V C, Ausin I, et al. 2010. Involvement of a Jumonji-C domain-containing histone demethylase in DRM2-mediated maintenance of DNA methylation. Embo Rep, 11(12): 950-955.

Deleris A, Halter T, Navarro L. 2016. DNA methylation and demethylation in plant immunity. Annu Rev Phytopathol, 54: 579-603.

Dhar M, Pethe V, Gupta V, et al. 1990. Predominance and tissue specificity of adenine methylation in rice. Theor Appl Genet, 80(3): 402-408.

Ding J H, Lu Q, Ouyang Y D, et al. 2012a. A long noncoding RNA regulates photoperiod-sensitive male sterility, an essential component of hybrid rice. Proc Natl Acad Sci USA, 109(7): 2654-2659.

Ding J H, Shen J Q, Mao H L, et al. 2012b. RNA-Directed DNA methylation is involved in regulating photoperiod-sensitive male sterility in rice. Mol Plant, 5(6): 1210-1216.

Ding Y, Wang X, Su L, et al. 2007. SDG714, a histone H3K9 methyltransferase, is involved in Tos17 DNA methylation and transposition in rice. Plant Cell, 19(1): 9-22.

Dobzhansky T. 1936. Studies on Hybrid Sterility. II. Localization of sterility factors in *Drosophila pseudoobscura* Hybrids. Genetics, 21(2): 113-135.

Ebbs M L, Bartee L, Bender J. 2005. H3 lysine 9 methylation is maintained on a transcribed inverted repeat by combined action of SUVH6 and SUVH4 methyltransferases. Mol Cell Biol, 25(23): 10507-10515.

Ebbs M L, Bender J. 2006. Locus-specific control of DNA methylation by the *Arabidopsis* SUVH5 histone methyltransferase. Plant Cell, 18(5): 1166-1176.

Erilova A, Brownfield L, Exner V, et al. 2009. Imprinting of the polycomb group gene *MEDEA* serves as a ploidy sensor in *Arabidopsis*. PLoS Genet, 5(9): e1000663.

Esteve P O, Chin H G, Benner J, et al. 2009. Regulation of DNMT1 stability through SET7-mediated lysine methylation in mammalian cells. Proc Natl Acad Sci USA, 106(13): 5076-5081.

Fahlgren N, Howell M D, Kasschau K D, et al. 2007. High-throughput sequencing of *Arabidopsis* microRNAs: evidence for frequent birth and death of MIRNA genes. PLoS One, 2(2): e219.

Fahlgren N, Jogdeo S, Kasschau K D, et al. 2010. MicroRNA gene evolution in *Arabidopsis lyrata* and *Arabidopsis thaliana*. Plant Cell, 22(4): 1074-1089.

Fan H H, Wei J, Li T C, et al. 2013. DNA methylation alterations of upland cotton (*Gossypium hirsutum*) in response to cold stress. Acta Physiol Plant, 35(8): 2445-2453.

Fedoreyeva L I, Vanyushin B F. 2002. N6-Adenine DNA-methyltransferase in wheat seedlings. FEBS lett, 514(2-3): 305-308.

Feldman M, Liu B, Segal G, et al. 1997. Rapid elimination of low-copy DNA sequences in polyploid wheat: a possible mechanism for differentiation of homoeologous chromosomes. Genetics, 147(3): 1381-1387.

Feng H, Li X, Chen H, et al. 2018. GhHUB2, a ubiquitin ligase, is involved in cotton fiber development *via* the ubiquitin-26S proteasome pathway. J Exp Bot, 69(21): 5059-5075.

Finnegan E J, Peacock W J, Dennis E S. 1996. Reduced DNA methylation in *Arabidopsis thaliana* results in abnormal plant development. Proc Natl Acad Sci USA, 93(16): 8449-8454.

Fisk J C, Li J, Wang H, et al. 2013. Proteomic analysis reveals diverse classes of arginine methylproteins in mitochondria of trypanosomes. Mol Cell Proteomics, 12(2): 302-311.

Flagel L E, Chen L, Chaudhary B, et al. 2009. Coordinated and fine-scale control of homoeologous gene expression in allotetraploid cotton. J Hered, 100(4): 487-490.

Flagel L, Udall J, Nettleton D, et al. 2008. Duplicate gene expression in allopolyploid *Gossypium* reveals two temporally distinct phases of expression evolution. BMC Biol, 6: 16.

Fu Y, Luo G-Z, Chen K, et al. 2015. N6-methyldeoxyadenosine marks active transcription start sites in *Chlamydomonas*. Cell, 161(4): 879-892.

Fuks F, Burgers W A, Brehm A, et al. 2000. DNA methyltransferase Dnmt1 associates with histone deacetylase activity. Nat Genet, 24: 88.

Fuks F, Hurd P J, Wolf D, et al. 2003. The Methyl-CpG-binding protein MeCP2 links DNA methylation to histone methylation. J Biol Chem, 278(6): 4035-4040.

Gabbara S, Bhagwat A S. 1995. The mechanism of inhibition of DNA (cytosine-5-)-methyltransferases by 5-azacytosine is likely to involve methyl transfer to the inhibitor. Biochem J, 307(Pt 1): 87-92.

Gaeta R T, Pires J C, Iniguez-Luy F, et al. 2007. Genomic changes in resynthesized *Brassica napus* and their effect on gene expression and phenotype. Plant Cell, 19(11): 3403-3417.

Galdieri L, Vancura A. 2012. Acetyl-CoA carboxylase regulates global histone acetylation. J Biol Chem, 287(28): 23865-23876.

Gao Y, Wang J F, Zhao F Q. 2015. CIRI: an efficient and unbiased algorithm for de novo circular RNA identification. Genome Bio, 16(1): 4.

Genger R K, Kovac K A, Dennis E S, et al. 1999. Multiple DNA methyltransferase genes in *Arabidopsis thaliana*. Plant Mol Biol, 41(2): 269-278.

Giles R H, Peters D J M, Breuning M H. 1998. Conjunction dysfunction: CBP/p300 in human disease. Trends Genet, 14(5): 178-183.

Giorgetti L, Lajoie B R, Carter A C, et al. 2016. Structural organization of the inactive X chromosome in the mouse. Nature, 535(7613): 575-579.

Gong L, Kakrana A, Arikit S, et al. 2013. Composition and expression of conserved microRNA genes in diploid cotton (*Gossypium*) species. Genome Biol Evol, 5(12): 2449-2459.

Gong Z, Morales-Ruiz T, Ariza R R, et al. 2002. ROS1, a repressor of transcriptional gene silencing in *Arabidopsis*, encodes a DNA glycosylase/lyase. Cell, 111(6): 803-814.

Goodrich J, Tweedie S. 2002. Remembrance of things past: chromatin remodeling in plant development. Annu Rev Cell Dev Bi, 18: 707-746.

Grasser M, Grasser K D. 2018. The plant RNA polymerase II elongation complex: a hub coordinating transcript elongation and mRNA processing. Transcription, 9(2): 117-122.

Greene J, Baird A M, Brady L, et al. 2017. Circular RNAs: biogenesis, function and role in human diseases. Front Mol Biosci, 4: 38.

Greer E L, Blanco M A, Gu L, et al. 2015. DNA methylation on N6-adenine in *C. elegans*. Cell, 161(4): 868-878.

Greer E L, Shi Y. 2012. Histone methylation: a dynamic mark in health, disease and inheritance. Nat Rev Genet, 13(5): 343-357.

Grimson A, Srivastava M, Fahey B, et al. 2008. Early origins and evolution of microRNAs and Piwi-interacting RNAs in animals. Nature, 455(7217): 1193-1197.

Grossniklaus U, Vielle-Calzada J P, Hoeppner M A, et al. 1998. Maternal control of embryogenesis by MEDEA, a polycomb group gene in *Arabidopsis*. Science, 280(5362): 446-450.

Groszmann M, Greaves I K, Albertyn Z I, et al. 2011. Changes in 24-nt siRNA levels in *Arabidopsis* hybrids suggest an epigenetic contribution to hybrid vigor. Proc Natl Acad Sci USA, 108(6): 2617-2622.

Guan X, Pang M, Nah G, et al. 2014. miR828 and miR858 regulate homoeologous *MYB2* gene functions in *Arabidopsis* trichome and cotton fibre development. Nat Commun, 5: 3050.

Guo F, Li X, Liang D, et al. 2014. Active and passive demethylation of male and female pronuclear DNA in the mammalian zygote. Cell Stem Cell, 15(4): 447-459.

Guo W Z, Cai C P, Wang C B, et al. 2007. A microsatellite-based, gene-rich linkage map reveals genome structure, function and evolution in gossypium. Genetics, 176(1): 527-541.

Ha M, Lu J, Tian L, et al. 2009. Small RNAs serve as a genetic buffer against genomic shock in *Arabidopsis* interspecific hybrids and allopolyploids. Proc Natl Acad Sci USA, 106(42): 17835-17840.

Hansen T B, Jensen T I, Clausen B H, et al. 2013. Natural RNA circles function as efficient microRNA sponges. Nature, 495(7441): 384-388.

Hartl M, Fussl M, Boersema P J, et al. 2017. Lysine acetylome profiling uncovers novel histone deacetylase substrate proteins in *Arabidopsis*. Mol Syst Bio, 13(10): 949.

Hassan H M, Kolendowski B, Isovic M, et al. 2017. Regulation of Active DNA demethylation through RAR-Mediated recruitment of a TET/TDG complex. Cell Rep, 19(8): 1685-1697.

Hawkins J S, Kim H, Nason J D, et al. 2006. Differential lineage-specific amplification of transposable elements is responsible for genome size variation in *Gossypium*. Genome Res, 16(10): 1252-1261.

He G M, Zhu X P, Elling A A, et al. 2010. Global epigenetic and transcriptional trends among two rice subspecies and their reciprocal hybrids. Plant Cell, 22(1): 17-33.

He J, Shen L, Wan M, et al. 2013. Kdm2b maintains murine embryonic stem cell status by recruiting PRC1 complex to CpG islands of developmental genes. Nat Cell Biol, 15(4): 373-384.

Hegarty M J, Hiscock S J. 2008. Genomic clues to the evolutionary success of polyploid plants. Curr Biol, 18(10): R435-R444.

Hendrix B, Stewart J M. 2005. Estimation of the nuclear DNA content of gossypium species. Ann Bot, 95(5): 789-797.

Hershko A, Ciechanover A. 1998. The ubiquitin system. Annu Revf Biochem, 67: 425-479.

Hovav R, Udall J A, Chaudhary B, et al. 2008. Partitioned expression of duplicated genes during development and evolution of a single cell in a polyploid plant. Proc Natl Acad Sci USA, 105(16): 6191-6195.

Hu H, Wang M, Ding Y, et al. 2018. Transcriptomic repertoires depict the initiation of lint and fuzz fibres in cotton (*Gossypium hirsutum* L.). Plant Biotechnol J, 16(5): 1002-1012.

Hu T T, Pattyn P, Bakker E G, et al. 2011. The *Arabidopsis lyrata* genome sequence and the basis of rapid genome size change. Nat Genet, 43(5): 476-481.

Hu Y, Chen J, Fang L, et al. 2019. *Gossypium barbadense* and *Gossypium hirsutum* genomes provide insights into the origin and evolution of allotetraploid cotton. Nat Genet, 51(4): 739-748.

Huang J, Dorsey J, Chuikov S, et al. 2010. G9a and Glp methylate lysine 373 in the tumor suppressor p53. J Biol Chem, 285(23): 9636-9641.

Huang J, Perez-Burgos L, Placek B J, et al. 2006. Repression of p53 activity by Smyd2-mediated methylation. Nature, 444(7119): 629-632.

Huang Y, Mo Y J, Chen P Y, et al. 2016. Identification of SET domain-containing proteins in *Gossypium raimondii* and their response to high temperature stress. Sci Rep, 6: 32729.

Hurd P J, Whitmarsh A J, Baldwin G S, et al. 1999. Mechanism-based inhibition of C5-cytosine DNA methyltransferases by 2-H pyrimidinone. J Mol Biol, 286(2): 389-401.

Hwang J Y, Aromolaran K A, Zukin R S. 2017. The emerging field of epigenetics in neurodegeneration and neuroprotection. Nat Rev Neurosci, 18(6): 347-361.

Imhof A, Yang X J, Ogryzko V V, et al. 1997. Acetylation of general transcription factors by histone acetyltransferases. Curr Biol, 7(9): 689-692.

Inagaki S, Miura-Kamio A, Nakamura Y, et al. 2010. Autocatalytic differentiation of epigenetic modifications within the *Arabidopsis* genome. Embo J, 29(20): 3496-3506.

International Wheat Genome Sequencing. 2014. A chromosome-based draft sequence of the hexaploid bread wheat (*Triticum aestivum*) genome. Science, 345(6194): 1251788.

Iyer L M, Zhang D, Aravind L. 2016. Adenine methylation in eukaryotes: apprehending the complex evolutionary history and functional potential of an epigenetic modification. Bioessays, 38(1): 27-40.

Jackson J P, Johnson L, Jasencakova Z, et al. 2004. Dimethylation of histone H3 lysine 9 is a critical mark for DNA methylation and gene silencing in *Arabidopsis thaliana*. Chromosoma, 112(6): 308-315.

Jackson J P, Lindroth A M, Cao X F, et al. 2002. Control of CpNpG DNA methylation by the KRYPTONITE histone H3 methyltransferase. Nature, 416(6880): 556-560.

Jagadeeswaran G, Zheng Y, Li Y F, et al. 2009. Cloning and characterization of small RNAs from *Medicago truncatula* reveals four novel legume-specific microRNA families. New Phytol, 184(1): 85-98.

Jager R, Migliorini G, Henrion M, et al. 2015. Capture Hi-C identifies the chromatin interactome of colorectal cancer risk loci. Nat Commun, 6: 6178.

Jakobsson M, Hagenblad J, Tavare S, et al. 2006. A unique recent origin of the allotetraploid species *Arabidopsis suecica*: evidence from nuclear DNA markers. Mol Biol Evol, 23(6): 1217-1231.

Jaskelioff M, Peterson C L. 2003. Chromatin and transcription: histones continue to make their marks. Nat Cell Biol, 5(5): 395-399.

Jenuwein T, Allis C D. 2001. Translating the histone code. Science, 293(5532): 1074-1080.

Jeong J H, Song H R, Ko J H, et al. 2009. Repression of FLOWERING LOCUS T chromatin by functionally redundant histone H3 lysine 4 demethylases in *Arabidopsis*. PLoS One, 4(11): e8033.

Jiang C, Wright R J, El-Zik K M, et al. 1998. Polyploid formation created unique avenues for response to selection in *Gossypium* (cotton). Proc Natl Acad Sci USA, 95(8): 4419-4424.

Jiao Y, Wang Y, Xue D, et al. 2010. Regulation of OsSPL14 by OsmiR156 defines ideal plant architecture in rice. Nat Genet, 42(6): 541-544.

Jin Y, Zhao J H, Zhao P, et al. 2019. A fungal milRNA mediates epigenetic repression of a virulence gene in *Verticillium dahliae*. Philosophical Transactions of the Royal Society B-Biological Sciences, 374(1767): 20180309.

Johnson L, Mollah S, Garcia B A, et al. 2004. Mass spectrometry analysis of *Arabidopsis* histone H3 reveals distinct combinations of post-translational modifications. Nucleic Acids Res, 32(22): 6511-6518.

Johnson N A. 2002. Sixty years after "Isolating mechanisms, evolution and temperature": Muller's legacy. Genetics, 161(3): 939-944.

Jones P A, Takai D. 2001. The role of DNA methylation in mammalian epigenetics. Science, 293(5532): 1068-1070.

Jones-Rhoades M W, Bartel D P, Bartel B. 2006. MicroRNAs and their regulatory roles in plants. Annu Rev Plant Biol, 57: 19-53.

Jullien P E, Berger F. 2010. Parental genome dosage imbalance deregulates imprinting in *Arabidopsis*. PLoS Genet, 6(3): e1000885.

Kachirskaia I, Shi X B, Yamaguchi H, et al. 2008. Role for 53BP1 tudor domain recognition of p53 dimethylated at lysine 382 in DNA damage signaling. Journal Biol Chem, 283(50): 34660-34666.

Kashkush K, Feldman M, Levy A A. 2002. Gene loss, silencing and activation in a newly synthesized wheat allotetraploid. Genetics, 160(4): 1651-1659.

Kenan-Eichler M, Leshkowitz D, Tal L, et al. 2011. Wheat hybridization and polyploidization results in deregulation of small RNAs. Genetics, 188(2): 263-272.

Khan M, Takasaki H, Komatsu S. 2005. Comprehensive phosphoproteome analysis in rice and identification of phosphoproteins responsive to different hormones/stresses. J Proteome Res, 4(5): 1592-1599.

Khraiwesh B, Zhu J K, Zhu J H. 2012. Role of miRNAs and siRNAs in biotic and abiotic stress responses of plants. BBA-Gene Regul Mech, 1819(2): 137-148.

Kim S Y, He Y, Jacob Y, et al. 2005. Establishment of the vernalization-responsive, winter-annual habit in *Arabidopsis* requires a putative histone H3 methyl transferase. Plant Cell, 17(12): 3301-3310.

Kiyosue T, Ohad N, Yadegari R, et al. 1999. Control of fertilization-independent endosperm development by the MEDEA polycomb gene in *Arabidopsis*. Proc Natl Acad Sci USA, 96(7): 4186-4191.

Ko J H, Mitina I, Tamada Y, et al. 2010. Growth habit determination by the balance of histone methylation activities in *Arabidopsis*. Embo J, 29(18): 3208-3215.

Koch M A, Haubold B, Mitchell-Olds T. 2000. Comparative evolutionary analysis of chalcone synthase and alcohol dehydrogenase loci in *Arabidopsis*, *Arabis*, and related genera (Brassicaceae). Mol Biol Evol, 17(10): 1483-1498.

Kohler C, Mittelsten S O, Erilova A. 2010. The impact of the triploid block on the origin and evolution of polyploid plants. Trends Genet, 26(3): 142-148.

Kohler C, Page D R, Gagliardini V, et al. 2005. The *Arabidopsis thaliana* MEDEA polycomb group protein controls expression of PHERES1 by parental imprinting. Nat Genet, 37(1): 28-30.

Koziol M J, Bradshaw C R, Allen G E, et al. 2016. Identification of methylated deoxyadenosines in vertebrates reveals diversity in DNA modifications. Nat struct mol biol, 23(1): 24-30.

Kriaucionis S, Heintz N. 2009. The nuclear DNA base 5-Hydroxymethylcytosine is present in purkinje neurons and the brain. Science, 324(5929): 929-930.

Kumar V, Singh B, Singh S K, et al. 2018. Role of GhHDA5 in H3K9 deacetylation and fiber initiation in *Gossypium hirsutum*. Plant J, 95(6): 1069-1083.

Kurdistani S K, Grunstein M. 2003. Histone acetylation and deacetylation in yeast. Nat Rev Mol Cell Biol, 4(4):276-284.

Lachner M, O'Sullivan R J, Jenuwein T. 2003. An epigenetic road map for histone lysine methylation. Journal of Cell Science, 116(11): 2117-2124.

Lagarou A, Mohd-Sarip A, Moshkin Y M, et al. 2008. dKDM2 couples histone H2A ubiquitylation to histone H3 demethylation during polycomb group silencing. Genes Dev, 22(20): 2799-2810.

Lang Z, Lei M, Wang X, et al. 2015. The methyl-CpG-binding protein MBD7 facilitates active DNA demethylation to limit DNA hyper-methylation and transcriptional gene silencing. Mol Cell, 57(6): 971-983.

Lavania U C, Srivastava S, Lavania S, et al. 2012. Autopolyploidy differentially influences body size in plants, but facilitates enhanced accumulation of secondary metabolites, causing increased cytosine methylation. Plant J, 71(4): 539-549.

Law J A, Jacobsen S E. 2010. Establishing, maintaining and modifying DNA methylation patterns in plants and animals. Nat Rev Genet, 11(3): 204-220.

Lawrence R J, Earley K, Pontes O, et al. 2004. A concerted DNA methylation/histone methylation switch regulates rRNA gene dosage control and nucleolar dominance. Mol Cell, 13(4): 599-609.

Lee C T, Risom T, Strauss W M. 2007. Evolutionary conservation of microRNA regulatory circuits: an examination of microRNA gene complexity and conserved microRNA-target interactions through metazoan phylogeny. DNA Cell Biol, 26(4): 209-218.

Lee H S, Chen Z J. 2001. Protein-coding genes are epigenetically regulated in *Arabidopsis* polyploids. Proc Natl Acad Sci USA, 98(12): 6753-6758.

Lee J V, Carrer A, Shah S, Snyder, et al. 2014. Akt-dependent metabolic reprogramming regulates tumor cell histone acetylation. Cell Metabolism, 20(2): 306-319.

Lee M G, Wynder C, Bochar D A, et al. 2006. Functional interplay between histone demethylase and deacetylase enzymes. Mol Cell Biol, 26(17): 6395-6402.

Lehnertz B, Ueda Y, Derijck A A H A, et al. 2003. Suv39h-mediated histone H3 lysine 9 methylation directs DNA methylation to major satellite repeats at pericentric heterochromatin. Curr Biol, 13(14): 1192-1200.

Leitch A R, Leitch I J. 2008. Perspective—Genomic plasticity and the diversity of polyploid plants. Science, 320(5875): 481-483.

Leo C, Chen J D. 2000. The SRC family of nuclear receptor coactivators. Gene, 245(1): 1-11.

Leonhardt H, Page A W, Weier H U, et al. 1992. A targeting sequence directs DNA methyltransferase to sites of DNA replication in mammalian nuclei. Cell, 71(5): 865-873.

Levinger L, Varshavsky A. 1980. High-resolution fractionation of nucleosomes: minor particles, "whiskers" and separation of mononucleosomes containing and lacking A24 semihistone. Proc Natl Acad Sci USA, 77(6): 3244-3248.

Li B, Carey M, Workman J L. 2007. The role of chromatin during transcription. Cell, 128(4): 707-719.

Li J, Wang M, Li Y, et al. 2019. Multi-omics analyses reveal epigenomics basis for cotton somatic embryogenesis through successive regeneration acclimation process. Plant Biotechnol J, 17(2): 435-450.

Li L, Eichten S R, Shimizu R, et al. 2014. Genome-wide discovery and characterization of maize long non-coding RNAs. Genome Biol, 15(2): R40.

Li X J, Ye J Y, Ma H, et al. 2018. Proteomic analysis of lysine acetylation provides strong evidence for involvement of acetylated proteins in plant meiosis and tapetum function. Plant J, 93(1): 142-154.

Li X L, Lin Z X, Nie Y C, et al. 2009. Methylation-sensitive amplification polymorphism of epigenetic changes in cotton under salt stress. Acta Agronomica Sinica, 35(4): 588-596.

Li Z Y, Huang C, Bao C, et al. 2015. Exon-intron circular RNAs regulate transcription in the nucleus. Nat Struct Mol Biol, 22(3): 256-264.

Liang Z, Riaz A, Chachar S, et al. 2020. Epigenetic modifications of mRNA and DNA in plants. Mol Plant, 13(1): 14-30.

Liang Z, Shen L, Cui X, et al. 2018. DNA N(6)-Adenine methylation in *Arabidopsis thaliana*. Dev Cell, 45(3): 406-416 e403.

Lindroth A M, Shultis D, Jasencakova Z, et al. 2011. Dual histone H3 methylation marks at lysines 9 and 27 required for interaction with CHROMOMETHYLASE3. Embo J, 30(9): 4146-4155.

Liu B, Brubaker C L, Mergeai G, et al. 2001. Polyploid formation in cotton is not accompanied by rapid genomic changes. Genome, 44(3): 321-330.

Liu C, Lu F, Cui X, et al. 2010. Histone methylation in higher plants. Annu Rev Plant Biol, 61: 395-420.

Liu T F, Zhang L, Chen G, et al. 2017. Identifying and characterizing the circular RNAs during the lifespan of *Arabidopsis* leaves. Front Plant Sci, 8: 1278.

Long Q, Yue F, Liu R C, et al. 2018. The phosphatidylinositol synthase gene (GhPIS) contributes to longer, stronger, and finer fibers in cotton. Mol Genet Genomics, 293(5): 1139-1149.

Lott K, Li J, Fisk J C, et al. 2013. Global proteomic analysis in trypanosomes reveals unique proteins and conserved cellular processes impacted by arginine methylation. J Proteomics, 91: 210-225.

Low J K K, Hart-Smith G, Erce M A, et al. 2013. Analysis of the proteome of *Saccharomyces cerevisiae* for methylarginine. J Proteome Res, 12(9): 3884-3899.

Lu F, Li G, Cui X, et al. 2008. Comparative analysis of JmjC domain-containing proteins reveals the potential histone demethylases in *Arabidopsis* and rice. J Integr Plant Biol, 50(7): 886-896.

Lu J, Zhang C Q, Baulcombe D C, et al. 2012. Maternal siRNAs as regulators of parental genome imbalance and gene expression in endosperm of *Arabidopsis* seeds. Proc Natl Acad Sci USA, 109(14): 5529-5534.

Lu T, Cui L, Zhou Y, et al. 2015. Transcriptome-wide investigation of circular RNAs in rice. RNA, 21(12): 2076-2087.

Lu X K, Shu N, Wang J J, et al. 2017. Genome-wide analysis of salinity-stress induced DNA methylation alterations in cotton (*Gossypium hirsutum* L.) using the Me-DIP sequencing technology. Genet Mol Res, 16(2).

Luff B, Pawlowski L, Bender J. 1999. An inverted repeat triggers cytosine methylation of identical sequences in *Arabidopsis*. Mol Cell, 3(4): 505-511.

Lukens L N, Pires J C, Leon E, et al. 2006. Patterns of sequence loss and cytosine methylation within a population of newly resynthesized *Brassica napus* allopolyploids. Plant Physiol, 140(1): 336-348.

Lundby A, Lage K, Brian T. et al. 2012. Analysis of lysine acetylation sites in rat tissues reveals organ specificity and subcellular patterns. Cell Reports, 2(2): 419-431.

Luo M, Luo M D. 2008. UBIQUITIN-SPECIFIC PROTEASE 26 is required for seed development and the repression of PHERES1 in *Arabidopsis*. Genetics, 180(1): 229-236.

Lutz A M. 1907. A preliminary note on the chromosomes of *Oenothera* Lamarckiana and one of its mutants, *O. gigas*. Science, 26(657): 151-152.

Lynch M, Force A. 2000. The probability of duplicate gene preservation by subfunctionalization. Genetics, 154(1): 459-473.

Ma Z R, Coruh C, Axtell M J. 2010. *Arabidopsis lyrata* Small RNAs: transient MIRNA and small interfering RNA Loci within the *Arabidopsis* genus. Plant Cell, 22(4): 1090-1103.

Maccani M A, Marsit C J. 2009. Epigenetics in the placenta. Am J Reprod Immunol, 62(2): 78-89.

Madlung A, Masuelli R W, Watson B, et al. 2002. Remodeling of DNA methylation and phenotypic and transcriptional changes in synthetic *Arabidopsis* allotetraploids. Plant Physiol, 129(2): 733-746.

Mallet J. 2007. Hybrid speciation. Nature, 446(7133): 279-283.

Manev H, Dzitoyeva S. 2013. Progress in mitochondrial epigenetics. Biomol Concepts, 4(4): 381-389.

Martin C, Zhang Y. 2005. The diverse functions of histone lysine methylation. Nat Rev Mol Cell Biol, 6(11): 838-849.

Matzke M, Matzke A J, Kooter J M. 2001. RNA: guiding gene silencing. Science, 293(5532): 1080-1083.

McClintock B. 1984. The significance of responses of the genome to challenge. Science, 226(4676): 792-801.

Medzihradszky M, Bindics J, Adam E, et al. 2013. Phosphorylation of phytochrome B inhibits light-induced signaling *via* accelerated dark reversion in *Arabidopsis*. Plant Cell, 25(2): 535-544.

Megraw M, Baev V, Rusinov V, et al. 2006. MicroRNA promoter element discovery in *Arabidopsis*. RNA, 12(9): 1612-1619.

Memczak S, Jens M, Elefsinioti A, et al. 2013. Circular RNAs are a large class of animal RNAs with regulatory potency. Nature, 495(7441): 333-338.

Messer W, Noyer-Weidner M. 1988. Timing and targeting: the biological functions of dam methylation in *E. coli*. Cell, 54(6): 735-737.

Miller M, Zhang C Q, Chen Z J. 2012. Ploidy and hybridity effects on growth vigor and gene expression in *Arabidopsis thaliana* hybrids and their parents. G3-Genes Genom Genet, 2(4): 505-513.

Miura A, Nakamura M, Inagaki S, et al. 2009. An *Arabidopsis* jmjC domain protein protects transcribed genes from DNA methylation at CHG sites. Embo J, 28(8): 1078-1086.

Mizzen C A, Yang X J, Kokubo T, et al. 1996. The TAF(II)250 subunit of TFIID has histone acetyltransferase activity. Cell, 87(7): 1261-1270.

Mohammadin S, Edger P P, Pires J C, et al. 2015. Positionally-conserved but sequence-diverged: identification of long non-coding RNAs in the Brassicaceae and Cleomaceae. BMC Plant Biol, 15(1): 217.

Molnar A, Melnyk C, Baulcombe D C. 2011. Silencing signals in plants: a long journey for small RNAs. Genome Biol, 12(1): 215.

Mondo S J, Dannebaum R O, Kuo R C, et al. 2017. Widespread adenine N6-methylation of active genes in fungi. Nat genet, 49(6): 964-968.

Moraga F, Aquea F. 2015. Composition of the SAGA complex in plants and its role in controlling gene expression in response to abiotic stresses. Front Plant Sci, 6: 865.

Moran V A, Perera R J, Khalil A M. 2012. Emerging functional and mechanistic paradigms of mammalian long non-coding RNAs. Nucleic Acids Res, 40(14): 6391-6400.

Mosammaparast N, Shi Y. 2010. Reversal of histone methylation: biochemical and molecular mechanisms of histone demethylases. Annu Rev Biochem, 79: 155-179.

Mu C, Zhou L, Shan L, et al. 2019. Phosphatase GhDsPTP3a interacts with annexin protein GhANN8b to reversely regulate salt tolerance in cotton (*Gossypium* spp.). New Phytol, 223(4): 1856-1872.

Muratani M, Tansey W R. 2003. How the ubiquitin-proteasome system controls transcription. Nat Rev Mol Cell Bio, 4(3): 192-201.

Nakamura T, Ishikawa M, Nakatani H, et al. 2008. Characterization of cold-responsive extracellular chitinase in bromegrass cell cultures and its relationship to antifreeze activity. Plant Physiol, 147(1): 391-401.

Nan X S, Ng H H, Johnson C A, et al. 1998. Transcriptional repression by the methyl-CpG-binding protein MeCP2 involves a histone deacetylase complex. Nature, 393(6683): 386-389.

Neuwald A F, Landsman D. 1997. GCN5-related histone N-acetyltransferases belong to a diverse superfamily that includes the yeast SPT10 protein. Trend Biochem Sci, 22(5): 154-155.

Ng D W, Lu J, Chen Z J. 2012. Big roles for small RNAs in polyploidy, hybrid vigor, and hybrid incompatibility. Curr Opin Plant Biol, 15(2): 154-161.

Ng D W, Zhang C, Miller M, et al. 2011. *cis*- and *trans*-Regulation of miR163 and target genes confers natural variation of secondary metabolites in two *Arabidopsis* species and their allopolyploids. Plant Cell, 23(5): 1729-1740.

Ni Z, Kim E D, Ha M, et al. 2009. Altered circadian rhythms regulate growth vigour in hybrids and allopolyploids. Nature, 457(7227): 327-331.

Ooi S K, Bestor T H. 2008. The colorful history of active DNA demethylation. Cell, 133(7): 1145-1148.

Ortrun M S, Karin A, Jerzy P. 2003. Formation of stable epialleles and their paramutation-like interaction in tetraploid *Arabidopsis thaliana*. Nat Genet, 34(4): 450.

Osborn T C, Pires J C, Birchler J A, et al. 2003. Understanding mechanisms of novel gene expression in polyploids. Trends Genet, 19(3): 141-147.

Pamudurti N R, Bartok O, Jens M, et al. 2017. Translation of CircRNAs. Molecular Cell, 66(1): 9-21.

Pang C N, Gasteiger E, Wilkins M R. 2010. Identification of arginine- and lysine-methylation in the proteome of *Saccharomyces cerevisiae* and its functional implications. BMC Genomics, 11: 92.

Parisod C, Salmon A, Zerjal T, et al. 2009. Rapid structural and epigenetic reorganization near transposable elements in hybrid and allopolyploid genomes in *Spartina*. New Phytol, 184(4): 1003-1015.

Paterson A H, Wendel J F, Gundlach H, et al. 2012. Repeated polyploidization of *Gossypium* genomes and the evolution of spinnable cotton fibres. Nature, 492(7429): 423-427.

Peck S C. 2003. Early phosphorylation events in biotic stress. Curr Opin Plant Biol, 6(4): 334-338.

Peedicayil J, Nadu T. 2005. DNA methylation and the central dogma of molecular biology. Med Hypotheses, 64(6): 1243-1244.

Peters A H F M, Schubeler D. 2005. Methylation of histones: playing memory with DNA. Curr Opin Cell Biol, 17(2): 230-238.

Peterson C L, Laniel M A. 2004. Histones and histone modifications. Curr Biol, 14(14): R546-551.

Phillips J R, Dalmay T, Bartels D. 2007. The role of small RNAs in abiotic stress. Febs Lett, 581(19): 3592-3597.

Pickart C M, Fushman D. 2004. Polyubiquitin chains: polymeric protein signals. Curr Opin Chem Biol, 8(6): 610-616.

Pikaard C S. 1999. Nucleolar dominance and silencing of transcription. Trends Plant Sci, 4(12): 478-483.

Piwecka M, Glazar P, Hernandez-Miranda L R, et al. 2017. Loss of a mammalian circular RNA locus causes miRNA deregulation and affects brain function. Science, 357(6357): eaam8526.

Pnueli L, et al. 2004. Glucose and nitrogen regulate the switch from histone deacetylation to acetylation for expression of early meiosis-specific genes in budding yeast. Mol Cell Biol, 24(12):5197-5208.

Premachandran M N, Prathima P T, Lekshmi M. 2011. Sugarcane and polyploidy: a review. J Sugarcane Res, 1(2): 1-15.

Qian W, Miki D, Lei M, et al. 2014. Regulation of active DNA demethylation by an alpha-crystallin domain protein in *Arabidopsis*. Mol Cell, 55(3): 361-371.

Qian W, Miki D, Zhang H, et al. 2012. A histone acetyltransferase regulates active DNA demethylation in *Arabidopsis*. Science, 336(6087): 1445-1448.

Qin F J, Sun Q W, Huang L M, et al. 2010. Rice SUVH histone methyltransferase genes display specific functions in chromatin modification and retrotransposon repression. Molecular Plant, 3(4): 773-782.

Rahman H U, Malik S A, Saleem M. 2004. Heat tolerance of upland cotton during the fruiting stage evaluated using cellular membrane thermostability. Field Crop Res, 85(2-3): 149-158.

Rajagopalan R, Vaucheret H, Trejo J, et al. 2006. A diverse and evolutionarily fluid set of microRNAs in *Arabidopsis thaliana*. Genes Dev, 20(24): 3407-3425.

Ramsey J, Schemske D W. 1998. Pathways, mechanisms, and rates of polyploid formation in flowering plants. Annual Review of Ecology and Systematics, 29: 467-501.

Rao B, Shibata Y, Strahl B D, et al. 2005. Dimethylation of histone H3 at lysine 36 demarcates regulatory and nonregulatory chromatin genome-wide. Mol Cell Biol, 25(21): 9447-9459.

Ratel D, Ravanat J L, Berger F, et al. 2006b. N6-methyladenine: the other methylated base of DNA. Bioessays, 28(3): 309-315.

Ratel D, Ravanat J L, Charles M P, et al. 2006a. Undetectable levels of N6-methyl adenine in mouse DNA: cloning and analysis of PRED28, a gene coding for a putative mammalian DNA adenine methyltransferase. FEBS lett, 580(13): 3179-3184.

Rathert P, Dhayalan A, Murakami M, et al. 2008. Protein lysine methyltransferase G9a acts on non-histone targets. Nat Chem Biol, 4(6): 344-346.

Rea S, Eisenhaber F, O'Carroll N, et al. 2000. Regulation of chromatin structure by site-specific histone H3 methyltransferases. Nature, 406(6796): 593-599.

Reddy K R, Brand D, Wijewardana C, et al. 2017. Temperature effects on cotton seedling emergence, growth, and development. Agron J, 109(4): 1379-1387.

Riddle N C, Jiang H M, An L L, et al. 2010. Gene expression analysis at the intersection of ploidy and hybridity in maize. Theor Appl Genet, 120(2): 341-353.

Rieseberg L H, Raymond O, Rosenthal D M, et al. 2003. Major ecological transitions in wild sunflowers facilitated by hybridization. Science, 301(5637): 1211-1216.

Rogers K, Chen X. 2013. Biogenesis, turnover, and mode of action of plant microRNAs. Plant Cell, 25(7): 2383-2399.

Ronemus M J, Galbiati M, Ticknor C, et al. 1996. Demethylation-induced developmental pleiotropy in *Arabidopsis*. Science, 273(5275): 654-657.

Rong J, Feltus E A, Waghmare V N, et al. 2007. Meta-analysis of polyploid cotton QTL shows unequal contributions of subgenomes to a complex network of genes and gene clusters implicated in lint fiber development. Genetics, 176(4): 2577-2588.

Salmon A, Ainouche M L, Wendel J F. 2005. Genetic and epigenetic consequences of recent hybridization and polyploidy in *Spartina* (Poaceae). Mol Ecol, 14(4): 1163-1175.

Salzman J, Chen R E, Olsen M N, et al. 2013. Cell-type specific features of circular RNA expression. PLoS Genet, 9(9): e1003777.

Salzman J, Gawad C, Wang P L, et al. 2012. Circular RNAs are the predominant transcript isoform from hundreds of human genes in diverse cell types. PLoS One, 7(2): e30733.

Samuel Yang S, Cheung F, Lee J J, et al. 2006. Accumulation of genome-specific transcripts, transcription factors and phytohormonal regulators during early stages of fiber cell development in allotetraploid cotton. Plant J, 47(5): 761-775.

Sanchez C, Sanchez I, Demmers J A A, et al. 2007. Proteomics analysis of Ring1B/Rnf2 interactors identifies a novel complex with the Fbxl10/Jhdm1B histone demethylase and the Bcl6 interacting corepressor. Mol Cell Proteomics, 6(5): 820-834.

Santi D V, Garrett C E, Barr P J. 1983. On the mechanism of inhibition of DNA-cytosine methyltransferases by cytosine analogs. Cell, 33(1): 9-10.

Saze H, Shiraishi A, Miura A, et al. 2008. Control of genic DNA methylation by a jmjC domain-containing protein in *Arabidopsis thaliana*. Science, 319(5862): 462-465.

Schatlowski N, Kohler C. 2012. Tearing down barriers: understanding the molecular mechanisms of interploidy hybridizations. J Exp Bot, 63(17): 6059-6067.

Schatlowski N, Wolff P, Santos-Gonzalez J, et al. 2014. Hypomethylated pollen bypasses the interploidy hybridization barrier in *Arabidopsis*. Plant Cell, 26(9): 3556-3568.

Scheidt G, Weber H, Graessmann M, et al. 1994. Are there two DNA methyltransferase gene families in plant cells? A new potential methyltransferase gene isolated from an *Arabidopsis thaliana* genomic library. Nucleic Acids Res, 22(6): 953-958.

Schmitz R J, Tamada Y, Doyle M R, et al. 2009. Histone H2B deubiquitination is required for transcriptional activation of FLOWERING LOCUS C and for proper control of flowering in *Arabidopsis*. Plant Physiol, 149(2): 1196-1204.

Schubert D, Primavesi L, Bishopp A, et al. 2006. Silencing by plant polycomb-group genes requires dispersed trimethylation of histone H3 at lysine 27. EMBO J, 25(19): 4638-4649.

Scott R J, Spielman M, Bailey J, et al. 1998. Parent-of-origin effects on seed development in *Arabidopsis thaliana*. Development, 125(17): 3329-3341.

Sheikhnejad G, Brank A, Christman J K, et al. 1999. Mechanism of inhibition of DNA (cytosine C5)-methyltransferases by oligodeoxyribonucleotides containing 5, 6-dihydro-5-azacytosine. J Mol Biol, 285(5): 2021-2034.

Shivaprasad P V, Dunn R M, Santos B A, et al. 2012. Extraordinary transgressive phenotypes of hybrid tomato are influenced by epigenetics and small silencing RNAs. EMBO J, 31(2): 257-266.

Smith S S, Kan J L, Baker D J, et al. 1991. Recognition of unusual DNA structures by human DNA (cytosine-5) methyltransferase. J Mol Biol, 217(1): 39-51.

Smith S S, Kaplan B E, Sowers L C, et al. 1992. Mechanism of human methyl-directed DNA methyltransferase and the fidelity of cytosine methylation. Proc Natl Acad Sci USA, 89(10): 4744-4748.

Soltis D E, Visger C J, Soltis P S. 2014. The polyploidy revolution then...and now: stebbins revisited. Am J Bot, 101(7): 1057-1078.

Song Q X, Guan X Y, Chen Z J. 2015. Dynamic roles for small RNAs and DNA methylation during ovule and fiber development in allotetraploid cotton. Plos Genet, 11(12): e1005724.

Song Q, Zhang T, Stelly D M, et al. 2017. Epigenomic and functional analyses reveal roles of epialleles in the loss of photoperiod sensitivity during domestication of allotetraploid cottons. Genome Biol, 18(1): 99.

Soppe W J J, Jasencakova Z, Houben A, et al. 2002. DNA methylation controls histone H3 lysine 9 methylation and heterochromatin assembly in *Arabidopsis*. Embo J, 21(23): 6549-6559.

Sridhar V V, Kapoor A, Zhang K, et al. 2007. Control of DNA methylation and heterochromatic silencing by histone H2B deubiquitination. Nature, 447(7145): 735-738.

Sterner D E, Berger S L. 2000. Acetylation of histones and transcription-related factors. Microbiol Mol Biol Rev, 64(2): 435-459.

Strahl B D, Allis C D. 2000. The language of covalent histone modifications. Nature, 403(6765): 41-45.

Struhl K. 2007. Transcriptional noise and the fidelity of initiation by RNA polymerase II. Nat Struct Mol Biol, 14(2): 103-105.

Sun Q, Qiao J, Zhang S, et al. 2018. Changes in DNA methylation assessed by genomic bisulfite sequencing suggest a role for DNA methylation in cotton fruiting branch development. Peerj, 6: e4945.

Sun Q, Zhou D X. 2008. Rice jmjC domain-containing gene *JMJ706* encodes H3K9 demethylase required for floral organ development. Proc Natl Acad Sci USA, 105(36): 13679-13684.

Swiezewski S, Liu F Q, Magusin A, et al. 2009. Cold-induced silencing by long antisense transcripts of an *Arabidopsis* polycomb target. Nature, 462(7274): 799-802.

Tahiliani M, Koh K P, Shen Y, et al. 2009. Conversion of 5-methylcytosine to 5-hydroxymethylcytosine in mammalian DNA by MLL partner TET1. Science, 324(5929): 930-935.

Tamaru H, Selker E U. 2001. A histone H3 methyltransferase controls DNA methylation in *Neurospora crassa*. Nature, 414(6861): 277-283.

Tariq M, Saze H, Probst A V, et al. 2003. Erasure of CpG methylation in *Arabidopsis* alters patterns of histone H3 methylation in heterochromatin. Proc Natl Acad Sci USA, 100(15): 8823-8827.

Tian L, Li X, Ha M, et al. 2014. Genetic and epigenetic changes in a genomic region containing MIR172 in *Arabidopsis* allopolyploids and their progenitors. Heredity, 112(2): 207-214.

Turck F, Roudier F, Farrona S, et al. 2007. *Arabidopsis* TFL2/LHP1 specifically associates with genes marked by trimethylation of histone H3 lysine 27. PLoS Genet, 3(6): e86.

Uhlmann T, Geoghegan V L, Thomas B, et al. 2012. A method for large-scale identification of protein arginine methylation. Mol Cell Proteomics, 11(11): 1489-1499.

Ungerer M C, Strakosh S C, Zhen Y. 2006. Genome expansion in three hybrid sunflower species is associated with retrotransposon proliferation. Curr Biol, 16(20): R872-873.

Van Lijsebettens M, Grasser K D. 2014. Transcript elongation factors: shaping transcriptomes after transcript initiation. Trends Plant Sci, 19(11): 717-726.

Vanyushin B F. 2005. Enzymatic DNA methylation is an epigenetic control for genetic functions of the cell. Biochemistry (Moscow), 70(5): 488-499.

Vanyushin B, Alexandrushkina N, Kirnos M. 1988. N6-methyladenine in mitochondrial DNA of higher plants. FEBS lett, 233(2): 397-399.

Vanyushin B, Kadyrova D K, Karimov K, et al. 1971. Minor bases in DNA of higher plants. Biochemistry, 36(6): 1251.

Viana A A B, Fragoso R R, Guimaraes L M, et al. 2011. Isolation and functional characterization of a cotton ubiquitination-related promoter and 5'UTR that drives high levels of expression in root and flower tissues. Bmc Biotechnol, 11: 115.

Wade P A. 2001. Transcriptional control at regulatory checkpoints by histone deacetylases: molecular connections between cancer and chromatin. Hum Mol Genet, 10(7): 693-698.

Wallace D C, Fan W. 2010. Energetics, epigenetics, mitochondrial genetics. Mitochondrion, 10(1): 12-31.

Walley J W, Sartor R C, Shen Z X, et al. 2016. Integration of omic networks in a developmental atlas of maize. Science, 353(6301): 814-818.

Walley J W, Shen Z X, McReynolds M R, et al. 2018. Fungal-induced protein hyperacetylation in maize identified by acetylome profiling. Proc Natl Acad Sci USA, 115(1): 210-215.

Wan Q, Guan X, Yang N, et al. 2016. Small interfering RNAs from bidirectional transcripts of GhMML3_A12 regulate cotton fiber development. New Phytol, 210(4): 1298-1310.

Wang C, Dong X, Jin D, et al. 2015a. Methyl-CpG-binding domain protein MBD7 is required for active DNA demethylation in *Arabidopsis*. Plant Physiol, 167(3): 905-914.

Wang C, Liu C, Roqueiro D, et al. 2015b. Genome-wide analysis of local chromatin packing in *Arabidopsis thaliana*. Genome Res, 25(2): 246-256.

Wang H, Wang L, Erdjument-Bromage H, et al. 2004a. Role of histone H2A ubiquitination in polycomb silencing. Nature, 431(7010): 873-878.

Wang J L, Tian L, Lee H S, et al. 2006. Genomewide nonadditive gene regulation in *Arabidopsis* allotetraploids. Genetics, 172(1): 507-517.

Wang J L, Tian L, Madlung A, et al. 2004b. Stochastic and epigenetic changes of gene expression in *Arabidopsis* polyploids. Genetics, 167(4): 1961-1973.

Wang M B, Wesley S V, Finnegan E J, et al. 2001. Replicating satellite RNA induces sequence-specific DNA methylation and truncated transcripts in plants. RNA, 7(1): 16-28.

Wang M J, Yuan D J, Tu L L, et al. 2015c. Long noncoding RNAs and their proposed functions in fibre development of cotton (*Gossypium* spp.). New Phytol, 207(4): 1181-1197.

Wang S, Wu K, Yuan Q, et al. 2012. Control of grain size, shape and quality by OsSPL16 in rice. Nat Genet, 44(8): 950-954.

Wang T, Jia Q, Wang W, et al. 2019. GCN5 modulates trichome initiation in *Arabidopsis* by manipulating histone acetylation of core trichome initiation regulator genes. Plant Cell Rep, 38(6): 755-765.

Wang W, Ye R, Xin Y, et al. 2011. An importin beta protein negatively regulates MicroRNA activity in *Arabidopsis*. Plant Cell, 23(10): 3565-3576.

Wang Y X, Yang M, Wei S M, et al. 2017. Identification of Circular RNAs and their targets in leaves of *Triticum aestivum* L. under dehydration stress. Front Plant Sci, 7: 2024.

Wang Z, Cao H, Chen F, et al. 2014. The roles of histone acetylation in seed performance and plant development. Plant Physiol Biochem, 84: 125-133.

Wassenegger M, Heimes S, Riedel L, et al. 1994. RNA-directed de novo methylation of genomic sequences in plants. Cell, 76(3): 567-576.

Wei M M, Wei H L, Wu M, et al. 2013. Comparative expression profiling of miRNA during anther development in genetic male sterile and wild type cotton. Bmc Plant Biology, 13: 66.

Wendel J F, Cronn R C. 2003. Polyploidy and the evolutionary history of cotton. Adv in Agron, 87: 139-186.

Wendel J F, Schnabel A, Seelanan T. 1995. An unusual ribosomal DNA-Sequence from *Gossypium gossypioides* reveals ancient, cryptic, intergenomic introgression. Mol Phylogenet Evol, 4(3): 298-313.

Wendel J F. 1989. New World tetraploid cottons contain Old World cytoplasm. Proc Natl Acad Sci USA, 86(11): 4132-4136.

Wierzbicki A T. 2012. The role of long non-coding RNA in transcriptional gene silencing. Curr Opin Plant Biol, 15(5): 517-522.

Wion D, Casadesús J. 2006. N6-methyl-adenine: an epigenetic signal for DNA-protein interactions. Nat Rev Microbiol, 4(3): 183-192.

Woodcock D M, Crowther P J, Diver W P, et al. 1988. RglB facilitated cloning of highly methylated eukaryotic DNA: the human L1 transposon, plant DNA, and DNA methylated in vitro with human DNA methyltransferase. Nucleic Acids Res, 16(10): 4465-4482.

Wu J C, Santi D V. 1985. On the mechanism and inhibition of DNA cytosine methyltransferases. Prog Clin Biol Res, 198: 119-129.

Wu S C, Zhang Y. 2010. Active DNA demethylation: many roads lead to Rome. Nat Rev Mol Cell Biol, 11(9): 607-620.

Wu T P, Wang T, Seetin M G, et al. 2016. DNA methylation on N(6)-adenine in mammalian embryonic stem cells. Nature, 532(7599): 329-333.

Wysocka J, Allis C D, Coonrod S. 2006. Histone arginine methylation and its dynamic regulation. Front Biosci, 11: 344-355.

Xia Y, Pao G M, Chen H W, et al. 2003. Enhancement of BRCA1 E3 ubiquitin ligase activity through direct interaction with the BARD1 protein. J Biol Chem, 278(7): 5255-5263.

Xiao C, Zhu S, He M, et al. 2018. N6-Methyladenine DNA Modification in the Human Genome. Mol Cel, 71(2): 306.

Xiao W Y, Custard K D, Brown R C, et al. 2006. DNA methylation is critical for *Arabidopsis* embryogenesis and seed viability. Plant Cell, 18(4): 805-814.

Xie F, Wang Q, Sun R, et al. 2015a. Deep sequencing reveals important roles of microRNAs in response to drought and salinity stress in cotton. J Exp Bot, 66(3): 789-804.

Xie T, Zheng J F, Liu S, et al. 2015b. *De novo* plant genome assembly based on chromatin interactions: a case study of *Arabidopsis thaliana*. Mol Plant, 8(3): 489-492.

Xie Z, Allen E, Fahlgren N, et al. 2005. Expression of *Arabidopsis* miRNA genes. Plant Physiol, 138(4): 2145-2154.

Xu L, Glass C K, Rosenfeld M G. 1999. Coactivator and corepressor complexes in nuclear receptor function. Curr Opin Genet Dev, 9(2): 140-147.

Xu L, Zhao Z, Dong A, et al. 2008. Di- and tri- but not monomethylation on histone H3 lysine 36 marks active transcription of genes involved in flowering time regulation and other processes in *Arabidopsis thaliana*. Mol Cell Biol, 28(4): 1348-1360.

Xu Y, Zhong L, Wu X, et al. 2009. Rapid alterations of gene expression and cytosine methylation in newly synthesized *Brassica napus* allopolyploids. Planta, 229(3): 471-483.

Yaakov B, Kashkush K. 2012. Mobilization of Stowaway-like MITEs in newly formed allohexaploid wheat species. Plant Mol Biol, 80(4-5): 419-427.

Yang X, Wang L, Yuan D, et al. 2013. Small RNA and degradome sequencing reveal complex miRNA regulation during cotton somatic embryogenesis. J Exp Bot, 64(6): 1521-1536.

Yang Y, Fan X J, Mao M W, et al. 2017. Extensive translation of circular RNAs driven by N-6-methyladenosine. Cell Res, 27(5): 626-641.

Ye C Y, Chen L, Liu C, et al. 2015. Widespread noncoding circular RNAs in plants. New Phytol, 208(1): 88-95.

Yin Z J, Li Y, Han X L, et al. 2012. Genome-wide profiling of miRNAs and other small non-coding RNAs in the *Verticillium dahliae*-inoculated cotton roots. PLoS One, 7(4): e35765.

Yu X F, Li L, Li L, et al. 2008. Modulation of brassinosteroid-regulated gene expression by jumonji domain-containing proteins ELF6 and REF6 in *Arabidopsis*. Proc Natl Acad Sci USA, 105(21): 7618-7623.

Yu Z, Haberer G, Matthes M, et al. 2010. Impact of natural genetic variation on the transcriptome of autotetraploid *Arabidopsis thaliana*. Proc Natl Acad Sci USA, 107(41): 17809-17814.

Zanca A S, Vicentini R, Ortiz-Morea F A, et al. 2010. Identification and expression analysis of microRNAs and targets in the biofuel crop sugarcane. BMC Plant Biol, 10: 260.

Zhang B H, Pan X P, Cannon C H, et al. 2006. Conservation and divergence of plant microRNA genes. Plant J, 46(2): 243-259.

Zhang G, Huang H, Liu D, et al. 2015. N6-methyladenine DNA modification in *Drosophila*. Cell, 161(4): 893-906.

Zhang X, Clarenz O, Cokus S, et al. 2007a. Whole-genome analysis of histone H3 lysine 27 trimethylation in *Arabidopsis*. PLoS Biol, 5(5): e129.

Zhang X, Germann S, Blus B J, et al. 2007b. The *Arabidopsis* LHP1 protein colocalizes with histone H3 Lys27 trimethylation. Nat Struct Mol Biol, 14(9): 869-871.

Zhao Y, Chen Y, Jin M, et al. 2021. The crosstalk between m6A RNA methylation and other epigenetic regulators: a novel perspective in epigenetic remodeling. Theranostics, 11(9): 4549.

Zhao Z, Yu Y, Meyer D, et al. 2005. Prevention of early flowering by expression of FLOWERING LOCUS C requires methylation of histone H3 K36. Nat Cell Biol, 7(12): 1256-1260.

Zheng D W, Ye W X, Song Q X, et al. 2016. Histone modifications define expression bias of homoeologous genomes in allotetraploid cotton. Plant Physiol, 172(3): 1760-1771.

Zhou D X. 2009. Regulatory mechanism of histone epigenetic modifications in plants. Epigenetics, 4(1): 15-18.

Zhou L, Tian S, Qin G. 2019a. RNA methylomes reveal the m6A-mediated regulation of DNA demethylase gene SlDML2 in tomato fruit ripening. Genome biol, 20(1): 1-23.

Zhou W, Zhu P, Wang J, et al. 2008. Histone H2A monoubiquitination represses transcription by inhibiting RNA polymerase II transcriptional elongation. Mol Cell, 29(1): 69-80.

Zhou Y, Sun L, Wassan G M, et al. 2019b. GbSOBIR1 confers *Verticillium* wilt resistance by phosphorylating the transcriptional factor GbbHLH171 in *Gossypium* barbadense. Plant Biotechnol J, 17(1): 152-163.

Zhu Q H, Upadhyaya N M, Gubler F, et al. 2009. Over-expression of miR172 causes loss of spikelet determinacy and floral organ abnormalities in rice (*Oryza sativa*). Bmc Plant Biology, 9: 149.

Zinner R, Albiez H, Walter J, et al. 2006. Histone lysine methylation patterns in human cell types are arranged in distinct three-dimensional nuclear zones. Histochem Cell Biol, 125(1-2): 3-19.